给水排水管网系统工程

Water Supply and Drainage Pipeline Engineering

孙连鹏　主　编

吕　慧　张欣然　赵姗姗　副主编

·广州·

图书在版编目（CIP）数据

给水排水管网系统工程/孙连鹏主编；吕慧，张欣然，赵姗姗副主编．--广州：中山大学出版社，2024.12. --ISBN 978-7-306-08143-8

Ⅰ.TU991.33；TU992.23

中国国家版本馆 CIP 数据核字第 2024C0P711 号

出 版 人：王天琪
策划编辑：谢贞静　陈文杰
责任编辑：谢贞静
封面设计：曾　斌
责任校对：吴茜雅
责任技编：靳晓虹
出版发行：中山大学出版社
电　　话：编辑部 020-84110776，84113349，84110283
　　　　　发行部 020-84111998，84111981，84111160
地　　址：广州市新港西路 135 号
邮　　编：510275　　　　　传　　真：020-84036565
网　　址：http：//www.zsup.com.cn　E-mail：zdcbs@mail.sysu.edu.cn
印 刷 者：广东虎彩云印刷有限公司
规　　格：787mm×1092mm　　1/16　30.5 印张　860 千字
版次印次：2024 年 12 月第 1 版　　2024 年 12 月第 1 次印刷
定　　价：128.00 元

前　　言

给水排水管网工程是高等院校环境类各有关专业的一门主要课程。《给水排水管网系统工程》专为“给水排水管网工程”课程编写，是中山大学校级教学质量与教学改革项目的研究成果。本书主要面向市政工程、环境工程相关专业的本科生，也可供市政工程、环境工程相关专业的科研、管理及生产人员参考。

本书内容覆盖给水管网、排水管网和泵站的相关知识。通过讲授给水排水管网的基本设计原则和基本方法，给水和排水管路附属设备、构筑物等的设计原理，雨水管路的设计原理以及“海绵城市”等内容，培养学生的理论和实践能力。本书共 14 章，其中第 1、2、4 章由孙连鹏教授编写，第 3、5、6、11 章由赵姗姗教授编写，第 7、8、9、10 章由吕慧教授编写，第 12、13、14 章由张欣然副教授编写。孙连鹏教授提供本书整体编写思路并统筹协调编写过程。

本书将思想政治元素有机融入教学内容，在阐述专业知识的基础上强调了对家国情怀、职业素养和生态文明理念的培养，希望学生通过学习可以为解决我国乃至国际的河流污染问题、雨水洪涝灾害等尽一份力，为践行习近平总书记提出的“绿水青山就是金山银山”的理念做出贡献，为实现中华民族的伟大复兴提供生态环境领域的技术支持。

本书在编写过程中，得到了中山大学教务处和中山大学环境科学与工程学院的大力支持；中山大学环境科学与工程学院的陈乐昀、杨晓静、李澄煜和郑坚仪等同学在本书校稿过程中做了大量工作，在此一并致谢。

孙连鹏

2024 年 7 月

目　　录

第 1 章　给水排水管网系统概论

1.1　给水排水系统的功能与组成

给水排水系统是为人们的生活、生产和消防提供用水和排除废水的设施总称。它是人类文明进步和城市化聚集居住的产物，是现代化城市最重要的基础设施之一，是城市社会和经济发展现代化水平的重要标志。给水排水系统的功能是向各种不同类别的用户供应水质和水量满足需求的用水，同时承担用户排出的废水的收集、输送和处理，达到消除废水中污染物质对人体健康的危害和保护环境的目的。给水排水系统可分为给水和排水两个组成部分，亦分别称为给水系统和排水系统。

给水系统的用水通常分为生活用水、工业生产用水和市政消防用水三大类。生活用水是人们在各类生活活动中直接使用的水，主要包括居民生活用水、公共设施用水和工业企业生活用水。居民生活用水是指居民家庭生活中饮用、烹饪、洗浴、洗涤等用水，是保障居民日常生活、身体健康、清洁卫生和生活舒适的重要条件。公共设施用水是指机关、学校、医院、宾馆、车站、公共浴场等公共建筑和场所的用水，其特点是用水量大，用水地点集中，该类用水的水质要求与居民生活用水相同。工业企业生活用水是工业企业区域内从事生产和管理工作的人员在工作时间内的饮用、烹饪、洗浴、洗涤等生活用水，该类用水的水质与居民生活用水相同，用水量则根据工业企业的生产工艺、生产条件、工作人员数量、工作时间安排等因素而变化。工业生产用水是指工业生产过程中为满足生产工艺和产品质量要求的用水，又可以分为产品用水（水成为产品或产品的一部分）、工艺用水（水作为溶剂、载体等）和辅助用水（冷却、清洗等）等，工业企业门类多，系统庞大复杂，对水量、水质、水压的要求差异很大。市政消防用水是指城镇区域内的道路清洗、绿化浇灌、公共卫生清洁和消防的用水。

为了满足城市和工业企业的各类用水需求，城市供水系统需要具备充足的水资源、取水设施、水质处理设施和输水及配水管道网络系统。

上述各种用水在被用户使用以后，水质受到了不同程度的污染，成为废水。这些废水携带着不同来源和不同种类的污染物质，会给人体健康、生活环境和自然生态环境带来严重危害，需要及时收集和处理，然后才可排放到自然水体或者循环重复利用。为此而建设的废水收集、处理和排放工程设施，称为排水系统。另外，城市化地区的降水易形成地面积水，甚至造成洪涝灾害，需要建设雨水排水系统及时排除。因此，根据排水系统所接纳的废水的来源，废水可以分为生活污水、工业废水和自然降水三种类型。生活污水主要是指居民生活用水所产生的废水和工业企业中的生活污水，其中含有大量有机污染物，受污染程度比较严重，是废水处理的重点对象。大量的工业用水在工业生产过程中被用于冷却或洗涤，受到较轻微的水质污染或发生温度变化，这类废水往往经过简单处理后可重复使用；部分工业废水在生产过程中受到严重污染，如许多化工生产废水含有很高浓度的污染物质，甚至含有大量有毒有害物质，必须予以严格的处理。自然降水指雨水和冰雪融化水，雨水排水系统的主要目标是排除降水，防止地面积水和洪涝灾害。在水资源缺乏的地区，降水应尽可能被收集和利用。只有建设合理、经济和可靠的排水系统，才能达到保护环境、保护水资源、促进生产及保障人们生活和生产活动安全的目的。

给水排水系统的功能和组成如图 1.1 所示。

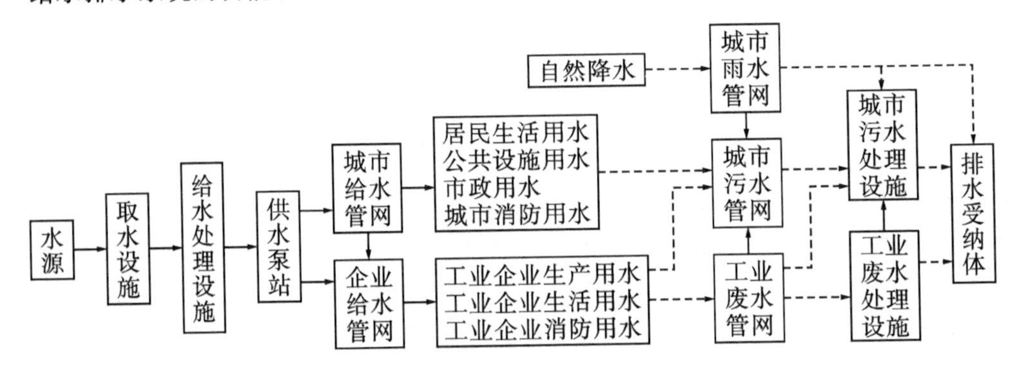

图 1.1　给水排水系统功能关系示意

给水排水系统应具备以下三项主要功能：

（1）水量保障。向人们指定的用水地点及时可靠地提供满足用户需求的用水量，将用户排出的废水（包括生活污水和生产废水）和自然降水及时可靠地收集并输送到指定地点。

（2）水质保障。向指定用水地点和用户供给符合质量要求的水及按有关水质标准将废水排入受纳水体。水质保障的措施主要包括三个方面：采用合理的给水处理措施使供水水质达到或超过人们用水所要求的质量；通过物理和化学等手段控制贮水和输配水过程中的水质变化；采用废水处理措施使废水水质达到排放要求，保护环境不受污染。

（3）水压保障。为用户的用水提供符合标准的用水压力，使用户在任何时间都能取得充足的水量；同时，使排水系统具有足够的高程和压力，使之能够顺利将废水排入受纳体。在地形高差较大的地方，应充分利用地形高差所形成的重力提供给水和排水的输送能量；在地形平坦的地区，给水一般采用水泵加压，必要时还需要通过阀门或减压设施降低水压，以保证用水设施安全和用水舒适。排水一般采用重力输送，必要时用水泵提升高程，或者通过跌水消能设施降低高程，以保证排水系统的通畅和稳定。

给水排水系统可划分为以下子系统：

（1）原水取水系统。原水取水系统包括水源地（如江河、湖泊、水库、海洋等地表水资源，潜水、承压水和泉水等地下水资源，复用水资源）、取水头部、取水泵站和原水输水管渠等。

(2) 给水处理系统。给水处理系统包括各种采用物理、化学、生物等方法的水质处理设备和构筑物。生活饮用水一般采用反应、絮凝、沉淀、过滤和消毒处理工艺和设施，工业用水一般有冷却、软化、淡化、除盐等工艺和设施。

(3) 给水管网系统。给水管网系统包括输水管渠、配水管网、水压调节设施（泵站、减压阀）及水量调节设施（清水池、水塔等）等，又称为输水与配水系统，简称输配水系统。

(4) 排水管网系统。排水管网系统包括污水和废水收集与输送管渠、水量调节池、提升泵站及附属构筑物（如检查井、跌水井、水封井、雨水口等）等。

(5) 废水处理系统。废水处理系统包括各种采用物理、化学、生物等方法的水质净化设备和构筑物。由于废水的水质差异大，采用的废水处理工艺各不相同。常用物理处理工艺有格栅、沉淀、曝气、过滤等，常用化学处理工艺有中和、氧化等，常用生物处理工艺有活性污泥处理、生物滤池、氧化沟等。

(6) 排放和重复利用系统。排放和重复利用系统包括废水受纳体（如水体、土壤等）和最终处置设施（如排放口、稀释扩散设施、隔离设施和废水回用设施等）。

一般城镇给水排水系统如图1.2所示。

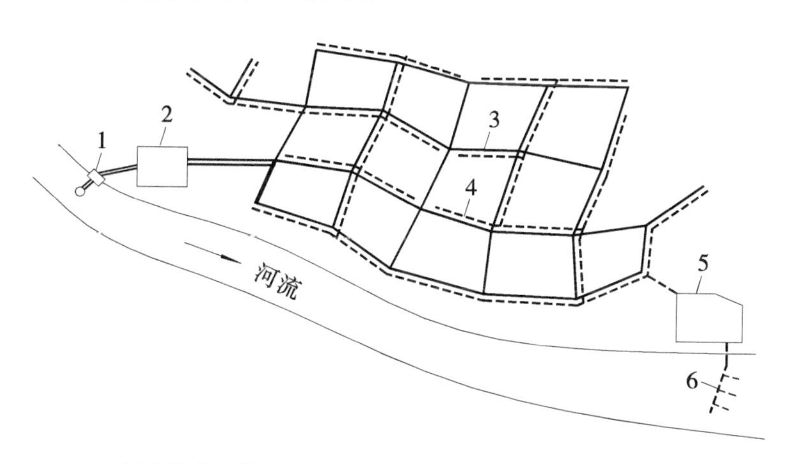

1—原水取水系统；2—给水处理系统；3—给水管网系统；4—排水管网系统；5—废水处理系统；6—排放和重复利用系统。

图1.2 城镇给水排水系统示意

1.1.1 给水系统的功能与组成

1.1.1.1 给水系统的任务

给水系统是保证城市、工矿企业等用水的各项构筑物和输配水管网组成的系统。它的任务是从水源取水，按照用户对水质的要求进行处理，然后将水输送到用水区，并向用户配水。根据系统的性质，可分类如下：

(1) 按水源种类，分为地表水（江河、湖泊、蓄水库、海洋等）给水系统和地下水（浅层地下水、深层地下水、泉水等）给水系统。

（2）按供水方式，分为自流系统（重力供水）、水泵供水系统（压力供水）和混合供水系统。

（3）按使用目的，分为生活用水给水系统、生产给水系统和消防给水系统。

（4）按服务对象，分为城市给水系统和工业给水系统，在工业给水系统中，又分为循环系统和复用系统。

水在人们生活和生产活动中占有重要地位。在现代化工业企业中，为了生产上的需要及改善劳动条件，水更是必不可少，缺水将会直接影响工业产值和国民经济发展的速度。因此，给水工程成为城市和工矿业的一个重要基础设施，必须保证足够的水量、合格的水质、充裕的水压供应生活用水、生产用水和其他用水，不但要满足近期的需要，还需兼顾到今后的发展。

1.1.1.2　给水系统的组成及功能

给水系统由相互联系的一系列构筑物和输配水管网组成。

为了完成上述给水任务，给水系统常由下列工程设施组成：

（1）取水构筑物，用于从选定的水源（包括地表水和地下水）取水。

（2）水处理构筑物，用于将取水构筑物的来水进行处理，以期符合用户对水质的要求。这些构筑物常集中布置在水厂范围内。

（3）泵站，用于将所需水量提升到要求的高度，可分为抽取原水的一级泵站、输送清水的二级泵站和设于管网中的增压泵站等。

（4）输水管渠和管网，输水管渠是将原水送到水厂的管渠，管网则是将处理后的水送到各个给水区的全部管道。

（5）调节构筑物，包括各种类型的贮水构筑物，如高地水池、水塔、清水池等，用以贮存和调节水量。高地水池和水塔兼有保证水压的作用。大城市通常不用水塔。中小城市或企业为了贮备水量和保证水压，常设置水塔。根据城市地形特点，水塔可设在管网起端、中间或末端，分别构成网前水塔、网中水塔和对置水塔的给水系统。

泵站、输水管渠、管网和调节构筑物等总称为输配水系统，从给水系统整体来说，它是投资最大的子系统。

图1.3表示以地表水为水源的给水系统。取水构筑物从江河取水，经一级泵站送往水处理构筑物，处理后的清水贮存在清水池中。二级泵站从清水池取水，经管网供应用户。有时，为了调节水量和保持管网的水压，可根据需要建造水库泵站、高地水池或水塔。一般情况下，从取水构筑物到二级泵站都属于水厂的范围。当水源远离城市时，须由输水管渠将水源水引到水厂。

给水管网遍布整个给水区内，根据管道的功能，可划分为干管和分配管。前者主要用于输水，管径较大，后者用于配水到用户，管径较小。给水管网设计和计算往往只限于干管。干管和分配管的管径并无明确的界限，须视管网规模而定。大管网中的分配管，在小型管网中可能是干管。大城市可略去不计的分配管，在小城市可能不允许略去。

以地下水为水源的给水系统，常凿井取水。因地下水水质良好，一般可省去水处理构筑物而只需加氯消毒，使给水系统大为简化，如图1.4所示。图1.4中的水塔并非必需，视城市规模大小而定。

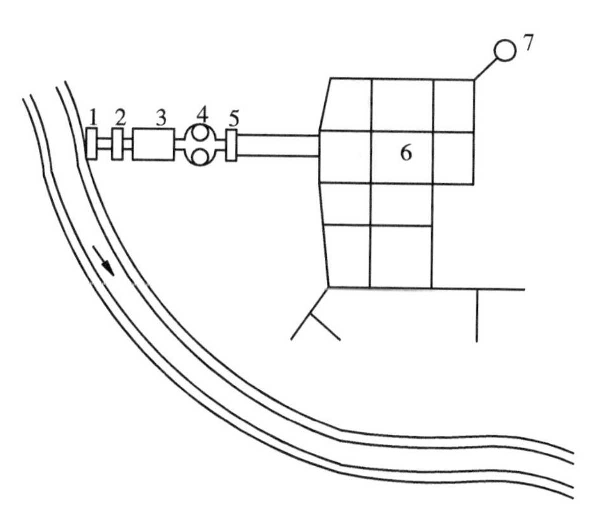

1—取水构筑物；2——级泵站；3—水处理构筑物；4—清水池；5—二级泵站；6—管网；7—调节构筑物。

图1.3　给水系统示意

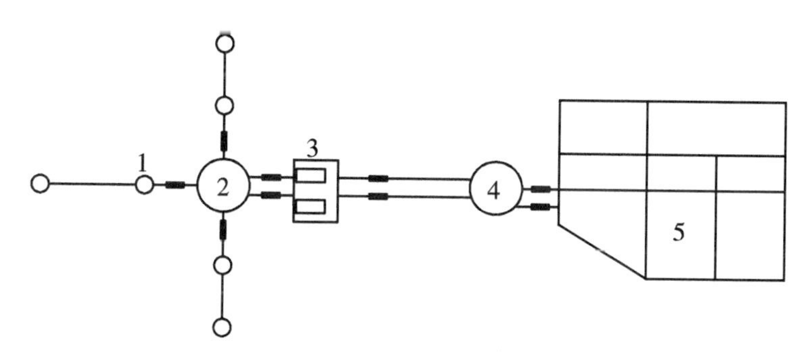

1—管井群；2—集水池；3—泵站；4—水塔；5—管网。

图1.4　地下水源的给水系统

如图1.3和图1.4所示的系统称为统一给水系统，即用同一系统供应生活、生产和消防等各种用水，绝大多数城市采用这一系统。在城市给水中，工业用水量往往占较大的比例，可是工业用水的水质和水压要求却有其特殊性。在工业用水的水质和水压要求与生活用水不同的情况下，有时可根据具体条件，除考虑统一给水系统外，还可考虑分质、分压等给水系统。当然，在小城市，因工业用水量在总供水量中所占比例一般较小，仍可按一种水质和水压统一给水。又如，城市内工厂位置分散，用水量又少，即使水质要求和生活用水稍有差别，也可采用统一给水系统。

1.1.2　排水系统的功能与组成

在人类的生活和生产中，使用着大量的水。水在使用过程中受到不同程度的污染，原有的化学成分和物理性质发生改变，这些水称作污水或废水。污水也包括雨水及冰雪融化水。

按照来源的不同，污水可分为生活污水、工业废水和自然降水。

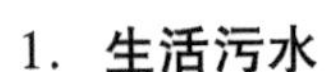

1. **生活污水**

生活污水是指人们日常生活中用过的水，包括从厕所、浴室、盥洗室、厨房、食堂和洗衣房等处排出的水，它来自住宅、公共场所、机关、学校、医院、商店及工厂中的生活间部分。

生活污水含有较多的有机物，如蛋白质、动植物脂肪、碳水化合物和尿素等，还含有肥皂和合成洗涤剂等，以及常在粪便中出现的病原微生物，如寄生虫卵和肠系传染病菌等。这类污水需要经过处理后才能排入水体、灌溉农田或再利用。

2. **工业废水**

工业废水是指在工业生产中所排出的废水，来自车间或矿场。由于各种工厂的生产类别、工艺过程、使用的原材料及用水成分的不同，工业废水的水质差别很大。

工业废水按照污染程度的不同，可分为生产废水和生产污水。

生产废水是指在使用过程中受到轻度污染或水温稍有增高的水。如机器冷却水便属于这一类，通常经某些处理后即可在生产中重复使用，或直接排放至水体。

生产污水是指在使用过程中受到较严重污染的水。这类水多半具有危害性。例如，有的含大量有机物，有的含氰化物、铬、汞、铅、镉等有害和有毒物质，有的含多氯联苯、合成洗涤剂等合成有机化学物质，有的含放射性物质，有的物理性状十分恶劣，等等。这类污水大多需经适当处理后才能排放或在生产中使用。废水中的有害或有毒物质往往是宝贵的工业原料，对这种废水应尽量回收利用，为国家创造财富，同时也减轻污水对环境的污染。

工业废水按所含主要污染物的化学性质，可有以下分类：

（1）主要含无机物的，包括冶金、建筑材料等工业所排出的废水。

（2）主要含有机物的，包括食品工业、炼油和石油化工等工业所排出的废水。

（3）同时含大量有机物和大量无机物的，包括焦化厂、化学工业中的氮肥厂、轻工业中的洗毛厂等所排出的废水。

工业废水按所含污染物的主要成分，可分为酸性废水、碱性废水、含氰废水、含镉废水、含铬废水、含汞废水、含酚废水、含醛废水、含油废水、含有机磷废水和放射性废水等。

实际上，一种工业可以排出几种不同性质的废水，而一种废水又会有不同的污染物和不同的污染效应。即便是一套生产装置排出的废水，也可能同时含有几种污染物。在不同的工业企业，虽然产品、原料和加工过程截然不同，也可能排出性质类似的废水。

3. **自然降水**

自然降水即大气降水，包括液态降水（如雨、露）和固态降水（如雪、冰雹、霜等）。前者通常指降雨。降落雨水一般比较清洁，但其形成的径流量大，若不及时排泄，则能使居住区、工厂、仓库等被淹没，交通受阻，积水为害，山区的洪水为害更甚。通常暴雨雨水的危害最严重，是排水的主要对象之一。冲洗街道和消防用水等，由于其性质和雨水相似，也并入雨水。一般，雨水不需要处理，可直接就近排入水体。

雨水虽然一般比较清洁，但初降雨时所形成的雨水径流会挟带着大气、地面和屋面上的各种污染物质，从而受到污染，因此初雨径流是雨水污染最严重的部分，应予以控制。有的国家对污染严重地区雨水径流的排放作了严格要求，如工业区、高速公路、机场等处的暴雨雨水要经过沉淀、撇油等处理后才可以排放。近年来，由于大气污染严重，在某些地区和城市出现酸雨，严重时 pH 达到 3.4。虽然雨水的径流量大，处理较困难，但近年来的研究表明，对其进行适当处理后再排入水体是有必要的。

城市污水，是指排入城镇污水排水系统的生活污水和工业废水。在合流制排水系统中，还包括生产废水和截流的雨水，城市污水实际上是一种混合污水，其性质变化很大，随着各种污水的混合比例和工业废水中污染物质的特性不同而异。在某些情况下可能是生活污水占多数，而在另一些情况下又可能是工业废水占多数。这类污水需经过处理后才能排入水体、灌溉农田，或再利用。

污水量是以 L 或 m^3 计量的。单位时间（s、h、d）的污水量称为污水流量。污水中的污染物质浓度，是指单位体积污水中所含污染物质的数量，通常以 mg/L 或 g/m^3 计量，用以表示污水的污染程度。生活污水量和用水量相近，而且所含污染物质的数量和成分也比较稳定；工业废水的水量和污染物质浓度差别很大，取决于工业生产性质和工艺过程。

城市和工业企业应当有组织地、及时地排除上述污水和雨水，否则可能污染和破坏环境，甚至形成公害，影响生活和生产，以及威胁人民健康。污水的收集、输送、处理和排放等设施以一定方式组合成的总体，称为排水系统。排水系统通常由管道系统（或称为排水管网）和污水处理系统（污水处理厂）组成。管道系统是收集和输送污水的设施，把污水从产生处输送至污水厂或出水口，它包括排水设备、检查井、管渠、水泵站等工程设施。污水处理系统是处理和利用污水的设施，它包括城市及工业企业污水厂（站）中的各种处理构筑物及除害设施等。

污水的最终处置或者是返回到自然水体、土壤、大气；或者是经过人工处理，使其再生为一种资源回到生产过程；或者采取隔离措施。其中，关于返回到自然界，自然环境具有容纳污染物质的能力，但具有一定限度，不能超过这个限度，否则就会造成污染。环境的这种容纳限度称为环境容量。图 1.5 为污水处理与处置系统的一种模式。在本系统中，污泥处置采用焚烧法，焚烧需要利用大气的环境容量。当所排出的污水不超过河流的环境容量时，可不经处理直接排放，否则应处理后再排放。处理后的水也可以再利用。

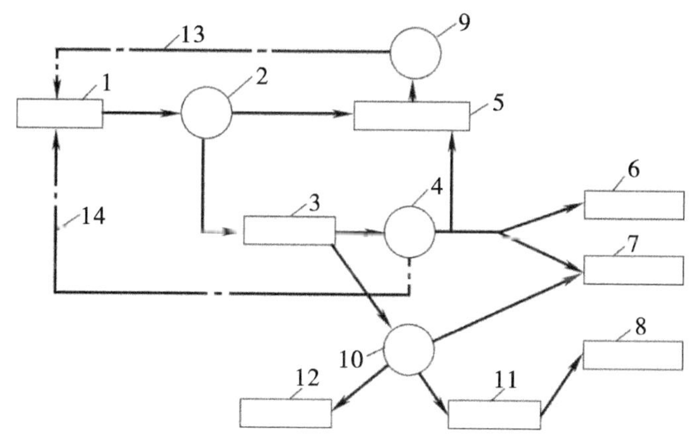

1—污水发生源；2—污水；3—污水厂；4—处理水；5—河流环境容量；6—海洋环境容量；7—土壤环境容量；8—大气环境容量；9—水资源；10—污泥；11—焚烧；12—隔离（有害物质）；13—用水供应；14—再利用。

图 1.5　污水处理与处置系统

根据不同的要求，经处理后的污水，其最后出路有排入水体、灌溉农田、重复使用。

排入水体是污水的自然归宿。水体对污水有一定的稀释与净化能力，也称为污水的稀释处理法，这是最常用的一种处置方式。

灌溉农田是污水利用的一种方式，也是污水处理的一种方法，称为污水的土地处理法。

重复使用是一种合适的污水处置方式。污水的治理由通过处理后达到无害化后排放，发展到处理后重复使用，这是控制水污染、保护水资源的重要手段，也是节约用水的重要途径。城市污水重复使用的方式如下：

（1）自然复用。一条河流往往既作给水水源，也受纳沿河城市排放的污水。流经河流下游城市的河水中，总是掺杂有上游城市排入的污水。因此，地面水源中的水，在其最后排入海洋之前，实际已被多次重复使用。

（2）间接复用。将城市污水注入地下补充地下水，作为供水的间接水源，也可防止地下水位下降和地面沉降。我国已有这方面的实际应用，美国加州橙市 WF－21 污水厂的出水补充地下水等均是间接复用的实例。

（3）直接复用。可将城市污水直接作为城市饮用水水源、工业用水水源、杂用水水源等重复使用（或称为再利用，也称为回用）。城市污水经过人工处理后直接作为城市饮用水水源，目前世界上仅南非某城一处，这对严重缺水地区来说可能是必要的。近年来，我国也提倡采用中水，而且已有不少工程实例，它是把处理过的生活污水用作冲洗厕所、洗车、园林灌溉、冷却设备补充水等杂用水。将处理后的城市污水作为工业水源，目前日本应用较多，多半用作设备冷却水。我国在大连已经研究成功并开始使用处理后的城市污水作为水源。

将民用建筑或建筑小区使用后的各种排水，如生活污水、冷却水等，经适当处理后回用于建筑或建筑小区作为杂用水的供水系统，我国称为建筑中水。图 1.6 为单栋建筑中水系统的示意图，图 1.7 为居住小区中水系统的示意图，图 1.8 为城市污水再利用（回用）系统的示意图。

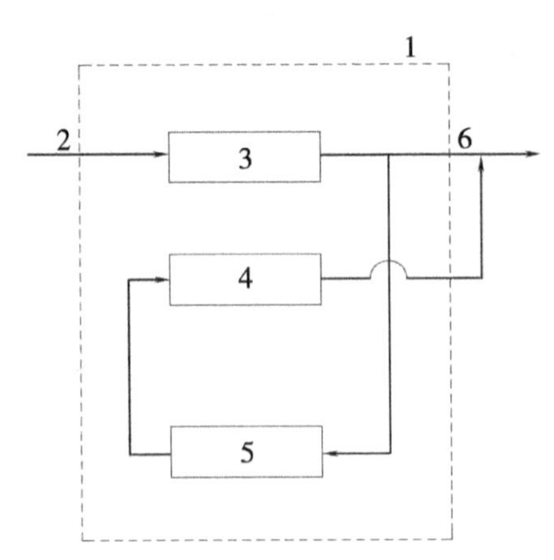

1—建筑；2—城市给水；3—生活饮用水系统；4—杂用水系统；5—中水处理设施；6—排入城市污水管道。

图 1.6　单栋建筑中水系统

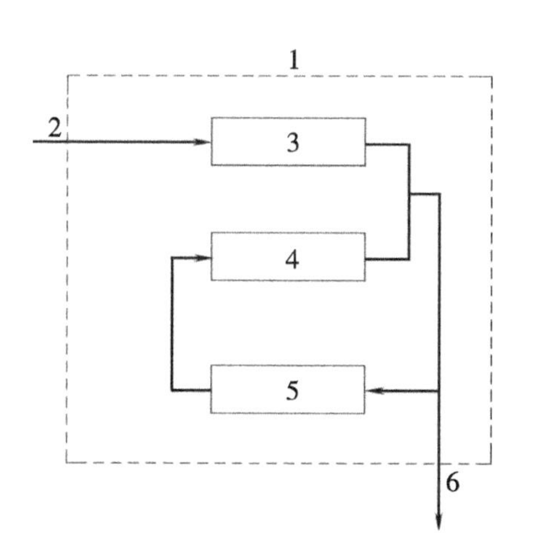

1—居住小区；2—城市给水；3—生活饮用水系统；4—杂用水系统；5—中水处理设施；6—排入城市污水管道。

图1.7　居住小区中水系统

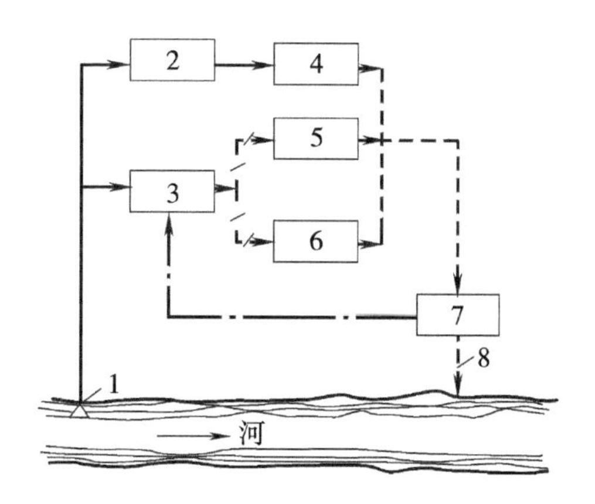

1—取水；2—给水厂；3—再利用（或称再生）水厂；4—生活用水；5—杂用水；6—工业用水；7—污水处理厂；8—出水口。

图1.8　城市污水再利用（回用）系统

1.1.2.1　城市污水排水系统的主要组成部分

城市污水包括排入城镇污水管道的生活污水和工业废水。将工业废水排入城市生活污水排水系统，就组成城市污水排水系统。

城市污水排水系统由下列主要部分组成。

1. 室内污水管道系统及设备

室内污水管道系统及设备的作用是收集生活污水，并将其排送至室外居住小区污水管道中。

在住宅及公共建筑内，各种卫生设备既是人们用水的容器，也是承受污水的容器，它们又是生活污水排水系统的起端设备。生活污水从这里经水封管、支管、竖管和出户管等室内管道系统流入室外居住小区管道系统。在每一出户管与室外居住小区管道相接的连接点设检查井，供检查和清通管道之用。

2. 室外污水管道系统

分布在地面下的依靠重力流输送污水至泵站、污水厂或水体的管道系统称为室外污水管道系统，它又分为居住小区污水管道系统及街道污水管道系统。管道系统上的附属构筑物有检查井、跌水井、倒虹管等。

（1）居住小区污水管道系统。敷设在居住小区内，连接建筑物出户管的污水管道系统称为居住小区污水管道系统。它分为接户管、小区污水支管和小区污水干管。接户管是指布置在建筑物周围、接纳建筑物各出户管污水的管道。小区污水支管是指布置在居住组团内与接户管连接的污水管道，一般布置在组团内道路下。小区污水干管是指在小区内接纳各居住单元内小区支管流出的污水的管道，一般布置于小区道路或市政道路下。居住小区污水排入城市排水系统时，其水质必须符合《污水排入城市下水道水质标准》（附录1）。居住小区污水排出口的数量和位置，要取得城市市政部门同意。

（2）街道污水管道系统。街道污水管道敷设在街道下，用以受纳居住小区管道流来的污水。在一个市区内，它由城市支管、干管、主干管等组成（图1.9）。支管是承接居住小区污水干管流出的污水或集中排出的污水的管道。在排水区界内，常按分水线划分成几个排水流域。在各排水流域内，干管是汇集输送由支管流出的污水的管道，也常称为流域干管。主干管是汇集输送由两个或两个以上干管流出的污水的管道。市郊干管是从主干管把污水输送至总泵站、污水处理厂或通至水体出水口的管道，一般在污水管道系统设置区范围之外。

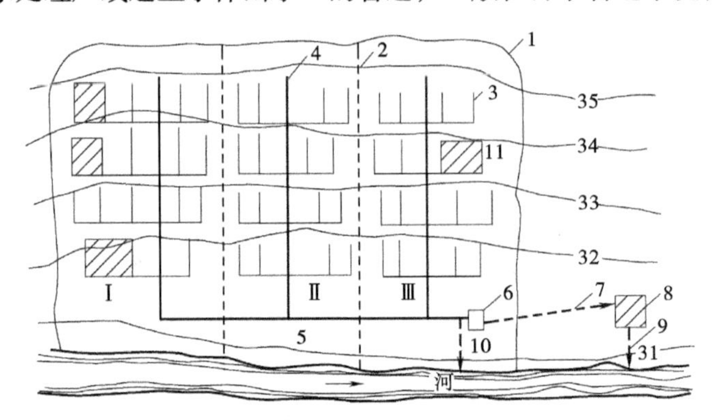

Ⅰ，Ⅱ，Ⅲ—排水流域；1—城市边界；2—排水流域分界线；3—支管；4—干管；5—主干管；6—总泵站；7—压力管道；8—城市污水厂；9—出水口；10—事故排出口；11—工厂。标注数值“32—35”的细线为等高线，单位为m。后图类似标注依此类推。

图1.9　城市污水排水系统总平面示意

3. 污水泵站及压力管道

污水一般以重力流排除，但往往由于受到地形等条件的限制而出现困难，这时就需要设置泵站。泵站分为局部泵站、中途泵站和总泵站等。压送从泵站出来的污水至高地自流管道或至污水厂的承压管段称为压力管道。

4. 污水厂

供处理和利用污水、污泥的一系列构筑物及附属构筑物的综合体称为污水处理厂。其在城市中常称为污水厂，在工厂中常称为废水处理站。城市污水厂一般设置在城市河流的下游地段，并与居民点或公共建筑保持一定的卫生防护距离。当采用区域排水系统时，每个城镇就不需要单独设置污水厂，将全部污水送至区域污水厂进行统一处理。

5. 出水口及事故排出口

污水排入水体的渠道和出口称为出水口，它是整个城市污水排水系统的终点设备。事故排出口是指在污水排水系统的中途，在某些易于发生故障的组成部分前面（如在总泵站的前面）所设置的辅助性出水渠，一旦发生故障，污水就通过事故排出口直接排入水体。

1.1.2.2　工业废水排水系统的主要组成部分

工业企业用管道将厂内各车间及其他排水对象所排出的不同性质的废水收集起来，送至废水回收利用和处理构筑物。经回收处理后的水可再利用，也可排入水体或排入城市污水排水系统。当某些工业废水允许不经处理直接排入城市排水管道时，就不需设置废水处理构筑物。

工业废水排水系统由下列主要部分组成：

（1）车间内部管道系统和设备。车间内部管道主要用于收集各生产设备排出的工业废水，并将其排送至车间外部的厂区管道系统中。

（2）厂区管道系统。厂区管道敷设在工厂内，用以收集并输送各车间排出的工业废水。厂区工业废水的管道系统可根据具体情况设置若干个独立的管道系统。

（3）污水泵站及压力管道。

（4）废水处理站。这是回收和处理废水与污泥的场所。

在管道系统上，同样也设置检查井等附属构筑物。在接入城市排水管道前宜设置检测设施。

1.1.2.3　雨水排水系统的主要组成部分

雨水排水系统由下列主要部分组成：

（1）建筑物的雨水管道系统和设备。主要是收集工业、公共或大型建筑的屋面雨水，并将其排入室外的雨水管渠系统中去。

（2）居住小区或工厂雨水管渠系统。

（3）街道雨水管渠系统。

（4）排洪沟。

（5）出水口。

收集屋面的雨水用雨水斗或天沟，收集地面的雨水用雨水口。地面上的雨水经雨水口流入居住小区、厂区或街道的雨水管渠系统。雨水排水系统的室外管渠系统基本上和污水排水系统相同。同样，雨水管渠系统也设有检查井等附属构筑物。雨水一般既不处理也不利用，直接排入水体。此外，因雨水径流较大，一般应尽量不设或少设雨水泵站，但在必要时也要设置，如上海、武汉等城市设置了雨水泵站用以抽升部分雨水。

上述各排水系统的组成部分，对于每一个具体的排水系统来说并不一定都完全具备，必须结合当地条件来确定排水系统内所需要的组成部分。图1.10为工业区排水系统总平面示意图。

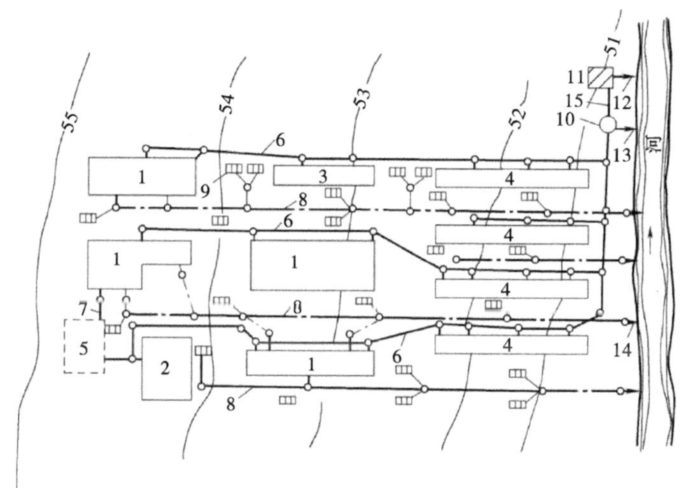

1—生产车间；2—办公楼；3—值班宿舍；4—职工宿舍；5—废水利用车间；6—生产与生活污水管道；7—特殊污染生产污水管道；8—生产废水与雨水管道；9—雨水口；10—污水泵站；11—废水处理站；12—出水口；13—事故排出口；14—雨水出水口；15—压力管道。

图1.10　工业区排水系统总平面示意

1.2 城市用水量和用水量变化

1.2.1 城市用水量分类和用水量定额

由给水系统统一供给的城市用水量为规划设计范围内的居民生活用水、公共设施（包括机关、学校、医院等）用水、工业用水及其他用水的水量总和，主要包括：

（1）居民生活用水量。

（2）公共设施用水量。

（3）工业企业生产用水量和工作人员生活用水量。

（4）消防用水量。

（5）市政用水量，主要指道路和绿地浇洒用水量。

（6）未预见用水量及给水管网漏失水量。

在城市用水量规划设计中，上述各类用水量总和称为城市综合用水量，居民生活用水量和公共设施用水量之和称为城市综合生活用水量。

不同类别的用水量可以采用有关设计规范规定的用水量指标进行计算。例如，中华人民共和国国家标准《室外给水设计标准》（GB 50013—2018）中居民生活用水定额和综合生活用水定额的参照值，见附表2.1至附表2.4。一般工业企业的用水量可根据国民经济发展规划，结合现有工业企业用水资料分析确定。

1.2.2 用水量表达和用水量变化

1.2.2.1 用水量表达

由于用户用水量是时刻变化的，因此设计用水量只能按一定时间范围内的平均值进行计算，通常用以下方式表达：

（1）平均日用水量。规划年限内，用水量最多的一年的总用水量除以用水天数即得平均日用水量。该值一般作为水资源规划和确定城市设计污水量的依据。

（2）最高日用水量。用水量最多的一年内，用水量最多的一天的总用水量为最高日用水量。该值一般作为取水工程和水处理工程规划和设计的依据。

（3）最高日平均时用水量。最高日用水量除以24 h，即得最高日平均时用水量。

（4）最高日最高时用水量。用水量最高日的24 h中，用水量最多的1 h的用水量为最高日最高时用水量。该值一般作为给水管网工程规划与设计的依据。

1.2.2.2 用水量变化

各种用水量都是经常变化的，但它们的变化幅度和规律有所不同。

生活用水量随着生活习惯、气候和人们生活节奏等变化，如假期比平日高，夏季比冬季高，白天比晚上高。从我国各城镇的用水统计情况可以看出，城镇人口越少，工业规模越小，用水量越低，用水量变化幅度越大。

工业企业生产用水量的变化一般比生活用水量的变化小，少数情况下变化可能很大。如化工厂、造纸厂等，生产用水量变化就很小；而冷却用水、空调用水等，受到水温、气温和季节影响，用水量变化很大。

不同类别的用水量变化一般具有各自的规律性，可以用下述的变化系数和变化曲线表示。

1. **用水量变化系数**

在一年中，每天用水量的变化可以用日变化系数表示。最高日用水量与全年用水量的比值称为用水量日变化系数，记作 K_d，即：

$$K_d = 365\frac{Q_d}{Q_y} \tag{1.1}$$

式中：Q_d——最高日用水量（m^3/d）；

Q_y——全年用水量（m^3/a）。

在给水排水工程规划和设计时，一般首先计算最高日用水量，然后确定日变化系数，于是可以用式(1.1)计算出全年用水量或平均日用水量，即：

$$Q_y = 365\frac{Q_d}{K_d} \tag{1.2}$$

$$Q_{ad} = \frac{Q_d}{K_d} \tag{1.3}$$

式中：Q_{ad}——平均日用水量（m^3/d）。

在一日内，每小时用水量的变化可以用时变化系数表示。最高日最高时用水量与平均时用水量的比值称为时变化系数，记作 K_h，即：

$$K_h = 24\frac{Q_h}{Q_d} \tag{1.4}$$

式中：Q_h——最高日最高时用水量（m^3/h）。

根据最高日用水量和时变化系数，可以计算最高日最高时用水量：

$$Q_h = K_h\frac{Q_d}{24} \tag{1.5}$$

2. **用水量变化曲线**

用水量变化系数只能表示一段时间内最高用水量与平均用水量的比值，要表达更详细的用水量变化情况，就要用到用水量变化曲线，即以时间 t 为横坐标和与该时间对应的用水量为纵坐标绘制的曲线。根据不同的目的和要求，可以绘制年用水量变化曲线、月用水量变化曲线、日用水量变化曲线、小时用水量变化曲线和瞬时用水量变化曲线。在供水系统运行管理中，安装自动记录和数字远传水表或流量计，能够连续地实时记录一个区域或用户的用水量，提高供水系统管理的科学水平和经济效益。图1.11为某供水区的7日用水量在线记录曲线，表达了该区域从星期一到星期日的用水量变化情况和规律。

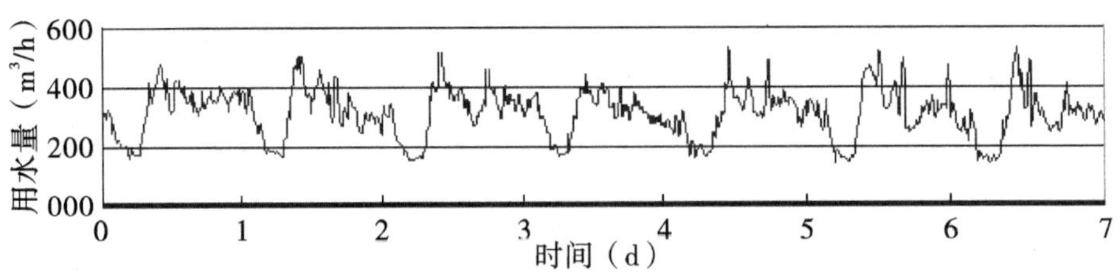

图 1.11　某供水区 7 日用水量在线记录曲线

给水管网工程设计中，要求管网供水量时刻满足用户用水量，适应任何一天中 24 h 的变化情况，经常需要绘制小时用水量变化曲线，特别是最高日用水量变化曲线。绘制 24 h 用水量变化曲线时，用横坐标表示时间，纵坐标除用每小时用水量表示外，也可以采用每小时用水量占全日用水量的百分数。采用这种相对表示方法，有助于供水能力不等的城镇给水系统之间相互比较和参考。

图 1.12 为某城市的小时用水量变化曲线，可以看出，最高时是上午 8—9 时，最高时用水量比例为 5.92%；可以得出，一日中的平均时用水量比例为 100%/24 = 4.17%，时变化系数 $K_h = 1.42$。

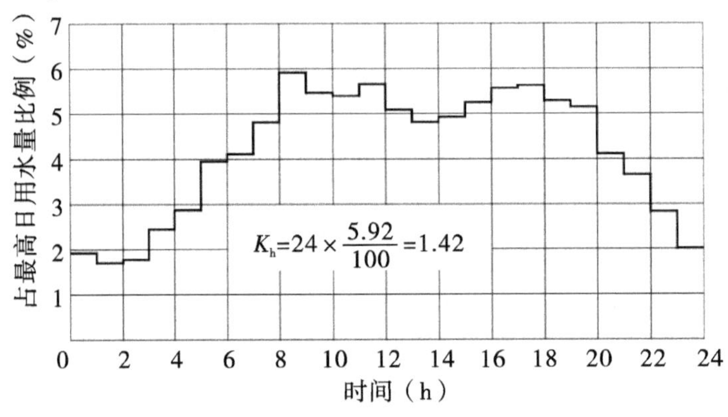

图 1.12　小时用水量变化曲线

用水量变化曲线一般根据用水量历史数据统计求得。在无历史数据时，可以参考附近城市的实际资料确定。

《城市给水工程规划规范》（GB 50282—2016）规定，当缺乏实际用水资料时，最高日城市综合用水的时变化系数应采用 1.2 ～ 1.6，日变化系数宜采用 1.1 ～ 1.5。在规划设计工作中，应结合给水排水工程的规模、地理位置、气候、生活习惯、室内给水排水设施和工业生产情况等取值。当有本市或相似城市用水量历史资料时，可以进行统计分析，更准确地拟定日变化系数。

1.3　给水排水系统工作原理

给水排水系统中的各组成部分在水量、水质和压力方面有着紧密的联系，只有正确认识和理解它们之间的相互关系并有效地进行控制和运行管理，才能满足用户给水排水的水量、水质和压力需求，达到水资源优化利用、满足生产要求、保证产品质量、方便人们生活、保护环境和防止灾害等目的。

1.3.1　给水排水系统的流量关系

给水排水系统中各子系统及其组成部分具有流量连续关系。原水从水源地进入系统后，依次通过取水系统、给水处理系统、给水管网系统、用户、排水管网系统、废水处理系统，最后排放或复用，称为给水排水系统流程。其中，用户是给水排水系统的服务对象。在系统设计期限内，用户的最高日用水量和排水量是该系统规划设计的重要依据。满足系统压力和水质要求的最大日供水量和排水量分别称为该系统的最大日供水能力和最大日排水能力。但是，因为用户在一天中的用水量和排水量是随时间变化的，而给水排水工程系统中各子系统需要相对稳定的运行条件，所以各子系统在同一时间内的设计流量并不一定相等。

图 1.13 为一个具有代表性的传统型城市给水排水系统流程的简图，用 Q_1 ～ Q_8和 q_1 ～ q_7依次表示该系统流程中的流量变化。其中，给水处理系统需要供出最大日供水量 Q_2，并需要每日消耗一部分自用水量 q_1，一般可采用设计水量 Q_2的 5% ～ 10%，此外，给水处理系统一般应该稳定运行，因此，其每小时处理水量即为 Q_2和 q_1之和的小时平均流量；取水系统的流量 Q_1则等于上述给水处理系统的流量，即 $Q_1 = Q_2 + q_1$或 $Q_1 = (1.05 \sim 1.10)Q_2$；给水管网系统向用户供给用水量 Q_4，且必须时刻满足用户的用水量需求，因此，Q_4为用户的最高日最高时用水量；q_2为给水管网系统漏失水量；在管网泵站小时供水流量为 Q_3的条件下，q_3为给水管网系统调节流量，其流向根据水塔（或高位水池）进水或出水而变，使管网总进水量等于管网总出水量，即 $Q_3 + q_3 = Q_4 + q_2$；清水池用于调节其进水量 Q_2和出水量 Q_3的差值；q_4为用户使用后未进入排水系统的水量；Q_5为用户使用后进入排水系统的水量，其日流量为 $Q_5 = Q_4 - q_4$；q_5为进入排水管网系统的降水或渗入的地下水；q_6为排水管网调蓄水量，其流向根据调蓄池进水或出水而变化，因此，进入均和池的流量 $Q_6 = Q_5 + q_5 - q_6$；废水处理系统一般需要稳定运行，其每小时进水量 $Q_7 = Q_6/24$；q_7为废水处理系统自耗水，所以系统排放流量 $Q_8 = Q_7 - q_7$。

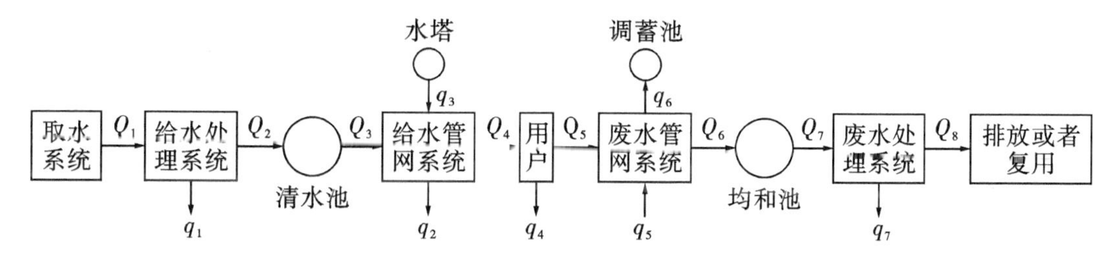

图 1.13　给水排水系统流程

清水池用于调节给水处理水量与管网中的用水量之差，因为用户用水量在一天中往往变化较大，而取水与给水处理系统则应按较均匀的流量设计和运行，以节约建设投资和方便运行管理。实际上，取水系统运行时，取水量就是根据清水池水位控制的，只要保证清水池存有足够量的水，就能保证供水管网中用户的用水。水塔（或高位水池）也具有水量调节作用，不过其容积一般较小，调节能力有限，因此大型系统一般不建水塔。有些给水管网系统中也建有提升（加压）泵站，同样也起到水量调节的作用。

调蓄池和均和池用于调节排水管网流量和废水处理流量之差，因为排水量在一日中的变化同样也是较大的，而废水处理和排放设施一般按小时流量设计和运行，可以节约建设投资和方便运行管理。由于雨水的流量相当集中，有时在排水管网中建雨水调蓄池可以减小排水管（渠）尺寸，节约投资。排水调蓄池和均和池还具有均和水质的作用，以降低污染物随时间变化造成的处理困难。

1.3.2 给水排水系统的水质关系

给水排水系统有三个水质标准和三个水质变化过程。

三个水质标准具体如下：

（1）原水水质标准。作为城镇给水水源，原水的水质必须符合国家生活饮用水水源水质标准，并加强监测、管理与保护，使原水水质能够长期达到国家标准要求。

（2）给水水质标准。供应城镇用户使用的水，必须达到《生活饮用水卫生标准》（GB 5749—2022）要求，工业用水和其他用水必须达到相关行业水质标准或用户特定的水质要求。

（3）排放水质标准。排放水质标准即废水经过处理后要达到的水质要求，应按照国家废水排放水质标准要求及废水排放受纳水体的承受能力确定。

三个水质变化过程具体如下：

（1）给水处理。将原水水质净化或加入有益物质，使之达到给水水质要求的处理过程。

（2）用户用水。此过程是改变水质，使之成为污水或废水的过程，水质受到不同程度污染。

（3）废水处理。此过程是对污水或废水进行处理，去除污染物质，使之达到排放水质标准的过程。

除了这三个水质变化过程，由于管道材料的溶解、析出、结垢和微生物滋生等，给水管网的水质也会发生变化。管网水质变化与控制问题已逐步引起重视并成为专业技术人员研究的对象。

1.3.3 给水排水系统的水压关系

水压不但是用户用水所要求的，也是给水和排水输送的能量来源。水的机械能有位能、压能和动能三种形式，位能与压能之和称为测压管水头，工程上又称为压力水头，或简称水头。给水排水系统的水压关系实际上就是包含高程因素的水压关系，广义地讲就是能量关系。

在给水系统中，从水源开始，水流到达用户前一般要经过多次提升，特殊情况下也可以依靠重力直接输送给用户。水的输送方式如下：

（1）全重力给水。当水源地势较高时，如取用山溪水、泉水或高位水库水等，水流通过重力自流输送到水厂处理，然后又通过重力输水管和管网送至用户使用，在原水水质优良而不用处理时，原水可直接通过重力输送给用户使用，或仅经过消毒等简单处理直接输送给用户使用。这种情况完全利用原水的位能克服输水能量损失和满足用户的水压转换需求，是一种最经济的给水方式。当原水位能有富余时，可以通过阀门调节供水压力。

（2）一级加压给水。有多种情况可能采用一级加压给水：一是当水厂地势较高时，从水源取水到水厂采用一级提升，处理后的清水依靠水厂的高地势，直接靠重力输送给用户；二是水源地势较高时，靠重力输送至水厂，处理后的清水加压输送给用户使用；三是当原水水质优良时，无须处理，从取水处加压直接输送给用户使用；四是当给水处理全过程采用封闭式设施时，从取水处加压后，采用承压方式进行处理，直接输送给用户使用。

（3）二级加压给水。这是目前采用最多的给水方式，水流在水源取水时经过第一级加压，提升到水厂进行处理，处理好的清水贮存于清水池中，清水经过第二级加压进入输水管渠和配水管网，供用户使用。第一级加压的目的是满足取水和提供原水输送与处理过程中的能量要求，第二级加压的目的是提供清水在输水管渠与配水管网中流动所需要的能量，并提供用户用水所需的水压。

（4）多级加压给水。这有两种情形：一是长距离输水时需要多级加压提升，如水源距离水厂很远时原水需经多级提升输送到水厂，或水厂距离用水区域很远时清水需要多级提升输送到用水区的管网；二是大型给水系统的用水区域很大，或用水区域为狭长形，一级加压供水不经济或前端管网水压偏高，应采用多级供水加压。

排水系统承接给水系统的压力，也就是说，用户用水所处位置越高，排水源头的位能（水头）越大。排水系统往往利用地形重力输水，只有当管渠埋深太大时，才采用排水泵站进行提升。

废水输送到处理厂后往往先贮存到均和池中，在处理和排放过程中还要进行一级或二级提升。当处理厂所处地势较低时，废水可以靠重力自流进入处理设施，处理完后再提升排放或复用；当处理厂所处地势较高时，废水经提升后进入处理设施，处理完后靠重力自流排放或复用；更多的情况下，废水需要经提升后进入处理设施，处理完后再次提升排放或复用。

1.4　给水排水管网系统的功能与组成

给水排水管网系统是给水排水工程设施的重要组成部分，是由不同材料的管道和附属设施构成的输水网络。根据其功能可以分为给水管网系统和排水管网系统。给水管网系统承担供水的输送、分配、压力调节（加压、减压）和水量调节的任务，起到保障用户用水的作用；排水管网系统承担污废水收集、输送、高程或压力调节和水量调节的任务，起到防止环境污染和防治洪涝灾害的作用。

给水管网系统和排水管网系统均应具有以下功能：

（1）水量输送。这是指实现一定水量的位置迁移，满足用水与排水的地点要求。

（2）水量调节。这是指采用贮水措施解决供水、用水与排水的水量不平均问题。

（3）水压调节。这是指采用加压和减压措施调节水的压力，满足水输送、使用和排放的能量要求。

1.4.1 给水管网系统的功能与组成

给水管网系统一般由输水管渠、配水管网、水压调节设施（泵站、减压阀）及水量调节设施（清水池、水塔、高位水池）等构成。一个典型的给水管网系统如图 1.14 所示。

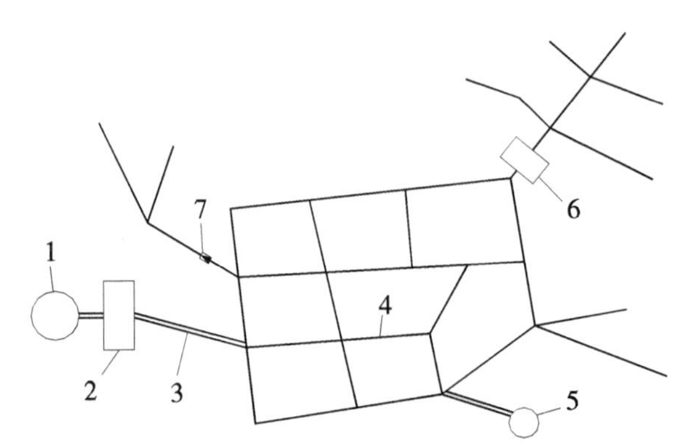

1—清水池；2—供水泵站；3—输水管；4—配水管网；5—水塔（高位水池）；6—加压泵站；7—减压设施。

图 1.14 给水管网系统

1. 输水管渠

输水管渠是指在较长距离内输送水量的管道或渠道，一般不沿线向外供水，如从水厂将清水输送至供水区域的管道（渠道）、从供水管网向某大用户供水的专线管道、区域给水系统中连接各区域管网的管道等。输水管道的常用材料有铸铁管、钢管、钢筋混凝土管、UPVC 管等，输水渠道一般由砖、砂、石、混凝土等材料砌筑。

因为输水管发生事故将对供水产生较大影响，所以较长距离输水管一般敷设成两条并行管线，并在中间的一些适当地点分段连通和安装切换阀门，以便其中一条管道局部发生故障时由另一条并行管段替代。采用重力输水方案时，许多地方采用渡槽输水，可以就地取材，降低造价。

输水管的流量一般都较大，输送距离远，施工条件差，工程量巨大，甚至要穿越山岭或河流。输水管的安全可靠性要求严格，特别是在现代化城市建设和发展中，远距离输水工程越来越普遍，因此必须对输水管道工程的规划和设计给予高度重视。

2. 配水管网

配水管网是指分布在供水区域内的配水管道网络。其功能是将来自较集中点（如输水管渠的末端或贮水设施等）的水量分配输送到整个供水区域，使用户能从近处接管用水。

配水管网由主干管、干管、支管、连接管、分配管等构成。配水管网中还需要安装消火栓、阀门（闸阀、排气阀、泄水阀等）和检测仪表（压力、流量、水质检测等）等附属设施，以保证消防供水和满足生产调度、故障处理、维护保养等管理需要。

3. 泵站

泵站是输配水系统中的加压设施，一般由多台水泵并联组成。当水不能靠重力流动时，必须使用水泵对水流增加压力，以使水流有足够的能量克服管道内壁的摩擦阻力，在输配水系统中还要求水被输送到用户接水地点后有符合用水压力要求的水压，以克服用水地点的高差及用户的管道系统与设备的水流阻力。

给水管网系统中的泵站有供水泵站和加压泵站两种形式。供水泵站一般位于水厂内部，将清水池中的水加压后送入输水管或配水管网。加压泵站则对远离水厂的供水区域或地形较高的区域进行加压，即实现多级加压。加压泵站一般从贮水设施中吸水，也有部分加压泵站直接从管道中吸水，前一类属于间接加压泵站（亦称为水库泵站），后一类属于直接加压泵站。

泵站内部以水泵机组为主体，由内部管道将其并联或串联起来，管道上设置阀门，以控制多台水泵灵活地组合运行，并便于水泵机组的拆装和检修。泵站内还应设有水流止回阀，必要时安装水锤消除器、多功能阀（具有截止阀、止回阀和水锤消除作用）等，以保证水泵机组安全运行。

4. 水量调节设施

水量调节设施有清水池（又称为清水库）、水塔和高位水池（或水塔）等形式。其主要作用是调节供水与用水的流量差，也称为调节构筑物。水量调节设施也可用于贮存备用水量，以保证消防、检修、停电和事故等情况下的用水，提高系统的供水安全可靠性。

设在水厂内的清水池（清水库）是水处理系统与管网系统的衔接点，既作为处理好的清水的贮存设施，也是管网系统中输配水的水源点。

5. 减压设施

用减压阀和节流孔板等减压设施降低和稳定输配水系统中局部区域的水压，以避免水压过高造成管道或其他设施的漏水、爆裂和水锤破坏，并可提高用水的舒适感。

1.4.2 排水管网系统的功能与组成

排水管网系统一般由废水收集设施、排水管网、排水调蓄池、提升泵站、废水输水管渠和排放口等构成。一个典型的排水管网系统如图1.15所示。

1—集水管网；2—排水调蓄池；3—提升泵站；4—输水管。

图1.15 排水管网系统

(1) 废水收集设施。这是排水系统的起始点。用户排出的废水一般直接排到用户的室外窨井，通过连接窨井的排水支管将废水收集到排水管道系统中，如图 1.16 所示。雨水的收集是通过设在屋面或地面的雨水口将雨水收集到雨水排水支管，如图 1.17 所示。

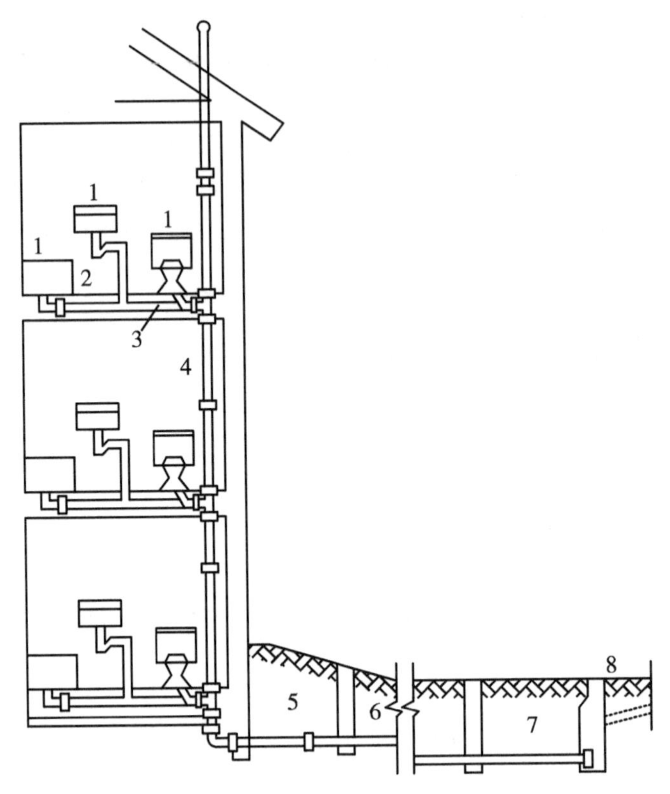

1—卫生设备和厨房设备；2—存水弯（水封）；3—支管；4—竖管；5—房屋出流管；6—庭院沟管；7—连接支管；8—窨井。

图 1.16　生活污水收集管道系统

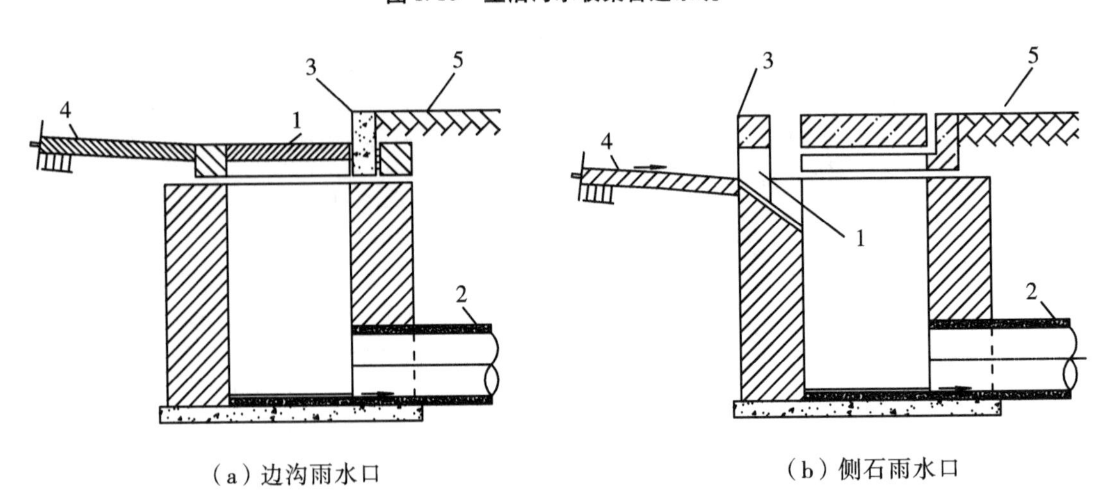

（a）边沟雨水口　　（b）侧石雨水口

1—雨水进口；2—连接管；3—侧石；4—道路；5—人行道。

图 1.17　道路路面雨水排水口

（2）排水管网。排水管网指分布于排水区域内的排水管道（渠道）网络，其功能是将收集到的污水、废水和雨水等输送到处理地点或排放口，以便集中处理或排放。排水管网由支管、干管、主干管等构成，一般顺沿地面高程由高向低布置成树状网络。排水管网中设置雨水口、检查井、跌水井、溢流井、水封井、换气井等附属构筑物及流量等检测设施，便于系统的运行与维护管理。因为污水含有大量的漂浮物和气体，所以污水管网的管道一般采用非满管流，以保留漂浮物和气体的流动空间。雨水管网的管道一般采用满管流。工业废水的输送管道是采用满管流还是非满管流，应根据水质的特性决定。

（3）排水调蓄池。排水调蓄池指具有一定容积的污水、废水或雨水贮存设施。用于调节排水管网接收流量与输水量或处理水量的差值。排水调蓄池可以降低其下游高峰排水流量，从而减小输水管渠或排水处理设施的设计规模，降低工程造价。排水调蓄池还可在系统事故时贮存短时间排水量，以降低造成环境污染的危险。排水调蓄池也能起到均和水质的作用，特别是工业废水，不同工厂或不同车间排水水质不同，不同时段排水的水质也会变化，不利于净化处理，调蓄池可以中和酸碱，均化水质。

（4）提升泵站。提升泵站通过水泵提升排水的高程而增加排水输送的能量。排水在重力输送过程中，高程不断降低，当地面较平坦时，输送一定距离后管道的埋深会很大（如达到 5 m 以上），建设费用很高，通过水泵提升可以降低管道埋深以降低工程费用。另外，为了使排水能够进入处理构筑物或达到排放的高程，也需要进行提升或加压。提升泵站根据需要设置，管网的规模较大或需要长距离输送时，可能需要设置多座泵站。某排水提升泵站如图 1.18 所示。

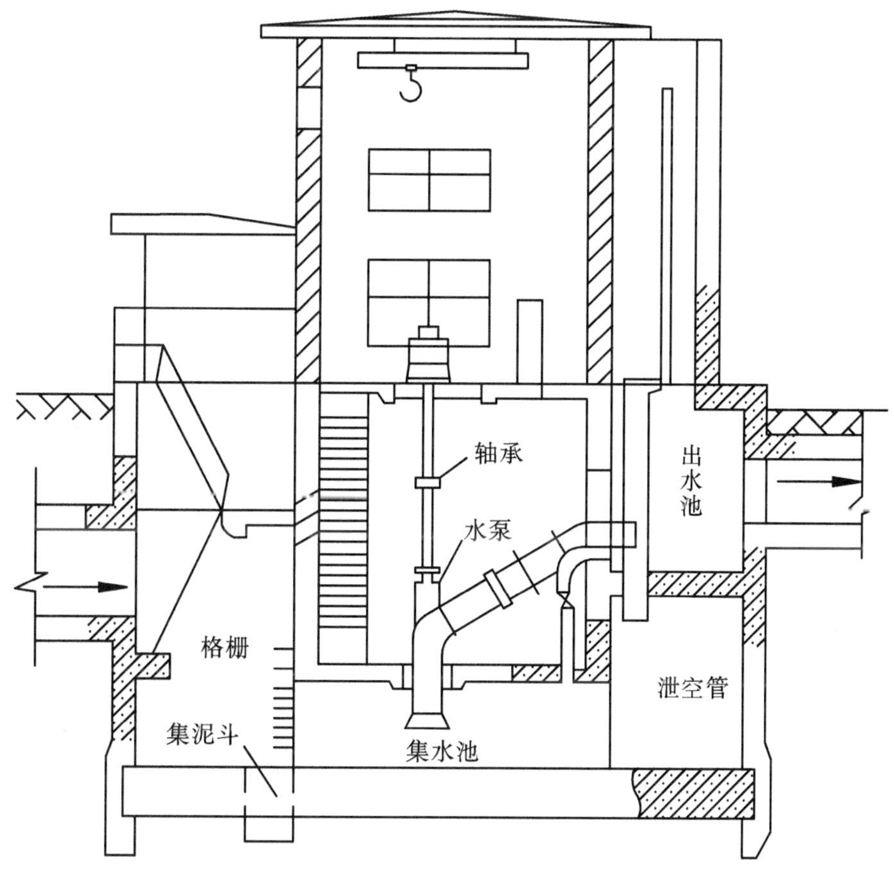

图 1.18　排水提升泵站

(5) 废水输水管（渠）。废水输水管（渠）指长距离输送废水的管道或渠道。为了保护环境，排水处理设施往往建在离城市较远的地区，排放口也选在远离城市的水体下游，都需要长距离输送。

(6) 废水排放口。排水管道的末端是废水排放口，与接纳废水的水体连接。为了保证排放口的稳定，或者使废水能够比较均匀地与接纳水体混合，需要合理设置排放口。排放口有多种形式，常用的有两种（图 1.19）：一是岸边式排放口，具有较好的防冲刷能力；二是分散式排放口，可使废水与接纳水体均匀混合。

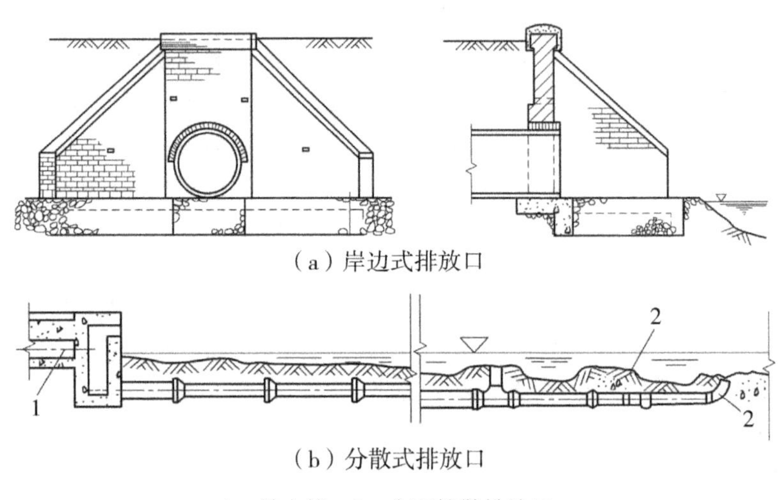

（a）岸边式排放口

（b）分散式排放口

1—排水管；2—水下扩散排放口。

图 1.19　废水排放口

1.5　给水排水管网系统类型与体制

1.5.1 给水管网系统的类型

1.5.1.1　按水源的数目分类

1. 单水源给水管网系统

该系统只有一个清水池，清水经过泵站加压后进入输水管和管网，所有用户的用水来源于一个水厂清水池。较小的给水管网系统，如企事业单位或小城镇给水管网系统，多为单水源给水管网系统，如图 1.20 所示。

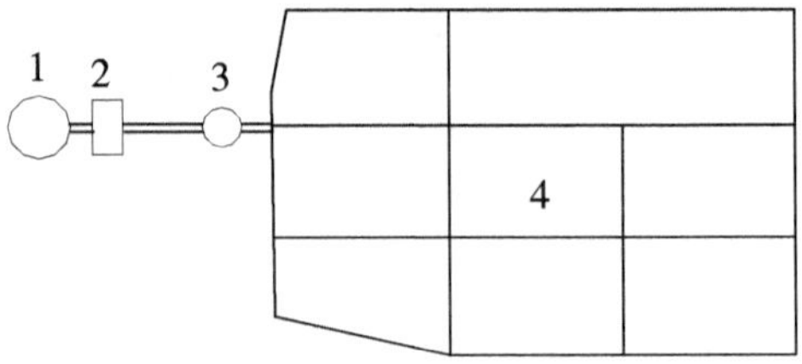

1—清水池；2—泵站；3—水塔；4—管网。

图 1.20　单水源给水管网系统

2. 多水源给水管网系统

该系统为多个水厂的清水池作为水源的给水管网系统，清水从不同的地点经输水管进入管网，用户的用水可以来源于不同的水厂。

较大的给水管网系统，如大中城市或跨城镇的给水管网系统，一般是多水源给水管网系统，如图 1. 21 所示。对于一定的总供水量，给水管网系统的水源数目增多时，各水源供水量与平均输水距离较小，管道输水流量也比较分散，因而可以降低系统造价与供水能耗。但多水源给水管网系统的管理复杂程度提高。

1—水厂；2—水塔；3—管网。

图 1. 21　多水源给水管网系统

1. 5. 1. 2　按系统构成方式分类

1. 统一给水管网系统

该系统中只有一个管网，即管网不分区，统一供应生产、生活和消防等各类用水，其供水具有统一的水压。

2. 分区给水管网系统

将给水管网系统划分为多个区域，各区域管网具有独立的供水泵站，供水具有不同的水压。分区给水管网系统可以降低平均供水压力，避免局部水压过高的现象，减少爆管概率和泵站能量的浪费。管网分区的方法有两种：一种是串联分区，设多级泵站加压；另一种是并联分区，不同压力要求的区域由不同泵站（或泵站中不同水泵）供水。大型管网系统可能既有串联分区又有并联分区，以便更加节约能量。并联分区给水管网系统如图 1. 22 所示，串联分区给水管网系统如图 1. 23 所示。

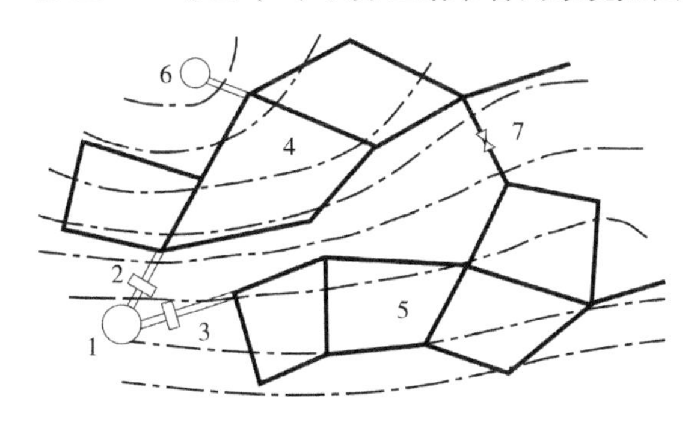

1—清水池；2—高压泵站；3—低压泵站；4—高压管网；5—低压管网；6—水塔；7—连通阀门。

图 1. 22　并联分区给水管网系统

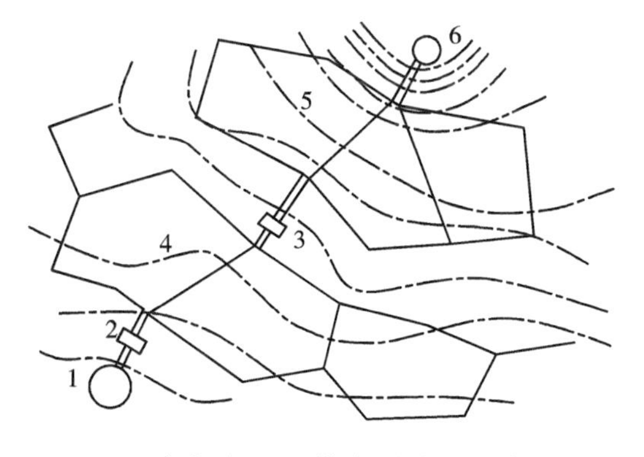

1—清水池；2—供水泵站；3—加压泵站；4—低压管网；5—高压管网；6—水塔。

图 1. 23　串联分区给水管网系统

1. 5. 1. 3　按输水方式分类

1. 重力输水管网系统

水源处地势较高，清水池（清水库）中的水依靠自身重力，经重力输水管进入管网并供用户使用。重力输水管网系统无动力消耗，是一类运行经济的输水管网系统。重力输水管网系统如图 1. 24 所示。

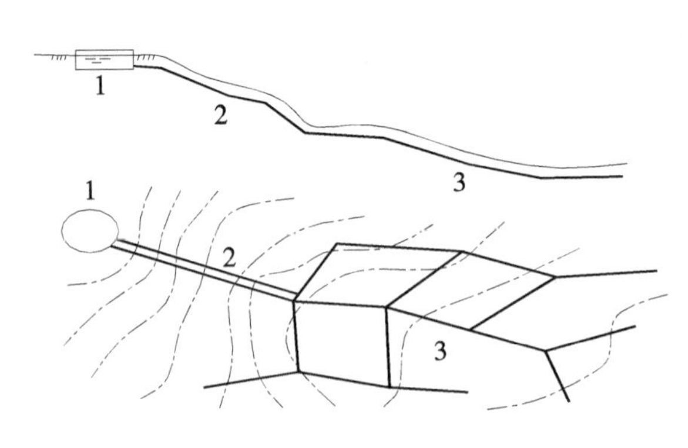

1—清水池；2—输水管；3—配水管网。

图 1.24　重力输水管网系统

2. **压力输水管网系统**

清水池（清水库）的水由泵站加压送出，经输水管进入管网供用户使用，甚至要通过多级加压将水送至更远或更高处用户使用。压力输水管网系统需要消耗动力。如图 1.22 和图 1.23 所示的输水管网系统均为压力输水管网系统。

1.5.2　排水管网的体制及其选择

1.5.2.1　排水管网体制

废水分为生活污水、工业废水和雨水三种类型，它们可采用同一个排水管网系统排除，也可采用各自独立的分质排水管网系统排除。不同排除方式形成的排水系统称为排水体制。

排水系统主要有合流制和分流制两种。

1. **合流制排水系统**

将生活污水、工业废水和雨水混合在同一管道（渠）系统内排放的排水系统称为合流制排水系统。早期建设的排水系统，是将排除的混合污水不经处理直接就近排入水体。国内外很多老城市在早期几乎都是采用这种合流制排水系统，如图 1.25 所示，又称为直排式合流制排水系统。

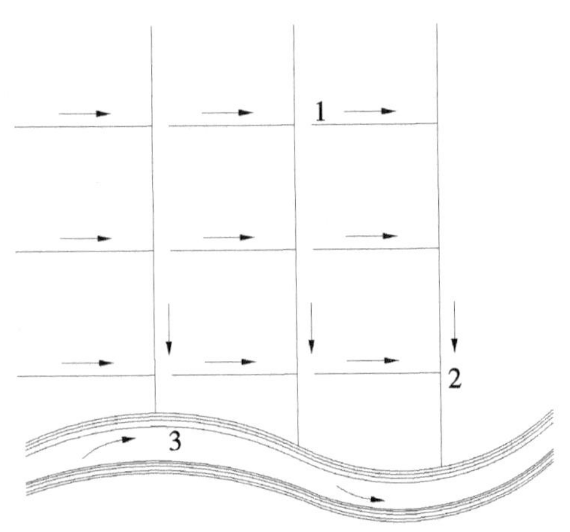

1—合流支管；2—合流干管；3—河流。

图 1.25　直排式合流制排水系统

由于污水未经处理就排放，使受纳水体遭受严重污染。现在常采用的是截流式合流制排水系统，这种系统建造一条截流干管，在合流干管与截流干管相交前或相交处设置溢流井，并在截留干管下游设置污水处理厂，如图 1.26 所示。晴天和降雨初期时，所有污水都输送至污水处理厂，经处理后排入水体，随着降雨量的增加，雨水径流增大，混合污水的流量超过截流管的输水能力后，以雨水占主要比例的混合污水经溢流井溢出，直接排入水体。截流式合流制排水系统仍有部分混合污水未经处理直接放，使水体遭受污染。然而，由于截流式合流制排水系统在旧城市的排水系统改造中比较简单易行，节省投资，并能大量降低污染物质的排放，因此，在国内外旧排水系统改造时经常采用。

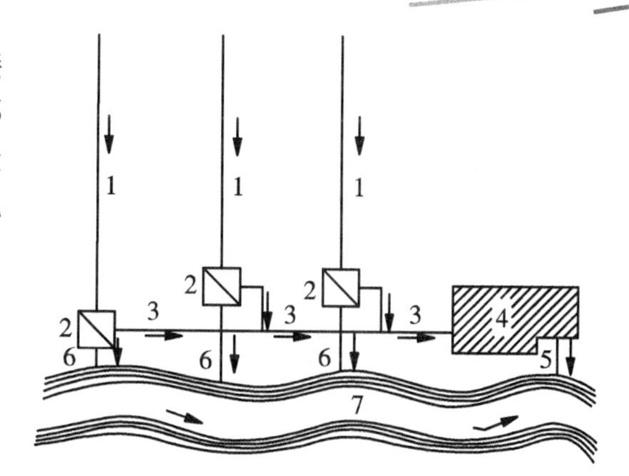

1—合流干管；2—溢流井；3—截流干管；4—污水处理厂；5—排水口；6—溢流干管；7—河流。

图1.26　截流式合流制排水系统

2. 分流制排水系统

将生活污水、工业废水和雨水分别在2套或2套以上管道（渠）系统内排放的排水系统称为分流制排水系统，图1.27和图1.28所示的排水系统均为分流制排水系统。

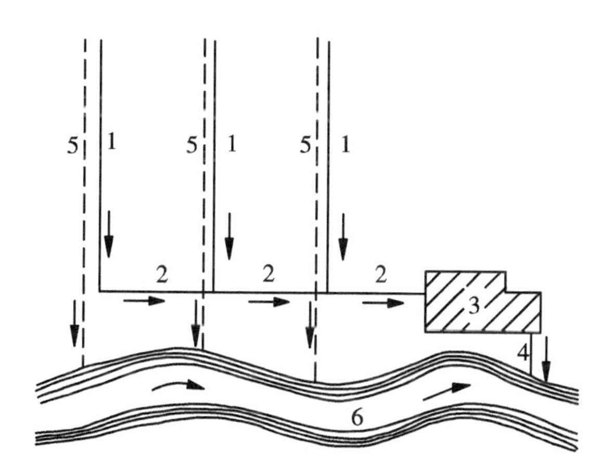

1—污水干管；2—污水主干管；3—污水处理厂；4—排水口；5—雨水干管；6—河流。

图1.27　完全分流制排水系统

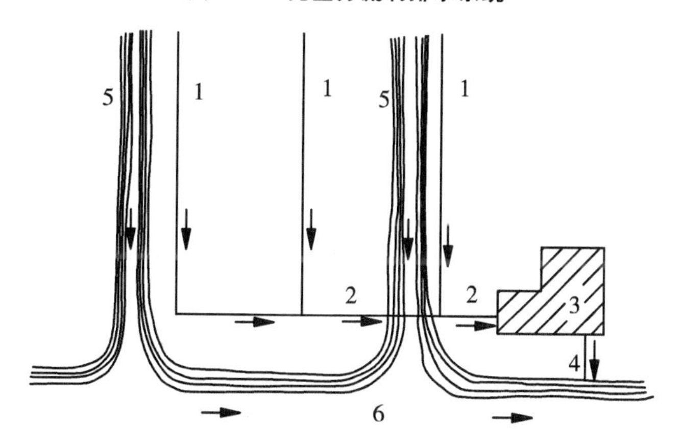

1—污水干管；2—污水主干管；3—污水处理厂；4—排水口；5—明渠或小河；6—河流。

图1.28　不完全分流制排水系统

排除城市污水或工业废水的管网系统称为污水管网系统，排除雨水的管网系统称为雨水管网系统。

由于排除污水方式的不同，分流制排水系统又分为完全分流制和不完全分流制两种排水系统，分别如图1.27和图1.28所示。在城市中，完全分流制排水系统包括污水排水系统和雨水排水系统；而不完全分流制只有污水排水系统，未建雨水排水系统，雨水沿天然地面、街道边沟、水渠等渠道系统排泄，或者为了补充原有渠道系统输水能力的不足而修建部分雨水道，待城市进一步发展后再修建雨水排水系统，使之成为完全分流制排水系统。

1.5.2.2 排水管网体制选择

合理地选择排水系统的体制，是城市和工业企业排水系统规划和设计的重要问题。它不仅从根本上影响排水系统的设计、施工、维护管理，而且对城市和工业企业的规划和环境保护影响深远，同时也影响排水系统工程的总投资和初期投资费用及维护管理费用。通常，排水系统体制的选择应满足环境保护的需要，根据当地条件，通过技术经济比较确定。下面从不同角度进一步分析各种体制的使用情况。

从环境保护方面来看，如果采用合流制将城市生活污水、工业废水和雨水全部截流送往污水厂进行处理，然后再排放，对控制和防止水体的污染是较好的；但这时截流主干管尺寸很大，污水厂容量也增加很多，建设费用也相应地增高。采用截流式合流制时，在暴雨径流之初，原沉淀在合流管渠的污泥被大量冲起，经溢流井溢入水体，即所谓的“第一次冲刷”。同时，雨天时有部分混合污水经溢流井溢入水体。实践证明，采用截流式合流制的城市，水体仍然遭受污染，甚至达到不能容忍的程度。为了改善截流式合流制这一严重缺点，今后探讨的方向是应将雨天时溢流出的混合污水予以贮存，待晴天时再将贮存的混合污水全部送至污水厂进行处理。雨水污水贮存池可设在溢流出水口附近，或者设在污水处理厂附近，这是减轻城市水体污染的补充措施。有的是在排水系统的中下游沿线适当地点建造调节、处理（如沉淀池等）设施，对雨水径流或雨污混合污水进行贮存调节，以减少合流管的溢流次数和水量，去除某些污染物以改善出流水质，暴雨过后再由重力流或提升，经管渠送至污水厂处理后再排入水体，或者将合流制改建成分流制排水系统等。

分流制是将城市污水全部送至污水厂进行处理。但初雨径流未加处理就直接排入水体，也会对城市水体造成污染，有时还很严重，这是它的缺点。近年来，国外对雨水径流的水质进行调查，发现雨水径流，特别是初降雨水径流，对水体的污染相当严重，甚至提出对雨水径流也要严格控制。分流制虽然具有这一缺点，但它比较灵活，比较容易适应社会发展的需要，一般又能符合城市卫生的要求，所以在国内外获得了较广泛应用。

从造价方面来看，国外有观点认为合流制排水管道的造价一般比完全分流制低20%～40%，可是合流制的泵站和污水厂却比分流制的造价要高。从总造价来看，完全分流制比合流制可能要高。从初期投资来看，不完全分流制初期只建污水排水系统，因而可节省初期投资费用，此外，又可缩短施工期，发挥工程效益也快。而合流制和完全分流制的初期投资均比不完全分流制要大。因此，我国过去很多新建的工业基地和居住区均采用不完全分流制排水系统。

从维护管理方面而来看，晴天时污水在合流制管道中只是部分流，雨天时才接近满管流，因而晴天时合流制管内流速较低，易于产生沉淀。但据经验，管中的沉淀物易被暴雨水流冲走，这样，合流管道的维护管理费用可以降低。可是，晴天和雨天时流入污水厂的水量变化很大，增加了合流制排水系统污水厂运行管理中的复杂性。而分流制系统可以保持管内的流速，不致发生沉淀，同时，流入污水厂的水量和水质比合流制变化小得多，污水厂的运行易于控制。

混合制排水系统的优缺点，则介于合流制和分流制排水系统两者之间。

总之，排水系统体制的选择是一项很复杂很重要的工作。应根据城镇及工业企业的规则、环境保护的要求、污水利用情况、原有排水设施、水质、水量、地形、气候和水体等条件，从全局出发，在满足环境保护的前提下，通过技术经济比较，综合考虑确定。我国《室外排水设计标准》（GB 50014—2021）规定，在新建地区排水系统一般应采用分流制排水系统。但在附近有水量充沛的河流或近海，发展又受到限制的小城镇地区，或在街道较窄、地下设施较多，修建污水和雨水两条管线有困难的地区，又或在雨水稀少，废水全部处理的地区，等等，采用合流制排水系统有时可能是有利和合理的。

近年来，我国的排水工作者对排水体制的规定和选择提出了一些有益的看法，最主要的观点归纳起来有两点：一是两种排水体制的污染效应问题。有的认为合流制的污染效应与分流制持平或低下，因此采用合流制较合理，同时国外也有先例。二是已有的合流制排水系统，是否要逐步改造为分流制排水系统问题。有的认为将合流制改造为分流，其费用高昂而且效果有限，并举出国外排水体制的构成中带有污水处理厂的合流制仍占相当高的比例等。这些问题的解决只有通过大量研究和调查，以及不断的工程实践，才能逐步得出科学的论断。

思考题

1．给水排水系统功能有哪些？请分类说明。

2．给水的用途有哪几类？分别列举各类用水的实例。

3．废水有哪些类型？分别列举出各类废水的实例。

4．给水排水系统由哪些子系统组成？各子系统包含哪些设施？

5．给水排水系统各部分流量是否相同？若不同，是如何调节的？

6．什么是居民生活用水量、综合生活用水量和城市综合用水量？各自的计算方法是什么？

7．什么是用水量变化系数？有哪几种变化系数？如何计算？

8．给水排水系统中的水质是如何变化的？哪些水质必须满足国家标准？

9．重力给水和压力给水各有何特点？

10．水在输送过程中，为何要进行加压或提升？

11．给水排水管网系统具有哪些功能？各有哪些特点？

12．给水排水管网系统分别由哪些部分组成？它们的作用是什么？

13．给水管网系统如何分类？各类给水管网系统有何特点？

14．何为排水系统体制？它们之间的不同点有哪些？

第 2 章　给水排水管网工程规划

2.1　给水排水工程规划和建设程序

给水排水工程规划是城市总体规划工作的重要组成部分，是城市专业功能规划的重要内容，是针对水资源开发和利用、供水排水系统建设的综合优化和工程布局进行的专项规划。给水排水系统规划必须服从《中华人民共和国城乡规划法》的法律规定，属于城市总体规划的强制性内容。城市总体规划的规划期限一般为 20 年。

给水排水工程规划必须与城市总体规划相协调，规划内容和深度应与城市规划相一致，充分体现城市规划和建设的合理性、科学性和可实施性。在给水排水工程规划中，又可划分为给水工程专项规划和排水工程专项规划。

给水排水工程规划的任务是：

（1）确定给水排水系统的服务范围与建设规模。

（2）确定水资源综合利用与保护措施。

（3）确定系统的组成与体系结构。

（4）确定给水排水主要构筑物的位置。

（5）确定给水排水处理的工艺流程与水质保证措施。

（6）给水排水管网规划和干管布置与定线。

（7）确定废水的处置方案及其环境影响评价。

（8）给水排水工程规划的技术经济比较，包括经济、环境和社会效益分析。

给水排水工程规划应以规划文本和说明书的形式进行表达。规划文本应阐述规划编制的依据和原则，确定近远期的用水与排水量计算依据和方法，以及对规划内容的分项说明。规划文本应有必要的附图，使规划的内容和方案更加直观和明确。

给水排水工程规划应从城市总体规划到详细实施方案进行综合考虑，分区、分级进行规划，规划内容应逐级展开和细化，而且应该按近期和远期分别进行。一般近期按 5 ～ 10 年进行规划，远期按 10 ～ 20 年进行规划。

2.1.1　给水排水工程规划

（1）明确规划任务，确定规划编制依据。了解规划项目的性质，明确规划设计的目的、任务与内容；收集与规划项目有关的方针政策性文件和城市总体规划文件及图纸；取得给水规划项目主管部门提出的正式委托书，签订项目规划任务的合同或协议书。

（2）调查和收集必需的基础资料，进行现场勘察。图文资料和现状实况是规划的重要依据。在充分掌握详尽资料的基础上，进行一定深度的调查研究和现场踏勘，增加现场概念，加强对水环境、水资源、地形、地质等的认识，为厂站选址、管网布局、水的处理与利用等的规划方案奠定基础。

（3）在掌握资料与了解现状和规划要求的基础上，经过充分调查研究才能合理确定城市用水定额，估算用水量等，作为给水工程规模的依据。水量预测应采用多种方法计算，并相互校核，确保数据的科学性。

（4）制订给水排水工程规划方案。对给水排水系统体系结构、水源与取水点选择、给水处理厂址选择、给水处理工艺、给水管网布置、排水处理厂址选择、排水处理工艺、污废水最终处置与利用方案等进行规划设计，拟定不同方案，进行技术经济比较与分析，最后确定最佳方案。

（5）根据规划期限，提出分期实施规划的步骤和措施，控制和引导给水工程有序建设，节省资金，有利于城镇和工业区的持续发展，增强规划工程的可实施性，提高项目投资效益。

（6）编制给水排水工程规划文件，绘制工程规划图纸，完成规划成果文本。

2.1.2　给水排水工程建设程序

给水排水工程的建设和设计必须按基本建设程序进行。加强基本建设的管理，坚持必要的基建程序，是保证基建工作顺利进行的重要条件。基建程序可归纳分为下列几个阶段：

（1）可行性研究阶段。可行性研究是论证基建项目在经济上、技术上等方面是否可行。如果论证可行，按照项目隶属关系，由主管部门组织计划、设计等单位，编制计划（设计）任务书。

（2）计划任务书阶段。计划任务书是确定基建项目、编制设计文件的主要依据。计划任务书按隶属关系经上级批准后，即可委托设计单位进行设计工作。

（3）设计阶段。设计单位根据上级有关部门批准的计划任务书文件进行设计工作，并编制概（预）算。

（4）组织施工阶段。建设单位采用施工招标或其他形式落实施工工作。

（5）竣工验收交付使用阶段。建设项目建成后，竣工验收交付生产使用是建筑安装施工的最后阶段。未经验收合格的工程，不能交付生产使用。

给水排水工程设计工作，可分为三阶段设计（初步设计、技术设计和施工图设计）和两阶段设计（初步设计或扩大初步设计和施工图设计）。大中型基建项目，一般采用两阶段设计；重大项目和特殊项目，根据需要，可增加技术设计阶段。

（1）初步（扩大）设计。应明确工程规模、建设目的、投资效益、设计原则和标准、选定设计方案、拆迁、征地范围和数量、设计中存在的问题、注意事项和建议等。设计文件应包括设计说明书、图纸、主要工程数量、主要材料设备数量及工程概算。初步设计文件应能满足审批、控制工程投资和作为编制施工图设计、组织施工和生产准备的要求。采用新工艺、新技术、新材料、新结构、引进国外新技术、新设备或采用国内科研新成果时，应在设计说明书中加以详细说明。

（2）施工图设计。施工图应能满足施工、安装、加工及施工预算编制要求。设计文件应包括说明书、设计图纸、材料设备表、施工图预算。

上述两阶段设计的初步设计或扩大初步设计，是三阶段设计的初步设计和技术设计两个内容的综合。

2.2　城市用水量预测

城市用水量预测计算是给水排水工程规划的主要内容之一。规划用水量是决定水资源使用量、给水排水工程建设规模和投资额的基本依据。城市用水量应由下列两部分组成：

（1）第一部分应为规划期内由城市给水工程统一供给的居民生活用水、工业用水、公共设施用水及其他用水水量的总和。应根据城市的地理位置、水资源状况、城市性质和规模、产业结构、国民经济发展和居民生活水平、工业回用水率等因素确定。

（2）第二部分应为城市给水工程统一供给以外的所有用水水量的总和。其中应包括工业和公共设施自备水源供给的用水、河湖环境用水和航道用水、农业灌溉和养殖/畜牧业用水、农村居民和乡镇企业用水等。

2.2.1 给水系统设计用水量依据

给水系统设计时，首先须确定该系统在设计年限内达到的用水量，因为系统中的取水、水处理、泵站和管网等设施的规模都须参照设计用水量确定，会直接影响建设投资和运行费用。

设计用水量由下列各项组成：

（1）综合生活用水，包括居民生活用水和公共建筑及设施用水。前者指城市中居民的饮用、烹调、洗涤、冲厕、洗澡等日常生活用水；公共建筑及设施用水包括娱乐场所、宾馆、浴室、商业、学校和机关办公楼等用水，但不包括城市浇洒道路、绿化和市政等用水。

（2）工业企业生产用水和工作人员生活用水。

（3）消防用水。

（4）浇洒道路和绿地用水。

（5）未预计水量及管网漏失水量。

用水量定额是确定设计用水量的主要依据，它可影响给水系统相应设施的规模、工程投资、工程扩建的期限、今后水量的保证等方面，所以必须慎重考虑，应结合现状和规划资料并参照类似地区或工业的用水情况，确定用水量定额。

用水量定额是指设计年限内达到的用水水平，因此须从城市规划、工业企业生产情况、居民生活条件和气象条件等方面，结合现状用水调查资料分析，进行近远期水量预测。城市生活用水和工业用水的增长速度，在一定程度上是有规律的，但对生活用水采取节约用水措施，对工业用水采取计划用水、提高工业用水重复利用率等措施，可以影响用水量的增长速度，在确定用水量定额时应考虑这种变化。

居民生活用水定额和综合用水定额，应根据当地国民经济、社会发展规划和水资源充沛程度，在现有用水定额基础上，结合给水专业规划和给水工程发展条件综合分析确定。

2.2.1.1 居民生活用水

城市居民生活用水量由城市人口、每人每日平均生活用水量和城市给水普及率等因素确定。这些因素随城市规模的大小而变化。通常，住房条件较好、给水排水设备较完善、居民生活水平相对较高的大城市，生活用水量定额也较高。

我国幅员辽阔，各城市的水资源和气候条件不同，生活习惯各异，所以人均用水量有较大的差别。即使用水人口相同的城市，因城市地理位置和水源等条件不同，用水量也可以相差很多。一般说来，我国东南地区、沿海经济开发特区和旅游城市，因水源丰富，气候较好，经济比较发达，用水量普遍高于水源短缺、气候寒冷的西北地区。

影响生活用水量的因素很多，设计时，若缺乏实际用水量资料，则居民生活用水定额和综合用水定额可参照《室外给水设计标准》（GB 50013—2018）的规定，见附录2中附表2.1至附表2.4。

水厂总供水量除以用水人口的水量就是包括综合生活用水、工业用水、市政用水及其他用水的城市综合用水量。因为其中的工业用水占很大比例，而各城市的工业结构和规模及发展水平差别很大，所以暂无该项定额。城市综合用水量指标见表2.1，供参考。

表2.1 城市综合用水量指标

单位：万立方米/（万人·天）

区域	城市规律						
	超大城市（$P \geqslant 1\,000$）	特大城市（$500 \leqslant P < 1\,000$）	大城市		中等城市（$50 \leqslant P < 100$）	小城市	
			Ⅰ型（$300 \leqslant P < 500$）	Ⅱ型（$100 \leqslant P < 300$）		Ⅰ型（$20 \leqslant P < 50$）	Ⅱ型（$P < 20$）
一区	0.50～0.80	0.50～0.75	0.45～0.75	0.40～0.70	0.35～0.65	0.30～0.60	0.25～0.55

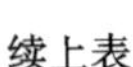

续上表

区域	城市规律						
	超大城市（$P \geqslant 1\ 000$）	特大城市（$500 \leqslant P < 1\ 000$）	大城市		中等城市（$50 \leqslant P < 100$）	小城市	
			Ⅰ型（$300 \leqslant P < 500$）	Ⅱ型（$100 \leqslant P < 300$）		Ⅰ型（$20 \leqslant P < 50$）	Ⅱ型（$P < 20$）
二区	0.40～0.60	0.40～0.60	0.35～0.55	0.30～0.55	0.25～0.50	0.20～0.45	0.15～0.40
三区	—	—	—	0.30～0.50	0.25～0.45	0.20～0.40	0.15～0.35

注：1. 一区包括湖北、湖南、江西、浙江、福建、广东、广西壮族自治区、海南、上海、江苏、安徽；二区包括重庆、四川、贵州、云南、黑龙江、吉林、辽宁、北京、天津、河北、山西、河南、山东、宁夏回族自治区、陕西、内蒙古河套以东和甘肃黄河以东地区；三区包括新疆维吾尔自治区、青海、西藏自治区、内蒙古河套以西和甘肃黄河以西地区。

2. 本指标已包括管网漏失水量。

3. P 为城区常住人口，单位为万人。

2.2.1.2 工业企业生产用水和工作人员生活用水

工业生产用水一般是指工业企业在生产过程中，用于冷却、空调、制造、加工、净化和洗涤方面的用水。在城市给水中，工业用水占很大比例。生产用水中，冷却用水是大量的，特别是火力发电、冶金和化工等工业；空调用水则以纺织、电子仪表和精密机床生产等工业用得较多。

工业企业门类很多，生产工艺多种多样，用水量的增长与国民经济发展计划、工业企业规划、工艺的改革和设备的更新等密切相关，因此通过工业用水调查来获得可靠的资料是非常重要的。

设计年限内生产用水量的预测，可以根据工业用水的以往资料，按历年工业用水增长率来推算未来的水量，也可以根据单位工业产值的用水量、工业用水量增长率与工业产值的关系，或单位产值用水量与用水重复利用率的关系加以预测。

工业用水指标一般以万元产值用水量表示。不同类型的工业，万元产值用水量不同。若城市中用水单耗指标较大的工业多，则万元产值的用水量也高；即使同类工业部门，由于管理水平提高，工艺条件改革和产品结构的变化，尤其是工业产值的增长，单耗指标会逐年降低。提高工业用水重复利用率、重视节约用水等可以降低工业用水单耗。随着工业的发展，工业用水量也随之增长，但用水量增长速度比不上产值的增长速度。工业用水的单耗指标由于水的重复利用率提高而有逐年下降趋势。由于高产值、低单耗的工业发展迅速，万元产值的用水量指标在很多城市有较大幅度的下降。

有些工业企业的规划，往往不是以产值为指标，而是以工业产品的产量为指标，这时，工业企业的生产用水量标准，应根据生产工艺过程的要求确定，或是按单位产品计算用水量，如每生产 1 t 钢要多少水，或按每台设备每天用水量计算，可参照有关工业用水量定额。生产用水量通常由企业的工艺部门提供。在缺乏资料时，可参考同类型企业用水指标。在估计工业企业生产用水量时，应按当地水源条件、工业发展情况、工业生产水平，预估将来可能达到的重复利用率。

工业企业建筑管理人员的最高日生活用水定额可取 30 ～ 50 升/(人·班)；车间工人的生活用水定额应根据车间性质确定，宜采用 30 ～ 50 升/(人·班)；用水时间宜取 8 h，小时变化系数宜取 1.5 ～ 2.5。工业企业内工作人员的淋浴用水量，可参照附录 2 中附表 2.5 的规定，淋浴时间为下班后 1 h 内。

2.2.1.3　消防用水

消防用水只在火灾时使用，历时短暂，但从数量上说，它在城市用水量中占有一定的比例，尤其是中小城市，所占比例甚大。消防用水量、水压和火灾延续时间等，应按照现行的《建筑设计防火规范》（GB 50016—2014）等执行。

城市或居住区的室外消防用水量，应按同时发生的火灾次数和一次灭火的用水量确定，见附录 2 中附表 2.6。

工厂、仓库和民用建筑的室外消防用水量，可按同时发生火灾的次数和一次灭火的用水量确定，见附录 2 中附表 2.7 和附表 2.8。

2.2.1.4　其他用水

浇洒道路和绿化用水量应根据路面种类、绿化面积、气候和土壤等条件确定。浇洒道路用水量一般为每平方米路面每次 1 ～ 1.5 L。大面积绿化用水量可采用 1.5 ～ 2.0 L/(d·m^2)。

城市的未预见水量和管网漏失水量可按最高日用水量的 15% ～ 25% 合并计算；工业企业自备水厂的上述水量可根据工艺和设备情况确定。

2.2.2　规划期内用水量预测

无论是生活用水还是生产用水，用水量经常在变化。生活用水量随着生活习惯和气候而变化，如假期比平日多，夏季比冬季多；从我国大中城市的用水情况可以看出，在一天内又以早晨起床后和晚饭前后用水最多。又如工业企业的冷却用水量，随气温和水温而变化，夏季多于冬季。

工业生产用水量中包括冷却用水、空调用水、工艺过程用水，以及清洗、绿化等其他用水，在一年中水量是有变化的。冷却用水主要是用来冷却设备，带走多余热量，所以用水量受到水温和气温的影响，夏季多于冬季。例如火力发电厂、钢厂和化工厂在 6—7 月高温季节的用水量约为月平均的 1.3 倍；空调用水用以调节室温和湿度，一般在 5—9 月时使用，在高温季节用水量大；除冷却和空调外的其他工业用水量，一年中比较均衡，很少随气温和水温变化，如化工厂和造纸厂，每月用水量变化较少；还有一种季节性很强的食品工业用水，在高温时因生产量大，用水量骤增。

用水量定额只是一个平均值，在设计时还须考虑每日、每时的用水量变化。在设计规定的年限内，用水最多的一日的用水量，叫作最高日用水量，一般用以确定给水系统中各类设施的规模。在一年中，最高日用水量与平均日用水量的比值，叫作日变化系数 K_d，根据给水区的地理位置、气候、生活习惯和室内给排水设施程度，其值为 1.1 ～ 1.5。在用水量最高日内，每小时的用水量也是变化的，变化幅度和居民数、房屋设备类型、职工上班时间和班次等有关。最高时用水量与平均时用水量的比值，叫作时变化系数 K_h，该值在 1.2 ~ 1.6 之间，大中城市的用水比较均匀，K_h 值较小，可取下限，小城市可取上限或适当加大。

在设计给水系统时，除了求出设计年限内最高日用水量和最高日的最高时用水量，还应知道 24 h 的用水量变化，据以确定各种给水构筑物的大小。

某大城市的用水量变化曲线如图 2.1 所示，图中每小时用水量按最高日用水量的比例计，图形面积等于 $\sum_{t=1}^{24} Q_i\%$，$Q_i\%$ 是以最高日用水量比例计的每小时用水量。用水高峰集中在 8—10 时和 16—19 时。因为城市大，用水量也大，各种用户用水时间相互错开，使各小时的用水量比较均匀，时变化系数为 1.44，最高时（上午 9 时）用水量为最高日用水量的 6%。实际上，用水量的 24 h 变化情况天天不同，图 2.1 只是说明大城市的每小时用水量相差较小。中小城市的 24 h 用水量变化较大，人口较少用水标准较低的小城市，24 h 用水量的变化幅度更大。

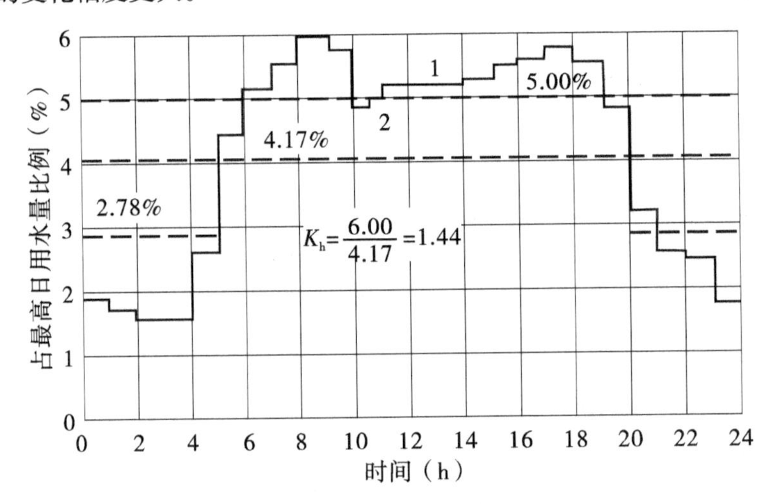

1—用水量变化曲线；2—二级泵站设计供水线。

图 2.1　城市用水量变化曲线

对于新设计的给水工程，用水量变化规律只能按该工程所在地区的气候、人口、居住条件、工业生产工艺、设备能力、产值等情况，参考附近城市的实际资料确定。对于扩建工程，可进行实地调查，获得用水量及其变化规律的资料。

2.2.3　工程设计中最高日用水量计算

城市总用水量计算时，应包括设计年限内该给水系统所供应的全部用水：居住区综合生活用水、工业企业生产用水和职工生活用水、消防用水、浇洒道路和绿地用水，以及未预见水量和管网漏失水量，但不包括工业自备水源所需的水量。

城市或居住区的最高日生活用水量为：

$$Q_1 = qNf \tag{2.1}$$

式中：q——最高日生活用水量定额［升/(天·人)］，见附录 2 中附表 2.1 和附表 2.3；

N——设计年限内计划人口数；

f——自来水普及率（%）。

整个城市的最高日生活用水量定额应参照一般居住水平定出，如城市各区的房屋卫生设备类型不同，用水量定额应分别选定。一般地，因为城市计划人口数并不等于实际用水人数，所以应按实际情况考虑用水普及率，以便得出实际用水人数。

城市各区的用水量定额不同时，最高日用水量应等于各区用水量的总和：

$$Q_1 = \sum q_i N_i f_i \tag{2.2}$$

式中：q_i、N_i 和 f_i 分别表示各区的最高日生活用水量定额、计划人口数和用水普及率。

除居住区生活用水量外，还应考虑工业企业职工的生活用水和淋浴用水量 Q_2，以及居住区生活用水量中未涉及的浇洒道路和大面积绿化所需的水量 Q_3。

城市管网同时供给工业企业用水时，工业生产用水量为：

$$Q_4 = q \cdot B(1-n) \tag{2.3}$$

式中：q——城市工业万元产值用水量（立方米/万元）；

B——城市工业总产值（万元）；

n——工业用水重复利用率。

除了上述各种用水量，再增加相当于最高日用水量15%～25%的未预见水量和管网漏水量。

因此，设计年限内城市最高日的用水量（m^3/d）为：

$$Q_d = (1.15 \sim 1.25) \cdot (Q_1 + Q_2 + Q_3 + Q_4) \tag{2.4}$$

从最高日用水量可得最高时设计用水量（L/s）：

$$Q_h = \frac{1\,000 \times K_h Q_d}{24 \times 3\,600} = \frac{K_h Q_d}{86.4} \tag{2.5}$$

式中：K_h——时变化系数；

Q_d——最高日设计用水量。

如式(2.5)中令 $K_h = 1$，即得最高日平均时的设计用水量。

2.3 给水管网系统规划布置

给水管网系统规划布置包括输水管定线和管网布置，它是给水管网工程规划与设计的主要内容。

2.3.1 给水管网系统布置原则

2.3.1.1 给水管网布置原则

（1）按照城市总体规划，结合当地实际情况布置给水管网，要进行多方案技术经济比较。

（2）主次明确，先进行输水管渠与主干管布置，然后布置一般管线与设施。

（3）尽量缩短管线长度，节约工程投资与运行管理费用。

（4）协调好与其他管道、电缆和道路等工程的关系。

（5）保证供水具有适当的安全可靠性。

（6）尽量减少拆迁，少占农田。

（7）管渠的施工、运行和维护方便。

（8）近远期结合，考虑分期实施的可能性，留有发展余地。

2.3.1.2 给水管网布置基本形式

在进行给水管网布置之前，首先要确定给水管网布置的基本形式——树状网和环状网。

树状网一般适用于小城市和小型工矿企业，这类管网从水厂泵站或水塔到用户的管线布置成树枝状，如图2.2所示。树状网的供水可靠性较差，因为管网中任一段管线损坏时，在该管段以后的所有管线就会断水。另外，在树状网的末端，因用水量已经很小，管中的水流缓慢，甚至停滞不流动，因此水质容易变差。

环状网中，管线连接成环状，如图2.3所示。当任一段管线损坏时，可以关闭附近的阀门，与其余管线隔开，然后进行检修，水还可从另外管线供应用户，断水的地区可以缩小，从而增加供水可靠性。环状网还可以大大减轻因水锤作用产生的危害，而在树状网中，管线往往因此而损坏。但是，环状网的造价明显比树状网高。

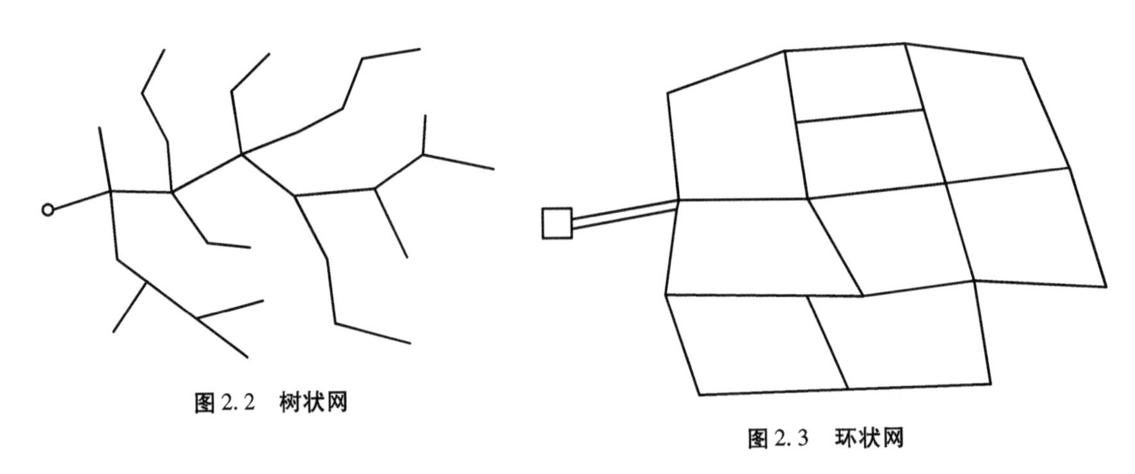

图2.2 树状网

图2.3 环状网

一般情况下，在城市建设初期可采用树状网，以后随着给水事业的发展逐步连成环状网。实际上，现有城市的给水管网，多数是将树状网和环状网结合应用。在城市中心地区，布置成环状网，在郊区则以树状网形式向四周延伸。供水可靠性要求较高的工矿企业须采用环状网，并用树状网或双管输水至个别较远的车间。

2.3.1.3 输水管布置

从水源到水厂或水厂到相距较远给水管网的管道或渠道叫作输水管渠。当水源、水厂和给水区的距离较近时，输水管渠的定线问题并不突出。但是由于用水量的快速增长，以及水源污染的日趋严重，为了从水量充沛、水质良好、便于防护的水源取水，就需要有几十千米甚至几百千米长的远距离输水管渠，定线就比较复杂。

输水管渠在整个给水系统中是很重要的。它的一般特点是距离长，因此与河流、高地、交通路线等的交叉较多。输水管渠定线时，应先在图上初步选定几种可能的定线方案，然后到现场沿线踏勘了解，从投资、施工、管理等方面，对各种方案进行技术经济比较后再做决定。若缺乏地形图，则需在踏勘选线的基础上，进行地形测量，绘出地形图，然后在图上确定管线位置。

输水管渠定线时，必须与城市建设规划相结合，尽量缩短线路长度，减少拆迁，少占农田，便于管渠施工和运行维护，保证供水安全；应选择最佳的地形和地质条件，尽量沿现有道路定线，以便施工和检修；减少与铁路、公路和河流的交叉；管线避免穿越滑坡、岩层、沼泽、高地下水位和河水淹没与冲刷地区，以降低造价和便于管理。

在输水管渠定线时，经常会遇到山嘴、山谷、山岳等障碍物，以及要穿越河流和壕沟等情况。这时应考虑：在山嘴地段是绕过山嘴还是开凿山嘴；在山谷地段是延长路线绕过还是用倒虹管；遇独山时是从远处绕过还是开凿隧洞通过；穿越河流或干沟时是用过河管还是倒虹管；等等。即使在平原地带，为了避开工程地质不良地段或其他障碍物，也须绕道而行或采取有效措施穿过。

输水管渠定线时，前述原则难以全部做到，但因输水管渠投资巨大，特别是远距离输水时，必须重视这些原则，并根据具体情况灵活运用。

为保证安全供水，可以用 1 条输水管渠而在用水区附近建造水池进行流量调节，或者采用 2 条输水管渠。输水管渠的数量主要根据输水量、事故时需保证的用水量、输水管渠长度、当地有无其他水源和用水量增长等情况而定。供水不许间断时，输水管渠一般不宜少于 2 条。当输水量小、输水管长或有其他水源可以利用时，可考虑单管渠输水另加调节水池的方案。

输水管渠的输水方式可分成两类：第一类是水源低于给水区，例如，取用江河原水时，需要采用泵站加压输水，根据地形高差、管线长度和水管承压能力等情况，有时需在输水途中设置多级加压泵站；第二类是水源位置高于给水区，例如，取用蓄水库水时，有可能采用重力管渠输水。

远距离输水时，一般情况往往是加压和重力输水两者的结合形式。有时虽然水源低于给水区，但个别地段也可借重力自流输水，水源高于给水区时，个别地段也有可能采用加压输水，如图 2. 4 所示，在 1、3 处设泵站加压，上坡部分（如 1—2 和 3—4 段）用压力管，下坡部分根据地形采用无压或有压管渠，以节省投资。

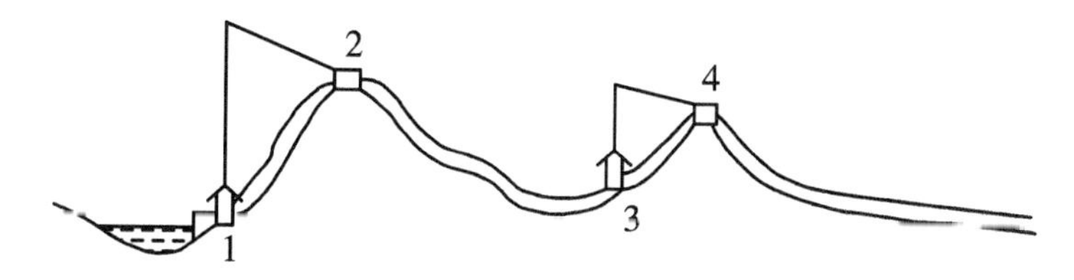

1、3—泵站；2、4—高位水池。

图 2. 4　重力管和压力管相结合输水

为避免输水管渠局部损坏而导致输水量降低过多，可在平行的 2 条或 3 条输水管渠之间设置连接管，并装置必要的阀门，以缩小事故检修时的断水范围。

输水管的最小坡度应大于 1 ：5D，D 为管径，单位为 mm。输水管线坡度小于 1 ：1 000时，应每隔 0. 5 ～ 1 km 装置排气阀。即使在平坦地区，埋管时也应做成上升和下降的坡度，以便在管坡顶点设排气阀，管坡低处设泄水阀。排气阀一般以每 1 km 设 1 个为宜，在管线起伏处适当增设。管线埋深应按当地条件决定，在严寒地区敷设的管线应注意防止冰冻。

图 2.5 为输水管平面和纵断面示意。

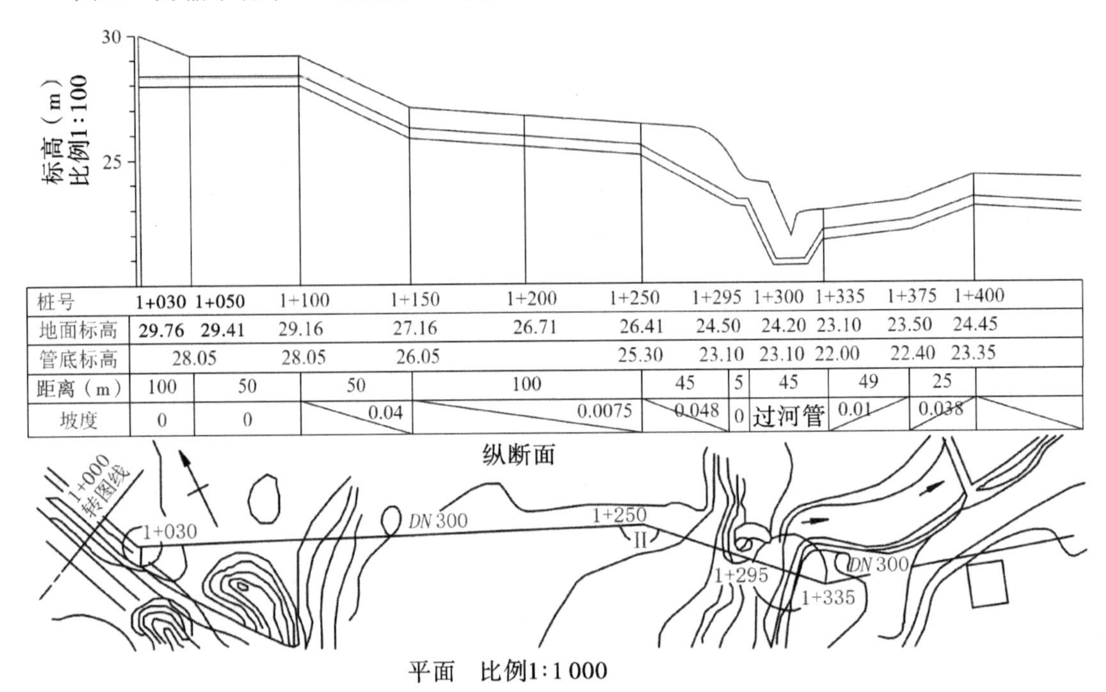

桩号	1+030	1+050	1+100	1+150	1+200	1+250	1+295	1+300	1+335	1+375	1+400
地面标高	29.76	29.41	29.16	27.16	26.71	26.41	24.50	24.20	23.10	23.50	24.45
管底标高	28.05		28.05	26.05		25.30	23.10	23.10	22.00	22.40	23.35
距离（m）	100	50	50	100		45	5	45	49	25	
坡度	0	0	0.04	0.0075		0.048	0	过河管	0.01	0.038	

图 2.5　输水管平面和纵断面示意

2.3.1.4　配水管网布置

城市给水管网定线是指在地形平面图上确定管线的走向和位置。定线时一般只限于管网的干管以及干管之间的连接管，不包括从干管到用户的分配管和进户管。在图 2.6 中，实线表示干管，管径较大，用以输水到各地区；虚线表示分配管，它们的作用是从干管取水供给用户和消火栓，管径较小，常由城市消防流量决定所需最小的管径。

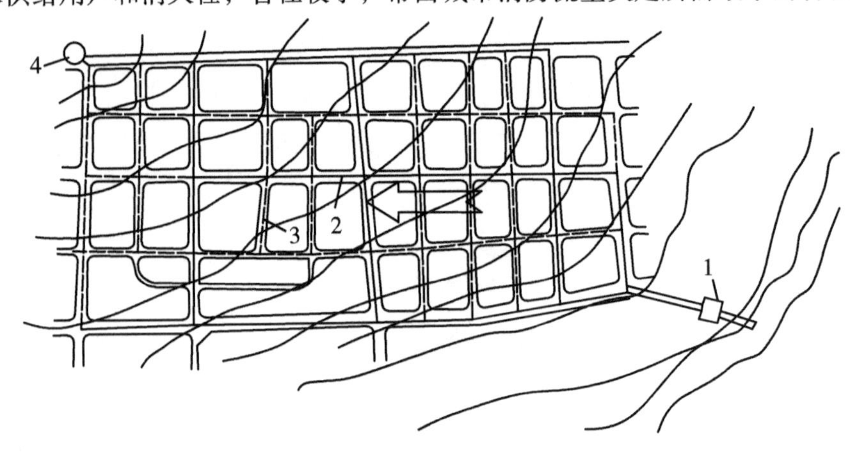

1—水厂；2—干管；3—分配管；4—高地水库。

图 2.6　城市管网布置示意

因为给水管线一般敷设在街道下，就近供水给两侧用户，所以管网的形状常随城市的总平面布置图而定。

城市给水管网定线取决于城市平面布置，供水区的地形，水源和调节构筑物位置，街区和用户（特别是大用户）的分布，河流、铁路、桥梁等的位置等。管网定线的工作要点如下：

（1）干管延伸方向应和供水泵站输水到水池、水塔、大用户的水流方向基本一致，如图2.6中的箭头所示。循水流方向以最短的距离布置1条或数条干管，干管位置应从用水量较大的街区通过。干管的间距，可根据街区情况，采用500～800 m。从经济上来说，给水管网的布置采用1条干管接出许多支管，形成树状网，费用最省，但从供水可靠性角度来说，以布置几条接近平行的干管并形成环状网为宜。

（2）干管和干管之间的连接管使管网形成了环状网。连接管的作用在于局部管线损坏时，可以通过它重新分配流量，从而缩小断水范围，提高供水管网系统的可靠性。连接管的间距可根据街区的大小决定，一般为800～1 000 m。

（3）干管一般按城市规划道路定线，但尽量避免在高级路面或重要道路下通过，以减小今后检修时的困难。管线在道路下的平面位置和标高，应符合城市或厂区地下管线综合设计的要求，给水管线和建筑物、铁路及其他管道的水平净距，均应参照有关规定。

综合考虑上述要求，城市管网将是树状网和若干环组成的环状网相结合的形式，管线应尽可能均匀地分布于整个给水区域。

给水管网中还须安排其他一些管线和附属设备，例如，在供水范围内的道路下需敷设分配管，以便把干管的水送到用户和消火栓。最小分配管直径为100 mm，大城市采用150～200 mm，主要原因是通过消防流量时，分配管中的水头损失不致过大，以免火灾地区的水压过低。

城市内的工厂、学校、医院等用水均从分配管接出，再通过房屋进水管接到用户；一般建筑物用1条进水管；用水要求较高的建筑物或建筑物群，可在不同部位接入2条或数条进水管，以增加供水的可靠性。

城镇生活饮用水给水管网，严禁与非生活饮用水的管网连接，严禁与单位自备供水系统直接连接。生活饮用水管道应尽量避免通过毒物污染及腐蚀性地区，如必须通过，应采取保护措施。

穿越河底的管道应避开锚地，应有检修和防止冲刷破坏的保护设施。管道的埋设深度应满足防洪标准要求，并在其相应洪水的冲刷深度以下，且至少应大于1 m。管道埋设在通航河道时，应符合航运管理部门的技术规定，且管道埋设深度应在航道底设计高程2 m以下。给水管道与铁路交叉时，其设计应按铁路行业技术规定执行。

当给水管网中需设置加压泵站时，其位置宜选择在用水集中地区。泵站周围应设置宽度不小于10 m的绿化地带，并宜与城市绿化用地相结合。加压水泵一般不应从管网中直接抽水，以免影响周围地区水压，需通过水池或吸水井吸水。当从较大口径管道中提升较小水量而采用直接抽水时，应取得当地供水管理部门的同意。

2.3.2 区域供水概述

2.3.2.1 区域供水的特点

区域供水是按照水源、水厂的合理配置，将不同地区的水厂、管网进行统筹规划管理，形成大的、多层次供水网络，从而提高供水水质，增强供水安全性的一种供水模式。

打破行政区划，按区域进行供水的概念早在20世纪60年代的欧洲就已提出。法国巴黎供水量的60%取自距市区140 km的天然水源，巴黎供水系统是包括14个地方行政当局，供水人口达400万人的互联网络。美国洛杉矶市的水源绝大部分来自市区以外500 km的内华达山区，沿线供水面积达1 200 km^2，服务人口320万人。日本关东平野北部，为防止地下水超采引起的地面沉降，提出包括东京都地区7个县109个市、町村的区域供水方案；大阪府在20世纪60年代就实行区域供水，目前已发展到由琵琶湖、淀川两大水源及由3个净水厂组成的$2.65 \times 10^6\ m^3/d$的大供水系统。

随着城市化进程和工业的日益发展，我国城镇水量型缺水、水质型缺水、工程型缺水和管理型缺水呈逐渐加剧的态势，使城乡经济发展与供水卫生、供水安全的矛盾日益突出。传统的供水模式往往是一个城市设一个自来水公司，管理城市的水厂与管网；一个集镇、一个企业甚至一个村建一个水厂，提供局部供水。这种模式在满足城乡居民及工矿企业用水需求，保障城乡经济、社会发展方面发挥了积极作用，但也带来下列问题：

（1）供水量不足。原设计供水量不能满足发展中的供水需求。

（2）水源保护与水质污染矛盾突出。同一河流存在多个取水口和排污口，某些地区沿一条河流建设的城市或工业企业越来越多，其间的距离越来越小，常常使选择的水源很难说是处于城市的上游或下游，且水源又或多或少受到了污染；还有不少地区（如河北沧州、北京、山西、江苏苏锡常地区等）则因地下水超采已对部分地区造成了地质灾害，威胁着人民生活及工农业生产的正常运转，亟须寻求符合生活饮用水水源水质标准的源水。

（3）镇、村水厂及企业自备水厂数量众多，分散经营，技术力量薄弱，供水水质差，效益低下。

（4）管网配置不合理。

（5）由于水源及技术、管理等因素，供水卫生及安全性差。

将水源设在一系列城市或工业区的上游，使水源相对集中，统一取水，供沿河各城市或工业区使用，这种从区域性考虑、打破行政区划形成的给水系统称为区域给水系统。我国较典型而且较成功的区域供水实例为江苏省苏锡常地区区域供水规划的实施：该区域长期以来地下水开采无序且过量，已造成严重的地质灾害，据2000年统计，3个市（不包括宜兴、溧阳、金坛）有地下深井4 831口，日采水量$8.957 \times 10^5\ m^3$，已形成1 350 km^2的沉降范围，占该区域地域面积的12%，给城市建筑、防洪、排涝、交通工程等带来严重后果。实施苏锡常地区的区域供水后，改用长江水源和部分太湖水源，逐渐封闭该区域的深井，至2005年完全封闭区域内深井，不仅有效地回升了地下水位，减少了地质灾害，而且提高了该区域原来使用受污染内河地表水水源用户的供水水质。如图

2.7所示，图中$1^{\#}$为分散供水时某地表水沿江各城市取水口分布，在A城市至D城市的岸线段，近岸水环境有逐渐恶化的趋势，使这些取水口附近的水源保护工作越来越艰难，有些饮用水水源因污染而使水质变坏，而为了保护水源地，岸线的综合利用也受到很大的限制。若在A城市上游选择一岸线稳定、水质良好的总取水口$2^{\#}$，向上述各城市统一供水（可以供浑水，由原城市水厂净化；也可以供清水，用原来各城市净水厂作为中途加压、消毒站），则由图2.7可以看出，将大大减轻饮用水水源保护的压力，同时，为A城市至D城市的岸线综合利用提供了很大的空间。

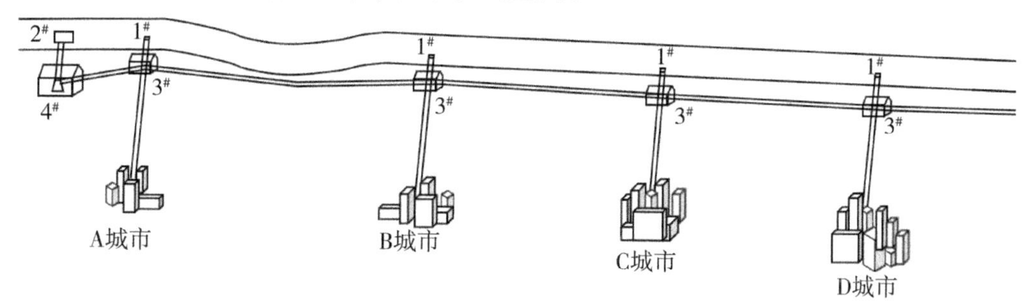

$1^{\#}$—分散供水取水口；$2^{\#}$—区域供水取水口；$3^{\#}$—分散供水净水厂或区域供水分散净水厂或区域供水增压站、中途消毒站；$4^{\#}$—区域供水浑水泵站或区域供水净水厂。“—”指分散供水输水管；“=”指区域供水管。

图2.7　分散供水与区域供水示意

因为我国近些年城镇供水普及率已达91.33%（2009年统计），不少乡镇、城镇原来就有供水设施，所以从供水形式看，我国目前的区域供水是水源相对集中、管网连成一片的供水系统，它不仅为城市中心供水，还同时向周边城市、城镇及广大农村集居点供水，按照水系、地理环境特征确定、划分供水区域，供水面积小到数十平方千米，大到数千平方千米。国内外的实施经验已经表明：由多个水厂并网的区域集中供水系统，比原来分散的、独自的、小规模的供水系统，提高了系统的专业性、合理性、可靠性和经济性，极大地提高了供水的安全可靠性，通过强化调度功能，协调供需关系，使系统处于合理、经济的运行状态。

预计到21世纪中叶，我国将进入区域供水阶段，该阶段的主要特点为：区域经济得到很好的发展，对区域基础设施提出了更高的要求；水资源作为有限资源的开发被纳入统一规划和法制建设的轨道；人们对供水提出更高的要求，包括供水的可靠性、安全性、经济性，供水的水质、水量，供水的服务，等等；城市化水平达到一定的程度，人民生活水平进一步得到提高，生活用水标准达到中等发达国家水平；水厂规模将达10万立方米/天以上，水源地大多选自大的水体。

区域供水产生的社会效益主要可以概括为以下方面：

（1）有利于地表水域岸线的统一规划和保护，提高地表水岸线的利用效率。区域供水改分散供水为集中供水，减少了地表水取水口数量，从而间接增加了地表水岸线的可利用长度，便于水利、城建、航运等部门对岸线统一规划、有效利用。

（2）有利于供水部门对取水工程及净水厂进行重点建设，避免重复投资。例如，苏锡常地区目前共有城市自来水厂29座，乡镇水厂共有275座，属典型的分散经营模式，且由于行政区划，重复建设自来水厂，造成了水资源的浪费和重复投资，不利于重点投资建设大规模和高水平的水厂。区域供水将改分散经营为集约经营，改重复建设为重点建设，促进苏锡常地区供水事业的发展。

（3）有利于缓解水质型缺水矛盾，加强水源保护，保证供水水质。例如，实施区域供水后，苏锡常地区以长江地表水作为主要供水水源，逐步取消地下水水源及其他水质达不到地表水水质Ⅲ类标准的内湖、内河水源。水源的相对集中有利于加强对水源的保护，控制水源污染，提高供水水质。

（4）有利于保护地下水资源，控制地面沉降，防止地质灾害继续发展。例如，苏锡常地区区域供水规划根据省人大禁采决定，首先在地下水超采区以地表水水源取代地下水水源，然后在全区域范围内取消地下水水源。区域供水可以提供因封井带来的供水不足，为地下水禁采提供了保障，最直接的效益就是保护了地下水资源，防止地下水超采带来的一系列危害。

（5）有利于改善净水工艺，提高供水水质，提高城乡居民的生活水平。例如，苏锡常地区区域供水取消地下水水源及水质较差的地表水水源，统一取用长江水及少量太湖水作为水源，且大规模的水厂取代了生产管理和技术水平普遍较低的小水厂，可完善净水工艺，提高供水水质。

（6）有利于集中管理，统一调度。区域供水打破行政区划，实现区域供水设施共建共享，这将便于供水部门对各水源厂、净水厂进行集中管理，并对供水统一调度，实行就近供水，提高供水的可靠性，降低供水成本。

总之，区域供水的特点是打破行政区划的供水方式，其取水口相对集中、水源水质有保障、水厂规模大、输配水管网系统范围广，因此部分输水管具有长距离输水的特点，但是区域供水因为水源取水口较集中，也对取水应对突发事故的能力提出了更高的要求，例如对突发性水源污染事故可能造成的大面积供水水质安全性问题、战备时期取水口安全问题等，都需要一套完整的紧急应急预案及实施预案的组织机构。另外，必然在工程维护管理、事故处理责任和对经济效益分享等一系列问题上带来较复杂的机构管理问题，需要建立有效的管理机制和规则进行规范。

2.3.2.2 区域供水规划步骤

区域供水是跨行政区的大型供水工程，因此在规划设计时对一系列的技术问题和后期管理问题要特别慎重。

（1）岸线稳定性分析。在对岸线利用现状和岸线资源进行整体分析的基础上，根据水下地形资料、水文资料，通过建立模型，对拟作为水源的地表水河段进行整体河床演变分析，对现有主要取水口岸线稳定性作出评价，从而提出长期稳定的、取水可用的供水水源地岸线分布。

（2）水源地水质预测分析。在岸线稳定分析的基础上，根据沿江污染源调查、评价以及水质监测资料，建立相应的水质预测模型，结合岸线稳定性分析成果，进一步筛选出岸线长期稳定、水质预测良好的岸线，提出规划供水水源地水质可达性研究成果及水源保护措施。

（3）确定供水规模。根据城镇、乡村规划统计资料，分析供水范围的用水量需求形势，确定区域供水分期建设的供水规模；结合城镇体系规划，通过技术经济比较，提出最优区域规划方案。

（4）确定区域供水方式及组成。区域供水的方式按供水区大小，可以分为乡镇域统一供水（小区域供水）、县市域统一供水（中区域供水）和地市域或跨市域统一供水（大区域供水）。规划区域供水方式时，应遵循大、中、小区域的原则，从小到大分步实施，这样才能节约投资，加快实施的步伐；不能一蹴而就，要根据实际情况，有条件的先上，为其他地区的建设积累经验。确定了供水方式后，要对区域内原有分散供水的水厂、管网状况进行分析，如哪些可以继续利用作为源水处理站点的，哪些只能用来作为中间加压站和二次消毒站点的，以确定区域供水输水管的输水方式是输浑水还是输清水，确定区域供水水厂规模和工艺流程，确定区域供水配水管网的走向和管网上的构筑物。

（5）确定区域供水的管理模式。由于区域供水是跨行政区域的供水模式，因此会带来筹资、利益分配、工程运行管理等一系列问题，在规划设计时，应提出可实施的区域供水的组织形式、管理模式、筹资方式及政策法规等。

区域供水在取得良好的水质及安全性效果的同时，也会增加基建投资，因此需对区域供水的可行性及供水方案进行技术经济分析。

2.4 排水管网系统规划布置

2.4.1 城镇污水管网规划布置

在进行城市污水管道的规划设计时，先要在城市总平面图上进行管道系统平面布置，也称为定线。主要内容有：确定排水区界，划分排水流域；选择污水处理厂和出水口的位置；拟定污水干管及主干管的路线；确定需要提升的排水区域和设置泵站的位置；等等。平面布置得正确合理，可为设计阶段奠定良好基础，并节省整个排水系统的投资。

污水管道平面布置，一般按先确定主干管，再确定干管，最后确定支管的顺序进行。在总体规划中，只决定污水主干管、干管的走向与平面位置。在详细规划中，还要决定污水支管的走向及位置。污水管网布置一般按以下步骤进行。

1. 划分排水区域与排水流域

排水区界是排水系统规划的界限，在排水区界内应根据地形和城市的竖向规划，划分排水流域。

流域边界应与分水线相符合。在地形起伏及丘陵地区，流域分界线与分水线基本一致。在地形平坦无显著分水线的地区，应使干管在最大埋深以内，让绝大部分污水自流排出。例如，有河流和铁路等障碍物贯穿，应根据地形情况、周围水体情况及倒虹管的设置情况等，通过方案比较，决定是否分为几个排水流域。

每个排水流域应有干管，根据流域高程情况，可以确定干管水流方向和需要污水提升的地区。

2. 干管布置与定线

通过干管布置，将各排水流域的污水收集并输送到污水处理厂或排放口中。污水干管应布置成树状网络，根据地形条件，可采用平行式或正交式布置形式。

在进行定线时，要在充分掌握资料的前提下综合考虑各种因素，使拟定的路线能因地制宜地利用有利条件而避免不利条件。通常影响污水管平面布置的主要因素有：地形和水文地质条件，城市总体规划、竖向规划和分期建设情况，排水体制、线路数目，污水处理利用情况、处理厂和排放口位置，排水量大的工业企业和公建情况，道路和交通情况，地下管线和构筑物的分布情况。

地形是影响管道定线的主要因素。定线时应充分利用地形，在整个排水区域较低的地方，如集水线或河岸低处敷设主干管及干管，便于支管的污水自流接入。地形较复杂时，宜布置成几个独立的排水系统，如由于地表中间隆起而布置成两个排水系统。若地势起伏较大，宜布置成高低区排水系统，高区不宜随便跌水，利用重力排入污水处理厂，并减少管道埋深；个别低洼地区应局部提升。

污水主干管的走向与数目取决于污水处理厂和出水口的位置与数目。例如，大城市或地形平坦的城市，可能要建几个污水处理厂分别处理与利用污水，就需设几个主干管。小城市或地形倾向一方的城市，通常只设一个污水处理厂，则只需敷设一条主干管。若几个城镇合建污水处理厂，则需建造相应的区域污水管道系统。

污水干管一般沿城市道路布置。不宜设在交通繁忙的快车道下和狭窄的街道下，也不宜设在无道路的空地上，而通常设在污水量较大或地下管线较少一侧的人行道、绿化带或慢车道下。道路宽度超过 40 m 时，可考虑在道路两侧各设一条污水管，以减少连接支管的数目及与其他管道的交叉，并便于施工、检修和维护管理。污水干管最好以排放大量工业废水的工厂（或污水量大的公共建筑）为起端，除了能较快发挥效用，还能保证良好的水力条件。

某城市污水管网布置如图 2.8 所示。

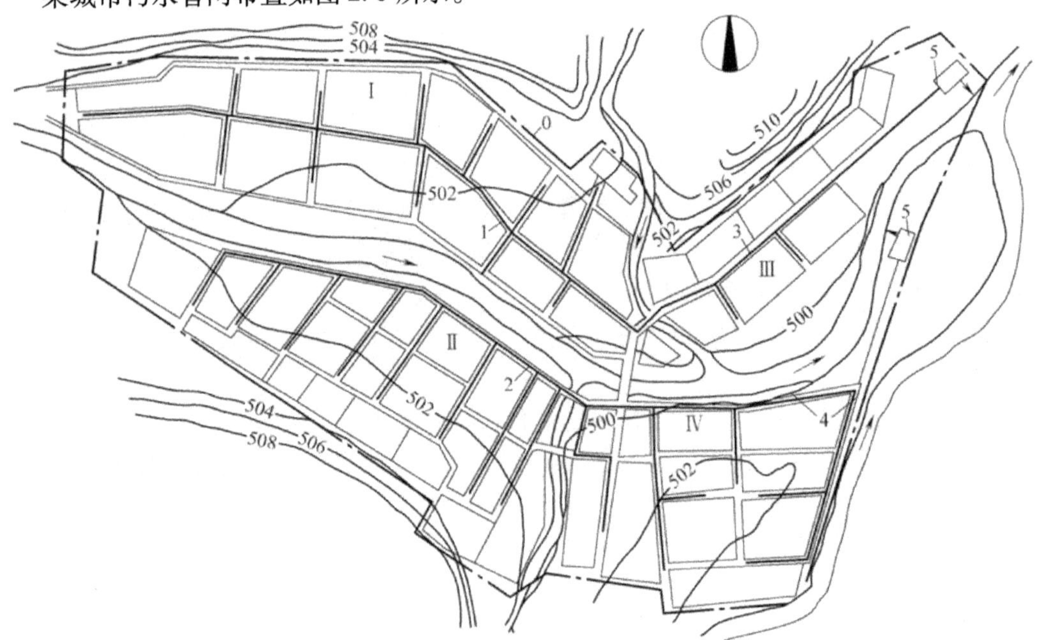

0—排水区界；Ⅰ、Ⅱ、Ⅲ、Ⅳ—排水流域编号；1、2、3、4—各排水流域干管；5—污水处理厂。

图 2.8　某城市污水管网布置

3. **支管布置与定线**

污水支管的平面布置取决于地形及街区建筑特征，并应便于用户接管排水。当街区面积不太大，街区污水管网可采用集中出水方式时，街道支管敷设在服务街区较低侧的街道下，如图2.9(a) 所示，称为低边式布置；当街区面积较大且地形平坦时，宜在街区四周的街道敷设污水支管，如图2.9(b) 所示，建筑物的污水排出管可与街道支管连接，称为围坊式；街区已按规定确定，街区内污水管网按各建筑的需要设计，组成一个系统，再穿过其他街区并与所穿过街区的污水管网相连，如图2.9(c) 所示，称为穿坊式布置。

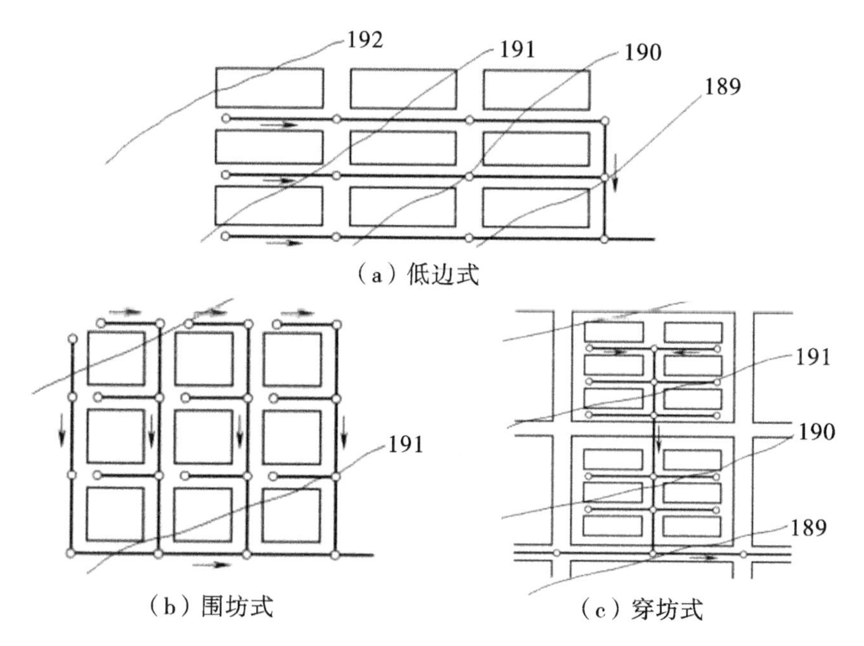

图2.9　污水支管布置形式

2.4.2　城镇雨水管网规划布置

随着城市化进程和路面普及率的提高，地面的存水、滞洪能力大大下降，雨水的径流量增大很快。建立一定的雨水贮留系统，一方面可以避免水淹之害，另一方面可以利用雨水作为城市水源，缓解用水紧张。

城市雨水管渠系统是由雨水口（图2.10）、雨水管渠、检查井、出水口等构筑物组成的整套工程设施。城市雨水管渠规划布置的主要内容有：确定排水流域与排水方式，进行雨水管渠的定线；确定雨水泵房、雨水调蓄池、雨水排放口的位置。

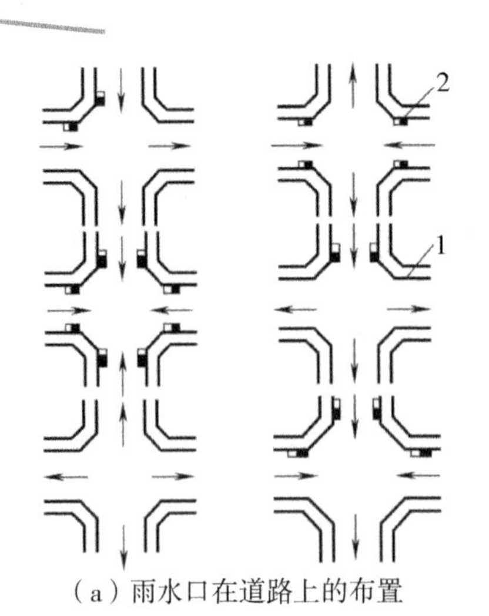

（a）雨水口在道路上的布置

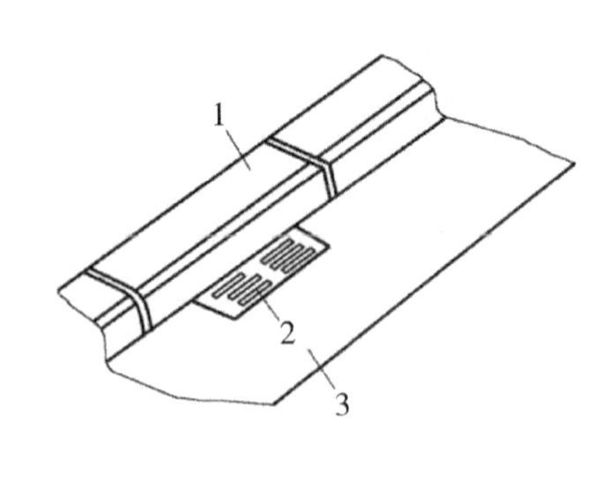

（b）道路边雨水口布置

1—路边石；2—雨水口；3—道路路面。

图 2.10　雨水口布置

雨水管渠系统的布置，要求使雨水能顺畅及时地从城镇和厂区内排出去。一般可从以下方面进行考虑：

（1）充分利用地形，就近排入水体。规划雨水管线时，首先按地形划分排水区域，进行管线布置。根据地面标高和河道水位，划分自排区和强排区。自排区利用重力流自行将雨水排入河道；强排区需设雨水泵站提升后排入河道。根据分散和直捷的原则，多采用正交式布置，使雨水管渠尽量以最短的距离重力流排入附近的池塘、河流、湖泊等水体中。只有当水体位置较远且地形较平坦或地形不利的情况下，才需要设置雨水泵站。一般情况下，当地形坡度较大时，雨水干管宜布置在地形低处或溪谷线上。当地形平坦时，雨水干管宜布置在排水流域的中间，以便尽可能扩大重力流排除雨水的范围。

（2）尽量避免设置雨水泵站。因为暴雨形成的径流量大，雨水泵站的投资也很大，且雨水泵站在一年中运转时间短，利用率低，所以应尽可能靠重力流排水。但在一些地形平坦、地势较低、区域较大或受潮汐影响的城市，必须设置雨水泵站，把经过泵站排泄的雨水径流量减少到最小限度。

（3）结合街区及道路规划布置。道路通常是街区内地面径流的集中地，所以道路边沟最好低于相邻街区地面标高，尽量利用道路两侧边沟排除地面径流。雨水管渠应平行于道路敷设，宜布置在人行道或草地下，不宜设在交通量大的干道下。

（4）雨水管渠采用明渠和暗管相结合的形式。在城市市区，建筑密度较大，交通频繁地区，应采用暗管排雨水，尽管造价高，但卫生情况较好，养护方便，不影响交通；在城市郊区或建筑密度低、交通量小的地方，可采用明渠，以节省工程费用，降低造价。在受到埋深和出口深度限制的地区，可采用盖板明渠排除雨水。

（5）雨水出口的设置。雨水出口的布置有分散和集中两种布置形式。当出口的水体离流域很近，水体的水位变化不大，洪水位低于流域地面标高，出水口的建筑费用不大时，宜采用分散出口，以便雨水就近排放，使管线较短，减小管径。反之，则可采用集中出口。

（6）调蓄水体的布置。充分利用地形，选择适当的河湖水面和洼地作为调蓄池，以调节洪峰，降低沟道设计流量，减少泵站的设置数量。必要时，可以开挖池塘或人工河，以达到调节径流的目的。调蓄水体的布置应与城市总体规划相协调，把调蓄水体与景观规划、消防规划结合起来，亦可以把贮存的水量用于市政绿化和农田灌溉。

（7）城市中靠近山麓建设的中心区、居住区、工业区，除了应设雨水管道，还应考虑在规划地区周围设置排洪沟，以拦截从分水岭以内排泄的洪水，避免洪水灾害。

2.4.3 排水系统的布置形式

1. 排水管网布置原则

（1）要按照城市总体规划，结合当地实际情况布置排水管网，进行多方案技术经济比较。

（2）先确定排水区域和排水体制，然后布置排水管网，应按从干管到支管的顺序进行布置。

（3）充分利用地形，采用重力流排除污水和雨水，并使管线最短，埋深最小。

（4）协调好与其他管道、电缆和道路等工程的关系，考虑好与企业内部管网的衔接。

（5）规划时要考虑到使管渠的施工、运行和维护方便。

（6）远近期规划相结合，考虑发展，尽可能安排分期实施。

2. 排水管网布置形式

排水管网一般布置成树状网，根据地形不同，可采用两种基本布置形式——平行式和正交式。

（1）平行式。排水干管与等高线平行，而主干管则与等高线基本垂直，如图2.11（a）所示。平行式布置适用于城市地形坡度很大的情况，可以减少管道的埋深，避免设置过多的跌水井，改善干管的水力条件。

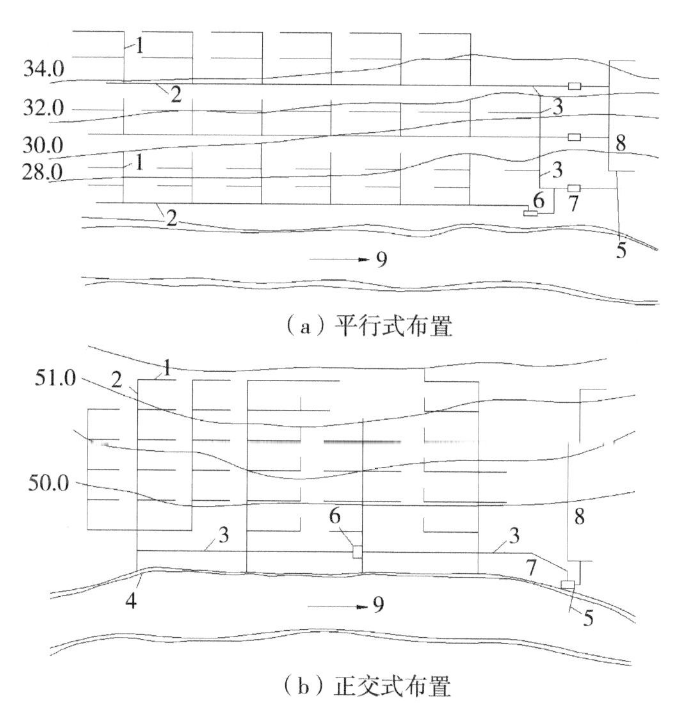

（a）平行式布置

（b）正交式布置

1—支管；2—干管；3—主干管；4—溢流口；5—出口渠渠头；6—泵站；7—污水处理厂；8—污水灌溉管；9—河流。

图2.11 排水管网的布置基本形式

(2) 正交式。排水干管与地形等高线垂直相交，而主干管与等高线平行敷设，如图 2.11(b) 所示。正交式适用于地形平坦略向一边倾斜的城市。

由于各城市地形差异很大，大中城市不同区域的地形条件也不相同，排水管网的布置要紧密结合各区域地形特点和排水体制进行，同时要考虑排水管渠流动的特点，即大流量干管坡度小，小流量支管坡度大。实际工程往往结合上述两种布置形式，构成丰富的具体布置形式，如图 2.12 所示。

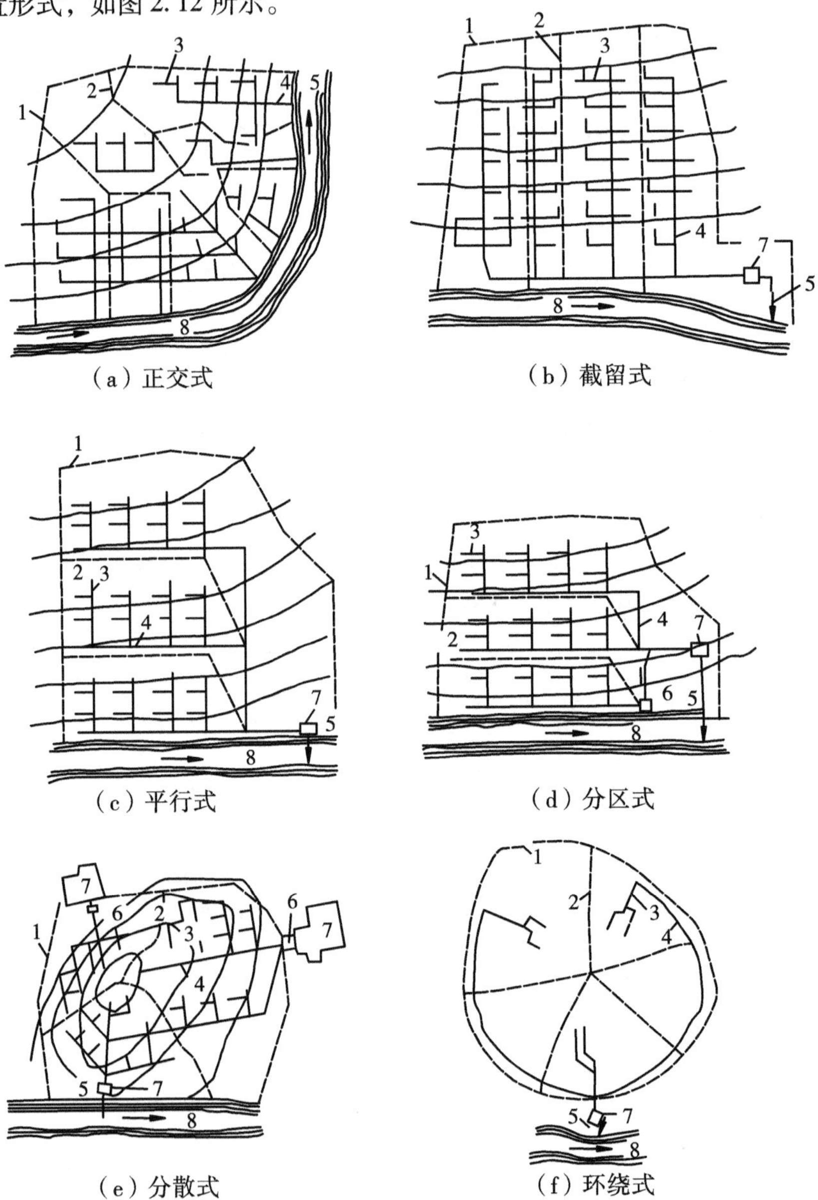

(a) 正交式　(b) 截留式　(c) 平行式　(d) 分区式　(e) 分散式　(f) 环绕式

1—城市边界；2—排水流域分界线；3—支管；4—干管、主干管；5—出水口；6—泵站；7—处理厂；8—河流。

图 2.12　排水管网布置方案

3. 排水管道的连接方式

由于排水管网一般依靠重力进行排水，因此管道的连接方式是保证管网中水流畅通和管道运行安全的重要因素。排水管网中的管道交汇、直线管道中的管径变化、方向的改变及管道高程变化，均需要设置合理的连接方式。排水管道的连接主要采用检查井和跌水井等连接井方式，通常亦统称为窨井。检查井的主要功能是在管道交汇、直线管道中的管径变化、方向的改变处设置，保证衔接通畅，方便清通和维护，图 2.13(a) 即为连接不同管径的管道交汇的检查井构造示例。跌水井的主要功能是管道高程变化的连接和较大水流落差的消能，防止管道被强力冲刷而损坏，如图 2.13(b) 和图 2.13(c) 所示。

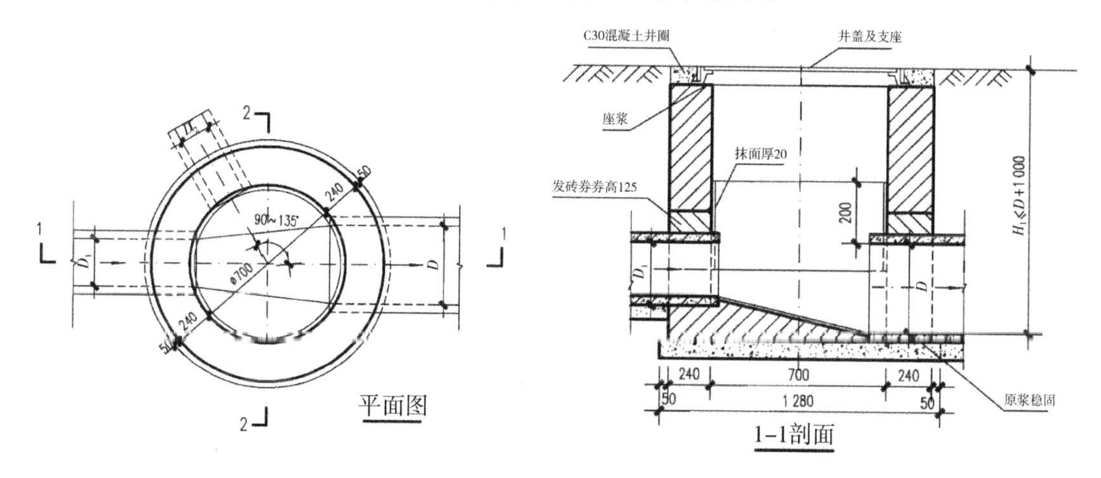

（a）连接不同管径的管道交汇检查井构造示例

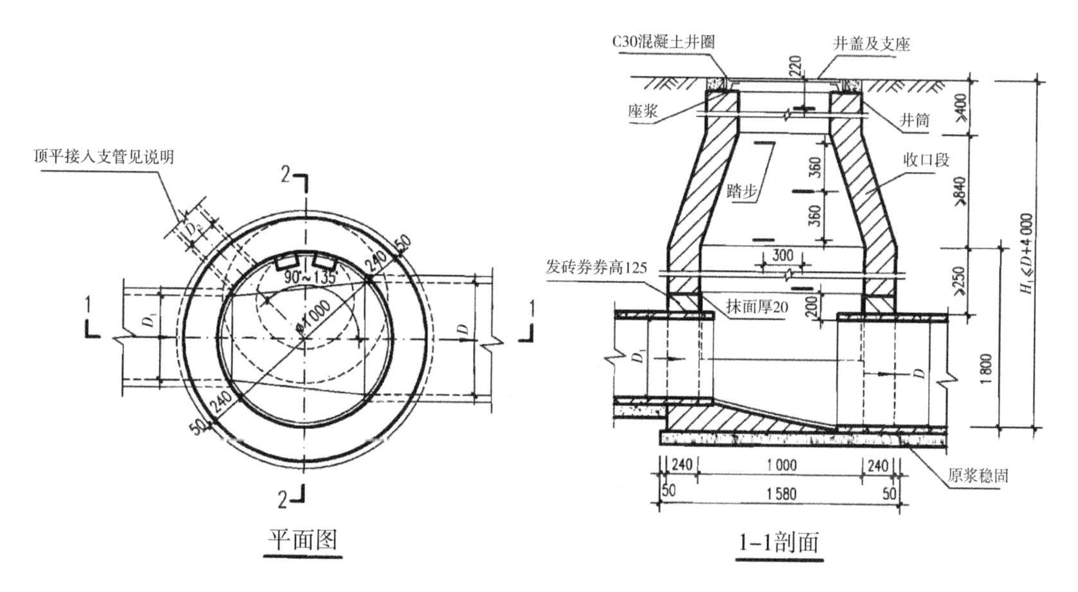

（b）竖管式跌水井构造示例

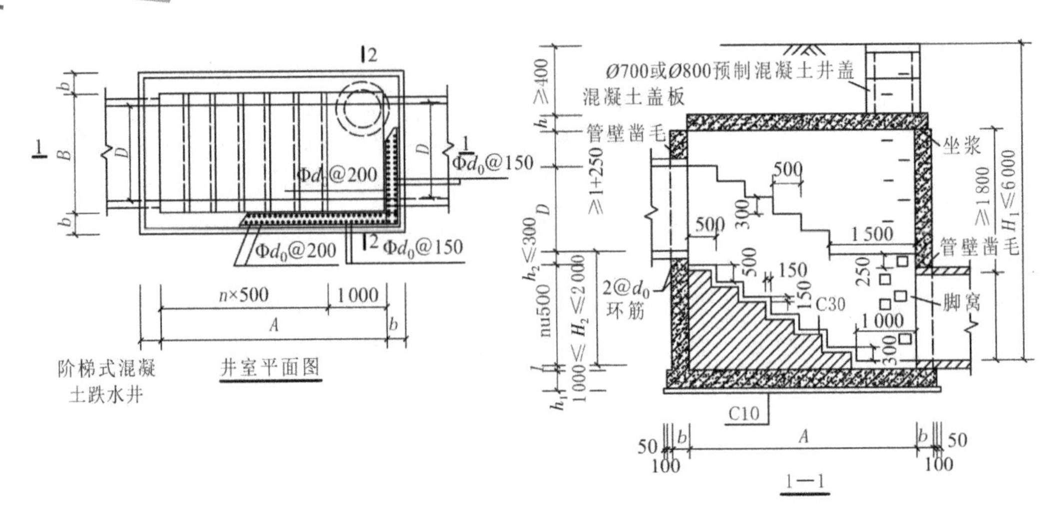

（c）阶梯式跌水井构造示例

关于图中数值单位，管径为 mm，管长、标高为 m，后图依此类推（特别标注和说明者除外）。

图 2.13　窨井

为了方便排水管网日常维护和清通，在直线排水管道中，也需要在一定的管道长度上设置检查井，不同功能的排水管道检查井的最大间距见表 2.1。

表 2.1　直线排水管道检查井间距

管别	管径或暗渠净高（mm）	最大间距（m）	常用间距（m）
污水管道	≤400	30	20 ～ 30
	500 ～ 700	50	30 ～ 50
	800 ～ 1000	70	50 ～ 70
	1 100 ～ 1 500	90	65 ～ 80
	1 600 ～ 2 000	100	80 ～ 100
雨水管道 合流管道	≤400	40	30 ～ 40
	500 ～ 700	60	40 ～ 60
	800 ～ 1 000	80	60 ～ 80
	1 100 ～ 1 500	100	80 ～ 100
	>1 500	120	100 ～ 120

2.4.4　排水系统设计资料的调查及设计方案的确定

2.4.4.1　设计资料的调查

做好污水管道系统的规划设计必须以可靠的资料为依据。设计人员接受设计任务后，需做一系列的准备工作。一般应先了解、研究设计任务书或批准文件的内容，弄清本工程的范围和要求，然后赴现场踏勘，分析、核实、收集、补充有关的基础资料。进行排水工程（包括污水管道系统）设计时，通常需要有以下方面的基础资料。

1. **有关明确任务的资料**

凡进行城镇（地区）的排水工程新建、改建和扩建工程的设计，一般需要了解与本工程有关的城镇（地区）的总体规划，以及道路、交通、给水、排水、电力、电信、防洪、环保、燃气、园林绿化等各项专业工程的规划。这样可进一步明确本工程的设计范围、设计期限、设计人口数；拟用的排水体制；污水处置方式；受纳水体的位置及防治污染的要求；各类污水量定额及其主要水质指标；现有雨水、污水管道系统的走向，排出口位置和高程，存在问题；与给水、电力、电信、燃气等工程管线及其他市政设施可能的交叉；工程投资情况；等等。

2. **有关自然因素方面的资料**

（1）地形图。进行大型排水工程设计时，在初步设计阶段要求有设计地区和周围25～30 km范围的总地形图，比例尺为1∶10 000～1∶25 000，等高线间距1～2 m。中小型设计，要求有设计地区总平面图，城镇可采用比例尺1∶5 000～1∶10 000，等高线间距1～2 m；工厂可采用比例尺1∶2 000～1∶5 000，等高线间距为0.5～2 m。在施工图阶段，要求有比例尺1∶500～1∶2 000的街区平面图，等高线间距0.5～1 m；设置排水管道的沿线带状地形图，比例尺1∶200～1∶1 000；拟建排水泵站和污水厂处，管道穿越河流、铁路等障碍物处的地形图要求更加详细，比例尺通常采用1∶100～1∶500，等高线间距0.5～1 m。另还需排出口附近河床横断面图。

（2）气象资料。气象资料包括设计地区的气温（平均气温、极端最高气温和最低气温）、风向和风速、降雨量资料或当地的雨量公式、日照情况、空气湿度等。

（3）水文资料。水文资料包括接纳污水的河流的流量、流速、水位记录，水面比降，洪水情况和河水水温，水质分析化验资料，城市、工业取水及排污情况，河流利用情况及整治规划情况。

（4）地质资料。地质资料主要包括设计地区的地表组成物质及其承载力，地下水分布及其水位、水质，管道沿线的地质柱状图，当地的地震烈度资料。

3. **有关工程情况的资料**

有关工程情况的资料包括道路的现状和规划，如道路等级，路面宽度及材料；地面建筑物和地铁、其他地下建筑的位置和高程；给水、排水、电力、电信电缆、燃气等各种地下管线的位置；本地区建筑材料、管道制品、电力供应的情况和价格；建筑、安装单位的等级和装备情况等。

污水管道系统设计所需的资料范围比较广泛，其中有些资料虽然可由建设单位提供，但往往不够完整，个别地方不够准确。为了取得准确可靠充分的设计基础资料，设计人员必须到现场进行实地调查踏勘，必要时还应去提供原始资料的气象、水文、勘测等部门查询。将收集到的资料进行整理分析、补充完善。

2.4.4.2 设计方案的确定

在掌握了较为完整可靠的设计基础资料后，设计人员根据工程的要求和特点，对工程中一些原则性的、涉及面较广的问题提出了不同的解决办法，这样就构成了不同的设计方案。这些方案除满足相同的工程要求外，在技术经济上是互相补充、互相对立的，因此必须对各设计方案深入分析其利弊和产生的各种影响。比如，对城镇（地区）排水工程设计方案的分析必然会涉及排水体制的选择问题，接纳工业废水并进行集中处理和处置的可能性问题，污水分散处理或集中处理问题，与给水、防洪等工程协调问题，污水处理程度和污水、污泥处理工艺的选择问题，污水出水口位置与形式选择问题，设计期限的划分与相互衔接的问题，等等，其涉及面十分广泛且政策性强。又如，对城镇污水管道系统设计方案分析会涉及污水管道的布局、走向、长度、断面尺寸、埋设深度、管道材料，与障碍物相交时采用的工程措施，中途泵站的数目与位置等诸多问题。为了使确定的设计方案体现国家有关方针、政策，既技术先进，又切合实际，安全适用，具有良好的环境效益、经济效益和社会效益，需对提出的设计方案进行技术经济比较评价。通常，进行方案比较与评价的步骤和方法如下：

（1）建立方案的技术经济数学模型。建立主要技术经济指标与各种技术经济参数、各种参变数之间的函数关系，也就是通常所说的目标函数及相应的约束条件方程。建模的方法普遍采用传统的数理统计法。由于我国的排水工程，尤其是城市污水处理方面的建设欠账太多，有关技术经济资料匮乏，加之地区差异很大，目前国内建立的技术经济数学模型多数采用标准设计法。各地在实际工作中建立的数学模型存在应用上的局限性与适用性。当前，在缺少合适的数学模型的情况下，可以凭经验选择合适的参数。

（2）解技术经济数学模型。这一过程为优化计算的过程。从技术经济角度讲，首先必须选择有代表意义的主要技术经济指标为评价目标，其次正确选择适宜的技术经济参数，以便在最好的技术经济情况下进行优选。由于实际工程的复杂性，有时解技术经济数学模型并不一定完全依靠数学优化方法，而用各种近似计算方法，如图解法、列表法等。

（3）方案的技术经济比较。根据技术经济评价原则和方法，在同等深度下计算出各方案的工程量、投资及其他技术经济指标，然后进行各方案的技术经济比较。排水工程设计方案技术经济比较常用的方法有逐项对比法、综合比较法、综合评分法、两两对比加权评分法等。

（4）综合评价与决策。在上述分析评价的基础上，对各设计方案的技术经济、方针政策、社会效益、环境效益等作出总的评价与决策，以确定最佳方案。综合评价的项目或指标，应根据工程项目的具体情况确定。

综上所述，进行方案比较与评价的步骤只反映了技术经济分析的一般过程，实际上各步之间有时是相互联系的，根据问题的性质或者受条件限制时，不一定非要依次逐步进行，而是可以适当省略或者是采取其他办法。比如，可省略建立数学模型与优化计算步骤，根据经验选择适宜的参数。

经过综合比较后所确定的最佳方案即为最终的设计方案。

第 3 章　给水排水管网水力学基础及管网模型

3.1　给水排水管网水流特征

3.1.1　给水管网水流特征

1. 管网中的流态分析

在水力学中，水在圆管中的流动有层流、紊流及介于两者之间的过渡流三种流态，可以根据雷诺数 Re 进行判别，其表达式如下：

$$Re = \frac{vD}{\upsilon} \tag{3.1}$$

式中：v——管内平均流速（m/s）；

D——管径（m）；

υ——水的运动黏滞系数，当水温为 10 ℃时 $\upsilon = 1.308 \times 10^{-6}$ m²/s，当水温为 30 ℃时 $\upsilon = 0.804 \times 10^{-6}$ m²/s，当水温为 50 ℃时 $\upsilon = 0.556 \times 10^{-6}$ m²/s。

当 Re 小于 2 000 时为层流；当 Re 大于 4 000 时为紊流；当 Re 介于 2 000 ～ 4 000 之间时，水流状态不稳定，属于过渡流态。不同流态下的水流阻力特性不同，在水力计算时应进行流态判别。

紊流流态又分为三个阻力特征区，分别为阻力平方区（又称为粗糙管区）、过渡区和水力光滑管区。在阻力平方区，管渠水头损失与流速平方成正比；在水力光滑管区，管渠水头损失约与流速的 1.75 次方成正比；而在过渡区，管渠水头损失与流速的 1.75 ～ 2.0 次方成正比。三个阻力特征区的划分和判别，主要与雷诺数 Re、管径（或水力半径）及管壁粗糙度有关。

在对给水排水管网进行水力计算时均按紊流考虑，因为绝大多数情况下管中的水流处于紊流流态。给水排水管网中流速一般为 0.5 ～ 1.5 m/s，管径一般为 0.1 ～ 1.0 m，水温一般在 5 ～ 25 ℃之间，水的动力黏滞系数为（0.89 ～ 1.52）$\times 10^{-6}$ kPa · s。经计算得水流雷诺数一般为 33 000 ～ 1 680 000，显然处于紊流状态。但是，经计算表明，在给水排水常用管道材料的直径与粗糙度范围内，阻力平方区与过渡区的流速界限在 0.6 ～

1.5 m/s，过渡区与光滑区的流速界限则在 0.1 m/s 以下。因此，给水排水管网中多数管道的水流状态处于紊流过渡区和阻力平方区，部分管道中的流态因流速很小而可能处于紊流光滑管区，管渠水头损失与流速的 1.75 ～ 2.0 次方成正比。在管道水头损失计算中，应根据管道中水的流态确定管道的摩阻系数，这将有助于提高管网水力计算的准确性。

2. 恒定流与非恒定流

由于用水量和排水量的经常性变化，给水排水管网中的水流经常处于非恒定流状态，特别是雨水排水及合流制排水管网中，流量骤涨骤落，水力因素随时间快速变化，属于明显的非恒定流。但是，非恒定流的水力计算比较复杂，在管网工程设计和水力计算时，一般按恒定流（又称为稳定流）计算。

3. 均匀流与非均匀流

给水排水管网中的水流既是非恒定流，也是非均匀流，即水流参数既随时间变化，也随空间变化。特别是排水管网的明渠流或非满管流，通常都是非均匀流。

对于满管流动的水力计算，可以将水头损失计算分为沿程水头损失和局部水头损失。长距离等截面满管流为均匀流，其水头损失为沿程水头损失，而局部的分叉、转弯与变截面等造成的非均匀流水头损失为局部水头损失。在给水排水管网中，因为管道长度较大，沿程水头损失一般远大于局部水头损失，所以在计算时一般忽略局部水头损失，或将局部阻力转换成等效长度的管道沿程水头损失进行计算。

对于非满管流或渠流，只要长距离截面不变，也可以近似为均匀流，按沿程水头损失公式进行水力计算；对于短距离或特殊情况下的非均匀流动，则运用水力学理论按缓流或急流计算。

4. 压力流与重力流

压力流输水通过具有较大承压能力的管道进行，水流在运动中的阻力主要依靠水泵产生的压能克服，管道阻力大小只与管道内壁粗糙程度、管道长度和流速有关，与管道埋设深度和坡度等无关。重力流输水系统依靠地形高差，通过管道或渠道由高处流向低处。水流的阻力主要依靠水的位能克服，水位沿水流方向降低，称为水力坡降。

给水排水管网根据工程需要和条件，可以采取压力流输水或重力流输水两种方式。给水管网基本上采用压力流输水方式，如果地形条件允许，也经常采用重力流输水以降低输水成本。排水管网一般采用重力流输水方式，要求管渠的埋设高程随着水流水力坡度下降。

关于管渠断面形状，由于圆管的水力条件和结构性能好，在给水排水管网中采用最多，在埋于地下时，圆管能很好地承受土壤的压力。除圆管外，明渠或暗渠一般只能用于重力流输水，其断面形状有多种，以梯形和矩形居多。

5. 水流的水头和水头损失

水头是指单位质量的流体所具有的机械能，一般用符号 h 或 H 表示，常用单位为 m。水头分为位置水头、压力水头和速度水头（又称为流速水头）三种形式。位置水头是指因为流体的位置高程所得到的机械能，又称为位能，用流体所处的高程来度量，用符号 Z 表示；压力水头是指流体因为具有压力而携带的机械能，又称为压能，根据压力进行计算，即 P/γ（P 为计算断面上的压力，γ 为流体的重力密度）；流速水头是指因为流体的流动速度而具有的机械能，又称为动能，根据流速进行计算，即 $v^2/2g$（v 为计算断面平均流速，g 为重力加速度）。

位置水头和压力水头属于势能，流速水头属于动能。流体在流动的过程中，三种形式的水头（机械能）总是处于不断转换之中。给水排水管网中的位置水头和压力水头一般比流速水头大得多，为了简化计算，流速水头往往可以忽略不计。

水在流动中受固定边界面的影响（包括摩擦与限制作用），故断面流速分布不均匀，相邻流层间产生切应力，即流动阻力。流体克服流动阻力所消耗的机械能，即为水头损失。

当流体受固定边界限制做均匀流动时，流动阻力中只有沿程不变的切应力，称为沿程阻力。由沿程阻力所产生的水头损失称为沿程水头损失。当流体的固定边界发生突然变化时，引起流速分布发生变化，从而在较短范围内集中产生阻力，称为局部阻力。由局部阻力所引起的水头损失称为局部水头损失。

3.1.2　污水管道中污水流动的特点

污水由支管流入干管，由干管流入主干管，由主干管流入污水处理厂，管道由小到大，分布类似河流，呈树枝状，与给水管网的环流贯通情况完全不同。污水在管道中一般是靠管道两端的水面高差从高处向低处流动。在多数情况下，管道内部是不承受压力的，即靠重力流动。

流入污水管道的污水中含有一定数量的有机物和无机物，其中相对密度小的物质漂浮在水面并随污水漂流；相对密度较大的分布在水流断面上并呈悬浮状态流动；相对密度最大的沿着管底移动或淤积在管壁上。这种情况与清水的流动略有不同。但总的来说，污水中水分一般在99%以上，所含悬浮物质的比例极少，因此可假定污水流动按照一般液体流动的规律，并假定管道内水流是均匀流。

但在污水管道中实测流速的结果表明管内的流速是有变化的。管道中的水流流经转弯、交叉、变径、变坡、跌水等地点时状态发生改变，流速就不断变化，可能流量也在变化，因此在上述条件下污水管道内水流不是均匀流。但在除上述情况外的直线管段上，当流量没有很大变化又无沉淀物时，管内污水的水力要素（速度、压强、密度等）均不随时间变化，可视为恒定流（steady flow），且管道的断面形状、尺寸不变，流线为相互平行的直线，其流动状态可视为均匀流（uniform flow）。若在设计与施工时注意改善管道的水力条件，则可使管内水流尽可能接近均匀流。

3.2　给水管网水力计算的基础方程

3.2.1　给水管网系统的水压关系

水压不但是用户用水所要求的，也是给水和排水输送的能量来源。给水系统应保证一定的水压，以供给足够的生活用水或生产用水。在给水系统中，从水源开始，水流到达用户前一般要经过多次提升，特殊情况下也可以依靠重力直接输送给用户。水在输送中的压力方式有全重力给水、一级加压给水、二级加压给水和多级加压给水。城市给水管网需保持最小的服务水头如下：从地面算起1层为10 m，2层为12 m，2层以上每层增加4 m。例如，若地房屋按6层楼考虑，则最小服务水头应为28 m。至于城市内个别高层建筑物或建筑群，或城市高地上的建筑物等所需的水压，不应作为管网水压控制的条件。为满足这类建筑物的用水，可单独设置局部加压装置，这样比较经济。

泵站、水塔或高地水池是给水系统中保证水压的构筑物，因此需了解水泵扬程和水塔（或高地水池）高度的确定方法，以满足设计的水压要求。

1. **水泵扬程确定**

水泵扬程等于静扬程和水头损失之和：

$$H_p = H_0 + \sum h \tag{3.2}$$

静扬程 H_0需根据抽水条件确定。一级泵站静扬程是指水泵吸水井最低水位与水厂的前端处理构筑物（一般为混合絮凝池）最高水位的高程差。在工业企业的循环给水系统中，水从冷却池（或冷却塔）的集水井直接送到车间的冷却设备，这时静扬程等于车间所需水头（车间地面标高加所需服务水压）与集水井最低水位的高程差。

水头损失 $\sum h$ 包括水泵吸水管、压水管和泵站连接管线的水头损失。

因此，一级泵站的扬程（图3.1）为：

$$H_p = H_0 + h_s + h_d \tag{3.3}$$

式中：H_0——静扬程（m）；

h_s——由最高日平均时供水量加水厂自用水量确定的吸水管中的水头损失（m）；

h_d——由最高日平均时供水量加水厂自用水量确定的压水管和泵站到絮凝池管线中的水头损失（m）。

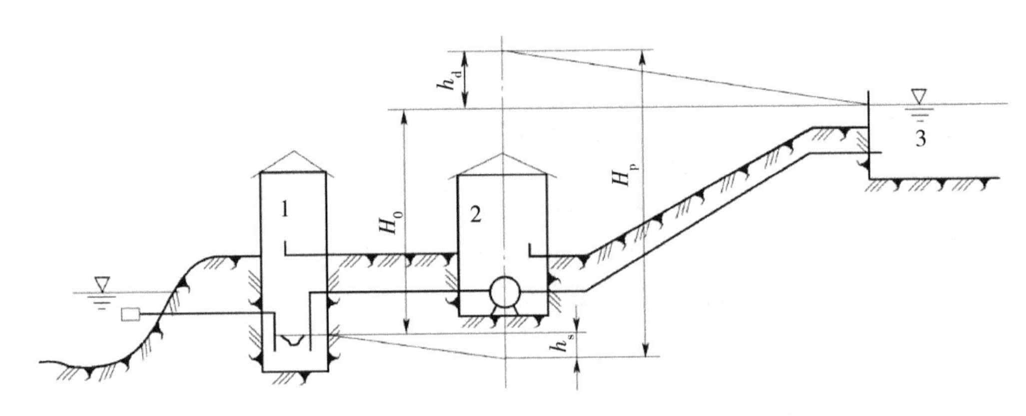

1—吸水井；2—一级泵站；3—絮凝池。

图3.1 一级泵站扬程计算

二级泵站是从清水池取水直接送向用户或先送入水塔，而后流进用户。

无水塔的管网（图3.2）由泵站直接输水到用户时，静扬程等于清水池最低水位与管网控制点所需水压标高的高程差。控制点是指管网中控制水压的点。这一点往往位于离二级泵站最远或地形最高的点，只要该点的压力在最高用水量时可以达到最小服务水头的要求，整个管网就不会存在低水压区。

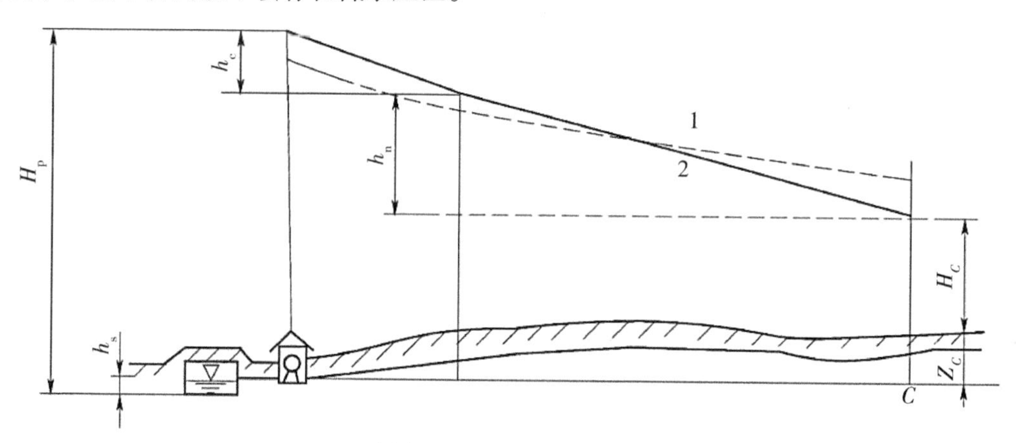

1—最小用水时；2—最高用水时。

图 3.2　无水塔管网的水压线

水头损失包括吸水管、压水管、输水管和管网等水头损失之和。综上所述，无水塔时二级泵站扬程为：

$$H_p = Z_C + H_C + h_s + h_c + h_n \tag{3.3}$$

式中：Z_C——管网控制点 C 的地面标高和清水池最低水位的高程差（m）；

H_C——管网控制点 C 所需的最小服务水头（m）；

h_s——吸水管中的水头损失（m）；

h_c——输水管中的水头损失（m）；

h_n——管网中的水头损失（m）。

h_s，h_c和 h_n都应按照水泵最高时供水量计算。

在工业企业和中小城市水厂，有时建造水塔，这时二级泵站只需供水到水塔，而由水塔高度来保证管网控制点的最小服务水头（图 3.3），这时静扬程等于清水池最低水位和水塔最高水位的高程差，水头损失为吸水管、泵站到水塔的管网水头损失之和。水泵扬程的计算仍可参照式(3.2)。

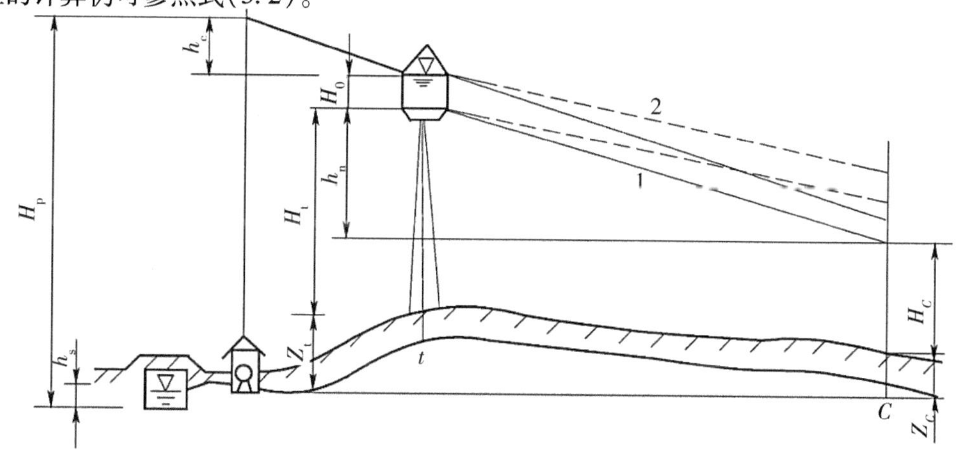

1—最高用水时；2—最小用水时。

图 3.3　网前水塔管网的水压线

二级泵站扬程除了满足最高用水时的水压，还应满足消防流量时的水压要求（图3.4）。在消防时，管网中额外增加了消防流量，因而增加了管网的水头损失。水泵扬程的计算仍可按照式(3.2)，但控制点 C 应选在设计时假设的着火点，并代入消防时管网允许的水压 H（不低于10 m），以及通过消防流量时的管网水头损失 h_c。消防时算出的水泵扬程若比最高日最高时算出的高，则根据两种扬程的差别大小，有时需在泵站内设置专用消防泵，或者放大管网中个别管段直径以减少水头损失而不设专用消防泵。

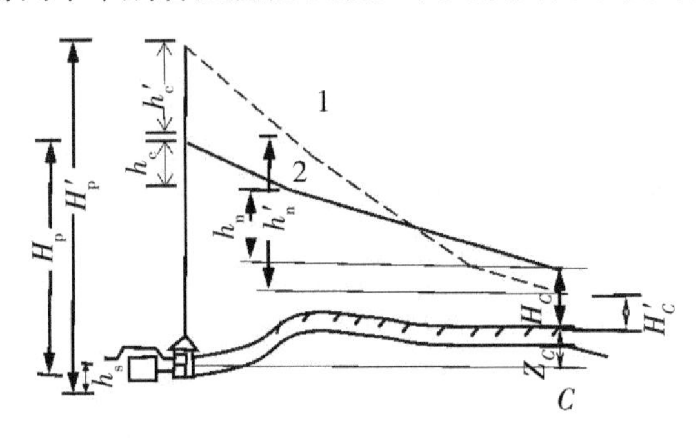

1—消防时；2—最高用水时。

图3.4　泵站供水时的水压线

2. 水塔高度的确定

大城市一般不设水塔，因城市用水量大，水塔容积小了不起作用，容积太大造价又太高，况且水塔高度一经确定，不利于今后给水管网的发展。中小城市和工业企业则可考虑设置水塔，既可缩短水泵工作时间，又可保证恒定的水压。水塔在管网中的位置，可靠近水厂、位于管网中间或靠近管网末端等。不管哪类水塔，它的水柜底高于地面的高度均可按下式计算：

$$H_t = H_C + h_n - (Z_t - Z_C) \tag{3.4}$$

式中：H_C——控制点 C 要求的最小服务水头（m）；

h_n——按最高时用水量计算的从水塔到控制点的管网水头损失（m）；

Z_t——设置水塔处的地面标高（m）；

Z_C——控制点 C 的地面标高（m）。

从式(3.4)可以看出，建造水塔处的地面标高 Z_t 越高，水塔高度 H_t 越低，这就是水塔建在高地的原因。离二级泵站越远地形越高的城市，水塔可能建在管网末端而形成对置水塔的管网系统。这种系统的给水情况比较特殊，在最高用水量时，管网用水由泵站和水塔同时供给，两者各有自己的给水区，在给水区分界线上，水压最低。求对置水塔管网系统中的水塔高度时，式(3.4)中的 h_n 是指水塔到分界线处的水头损失，H_C 和 Z_C 分别指水压最低点的服务水头和地面标高。这里，水头损失和水压最低点的确定必须通过管网计算。

为了安全起见，式(3.4)所确定的水塔高度应作为水塔水柜的最低水位离地面的高度。在考虑水塔转输（进水）条件时，水塔高度还应加上水柜设计有效水深。

3.2.2　给水管网水力计算的流量

在给水管网的水力计算过程中，往往不包括全部管线，而是只计算经过简化后的干管图。经过简化的给水排水管网需要进一步抽象，使之成为仅由管段和节点两类元素组成的管网模型。在管网模型中，管段与节点相互关联，即管段的两端为节点，节点之间通过管段连通。

管段是管线和泵站等简化后的抽象形式，它只能输送水量，管段中间不允许有流量输入或输出，但水流经管段后可因加压或者摩擦损失产生能量改变。节点是管线交叉点、端点或大流量出入点的抽象形式。节点只能传递能量，不能改变水的能量，即节点上水的能量（水头值）是唯一的，但节点可以有流量的输入或输出，如用水的输出、排水的收集或水量调节等。如图 3.5 所示的干管网，标有 1，2，3，…，8 的称为节点，它们包括：①水源节点，如泵站、水塔或高位水池等；②不同管径或不同材质的管线交接点；③两管段交点或集中向大用户供水的点。在图 3.5 中，两节点之间的管线称为管段，如管段 3—6 表示节点 3 和 6 之间的一段管线。管段顺序连接形成管线，如图中的管线 1—2—3—4—7—8 是指从泵站到水塔的一条管线。起点和终点重合的管线，如 2—3—6—5—2 称为管网的环，即图中的环Ⅰ，因为环Ⅰ中不含其他环，所以称为基环。几个基环合成的环称为大环，如环Ⅰ、环Ⅱ合成的大环 2—3—4—7—6—5—2 就不再是基环。多水源的管网，为了计算方便，有时将 2 个或多个水压已定的水源节点（泵站、水塔等）用虚线和虚节点 0 连接起来，也形成环，如图中的 1—0—8—7—4—3—2—1 大环，因其实际上并不存在，所以叫作虚环。

管网图形由许多管段组成。沿线流量是指供给该管段两侧用户所需流量。节点流量是从沿线流量折算得出的并且假设是在节点集中流出的流量。在管网水力计算过程中，首先需求出沿线流量和节点流量。

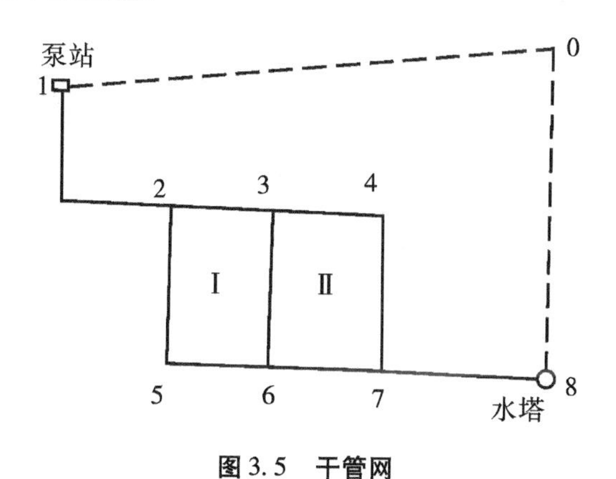

图 3.5　干管网

3.2.2.1　比流量

工业企业的给水管网，大量用水集中在少数车间，配水情况比较简单。城市给水管线，因干管和分配管上接出许多用户，沿管线配水，水管沿线既有工厂、机关、旅馆等大量用水的单位，也有数量很多但水量较少的居民用水，情况比较复杂。干管配水情况如图3.6所示，沿线有数量较多的用户用水 q_1，q_2，…，也有分配管的流量 Q_1，Q_2，…，如果按照实际用水情况来计算管网，非但很少可能，并且因用户用水量经常变化也没有必要。因此，计算时往往加以简化，即假定用水量均匀分布在全部干管上，由此算出干管线单位长度的流量，叫作比流量：

$$q_s = \frac{Q - \sum q}{\sum l} \tag{3.5}$$

式中：q_s——比流量［L/(s·m)］；

Q——管网总用水量（L/s）；

$\sum q$——大用户集中用水量总和（L/s）；

$\sum l$——干管总长度（m），不包括穿越广场、公园等无建筑物地区的管线，对于只有一侧配水的管线，长度按照一半计算。

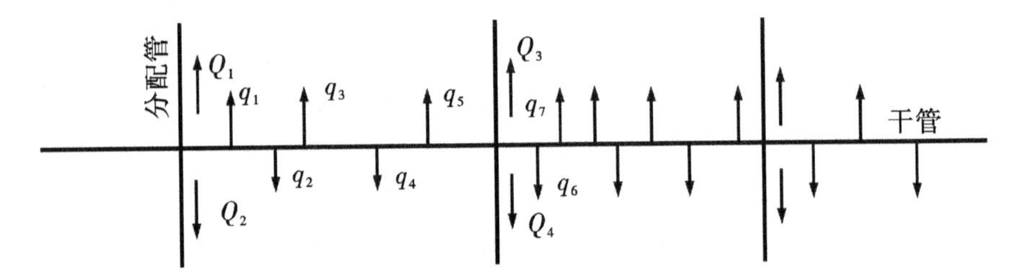

图3.6　干管配水情况

从式(3.5)看出，干管的总长度一定时，比流量随用水量增减而变化，最高用水时和最大转输时的比流量不同，因此在管网计算时须分别计算。城市内人口密度或房屋卫生设备条件不同的地区，也应该根据各区的用水量和干管线长度，分别计算其比流量，以得出比较接近实际用水的结果。

但是，按照用水量全部均匀分布在干管上的假定来求出比流量的方法，存在一定的缺陷。因为它忽视了沿线供水人数和用水量的差别，所以与各管段的实际配水量并不一致。为此提出另一种按该管段的供水面积决定比流量的计算方法，即将式(3.5)中的管段总长度 $\sum l$ 用供水区总面积 $\sum A$ 代替，得出的是以单位面积计算的比流量 q_A。这样，任一管段的沿线流量，等于其供水面积和比流量 q_A 的乘积。供水面积可用等分角线的方法来划分街区。在街区长边上的管段．其两侧供水面积均为梯形。在街区短边上的管段，其两侧供水面积均为三角形（图3.7）。这种方法虽然比较准确，不过计算较为复杂，对于干管分布比较均匀、干管距大致相同的管网，没有必要采用按供水面积计算比流量的方法。

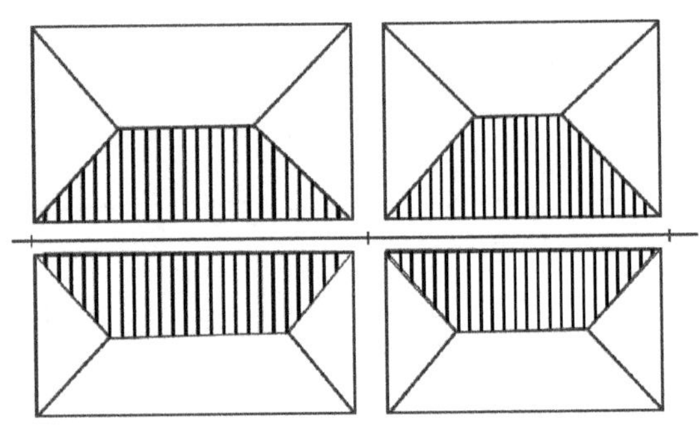

图3.7　按供水面积法求比流量

3.2.2.2　沿线流量

从比流量求出各管段沿线流量的公式为：

$$q_{m,i} = q_s l_{m,i} \tag{3.6}$$

式中：$q_{m,i}$——各管段沿线流量（L/s）；

$l_{m,i}$——各管段的沿线配水长度（m）。

整个管网的沿线流量总和 $\sum q_{m,i}$，等于 $q_s \sum l_{m,i}$。从式(3.5）可知，$q_s \sum l_{m,i}$值等于管网供给的总水量减去大用户集中用水总量，即等于 $Q - \sum q$。

3.2.2.3　节点流量

管网中任一管段的流量，由两部分组成：一部分是沿该管段长度 L 配水的沿线流量 $q_{m,i}$，另一部分是通过该管段输水到以后管段的转输流量 q_t。转输流量沿整个管段不变，而沿线流量由于管段沿线配水，管段中的流量顺水流方向逐渐减小，到管段末端只剩下转输流量。如图 3.8 所示，管段 1—2 起端 1 的流量等于转输流量 q_t加沿线流量 $q_{m,i}$，到末端 2 只有转输流量 q_t，因此从管段起点到终点的流量是变化的。

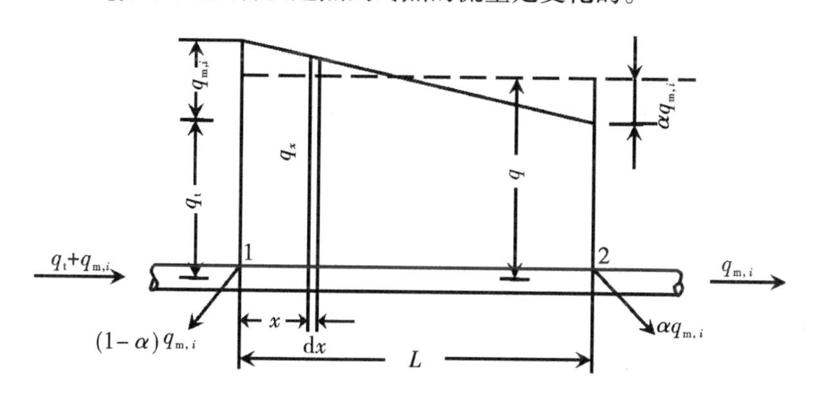

图 3.8　沿线流量折算成节点流量

按照用水量在全部干管上均匀分配的假定求出沿线流量，只是一种近似的方法。如上所述，每一管段的沿线流量是沿管线分配的。对于流量变化的管段，难以确定管径和水头损失，所以有必要将沿线流量转化成从节点流出的流量。这样，沿管线不再有流量流出，即管段中的流量不再沿管线变化，就可根据该流量确定管径。

沿线流量化成节点流量的原理是求出一个沿线不变的折算流量 q 使它产生的水头损失等于实际上沿管线变化的流量 q_x产生的水头损失。

从图 3.8 得出，通过管段 1—2 任一断面上的流量为：

$$q_x = q_t + q_{m,i}\frac{L-x}{L} = q_{m,i}\left(\gamma + \frac{L-x}{L}\right) \tag{3.7}$$

式中：$\gamma = q_t/q_{m,i}$。

根据水力学，管段 dx 中的水头损失为：

$$\mathrm{d}h = aq_{m,i}^n\left(\gamma + \frac{L-x}{L}\right)^n \mathrm{d}x \tag{3.8}$$

式中：a——管段比阻。

流量变化的管段 l 中的水头损失可表示为：

$$h = \int_0^L \mathrm{d}h = \int_0^L a q_{\mathrm{m},i}^n \left(\gamma + \frac{L-x}{L}\right)^n \mathrm{d}x \tag{3.9}$$

式(3.9) 积分，得：

$$h = \frac{1}{n+1} a q_{\mathrm{m},i}^n \left[(\gamma+1)^{n+1} - \gamma^{n+1} \right] L \tag{3.10}$$

图 3.8 中的水平虚线表示沿线不变的折算流量 q 等于：

$$q = q_{\mathrm{t}} + \alpha q_{\mathrm{m},i} \tag{3.11}$$

式中：α——折算系数，是把沿线变化的流量折算成在管段两端节点流出的流量，即节点流量的系数。

折算流量产生的水头损失为：

$$h = aLq^n = aLq_{\mathrm{m},i}^n (\gamma + \alpha)^n \tag{3.12}$$

按照这两流量产生的水头损失相等的条件，令式(3.10) 等于式(3.12)，就可得出折算系数：

$$\alpha = \sqrt[n]{\frac{(\gamma+1)^{n+1} - \gamma^{n+1}}{n+1}} - \gamma \tag{3.13}$$

取水头损失公式的指数为 $n=2$，代入并简化，得：

$$\alpha = \sqrt{\gamma^2 + \gamma + \frac{1}{3}} - \gamma \tag{3.14}$$

由式(3.14) 可知，折算系数 α 只与 $\gamma = q_{\mathrm{t}}/q_{\mathrm{m},i}$ 值有关，在管网末端的管段，因转输流量 q_{t} 为零，若 $\gamma=0$，则 $\alpha = \sqrt{\frac{1}{3}} = 0.577$；若 $\gamma=100$，即转输流量远大于沿线流量的管段，则折算系数为 $\alpha=0.5$。

由此可见，因管段在管网中的位置不同，γ 的值不同，折算系数 α 也不同。一般地，在靠近管网起端的管段，因转输流量比沿线流量大得多，α 的值接近于 0.5；相反，靠近管网末端的管段，α 的值大于 0.5。为便于管网计算，通常统一采用 $\alpha=0.5$，即将沿线流量折半作为管段两端的节点流量，在解决工程问题时，已足够精确。

因此，管网任一节点的节点流量为：

$$q_i = \alpha \sum q_{\mathrm{m},i} = 0.5 \sum q_{\mathrm{m},i} \tag{3.15}$$

即任一节点 i 的节点流量等于与该节点相连各管段的沿线流量 q_i 总和的一半。

城市管网中，工业企业等大用户所需流量，可直接作为接入大用户节点的节点流量。工业企业内的生产用水管网，水量大的车间用水量也可直接作为节点流量。

这样，管网图上只有集中在节点的流量，包括由沿线流量折算的节点流量和大用户的集中流量。大用户的集中流量，可以在管网图上单独注明，也可和节点流量加起来，在相应节点上注出总流量。一般在管网计算图的节点旁引出箭头，注明该节点的流量，以便于进一步计算。

【例 3.1】图 3.9 所示的管网，给水区的范围如虚线所示，比流量为 q_s，求各节点的流量。

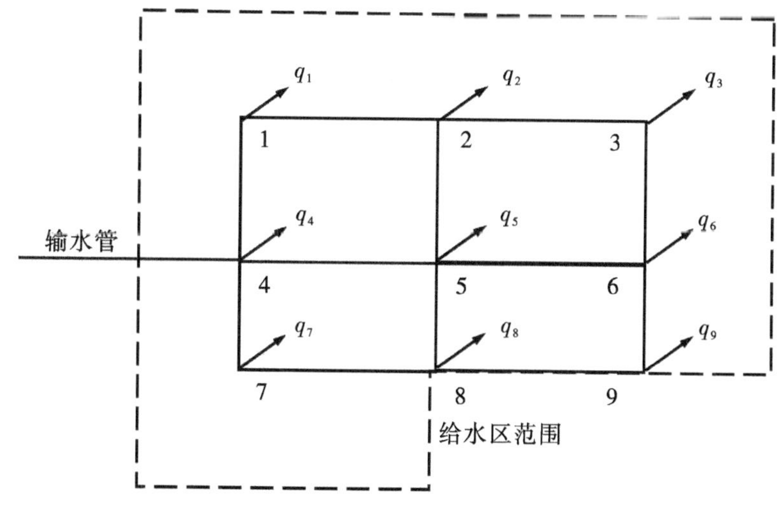

图 3.9 节点流量计算

［**解**］　以节点 3、5、8、9 为例，节点流量如下：

$$q_3 = \frac{1}{2}q_s(l_{2-3} + l_{3-6})$$

$$q_5 = \frac{1}{2}q_s(l_{4-5} + l_{2-5} + l_{5-6} + l_{5-8})$$

$$q_8 = \frac{1}{2}q_s\left(l_{7-8} + l_{5-8} + \frac{1}{2}l_{8-9}\right)$$

因管段 8—9 单侧供水，求节点流量时，比流量按一半计算，也可以将管段长度按一半计算。

3.2.2.4　管网设计流量分配和管段设计流量

任一管段的计算流量实际上包括该管段两侧的沿线流量和通过该管段输送到以后管段的转输流量。为了初步确定管段计算流量，必须按最大时用水量进行流量分配，得出各管段流量后，才能据此流量确定管径和进行水力计算，因此流量分配在管网计算中是一个重要环节。

在确定了节点设计流量之后，接着要利用节点流量连续性方程确定管段设计流量。管段设计流量是后面确定管段直径的主要依据。

1. **节点设计流量计算**

（1）集中流量计算。集中流量一般根据集中用水户在最高日的用水量及其时变化系数应逐个计算，即：

$$q_{n,i} = \frac{K_{h,i}Q_{d,i}}{86.4} \tag{3.16}$$

式中：$q_{n,i}$——第 i 个集中用水户的集中流量（L/s）；

$Q_{d,i}$——第 i 个集中用水户最高日用水量（m^3/d）；

$K_{h,i}$——第 i 个集中用水户最高日用水量时变化系数。

按式(3.16)计算的集中流量总体上是偏大的，因为不同用户的用水高峰时间可能不同，若该项用水量最高时与管网最高时不同，则计算值应适当减小。

(2) 沿线流量计算。一般按管段配水长度分配计算，或按配水管管段的供水面积分配计算，其计算方法见3.2.2.1和3.2.2.2小节。所有集中流量和沿线流量计算完后，应核算流量平衡，即：

$$Q_{\mathrm{h}} = \sum q_{\mathrm{n},i} + \sum q_{\mathrm{m},i} \tag{3.17}$$

若有较大误差，则应检查计算过程中的错误；若误差较小，则可能是计算精确度误差（小数尾数四舍五入造成），可以直接调整某些集中流量或沿线流量，使流量达到平衡。

(3) 节点设计流量计算。为了便于分析计算，规定所有流量只允许从节点处流出或流入，管段沿线不允许有流量进出。集中流量可以直接加到所处节点上；沿线流量则可以将它们转移到管段两端的节点上，具体方法是将沿线流量一分为二，平均分配到两端节点上；另外，供水泵站或水塔的供水流量也应从节点处进入系统，但其方向与用水流量方向不同，应作为负流量。节点设计流量是最高用水时集中流量、沿线流量（分配后）和供水设计流量之和，假定流出节点为正向，则用下式计算：

$$Q_j = q_{\mathrm{m},j} - q_{\mathrm{s},j} + \frac{1}{2}\sum_{i \in S_j} q_{\mathrm{m},i}\ ,\ j=1,\ 2,\ 3,\ \cdots,\ N \tag{3.18}$$

式中：N ——管网图的节点总数；

Q_j——节点j的节点设计流量（L/s）；

$q_{\mathrm{m},j}$——最高时位于节点j的集中流量（L/s）；

$q_{\mathrm{s},j}$——位于节点j的（泵站或水塔）供水设计流量（L/s）；

$q_{\mathrm{m},i}$——最高时管段i的沿线流量（L/s）；

S_j——节点j的关联集，即与节点i关联的所有管段编号的集合。

在计算完节点设计流量后，应验证流量平衡，因为供水设计流量应等于用水设计流量，而两者均只能从节点进出，显然有：

$$\sum Q_j = 0 \tag{3.19}$$

2. **树状管网管段流量计算**

树状管网管段设计流量分配比较简单，在节点设计流量全部确定后，管段设计流量可以利用节点流量连续性方程组解出，因为枝状管网的管段数为$M=N-1$，节点流量连续性方程（3.2.3小节会详细说明）共N个，其中有一个在节点设计流量分配计算时已经使用过了，只有$N-1$个独立方程，正好可以求解M个管段设计流量未知数。

如图3.10所示，单水源的树状网中，从水源（二级泵站，高地水池等）供水到各节点只有一个流向，如果任一管段发生事故，该管段以后的地区就会断水，因此任一管段的流量等于该管段以后（顺水流方向）所有节点流量的总和，如图中管段3—4的流量为：

$$q_{3-4} = q_4 + q_5 + q_8 + q_9 + q_{10} \tag{3.20}$$

管段4—8的流量为：

$$q_{4-8} = q_8 + q_9 + q_{10} \tag{3.21}$$

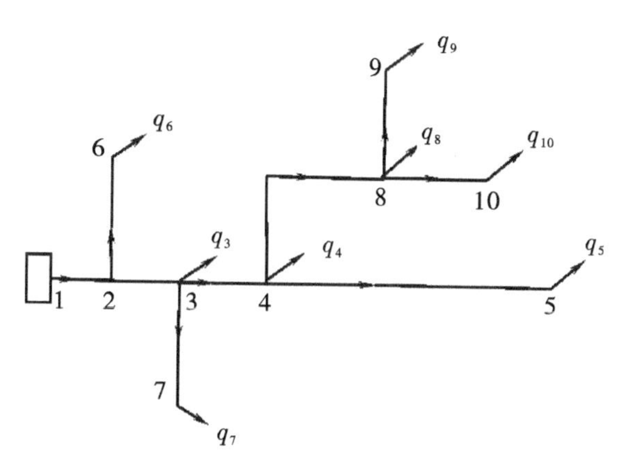

图 3.10　树状网流量分配

可以看出，树状网的流量分配比较简单，各管段的流量易于确定，并且每一管段只有唯一的流量值。

3. **环状管网管段流量计算**

环状网流量分配时，必须保持每一节点的水流连续性，也就是流向任一节点的流量必须等于流离该节点的流量，以满足节点流量平衡的条件，用式表示为：

$$q_i + \sum q_{ij} = 0 \quad (3.22)$$

式中：q_i——节点 i 的节点流量（L/s）；

　　q_{ij}——从节点 i 到节点 j 的管段流量（L/s）。

以下假定离开节点的管段流量为正，流向节点的为负。

以图 3.11 的节点 5 为例，离开节点的流量为 q_5，q_{5-6}，q_{5-8}，流向节点的流量为 q_{2-5}，q_{4-5}，因此根据式(3.22) 得：

$$q_5 + q_{5-6} + q_{5-8} - q_{2-5} - q_{4-5} = 0$$

同理，节点 1 为：

$$-Q + q_1 + q_{1-2} + q_{1-4} = 0$$

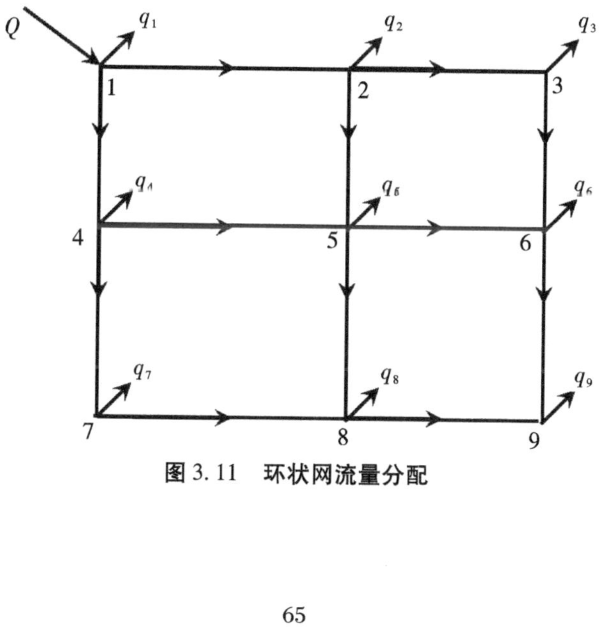

图 3.11　环状网流量分配

可以看出，对节点1来说，即使进入管网的总流量 Q 和节点流量 q_1 已知，各管段的流量，如 q_{1-2} 和 q_{1-4} 等值，还可以有不同的分配，也就是有不同的管段流量。以图3.11的节点1为例，在分配流量时，对其中的一条，如管段1—2分配很大的流量 q_{1-2}，而另一管段1—4分配很小的流量 q_{1-4}，因 $q_{1-2}+q_{1-4}$ 仍等于 $Q-q_1$，即保持水流的连续性，这时敷管费用虽然比较经济，但明显和安全供水产生矛盾。因为当流量很大的管段1—2发生损坏，需要检修时，全部流量必须在管段1—4通过，使该管段的水头损失过大，从而影响到整个管网的供水量或水压。

3.2.3 节点方程（连续性方程）

在管网模型中，所有节点都与一条或多条管段相关联。所谓连续性方程，对于管网模型中的任意节点 j，根据质量守恒定律，流入节点的所有流量之和应等于流出节点的所有流量之和，可以表示为：

$$\sum_{i\in S_j}(\pm q_i)+Q_j=0,\ j=1,2,3,\cdots,N \tag{3.23}$$

式中：q_i——管段 i 的流量；

Q_j——节点 j 的流量；

S_j——节点 j 的关联集；

N——管网模型中的节点总数；

$\sum\limits_{i\in S_j}$——表示对节点 j 关联集中管段进行有向求和，当管段方向指向该节点时取负号，否则取正号，即管段流量流出节点时取正值，流入节点时取负值。

该方程称为节点的流量连续性方程，简称节点流量方程。管网模型中所有 N 个节点方程联立，组成节点流量方程组，简称节点方程组。

在写节点方程时要注意以下三点：

（1）管段流量求和时要注意方向。应按管段的设定方向考虑（指向节点取正号，反之取负号），而不是按实际流向考虑，因为管段流向与设定方向不同时，流量本身为负值。

（2）节点流量总假定流出节点为正值。流入节点的流量为负值。

（3）管段流量和节点流量应具有同样的单位，一般采用L/s或 m^3/s 作为流量单位。

如图3.12所示的给水管模型，可列出以下节点流量方程组：

$$\begin{cases}-q_1+q_2+q_5+Q_1=0\\-q_2+q_3+q_6+Q_2=0\\-q_3-q_4+q_7+Q_3=0\\-q_5+q_8+Q_4=0\\-q_6-q_8+q_9+Q_5=0\\-q_7-q_9+Q_6=0\\q_1+Q_7=0\\q_4+Q_8=0\end{cases} \tag{3.24}$$

某排水管网模型图如图 3.13 所示，可以列出以下节点流量方程组：

$$
\begin{cases}
q_1 + Q_1 = 0 \\
-q_1 + q_2 ++ Q_2 = 0 \\
-q_2 + q_3 + Q_3 = 0 \\
-q_3 - q_7 + q_4 + Q_4 = 0 \\
-q_4 + q_5 + Q_5 = 0 \\
-q_6 + Q_6 = 0 \\
q_6 + Q_7 = 0 \\
-q_6 - q_8 + q_7 + Q_8 = 0 \\
q_8 + Q_9 = 0
\end{cases}
\tag{3.25}
$$

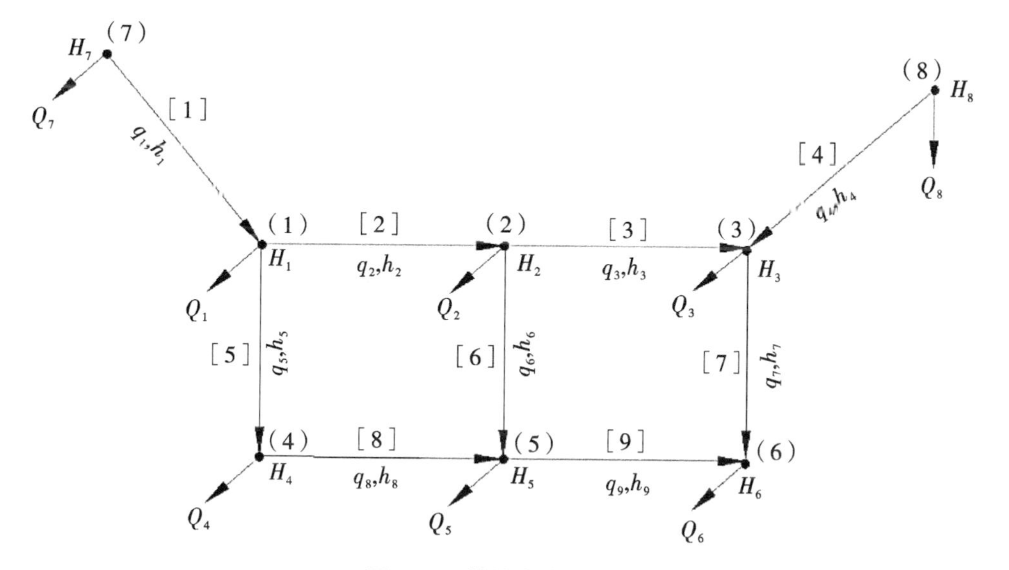

图 3.12　某给水管网模型

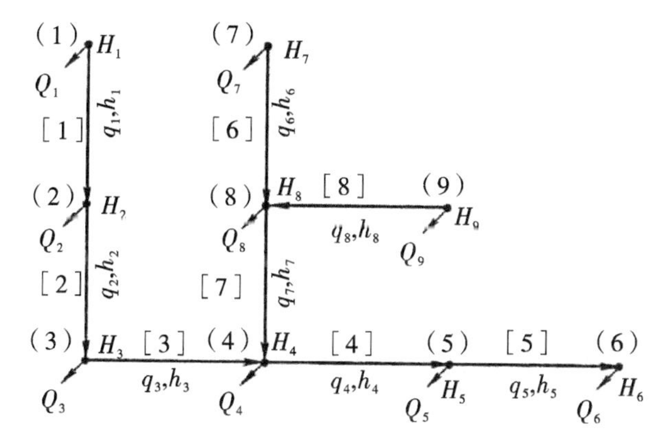

图 3.13　某排水管网模型

以图 3.12 所示的给水管网模型为例，节点流量方程组的矩阵形式如下：

$$\begin{pmatrix} -1 & 1 & 0 & 0 & 1 & 0 & 0 & 0 & 0 \\ 0 & -1 & 1 & 0 & 0 & 1 & 0 & 0 & 0 \\ 0 & 0 & -1 & -1 & 0 & 0 & 1 & 0 & 0 \\ 0 & 0 & 0 & 0 & -1 & 0 & 0 & 1 & 0 \\ 0 & 0 & 0 & 0 & 0 & -1 & 0 & -1 & 1 \\ 0 & 0 & 0 & 0 & 0 & 0 & -1 & 0 & -1 \\ 1 & 0 & 0 & 0 & 0 & 0 & 0 & 0 & 0 \\ 0 & 0 & 0 & 1 & 0 & 0 & 0 & 0 & 0 \end{pmatrix} \cdot \begin{pmatrix} q_1 \\ q_2 \\ q_3 \\ q_4 \\ q_5 \\ q_6 \\ q_7 \\ q_8 \\ q_9 \end{pmatrix} + \begin{pmatrix} Q_1 \\ Q_2 \\ Q_3 \\ Q_4 \\ Q_5 \\ Q_6 \\ Q_7 \\ Q_8 \end{pmatrix} = 0 \qquad (3.26)$$

可以简写为：

$$\boldsymbol{Aq} + \boldsymbol{Q} = \boldsymbol{0} \qquad (3.27)$$

式中：$\boldsymbol{A}$——管网图的关联矩阵；

$\boldsymbol{q} = (q_1, q_2, q_3, \cdots, q_M)^{\mathrm{T}}$——管段流量列向量；

$\boldsymbol{Q} = (Q_1, Q_2, Q_3, \cdots, q_M)^{\mathrm{T}}$——节点流量列向量。

3.2.4 压降方程

在管网模型中，所有管段都与两个节点关联，根据能量守恒规律，任意管段 i 两端节点水头之差，应等于该管段的压降，可以表示为：

$$H_{F_i} - H_{T_i} = h_i,\ i = 1,\ 2,\ 3,\ \cdots,\ M \qquad (3.28)$$

式中：F_i——管段 i 的起点编号；

H_{F_i}——管段 i 的起点节点水头；

T_i——管段 i 的终点编号；

H_{T_i}——管段 i 的终点节点水头；

h_i——管段 i 的压降；

M——管网模型中的管段总数。

该方程称为管段的压降方程。管网模型中所有 M 条管段的压降方程联立，组成管段压降方程组。

在列管段压降方程时要注意以下两点：

(1) 应按管段的设定方向判断起点和终点，而不是按实际流向判断，因为管段流向与设定方向相反时，管段压降本身为负值。

(2) 管段压降和节点水头应具有同样的单位，一般采用 m。

如图 3.12 所示的给水管网模型，可列出以下管段压降方程组：

$$
\begin{cases}
H_7 - H_1 = h_1 \\
H_1 - H_2 = h_2 \\
H_2 - H_3 = h_3 \\
H_8 - H_3 = h_4 \\
H_1 - H_4 = h_5 \\
H_2 - H_5 = h_6 \\
H_3 - H_6 = h_7 \\
H_4 - H_5 = h_8 \\
H_5 - H_6 = h_9
\end{cases}
\tag{3.29}
$$

如图 3.13 所示的排水管网模型，可列出以下的管段压降方程组：

$$
\begin{cases}
H_1 - H_2 = h_1 \\
H_2 - H_3 = h_2 \\
H_3 - H_4 = h_3 \\
H_4 - H_5 = h_4 \\
H_5 - H_6 = h_5 \\
H_7 - H_8 = h_6 \\
H_8 - H_4 = h_7 \\
H_9 - H_8 = h_8
\end{cases}
\tag{3.30}
$$

如图 3.12 所示的给水管网模型的管段压降方程组的矩阵形式如下：

$$
\begin{pmatrix}
-1 & 0 & 0 & 0 & 0 & 0 & 1 & 0 \\
1 & -1 & 0 & 0 & 0 & 0 & 0 & 0 \\
0 & 1 & -1 & 0 & 0 & 0 & 0 & 0 \\
0 & 0 & -1 & 0 & 0 & 0 & 0 & 1 \\
1 & 0 & 0 & -1 & 0 & 0 & 0 & 0 \\
0 & 1 & 0 & 0 & -1 & 0 & 0 & 0 \\
0 & 0 & 1 & 0 & 0 & -1 & 0 & 0 \\
0 & 0 & 0 & 1 & -1 & 0 & 0 & 0 \\
0 & 0 & 0 & 0 & 1 & -1 & 0 & 0
\end{pmatrix}
\begin{pmatrix}
H_1 \\ H_2 \\ H_3 \\ H_4 \\ H_5 \\ H_6 \\ H_7 \\ H_8
\end{pmatrix}
=
\begin{pmatrix}
h_1 \\ h_2 \\ h_3 \\ h_4 \\ h_5 \\ h_6 \\ h_7 \\ h_8 \\ h_9
\end{pmatrix}
\tag{3.31}
$$

可以简写为：

$$
\boldsymbol{A}^{\mathrm{T}}\boldsymbol{H} = \boldsymbol{h} \tag{3.32}
$$

式中：$\boldsymbol{A}$——管网图的关联矩阵；

$\boldsymbol{H} = (H_1, H_2, H_3, \cdots, H_N)^{\mathrm{T}}$——节点水头列向量；

$\boldsymbol{h} = (h_1, h_2, h_3, \cdots, h_M)^{\mathrm{T}}$——管段压降列向量。

3.2.5 能量方程

在管网模型中，所有的环路都是由封闭的管段组成，规定回路中的管段流量和水头损失的方向以顺时针为正，逆时针为负，则各管段的水头损失的代数和一定等于0，可以表示为：

$$\sum_{i \in k} h_i = \sum_{i \in k} (H_{F_i} - H_{T_i}) = 0 \tag{3.33}$$

式中：k——管网中的环的编号；

i——第 k 环中的管段编号；

F_i——管段 i 的起点编号；

H_{F_i}——管段 i 的起点节点水头；

T_i——管段 i 的终点编号；

H_{T_i}——管段 i 的终点节点水头；

h_i——管段 i 的压降。

该方程称为环能量方程。管网模型中所有 L 个环的能量方程联立，组成环能量方程组，简称环方程组。

如图3.12所示的给水管网模型，可以列出以下环能量方程组：

$$\begin{cases} h_2 - h_5 + h_6 - h_8 = (H_1 - H_2) - (H_1 - H_4) + (H_2 - H_5) - (H_4 - H_5) = 0 \\ h_3 - h_6 + h_7 - h_9 = (H_2 - H_3) - (H_2 - H_5) + (H_3 - H_6) - (H_5 - H_5) = 0 \end{cases} \tag{3.34}$$

方程组的矩阵形式如下：

$$\begin{pmatrix} 1 & 0 & 0 & -1 & 1 & 0 & -1 & 0 \\ 0 & 1 & 0 & 0 & -1 & 1 & 0 & -1 \end{pmatrix} \begin{pmatrix} h_2 \\ h_3 \\ h_4 \\ h_5 \\ h_6 \\ h_7 \\ h_8 \\ h_9 \end{pmatrix} = \begin{pmatrix} 0 \\ 0 \end{pmatrix} \tag{3.35}$$

可以简写为：

$$\boldsymbol{Bh} = \boldsymbol{0} \tag{3.36}$$

式中：$\boldsymbol{B}$——管网图的回路矩阵；

$\boldsymbol{h} = (h_1, h_2, h_3, \cdots, h_M)^{\mathrm{T}}$——管网压降列向量。

3.3　管渠水头损失计算

3.3.1　管（渠）道沿程水头损失

管渠沿程水头损失通常用谢才（Chezy）公式计算，其形式为：

$$h_f = \frac{v^2}{C^2 R} l \tag{3.37}$$

式中：h_f——沿程水头损失（m）；

v——过水断面平均流速（m/s）；

C——谢才系数；

R——过水断面水力半径（m），即断面面积除以润湿周长（简称湿周），对于圆管满流，$R = 0.25D$，D 为直径（m）；

l——管渠长度（m）。

对于圆管满流，沿程水头损失一般采用下述达西－韦伯（Darcy-Weisbach）公式计算：

$$h_f = \lambda \frac{l}{D} \frac{v^2}{2g} \tag{3.38}$$

式中：D——管端直径（m）；

g——重力加速度（m/s^2）；

λ——沿程阻力系数，$\lambda = 8g/C^2$。

由于 $h_f = il$，式(3.38）也可写成如下形式：

$$i = \frac{\lambda}{D} \frac{v^2}{2g} \tag{3.39}$$

式中：i——单位管段长度的水头损失。

当式(3.39）用流量表示时，水力坡度为：

$$i = \frac{\lambda}{D} \frac{q^2}{\left(\frac{\pi}{4}D^2\right)^2 2g} = \frac{8\lambda q^2}{\pi^2 g D^5} = \frac{8g}{C^2} \cdot \frac{8q^2}{\pi^2 g D^5} = \frac{64}{\pi^2 C^2 D^5} q^2 = aq^2 \tag{3.40}$$

式中：$a = 64/\pi^2 C^2 D^5$，叫作比阻；

q——流量（m^3/s）。

将水头损失计算公式写成指数形式，有利于统一计算公式的表达形式，简化给水排水管网的水力计算，也便于计算机程序设计和编程。沿程水头损失计算公式的指数形式为：

$$h_f = \frac{kq^n}{D^m} l \text{ 或 } h_f = aq^n l \text{ 或 } h_f = s_f q^n \tag{3.41}$$

式中：k、n、m——指数公式的参数（表 3.1）；

a——管道比阻，即单位管长的摩阻系数，$a = k/D^m$；

s_f——管道摩阻系数，$s_f = al = kl/D^m$。

表 3.1　沿程水头损失指数公式的参数

参数	海曾－威廉公式	曼宁公式
k	$\frac{10.67}{C_W^{1.852}}$	$10.29n_M^2$
n	1.852	2.0
m	4.87	5.333

谢才系数 C、沿程阻力系数 λ 或者管道比阻 a 都与水流流态有关，是上述公式在实际工程技术中正确地得到应用的关键。为了正确使用上述公式进行不同条件和不同流态的水力计算，科学工作者开展了长期的科学研究，发表了关于谢才系数 C、沿程阻力系数 λ 或者管道比阻 a 的计算公式。目前国内外使用较广泛的公式如下。

1. **柯尔勃洛克－怀特（Colebrook-White）公式**

柯尔勃洛克－怀特公式适于各种流态，是适用性和计算精度最高的公式之一，公式为：

$$C = -17.7\lg\left(\frac{e}{14.8R} + \frac{C}{3.53Re}\right) \tag{3.42}$$

或

$$\frac{1}{\sqrt{\lambda}} = -2\lg\left(\frac{e}{3.7D} + \frac{2.51}{Re\sqrt{\lambda}}\right) \tag{3.43}$$

式中：e——管道粗糙度，单位为 mm。

常用管材内壁当量粗糙度可参考表 3.2。

表 3.2 常用管材内壁当量粗糙度

管壁材料	光滑	平均	粗糙
玻璃拉成的材料	0	0.003	0.006
钢、PVC 或 AC	0.015	0.03	0.06
有覆盖的钢	0.03	0.06	0.15
镀锌管、陶土管	0.06	0.15	0.3
铸铁或水泥衬里	0.15	0.3	0.6
预应力混凝土或木管	0.3	0.6	1.5
铆接钢管	1.5	3	6
脏的污水管道或结瘤的给水主管线	6	15	30
毛砌石头或土渠	60	150	300

式(3.42)和式(3.43)为隐函数形式，不便于手工计算和应用，可以简化为式(3.44)和式(3.45)的显函数形式，以方便计算和应用。显然，式(3.44)和式(3.45)的计算精度会比式(3.42)和式(3.43)有所降低。

$$C = -17.7\lg\left(\frac{e}{14.8R} + \frac{4.462}{Re^{0.875}}\right) \tag{3.44}$$

或

$$\frac{1}{\sqrt{\lambda}} = -2\lg\left(\frac{e}{3.7D} + \frac{4.462}{Re^{0.875}}\right) \tag{3.45}$$

2. **海曾－威廉（Hazen-Williams）公式**

海曾－威廉公式适于较光滑的圆管满管紊流计算，主要用于给水管道水力设计计算，公式为：

$$\lambda = \frac{13.16gD^{0.13}}{C_W^{1.852}q^{0.148}} \tag{3.46}$$

式中：q——流量，m^3/s；

C_W——海曾－威廉系数，其值见表3.3。

表3.3 海曾－威廉系数 C_W 值

管道材料	C_W	管道材料	C_W
塑料管	150	新铸铁管、涂沥青或水泥的铸铁管	130
石棉水泥管	120～140	使用5年的铸铁管、焊接钢管	120
混凝土管、焊接钢管、木管	120	使用10年的铸铁管、铆接钢管	110
水泥衬里管	120	使用20年的铸铁管	90～100
陶土管	110	使用30年的铸铁管	75～90

代入式(3.38)得：

$$h_f = \frac{10.67q^{1.852}}{C_W^{1.852}D^{4.87}}l \tag{3.47}$$

实际上，表3.3中的海曾－威廉系数主要适用于水力过渡区中 $v=0.9$ m/s 的一个较窄的流速范围。为了正确使用海曾－威廉公式，应进一步理解和修正海曾－威廉系数 C_W。

由式(3.46)可以得出：

$$C_W = \frac{14.23}{\lambda^{0.54}v^{0.08}D^{0.09}} \tag{3.48}$$

因此，在管径不变的情况下，海曾－威廉系数与流速 v 的0.08次方成反比，即：

$$\frac{C_W}{C_{W0}} = \left(\frac{v_0}{v}\right)^{0.08} \tag{3.49}$$

式中：C_{W0}——表3.3中推荐的海曾－威廉系数；

v——实际流速；

C_W——根据实际流速 v 修正后的海曾－威廉系数。

在管道水力计算中，当管道流速变化时，修正海曾－威廉系数将提高沿程水头损失计算的正确性。当流速在 $v=0.9$ m/s 的临近范围内，传统推荐的 C_W 值是合理的；当流速在距 $v=0.9$ m/s 较远时，应进行 C_W 值的修正。

设有3种管道，当流速 $v=0.9$ m/s 时，其海曾－威廉系数分别为100、120和140，当这些管道中流速降低为 $v=0.45$ m/s 和升高为 $v=1.8$ m/s 时，C_W值的变化见表3.4。

表3.4　修正后的海曾-威廉系数 C_W值

流速（m/s）	海曾-威廉系数 C_W值		
0.9	100	120	140
0.45	106	127	148
1.8	94	113	132

掌握海曾-威廉 C_W值的变化情况，可更科学地进行管网水力计算，具有工程应用价值。

3. **曼宁（Manning）公式**

曼宁引入管渠粗糙系数 n_M，称为曼宁粗糙系数，并给出了谢才系数 C 的计算公式，称为曼宁公式，适用于明渠、非满管流或较粗糙的管道水力计算，公式为：

$$C=\frac{1}{n_M}R^{1/6} \tag{3.50}$$

式中：C——谢才系数；

R——水力半径；

n_M——曼宁粗糙系数，见表3.5。

表3.5　常用管材曼宁粗糙系数 n_M

管壁材料	n_M	管壁材料	n_M
铸铁管、陶土管	0.013	浆砌砖渠道	0.015
混凝土管、钢筋混凝土管	0.013～0.014	浆砌砖石渠道	0.017
水泥砂浆抹面渠道	0.013～0.014	干砌块石渠道	0.020～0.025
石棉水泥管、钢管	0.012	土明渠	0.025～0.030

将式(3.50)分别代入式(3.37)和式(3.38)，分别得到

$$h_f=\frac{n_M^{\ 2}v^2}{R^{4/3}}l \tag{3.51}$$

和

$$h_f=\frac{10.29n_M^2q^2}{D^{5.333}}l \tag{3.52}$$

在式(3.51)中，令 $i=h_f/l$，可以得出：

$$v=\frac{1}{n}R^{2/3}i^{1/2} \tag{3.53}$$

式(3.53)为广泛应用于明渠均匀流和非满管流均匀流的水力计算公式。

4. **巴甫洛夫斯基（Н·Н·ПaВЛОВСКИЙ）公式**

巴甫洛夫斯基将曼宁公式中的常数指数1/6改进为曼宁粗糙系数 n_M 和水力半径 R 的函数，提高了曼宁公式的精确度。适用于明渠、非满管流或较粗糙的管道水力计算，公式为：

$$C = \frac{1}{n_M} R^y \tag{3.54}$$

式中：$y = 2.5\sqrt{n_M} - 0.13 - 0.75(\sqrt{n_M} - 0.10)\sqrt{R}$；

n_M——曼宁粗糙系数。

将式(3.54)代入式(3.37)，得：

$$h_f = \frac{n_M^2 v^2}{R^{2y+1}} l \tag{3.55}$$

对于混凝土管和钢筋混凝土管，当 $n_M < 0.02$ 时，y 值可采用1/6，因此可以得出下列公式：

$$当 n_M = 0.013 时，i = 0.001\,743 \frac{q^2}{D^{5.33}} \tag{3.56}$$

$$当 n_M = 0.014 时，i = 0.002\,021 \frac{q^2}{D^{5.33}} \tag{3.57}$$

管道比阻 a 值见表3.6。

表3.6 巴甫洛夫斯基公式的管道比阻 a（q 的单位为 m^3/s）

管径（m）	$n_M = 0.013$ $a = \frac{0.001\,743}{D^{5.33}}$	$n_M = 0.014$ $a = \frac{0.002\,021}{D^{5.33}}$	管径（m）	$n_M = 0.013$ $a = \frac{0.001\,743}{D^{5.33}}$	$n_M = 0.014$ $a = \frac{0.002\,021}{D^{5.33}}$
100	373	432	500	0.070 1	0.081 3
150	42.9	49.8	600	0.026 53	0.030 76
200	9.26	10.7	700	0.011 67	0.013 53
250	2.82	3.27	800	0.005 73	0.006 64
300	1.07	1.24	900	0.003 06	0.003 54
400	0.23	0.267	1 000	0.001 74	0.002 02

5. 舍维列夫（ф. A. IIIeBeJIeB）公式

舍维列夫公式适用于旧铸铁管和旧钢管，当水温为10 ℃时，得：

当 $v \geq 1.2$ m/s 时，

$$i = 0.010\,7 \frac{v^2}{D^{1.3}} \tag{3.58}$$

当 $v < 1.2$ m/s 时，

$$i = 0.000\,912 \frac{v^2}{D^{1.3}} \left(1 + \frac{0.867}{v}\right)^{0.3} \tag{3.59}$$

当根据式(3.40)计算旧铸铁管和旧钢管的水力坡度时，若流速 $v \geq 1.2$ m/s，则舍维列夫公式中的管道比阻 $a = \frac{0.001\,736}{D^{5.33}}$ 的值见表3.7。

表 3.7　舍维列夫公式的管道比阻 a（q 的单位为 m^3/s）

水管公称直径（mm）	计算内径（mm）	a	水管公称直径（mm）	计算内径（mm）	a
100	99	365.3	450	450	0.119 5
150	149	41.85	500	500	0.068 39
200	199	9.029	600	600	0.026 02
250	249	2.752	700	700	0.011 50
300	300	1.025	800	800	0.005 665
350	350	0.452 9	900	900	0.003 034
400	400	0.223 2	1 000	1 000	0.001 736

当水流在过渡区时（$v<1.2$ m/s），应以表 3.7 的 a 的值乘以以下修正系数 K，其值见表3.8。

表 3.8　修正系数 K

v（m/s）	K	v（m/s）	K	v（m/s）	K
0.2	1.41	0.50	1.15	0.80	1.06
0.25	1.33	0.55	1.13	0.85	1.05
0.30	1.28	0.60	1.115	0.90	1.04
0.35	1.24	0.65	1.10	1.00	1.03
0.40	1.20	0.70	1.085	1.10	1.015
0.45	1.175	0.75	1.07	≥1.2	1.00

沿程水头损失计算公式都是在一定的实验基础上建立起来的，由于实验条件的差别，各公式的适用条件和计算精度有所不同。下面对上述几个计算公式进行分析比较：

（1）谢才公式和达西－韦伯公式为管渠水力计算的经典公式，已经成为给水排水管网水力计算的基本公式，谢才系数 C 和达西－韦伯公式阻力系数 λ 的科学计算和应用是管网水力计算正确性的关键。

（2）柯尔勃洛克－怀特公式适用于较广的流态范围，可以认为其具有较高的精确度。其缺点是计算过程比较烦琐和费时，但在应用计算机进行计算时，已经不存在任何困难。

（3）巴甫洛夫斯基公式是对曼宁公式的修正和改进，其计算结果的准确性得到了进一步的提高。该公式具有较宽的适用范围，特别是对于较粗糙的管道和较大范围的水流流态，仍能保持较准确的计算结果，最佳适用范围为 1.0 mm$\leqslant e \leqslant$5.0 mm。与柯尔勃洛克－怀特公式类似，其缺点是计算过程比较烦琐，人工计算困难。

（4）曼宁公式简捷明了，应用方便，特别适用于较粗糙的非满管流和明渠均匀流的水力计算，最佳适用范围为 0.5 mm$\leqslant e \leqslant$4.0 mm。

（5）海曾－威廉公式特别适用于给水管网的水力计算，应用广泛，具有较高的计算精度。

正确选用沿程水头损失计算公式，具有重要经济价值和工程意义。实践证明，不同的计算公式所产生的计算结果具有较大的差别。如果公式选用不当，可能导致设计者选用不合理的管径和水泵扬程等，造成不应有的经济损失，降低工程投资效益。

3.3.2 管（渠）道局部水头损失

局部水头损失用下式计算：

$$h_m = \zeta \frac{v^2}{2g} \tag{3.60}$$

式中：h_m——局部水头损失（m）；

ζ——局部阻力系数，见表3.9。

表3.9 局部阻力系数 ζ

局部阻力设施	ζ	局部阻力设施	ζ
全开闸阀	0.19	90°弯头	0.9
50%开启闸阀	2.06	45°弯头	0.4
截止阀	3～5.5	三通转弯	1.5
全开蝶阀	0.24	三通直流	0.1

局部水头损失公式也可以写成指数形式：

$$h_m = s_m q^n \tag{3.61}$$

式中：s_m——局部阻力系数。

沿程水头损失和局部水头损失之和为：

$$h_g = h_t + h_m = (s_f + s_m)q^n = s_g q^n \tag{3.62}$$

式中：s_g——管道阻力系数，$s_g = s_f + s_m$。

大量的计算表明，给水排水管网中的局部水头损失一般不超过沿程水头损失的5%，因此，在给水排水管网水力计算中，常忽略局部水头损失的影响，不会造成大的计算误差。

3.4 给水排水管网模型方法

3.4.1 给水管网图形简化

在管网计算中，城市管网的现状核算及现有管网的扩建计算最为常见。给水管线遍布于街道下，管线很多并且管径差别很大，实际上没有必要将全部管线一律加以计算。因此，除了新设计的管网，在定线和计算过程中应当只考虑干管而不是全部管线，对需要改建和扩建的管网往往将其适当简化，保留主要的干管，略去一些次要的、水力条件影响较小的管线。但简化后的管网基本上能反映实际用水情况，使计算工作量可以减轻。通常管网越简化，计算工作量越小。但是过分简化的管网，计算结果难免和实际用水情况差别增大，因此管网图形简化是在保证计算结果接近实际情况的前提下，对管线进行的简化。

图 3.14(a) 为某城市管网的全部管线布置，共计 42 个环，管段旁注明管径（单位为 mm）。图 3.14(b) 表示管网在分解、合并和省略时的考虑。图 3.14(c) 为简化后的管网，环数减少一半，共计 21 环。

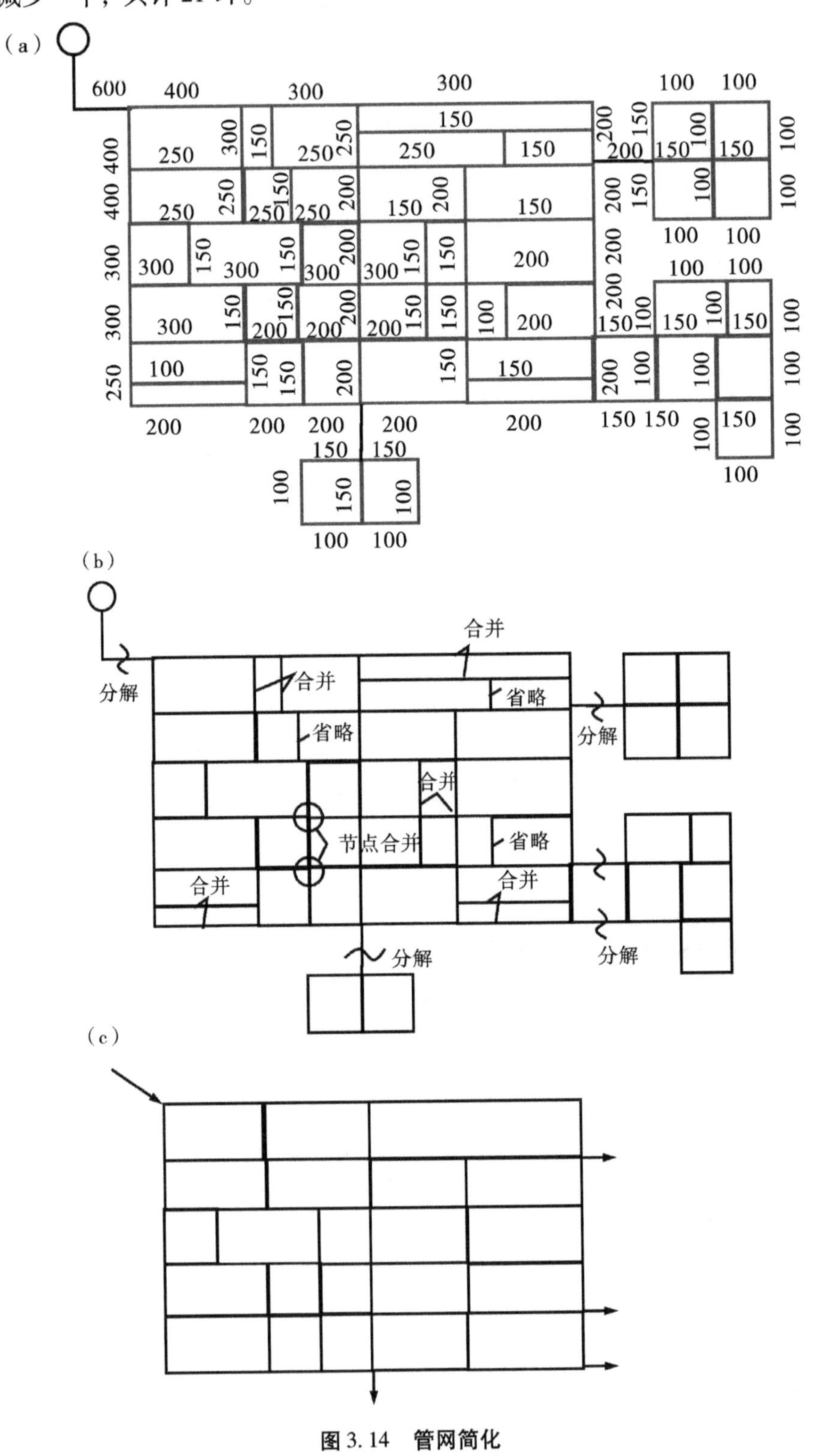

图 3.14　管网简化

从图3.14(b)可见，只由一条管线连接的两管网，都可以把连接管线断开，分解成为两个独立的管网。由两条管线连接的分支管网，如果它位于管网的末端且连接管线的流向和流量可以确定，例如单水源的管网，也可进行分解，管网经分解后即可分别计算。管径较小，相互平行且靠近的管线可以考虑合并。管线省略时，首先是略去水力条件影响较小的管线，也就是省略管网中管径相对较小的管线，管线省略后的计算结果是偏于安全的。

为便于规划、设计和运行管理，应将城市管网简化和抽象为便于用图形和数据表达，分析的数学模型，称为给水排水管模型。给水排水管网模型主要表达管网系统中各组成部分的拓扑关系和水力特性，将管网简化和抽象为管段和节点两类元素，并赋予工程属性，以便用水力学和数学分析理论进行分析计算和表达。

管网简化是从实际管网系统中删减一些比较次要的组成部分，使分析和计算集中于主要对象；管网抽象是忽略分析对象的一些具体特征，而将它们视为模型中的元素，只考虑它们的拓扑关系和水力特性。

给水排水管网的简化包括管线的简化和附属设施的简化，根据简化的目的不同，简化的步骤、内容和结果也不完全相同。本小节介绍简化的一般原则与方法。

3.4.1.1　管网简化原则

将给水排水管网简化为管网模型，把工程实际转化为数学问题，最终结果还要应用到实际的系统中去。要保证最终应用具有科学性和准确性，管网简化必须满足下列原则：

（1）宏观等效原则。对给水排水管网某些局部化以后，要保持其功能，各元素之间的关系不变。宏观等效的原则是相对的。要根据应用的要来与目的不同来灵活掌握，例如，当简化目标是确定水塔高度或泵站扬程时，两条并联的输水管可以简化为一条管道；而当简化目标是设计出输水营的直径时，就不能将其简化为一条管道了。

（2）小误差原则。简化必然带来模型与实际系统的误差，需要将误差控制在一定允许范围内，一般应满足工程要求。

3.4.1.2　管线简化的一般方法

（1）删除次要管线（如管径较小的支管、配水管、出户管等），保留主干管线当系统规模小或计算精度要求高时，可以将较小管径的管线定为干管线，当系统规模大或计算精度要求低时，可以将较大管径的管线定为次要管线。另外，采用计算机进行计算时，可以将更多的管线定为计算管线。计算管线定得越多，计算工作量越大，但计算结果越精确；反之，计算管线越少，计算越简单，计算误差也越大。

（2）当管线交叉点很近时，可以将其合并为同一交叉点。相近交叉点合并后可以减少管线的数目，使系统简化。特别对于给水管网，为了施工便利和减小水流阻力，管线交叉处往往用两个三通管件代替四通管件（实际工程中很少使用四通），不必将两个三通认为是两个交叉点，而应简化为一个四通交叉点。

（3）将全开的阀门去掉，将管线从全闭阀门处切断。因此，全开和全闭的阀门都不必在简化的系统中出现。只有调节阀、减压阀等需要给予保留。

（4）并联的管线可以简化为单管线，其直径采用水力等效原则计算。

（5）在可能的情况下，将大系统拆分为多个小系统，分别进行分析计算。

图3.15(a) 所示的给水管网，简化后如图3.15(b) 所示。

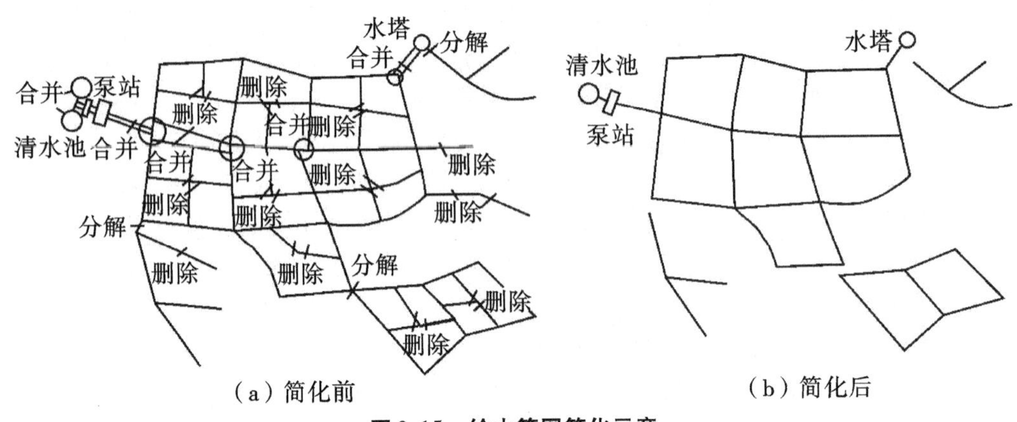

(a) 简化前　　(b) 简化后

图3.15　给水管网简化示意

3.4.1.3　附属设施简化的一般方法

给水排水管网的附属设施包括泵站、调节构筑物（水池、水塔等）、消火栓、减压阀、跌水井、雨水口、检查井等，均可进行简化。具体措施包括：

(1) 删除不影响全局水力特性的设施，如全开的闸阀、排气阀、泄水阀、消火栓等。

(2) 将同一处的多个相同设施合并，如同一处的多个水量调节设施（清水池、水塔、均和调蓄池等）合并，并联或串联工作的水泵或泵站合并等。

3.4.1.4　给水排水管网模型元素

经过简化的给水排水管网需要进一步抽象，使之成为仅由管段和节点两类元系组成的管网模型。在管网模型中，管段与节点相互关联，即管段的两端为节点，节点之间通过管段连通。

1. **管段**

管段是管线和泵站等简化后的抽象形式，它只能输送水量，管段中间不允许有流量输入或输出，但水流经管段后因加压或者摩擦损失产生能量改变。管段中间的流量应运用水力等效的原则折算两端节点上，而排水管网将管段沿线配水流量一分为二分别转移到管段的两端节点上，而排水管网将管段沿线收集水量折算到管段起端节点。相对而言，给水管网的处理方法误差较小，而排水管网的处理由于以较大的起点流量为管径设计依据，因此更为安全。

泵站、减压阀、跌水井及阀门等改变水流能量或具有阻力的设施不能置于节点上，因为它们符合管段的抽象特征，而与节点的抽象不相符合。即使这些设施的实际位置可能就在节点上，或者靠近节点，也必须认为它们处于管段上。如排水管网的管渠在流入检查井时如果跌水，应该认为跌水是在管段末端完成的，而不能认为是在节点上完成的，又如给水或排水的泵站，一般都是从水池吸水，吸水井处为节点，泵站内的水泵和连接管道简化后置于管段上。

泵站、减压阀、跌水井、非全开阀门等则应设于管段上，因为对它们的功能抽象与管段类似，即只引起水的能量变化而没有流量的增加或者损失。

2. 节点

节点是管线交叉点、端点或大流量出入点的抽象形式。节点只能传递能量，不能改变水的能量，即节点上水的能量（水头值）是唯一的，但节点可以有流量的输入或输出，如用水的输出、排水的收集或水量调节等。

当管线中间有较大的集中流量时，无论是流出或流入，应在集中流量点处划分成管段，设置节点，因为大流量的位置改变会造成较大的水力计算误差。同理，沿线出流或入流的管线较长时，应将其分成若干条管段，以避免将沿线流量折算成节点流量时出现较大误差。

3. 管段和节点的属性

管段和节点的属性包括构造属性、拓扑属性和水力属性三个方面。构造属性是拓扑属性和水力属性的基础，水力属性是管段和节点在系统中的水力特征的表现，拓扑属性是管段与节点之间的关联关系。构造属性通过系统设计确定，主要包括管网构件的几何尺寸、地理位置及高程数据等。水力属性则运用水力学理论进行分析和计算。

管段的构造属性有：

（1）管段长度，简称管长，一般以 m 为单位。

（2）管段直径，简称管径，一般以 m 或 mm 为单位，非圆管可以采用当量直径表示。

（3）管段粗糙系数，表示管道内壁粗糙程度，与管道材料有关。

管段的拓扑属性有：

（1）管段方向，是一个设定的固定方向（不是流向，也不是泵站的加压方向，但当泵站加压方向确定时一般取其方向）。

（2）起端节点，简称起点。

（3）终端节点，简称终点。

管段的水力属性有：

（1）管段流量，是一个带符号值，正值表示流向与管段方向相同，负值表示流向与管段方向相反，单位常用 m^3/s 或 L/s。

（2）管段流速，即水流通过管段的速度，也是一个带符号值，其方向与管段流量相同，常用单位为 m/s。

（3）管段扬程，即管段上通过水泵传递给水流的能量增加值，也是一个带符号值，正值表示泵站加压方向与管向相同，负值表示泵站加压方向与管段方向相反，单位常用 m。

（4）管段摩阻，表示管段对水流阻力的大小。

（5）管段压降，表示水流从管段起点输送到终点后，其机械能的减小量，因为忽略了流速水头，所以称为压降，亦为压力水头的降低量，常用单位为 m。

节点的构造属性有：

（1）节点高程，即节点所在地点的地面标高，单位为 m。

（2）节点位置，可用平面坐标（x，y）表示。

节点的拓扑属性有：

（1）与节点关联的管段及其方向。

（2）节点的度，即与节点关联的管段数。

节点的水力属性有：

（1）节点流量，即从节点流入或流出管网的流量，是带符号值，正值表示流出节点，负值表示流入节点，单位常用 m^3/s 或 L/s。

（2）节点水头，表示流过节点的单位质量的水流所具有的机械能，一般采用与节点高程相同的高程体系，单位为 m，对于非满流，节点水头即管渠内水面高程。

（3）自由水头，仅对有压流，指节点水头高出地面高程的那部分能量，单位为 m。

3.4.1.5 管网模型的标识

将给水排水管网简化和抽象为管网模型后，应该对其进行标识，以便于以后的分析和计算。节点流标识的内容包括：节点与管段的命名或编号，管段方向与节点流量的方向设定，等等。

（1）节点和管段编号。节点和管段编号或命名可以用任意符号。为了便于计算机程序处理，通常采用正整数进行编号，如 1，2，3，…。同时，编号应尽量连续，以便于用程序顺序操作。采用连续编号的另一个优点是最大的管段编号就是管网模型中的管段总数，最大的节点编号就是管网模型中的节点总数。为了区分节点和管段编号，一般在节点编号两边加上小括号，如（1），(2)，(3)，…；而在管段编号两边加上中括号，如 [1]，[2]，[3]，…。

（2）管段方向的设定。管段的一些属性是有方向性的，如流量、流速、压降等，它们的方向都是根据管段的设定方向而定的，即管段设定方向总是从起点指向终点。需要特别说明的是，管段设定方向不一定就是管段中水的流向，因为有些管段中的水流方向是可能发生变化的，而且有时在计算前还无法确定流向，所以必须先假定一个方向，若实际流向与设定方向不一致，则采用负值表示。也就是说，当管段流量、流速、压降等为负值时，表明它们的方向与管段设定方向相反。从理论上讲，管段方向的设定可以任意，但为了不出现太多的负值，一般应尽量使管段的设定方向与流向一致。

（3）节点流量的方向设定。节点流量的方向，总是假定以流出节点为正，在管网模型中通常以一个离开节点的箭头标示。若节点流量实际上为流入节点，则认为节点流量为负值。例如，给水管网的水源供水节点或排水管网中的大多数节点，它们的节点流量都为负。

以如图 3.16 所示的管网模型为例，经过标识的管网模型如图 3.17 所示。

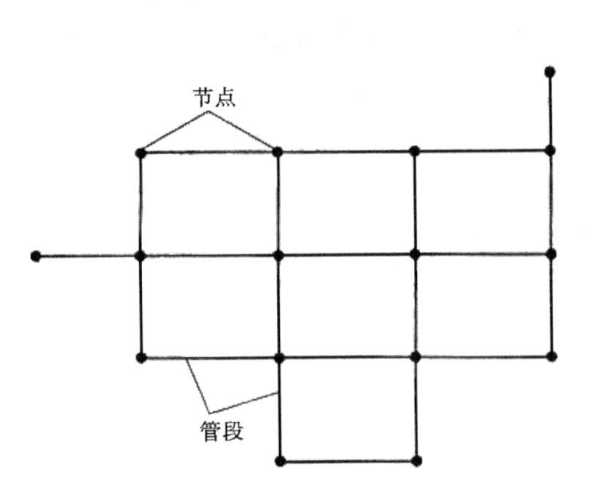

图 3.16 由节点和管段组成的管网模型

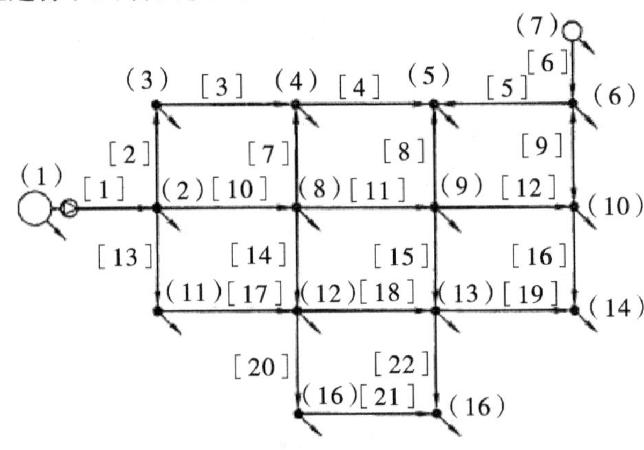

图 3.17 管网图的节点与管段编号

3.4.2　树状网和环状网的关系

尽管给水管网有各种各样的要求和布置，但不外乎两种基本形式：树状网（图3.18）和环状网（图3.19）。树状网一般适用于小城市和小型工矿企业，这类管网从水厂泵站或水塔到用户的管线布置成树枝状。显而易见，树状网的供水可靠性较差，因为管网中任一段管线损坏时，在该管段以后的所有管线就会断水。另外，在树状网的末端，因为用水量已经很小，管中的水流缓慢，甚至停滞不流动，所以水质容易变坏，有出现浑水和红水的可能。

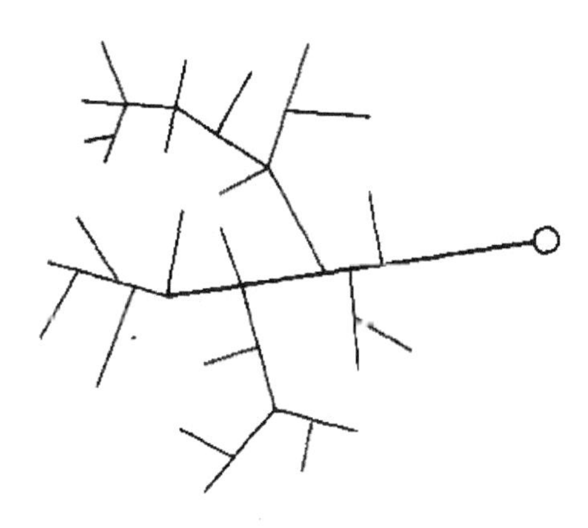

图3.18　树状网

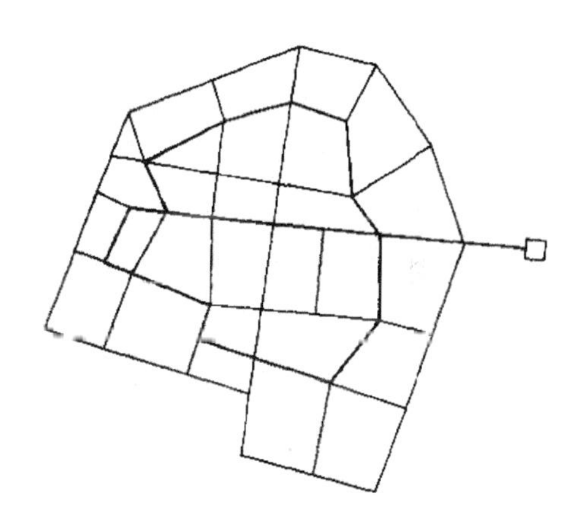

图3.19　环状网

环状网中，管线连接成环状，当这类管网的任一段管线损坏时，可以关闭附近的阀门使其与其余管线隔开，然后进行检修，水还可从另外管线供应用户，断水的地区可以缩小，从而供水可靠性增加。环状网还可以大大减轻因水锤作用产生的危害，而在树状网中，往往因此而使管线损坏。但是环状网的造价明显比树状网高。

一般地，在城市建设初期可采用树状网，以后随着给水事业的发展逐步连成环状网。实际上，现有城市的给水管网，多数是将树状网和环状网结合起来。在城市中心地区，布置成环状网，在郊区则以树状网形式向四周延伸。供水可靠性要求较高的工矿企业须采用环状网，并用树状网或双管输水到个别较远的车间。

3.4.3　管网模型的拓扑特性

管网模型用于描述、模拟或表达给水排水管网的拓扑特性和水力特性。管网模型的拓扑特性即为节点与管段的关联关系，其分析方法采用数学中的图论方法。

3.4.3.1　管网图的基本概念

图论（graph theory）是数学的一个分支，用于表达和研究科学领域中事物之间关联关系，其方法是将一个系统抽象为由点和边两类元素构成的图，点表示事物，边表示事物之间的联系。图论理论和方法被广泛应用于具有网络结构特征的系统分析和计算，如物流组织、交通运输、工程规划等问题。本小节将图论的概念与理论引入给水排水管网模型的分析与计算，管网中的节点和管段分别与图论中的点和边相对应，构成管网的构造元素，作为管网的主要研究对象，在本书中称为管网图论。

1. **管网图的表示**

管网图的表示一般有以下两种方法：

（1）几何表示法：在平面上画上点（为清楚起见，一般画成小的实心圆或空心圆圈）表示节点，在相联系的节点之间画上直线段或曲线段表示管段，所构成的图形表示一个管网图。只要线段所联系的点不变，改变点的位置或改变线段的长度与形状等，均不改变管网图。

几何表示法是一种形象的方法，通常在人工分析管网问题时采用。因为管网图来源于管网布置的形状，所以容易在概念上产生混淆，一定要注意区别。因为管网图只是表示管网的拓扑关系，所以不必在意节点的位置、管段的长度等要素的构造属性，也就是说，管网图中的节点的位置和管段长度等不必与实际情况相符，转折或弯曲的管段也可以画成直线，管段也可以拉长或缩短，只要节点和管段的关联关系不变。

图 3.20 和图 3.21 分别为一个树状管网图和环状管网图的几何表示。

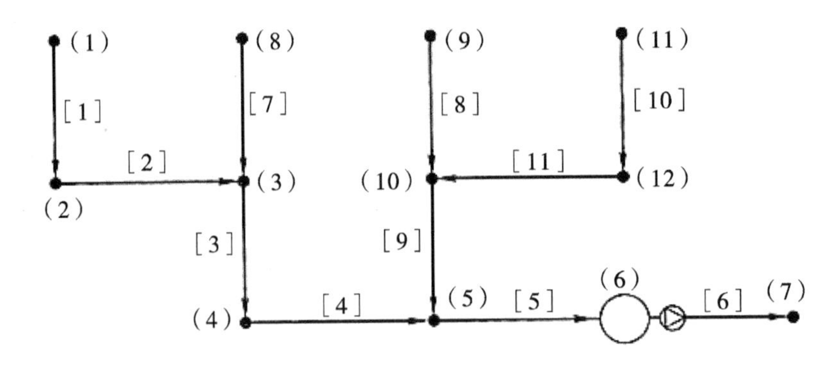

图 3.20　树状管网的几何表示

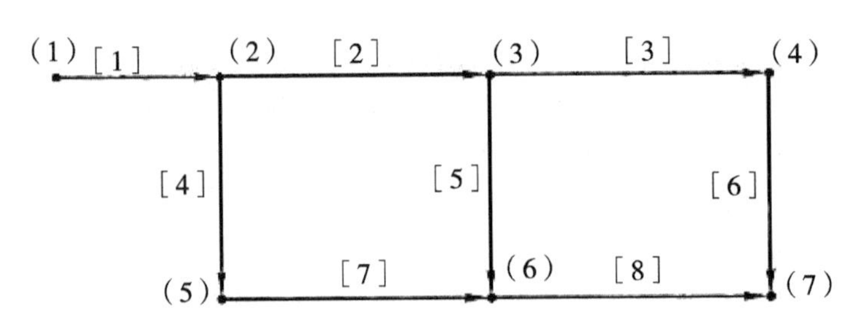

图 3.21　环状管网的几何表示

（2）集合表示法：设有节点集合 $V=\{v_1, v_2, v_3, \cdots, v_n\}$ 和管段集合 $E=\{e_1, e_2, e_3, \cdots, e_m\}$，且任一管段 $e_k=(v_i, v_j)\in E$ 与节点 $v_i\in V$ 和 $v_j\in V$ 关联，则集合 V 和 E 构成一个管网图，记为 $G(V, E)$。$N=|V|$ 为管网图的节点数，$M=|E|$ 为管网图的管段数，节点 v_i，v_j 称为管段 e_k 的端点，称管段 $e_k=(v_i, v_j)$ 与节点 v_i 或 v_j 相互关联，称节点 v_i 与 v_j 为相邻节点。

以如图 3.20 所示的管网图为例，该管网图的集合表示为 $G(V, E)$，节点集合为：

$$V=\{1, 2, 3, 4, 5, 6, 7, 8, 9, 10, 11, 12\}$$

管段集合为：

$$E=\{(1, 2), (2, 3), (3, 4), (4, 5), (5, 6), (6, 7), (8, 3), (9, 10), (10, 5), (11, 12), (12, 10)\}$$

管网图的节点数为 $N(G)=12$，管段数 $M(G)=11$。

对于管网图 $G(V, E)$，与节点 v 相关联的管段组成的集合成为节点 v 的关联集，记为 $S(v)$，或简记为 S_v，它用于表示管网图的节点与管段的关联关系。在图 3.21 中，各节点的关联集为：$S_1=\{1\}$，$S_2=\{1, 2, 4\}$，$S_3=\{2, 3, 5\}$，$S_4=\{3, 6\}$，$S_5=\{4, 7\}$，$S_6=\{5, 7, 8\}$，$S_7=\{6, 8\}$。

2. 有向图

在管网图 $G(V, E)$ 中，因为关联任意管段 $e_k=(v_i, v_j)\in E$ 的两个节点 $v_i\in V$ 和 $v_j\in V$ 是有序的，即 $e_k=(v_i, v_j)\neq(v_j, v_i)$，所以管网图 G 为有向图。为表明管段的方向，记$e_k=(v_i\rightarrow v_j)$ 的节点 v_i为起点，节点 v_j为终点。在用几何图形直观地表示管网图时，管段画成带有箭头的线段，如图 3.20 所示。图 3.20 所示管网图也可用集合表示为 $G(V, E)$，其中：

$$V=\{1, 2, 3, 4, 5, 6, 7, 8, 9, 10, 11, 12\}$$

$$E=\{(1\rightarrow 2), (2\rightarrow 3), (3\rightarrow 4), (4\rightarrow 5), (5\rightarrow 6), (6\rightarrow 7), (8\rightarrow 3), (9\rightarrow 10), (10\rightarrow 5), (11\rightarrow 12), (12\rightarrow 10)\}$$

在管网模型中，常用各管段的起点集合和终点集合来表示管网图。所谓起点集合，即由各管段起始节点编号组成的集合，记为 F；所谓终点集合，即由各管段终到节点编号组成的集合，记为 T。仍以图 3.20 为例，管网图的起点集合和终点集合分别为

$$F=\{1, 2, 3, 4, 5, 6, 7, 8, 9, 10, 11, 12\}$$

$$T=\{2, 3, 4, 5, 6, 7, 3, 10, 5, 12, 10\}$$

3. 连通图

图论中有关连通图和非连通图的定义是：若图 $G(V, E)$ 中任意两个顶点均通过一系列边且顶点相连通，即从一个顶点出发，经过一系列相关联的边和顶点，可以到达其余任一顶点，则称图 G 为连通图，如图 3.22(a) 所示，否则称图 G 为非连通图，如图 3.22(b) 所示。

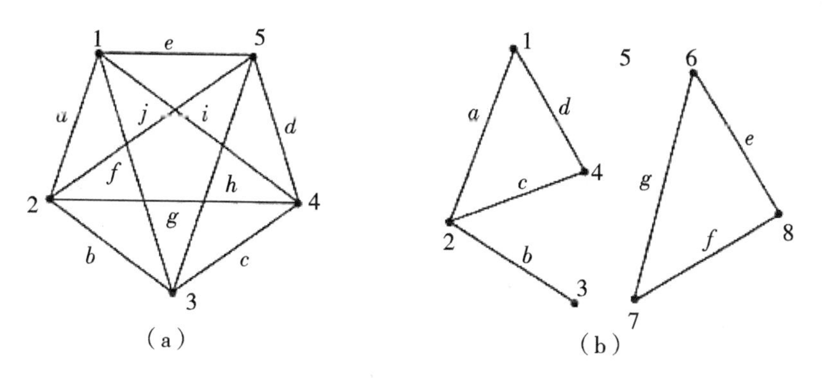

图 3.22 连通图(a) 与非连通图(b)

一个非连通图 $G(V, E)$ 中可以分为若干个相互连通的部分，称为图 G 的连通分支，图 G 的连通分支数记为 P。显然，对于连通图 G，$P=1$。如图 3.22(b) 所示的非连通图，$P=3$。

显然，管网图一般都是连通图，但有时为了进行特定的分析处理，可能从管网图中删除一些管段，使管网图成为非连通图。以如图 3.20 所示的管网图为例，若删除任意一条管段，则该管网图不再连通。

3.4.3.2 路径和回路

1. 路径和回路

在管网图 $G(V, E)$ 中，从节点 v_0 到 v_k 的不重复节点与管段交替的有限非零序列 $v_0e_0v_1e_1\cdots e_k v_k$ 所经过的管段集称为路径。路径所含管段数 k 称为路径的长度，v_0 与 v_k 分别称为路径的起点和终点，路径的方向由节点 v_0 走向 v_k。路径用集合简记为：$R_{v_0, v_k}=\{e_1, e_2, e_3, \cdots, e_k\}$。管段是路径的特例，其起点和终点就是自己的两个端点。

如图 3.23 所示，从起点 1 到终点 7 的一条路径为 $R_{1,7}=\{1, 4, 7, 8\}$。

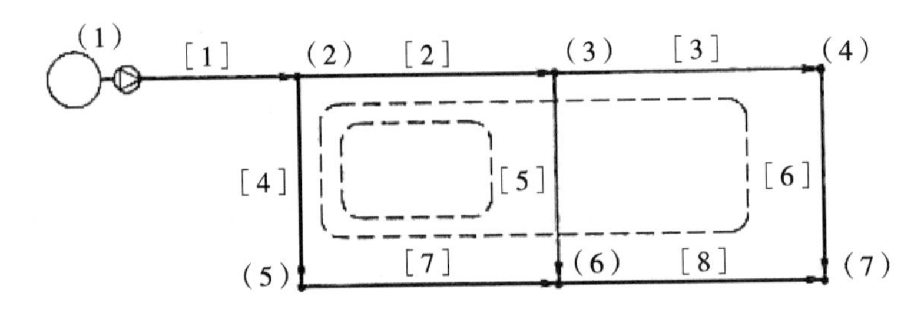

图 3.23　管网图的路径和回路

在管网图 $G(V, E)$ 中，起点与终点重合的路径称为回路，在管网中称为环，记为 R_k，k 为环的编号，环的方向一般设定为顺时针方向为正，逆时针方向为负。含有不同管段的环的集合称为完全环，不包围任何节点或管段的环称为自然环。

如图 3.23 所示，$R_1=\{2, 5, 7, 4\}$，$R_2=\{2, 3, 6, 8, 7, 4\}$，$R_3=\{3, 6, 8, 5\}$ 的集合为完全环，其中 R_1 和 R_3 成为基本环或自然环。这里的完全环、自然环和基本环在图论中分别称为完全回路、自然回路和基本回路。

管网图中由一个以上环组成的环又称为大环。根据管网图中是否含有环，可将管网分为环状管网和树状管网两种基本形式。

2. 环状管网

含有环的管网称为环状管网。对于一个环状管网图，设节点数为 N，管段数为 M，连通分支数为 P，内环数为 L，则它们之间存在一个固定的关系，用欧拉公式表示：

$$L+N=M+P \tag{3.63}$$

特别地，对于一个连通的管网，欧拉公式为：

$$M=L+N-1 \tag{3.64}$$

3. 树状管网

无回路且连通的管网图 $G(V, E)$ 定义为树状管网，用符号 $T(V, E)$ 表示，组成树状管网的管段称为树枝。排水管网和小型的给水管网通常采用树状管网，如图 3.24 所示。

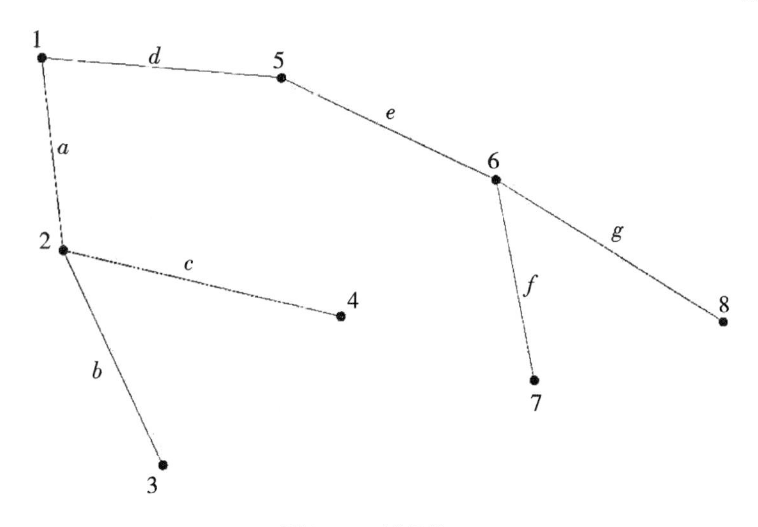

图 3.24　树状管网

树状管网具有如下性质：

（1）在树状管网中，任意删除一条管段，将使管网图成为非连通图。

（2）在树状管网中，任意两个节点之间必然存在且仅存在一条路径。

（3）在树状管网的任意两个不相同的节点间加上一条管段，则出现一个回路。

（4）由于不含回路（$L=0$），树状管网的节点数 N 与树枝数 M 关系为：

$$M = N - 1 \tag{3.65}$$

若从连通的管网图 $G(V,\ E)$ 中删除若干条管段，使之成为树状管网，则该树状管网称为原管网图 G 的生成树。生成树包含连通管网图的全部节点和部分管段。

在构成生成树时，被保留的管段称为树枝，被删除的管段称为连枝。对于画平面上的管网图，其连枝数等于环数 L。删除连枝要满足以下两个条件：

（1）保持原管网图的连通性。

（2）必须破坏所有的环或回路。

如图 3.25 所示的管网图，实线为树枝，构成生成树，虚线为连枝。

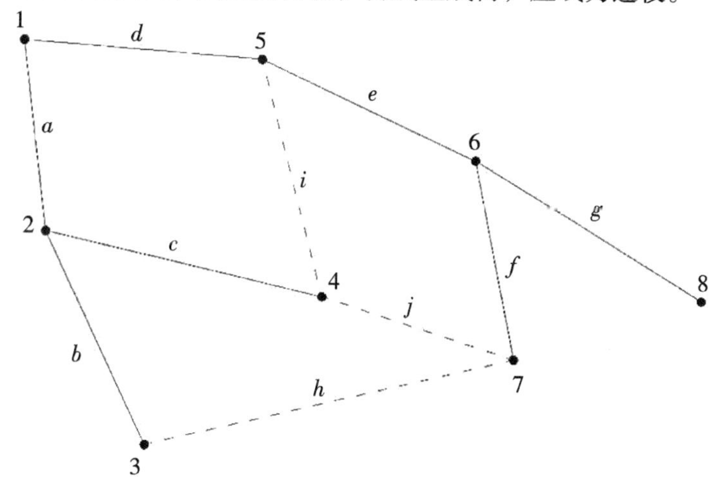

图 3.25　生成树

3.4.3.3 关联矩阵和回路矩阵

1. 关联矩阵

管网图中节点和管段的连接关系可以用矩阵表示。设具有方向的管网图 $G(V, E)$ 有 N 个节点和 M 条管段，令：

$$a_{ij}=\begin{cases}1，若边 j 与点 i 关联，且点 i 为边 j 的起点\\-1，若边 j 与点 i 关联，且点 i 为边 j 的终点\\0，若边 j 与点 i 不关联\end{cases}\qquad(3.66)$$

则有元素 a_{ij}（$i=1, 2, \cdots, N$，$j=1, 2, \cdots, M$）构成的一个 $N\times M$ 的矩阵，则称为有向管网图 G 的关联矩阵，记作 A。

以如图 3.26 所示的有向管网图为例，其关联矩阵为：

$$\boldsymbol{A}=节点\begin{array}{c}\\(1)\\(2)\\(3)\\(4)\\(5)\\(6)\\(7)\\(8)\end{array}\overset{\text{管段}}{\begin{array}{ccccccccc}[1]&[2]&[3]&[4]&[5]&[6]&[7]&[8]&[9]\\ -1&1&0&0&1&0&0&0&0\\0&-1&1&0&0&1&0&0&0\\0&0&-1&-1&0&0&1&0&0\\0&0&0&0&-1&0&0&1&0\\0&0&0&0&0&-1&0&-1&1\\0&0&0&0&0&0&-1&0&-1\\1&0&0&0&0&0&0&0&0\\0&0&0&1&0&0&0&0&0\end{array}}$$

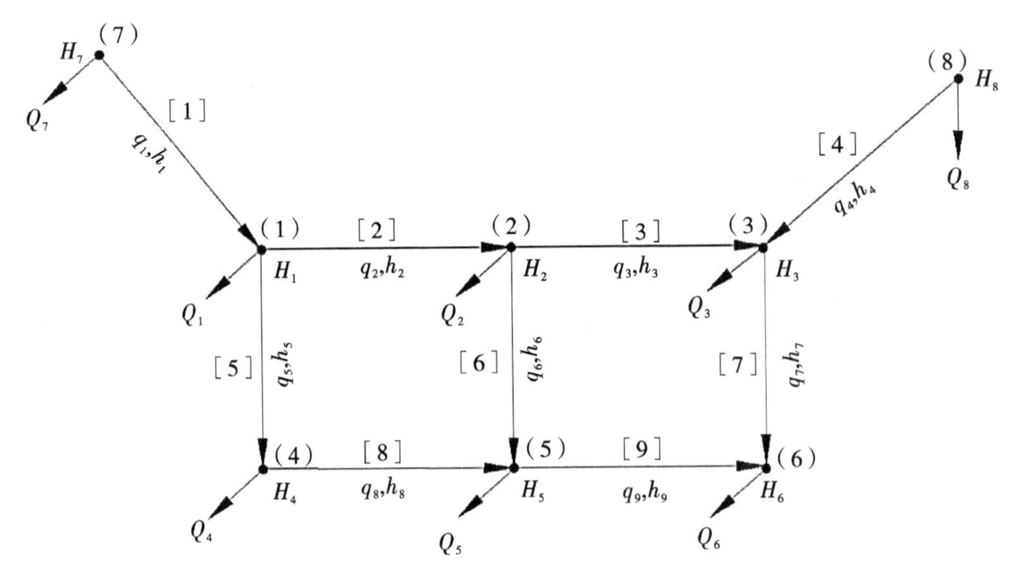

图 3.26 某给水管网图

关联矩阵特征为：

（1）由于矩阵中列代表管段与节点的关联关系，而每条管段仅可能有起点、终点两个端点，因此每列中非零元素个数必为 2，且非零元素符号相反。

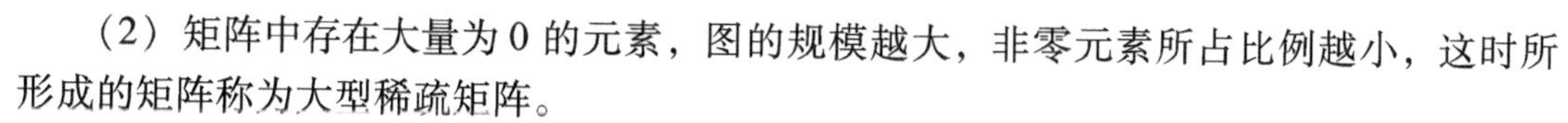

（2）矩阵中存在大量为0的元素，图的规模越大，非零元素所占比例越小，这时所形成的矩阵称为大型稀疏矩阵。

2. **回路矩阵**

设有 M 条管段的管网图 G 中有 L 个含有不同管段的回路 C_i，$i=1$，2，…，L，称为图 G 的完全回路，存在回路矩阵：

$$\boldsymbol{B} = [b_{ij}]_{L\times N}$$

$$b_{ij} = \begin{cases} 1, 当边\ e_j\ 在回路\ c_i\ 中 \\ 0, 当边\ e_j\ 不在回路\ c_i\ 中 \end{cases} \tag{3.67}$$

这一矩阵称为管网图 G 的完全回路矩阵。如图3.23所示，其完全回路矩阵为

$$\boldsymbol{B} = 回路\ \begin{matrix} \\ (1) \\ (2) \\ (3) \end{matrix} \overset{\displaystyle 管段}{\begin{matrix} 1 & 2 & 3 & 4 & 5 & 6 & 7 & 8 \\ \end{matrix}} \hspace{-20em}$$

$$\boldsymbol{B} = 回路\ \begin{matrix} (1) \\ (2) \\ (3) \end{matrix} \begin{pmatrix} 0 & 1 & 0 & 1 & 1 & 0 & 1 & 0 \\ 0 & 0 & 1 & 0 & 1 & 1 & 0 & 1 \\ 0 & 1 & 1 & 1 & 0 & 1 & 1 & 1 \end{pmatrix}$$

（列为管段 1 2 3 4 5 6 7 8）

对应于管网图 G 中一棵生成树和其对应的连枝 i 所构成的回路 C_i 称为管网图 G 的基本回路，基本回路数等于连枝数 l。存在基本回路矩阵：

$$\boldsymbol{B}_{\mathrm{f}} = [b_{ij}]_{l\times N}$$

$$b_{ij} = \begin{cases} 1, 当边\ e_j\ 在回路\ c_i\ 中 \\ 0, 当边\ e_j\ 不在回路\ c_i\ 中 \end{cases} \tag{3.68}$$

如图3.23所示，对于连枝［7］和［8］，其基本回路矩阵为

管段

$$\boldsymbol{B}_{\mathrm{f}} = \begin{matrix} \\ (1) \\ (2) \end{matrix} \begin{matrix} \begin{matrix} 2 & 3 & 4 & 5 & 6 & 7 & 8 \end{matrix} \\ \begin{pmatrix} 1 & 0 & 1 & 1 & 0 & 1 & 0 \\ 0 & 1 & 0 & 1 & 1 & 0 & 1 \end{pmatrix} \end{matrix}$$

基本回路是相互独立的回路，亦可称为自然回路。

有向图中，上述回路矩阵的矩阵元素应带有方向，一般用“1”表示正方向，用“-1”表示负方向。依图3.23中的管段方向，且规定顺时针方向为正，逆时针方向为负，可写成有向图的基本回路矩阵：

管段

$$\boldsymbol{B}_{\mathrm{f}} = \begin{matrix} \\ (1) \\ (2) \end{matrix} \begin{matrix} \begin{matrix} 2 & 3 & 4 & 5 & 6 & 7 & 8 \end{matrix} \\ \begin{pmatrix} 1 & 0 & -1 & 1 & 0 & -1 & 0 \\ 0 & 1 & 0 & -1 & 1 & 0 & -1 \end{pmatrix} \end{matrix}$$

思考题

1. 在给水排水管网中，沿程水头损失一般与流速（或流量）的多少次方成正比？为什么？

2. 为什么给水排水管网中的水流实际上是非恒定流，而水力计算时却按恒定流对待？

3. 如果沿程水头损失计算不准确，你认为可能是哪些原因？

4. 为何要将给水排水管网模型化？通过哪两个步骤进行模型化？

5. 模型化的给水排水管网由哪两类元素构成？它们各有何特点和属性？

6. 节点流量和管段流量可以是负值吗？如果是负值，代表什么意义？

7. 图论中的图与几何图形有何不同？

8. 构成生成树的方案是唯一的吗？为什么？

9. 什么是给水排水管网关联矩阵和回路矩阵？

10. 为什么要建立管网水力方程组？矩阵方程的系数矩阵元素有什么规律？

习 题

已知某管道直径为500 mm，长度为1 000 m，管壁当量粗糙度为1.25 mm，流速为1.2 m/s，水温为20 ℃，试分别用海曾－威廉公式、科尔勃洛克－怀特公式、巴甫洛夫斯基公式和曼宁公式计算沿程水头损失。

第 4 章　水泵与泵站水力特性

4.1　泵的定义及分类

泵是输送和提升液体的机器。它把原动机的机械能转化为被输送液体的能量，使液体获得动能或势能。泵在国民经济各部门中应用很广，品种系列繁多，对它的分类方法也各不相同。按其作用原理可分为以下三类。

（1）叶片式泵。它对液体的压送是靠装有叶片的叶轮高速旋转而完成的，属于这一类的有离心泵、轴流泵、混流泵等。

（2）容积式泵。它对液体的压送是靠泵体工作室容积的改变来完成的。一般使工作室容积改变的方式有往复运动和旋转运动两种。属于往复运动的有活塞式往复泵、柱塞式往复泵等，属于旋转运动的有转子泵等。

（3）其他类型泵。这类泵是指除叶片式泵和容积式泵以外的特殊泵，属于这一类的主要有螺旋泵、射流泵（又称为水射器）、水锤泵、水轮泵及气升泵（又称为空气扬水机）等。其中，除螺旋泵是利用螺旋推进原理来提高液体的位能以外，上述各种泵的特点都是利用高速液流或气流的动能或动量来输送液体的。在给水排水工程中，结合具体条件应用这类特殊泵来输送水或药剂（混凝剂、消毒药剂等）时，常常能起到良好的效果。

上述各种类型泵的使用范围是很不相同的。常用的几种类型泵的总型谱图如图 4.1 所示。由图 4.1 可见，目前定型生产的各类叶片式泵的使用范围是相当广泛的，而其中离心泵、轴流泵、混流泵和往复泵等的使用范围各具有不同的性能。往复泵的使用范围侧重于高扬程、小流量。轴流泵和混流泵的使用范

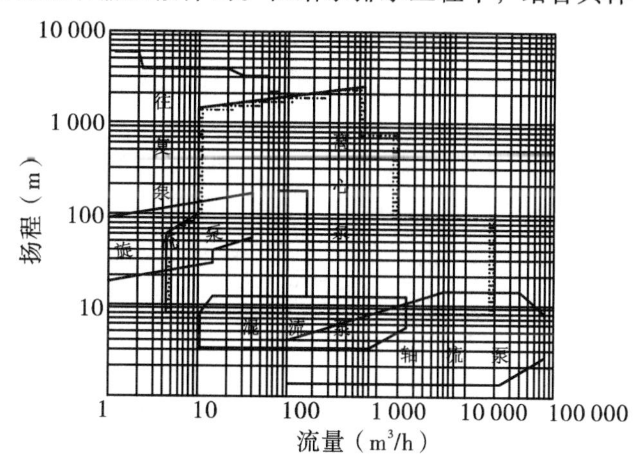

图 4.1　常用几种泵的总型谱图

围侧重于低扬程、大流量。而离心泵的使用范围则介乎两者之间，工作区间最广，产品的品种、系列和规格也最多。

以城市给水工程来说，一般水厂的扬程在 20 ～ 100 m 之间，单泵流量的使用范围一般在 50 ～ 10 000 m^3/h 之间。要满足这样的工作区间，由总型谱图可以看出，使用离心泵装置是十分合适的。某些大型水厂也可以在泵站中采取多台离心泵并联工作方式来满足供水量的要求。从排水工程来看，城市污水、雨水泵站的特点是大流量、低扬程，扬程一般在 2 ～ 12 m 之间，流量可以超过 10 000 m^3/h，这样的工作范围，一般采用轴流泵比较合适。

综上所述，可以认为，在城镇及工业企业的给水排水工程中，大量的、普遍使用的泵是离心式和轴流式两种。

目前，我国对泵的型号的编制方法尚未完全统一，但大多数产品主要用汉语拼音字母来表示泵的结构类型和特征。在泵样本及使用说明中，都应对泵型号的组成和含义加以说明。

4.2 叶片式泵

叶片式泵在泵中是一个大类，其特点都是依靠叶轮的高速旋转来完成其能量的转换。由于叶轮中叶片形状的不同，旋转时水流通过叶轮受到的质量力不同，水流流出叶轮时的方向也就不同。根据叶轮出水的水流方向可将叶片式泵分为径向流、轴向流和斜向流三种。径向流的叶片式泵称为离心泵，液体质点在叶轮中流动时主要受到的是离心力作用。轴向流的叶片式泵称为轴流泵，液体质点在叶轮中流动时主要受到的是轴向升力的作用。斜向流的叶片式泵称为混流泵，它是上述两种叶片式泵的过渡形式，液体质点在这种泵的叶轮中流动时，既受离心力的作用，又受轴向升力的作用。

在城镇及工业企业的给水排水工程中，大量使用的泵是叶片式泵，其中以离心泵最为普遍。本节将以离心泵为重点，进行介绍和说明。

4.2.1 离心泵的工作原理和构造

在水力学中我们知道，当一个敞口圆筒绕中心轴做等角速旋转时，圆筒内的水面便呈抛物线上升的旋转凹面，如图 4.2 所示。圆筒半径越大，转得越快，液体沿圆筒壁上升的高度就越大。离心泵就是基于这一原理来工作的，所不同的是离心泵的叶轮、泵壳都是经过专门的水力计算和设计来完成的。

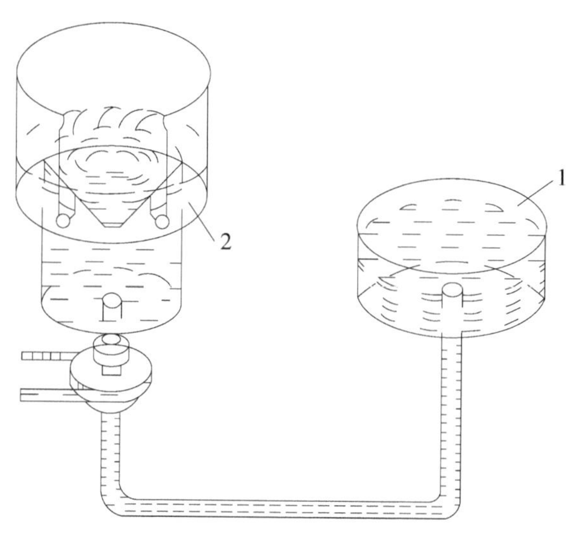

图4.2　旋转圆筒中水流运动

给水排水工程中常用的单级单吸式离心泵的基本构造如图4.3所示。泵包括蜗壳形的泵壳和装于泵轴上旋转的叶轮。蜗壳形泵壳的吸水口与泵的吸水管相连，出水口与泵的压水管相连接。泵的叶轮一般是由两个圆形盖板所组成，盖板之间有若干片弯曲的叶片，叶片之间的槽道为过水的叶槽，如图4.4所示，叶轮的前盖板上有一个大圆孔，这就是叶轮的进水口，它装在泵壳的吸水口内，与泵吸水管路相连通。离心泵在启动之前，应先用水灌满泵壳和吸水管道，然后驱动电机，使叶轮和水作高速旋转运动，此时，水受到离心力作用被甩出叶轮，经蜗形泵壳中的流道而流入泵的压水管道，由压水管道而输入管网中去。与此同时，泵叶轮中心处由于水被甩出而形成真空，吸水池中的水便在大气压力作用下，沿吸水管而源源不断地流入叶轮吸水口，又受到高速转动叶轮的作用，被甩出叶轮而输入压水管道。这样就形成了离心泵的连续输水。

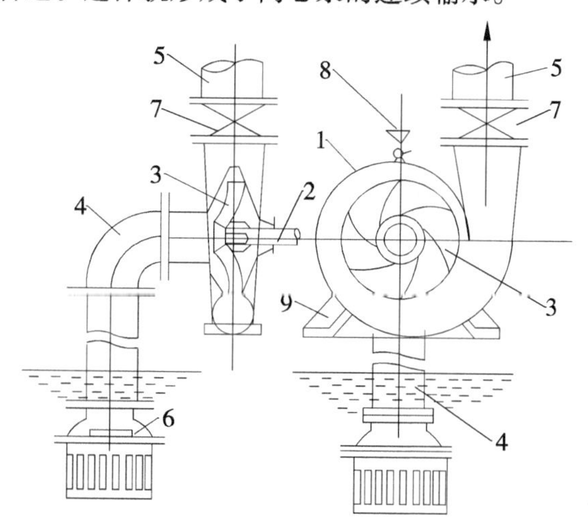

1—泵壳；2—泵轴；3—叶轮；4—吸水管；5—压水管；6—底阀；7—闸阀；8—灌水漏斗；9—泵座。

图4.3　单级单吸式离心泵的构造

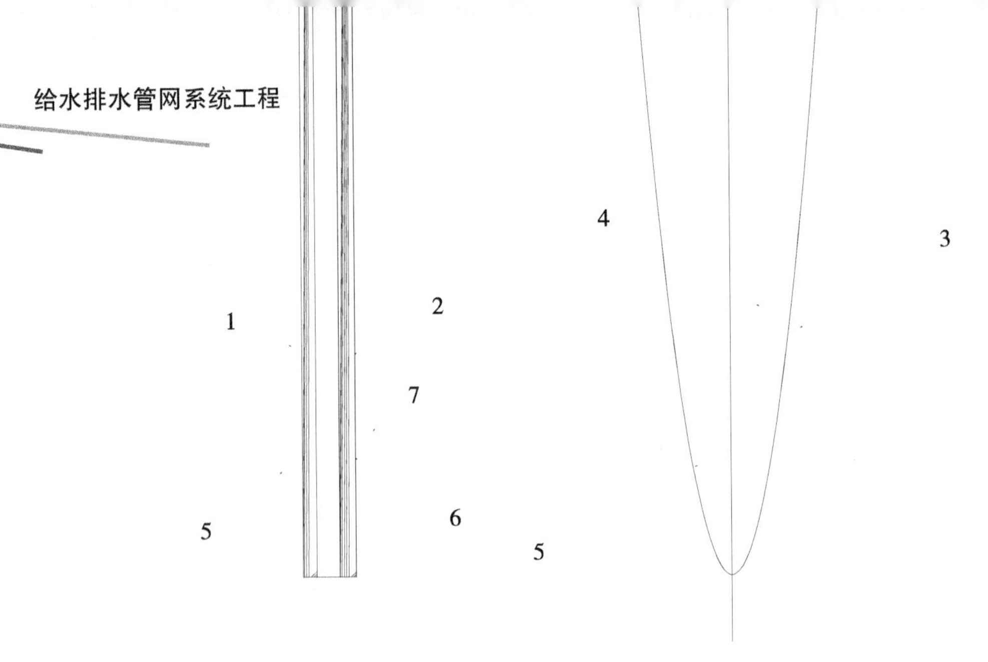

1—前盖板；2—后盖板；3—叶片；4—叶槽；5—吸水口；6—轮毂；7—泵轴。

图 4.4 单吸式叶轮

由上所述可知，离心泵的工作过程实际上是一个能量的传递和转化的过程，它把电动机高速旋转的机械能转化为被抽升液体的动能和势能。在这个传递和转化过程中，伴随着许多能量损失，能量损失越大，该离心泵的性能就越差，工作效率就越低。

4.2.2 离心泵的主要零件

离心泵是由许多零件组成的。下面以给水排水工程中常用的单级单吸卧式离心泵为例，来说明各零件的作用、材料和组成。

4.2.2.1 叶轮

叶轮（又称为工作轮）是离心泵的主要零件。叶轮的形状和尺寸是通过水力计算来决定的。选择叶材料时，除了要考虑离心力作用下的机械强度，还要考虑材料的耐磨和耐腐蚀性能。目前多数叶轮采用铸铁、铸钢和青铜制成。

叶轮一般可分为单吸式叶轮与双吸式叶轮两种。单吸式叶轮如图 4.4 所示，它是单边吸水，叶轮的前盖板与后盖板呈不对称状。双吸式叶轮如图 4.5 所示，它是两边吸水，叶轮盖板呈对称状。多数大流量离心泵采用双吸式叶轮。

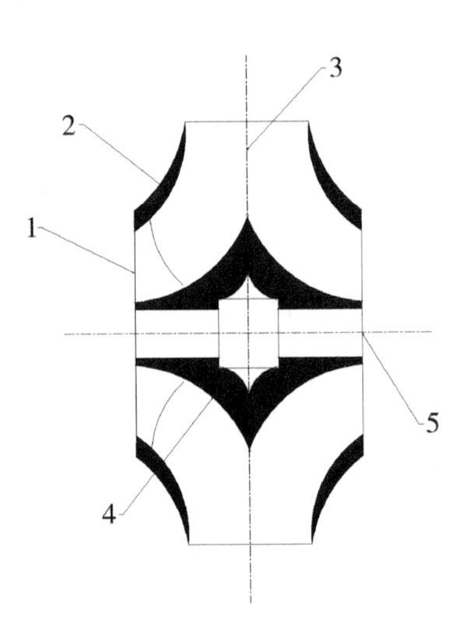

1—吸入口；2—轮盖；
3—叶片；4—轮毂；5—轴孔。

图 4.5 双吸式叶轮

叶轮按其盖板情况又可分为封闭式叶轮、敞开式叶轮和半开式叶轮三种形式，如图 4.6 所示。具有两个盖板的叶轮称为封闭式叶轮，如图 4.6(a) 所示。这种叶轮应用最广，前述的单吸式、双吸式叶轮均属这种形式。只有叶片没有完整盖板的叶轮称为敞开式叶轮，如图 4.6(b) 所示。只有后盖板，没有前盖板的叶轮称为半开式叶轮，如

图4.6(c) 所示。一般地，在抽升含有悬浮物的污水泵中，为了避免堵塞，有时采用敞开式或半开式叶轮。这种叶轮的特点是叶片少，一般仅2～5片。而封闭式叶轮一般有6～8片，多的可达12片。

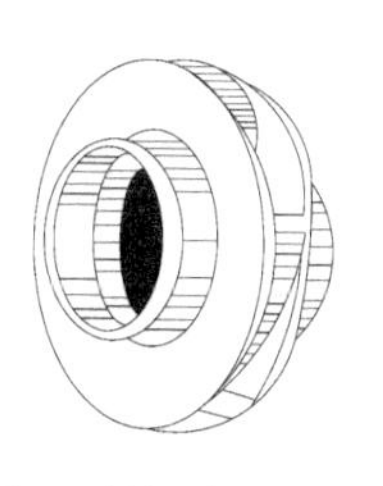

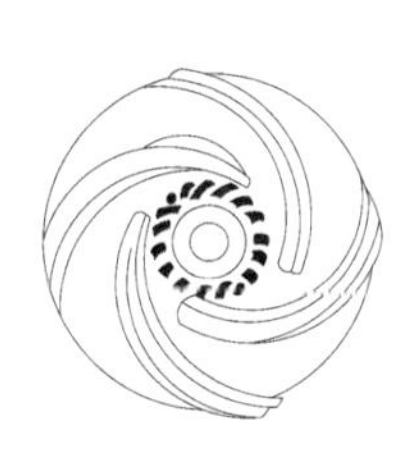

（a）封闭式叶轮　（b）敞开式叶轮　（c）半开式叶轮

图4.6　叶轮形式

4.2.2.2　泵轴

泵轴是用来旋转泵叶轮的，常用材料是碳素钢和不锈钢。泵轴应有足够的抗扭强度和足够的刚度，其挠度不超过允许值；工作转速不能接近产生共振现象的临界转速。叶轮和轴用键来连接。键是转动体之间的连接件，离心泵中一般采用平键，这种键只能传递扭矩而不能固定叶轮的轴向位置。在大型、中型泵中，叶轮的轴向位置通常采用轴套和并紧轴套的螺母来定位。

4.2.2.3　泵壳

离心泵的泵壳通常铸成蜗壳形，其过水部分要求有良好的水力条件。叶轮工作时，沿蜗壳的渐扩断面上，流量是逐渐增大的，为了减少水力损失，在泵设计中应使沿蜗壳渐扩断面流动的水流速度是一常数。水由蜗壳排出后，经锥形扩散管而流入压水管。蜗壳上锥形扩散管的作用是降低水流的速度，使流速水头的一部分转化为压力水头。

泵壳的材料选择，除了考虑介质对过流部分的腐蚀和磨损，还应使壳体具有作为耐压容器的足够的机械强度。

4.2.2.4　泵座

泵座上有与底板或基础固定用的法兰孔。泵壳顶上设有充水和放气的螺孔，以便在泵启动前用来充水及排走泵壳内的空气。在泵吸水和压水锥管的法兰上，设有安装真空表和压力表的测压螺孔。在泵壳的底部设有放水螺孔，以便在泵停车检修时用来放空积水。另外，泵座的横向槽底有泄水螺孔，以便随时排走由填料盒内流出的渗漏水滴。所有这些螺孔，如果在泵运动中暂时无用，可以用带螺纹的丝堵（又叫“闷头”）栓紧。

上述的零件中，叶轮和泵轴是离心泵中的转动部件，泵壳和泵座是离心泵中的固定部件，此两者之间存在着3个交接部分：泵轴与泵壳之间的轴封装置为填料盒，叶轮与泵壳内壁接缝处的减漏装置为减漏环，泵轴与泵座之间的转动连接装置为轴承座。

4.2.2.5　轴封装置

泵轴穿出泵壳时，在轴与壳之间存在着间隙，如不采取措施，间隙处就会有泄漏。

当间隙处的液体压力大于大气压力（如单吸式离心泵）时，泵壳内的高压水就会通过此间隙向外大量泄漏；当间隙处的液体压力为真空（如双吸式离心泵）时，大气就会从间隙处漏入泵内，从而降低泵的吸水性能。为此，需在轴与壳之间的间隙处设置密封装置，称为轴封。目前，应用较多的轴封装置有填料密封、机械密封。

1. **填料密封**

填料密封在离心泵中得到广泛的应用。近年来，它的形式很多，较常见的压盖填料型的填料盒如图4.7所示，它是由轴封套、填料、水封管、水封环及压盖等五个部件所组成。

填料又名盘根，在轴封装置中起着阻水或阻气的密封作用。常用的填料是浸油、浸石墨的石棉绳填料。近年来，随着工业发展，出现了各种耐高温、耐磨损及耐强腐蚀的填料，如用碳素纤维、不锈钢纤维及合成树脂纤维编织成的填料等。为了提高密封效果，填料绳一般做成矩形断面。填料是用压盖来压紧的。压盖又叫“格兰”，它对填料的压紧程度可通过拧松或拧紧压盖上的螺栓来进行调节。压盖压得太松，达不到密封效果；压得太紧，泵轴与填料的机械磨损大，消耗功率也大。如果压得过紧，甚至可能造成抱轴现象，产生严重的发热和磨损。一般以水封管内水能够通过填料缝隙呈滴状渗出为宜。泵壳内的压力水由水封管经水封环中的小孔（图4.8）流入轴与填料间的隙面，起着引水冷却与润滑的作用。

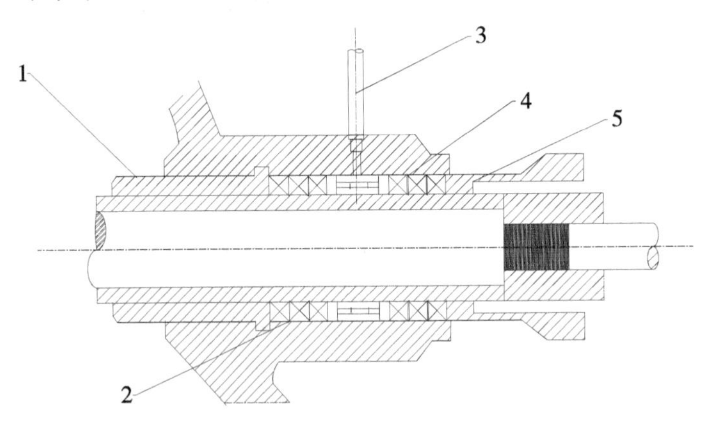

1—轴封盖；2—填料；3—水封管；4—水封环；5—压盖。

图4.7 压盖填料型填料盒

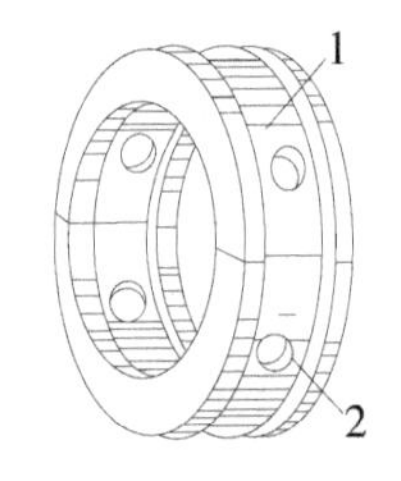

1—环圈空间；2—水孔。

图4.8 水封环

填料密封结构简单，运行可靠。但填料的寿命不长，对有毒、有腐蚀性的液体不能保证不泄漏。如发电厂的锅炉给水泵，需输送高温高压水，而泵轴的转速又高，若用填料密封则很难使泵正常工作。

2. **机械密封**

机械密封又称为端面密封，其基本元件与工作原理如图4.9所示，主要由动环（随轴一起旋转并能做轴向移动）、静环、压紧元件（弹簧）和密封元件（动环密封圈、静环密封圈）等组成。动环及密封腔中液体的压力和压紧元件的压力，使其端面贴合在静环的端面上，并在两环端面A上产生适当的比压（单位面积上的压紧力）和保持一层极薄的液体膜而达到密封的目的。而动环和轴之间的间隙B由动环密封圈密封，静环和压盖之间的间隙C由静环密封圈密封。如此构成的三道端面密封（A、B、C三个界面的密封），封堵了密封腔中液体向外泄漏的全部可能的途径。密封元件除了密封作用，还与作为压紧元件的弹簧一道起到了缓冲补偿作用。泵在运转中，轴的振动如果不加缓冲地直接传递到密封端面上，那么密封端面不能紧密贴合而使泄漏量增加，或者由于过大的轴向载荷而导致密封端面磨损严重，使密封失效。另外，端面因摩擦必然会产生磨损，如果没有缓冲补偿，势必会造成端面的间隙越来越大而无法密封。

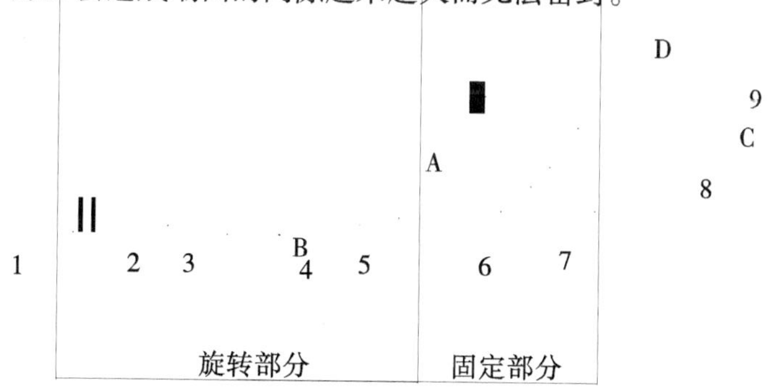

1—弹簧座；2—弹簧；3—传动销；4—动环密封圈；5—动环；6—静环；7—静环密封圈；8—防转销；9—压盖。

图4.9　机械密封的基本元件和工作原理

机械密封有许多种类，下面仅介绍平衡型和非平衡型机械密封（图4.10）。

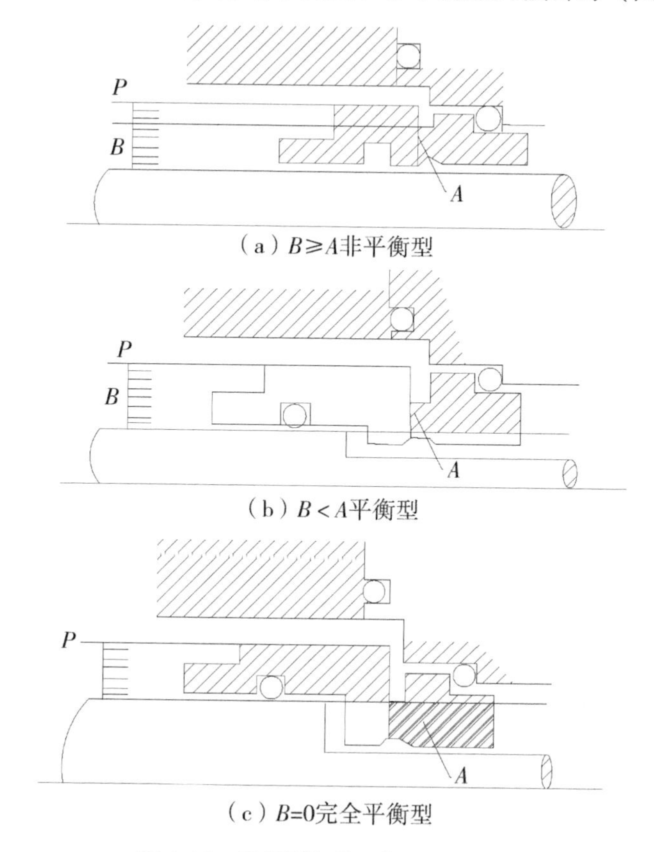

（a）$B \geqslant A$非平衡型

（b）$B < A$平衡型

（c）$B=0$完全平衡型

图4.10　平衡型与非平衡型机械密封

(1) 非平衡型。密封介质作用在动环上的有效面积 B（去掉作用压力相互抵消的部分的面积）等于或大于动、静环端面接触面积 A。端面上的压力取决于密封介质的压力，介质压力增加，端面上的比压成正比地增加。若端面的比压太大，则可能造成密封泄漏严重，寿命缩短，因此非平衡型机械密封不宜在高压下使用。

(2) 平衡型。密封介质作用在动环上的有效面积 B 小于端面接触面积 A。当介质压力增大时，端面上的比压增加缓慢，即介质压力的高低对端面的比压影响较小，因此平衡型可用于高压下的机械密封。

4.2.2.6　减漏环

叶轮吸入口的外圆与泵壳内壁的接缝处存在一个转动接缝，它是一个高低压交界面，且具有相对运动的部位，因此容易发生泄漏。为了减少泵壳内高压水向吸水口的回流量，一般在泵构造上采用两种减漏方式：①减小接缝间隙（不超过 0.1 ～ 0.5 mm）；②增加泄漏通道中的阻力等。在实际应用中，由于加工、安装及轴向力等问题，在接缝间隙处很容易发生叶轮与泵壳间的磨损现象。为了延长叶轮和泵壳的使用寿命，通常在泵壳上镶嵌一个金属的口环，此口环的接缝面可以做成多齿型，以增加水流回流时的阻力，提高减漏效果，因此，一般称此口环为减漏环，如图 4.11 所示，有三种不同形式的减漏环。图 4.11(c) 为双环迷宫型的减漏环，其水流回流时阻力很大，减漏效果好，但构造复杂。减漏环的另一作用是用于承磨的，因为在实际运行中，这个部位上产生摩擦常是难免的。若泵中有了减漏环，间隙磨大后，只需更换口环而不致使叶轮和泵壳报废，因此，减漏环又称为承磨环，是一个易损件。

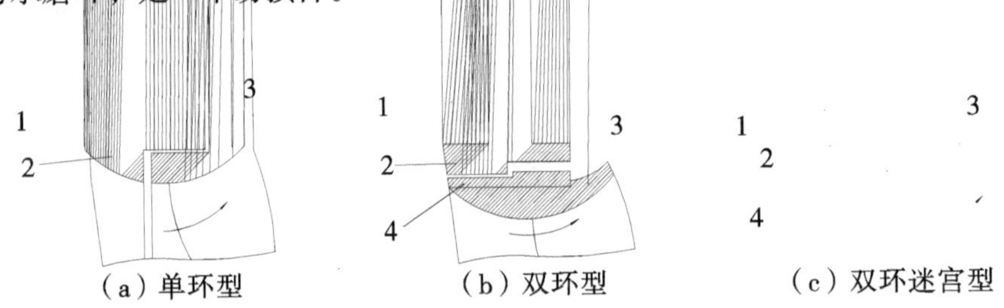

(a) 单环型　　(b) 双环型　　(c) 双环迷宫型

1—泵壳；2—镶在泵壳上的减漏环；3—叶轮；4—镶在叶轮上的减漏环。

图 4.11　减漏环

4.2.2.7　轴承座

轴承座的构造如图 4.12 所示。它采用双列滚珠轴承。一般在轴承发热量较大、单用空气冷却不足以将热量散逸时，可采用水冷套的形式来冷却，水套上要另外接冷却水管。轴承座是用来支承轴的。轴承装于轴承座内作为转动体的支持部分。泵中常用的轴承为滚动轴承和滑动轴承两类。依荷载大小滚动轴承可分为滚珠轴承和滚柱轴承两种，其构造基本相同，一般荷载大的采用滚柱轴承。依荷载特性轴承又可分为只承受径向荷载的径向式轴承和只承受轴向荷载的止推式轴承（图 4.13），以及同时承受径向和轴向荷载的径向止推轴承。

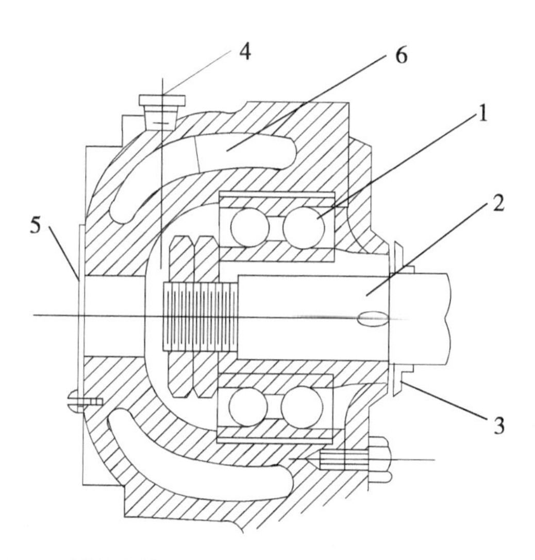

1—双列滚珠轴承；2—泵轴；3—阻漏油橡皮圈；4—油杯孔；5—封板；6—冷却水套。

图 4.12　轴承座构造

（a）单排滚珠止推轴承

（b）双排滚珠止推轴承

图 4.13　止推式轴承

大型、中型泵（一般泵轴直径大于 75 mm）常采用青铜或铸铁（巴氏合金衬里）制造的金属滑动轴瓦，用油进行润滑。也有采用橡胶、合成树脂、石墨等非金属材料制成的滑动轴承，可使用水润滑和冷却。

4.2.2.8　联轴器

电动机的出力是通过联轴器来传递给泵的。联轴器又称为靠背轮，有刚性和挠性两种。刚性联轴器实际上就是用两个圆法兰盘连接，它对于泵轴与电机轴的同心度应该一致，在连接中无调节余地，因此，要求安装精度高，常用于小型泵机组和立式泵机组的连接。

常用的圆盘形挠性联轴器如图 4.14 所示。它实际上是钢柱销带有弹性橡胶圈的联轴器，包括两个圆盘，用平键分别将泵轴和电机轴相连接。一般大型、中型卧式泵机组安装中，为了减少传动时因机轴有少量偏心而引起的轴周期性的弯曲应力和振动，常采用这类挠性联轴器。在泵房机组的运行中，应定期检查橡胶圈的完好情况，以免发生弹性橡胶圈磨损后未能及时换上而致钢枢轴与圆盘孔直接发生摩擦，把孔磨成椭圆或失圆等现象。

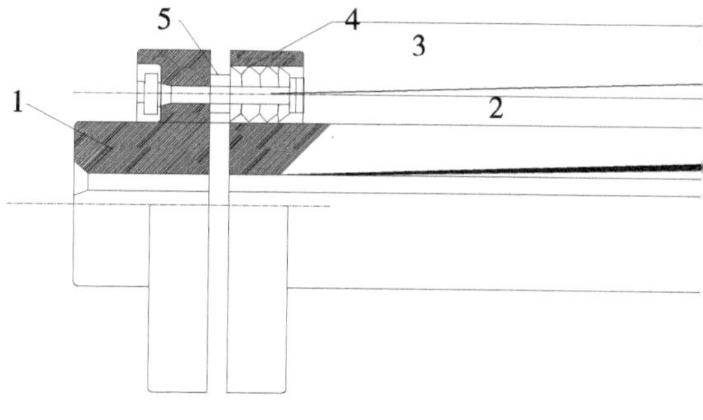

1—泵侧联轴器；2—电机侧联轴器；3—柱销；4—弹性圈；5—挡圈。

图 4.14　挠性联轴器

4.2.2.9　轴向力平衡措施

单吸式离心泵，由于其叶轮缺乏对称性，离心泵工作时，叶轮两侧作用的压力不相等，如图 4.15 所示。因此，在泵叶轮上作用有一个推向吸入口的轴向力 ΔP。这种轴向力，特别是对于多级式的单吸离心泵来讲，数值相当大，必须采用专门的轴向力平衡装置来解决。对于单级单吸式离心泵而言，一般采取在叶轮的后盖板上钻开平衡孔，并在后盖板上加装减漏环，如图 4.16 所示。此环的直径可与前盖板上的减漏口环直径相等。压力水经此减漏环时压力下降，并经平衡孔流回叶轮中去，使叶轮后盖板上的压力与前盖板相接近，这样，就消除了轴向推力。此方法的优点是构造简单，容易实行。缺点是叶轮流道中的水流受到平衡孔回流水的冲击，使水力条件变差，泵的效率有所降低。在单级单吸式离心泵中，此方法应用仍是很广的。

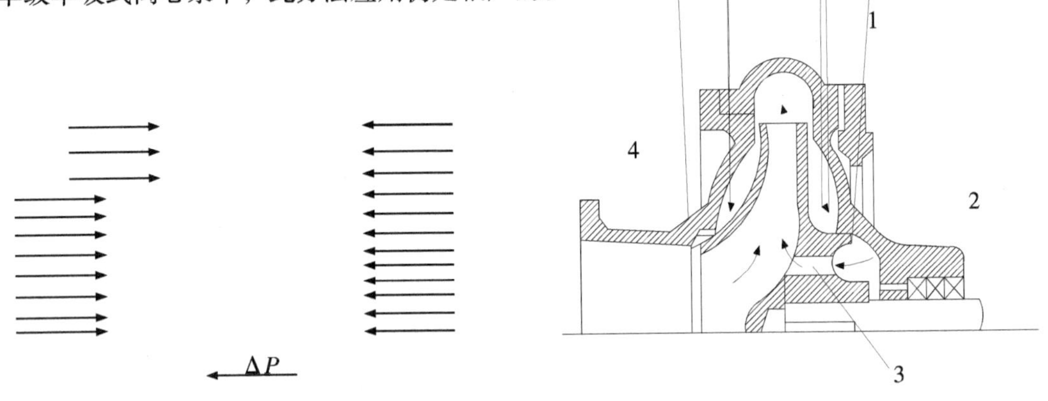

图 4.15　轴向推力

1—排出压力；2—加装的减漏环；3—平衡孔；4—泵壳上的减漏环。

图 4.16　平衡孔

4.2.3　叶片式泵的基本性能参数

叶片式泵的基本性能，通常由六个性能参数来表示。

1. 流量（抽水量）

流量（抽水量）指泵在单位时间内所输送的液体数量，用 Q 表示。常用的体积流量单位是 m^3/h 或 L/s，常用的质量流量单位是 t/h。

2. 扬程（总扬程）

扬程（总扬程）指泵对单位质量（1 kg）液体所做之功，也就是单位质量液体通过泵后其能量的增值，用 H 表示。其单位为 kg · m/kg，也可折算，以抽送液体的液柱高度（m）表示，工程中用国际压力单位 Pa 表示。

扬程是表征液体经过泵后比能增值的一个参数，若泵抽送的是水，水流进泵时所具有的比能为 E_1，流出泵时所具有的比能为 E_2，则泵的扬程 $H = E_1 - E_2$。因此，泵的扬程也就是水比能的增值。

3. 轴功率

泵轴得自原动机所传递来的功率称为轴功率，以 N 表示。原动机为电力拖动时，轴功率单位为 kW。

4. 效率

效率指泵的有效功率与轴功率之比值，以 η 表示。

单位时间内流过泵的液体从泵那里得到的能量叫作有效功率，以字母 N_u 表示，泵的有效功率为：

$$N_u = \rho g Q H \tag{4.1}$$

式中：ρ——液体的密度（kg/m^3）；

g——重力加速度（m/s^2）；

Q——流量（m^3/s）；

H——扬程（m）。

由于泵不可能将原动机输入的功率完全传递给液体，在泵内部有损失，这个损失通常就以效率 η 来衡量。泵的效率为：

$$\eta = \frac{N_u}{N} \tag{4.2}$$

由此求得泵的轴功率为：

$$N = \frac{N_u}{\eta} = \frac{\rho g Q H}{\eta} \tag{4.3}$$

有了轴功率、有效功率及效率的概念后，可按下式计算泵的电耗值（kW·h）。

$$W = \frac{\rho g Q H}{1\,000\eta_1\eta_2} \cdot t \tag{4.4}$$

式中：t——泵运行的小时数；

η_1——泵的效率值；

η_2——电机的效率值。

例如，某水厂取水泵站，供水量 $Q = 8.64 \times 10^4\ m^3/d$，扬程 $H = 30$ m，泵及电机的效率均为80%，则该泵站工作10 h其电耗值为 $W = 4\,594$ kW·h。

5. 转速

转速指泵叶轮的转动速度，通常以每分钟转动的次数来表示，以字母 n 表示。常用单位为r/min。

各种泵都是按一定的转速来进行设计的，当使用时泵的实际转速不同于设计转速值时，泵的其他性能参数（如 Q、H、N 等）也将按一定的规律变化。

在往复泵中，转速通常以活塞往复的次数来表示，单位为次/分。

6. 允许吸上真空高度（H_s）及气蚀余量（H_{sv}）

允许吸上真空高度（H_s）指泵在标准状况下（水温为20 ℃，表面压力为1个标准大气压）运转时，泵所允许的最大的吸上真空高度，单位为m。水泵厂一般常用 H_s 来反映离心泵的吸水性能。

气蚀余量（H_{sv}）指泵进口处，单位质量液体所具有的超过饱和蒸气压力的富余能量。水泵厂一般常用气蚀余量来反映轴流泵、锅炉给水泵等的吸水性能，单位为m。气蚀余量在泵样本中也有以 Δh 来表示的。

H_s 与 H_{sv} 是从不同的角度来反映泵吸水性能好坏的参数。

上述六个性能参数之间的关系，水泵厂通常是用特性曲线来表示的。在泵样本中，除了对该型号泵的构造、尺寸进行说明，还提供了一套表示各性能参数之间相互关系的特性曲线，使用户能全面地了解该泵的性能。

另外，为方便用户使用，每台泵的泵壳上钉有一块铭牌，铭牌上简明地列出了该泵在设计转速下运转、效率为最高时的流量、扬程、轴功率及允许吸上真空高度或气蚀余量值。铭牌上所列出的这些数值，是该泵设计工况下的参数值，它只是反映在特性曲线上效率最高那个点的各参数值。如国内生产的12Sh－28A 型单级双吸式离心泵的铭牌为：

离心式清水泵	
型号：12Sh－28A	转数：1 450 r/min
扬程：10 m	效率：78%
流量：684 m^2/h	轴功率：28 W
允许吸上真空高度：4.5 m	重量：660 kg

铭牌上各符号及数字的意义如下：

12——表示泵吸水口的直径（in）；

Sh——汉语拼音“shuāng”的头两个字母，表示单级双吸卧式离心泵；

28——表示泵的比转数被10除的整数，即该泵的比转数为280；

A——表示该泵叶轮的直径已经切削小了一档。

4.2.4　离心泵装置的总扬程

在给水排水工程中，从使用泵的角度上看，泵的工作，必然要与管路系统及许多外界条件（如江河水位、水塔高度、管网压力等）联系在一起的。在下面的讨论中，把泵配上管路及一切附件后的系统称为装置，如图4.17所示。

那么，在泵站的管理中，将如何来确定正在运转中的离心泵装置的总扬程？或者，在进行泵站的工艺设计时，将如何依据原始资料来计算所需的扬程进行选泵？本小节讨论这两个方面的问题。

泵的扬程 $H=E_2-E_1$。以如图4.17所示的离心泵装置为例，以吸水面0－0为基准面，列出进水断面1－1及出水断面2－2的能量方程式，则扬程为：

$$H=E_2-E_1=Z_2+\frac{P_2}{\rho g}+\frac{v_2^2}{2g}-\left(Z_1+\frac{P_1}{\rho g}+\frac{v_1^2}{2g}\right)$$

$$=(Z_2-Z_1)+\left(\frac{P_2}{\rho g}-\frac{P_1}{\rho g}\right)+\frac{v_2^2-v_1^2}{2g} \quad (4.5)$$

式中：Z_1，$\frac{P_1}{\rho g}$，v_1——分别指断面1－1处的位置水头、绝对压力和流速水头；

Z_2，$\frac{P_2}{\rho g}$，v_2——分别指断面2－2处的位置水头、

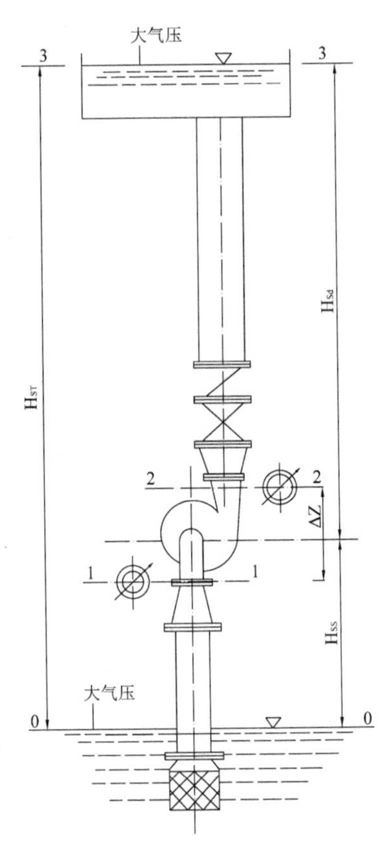

图4.17　离心泵装置

绝对压力和流速水头。

$$P_1 = P_a - P_v \tag{4.6}$$

$$P_2 = P_a + P_d \tag{4.7}$$

式中：P_a——大气压力（MPa）；

P_v——真空表读数（MPa），表示承接点的真空值，真空表读数越大，表示该点的真空值越高；

P_d——压力表读数（MPa），表示承接点的测管高度乘以液体密度与重力加速度，压力表读数越大，说明该点的相对压力越高。

将式(4.6)、式(4.7) 代入式(4.5)，得：

$$H = \Delta Z + \frac{P_d + P_v}{\rho g} + \frac{v_2^2 - v_1^2}{\rho g} \tag{4.8}$$

以 $H_d = \dfrac{P_d}{\rho g}$，$H_v = \dfrac{P_v}{\rho g}$代入式(4.8) 得：

$$H = H_d + H_v + \frac{v_2^2 - v_1^2}{2g} + \Delta Z \tag{4.9}$$

H_d 为以水柱高度表示的压力表读数，H_v 为以水柱高度表示的真空表读数。一般水厂中的取水泵房运行时，$\dfrac{v_2^2 - v_1^2}{2g} + \Delta Z$ 的值较小，故式(4.9) 在实际应用时可写为：

$$H = H_d + H_v \tag{4.10}$$

由式(4.9) 可知，只要把正在运行中的泵装置的真空表和压力表读数相加，就可得出该泵的工作扬程。

另外，泵扬程也可以用管道中水头损失及扬升液体高度来计算。我们分别列出基准面0－0和断面1－1 的能量方程式，以及列出断面2－2 和断面3－3 的能量方程式，可得：

$$H_v = H_{ss} + \sum h_s + \frac{v_1^2}{2g} - \frac{\Delta Z}{2} \tag{4.11}$$

及

$$H_d = H_{sd} + \sum h_d + \frac{v_2^2}{2g} - \frac{\Delta Z}{2} \tag{4.12}$$

式中：H_{ss}——泵吸水地形高度（m），即自泵吸水井（池）水面的测管水面至泵轴之间的垂直距离（若吸水井是敞开的，则 H_{ss} 为吸水井水面与泵轴之间的高差）；

H_{sd}——泵压水地形高度（m），即从泵轴至水塔的最高水位或密闭水箱液面的测管水面之间的垂直距离；

$\sum h_s$，$\sum h_d$——分别指泵装置吸水管路及压水管路中的水头损失之和（m）。

将式(4.11)、式(4.12) 代入式(4.9)，简化后可得：

$$H = H_{ss} + H_{sd} + \sum h_s + \sum h_d \tag{4.13}$$

即：

$$H = H_{ST} + \sum h \tag{4.14}$$

$$H_{ST}=H_{ss}+H_{sd} \tag{4.15}$$

$$\sum h=\sum h_s+\sum h_d \tag{4.16}$$

式中：H_{ST}——泵的静扬程（m），即泵吸水井的设计水面与水塔（或密闭水箱）最高水位之间的测管高差；

$\sum h$——泵装置管路中水头损失之总和（m）。

由式(4.14) 可以看出，在实际工程中，泵的扬程用于两方面：一是将水由吸水井提升至水塔（静扬程 H_{ST}）；二是克服管路中的水头损失（ $\sum h$ ）。此公式是设计泵站经常要使用的，它表达了如何根据外界条件来计算泵应该具有的扬程。

4.2.5 离心泵的使用和维护

离心泵机组的正确启动、运行与停车是泵站输配水系统安全、经济供水的前提。学会对离心泵机组的操作管理技术与掌握离心泵机组的性能理论，对于从事给水排水工程的技术人员而言都是相当重要的。

4.2.5.1 启动前的准备工作

泵启动前应该检查一下各处螺栓连接的完好程度，检查轴承中润滑油是否足够、干净，检查出水阀、压力表及真空表上的旋塞阀是否处于合适位置，供配电设备是否完好，然后进行盘车、灌泵等工作。

盘车就是用手转动机组的联轴器，凭经验感觉其转动的轻重是否均匀，有无异常声响。盘车是为了检查泵及电动机内有无不正常的现象，如转动零件松脱后卡住、杂物堵塞、泵内冻结、填料过紧或过松、轴承缺油及轴弯曲变形等。

灌泵就是启动前，向泵及吸水管中充水，以便启动后即能在泵入口处造成抽吸液体所必需的真空值。从理论力学可知液体离心力为：

$$J=\rho gW\omega^2 r \tag{4.17}$$

式中：J——转动叶轮中单位体积液体之离心力（N）；

W——液体体积（m^3）；

ω——角速度（s^{-1}）；

r——叶轮半径（m）；

ρ——液体密度（kg/m^3）。

由式(4.17) 可知，对于同一台泵，当转速一定时，液体的密度 ρ 越大，由于惯性而表现出来的离心力也越大。空气的密度约为水的 1/800，灌泵后，叶轮旋转时在吸入口处能产生的真空值一般为 600 mmHg 左右，如果不灌泵，叶轮在空气中转动，泵吸入口处只能产生 0.75 mmHg 的真空值，这样低的真空值，当然是不足以把水抽上来的。

新安装的泵或检修后首次启动的泵是有必要进行转向检查的。检查时，两个靠背轮脱开，开动电动机，视其转向与水泵厂规定的转向是否一致，如不一致，可以改接电源的相线，也即将 3 根进线中任意对换 2 根接线，然后接上再试。

准备工作就绪后，即可启动泵。启动时，工作人员与机组不要靠得太近，待泵转速稳定后，即应打开真空表与压力表上的阀，此时，压力表上读数应上升至泵零流量时的空转扬程，表示泵已经上压，可逐渐打开压力闸阀，此时，真空表读数逐渐增加，压力表读数应逐渐下降，配电屏上电流表读数应逐渐增大。启动工作待闸阀全开时，即告完成。

泵在闭闸情况下，运行时间一般不应超过 3 min，若时间太长，则泵内液体发热，会造成事故，应及时停车。

4.2.5.2　运行中应注意的问题

（1）检查各个仪表工作是否正常、稳定。电流表上读数是否超过电动机的额定电流，电流过大或过小，都应及时停车检查。电流过大，一般是由于叶轮中杂物卡住、轴承损坏，密封环互摩、泵轴向力平衡装置失效、电网中电压降太大等。引起电流过小的原因有吸水底阀或出水闸阀打不开或开启不足、泵气蚀等。

（2）检查流量计上指示数是否正常。也可通过观察水管水流情况来估计流量。

（3）检查填料盒处是否发热，滴水是否正常。滴水应呈滴状连续渗出，才算符合正常要求。滴水情况一般是反映填料的压紧适当程度，运行中可调节压盖螺栓来控制滴水量。

（4）检查泵与电动机的轴承和机壳温升。轴承温升一般不得超过 35 ℃，最高不超过 75 ℃。在无温度计时，也可用手摸，凭经验判断，当感到很烫手时，应停车检查。

（5）注意油环，要让它自由地随同泵轴做不同步的转动。随时听机组声响是否正常。

（6）定期记录泵的流量、扬程、电流、电压、功率因素等有关技术数据，严格执行岗位责任制和安全技术操作规程。

（7）泵的停车应先关出水闸阀，实行闭闸停车。然后关闭真空及压力表上的阀，把泵和电动机表面的水和油擦净。在无采暖设备的房屋中，冬季停车后要考虑避免泵的冻裂。

4.2.5.3　泵的故障和排除

离心泵常见的故障及排除方法见表 4.1。

表 4.1　离心泵常见的故障及排除方法

故障	产生原因	排除方法
启动后泵不出水或出水不足	1. 泵壳内有空气，灌泵工作未做好 2. 吸水管路及填料有漏气 3. 泵转向错误 4. 泵转速太低 5. 叶轮进水口及流道堵塞 6. 底阀堵塞或涌水 7. 吸水井水位下降，泵安装高度太大 8. 减漏环及叶轮磨损 9. 水面产生旋涡，空气带入泵内 10. 水封管堵塞	1. 继续灌水或抽气 2. 堵塞漏气，适当压紧填料 3. 对换一对接线，改变转向 4. 检查电路，是否电压太低 5. 揭开泵盖，清除杂物 6. 清除杂物或修理 7. 核算吸水高度，必要时降低安装高度 8，更换磨损零件 9. 加大吸水口淹没深度或采取防止措施 10. 拆下清通

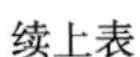

续上表

故障	产生原因	排除方法
泵开启后不动或启动后轴功率过大	1. 填料压得太紧，泵轴弯曲，轴承磨损 2. 多级泵中平衡孔堵塞或回水管堵塞 3. 靠背轮间隙太小，运行中二轴相顶 4. 电压太低 5. 实际液体的相对密度远大于设计液体的相对密度 6. 流量过大，超过使用范围过多	1. 松一点压盖，矫直泵轴，更换轴承 2. 清除杂物，疏通回水管路 3. 调整靠背轮间隙 4. 检查电力，向电路部门反映情况 5. 更换电动机，提高功率 6. 关小出水闸阀
泵机组振动和噪声	1. 地脚螺栓松动或没填实 2. 安装错误，联轴器不同心或泵轴弯曲 3. 泵产生气蚀 4. 轴承损坏或磨损 5. 基础松软 6. 泵内有严重摩擦 7. 出水管存留空气	1. 拧紧并填实地脚螺栓 2. 找正联轴器不同心度，矫直或换轴 3. 降低吸水高度，减少水头损失 4. 更换轴承 5. 加固基础 6. 检查咬住部位 7. 在存留空气处，加装排气阀
轴承发热	1. 轴承损坏 2. 轴承缺油或油太多（使用黄油时） 3. 油质不良 4. 轴弯曲或联轴器没找正 5. 滑动轴承的甩油环不起作用 6. 叶轮平衡孔堵塞，使泵轴向力不能平衡 7. 多级泵平衡轴向力装置失去作用	1. 更换轴承 2. 按规定油面加油，去掉多余黄油 3. 更换合格润滑油 4. 矫直或更换泵轴的正联轴器 5. 放正游环位置或更换油环 6. 清楚平衡孔上的堵塞的杂物 7. 检查回水管是否堵塞，联轴器是否相碰，平衡盘是否损坏
电动机过载	1. 转速高于额定转速 2. 泵流量过大，扬程低 3. 电动机或泵发生机械损坏	1. 检查电路及电动机 2. 关小闸阀 3. 检查电动机及泵
填料处发热、漏渗水过少或没有	1. 填料压得太紧 2. 填料环装的位置不对 3. 水封管堵塞 4. 填料盒与轴不同心	1. 调整松紧度，使滴水呈滴状连续渗出 2. 调整填料环位置，使它正好对准水封管口 3. 疏通水封管 4. 检修，改正不同心的地方

4.2.6　轴流泵及混流泵

轴流泵及混流泵都是叶片式泵中比转数较高的一种泵。它们的特点都是属于中、大流量，中、低扬程。特别是轴流泵，扬程一般仅为4～15 m。在给水排水工程中，如大型钢厂、火力发电厂、热电站的循环泵站，城市雨水防洪泵站、大型污水泵站，以及像引滦入津工程中的一些大型提升泵站等，轴流泵及混流泵的采用都是十分普遍的。

4.2.6.1　轴流泵的基本构造

轴流泵的外形很像一根水管，泵壳直径与吸水口直径差不多，既可以垂直安装（立式）和水平安装（卧式），也可以倾斜安装（斜式）。立式半调（节）式轴流泵外形如图4.18所示。其基本部件有吸入管、叶轮（包括叶片、轮毂）、导叶、泵轴、出水弯管、上下轴承、填料盒以及叶片角度的调节机构等。

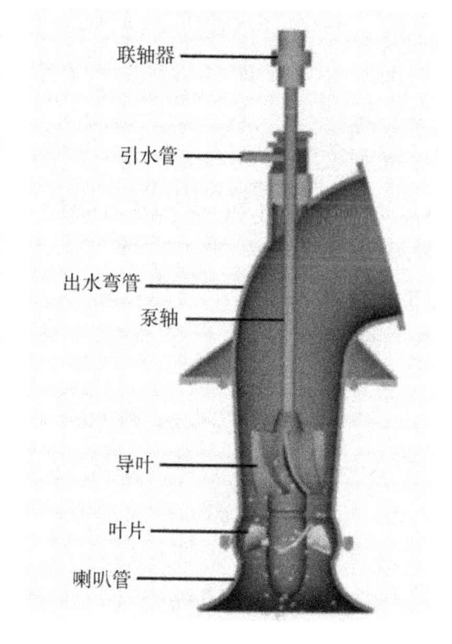

图4.18　立式半调型轴流泵外形

（1）吸入管。为了改善入口处水力条件，常采用流线形的喇叭管或做成流道形式。

（2）叶轮。叶轮是轴流泵的主要工作部件，其性能直接影响到泵的性能。叶轮按其调节的可能性，可以分为固定式、半调式和全调式三种。固定式轴流泵是叶片和轮毂体铸成一体的，叶片的安装角度是不能调节的。半调式轴流泵其叶片是用螺母栓紧在轮骰体上，在叶片的根部上刻有基准线，而在轮毂体上刻有几个相应的安装角度的位置线，如图4.19所示。叶片不同的安装角度，其性能曲线将不同。根据使用的要求可把叶片安装在某一位置上，在使用过程中，当工况发生变化需要进行调节时，可以把叶轮卸下来，将螺母松开转动叶片，使叶片的基准线对准轮毂体上的某一要求角度线，然后把螺母拧紧，装好叶轮即可。全调式轴流泵就是该泵可以根据不同的扬程与流量要求，在停机或不停机的情况下，通过一套油压调节机构来改变叶片的安装角度，从而改变其性能，以满足使用要求，这种全调式轴流泵调节机构比较复杂，一般应用于大型轴流泵站。

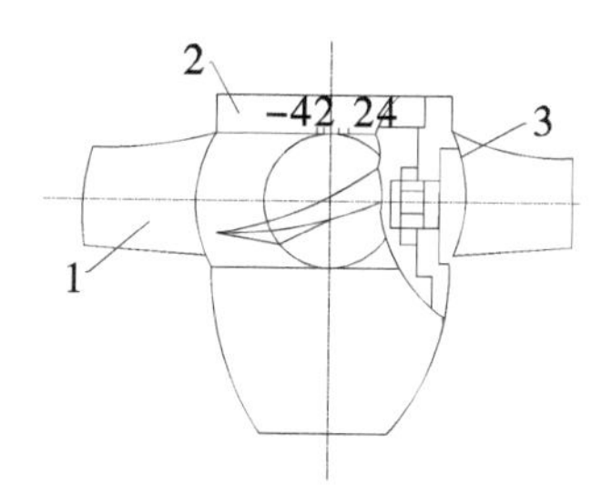

1—叶片；2—轮毂体；3—调节螺母。

图4.19　半调式叶片

（3）导叶。在轴流泵中，液体运动是沿螺旋面的运动，液体除了轴向前进，还有旋转运动。导叶是固定在泵壳上不动的，水流经过导叶时就消除了旋转运动，把旋转的动能变为压力能。因此，导叶的作用就是把叶轮中向上流出的水流旋转运动变为轴向运动。一般轴流泵中有6～12片导叶。

（4）轴和轴承。泵轴是用来传递扭矩的。在大型轴流泵中，为了在轮毂体内布置调节、操作机构，泵轴常做成空心轴，里面安置调节操作油管。轴承在轴流泵中按其功能有两种：①导轴承，主要是用来承受径向力，起到径向定位作用；②推力轴承，在立式轴流泵中，其主要作用是承受水流作用在叶片上的向下的轴向推力、泵转动部件重量，并维持转子的轴向位置，且将这些推力传到机组的基础上去。

（5）密封装置。轴流泵出水弯管的轴孔处需要设置密封装置，目前，一般仍常用压盖填料型的密封装置。

4.2.6.2 轴流泵的工作原理

轴流泵的工作是以空气动力学中机翼的升力理论为基础的。其叶片与机翼具有相似形状的截面，一般这类形状的叶片称为翼型，如图4－20所示。在风洞中对翼型进行绕流试验表明，当流体绕过翼型时，在翼型的首端点 A 处分离成为两股流，它们分别经过翼型的上表面（轴流泵叶片工作面）和下表面（轴流泵叶片背面），然后同时在翼型的尾端点 B 处汇合。由于沿翼型下表面的路程要比翼型上表面路程长一些，因此流体沿翼型下表面的流速要比沿翼型上表面流速大，相应地，翼型下表面的压力将小于上表面，流体对翼型将有一个由上向下的作用力 P。同样，翼型对于流体也将产生一个反作用力 P'，此 P' 力的大小与 P 相等，方向由下向上，作用在流体上。

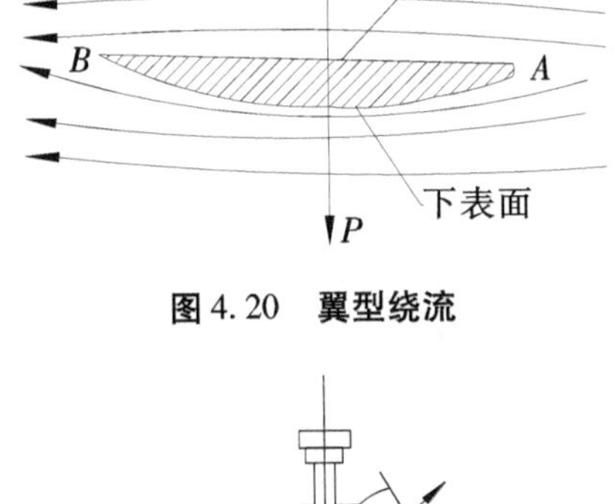

图 4.20 翼型绕流

立式轴流泵工作示意如图4.21所示。具有翼型断面的叶片，在水中做高速旋转时，水流相对于叶片就产生了急速的绕流，如上所述，叶片对水将施以力 P'，在此力作用下，水就被压升到一定的高度上去。不管叶轮内部的水流情况怎样，能量的传递都决定于进出口速度四边形，因此，离心泵基本方程不仅适用于离心泵，同样也适用于轴流泵、混流泵等一切叶片泵，故也称为叶片泵基本方程。

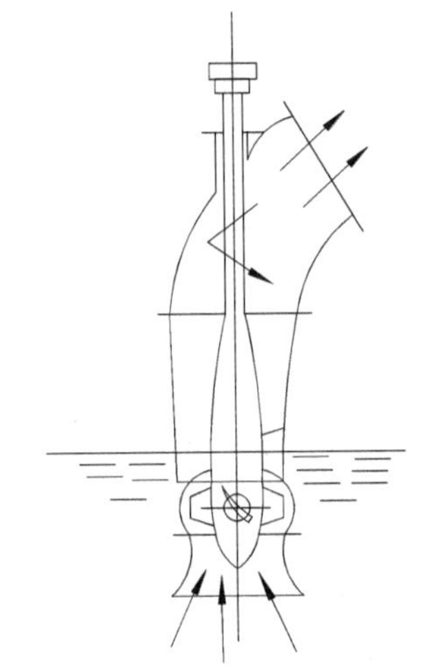
图 4.21 立式轴流泵工作示意

4.2.6.3 轴流泵的性能特点

轴流泵与离心泵相比，具有下列性能特点：

（1）扬程随流量的减小而剧烈增大，$Q-H$ 曲线陡降，并有转折点，如图4.22所示。其主要原因是，当流量较小时，在叶轮叶片的进口和出口处产生回流，水流多次重复得到能量，类似于多级加压状态，扬程急剧增大。回流使水流阻力损失增加，从而造成轴功率增大的现象，一般空转扬程 H_0 为设计工况点扬程的1.5～2倍。

（2）$Q-N$ 曲线也是陡降曲线，当 $Q=0$（出水闸阀关闭）时，其轴功率 $N_0=(1.2\sim1.4)N_d$，N_d 为设计工况时的轴功率。因此，轴流泵启动时，应当在闸阀全开情况下来启动电动机，一般称为开闸启动。

（3）$Q-\eta$ 曲线呈驼峰形。也就是说，高效率工作的范围很小，流量在偏离设计工况点不远处效率就下降很快。根据轴流泵的这一特点，采用闸阀调节流量是不利的。一般只采取改变叶片装置角 β 的方法来改变其性能曲线，故称为变角调节。大型全调式轴流泵，为了减小泵的启动功率，通常在启动前先关小叶片的角 β，待启动后再逐渐增大角 β，这样，就充分发挥了全调式轴流泵的特点。图 4.23 表示同一台轴流泵，在一定转速下，把不同叶片装置角 β 时的性能曲线、等效率曲线及等功率曲线等绘在一张图上，称为轴流泵的通用特性曲线。有了这种图，可以很方便地根据所需的工作参数来找适当的叶片装置角，或用这种图来选择泵。

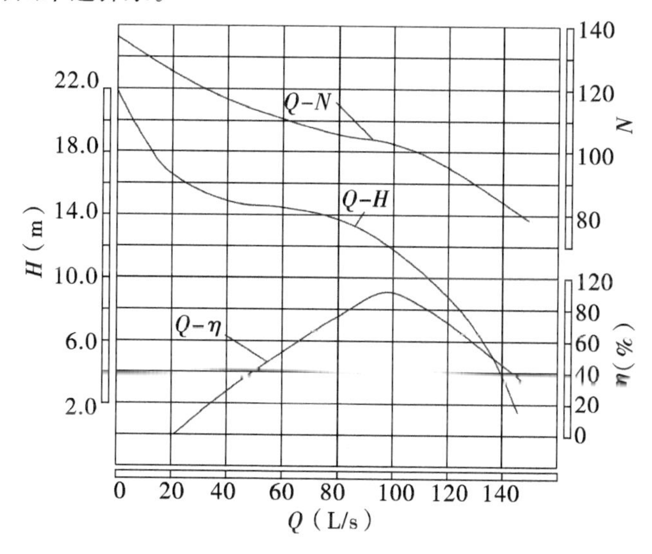

图 4.22 轴流泵特性曲线

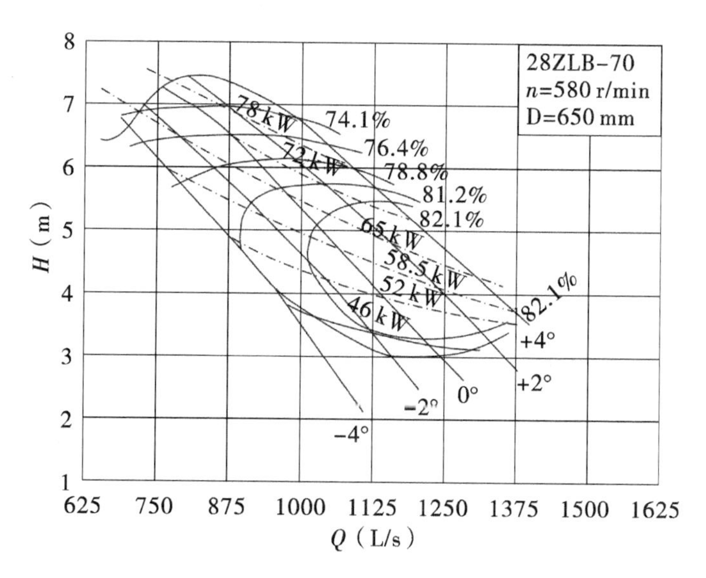

图 4.23 轴流泵的通用特性曲线

（4）在泵样本中，轴流泵的吸水性能一般是用气蚀余量 Δh_{sv} 来表示的。气蚀余量值由水泵厂气蚀试验求得，一般轴流泵的气蚀余量都要求较大，因此，其最大允许的吸上真空高度都较小，叶轮常常需要浸没在水中一定深度处，安装高度为负值。为了保证在

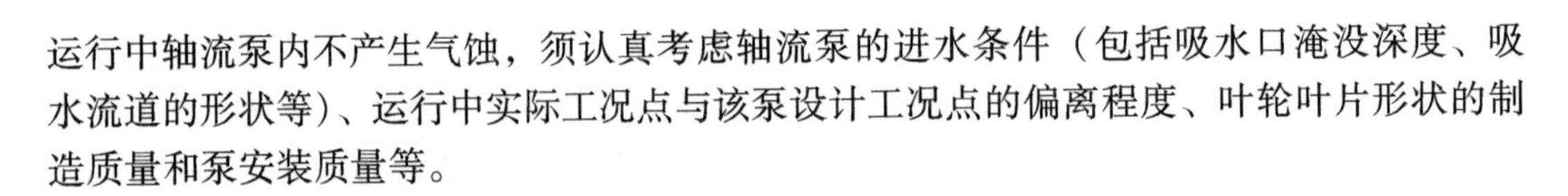

运行中轴流泵内不产生气蚀，须认真考虑轴流泵的进水条件（包括吸水口淹没深度、吸水流道的形状等）、运行中实际工况点与该泵设计工况点的偏离程度、叶轮叶片形状的制造质量和泵安装质量等。

4.2.6.4 混流泵

混流泵根据其压水室的不同，通常可分为蜗壳式（图 4.24）和导叶式（图 4.25）两种。混流泵从外形上看，蜗壳式与单吸式离心泵相似，导叶式与立式轴流泵相似。其部件也无多大区别，不同的仅是叶轮的形状和泵体的支承方式。混流泵叶轮的工作原理是介乎于离心泵和轴流泵之间的一种过渡形式，叶片式泵基本方程同样适合于混流泵。

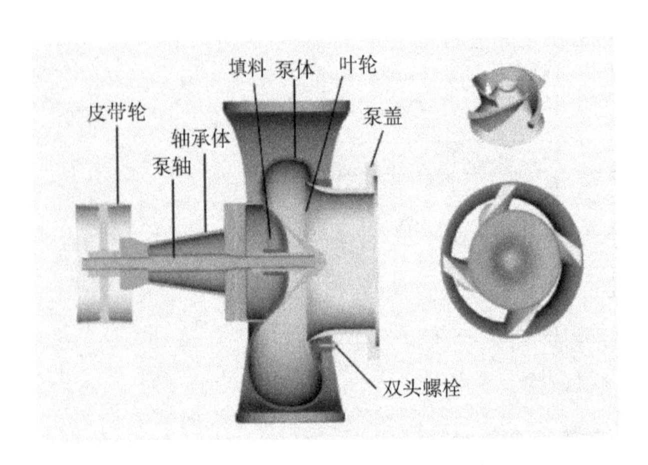

图 4.24 蜗壳式混流泵构造装配

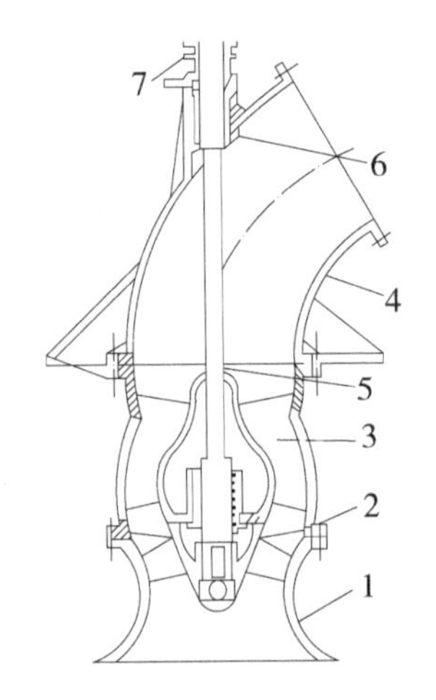

1—进水喇叭；2—叶轮；3—导叶体；4—出水弯管；5—泵轴；6—橡胶轴承；7—填料函。

图 4.25 导叶式浪流泵结构

4.2.7 给水排水工程中常用的叶片式泵

叶片式泵的构造形式甚多，其分类方法也各不相同。可以从各个角度来提出分类：有卧式的、立式的，有抽升清水的、污水的，有按泵壳的接缝分为水平接缝（中开式）的、垂直接缝（分段式）的，也有单级单吸、单级双吸及多级分段式的，等等。但对某一具体型号的泵，往往是采用几个分类名称的组合，而以其中主要的特征来命名。下面介绍给水排水工程中常用的叶片式泵。

4.2.7.1 IS 系列单级单吸式离心泵

它是现行水泵行业首批采用国际标准联合设计的新系列产品，其外形、构造如图 4.26 所示。它的特点如下：性能分布合理（流量范围为 6.3 ~ 400 m^3/h，扬程范围为 5 ~ 125 m，用户可选择到比较满意的型号），其次是标准化程度高，泵的效率达到国际水平。IS 型单级单吸式离心泵供输送温度不超过 80 ℃的清水及物理化学性质类似水的液体。其全系列共29种基本型。与国家已于1986年淘汰的BA型、B型系列相比，其在性能参数和结构上均有较大的扩展和改进。

（a）外形

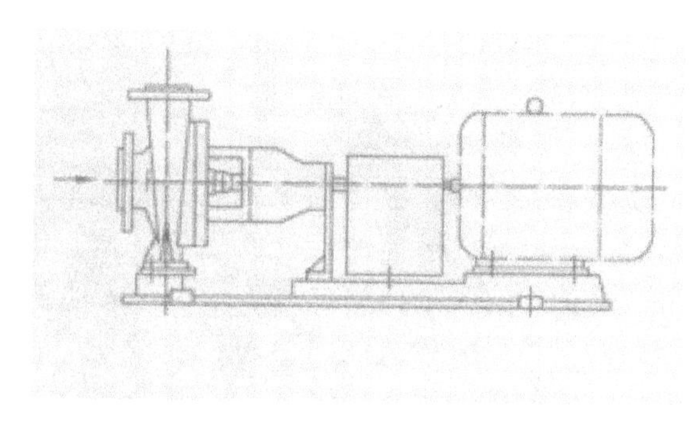

（b）构造

图4.26 IS单级单吸式离心泵

型号意义（以IS100－65－250A型为例）：
IS——采用ISO国际标准的单级单吸清水离心泵；
100——泵吸入直径（mm），
65——泵压出口直径（mm）；
250——叶轮直径（mm）；
A——叶轮第一次切削。

4.2.7.2 Sh（SA）系列单级双吸式离心泵

这种泵在城镇给水、工矿企业的循环用水、农田排灌、防洪排涝等方面应用十分广泛，是给水排水工程中最常用的一种泵。目前，常见的流量为90～20 000 m^3/h，扬程为10～100 m。按泵轴的安装位置不同，有卧式和立式两种。

与Sh型泵的结构形式相类似的泵有SA型泵和S型泵。它们共同的特点是泵的吸入口与压出口均在泵轴心线的下方，检修时只要松开泵盖接合面的螺母，即可揭开泵盖，可将全部零件拆下，不必移动电动机和管路。因此它对于维修来讲是一种比较合理的结构形式。这类泵的填料盒的主要作用是防止漏气。泵的正常转向一般是从传动方向看去为逆时针方向旋转，在进行泵站机组布置时，也可以根据需要，将这类泵改成反转向，在订购泵时，应向泵厂注明转向的要求。双吸式叶轮由于形状对称，两侧的轴向力互相抵消，一般不需要专设平衡装置。与SA型泵类同的另一种泵是SLA型立式双吸离心泵。它是将SA型的泵轴改为立式安装，除上下两轴承体内装有向心球轴承外，上端轴承体内还装有止推球轴承，以承受泵的轴向推力及转动部分的重量。习惯上把这种泵称为卧式立装，目的是可使泵房平面面积减小，布置紧凑，但从安装和维修角度讲，它不如卧式泵方便。

4.2.7.3 D（DA）系列分段多级式离心泵

这种泵相当于将几个叶轮同时安装在一根轴上串联工作。轴上叶轮的个数就代表泵的级数。例如，100D16A×12型多级式离心泵的型号意义如下：

100——泵吸入口直径（mm）；

D——单吸多级分段式；

16——单级扬程（mm）；

A——同一台泵叶轮被切削；

12——泵级数（叶轮数）。

多级泵工作时，液体由吸水管吸入，顺序地由前一个叶轮压出进入后一个叶轮，每经过一个叶轮，液体的比能就增加一次，因此，泵的总扬程是按叶轮级数的增加而增加。目前，这类泵扬程在 100 ～ 650 m 范围内，流量在 5 ～ 720 m^3/h 范围内。这类多级泵的泵体是分段式的，由一个前段、一个后段和数个中段所组成，用螺栓连结成一整体。它的叶轮都是单吸式的，吸入口朝向一边。泵壳铸有蜗壳形的流道，水从一个叶轮流入另一个叶轮，把动能转化为压能的作用是由导流器实现的。导流器的构造如图 4.27(a) 所示，它是一个铸有导叶的圆环，安装时用螺母固定在泵壳上。水流通过导流器时，犹如水流流经一个不动的水轮机的导叶一样，因此，这种带导流器的多级泵通常称为导叶式离心泵（又称为透平式离心泵）。泵壳中水流运动的情况如图 4.27(b) 所示。

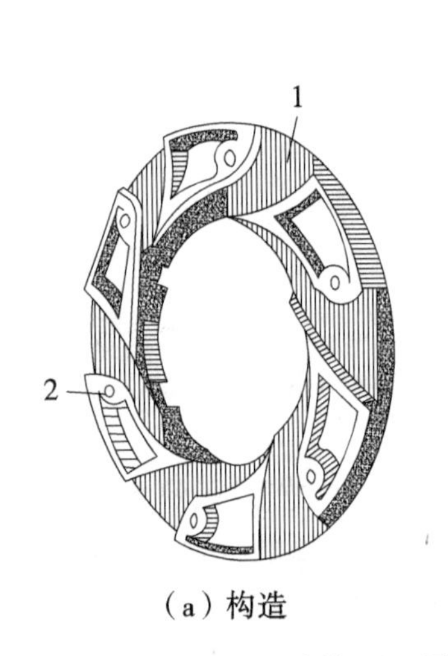

（a）构造

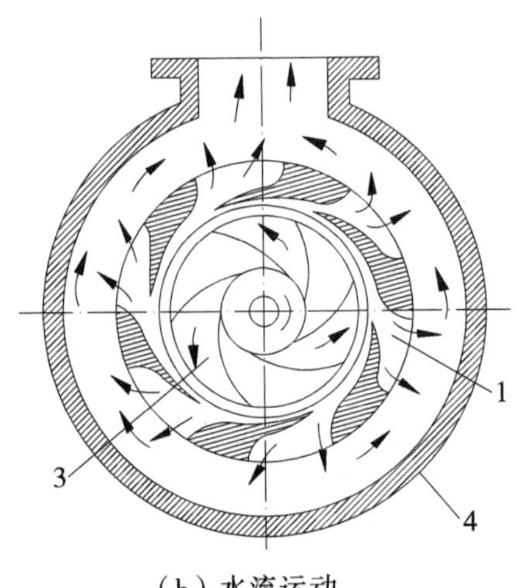

（b）水流运动

1—流槽；2—固定螺栓孔；3—水泵叶轮；4—泵壳。

图 4.27　导叶式离心泵

分段多级式离心泵中液流的示意如图 4.28 所示。其轴向推力将随叶轮个数的增加而增大。因此，在分段多级离心泵中，轴向力的平衡是一个不容忽视的问题。为了消除轴向推力，通常在泵最后一级，安装平衡盘装置。平衡盘以键销固定于轴上，随轴一起旋转，它与泵轴及叶轮可视为同一个“刚性体”，而泵壳及泵座则视为另一个“刚性体”。当最后一级叶轮出口的压力水有一部分经轴隙 a 流至平衡盘时，平衡室内有一个$\overrightarrow{\Delta P'}$的力作用在平衡盘的内表面上，其大小为$|\overrightarrow{\Delta P'}| = \gamma hA$（$A$ 为平衡盘的面积），

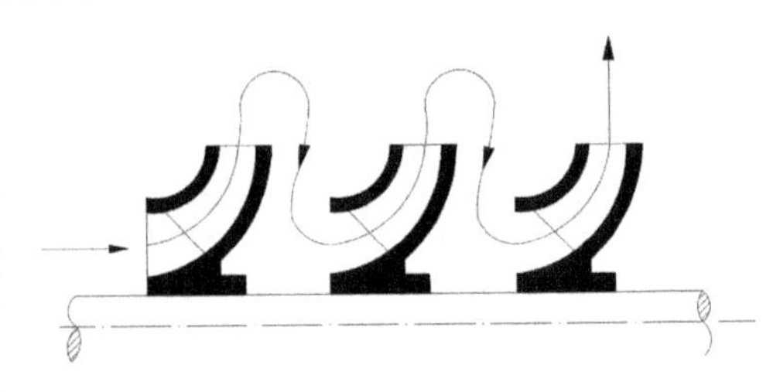

图 4.28　分段多级式离心泵中液流示意

其方向与泵的轴向力$\overrightarrow{\Delta P}$相反。当$|\overrightarrow{\Delta P'}|$与$|\overrightarrow{\Delta P}|$大小接近时，对泵轴而言，意味着使它向左位移的力和使它向右位移的轴向力平衡，因此我们称$\overrightarrow{\Delta P'}$为轴向力的平衡力。在泵运行中，由于泵的出水压力是变化的，因此，轴向力$\overrightarrow{\Delta P}$也是变化的，当$|\overrightarrow{\Delta P}| > |\overrightarrow{\Delta P'}|$时，泵轴及平衡盘向右位移，盘隙 b 变小，泄漏量也变小，但因轴隙 a 是始终不变的，此时，平衡室内就进水多而出水少，平衡室压力 γhA 的值增大，即向左的平衡力$\overrightarrow{\Delta P'}$就增大，很快地它增长至$|\overrightarrow{\Delta P'}| = |\overrightarrow{\Delta P}|$，轴和平衡盘又从右边拉回到原来平衡位置。

分段多级泵中装了平衡盘以后，不论泵工作情况如何变化，在平衡室内一定能自动地使$\overrightarrow{\Delta P'}$调整至与$\overrightarrow{\Delta P}$大小相等，并且，这种调整是随时进行的。在泵运行中，平衡盘始终处于一种动态平衡之中，泵的整个转动部分始终在某一平衡位置的左右做微小的轴向脉动。一般泵厂在水厂的总装图上，对于装上平衡盘后，轴的窜动量都提有明确的技术要求。这里，轴缝 a 的作用主要是造成一水头损失值，以减少泄漏量；盘隙 b 的作用主要是控制泄漏量，以保证平衡室内维持一定的压力值。平衡盘直径应适当比泵吸入口直径大一些，以保证$\overrightarrow{\Delta P'}$能与$\overrightarrow{\Delta P}$平衡。轴隙、盘隙、盘径这三者在泵制作的设计中，都需要具体计算。另外，采用了平衡盘装置后，就不采用止推轴承，因为止推轴承限制了泵转动部分的轴向移动，使平衡盘失掉自动平衡轴向力这个最大的优点。

此外，对多级泵而言，消除轴向力的另一途径是将各个单吸式叶轮做面对面或背靠背的布置，如图 4.28 所示。一台四个单吸式叶轮的多级泵，可排成犹如两组双吸式叶轮在工作，这样可基本上消除由叶轮受力的不对称性引起的轴向推力，但一般而言，这类布置将使泵的构造较为复杂。

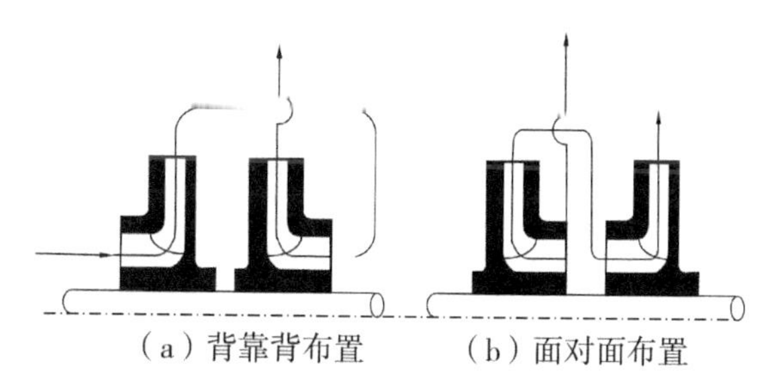

图 4.28　叶轮对称布置

4.2.7.4　管道泵

管道泵也称为管道离心泵，该泵的基本构造与离心泵十分相似，主要由泵体、泵盖、叶轮、轴、泵体密封圈等零件组成，泵与电动机共用一个轴、叶轮直接装在电机轴上。

管道泵是一种比较适用于民用、工业设施的暖通空调系统及给水管道局部加压和家用热水循环应用的泵，它具有以下特点：

（1）泵的体积小、质量轻，进出水口均在同一直线上，可以直接安装在管路上，不需要吸水池，安装方便、占地极少。

（2）采用机械密封，密封性能好，泵运行时不会漏水。

（3）泵运行效率相对较高、耗电少、噪声低。

常用的管道泵有 G 型、BG 型两种。

G 型管道泵是立式单级单吸离心泵，适宜输送低于 80 ℃且无腐蚀性的清水或物理、化学性质类似清水的液体。该泵可以直接安装在水平或竖直管道中，也可多台泵串联或并联运行，宜作循环水或高楼供水用泵。

G 型管道泵的性能曲线如图 4.29 所示。

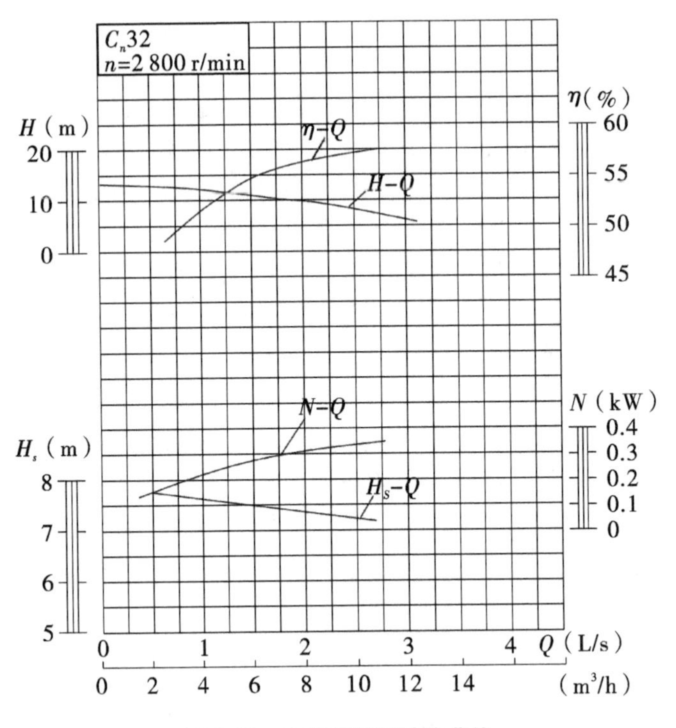

图 4.29　G 型管道泵性能曲线

BG 型是立式单级单吸离心管道泵，适用于输送温度不超过 80 ℃的清水、石油产品及其他无腐蚀性的液体，可供城市给水，供暖管道及热水管道中途加压之用。流量范围一般为 2.5 ～ 25 m^3/h，扬程为 4 ～ 20 m。

BG 型管道泵的性能曲线如图 4.30 所示。

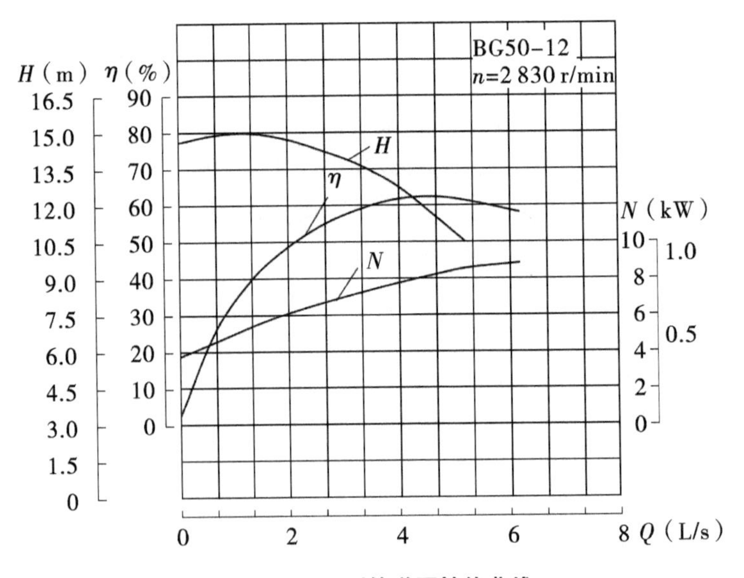

图 4.30　BG 型管道泵性能曲线

4.2.7.5　不锈钢离心泵

随着管道直饮水工程的发展，规模已从建筑小区扩展到城市的一个大区，甚至整个城镇。我国已有整个县城统一的管道直饮水的工程实例。输送直饮水的泵一般采用不锈钢离心泵。既有卧式的，又有立式的；既有单级的，又有多级的。

卧式不锈钢多级离心泵为端部（轴向）进水，径向出水。由于生产厂家不同，其流量和扬程范围有所不同。一般而言，流量不大于 30 m^3/h，扬程不大于 70 m。如 wilo－MHI型卧式不锈钢多级离心泵，其流量范围为0～25 m^3/h，扬程范围为0～67 m。其型号说明如下：

泵型 MHI 16 04：

MHI——卧式不锈钢多级离心泵；

16——额定流量（m^3/h）；

04——叶轮级数。

立式不锈钢多级离心泵如图4.31所示，其结构类似前述管道泵，不同生产企业其流量和扬程范围有所不同。但最大流量可达200 m^3/h，扬程可达300余米。如 wilo－MVI 型立式不锈钢多级离心泵，其流量范围为0～150 m^3/h，扬程范围为0～230 m，其型号说明如下：

泵型 MVI 95 05：

MVI——立式不锈钢多级离心泵；

95——额定流量（m^3/h）；

05——叶轮级数。

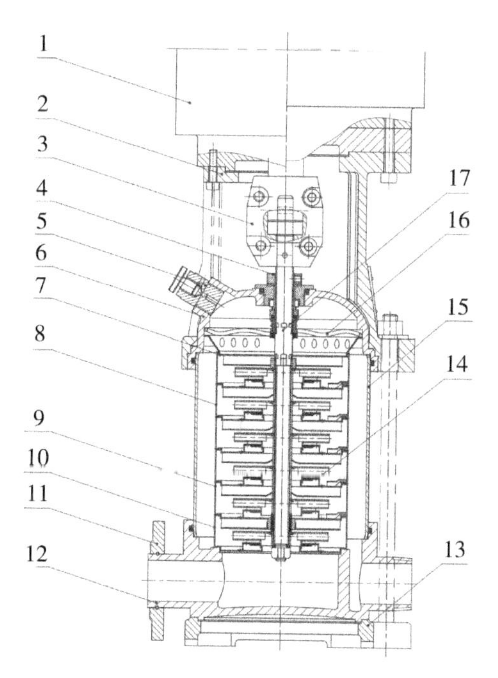

1—电机；2—支架；3—夹壳联轴器；4—机械密封；5—放气阀；6—泵盖；7—出水中段；8—中段；9—轴承中段；10—进水中段；11—法兰片；12—进出水段；13—底板；14—叶轮；15—外壳体；16—弹性圈；17—轴。

图4.31　立式不锈钢泵

4.2.7.6 JD（J）系列深井泵

深井泵是用来抽升深井地下水的。它主要由三部分组成：①包括滤网在内泵的工作部分；②包括泵座和传动轴在内的扬水管部分；③带电动机的传动装置部分等。这类泵实际上是一种立式单吸分段式多级离心泵。

JD型深井泵的叶轮可以有2～36个固定于同一根竖直的传动轴上。泵壳由上导流壳、中导流壳与下导流壳三部分组成。叶轮位于中导流壳内，下导流壳用来连接中壳与吸水管，把水流导向叶轮。上导流壳用来连接中壳与扬水管，并把叶轮甩出的水引入扬水管中。吸水管下端连有滤水网，用来防止砂石及其他杂物进入泵。泵运行时，水从滤网经下导流壳流道进入叶轮，以逐级增加压力，最后通向扬水管至泵底座弯管排出。工作部分在井内至少要让2个叶轮浸入动水位以下，而滤水网一方面至少要比最低动水位低0.5 m，另一方面与井底的距离不小于2 m。

传动轴通过扬水管中心并由橡胶轴承支承。整个泵轴系由许多单个短轴组成，采用联轴器将它们联为一整体。所谓短轴就是一定标准长度的单节，其节数根据井的深度来决定，传动轴一般用螺纹联轴节连接。传动装置由立式电机和电机座所组成，泵的转动部分和轴向力全部由电机止推轴承来承受。

6JD－28×11型的型号说明如下：

6——适用井径为6 in及6 in以上；

JD——深井多级泵；

28——额定流量（m^3/h）；

11——叶轮级数。

4.2.7.7 潜水泵

潜水泵的特点是机泵一体化，可长期潜入水中运行。近十余年来，国产潜水泵的更新换代产品，层出不穷，在给水排水工程中应用潜水泵也日见普遍。目前国产的潜水泵，按其用途分，有给水泵和排污泵；按其叶轮形式分，有离心式、轴流式及混流式潜水泵等。

1. 潜水供水泵

常见的型号有QG（W）、QXG。QG（W）系列潜水供水泵流量范围为200～12 000 m^3/h，扬程范围为9～60 m，功率范围为11～1 600 kW。315 kW及其以下电机采用380 V电压，315 kW以上电机采用6 kV或10 kV电压，为适应用户的不同使用条件，可提供导叶式出水（轴向）和蜗壳式出水（径向）两种泵型。其型号说明如下：

型号500QG（W）－2400－22－220：

500——泵出口直径，即排出口径（mm）；

QG（W）——潜水供水泵，带“W”表示蜗壳式泵，径向出水，而不带“W”表示导叶式泵，轴向出水；

2400——流量（m^3/h）；

22——扬程（m）；

220——电机功率（kW）。

QG 型潜水泵出水方向为轴向，安装方式根据需要采用悬吊式、钢制井筒式、混凝土预制井筒式；QG（W）型潜水泵出水方向为径向，安装方式采用自动耦合式。

QXG 为湿式供水潜水泵，其流量范围为 200 ～ 4 000 m^3/h，扬程范围为 6.5 ～ 60 m，功率范围为 11 ～ 250 kW。QXG 型潜水泵为径向出水，也采用自动耦合式安装。

2. 潜水轴流泵和混流泵

潜水轴流泵和混流泵常用的型号有 QZ、QH、ZQB、HQB。

QZ 型轴流泵排出口直径为 350 ～ 1 750 mm，单机流量可达 40 000 m^3/h 左右。QH 型混流泵排出口径为 400 ～ 900 mm，单机流量可达 8 000 m^3/h，QZ、QH 泵安装方式同 QG 型潜水供水泵。

ZQB、HQB 型的型谱图举例如图 4.32 所示。出水口直径为 350 ～ 1 400 mm，单机流量可超过 20 万立方米/天。

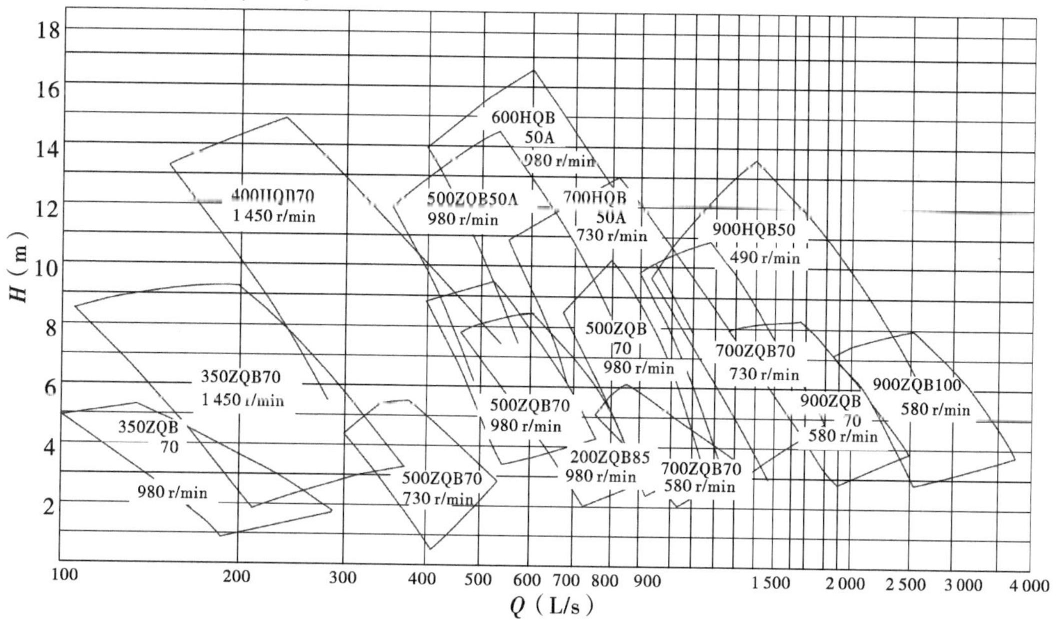

图 4.32　国产潜水轴流泵及混流泵的型谱

500ZQB－70 型的型号说明如下：

500——泵出口名义直径（mm）；

Z——轴流泵（如果是“H”代表混流泵）；

Q——潜水电泵；

B——泵叶轮的叶片为半可调式；

70——泵的比转数代号，即比转数为 700。

3. 井用潜水泵

井用潜水泵是一种泵与电机都潜于水中的深井泵。国家标准（GB/T2816－91）对井用潜水泵的形式和基本参数做了规定。200QJ80－55/5 型的型号说明如下：

200——机座号，其实就是使用最小井径；

QJ——井用潜水泵；

80——流量（m^3/h）；

55——扬程（m）；

5——叶轮级数。

目前井用潜水泵的流量范围为 5 ～ 1 800 m^3/h，扬程范围为 18 ～ 960 m，功率范围为100 ～ 950 kW。

4．**潜水排污泵**

QW 系列泵的结构、外形及安装方式均类似于前述 QGW 型供水泵。潜水排污泵常用型号为 QW。该系列泵排出口径为 50 ～ 600 mm，流量范围为 18 ～ 3 750 m^3/h，扬程范围为 5 ～ 60 m，功率为 5 ～ 280 kW。以 500QW600 - 15 - 160 型为例，其型号说明如下：

500——排出口径（mm）；

QW——井用潜水泵；

600——流量（m^3/h）；

15——扬程（m）；

160——电机功率（kW）。

由于潜水泵是在水中运行的，故其结构上有一些特殊的要求，特别是潜水电动机较一般电动机有特殊要求，有干式、半干式、湿式和充油式电动机等类型。

干式电动机系采用向电动机内充入压缩空气或在电动机的轴伸端用机械密封等办法来阻止水或潮气进入电动机内腔，以保证电动机的正常运行。半干式电动机是仅将电动机的定子密封，而让转子在水中旋转。湿式电动机是在电动机定子内腔充以清水或蒸馏水，转子在清水中转动，定子绕组采用耐水绝缘导线，这种电动机结构简单，应用较多。充油式电动机就是在电动机内充满绝缘油（如变压器油），防止水和潮气进入电机绕组，并起绝缘、冷却和润滑作用。ABS XFP 潜水排污泵的结构如图 4. 33 所示。

1—叶轮；2—底盘；3—壳体；4—双机械密封；5—重载不锈钢轴；6—重载轴承；7—电机。

图 4. 33　ABS XFP 潜水排污泵

4.2.7.8　污水泵、杂质泵

国产常见的 PW 型污水泵，它是卧式单级悬臂式离心泵。它与清水泵的不同处在于：叶轮的叶片少，流道宽，便于输送带有纤维或其他悬浮杂质的污水。另外，在泵体的外壳上开设有检查、清扫孔，便于在停车后清除泵壳内部的污浊杂质。污水泵实际上是杂质泵的一种。在矿山、冶金、化工、电力等部门中，经常需要输送带有杂质液体的泵和泥浆泵、灰渣泵、砂泵等，这类泵统称为杂质泵。其主要特点是叶轮、泵体及泵盖等过流部分要求采用耐磨材料。承磨件的耐磨性往往是决定泵使用寿命的关键。此外，泵壳上通常开有清扫孔，以适应经常检查拆洗的要求。有的泵体上方开设有摇臂机构，检修时，进水管可以不动即可开启泵体。对于杂质泵，也有采取局部加厚承磨部分的断面来延长使用寿命的。

4.3　其他泵与风机

4.3.1　射流泵

射流泵也称为水射器。基本结构如图 4.34 所示，由喷嘴、吸入室、混合管及扩散管等部分所组成。射流泵构造简单、工作可靠，在给水排水工程中经常应用。

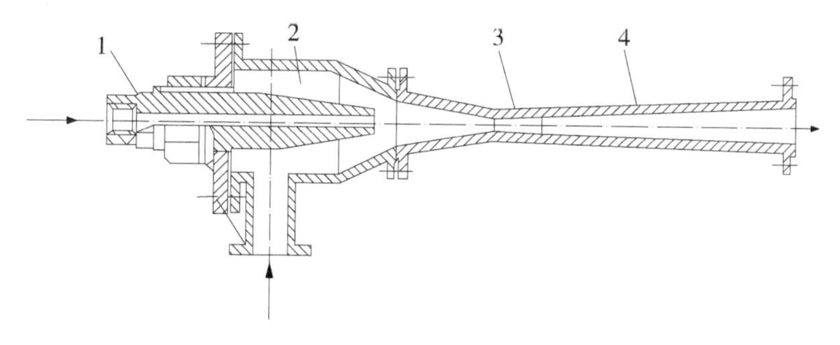

1—喷嘴；2—吸入室；3—混合管；4—扩散管。

图 4.34　射流泵构造

4.3.1.1　工作原理

如图 4.35 所示，高压水以流量 Q_1 由喷嘴高速射出时，连续挟走了吸入室内的空气，在吸入室内造成不同程度的真空，被抽升的液体在大气压力作用下，以流量 Q_2 由吸水管进入吸入室内，两股液体（$Q_1 + Q_2$）在混合管中进行能量的传递和交换，使流速、压力趋于拉平，经扩散管使部分动能转化为压能后，以一定流速由管道输送出去。在图 4.35 中：

H_1——喷嘴前工作液体具有的比能（m）；

H_2——射流泵出口处液体具有的比能，即射流泵的扬程（m）；

Q_1——工作液体的流量（m^3/s）；

Q_2——被抽液体的流量（m^3/s）；

F_1——喷嘴的断面积（m^2）；

F_2——混合室的断面积（m^2）。

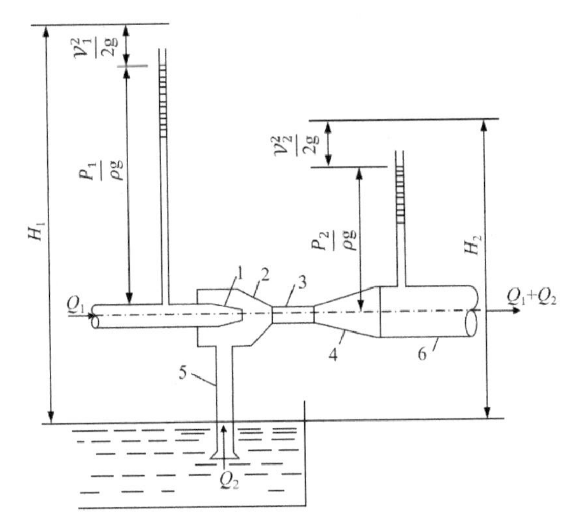

1—喷嘴；2—吸入室；3—混合管；4—扩散管；5—吸水管；6—压出管。

图 4.35　射流泵工作原理

射流泵的工作性能一般可用下列参数表示：

$$流量比\ \alpha=\frac{被抽液体流量}{工作液体流量}=\frac{Q_2}{Q_1}$$

$$压头比\ \beta=\frac{射流泵量程}{工作压力}=\frac{H_2}{H_1-H_2}$$

$$断面比\ m=\frac{喷嘴断面}{混合室断面}=\frac{F_1}{F_2}$$

4.3.1.2　射流泵的应用

射流泵的优点如下：①构造简单、尺寸小、质量小、价格便宜；②便于就地加工，安装容易，维修简单；③无运动部件，启闭方便，吸水口完全露出水面后，断流时无危险；④可以抽升污泥或其他含颗粒液体；⑤可以与离心泵串联工作从大口井或深井中取水。缺点是效率较低。

其在给水排水工程中一般用于：

（1）用作离心泵的抽气引水装置，在离心泵泵壳顶部接一射流泵，泵启动前可用外接给水管的高压水，通过射流泵来抽吸泵体内空气，达到离心泵启动前抽气引水的目的。

（2）在水厂中利用射流泵来抽吸液氯和矾液，俗称“水老鼠”。

（3）在地下水除铁曝气的充氧工艺中，利用射流泵作为带气、充气装置，射流泵抽吸的始终是空气，通过混合管进行水气混合，以达到充氧目的。这种水、气射流泵一般称为加气阀。

（4）在排水工程中，作为污泥消化池中搅拌和混合污泥用泵。近年来，用射流泵作为生物处理的曝气设备及浮净化法的加气设备发展异常迅速。

（5）与离心泵联合工作以增加离心泵装置的吸水高度。如图4.36所示，在离心泵的吸水管末端装置射流泵，利用离心泵压出的压力水作为工作液体，这样可使离心泵从深达30～40 m的井中提升液体。目前，这种联合工作的装置已常见，它适用于地下水位较深的地区或牧区解决人民生活用水、畜牧用水和小面积农田灌溉用水。

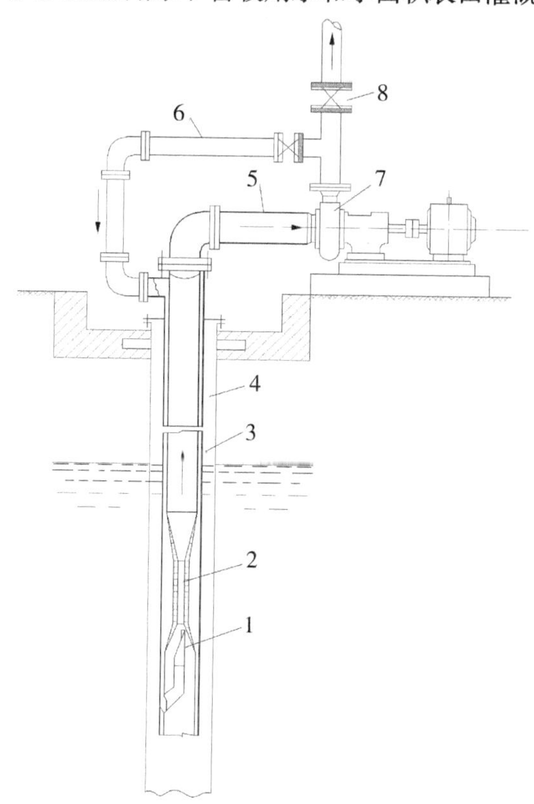

1—喷嘴；2—混合管；3—套管；4—井管；5—泵吸水管；6—工作压力水管；7—泵；8—闸阀。

图4.36　射流泵与离心泵联合工作

（6）在土方工程施工中，用于井点来降低基坑的地下水位等。

4.3.2　气升泵

气升泵又名空气扬水机。它是以压缩空气为动力来升水、升液或提升矿浆的一种气举装置。其基本构造是由扬水管、输气管、喷嘴和气水分离箱等四个部件组成。构造简单，在现场可以利用管材就地装配。

装置气升泵的钻井构造如图4.37所示。地下水的静水位为0-0，来自空气压缩机的压缩空气由输气管经喷嘴输入扬水管，于是，在扬水管中形成了空气和水的水气乳状液，沿扬水管而上涌，流入气水分离箱，在该箱中，水气乳状液以一定的速度撞在伞形钟罩上，由于冲击而达到了水气分离的效果，分离出来的空气经气水分离箱顶部的排气孔溢出，落下的水则借重力流出，由管道引入清水池中。

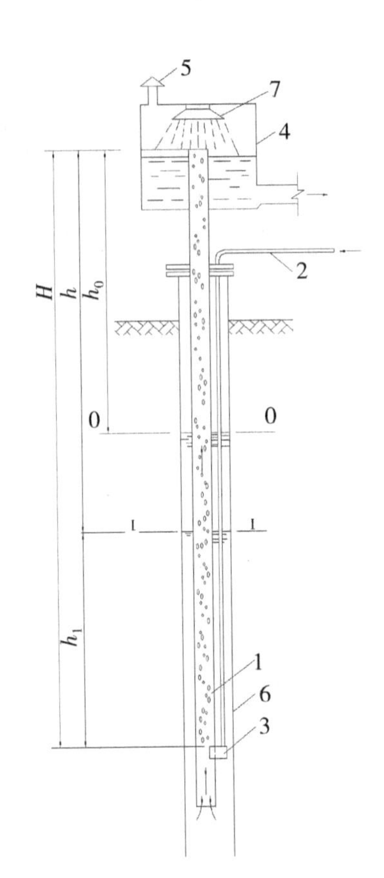

1—扬水管；2—输气管；3—喷嘴；4—气水分离箱；5—排气孔；6—井管；7—伞形钟罩。

图 4.37　气升泵构造

4.3.3　往复泵

往复泵主要由泵缸、活塞（或柱塞）和吸/压水阀所构成。它的工作是依靠在泵缸内做往复运动的活塞（或柱塞）来改变工作室的容积，从而达到吸入和排出液体的目的。由于泵缸主要工作部件（活塞或柱塞）的运动为往复式的，因此称为往复泵。

4.3.3.1　工作原理

往复泵的工作示意如图 4.38 所示。柱塞由飞轮通过曲柄连杆机构来带动，当柱塞向右移动时，泵缸内造成低压，上端的压水阀被压而关闭，下端的吸水阀便被泵外大气压作用下的水压力推开，水由吸水管进入泵缸，完成了吸水过程。相反，当柱塞由右向左移动时，泵缸内造成高压，吸水阀被压而关闭，压水阀受压而开启，由此将水排出，进入压水管路，完成了压水过程。如此，周而复始，柱塞不断进行往复运行，水就间歇而不断地被吸入和排出。活塞或柱塞在泵缸内从一顶端位置移至另一顶端位置，这两顶端之间的距离 S 称为活塞行程长度（也称为冲程），两顶端叫作死点。活塞往复一次（即两冲程），泵缸内只吸入一次和排出一次水，这种泵称为单动往复泵。

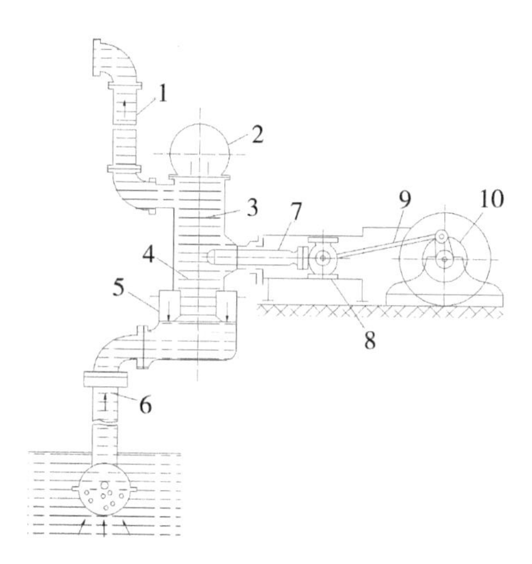

1—压水管路；2—压水空气室；3—压水阀；4—吸水阀；5—吸水空气室；6—吸水管路；7—柱塞；8—滑块；9—连杆；10—曲柄。

图4.38　往复泵工作示意

4.3.3.2　性能特点和应用

往复泵的性能特点可归结如下：①扬程取决于管路系统中的压力、原动机的功率及泵缸本身的机械强度，理论上可达无穷大值。供水量受泵缸容积的限制，因此，往复泵是高扬程、小流量的容积式泵。②必须开闸下启动。如果按离心泵一样在压水闸关闭下启动泵，将使泵或原动机发生危险，传动机构有折断之虞。③不能用闸阀来调节流量。因为关小闸阀非但不能达到减小流量的目的，反而，由于闸阀的阻力而增大原动机所消耗的功率，因此，管路上的闸阀只作检修时的隔离之用，平时须常年开闸运行。另外，由于流量与排出压力无关，因此，往复泵适宜输送黏度随温度而变化的液体。④在给水排水泵站中，如果采用往复泵，就必须有调节流量的设施，否则，当泵供水量大于用水量时，管网压力将增加，易引起炸管事故。⑤具有自吸能力。往复泵是依靠活塞在泵缸中改变容积而吸入和排出液体的，运行时吸入口与排出口是相互间隔各不相通的，泵在启动时能把吸入管内的空气逐步抽上排走，因此，往复泵启动时可不必先灌泵引水，具有自吸能力。有的为了避免活塞在启动时与泵缸干磨，缩短启动时间和启动方便，会在系统中装设底阀。⑥出水不均匀，严重时可能造成运转中产生振动和冲击现象。

表4.2为往复泵与离心泵优缺点的比较。由表4.2可以看出，虽然近代在城市给水排水工程中，往复泵已被离心泵趋于取代，但它在某些工业部门的锅炉给水方面，在输送特殊液体方面，在要求自吸能力高的场合下，仍有其独特的作用。

表4.2　往复泵与离心泵比较

项目	往复泵	离心泵
流量	较小，一般不超过300 m^3/h	很大
扬程	很高	较低
转数（往复次数）	低，一般小于400次/分	很高，常用为3 000 r/min

续上表

项目	往复泵	离心泵
效率	较高	较低
流量调节及计量	不易调节，流量一般为恒定值，可计量允许	流量调节容易，范围广，要用专门仪表适宜输送液体介质黏度较大液体、不宜含颗粒液体计量，
适宜输送液体介质	黏度较大液体，不宜输送含颗粒液体	不宜输送黏度较大液体，但可以输送污水等
流量均匀度	不均匀	基本均匀，脉动小
结构	较复杂，零件多	简单，零件少
体积、质量	体积大，质量大	体积小，质量小
自吸能力	能自吸	一般不能自吸，需灌水
操作管理	操作管理不便	操作管理较方便
造价	较高	较低

4.3.4 螺旋泵

螺旋泵也称为阿基米德螺旋泵。近代的螺旋泵在荷兰、丹麦等国应用较早，目前已推广到各国，广泛应用于灌溉、排涝，以及提升污水、污泥等方面。

4.3.4.1 工作原理

螺旋泵的提水原理与我国古代的龙骨水车十分相似。如图4.39所示，螺旋泵倾斜放置在水中，由于螺旋泵轴对水面的倾角小于螺旋叶片的倾角，当电动机通过变速装置带动螺旋轴时，螺旋叶片下端与水接触，水就从螺旋叶片的点 P 进入叶片，水在重力作用下，随叶片下降到点 Q，由于转动时的惯性力，叶片将点 Q 的水又提升至点 R，而后在重力作用下，水又下降至高一级叶片的底部，如此不断循环，水沿螺旋轴被一级一级地往上提起，最后，升到螺旋泵的最高点而出流。由于螺旋泵提升原理不同于离心泵和轴流泵，因此它的转速十分缓慢，一般仅在20～90 r/min之间。

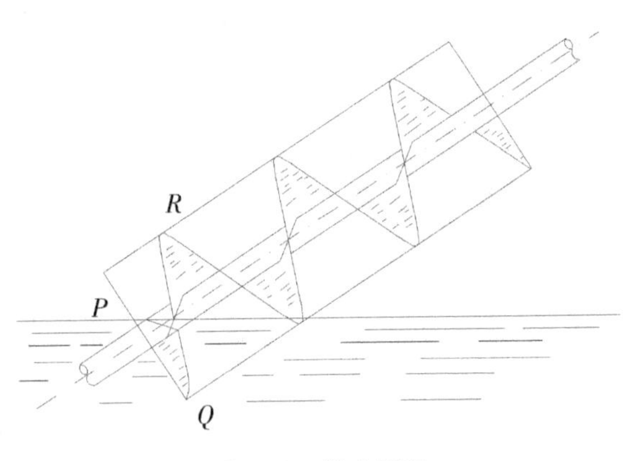

图4.39 提水原理

4.3.4.2 螺旋泵装置

螺旋泵装置由电动机、变速装置、泵轴、叶片、轴承座和泵外壳等部分所组成，如图4.40所示。泵体连接着上下水池，泵壳仅包住泵轴及叶片的下半部，上半部只要安装小半截挡板，以防止污水外溅。泵壳与叶片间，既要保持一定的间隙，又要做到密贴，尽量减少液体侧流，以提高泵的效率，一般叶片与泵壳之间保持 1 mm 左右间隙。大中型泵壳可用预制混凝土砌块拼成，小型泵壳一般采用金属材料卷焊制成，也可用玻璃钢等其他材料制作。

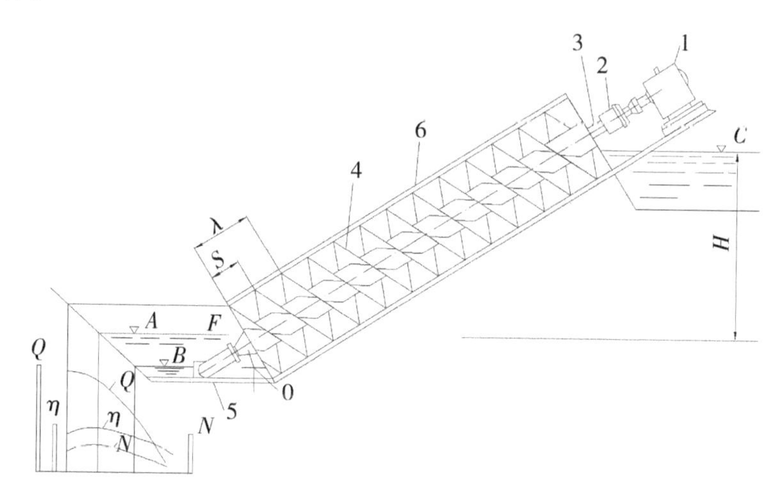

1—电动机；2—变速装置；3—泵轴；4—叶片；5—轴承座；6—泵壳；A—最佳进水位；B—最低进水位；C—正常出水位；H—扬程；θ—倾角；S—螺距。

图 4.40　螺旋泵装置

影响螺旋泵效率的参数主要有以下几个：

（1）倾角（θ）。倾角指螺旋泵轴对水平面的安装夹角。它直接影响泵的扬水能力，倾角太大时，流量下降。

（2）泵壳与叶片的间隙。间隙越小，水流失越小，泵效率越高。为了保持微量的间隙，要求螺旋叶片外圆的加工精密，同时，泵壳内表面要求光滑平整。

（3）转速（n）：实验资料表明，螺旋泵的外径越大，转速宜越小，当泵外径小于 400 mm时，其转速可达 90 r/min 左右；外径为 1 m 时，转速约 50 r/min 为宜；当泵外径达 4 m以上时，转速降至 20 r/min 左右为宜。

（4）扬程（H）。螺旋泵是低扬程泵。扬程低时，效率高；扬程太高时，泵轴过长，挠度大，对制造、运行都不利。螺旋泵扬程一般为 3 ～ 6 m。

（5）泵直径（D）。泵的流量取决于泵的直径。一般资料认为：泵直径越大，效率越高。泵的直径与泵轴直径之比以 2∶1 为宜；如果比例不当，如当叶片直径大，轴径过小时，由于泵在旋转时产生离心力，被螺旋泵带上的水反而不多，反之，盛水空间小，效率低。

（6）螺距（S）。

（7）流量（Q）及轴功率（N）。

4.3.4.3　螺旋泵优缺点

优点：①提升流量大，省电。例如，提升高度为 3.5 m，流量为 500 m^3/h，采用螺旋泵只需 7.5 kW 电动机，若用其他类型泵，则要配 10 kW 的电动机。②螺旋泵只要叶片接触到水面就可把水提升上来，并可按进水位的高度，自行调节出水量，水头损失小，吸水井可以避免不必要的静水压差。③由于不必设置集水井及封闭管道，泵站设施简单，减少土建费用，有的甚至可将螺旋泵直接安装在下水道内工作。④离心式污水泵在泵前要设帘格，以去除碎片和纤维物质，防止堵塞泵。而螺旋泵因叶片间间隙大，不需要设帘格，可以直接提升杂粒、木块、碎布等污物。⑤结构简单、制造容易。另外，由于低速运转，因此机械磨损小，日常维修简单。⑥离心泵由于转速高，将破坏活性污泥绒絮，而螺旋泵是缓慢地提升活性污泥，对绒絮破坏较小。

缺点：①扬程一般不超过 8 m，在使用上受到限制；②其出水量直接与进水水位有关，故不适用于水位变化较大的场合；③螺旋泵必须斜装，占地较大些。

4.3.5 水环式真空泵

水环式真空泵是可供抽吸空气或其他无腐蚀性、不溶于水、不含固体颗粒的气体的一种流体机械，被广泛用于机械、石油、化工、制药、食品等工业及其他领域。

4.3.5.1 水环式真空泵的构造和工作原理

水环式真空泵由泵体和泵盖组成圆形工作室，在工作室内偏心地装置一个有多个呈放射状均匀分布的叶片和叶轮敕组成的叶轮，如图 4.41 所示。水环式真空泵由星状叶轮、进气口、排气口和水环等组成。叶轮偏心安装于泵壳内。工作时要不断充入一定量的循环水，以保证真空泵工作。工作原理如下：启动前，泵内灌入一定量的水，叶轮旋转时产生离心力，在离心力的作用下将水甩向四周而形成一个旋转的水环，水环上部的内表面与叶轮壳相切，沿顺时针方向旋转的叶轮，在真空泵右半部区域转动的过程中，水环的内表面渐渐离开轮壳，各叶片间形成的体积递增，压力随之降低，空气从进气口吸入；在真空泵左半部区域转动的过程中，水环的内表面渐渐又靠近轮壳，各叶片间形成的体积减小，压力随之升高，将吸入的空气经排气口排出。叶轮不断旋转，真空泵不断地吸气和排气。

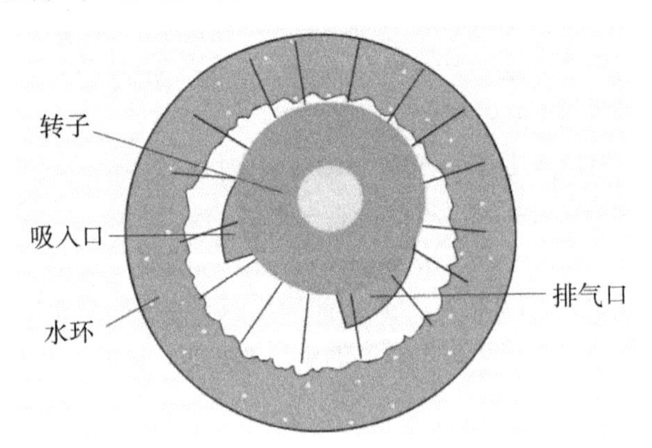

图 4.41　水环式真空泵构造

4.3.5.2 水环式真空泵的性能

泵站中常用的水环式真空泵主要有 SZ 型、SZB 型和 SZZ 型。其符号的意义如下：S 为水环式，Z 为真空泵，B 为悬臂式。SZZ 型是电机与真空泵为直联式，这种泵体积小、质量小、价格低。

4.3.6　离心式风机与轴流式风机

风机均属于一般的通用机械。它们广泛地应用于国民经济及国防工业等各部门。供热、工业通风、空调制冷、冲灰除渣、消除烟尘及煤气工程等，都离不开风机。给水排水工程中常用的风机主要为离心式风机和轴流式风机。

4.3.6.1　离心式风机

1. 离心式风机的种类

离心式风机按其产生的压力不同，可分为三种类型。

（1）低压离心式风机。低压离心式风机如图4.42所示，风压小于981 Pa（100 mmH_2O），一般用于送风系统或空气调节系统。

（2）中压离心式风机。中压离心式风机如图4.43所示，风压在981～2 943 Pa（100～300 mmH_2O）范围内，一般用于除尘系统或管网较长，阻力较大的通风系统。

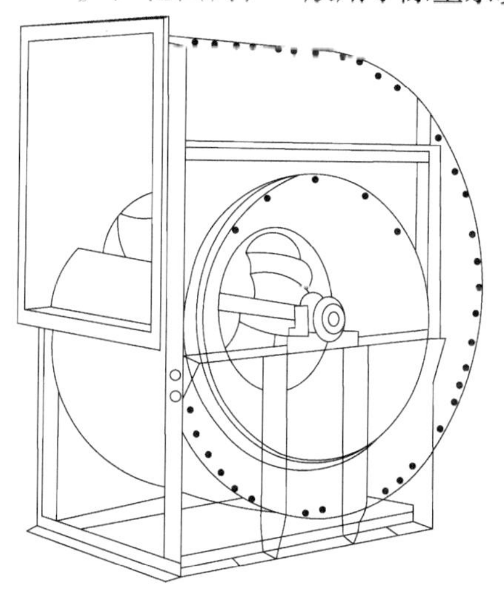

图4.42　低压离心式风机

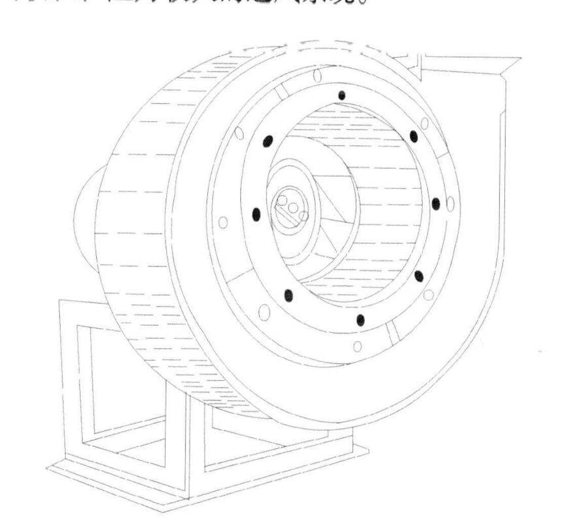

图4.43　中压离心式风机

（3）高压离心式风机。高压离心式风机如图4.44所示，风压大于2 943 Pa（300 mmH_2O）。一般用于锻冶设备的强制通风及某些气力输送系统。

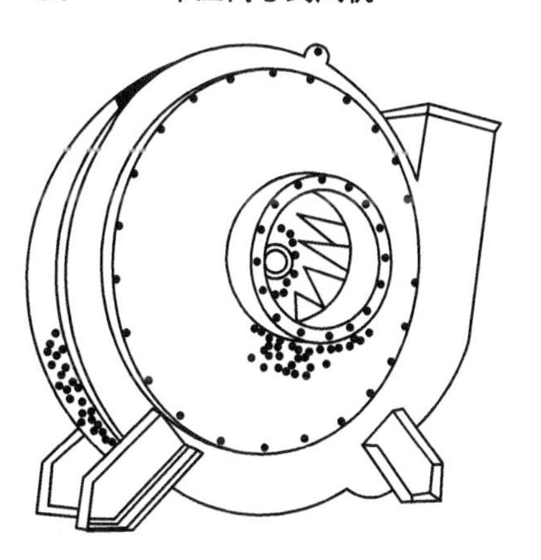

图4.44　高压离心式风机

离心式风机输送气体时，其增压范围一般在9.807 kPa（1 000 mmH_2O）以下。

离心式风机按其输送气体的性质不同，还可以分为一般通风机、排尘通风机、锅炉引风机、耐腐蚀通风机、防暴通风机及各种专用通风机。按风机材质不同又可分为普通钢、不锈钢、塑料及玻璃钢离心式风机。

2. 离心式风机的构造

离心式风机的主要结构分解示意如图4.45所示。

它的主要工作部件是叶轮、机壳、风机轴和吸入口等。

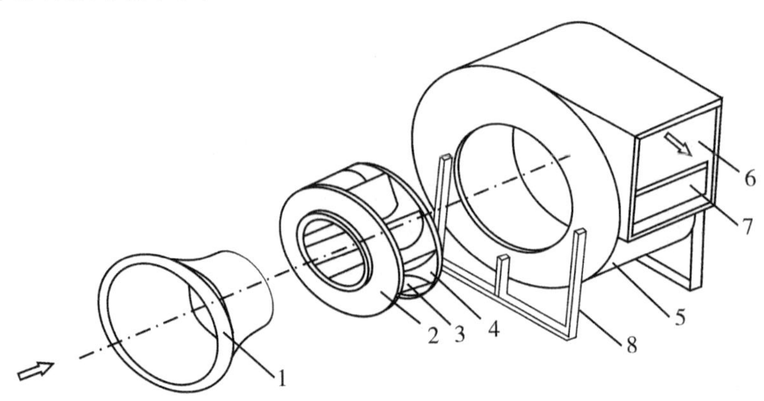

1—吸入口；2—叶轮前盘；3—叶片；4—后盘；5—机壳；6—出口；7—截流板，即风舌；8—支架。

图 4.45　离心式风机主要结构分解示意

（1）叶轮。叶轮是离心式风机的主要部件，一般由前盘、后盘和轮载组成，叶轮的结构参数和几何形状对通风机的性能有着重大的影响。离心式风机叶轮结构如图 4.46 所示。

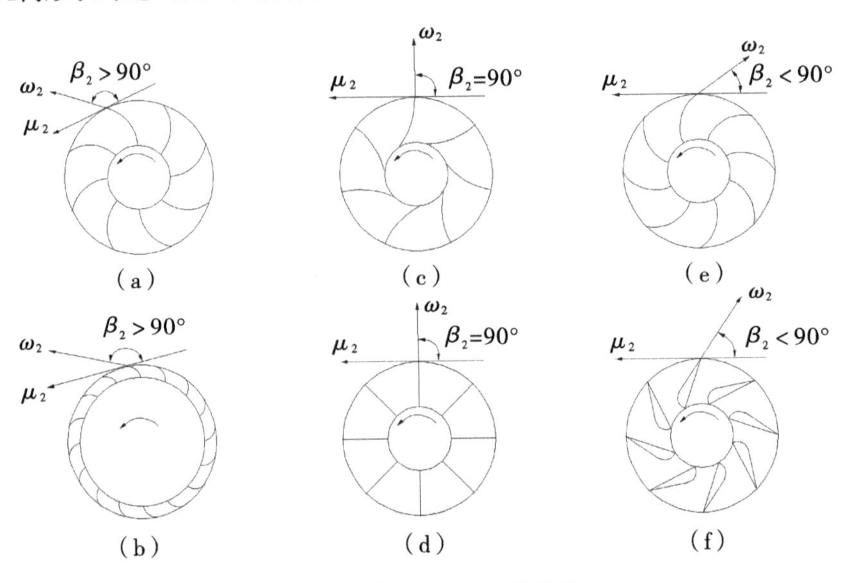

图 4.46　离心式风机叶轮结构

（2）风机壳。离心式风机的机壳与离心泵的泵壳相似，呈螺旋线形，如图 4.47 所示。它的作用是汇集叶轮中甩出来的气体，并将部分动压转换成静压，然后将气体导向出口，蜗壳旋转方向按叶轮旋转做成右旋与左旋两种。其出风口的位置一般如图 4.48 所示。在购买风机时一般应注明出风口的位置。目前研制生产的新型风机的机壳能在一定的范围内转动，以适应用户对出风口方向的不同需要。风机

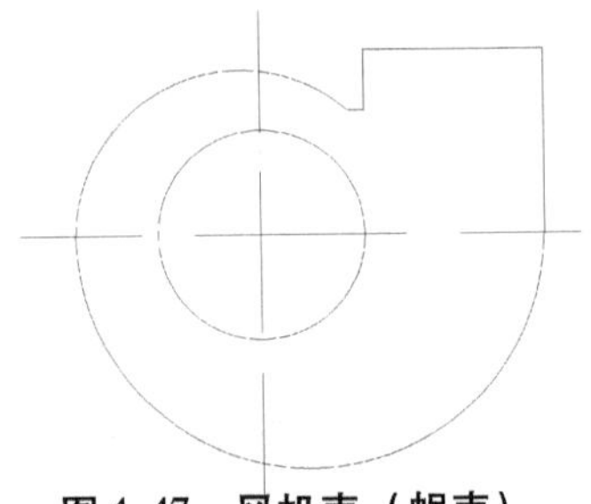

图 4.47　风机壳（蜗壳）

壳可用钢板、塑料板、玻璃钢等材料制成，其断面有方形和圆形两种。一般地，中、低压风机呈方形，高压风机则呈圆形。

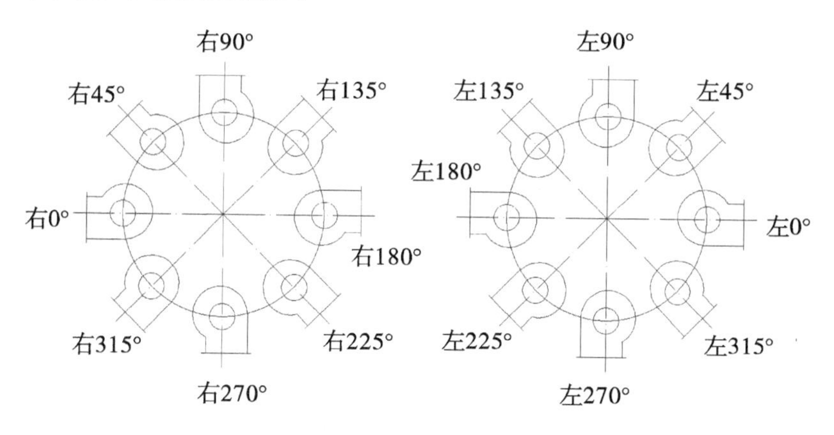

图 4.48 离心式风机机壳出口位置

（3）吸入口。风机的吸入口又称为集流器，是连接风机与管路的部件。吸入口的作用是保证气流能均匀地充满叶轮进口截面，降低流动损失。常用的吸入口有圆筒形、圆锥形、圆弧形和双曲线形，如图 4.49 所示。吸入口的形状应尽可能符合叶轮进口附近气流的流动状况，以避免漏流及引起的损失。从流动方面比较，圆锥形比圆筒形要好，圆弧形比圆锥形要好，双曲线形比圆弧形要好。但是，双曲线形吸入口加工复杂，一般用于高效通风机上。

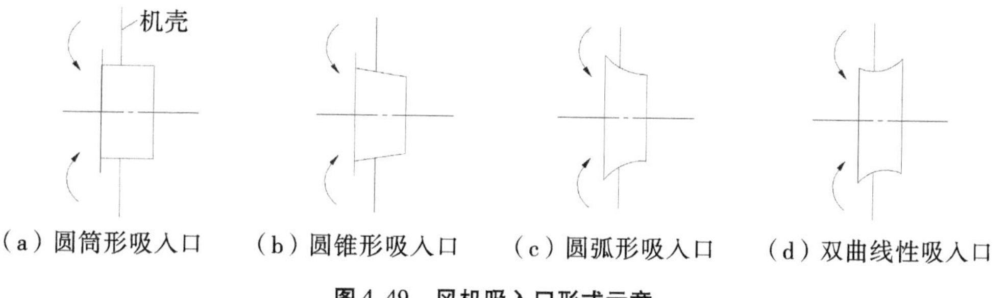

图 4.49　风机吸入口形式示意

（4）支撑与传动方式。风机的支撑包括风机轴、轴承和风机座。我国离心式风机的支撑与传动方式已经定型，共分 A 型、B 型、C 型、D 型、E 型、F 型等 6 种，如图 4.50 所示。A 型风机的叶轮直接固装在风机的轴上；B 型、C 型与 E 型均为皮带传动，这种传动方式便于改变风机的转速，有利于调节；D 型、F 型为联轴器传动；E 型和 F 型的轴承分设于叶轮两侧，运转比较平稳，多用于大型风机。

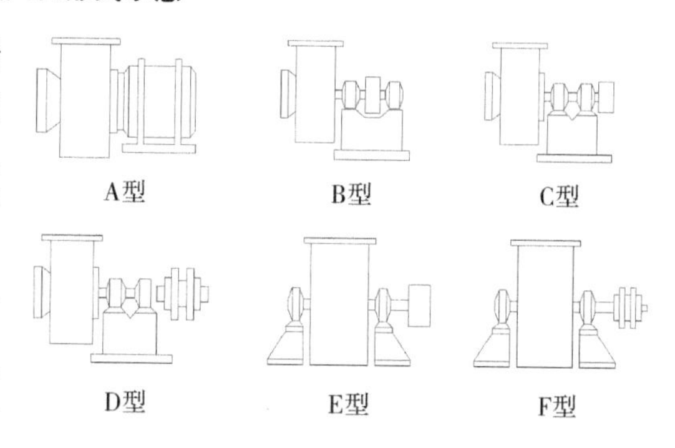

图 4.50　电动机与风机传动方式

3. 离心式风机的工作原理

离心式风机的工作原理与离心泵的工作原理相同，只是介质不同。风机机壳内的机轮安装在由电动机或其他转动装置带动的传动轴上。叶轮内有些弯曲的叶片，叶片间形成气体通道，进风口安装在靠近机壳中心处，出风口同机壳的周边相切。电动机等原动机带动叶轮转动对，迫使叶轮中叶片之间的气体跟着旋转，因而产生了离心力，并使流体从叶轮间的出口甩出，被甩出的流体挤入机壳，于是机壳内的流体压强增高，然后经蜗壳形状的风机壳中的流道被导向出口排出。与此同时，叶轮中心处由于流体被甩出而形成真空状态，使外界流体在大气压强的作用下沿吸入管源源不断地被抽升到风机的吸入口，在高速旋转的风机叶轮作用下被甩出风机叶轮而输入压出管道，这样就形成了风机的连续工作过程。

离心式风机的工作过程，实际上是一个把电动机高速旋转的机械能转化为被抽升流体的动能和压能的过程。因此，叶轮是实现机械能转换为流体能量的主要部件。在能量的传递和转化过程中，伴随许多能量损失，这些能量损失越大，该风机的性能就越差，工作效率就越低。

4. 离心风机的性能

离心风机的基本性能，通常用标准状况条件下的流量、压头、功率、效率、转速等参数来表示。

（1）流量。单位时间内风机所输送的气体体积，称为该风机的流量。以符号 Q 表示，单位为 m^3/s、m^3/min 或 m^3/h。必须指出的是，风机的体积流量是特指风机进口处的体积流量。

（2）风机的压头（或全压）。压头是指单位质量气体通过风机之后所获得的有效能量，也就是风机所输送的单位质量气体从进口至出口的能量增值，用符号 P 表示，单位为 Pa 或 kPa，但工程上常用 mmH_2O 为单位。

风机的全压定义为风机出口截面上的总压（该截面上动压 $\rho u^2/2$ 与静压之和）与进口截面上的总压之差。风机的动压为风机出口、进口截面上气体的动能所表征的压力之差，即出口、进口截面上的 $(\rho u_2^2 - \rho u_1^2)/2$；风机的静压定义为风机的全压减去风机的动压。

（3）功率。风机的功率通常指风机的输入功率，即由原动机传到风机轴上的功率，也称为轴功率，以符号 N 表示，单位为 W 或 kW。

（4）效率。为了表示输入的轴功率 N 被气体利用的程度，用有效功率与轴功率之比来表示风机的效率，以符号 η 表示：

$$\eta = \frac{N_e}{N} \tag{4.18}$$

η 是评价风机性能好坏的一项重要指标，η 越大，说明风机的能量利用率越高，η 值通常由实验确定。

由式(4.18)可得功率的计算式如下：

$$N = \frac{N_e}{\eta} = \frac{\rho g Q H}{\eta} = \frac{QP}{\eta} \tag{4.19}$$

（5）转速。转速指风机叶轮每分钟的转数，以符号 n 表示，常用的单位是 r/min。风机的转速一般为 1 000 ～ 3 000 r/min，具体可参阅各风机铭牌上所标示的转速值。

此外，风机的性能参数还有比转数 n_s。

5. 离心式风机的安装、使用及故障分析

（1）离心式风机的安装、调整和试运行。

A. 离心式风机安装前应对各机件进行全面检，查机件是否完整；叶轮与机壳的旋转方向是否一致；各机件连接是否紧密、转动部分是否灵活。如发现问题应调整、修好，然后在一些结合面上涂一层润滑脂或机械油，以防生锈造成拆卸困难。

B. 安装时的注意事项：①风机与风管连接时，要使空气在进出风机时尽可能一致，不要有方向或速度的突然变化，更不许将管道重量加在风机壳上；②风机进风口与叶轮之间的间隙对风机出风量影响很大，安装时应严格按照图纸要求进行校正，确保其轴向与径向的间隙尺寸；③对用皮带轮传动的风机，在安装时要注意两皮带轮外侧面必须成一直线，否则，应调整电动机的安装位置；④对用联轴器直接传动的风机，安装时应特别注意主轴与电机轴的同心度，同心度允许误差为0.05 mm，联轴器两端面不平行度允许误差为0.02 mm；⑤风机安装完毕，拨动叶轮，检查是否有过紧或碰撞现象。待总检合格后，方可试运转。

C. 风机的试运转。风机的启动和试运转必须在无载荷的情况下进行。待达到额定转速后，逐步将进风管道上的闸阀开启，直至达到额定工况为止，在此期间，应严格控制电流，不得超过电机的额定值。

（2）风机的操作与维护。

A. 启动前的准备工作：①将风机进口管道中的闸阀敞开或关闭；②检查风机各部分的间隙尺寸，转动部分与固定部分有无碰撞和摩擦现象。

B. 运行中应注意的问题：①只有在风机设备完好、正常的情况下方可启动运行；②运行过程中如发现流量过大，不符合使用要求，或短时间内需要较少的流量时，可利用节流装置进行调整，以达到使用要求；③风机运行过程中应经常检查轴承温度是否正常，轴承温升不得大于40 ℃，表温不得大于70 ℃。若发现风机剧烈振动、撞击、摩擦声、轴温迅速上升等反常现象，必须紧急停车，检查并消除存在的问题。

C. 风机的维护保养：①定期清除风机内部积灰、污垢等杂质，并防止锈蚀；②除每次检修后必须更换润滑脂外，正常情况下可根据实际情况更换润滑脂；③为了确保人身安全，风机的检修维护必须在停车的情况下进行。

（3）产生风机故障的原因及其排除方法。离心式通风机常见的故障分析及其排除方法见表4.3。

表4.3　离心式风机常见故障分析及其排除方法

故障	产生原因	排除方法
风机剧烈振动	1. 风机主轴与电机轴不同心或联轴器安装不正 2. 机壳或进风口与叶轮摩擦 3. 基础的刚度不够或不牢固 4. 叶轮锁钉松动或叶轮变形 5. 叶轮轴盘孔与轴配合松动 6. 叶轮、轴承座与支架、轴承盖等连接螺栓松动 7. 风机进、出口管道安装不当产生共振脱落 8. 叶片有积灰、污垢、叶片磨损，叶轮上平衡配重脱落叶轮变形及轴弯曲，破坏转子平衡	1. 进行调整重新改正 2. 重新调整，修理摩擦部分 3. 进行基础加固 4. 更换铆钉或叶轮 5. 重新配换 6. 拧紧连接螺母 7. 调整安装，或修理不良管道 8. 清除叶片积灰、污垢、整修叶片、重新校正平衡

续上表

故障	产生原因	排除方法
轴承温升过高	1. 通风机剧烈振动 2. 润滑脂变质或含有灰尘、污垢等杂质 3. 润滑脂过多，超过轴承座空间的1/3 4. 轴承箱盖座连接螺栓预紧力过大或过小 5. 轴与滚动轴承安装歪斜，前后两轴承不同心 6. 滚动轴承损坏或轴弯曲 7. 轴承外圈与轴承座内孔间隙过大，超过0.1 mm	1. 找出振动原因，并予以清除 2. 更换润滑脂（油） 3. 减少润滑脂量 4. 重新调整螺栓预紧力 5. 重新找正 6. 修理或更换轴承 7. 修配轴承座半结合面，并修理内孔或更换轴承座
电动机电流过大或温升过高	1. 开车时进口管道闸阀未关严 2. 流量超过额定值或风管漏气 3. 输送气体密度大于额定值，使压力过大 4. 风机剧烈振动 5. 电动机输入电压过低或电源单相断电 6. 联轴器连接不正，皮圈过紧或间隙不均 7. 皮带轴安装不当，消耗无用功过多 8. 通风机联合工作恶化或管网故障	1. 开车时要关严闸阀 2. 关小节流阀，检查是否漏气 3. 查明原因，如气体温度过低应予以提高，或减小风量 4. 查明振动原因，并予消除 5. 检查电压，电源是否正常 6. 重新调整找正 7. 重新调整找正 8. 调整风机联合工作的工作点，检修管网系统
皮带滑下或跳动	1. 两皮带轮位置彼此不在一中心线上，皮带易从皮带轮上滑下来 2. 两皮带轮距离较近或者皮带过长	1. 调整电动机皮带轮的位置 2. 调整电动机的位置

4.3.6.2 轴流式风机

给水排水工程中常用的风机除了离心式风机，还有轴流式风机。

1. 轴流式风机的基本构造

轴流式风机主要由圆形风筒、钟罩形吸入口、装有扭曲叶片的轮毂、流线形轮毂罩、电动机、电动机罩、扩压管等组成。

轴流式风机的叶轮由轮毂和铆在其上的叶片组成，叶片从根部到梢部常呈扭曲状态或与轮毂呈轴向倾斜状态，安装角一般不能调节。但大型轴流式风机的叶片安装角是可以调节的（称为动叶可调）。调节叶片安装角，就可以改变风机的流量和风压。大型风机进气口上还常常装置导流叶片（称为前导叶），出气口上装置整流叶片（称为后导叶），以消除气流增压后产生的旋转运功，提高风机效率。部分轴流式风机还在后导叶之后设置扩压管（流线形尾罩），这样更有助于气流的扩散，进而使气流中的一部分动压转变为静压，减少流动损失。

轴流式风机的种类很多：只有一个叶轮的轴流式风机叫作单级轴流式风机；为了提高风机压力，把两个叶轮串在同一根轴上的风机称为双级轴流式风机。轴流式风机基本构造如图4.51所示，其电动机与叶轮同壳安装。这种风机结构简单、噪声小，但由于这种风机的电动机直接处于被输送的风流之中，若输送温度较高的气体，则会降低电动机效率。为了克服上述缺点，工程中采用一种长轴式轴流式风机，如图4.52所示。

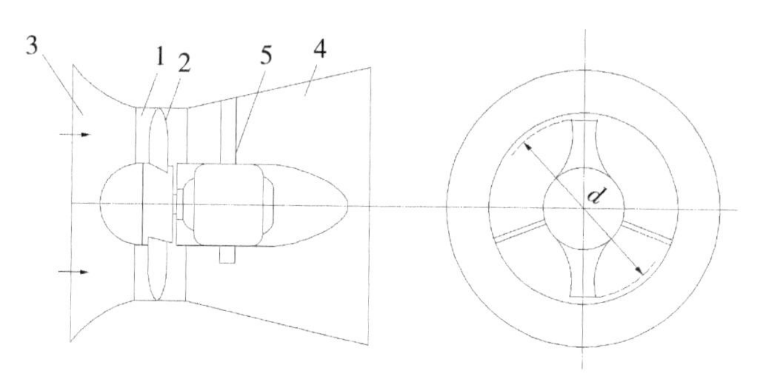

1—圆形风筒；2—叶片及轮毂；3—钟罩形吸入口；4—扩压管；5—电机及轮毂罩。

图4.51　轴流式风机基本构造

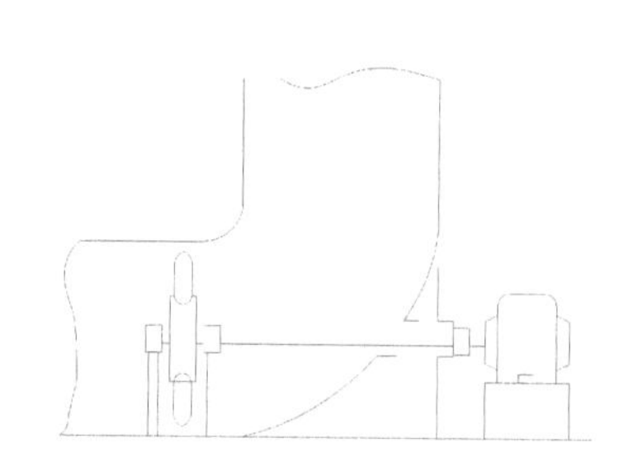

图4.52　长轴式轴流风机

2. 轴流式风机的工作原理

轴流式风机的叶轮形状与离心风机不同，不是扁平的圆盘，而是一个圆柱体。其叶片有螺旋桨形、机翼形等。当电动机带动叶轮做高速旋转运动时，叶片对流体的推力作用迫使自吸入管吸入机壳的气体做回转上升运动，从而使气体的压强及流速增高。增速增压后的气体经固定在机壳上的导叶作用，其旋转运动变为轴向运动，把旋转的动能变为压力能而自压出管流出。

3. 轴流式风机的使用

（1）轴流式风机的用途。国产的轴流式风机根据压力高低分为低压和高压两类：①低压轴流式风机全压小于或等于490.35 Pa；②高压轴流式风机全压大于490.35 Pa而小于4 903.5 Pa。

常用的轴流式风机用途包括一般厂房通风换气、冷却塔通风、纺织厂通风换气、凉风用通风、空气调节、锅炉通风、引风、矿井通风、隧道通风用等。

（2）轴流式风机的选用。轴流式风机选型时，主要考虑风机的使用场所与环境条件（如安装位置和传动方式、防尘、防爆、防腐蚀要求等）、所需的风量与风压大小、对噪声与振动的要求、风机的效率等方面要求。若在使用过程中有工况调节的要求，则应根据需要和条件选用能进行工况调节的轴流式风机，如动叶可调式轴流式风机、可变速调节的轴流式风机、带有静导叶调节的轴流式风机等。

（3）轴流式风机的安装与试运行。轴流式风机的安装应符合国家标准要求。轴流式风机安装好后，在试运转之前应做以下准备工作：①检查电动机转向，检查油位、叶片数量、叶片安装角度、叶片调节装置功能、调节范围等是否符合该风机技术文件的规定；检查风机管道内有无污、杂物等。②叶片可调的风机，应将可调叶片调到设备技术文件规定的启动角度。③盘车应无卡阻现象。④启动供油装置并运转2 h，其油温和油压均应

符合设备技术文件的规定。

在所有检查正常后，即可进行风机的试运转。轴流式风机的试运转应满足下列要求：①启动时，各部位应无异常现象，如有异常现象应立即停机，查明原因并予以消除。②启动后调节叶片时，其电流不得大于电动机的额定电流值。③风机在运行中严禁停留于喘振工况区内。④风机滚动轴承正常工作温度不应大于 70 ℃，瞬间最高温度不应大于 95 ℃，温升不应超过 55 ℃；滑动轴承正常工作温度不应大于 75 ℃。⑤风机轴承振动速度有效值不应大于 6.3×10^{-3} m/s。⑥连续试运转时间不应少于 6 h。停机后应检查管道的密封性和叶顶间隙。

（4）轴流式风机的开、停机。根据轴流式风机的性能特点，要求轴流式风机要做到“开阀”开机和停机，以降低其启动和停机时的轴功率。

4.4 给水泵站

在泵站的分类中，按照泵机组设置的位置与地面的相对标高关系，泵站可分为地面式泵站、地下式泵站与半地下式泵站；按照操作条件及方式，泵站可分为人工手动控制、半自动化、全自动化和遥控泵站。半自动化泵站是指开始的指令是由人工按动电钮使电路闭合或切断，以后的各操作程序是利用各种继电器来控制；全自动化的泵站中，一切操作程序都由相应的自动控制系统来完成的；遥控泵站的一切操作均由远离泵站的中央控制室进行的。在给水工程中，常见的分类是按泵站在给水系统中的作用分为取水泵站、送水泵站、加压泵站及循环泵站。

4.4.1 取水泵站（一级泵站）

取水泵站在水厂中也称为一级泵站。在地面水水源中，取水泵站一般由吸水井、取水泵房及闸阀井（又称为切换井）三部分组成。其工艺流程如图 4.53 所示。因为取水泵站靠江临水，所以河道的水文、水运、地质及航道的变化等都会直接影响到取水泵站本身的埋深、结构形式及工程造价等。我国西南和中南地区及丘陵地区的河道，水位涨落悬殊，设计最大洪水位与设计最枯水位相差高达 10 ～ 20 m。为保证泵站能在最枯水位抽水的可能性，以及保证在最高洪水位时泵房筒体不被淹没进水，整个泵房的高度常常很大，这是一般山区河道取水泵站的共同特点。对于这一类泵房，一般采用圆形钢筋混凝土结构。这类泵房平面面积的大小对于整个泵站的工程造价影响甚大，因此在取水泵房的设计中，有“贵在平面”的说法。机组及各辅助设施的布置，应尽可能地充分利用泵房内的面积，泵机组及电动闸阀的控制可以集中在泵房顶层集中管理，底层尽可能做到无人值班，仅定期下去抽查。

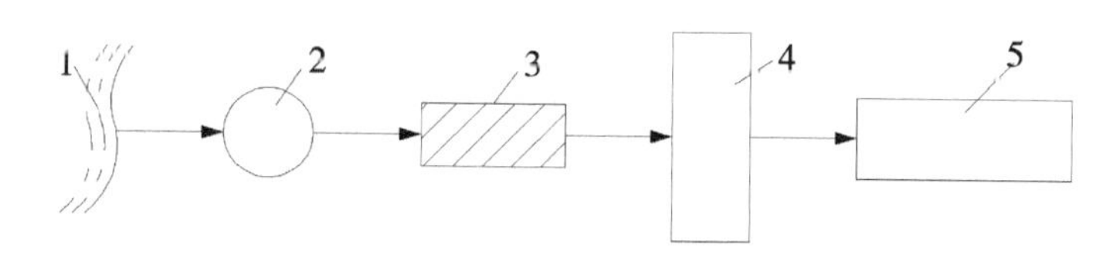

1—水源；2—吸水井；3—取水泵房；4—闸阀井（切换井）；5—净化厂。

图 4.53　地面水取水泵站工艺流程

设计取水泵房时，在土建结构方面应考虑到河岸的稳定性，在泵房筒体的抗浮、抗裂、防倾覆、防滑坡等方面均应有周详的计算。在施工过程中，应考虑到争取在河道枯水位时施工，要抢季节，要有比较周全的施工组织计划。在泵房投产后，在运行管理方面必须很好地使用通风、采光、起重、排水及水锤防护等设施。此外，因为取水泵站的扩建比较困难，所以在新建给水工程时，应充分地认识到它的“百年大计，一次完成”的特点。泵房内机组的配置，可以近远期相结合，对于机组的基础、吸压水管的穿墙嵌管，以及电气容量等都应该考虑到远期扩建的可能性。

在近代的城市给水工程中，由于城市水源的污染、市政规划的限制等诸多因素的影响，水源取水点的选择常常是远离市区，取水泵站是远距离输水的工程设施。因此，水锤的防护问题、泵站的节电问题、泵站的监控问题及远距离沿线管道的检修问题等都是必须注意的。

采用地下水作为生活饮用水水源而水质又符合饮用水卫生标准时，取井水的泵站可直接将水输送给用户。在工业企业中，有时同一泵站内可能安有将水输送给净水构筑物的泵，又有直接将水输送给某些车间的泵，其工艺流程如图 4.54 所示。

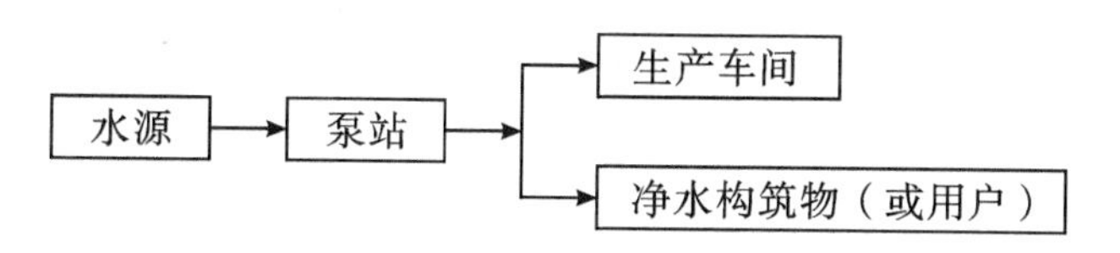

图 4.54　地下水取水泵房工艺流程

4.4.2　送水泵站（二级泵站）

送水泵站在水厂中也称为二级泵站，其工艺流程如图 4.55 所示。通常是建在水厂内，它抽送的是清水，所以又称为清水泵站。经净化构筑物处理后的出厂水，由清水池流入吸水井，送水泵站中的泵从吸水井中吸水，通过输水干管将水输往管网。送水泵站的供水情况直接受用户用水情况的影响，其出厂流量与水压在一天内各个时段中是不断变化的。送水泵站的吸水井，它既有利于泵吸水管道布置，也有利于清水池的维修。吸水井形状取决于吸水管道的布置要求，送水泵房一般都呈长方形，吸水井一般也为长方形。

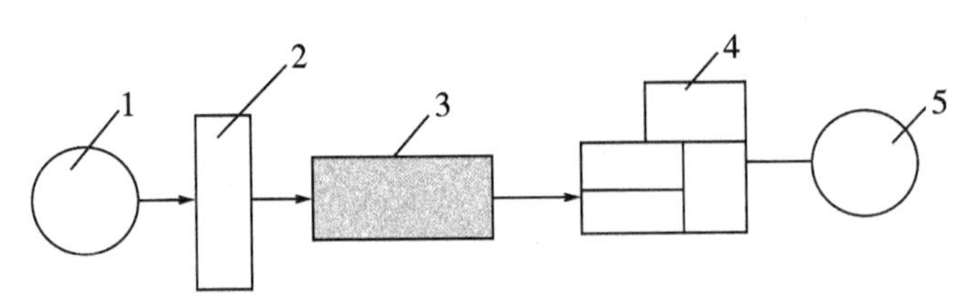

1—清水池；2—吸水井；3—送水泵站；4—管网；5—高地水池（水塔）。

图 4.55　送水泵站工艺流程

吸水井有分离式吸水井和池内式吸水井两种。分离式吸水井如图 4.56 所示，它是邻近泵房吸水管一侧设置的独立构筑物。平面布置一般分为独立的两格，中间隔墙上安装阀门，阀门口径应足以通过邻格最大的吸水流量，以便当进水管 A（或 B）切断时泵房内各机组仍能工作。分离式吸水井对提高泵站运行的安全度有利。池内式吸水井如图 4.57 所示，它是在清水池的一端用隔墙分出一部分容积作为吸水井。吸水井分成两格，图 4.57(a) 隔墙上装闸门，图 4.57(b) 隔墙上装闸板，两格均可独立工作。吸水井一端接入来自另一只清水池的旁通管。当主体清水池需清洗时，可关闭隔墙上的进水阀（或闸板），吸水井暂由旁通管供水，使泵房仍能维持正常工作。

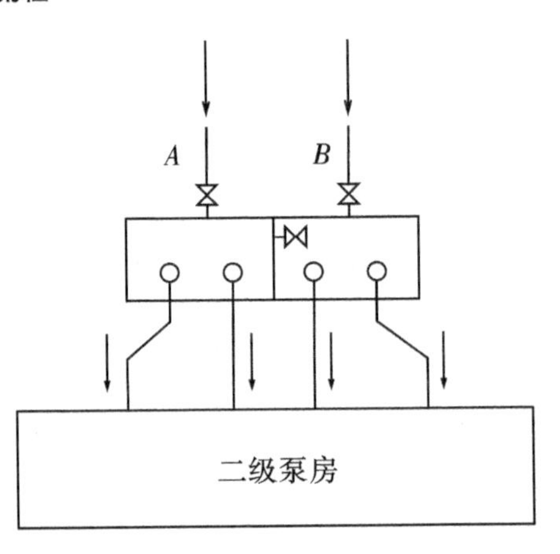

图 4.56　分离式吸水井

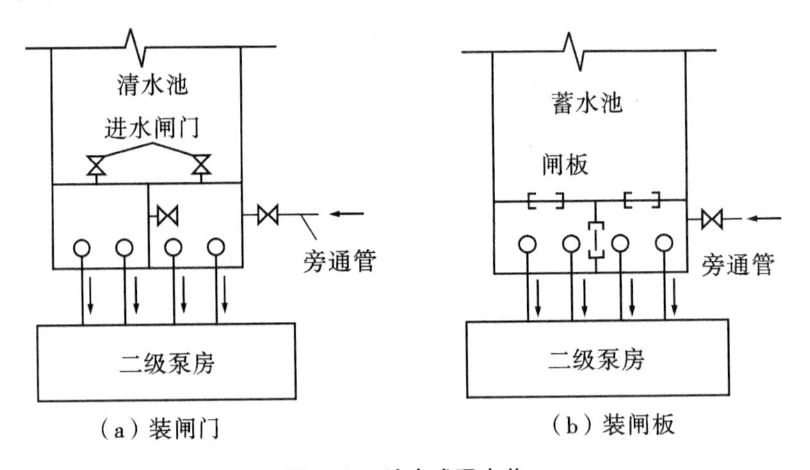

图 4.57　池内式吸水井

送水泵站吸水水位变化范围小，通常不超过 4 m，因此泵站埋深较浅。一般可建成地面式或半地下式。送水泵站为了适应管网中用户水量和水压的变化，必须设置各种不同型号和台数的泵机组，从而导致泵站建筑面积增大，运行管理复杂。因此，泵的调速运行在送水泵站中显得尤其重要。送水泵站在城市供水系统中的作用，犹如人体的心脏，通过主动脉及无数的支微血管，将血液输送到人体的各个部位上去。在无水塔管网系统中工作的送水泵站，这种类比性就更加明显。

4.4.3　加压泵站

在城市给水管网面积较大，输配水管线很长，或给水对象所在地的地势很高，城市内地形起伏较大的情况下，通过技术经济比较，可以在城市管网中增设加压泵站。在近代大中型城市给水系统中实行分区分压供水方式时，设置加压泵站已十分普遍。如上海、武汉等超大城市供水区域大，供水距离有的长达 20 多千米，为了保证远端用户的水压要求，在高峰供水时最远端的水头损失达 80 m（按管道中平均水力坡降为 4‰计算），加上服务水头 20 m，则要求出厂水压达 100 m。这样，不仅能耗大，且造成邻近水厂地区管网中压力过高，管道漏失率高，卫生器具易损坏。而在非高峰季节，当用水量降为高峰流量的一半时，管道水头损失可降为 20 m 左右，出厂水压只要求 40 m 左右。为此，在上海市先后增设了近 25 座加压泵站，使水厂的出厂水水压控制在 35 ～ 55 m 之间。因此，上海自来水公司的电耗平均为 210 kW · h/1 000 m^3，远低于国内平均水平（340 kW · h/1 000 m^3）。加压泵站的工况取决于加压所用的手段，一般有两种方式：①在输水管线上直接串联加压的供水方式，如图 4.58(a) 所示。这种方式，水厂内送水泵站和加压泵站将同步工作，一般用于水厂位置远离城市管网的长距离输水的场合。②清水池及泵站加压的供水方式（又称为水库泵站加压的供水方式）。水厂内送水泵站将水输入远离水厂、接近管网起端处的清水池内，由加压泵站将水输入管网，如图 4.65(b) 所示。这种方式，城市中用水负荷可借助于加压泵站的清水池调节，从而使水厂的送水泵站工作制度比较均匀，有利于调度管理。此外，水厂送水泵站的出厂输水干管的时变化系数 K_h 降低或均匀输水，可使输水干管管径减小。输水干管越长，其经济效益就越可观。

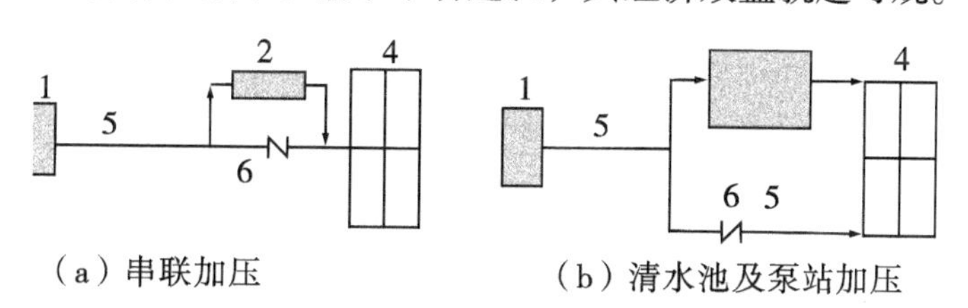

1—二级泵房；2—增压泵房；3—水库泵站；4—配水管网；5—输水管；6—逆止阀。

图 4.58　加压泵站供水方式

4.4.4　循环泵站

在某些工业企业中，生产用水可以循环使用或经过简单处理后回用时采用循环泵站，其处理工艺流程如图 4.59 所示。在循环系统泵站中，一般设置输送冷水、热水的两组泵，热水泵将生产车间排出的废热水压送到冷却构筑物进行降温，冷却后的水再由冷水泵抽送到生产车间使用。如果冷却构筑物的位置较高，冷却后的水可以自流进入生产车间供生产设备使用，就可免去冷水泵抽送。有时生产车间排出的废水温度并不高，但含有一些机械杂质，需要把废水先送到净水构筑物进行处理，然后再用泵压回车间使用，这种情况就不设热水泵。有时生产车间排出的废水，既升高了温度，又含有一定量的机械杂质。

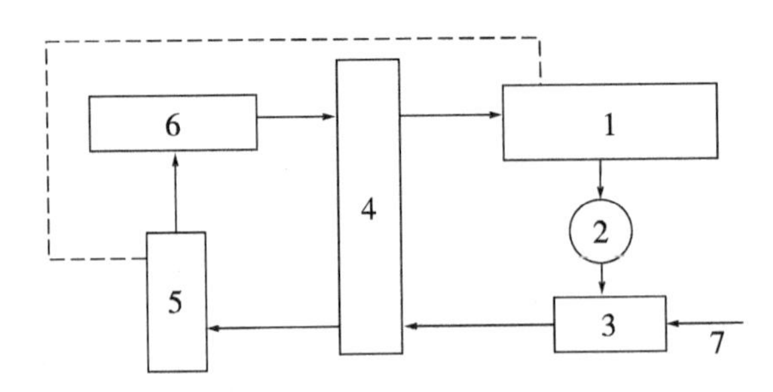

1—生产车间；2—净水构筑物；3—热水井；4—循环泵站；
5—冷却构筑物；6—集水池；7—补充新鲜水。

图 4.59　循环给水系统工艺流程

一个大型工业企业中往往设有好几个循环给水系统。循环水泵站的工艺特点是其供水对象所要求的水压比较稳定，水量亦仅随季节的气温改变而有所变化，但供水安全性要求一般都较高，因此，泵备用率较大，泵台数较多，有的一个循环泵站冷热水泵可达 20 ～ 30 台。在确定泵数目和流量时，要考虑到一年中水温的变化，因此，可选用多台同型号泵，不同季节开动不同台数的泵来调节流量。循环泵站通常位于冷却构筑物或净水构筑物附近。

为了保证泵良好的吸水条件和管理方便，最好采用自灌式，即让泵顶的标高低于吸水井的最低水位，因此循环泵站大多是半地下式的。

4.5　排水泵站

4.5.1　组成与分类

排水泵站的工作特点是它所抽升的水是不干净的，一般含有大量的杂质，而且来水的流量逐日逐时都在变化。

排水泵站的基本组成包括机器间、集水池、格栅、辅助间，有时还附设有变电所。机器间内设置泵机组和有关的附属设备。格栅和吸水管安装在集水池内，集水池还可以在一定程度上调节来水的不均匀性，以使泵能较均匀工作。格栅作用是阻拦水中粗大的固体杂质，以防止杂物阻塞和损坏泵，因此，格栅又叫拦污栅。辅助间一般包括贮藏室、修理间、休息室和厕所等。

排水泵站按其排水的性质，一般可分为污水（生活污水、生产污水）泵站、雨水泵站、合流泵站和污泥泵站。

按其在排水系统中的作用，可分为中途泵站（或叫区域泵站）和终点泵站（又叫总泵站）。中途泵站通常是为了避免排水干管埋设太深而设置的。终点泵站就是将整个城镇的污水或工业企业的污水抽送到污水处理厂或将处理后的污水进行农田灌溉或直接排入水体。

按泵启动前能否自流充水分为自灌式泵站和非自灌式泵站。按泵房的平面形状，可以分为圆形泵站和矩形泵站。按集水池与机器间的组合情况，可分为合建式泵站和分建式泵站。按采用的泵特殊性又有潜水泵站和螺旋泵站。按照控制的方式又可分为人工控制、自动控制和遥控。

4.5.2　排水泵站的基本类型及特点

排水泵站的类型取决于进水管渠的埋设深度、来水流量、泵机组的型号与台数、水文地质条件及施工方法等因素。选择排水泵站的类型应从造价、布置、施工、运行条件等方面综合考虑。下面就几种典型的排水泵站说明其优缺点及适用条件。

合建式圆形排水泵站如图 4.60 所示，装设卧式泵，自灌式工作。它适合中、小型排水量，泵不超过 4 台。圆形结构受力条件好，便于采用沉井法施工，可降低工程造价，泵启动方便，易于根据吸水井中水位实现自动操作。缺点是机器内机组与附属设备布置较困难，当泵房很深时，工人上下不便，且电动机容易受潮。由于电动机深入地下，需考虑通风设施，以降低机器间的温度。若将此种类型泵站中的卧式泵改为立式离心泵（也可用轴流泵），则可避免上述缺点。但是，立式离心泵安装技术要求较高，特别是泵房较深，传动轴甚长时，须设中间轴承和固定支架，以免泵运行时传动轴发生振荡。由于这种类型能减少泵房面积，降低工程造价，并使电气设备运行条件和工人操作条件得到改善，故在我国仍广泛采用。

合建式矩形排水泵站如图 4.61 所示，装设立式泵，自灌式工作。大型泵站用此种类型较合适。当泵不少于 4 台时，采用矩形机器间，在机组、管道和附属设备的布置方面较为方便，启动操作简单，易于实现自动化。电气设备置于上层，不易受潮，工人操作管理条件良好。缺点是建造费用高。当土质差、地下水位高时，因不利施工，不宜采用。

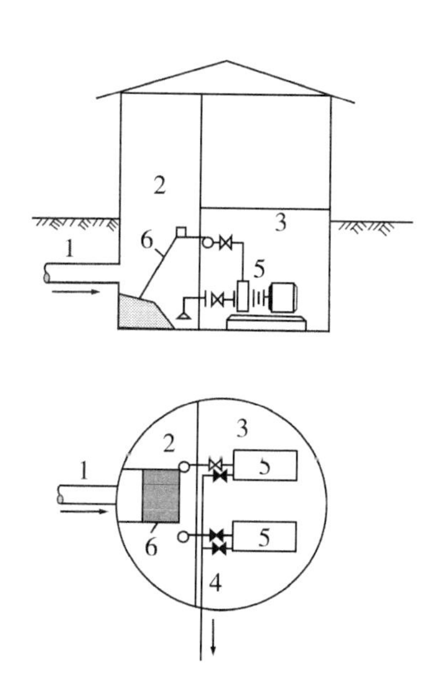

1—排水管渠；2—集水池；3—机器间；
4—压水管；5—卧式污水泵；6—格栅。

图 4.60　合建式圆形排水泵站

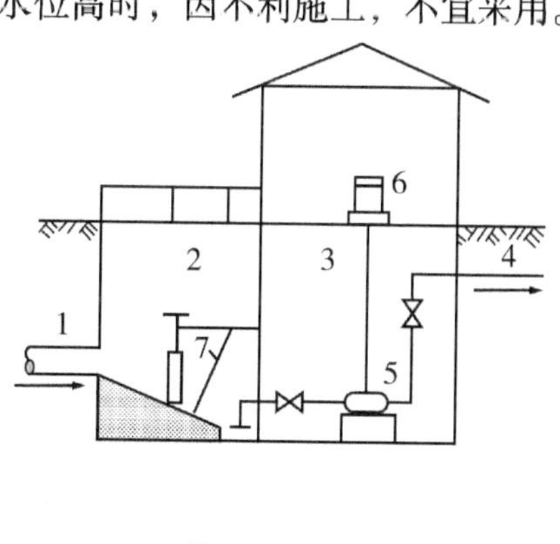

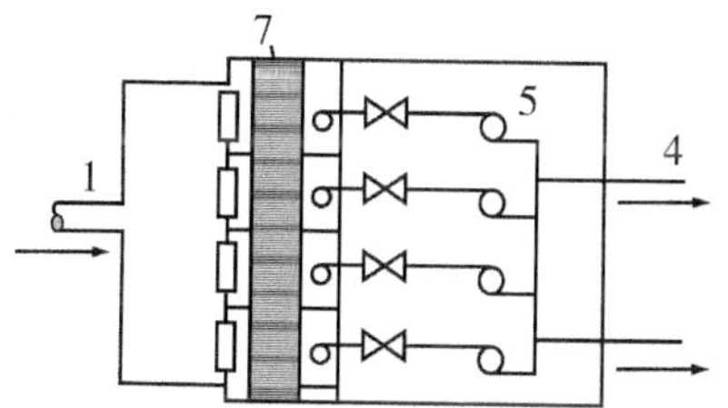

1—排水管渠；2—集水池；3—机器间；
4—压水管；5—立式污水管；6—立式电动机；
7—格栅。

图 4.61　合建式矩形排水泵站

分建式排水泵站如图 4. 62 所示。当土质差、地下水位高时，为了减少施工困难和降低工程造价，将集水池与机器间分开修建是合理的。将一定深度的集水池单独修建，施工上相对容易些。为了减小机器间的地下部分深度，应尽量利用泵的吸水能力，以提高机器间标高。但是，应注意泵的允许吸上真空高度不要利用到极限，以免泵站投入运行后吸水发生困难。因为在设计当中对施工时可能发生的种种与设计不符情况和运行后管道积垢、泵磨损、电源频率降低等情况都无法事先准确估计，所以适当留有余地是必要的。

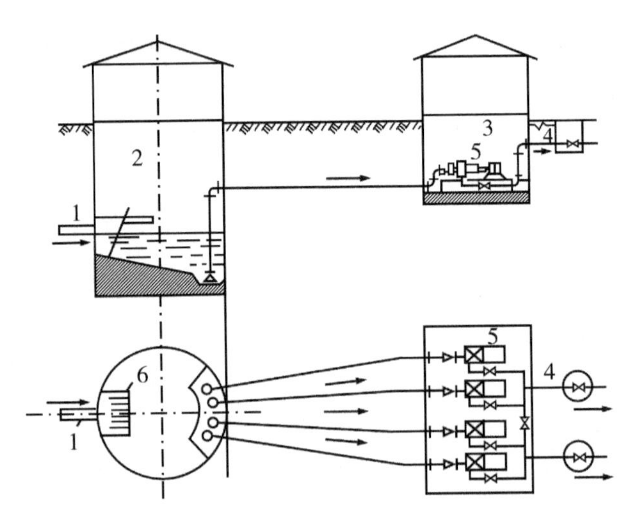

1—排水管渠；2—集水池；3—机器间；4—压水管；5—水泵机组；6—格栅。

图 4. 62　分建式圆形排水泵站

分建式泵站的主要优点是，结构上处理比合建式简单，施工较方便，机器间没有污水渗透和被污水淹没的危险。它的最大缺点是要抽真空启动，为了满足排水泵站来水的不均匀，启动泵较频繁，给运行操作带来困难。

对于合建式排水泵站，当机器间中泵轴线标高高于集水池中水位，即机器间与集水池的底板不在同一标高时，泵也要采用抽真空启动。这种类型适应于因土质坚硬而施工困难的条件，为了减少挖方量而不得不将机器间抬高。在运行方面，它的缺点同分建式一样。实际工程中采用较少。

螺旋泵站布置如图 4. 63 所示。污水由来水管进入螺旋泵的水槽内，带动螺旋泵的电动机及有关的电气设备设于机器间内，污水经螺旋泵提升后进入出水渠，在渠道起端设置格栅。

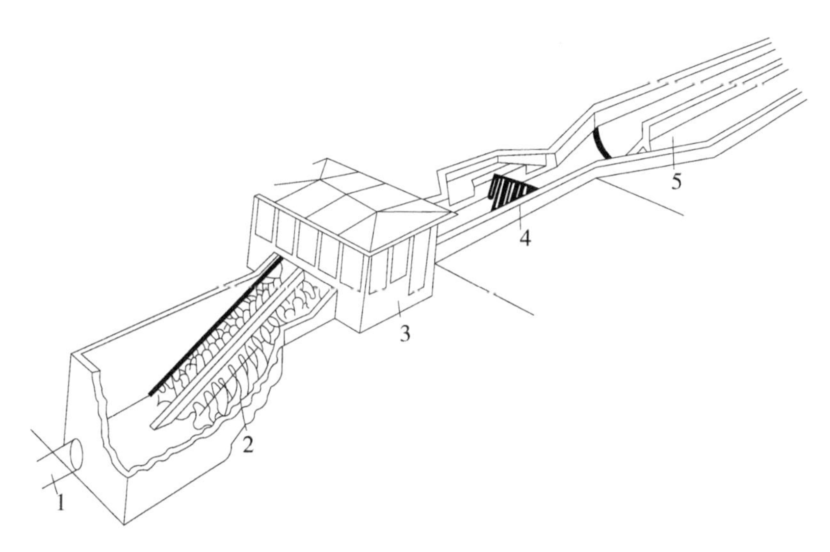

1—来水管；2—螺旋泵；3—机器间；4—格栅；5—出水渠。

图4.63　螺旋泵站布置

采用螺旋泵抽水可以不设集水池，不建地下式或半地下式泵房，节约土建投资。螺旋泵抽水不需要封闭的管道，因此水头损失较小，电耗较省。

螺旋泵螺旋部分是敞开的，维护与检修方便，运行时不需看管，便于实行遥控和在无人看管的泵站中使用，还可以直接安装在下水道内提升污水。

螺旋泵可以提升破布、石头、杂草、罐头盒、塑料袋及废瓶子等任何能进入泵叶片之间的固体物。因此，泵前可不必设置格栅。格栅设于泵后，在地面以上，便于安装、检修与清除。

使用螺旋泵时，可完全取消其他类型污水泵配用的吸水喇叭管、底阀、进水和出水闸阀等配件和设备。

螺旋泵还有一些其他泵所没有的特殊功能，例如，用于提升活性污泥和含油污水时，因为其转速慢，所以不会打碎污泥颗粒和矾花；用于沉淀池排泥时，能起一定的沉淀浓缩作用。

但是，螺旋泵也有其本身的缺点：受机械加工条件的限制，泵轴不能太粗太长，所以扬程较低，一般为3～6 m，国外介绍可达12 m。因此，不适用于高扬程、出水水位变化大或出水为压力管的场合。在需要较大扬程的地方，往往采用二级或多级抽升的布置方式。它和其他泵不同，是斜装的，由于体积大，占地面积也大，耗钢材也较多。此外，螺旋泵在敞开布置的情况下，泵运行时，由于污水被搅动而有臭气逸出。

随着各种国产潜水泵质量的不断提高，越来越多的新建或改建的排水泵站都采用了各种形式的潜水泵，包括排水用潜水轴流泵、潜水混流泵、潜水离心泵等，其最大的优点是不需要专门的机器间，将潜水泵直接置于集水井中，但对潜水泵尤其是潜水电机的质量要求较高。

潜水泵站布置如图4.64所示，将集水井与机器间合建，使用潜水电泵，将潜水泵机组直接置于集水井中，甚至可以采用开放式泵房，不需上部结构和固定吊车，机组结构紧凑，泵直接吸水，出水经泵出口从原水管口排出。

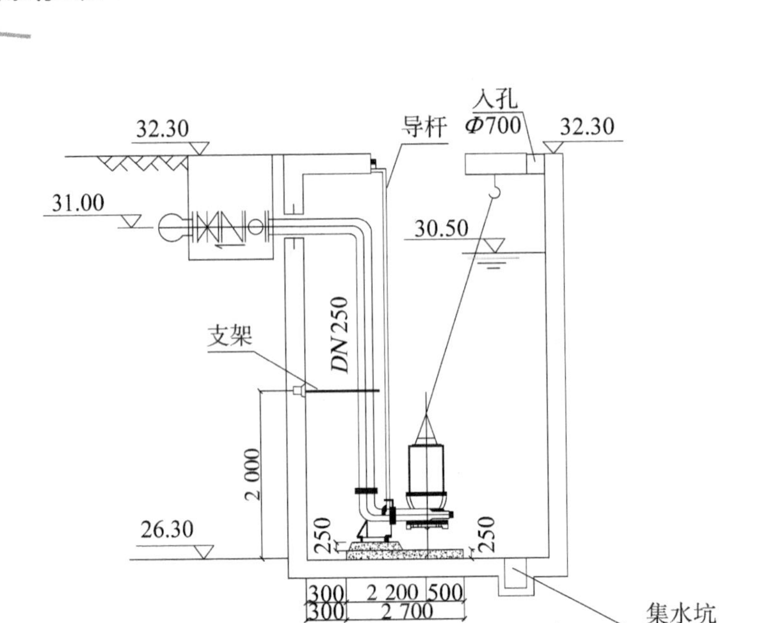

图 4.64　潜水泵排水泵房

在工程实践中，排水泵站的类型是多种多样的。例如，合建式泵站，集水池采用半圆形，机器间为矩形；合建椭圆形泵站；集水池为露天或加盖；泵站地下部分为圆形钢筋混凝土结构，地上部分用矩形砖砌体；等等。究竟采取何种类型，应根据具体情况，经多方案技术经济比较后决定。根据我国设计和运行经验，凡泵不多于 4 台的污水泵站和 3 台或 3 台以下的雨水泵站，其地下部分结构采用圆形最为经济，其地面以上构筑物的形式，必须与周围建筑物相适应。当泵台数超过上述数量时，地下及地上部分都可采用矩形或由矩形组合成的多边形；地下部分有时为了发挥圆形结构比较经济和便于沉井施工的优点，也可以采取将集水池和机器间分开为 2 个构筑物的布置方式，或者将泵分设在 2 个地下的圆形构筑物内，地上部分可以处理为矩形或腰圆形。这种布置适用于流量较大的雨水泵站或合流泵站。对于抽送会产生易燃易爆和有毒气体的污水泵站，必须设计为单独的建筑物，并应采用相应的防护措施。

第 5 章　给水管网水力水质分析和计算

5.1　给水管网水力特性分析

在管网恒定流状态下，管网水力分析就是求解恒定流方程组，是在已知给水管网部分水力参数条件下，求解管网中其余水力参数。管网水力分析是解决给水管网工程设计、运行调度和维护管理等各种工程应用问题的基础。

管网恒定流基本方程组是进行管网水力分析的基本方程组，通过求解，可以得到管网中的管段流量、流速和节点水头等水力分析结果，用于管网的规划设计和运行模拟状态分析。

5.1.1　管段水力特性

管段水力特性是指管段流量与水头之间的关系，包括管段上各种具有固定阻力的设施影响，可以表示为：

$$h_i = s_i q_i |q_i|^{n-1} - h_{ei},\ i=1,\ 2,\ 3,\ \cdots,\ M \tag{5.1}$$

式中：h_i——管段压降，即水流通过该管段产生的能量损失，也是测压管水头降低量（m）；

q_i——管段流量（m^3/s）；

s_i——管段阻力系数，反映管段对水流的阻力大小，应为该管段上的管道、管件、阀门、泵站等所有设施阻力系数之和；

h_{ei}——管段扬程，反映管段上泵站提供给水流的总能量，即泵站静扬程（m），若管段上未设泵站，则 $h_{ei}=0$；

n——管段阻力指数，应与水头损失计算公式一致；

M——管段总数。

式(5.1）考虑了管段流量可能为负值（当管段流向与管段设定方向不一致时）的情况，管段水头损失的方向应与流量方向一致。当管段流量为正时，$s_i q_i |q_i|^{n-1}$ 即 $s_i q_i^n$。

管段阻力系数可以用综合公式计算：

$$s_i = s_{fi} + s_{mi} + s_{pi}, \quad i = 1, 2, 3, \cdots, M \tag{5.2}$$

式中：s_{fi}——管段 i 之管道摩阻系数；

s_{mi}——管段 i 之管道局部阻力系数；

s_{pi}——管段 i 上泵站内部阻力系数。

存在管段能量方程

$$\overline{\boldsymbol{Aq}} + \overline{\boldsymbol{Q}} = \overline{0} \tag{5.3}$$

式中：$\boldsymbol{A}$——管网图的关联矩阵；

$\overline{\boldsymbol{q}} = (q_1, q_2, q_3, \cdots, q_M)^{\mathrm{T}}$——管段流量列向量；

$\overline{\boldsymbol{Q}} = (Q_1, Q_2, Q_3, \cdots, Q_N)^{\mathrm{T}}$——节点流量列向量。

将式(5.1) 代入式(5.3)，得：

$$H_{Fi} - H_{Ti} = s_i q_i |q_i|^{n-1} - h_{ei}, \quad i = 1, 2, 3, \cdots, M \tag{5.4}$$

式中：H_{Fi}——管段的起点压力（m）；

H_{Ti}——管段的终点压力（m）。

其中，s_i，h_{ei}，n 必须为已知量。对于不设泵站且忽略局部阻力的管段，管段能量方程可以简化为：

$$H_{Fi} - H_{Ti} = s_i q_i |q_i|^{n-1}, \quad i = 1, 2, 3, \cdots, M \tag{5.5}$$

5.1.2 管网恒定流方程组求解条件

1. 节点流量或压力必须有一个已知

数学方程组可解的基本条件就是方程数与未知量数相等，即每个方程只能对应求解一个未知量。在管网水力分析中，每个节点方程只能对应求解一个节点上的未知量。因此，若节点水头已知，则节点流量可作为未知量求解；反之，若节点流量已知，则节点水头可作为未知量求解。若两者均已知，将导致矛盾方程组；若两者均未知，将导致方程组无解。

已知节点水头而未知节点流量的节点称为定压节点，节点流量而未知节点水头的节点称为定流节点。若管网中节点总数为 N，定压节点数为 R，则定流节点数为$N-R$。

以管网中水塔所在节点为例，当水塔高度未确定时，应给定水塔供水流量，即已知节点流量，该节点为定流节点，通过水力分析可以求解出节点压力，从而确定水塔高度；当水塔高度已经确定时，即已知该节点水头，该节点为定压节点，通过水力分析可以求解出节点流量，从而可以确定水塔的供水量。

在给水管网水力分析时，若定压节点数 $R>1$，称为多定压节点管网水力分析问题；若定压节点数 $R=1$，称为单定压节点管网水力分析问题。

2. 管网中至少有一个定压节点

方程数和未知量相等只是方程组可解的必要条件，而不是充分条件。作为充分条件，要求管网中至少有一个定压节点，亦称为管网压力基准点。当管网中无定压节点（$R=0$）时，整个管网的节点压力将没有参照基准压力，管网压力无确定解。

5.1.3 管网恒定流方程组求解方法

1. **树状管网水力计算**

对于树状管网，在管网规划布置方案、管网节点用水量和各管段管径决定以后，各管段的流量是唯一确定的，与管段流量对应的管段水头损失、管段流速及节点压力可以一次计算完成。

2. **环状管网水力计算**

在环状管网中，各管段实际流量必须满足节点流量方程和环能量方程的条件，因此环状管网中的管段流量、水头损失、管段流速和节点压力尚不能确定，需要通过环状管网水力计算才能得到。环状管网的水力计算方法是将节点流量方程组和环能量方程组转换成节点压力方程组或环校正流量方程组，通过求解方程组得到环状管网的水力参数。

求解环状管网恒定流方程组的两种基本方法为解环方程组和解节点方程组。

（1）解环方程组。解环方程组的基本方法是先进行管段流量初分配，使节点流量连续性条件得到满足，然后，在保持节点流量连续性不被破坏的条件下，通过施加环校正流量，设法使各环的能量方程得到满足。也就是说，解环方程是以环校正流量为未知量，解环能量方程组，未知量和方程数目与环数相等。一般规定，顺时针方向的环校正流量为正，逆时针方向的环校正流量为负。

（2）解节点方程组。解节点方程组以节点水头为未知量，首先拟定各节点水头初值（定压节点水头为已知节点压力），使环能量方程条件得到满足，但节点的流量连续性是不满足的。解节点方程的方法是给各定流节点的初始压力施加一个增量（正值为提高节点水头，负值为降低节点水头），通过求解节点压力增量，使节点流量连续性方程得到满足。

5.2 树状管网水力分析

城市和工业给水管网在建设初期往往采用树状管网，以后随着城市和用水量的发展，可根据需要逐步连接成环状管网并建设多水源。树状管网计算比较简单。其原因是管段流量可以由节点流量连续性方程组直接解出，不用求解非线性的能量方程组。

前已述及，对于树状管网，在管网规划布置方案、管网节点用水量和各管段管径决定以后，各管段的流量是唯一确定的，与管段流量对应的管段水头损失、管段流速及节点压力可以一次计算完成。

树状管网水力分析计算分两步，第一步是用流量连续性条件计算管段流量，并计算出管段压降；第二步是根据管段能量方程和管段压降，从定压节点出发推求各节点水头。

求管段流量一般采用逆推法，就是从离树根较远的节点逐步推向离树根较近的节点，按此顺序用节点流量连续性方程求管段流量时，都只有一个未知量，因而可以直接解出。求节点水头一般从定压节点开始，根据管段能量方程求得节点管段水头损失，逐步推算相邻的节点压力。下面以实例来说明具体计算方法。

【例5.1】某城市树状给水管网系统如图5.1所示，节点（1）处为水厂清水池，向整个管网供水，管段［1］上设有泵站，其水力特性为（流量单位为 m^3/s，水头单位为 m）：$s_{p1}=311.1$，$h_{e1}=42.6$，$n=1.852$。根据清水池高程设计，节点（1）水头为 $H_1=7.8010$，各节点流量、各管段长度与直径如图5.1所示，各节点地面标高见表5.1。试进行水力分析，计算各管段流量与流速、各节点水头与自由水压。

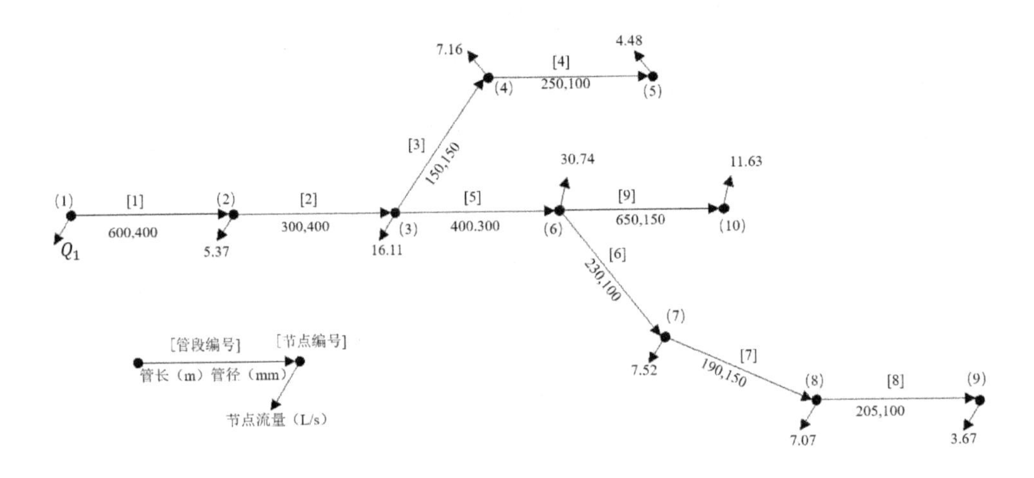

图5.1　单定压节点树状管网水力分析

表5.1　各节点地面标高

节点编号	(1)	(2)	(3)	(4)	(5)	(6)	(7)	(8)	(9)	(10)
地面标高（m）	9.80	11.50	11.80	15.20	17.40	13.30	12.80	13.70	12.50	15.0

【解】第一步：逆推法求管段流量。

以定压节点（1）为树根，则从离树根较远的节点逆推到离树根较近的节点的顺序是：(10)、(9)、(8)、(7)、(6)、(5)、(4)、(3)、(2)，当然，也可以是（9）、(8)、(7)、(10)、(6)、(5)、(4)、(3)、(2)，或（5）、(4)、(10)、(9)、(8)、(7)、(6)、(3)、(2)等，按此逆推顺序求解各管段流量的过程见表5.2。

表5.2　逆推法求管段流量

步骤	节点号	节点流量连续性方程	管段流量求解	管段流量（L/s）
1	(10)	$-q_0+Q_10=0$	$q_9=Q_{10}$	$q_9=11.63$
2	(9)	$-q_8+Q_9=0$	$q_8=Q_9$	$q_8=3.67$
3	(8)	$-q_7+q_8+Q_8=0$	$q_7=q_9+Q_8$	$q_7=10.74$
4	(7)	$-q_6+q_7+Q_7=0$	$q_6=q_7+Q_7$	$q_6=18.26$
5	(6)	$-q_5+q_6+q_9+Q_6=0$	$q_5=q_6+q_9+Q_6$	$q_5=60.63$
6	(5)	$-q_4+Q_5=0$	$q_4=Q_5$	$q_4=4.48$

续上表

步骤	节点号	节点流量连续性方程	管段流量求解	管段流量（L/s）
7	(4)	$-q_3+q_4+Q_4=0$	$q_3=q_4+Q_4$	$q_3=11.64$
8	(3)	$-q_2+q_3+q_5+Q_3=0$	$q_2=q_3+q_5+Q_3$	$q_2=88.38$
9	(2)	$-q_1+q_2+Q_2=0$	$q_1=q_2+Q_2$	$q_1=93.75$

在求出管段流量后，利用最后一个节点（定压节点）的流量连续性方程，可以求出定压节点流量，即：

$$q_1+Q_1=0$$

$$Q_1=-q_1=-93.75\ \text{L/s}$$

根据管段流量计算结果，计算管段流速及压降，见表 5.3。

表 5.3　管段流速及压降计算

管段编号 i	[1]	[2]	[3]	[4]	[5]	[6]	[7]	[8]	[9]
管段长度 l_i（m）	600	300	150	250	450	230	190	205	650
管段直径 D_i（mm）	400	400	150	100	300	200	150	100	150
管段流量 q_i（L/s）	93.75	88.38	11.64	4.48	60.63	18.26	10.74	3.67	11.63
管段流速 v_i（m/s）	0.75	0.70	0.66	0.57	0.86	0.58	0.61	0.47	0.66
水头损失 h_{fi}（m）	1.37	0.61	0.85	1.75	1.86	0.74	0.93	0.99	3.69
泵站扬程 h_{pi}（m）	38.72	—	—	—	—	—	—	—	—
管段压降 h_i（m）	−37.35	0.61	0.85	1.75	1.86	0.74	0.93	0.99	3.69

管段水头损失采用海曾－威廉公式计算（按旧铸铁管取 $C_W=100$），具体如下：

$$h_{f1}=\frac{10.67q_i^{1.852}l_1}{C_W^{1.852}D_i^{4.87}}=\frac{10.67\times(93.75/1\ 000)^{1.852}\times 600\ \text{m}}{100^{1.852}\times(400/1\ 000)^{4.87}}=1.37\ \text{m}$$

泵站扬程按水力特性公式计算：

$$h_{p1}=h_{e1}=S_{p1}q_1^n=42.6\ \text{m}-311.1\times(93.75/1\ 000)^{1.852}\ \text{m}=38.72\ \text{m}$$

第二步：求节点水头。

以定压节点（1）为树根，则从离树根较近的管段顺推到离树根较远的节点的顺序是：[1]、[2]、[3]、[4]、[5]、[6]、[7]、[8]、[9]，当然，也可以是 [1]、[2]、[3]、[4]、[5]、[9]、[6]、[7]、[8]，或 [1]、[2]、[5]、[6]、[7]、[8]、[9]、[3]、[4] 等，按此顺推顺序求解各定流节点水头的过程见表 5.4。

表 5.4　顺推法求解节点水头

步骤	树枝管段号	管段能量方程	节点水头求解	节点水头（m）
1	[1]	$H_1-H_2=h_1$	$H_2=H_1-h_1$	$H_2=45.15$
2	[2]	$H_2-H_3=h_2$	$H_3=H_2-h_2$	$H_3=44.54$
3	[3]	$H_3-H_4=h_3$	$H_4=H_3-h_3$	$H_4=43.69$
4	[4]	$H_4-H_5=h_4$	$H_5=H_4-h_4$	$H_5=41.94$

续上表

步骤	树枝管段号	管段能量方程	节点水头求解	节点水头（m）
5	[5]	$H_3 - H_6 = h_5$	$H_6 = H_3 - h_5$	$H_6 = 42.68$
6	[6]	$H_6 - H_7 = h_6$	$H_7 = H_6 - h_6$	$H_7 = 41.94$
7	[7]	$H_7 - H_8 = h_7$	$H_8 = H_7 - h_7$	$H_8 = 41.01$
8	[8]	$H_8 - H_9 = h_8$	$H_9 = H_8 - h_8$	$H_9 = 40.02$
9	[9]	$H_6 - H_{10} = h_8$	$H_{10} = H_6 - h_9$	$H_{10} = 38.99$

最后计算各节点自由水压，见表5.5。

表5.5　节点自由水压计算

节点编号	(1)	(2)	(3)	(4)	(5)	(6)	(7)	(8)	(9)	(10)
地面标高（m）	9.80	11.50	11.80	15.20	17.40	13.30	12.80	13.70	12.50	15.0
节点水头（m）	7.80	45.15	44.54	43.69	41.94	42.68	41.94	41.01	40. 02	38.99
自由水压（m）	—	33.65	32.74	28.48	24.54	29.38	29.14	27.31	27.52	23.99

为了便于使用，水力分析结果应标示在管网图上，如图5.2所示。

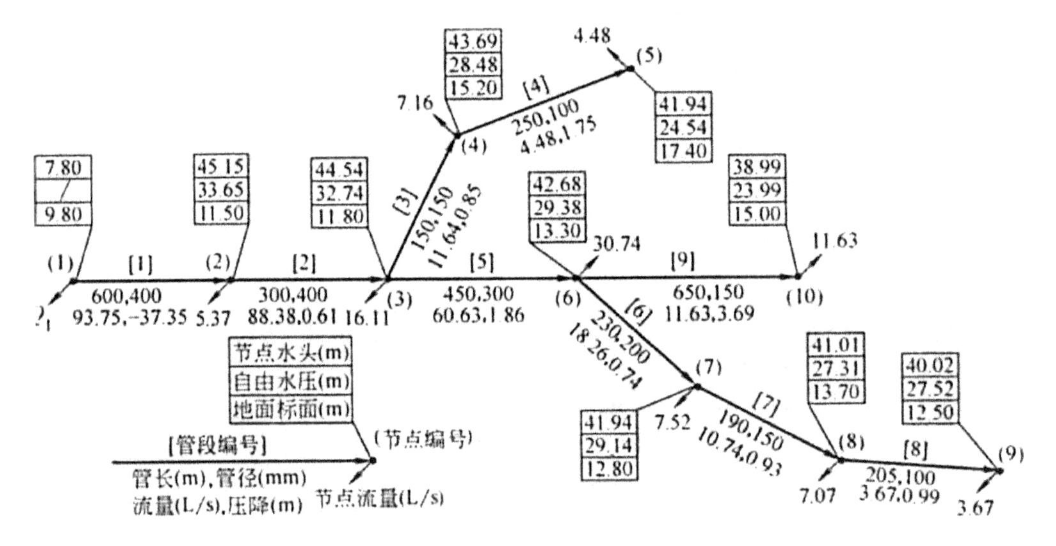

图5.2　单定压节点树状管网水力分析结果

上述计算过程可以在图纸上直接进行，这样更直观，也不易出错。

5.3　管网环方程组水力分析和计算

5.3.1　管网环能量方程组

1. 基本环能量方程组

如图 5.3 中所示，给水管网中存在两个基本环，该两个环带有回路方向的管段集合为：

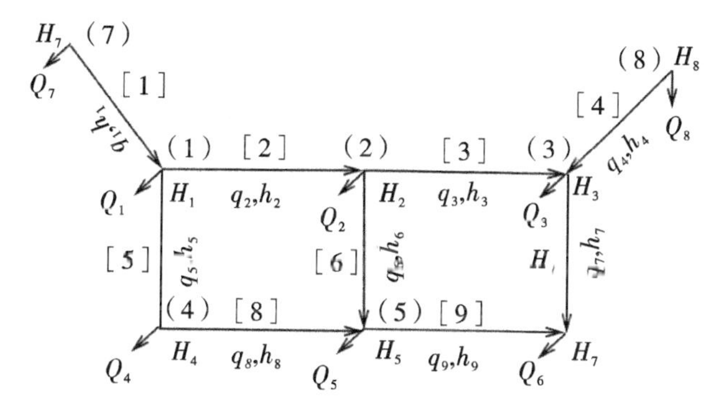

图 5.3　给水管网示意

$$\begin{cases} R_1 = \{2,\ -5,\ 6,\ -8\} \\ R_2 = \{3,\ -6,\ 7,\ -9\} \end{cases} \tag{5.6}$$

它们的环能量方程组可以写成以管段流量 q_i（$i=1,\ 2,\ 3,\ \cdots,\ 9$）为变量的非线性方程组：

$$\begin{cases} s_2 q_2^n - s_5 q_5^n + s_6 q_6^n - s_8 q_8^n = 0 \\ s_3 q_3^n - s_6 q_6^n + s_7 q_7^n - s_9 q_9^n = 0 \end{cases} \tag{5.7}$$

若初始分配一组管段流量 $q_i^{(0)}$，不能满足上述环方程组，则每个环中分别存在管段水头损失闭合差 Δh_l，l 为环的编号，$l=1,\ 2$，即：

$$\begin{cases} s_2[q_2^{(0)}]^n - s_5[q_5^{(0)}]^n + s_6[q_6^{(0)}]^n - s_8[q_8^{(0)}]^n = \Delta h_1^{(0)} \\ s_3[q_3^{(0)}]^n - s_6[q_6^{(0)}]^n + s_7[q_7^{(0)}]^n - s_9[q_9^{(0)}]^n = \Delta h_2^{(0)} \end{cases} \tag{5.8}$$

对每个环的管段流量施加一个相同的校正流量，如图 5.4 所示，可以消除闭合差 $\Delta h_1^{(0)}$ 和 $\Delta h_2^{(0)}$。上述环能量方程组即成为已知初始管段流量 $q_2^{(0)}$，和以环校正流量 Δq_1 和 Δq_2 为未知变量的非线性方程组：

$$\begin{cases} F_1(\Delta q_1, \Delta q_2) = s_2[q_2^{(0)} + \Delta q_1]^n - s_5[q_5^{(0)} - \Delta q_1]^n + \\ \qquad s_6[q_6^{(0)} + \Delta q_1 - \Delta q_2]^n - s_8[q_8^{(0)} - \Delta q_1]^n = 0 \\ F_2(\Delta q_1, \Delta q_2) = s_3[q_3^{(0)} + \Delta q_2]^n - s_6[q_6^{(0)} - \Delta q_2 + \Delta q_1]^n + \\ \qquad [q_7^{(0)} + \Delta q_2]^n - s_9[q_9^{(0)} - \Delta q_2]^n = 0 \end{cases} \tag{5.9}$$

式中：Δq_1，Δq_2——分别为 R_1 和 R_2 的环校正流量；

F_1，F_2——分别为关于 R_1 和 R_2 的环校正流量 Δq_1 和 Δq_2 的非线性函数，只与本环和相邻环的环校正流量有关。

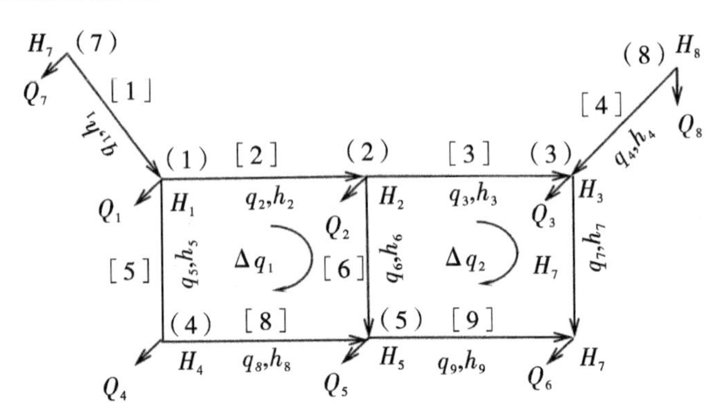

图 5.4　环校正流量示意

显然，当 Δq_1 和 Δq_2 为 0 时，由式(5.8) 得：

$$\begin{cases} F_1(0,0) = \Delta h_1^{(0)} \\ F_2(0,0) = \Delta h_2^{(0)} \end{cases} \tag{5.10}$$

用泰勒公式将式(5.9) 展开，得：

$$\begin{cases} F_1(\Delta q_1,\Delta q_2) = F_1(0,0) + \left(\dfrac{\partial F_1}{\partial \Delta q_1}\Delta q_1 + \dfrac{\partial F_1}{\partial \Delta q_2}\Delta q_2\right) + \\ \dfrac{1}{2}\left(\dfrac{\partial^2 F_1}{\partial \Delta q_1^2}\Delta q_1^2 + \dfrac{\partial^2 F_1}{\partial \Delta q_2^2}\Delta q_2^2\right) + \cdots + \dfrac{1}{n!}\left(\dfrac{\partial^n F_1}{\partial \Delta q_1^n}\Delta q_1^n + \dfrac{\partial^n F_1}{\partial \Delta q_2^n}\Delta q_2^n\right) = 0 \\ F_2(\Delta q_1,\Delta q_2) = F_2(0,0) + \left(\dfrac{\partial F_2}{\partial \Delta q_1}\Delta q_1 + \dfrac{\partial F_2}{\partial \Delta q_2}\Delta q_2\right) + \\ \dfrac{1}{2}\left(\dfrac{\partial^2 F_2}{\partial \Delta q_1^2}\Delta q_1^2 + \dfrac{\partial^2 F_2}{\partial \Delta q_2^2}\Delta q_2^2\right) + \cdots + \dfrac{1}{n!}\left(\dfrac{\partial^n F_2}{\partial \Delta q_1^n}\Delta q_1^n + \dfrac{\partial^n F_2}{\partial \Delta q_2^n}\Delta q_2^n\right) = 0 \end{cases} \tag{5.11}$$

忽略高次项，并由 $F_1(\Delta q_1,\Delta q_2)=0$，$F_2(\Delta q_1,\Delta q_2)=0$，可以得到关于 Δq_1 和 Δq_2 的线性方程组：

$$\begin{cases} \dfrac{\partial F_1}{\partial \Delta q_1}\Delta q_1 + \dfrac{\partial F_1}{\partial \Delta q_2}\Delta q_2 = -F_1(0,0) = -\Delta h_1^{(0)} \\ \dfrac{\partial F_2}{\partial \Delta q_1}\Delta q_1 + \dfrac{\partial F_2}{\partial \Delta q_2}\Delta q_2 = -F_2(0,0) = -\Delta h_2^{(0)} \end{cases} \tag{5.12}$$

改写成矩阵方程如下：

$$\begin{pmatrix} \dfrac{\partial F_1}{\partial \Delta q_1} & \dfrac{\partial F_1}{\partial \Delta q_2} \\ \dfrac{\partial F_2}{\partial \Delta q_1} & \dfrac{\partial F_2}{\partial \Delta q_2} \end{pmatrix} \begin{pmatrix} \Delta q_1 \\ \Delta q_2 \end{pmatrix} = \begin{pmatrix} -\Delta h_1^{(0)} \\ -\Delta h_2^{(0)} \end{pmatrix} \tag{5.13}$$

对式(5.9) 求一阶偏导，得：

$$
\begin{cases}
\dfrac{\partial F_1}{\partial \Delta q_1} = ns_2\left[q_2^{(0)} + \Delta q_1\right]^{n-1} - ns_5\left[q_5^{(0)} - \Delta q_1\right]^{n-1}(-1) + \\
\qquad ns_6\left[q_6^{(0)} + \Delta q_1 - \Delta q_2\right]^{n-1} - ns_8\left[q_8^{(0)} + \Delta q_1\right]^{n-1}(-1) \\
\dfrac{\partial F_1}{\partial \Delta q_2} = ns_6\left[q_6^{(0)} + \Delta q_1 - \Delta q_2\right]^{n-1}(-1) \\
\dfrac{\partial F_2}{\partial \Delta q_1} = -ns_6\left[q_6^{(0)} - \Delta q_2 + \Delta q_1\right]^{n-1} \\
\dfrac{\partial F_2}{\partial \Delta q_2} = ns_3\left[q_3^{(0)} + \Delta q_2\right]^{n-1} - ns_6\left[q_6^{(0)} - \Delta q_2 + \Delta q_1\right]^{n-1}(-1) + \\
\qquad ns_7\left[q_7^{(0)} + \Delta q_2\right]^{n-1} - ns_9\left[q_9^{(0)} - \Delta q_2\right]^{n-1}(-1)
\end{cases}
\tag{5.14}
$$

在环校正流量初始点，即 Δq_1，Δq_2 均为 0 处，有：

$$
\begin{cases}
\dfrac{\partial F_1}{\partial \Delta q_1} = ns_2\left[q_2^{(0)}\right]^{n-1} + ns_5\left[q_5^{(0)}\right]^{n-1} + ns_6\left[q_6^{(0)}\right]^{n-1} + ns_8\left[q_8^{(0)}\right]^{n-1} \\
\qquad = n\sum_{i \in R_1} s_i\left[q_i^{(0)}\right]^{n-1} \\
\dfrac{\partial F_1}{\partial \Delta q_2} = ns_6\left[q_6^{(0)}\right]^{n-1} \\
\dfrac{\partial F_2}{\partial \Delta q_1} = -ns_6\left[q_6^{(0)}\right]^{n-1} \\
\dfrac{\partial F_2}{\partial \Delta q_2} = ns_3\left[q_3^{(0)}\right]^{n-1} + ns_6\left[q_6^{(0)}\right]^{n-1} + ns_7\left[q_7^{(0)}\right]^{n-1} + \\
\qquad ns_9\left[q_9^{(0)}\right]^{n-1} = n\sum_{i \in R_2} s_i\left[q_i^{(0)}\right]^{n-1}
\end{cases}
\tag{5.15}
$$

方程（5.13）可以改写成：

$$
\begin{pmatrix}
n\sum_{i \in R_1} s_i\left[q_i^{(0)}\right]^{n-1} & -ns_6\left[q_6^{(0)}\right]^{n-1} \\
-ns_6\left[q_6^{(0)}\right]^{n-1} & n\sum_{i \in R_2} s_i\left[q_i^{(0)}\right]^{n-1}
\end{pmatrix}
\begin{pmatrix} \Delta q_1 \\ \Delta q_2 \end{pmatrix}
=
\begin{pmatrix} -\Delta h_1^{(0)} \\ -\Delta h_2^{(0)} \end{pmatrix}
\tag{5.16}
$$

求解该线性方程组，可以得到 Δq_1 和 Δq_2，如果可以在初始分配管段流量上施加上这个校正流量，就可以得到新的修正过的管段流量：

$$
q_i^{(1)} = q_i^{(0)} \pm \Delta q_l, i \in R_l \tag{5.17}
$$

即可以消除环中水头损失闭合差 $\Delta h_1^{(0)}$ 和 $\Delta h_2^{(0)}$。

但是，由于方程（5.12）中忽略了泰勒展开式的高次项，继续会有误差存在，需要多次迭代计算方程（5.16），不断校正管段流量，使水头损失闭合差不断减小，直至闭合差接近于0。不断校正管段流量的过程，称为管网流量平差，简称管网平差。管段流量校正公式为：

$$
q_i^{(k+1)} = q_i^{(k)} \pm \Delta q_l, i \in R_l \tag{5.18}
$$

对于有 L 个基本环的管网，式(5.9) 可以扩展为：

$$\begin{cases} F_1(\Delta q_1,\Delta q_2,\cdots,\Delta q_L) = 0 \\ F_2(\Delta q_1,\Delta q_2,\cdots,\Delta q_L) = 0 \\ \cdots\cdots \\ F_L(\Delta q_1,\Delta q_2,\cdots,\Delta q_L) = 0 \end{cases} \tag{5.19}$$

在环校正流量初始点（$\Delta q_1 = 0,\Delta q_2 = 0,\cdots,\Delta q_L = 0$）处，用泰勒公式将式(5.19）展开，忽略高次项，得到线性方程组：

$$\begin{cases} \dfrac{\partial F_1^{(0)}}{\partial \Delta q_1}\Delta q_1 + \dfrac{\partial F_1^{(0)}}{\partial \Delta q_2}\Delta q_2 + \cdots + \dfrac{\partial F_1^{(0)}}{\partial \Delta q_L}\Delta q_L = -F_1(0,0,\cdots,0) \\ \dfrac{\partial F_2^{(0)}}{\partial \Delta q_1}\Delta q_1 + \dfrac{\partial F_2^{(0)}}{\partial \Delta q_2}\Delta q_2 + \cdots + \dfrac{\partial F_2^{(0)}}{\partial \Delta q_L}\Delta q_L = -F_2(0,0,\cdots,0) \\ \cdots\cdots \\ \dfrac{\partial F_L^{(0)}}{\partial \Delta q_1}\Delta q_1 + \dfrac{\partial F_L^{(0)}}{\partial \Delta q_2}\Delta q_2 + \cdots + \dfrac{\partial F_L^{(0)}}{\partial \Delta q_L}\Delta q_L = -F_L(0,0,\cdots,0) \end{cases} \tag{5.20}$$

式中，$F_l(0,\ 0,\ \cdots,\ 0)$，$l=1,\ 2,\ \cdots,\ L$，称为初分配管段流量的环水头闭合差，记为：

$$\begin{aligned} F_l(0,0,\cdots,0) &= \Delta h_l^{(0)} = \sum_{i \in R_l} \pm h_i^{(0)} \\ &= \sum_{i \in R_l} \pm \left[s_i q_i^{(0)} \left| q_i^{(0)} \right|^{n-1} - h_{ei} \right] \end{aligned} \tag{5.21}$$

将线性方程组（5.20）写成矩阵形式为：

$$\boldsymbol{F}^{(0)} \cdot \overline{\Delta \boldsymbol{q}} = -\overline{\Delta \boldsymbol{h}^{(0)}} \tag{5.22}$$

式中：$\overline{\Delta \boldsymbol{h}}^{(0)} = (\Delta h_1^{(0)},\ \Delta h_2^{(0)},\ \cdots,\ \Delta h_L^{(0)})^{\mathrm{T}}$——环水头闭合差向量；

$\overline{\Delta \boldsymbol{q}} = (\Delta q_1,\ \Delta q_2,\ \cdots,\ \Delta q_L)$ T——环校正流量向量；

$\boldsymbol{F}^{(0)} = \left(\dfrac{\partial F_l^{(0)}}{\partial \Delta q_j}\right)$，$l=1,\ 2,\ 3,\ \cdots,\ L$，$j=1,\ 2,\ 3,\ \cdots,\ L$——系数矩阵。

由环水头闭合差函数求导得：

$$\frac{\partial F_l^{(0)}}{\partial \Delta q_j} = \begin{cases} \sum\limits_{i \in R_l} n s_i \left| q_i^{(0)} \right|^{n-1} = \sum\limits_{i \in R_l} z_l^{(0)},\ l = j\text{，系数矩阵的对角元素} \\ -n s_i \left| q_i^{(0)} \right|^{n-1} = -z_i^{(0)},\ i\text{ 为相邻环 } l \text{ 和 } j \text{ 的公共管段} \\ 0,\ l \neq j \text{ 且环 } l \text{ 和 } j \text{ 不相邻} \end{cases} \tag{5.23}$$

以图 5.3 所示管网为例，可以写出如下线性化得环能量的方程组：

$$\begin{pmatrix} z_2^{(0)} + z_6^{(0)} + z_8^{(0)} + z_5^{(0)} & -z_6^{(0)} \\ -z_6^{(0)} z_3^{(0)} + z_7^{(0)} + z_9^{(0)} & + z_6^{(0)} \end{pmatrix} \cdot \begin{pmatrix} \Delta q_1 \\ \Delta q_2 \end{pmatrix} = -\begin{pmatrix} \Delta h_1^{(0)} \\ \Delta h_2^{(0)} \end{pmatrix} \tag{5.24}$$

2. 虚环能量方程组

如果有数条管段形成一条路径，将这些管段的能量守恒方程相加，导出新的能量守恒方程，称为路径能量方程。

图 5.3 中，如果将管段 [1]、[2]、[3] 和 [4] 的能量方程相加，可导出从节点（7）到节点（8）之间一条路径的能量方程，即：

$$H_7 - H_8 = h_1 + h_2 + h_3 - h_4 \tag{5.25}$$

为了便于利用环能量方程表达路径能量问题，在每两个定压节点之间，可以构造一个虚拟的环，称为虚环。关于虚环的假设如下：

（1）在管网中增加一个虚节点，作为虚定压节点，编码为 0，它供应两个定压节点的流量；虚节点的压力定义为零。

（2）从虚定压节点到每个定压节点增设一条虚管段，并假设该管段将流量输送到实际的定压节点，该虚管段无阻力，但虚拟设一个泵站，泵站扬程为所关联定压节点水头，泵站也无阻力，即虚管段能量方程为：

$$H_0 - H_{T_i} = h_i = -H_{T_i} \tag{5.26}$$

式中：T_i——定压节点；

H_{T_i}——与虚管段 i 关联的定压节点水头。

（3）定压节点流量改由虚管段供应，其节点流量改为零，成为已知量，其节点水头假设为未知量，因此，不再将它们作为定压节点，管网成为以虚节点为已知压力节点的单定压节点管网。

若原管网有 R 个定压节点，通过以上假设，增加 P 条虚管段，同时也就产生 $R-1$ 个虚环。以如图 5.3 所示的管网为例，若节点（7）和（8）为两个定压节点，按上述假设，增设了一个虚节点（0）和两条虚管段［10］和［11］，构成一个虚环，如图 5.5 所示。原定压节点（7）和（8）的流量改为零，成为已知量，节点水头作为未知量，由虚管段能量方程确定，因此节点（7）和节点（8）不再作为定压节点。原管网成为单定压节点管网。

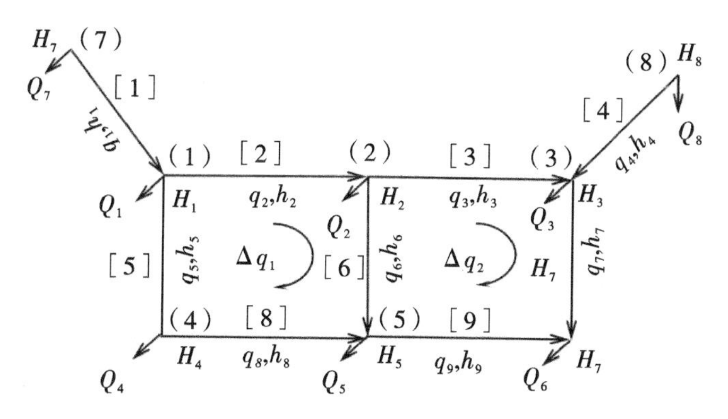

图 5.5　多定压节点管网虚环的构成

作为单定压节点管网，如图 5.5 所示的管网的环能量方程为：

$$\begin{cases} -h_1 - h_2 - h_3 + h_4 - h_{10} + h_{11} = 0 \\ h_2 - h_5 + h_6 - h_8 = 0 \\ h_3 - h_6 + h_7 - h_9 = 0 \end{cases} \tag{5.27}$$

根据假设，$h_{10} = -H_7$，$-h_{11} = -H_8$，因此式(5.27) 中第一个虚环能量方程就是式(5.25) 所表示的定压节点间路径能量方程。设虚环后，管网的环数或环方程数为：

$$L' = L + R - 1 \tag{5.28}$$

代入管段水力特性关系式，式(5.27) 所列环能量方程组为：

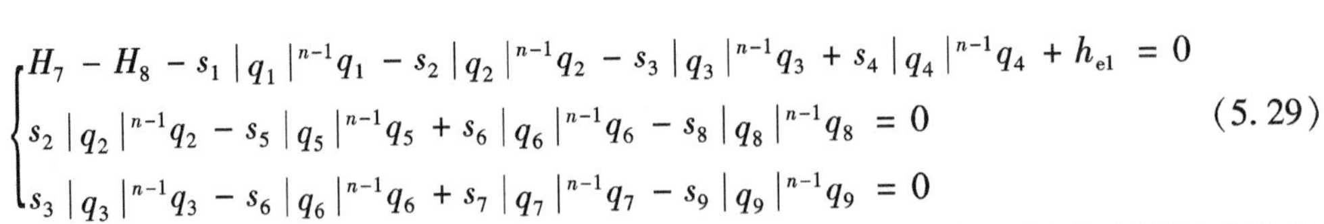

$$\begin{cases} H_7 - H_8 - s_1 |q_1|^{n-1} q_1 - s_2 |q_2|^{n-1} q_2 - s_3 |q_3|^{n-1} q_3 + s_4 |q_4|^{n-1} q_4 + h_{e1} = 0 \\ s_2 |q_2|^{n-1} q_2 - s_5 |q_5|^{n-1} q_5 + s_6 |q_6|^{n-1} q_6 - s_8 |q_8|^{n-1} q_8 = 0 \\ s_3 |q_3|^{n-1} q_3 - s_6 |q_6|^{n-1} q_6 + s_7 |q_7|^{n-1} q_7 - s_9 |q_9|^{n-1} q_9 = 0 \end{cases} \tag{5.29}$$

应用前述环状管网的校正流量计算式(5.17)，可以求解包括虚环的多水源环状管网水力方程组。

5.3.2　环能量方程组求解

以环校正流量为未知量的环能量方程组经过线性化转换后，可以采用解线性方程组的算法解。下面介绍两种常用算法：牛顿-拉夫森算法和哈代-克罗斯算法。

1. 牛顿-拉夫森算法

牛顿-拉夫森算法就是通过线性化转换求解环能量方程组［式(5.19)］，通过迭代计算逐步逼近环能量方程组最终解的方法，其步骤如下：

（1）拟定满足节点流量连续性方程组的各管段流量初值 $q_i^{(k)} e_h$（$i=1, 2, \cdots, M$），M 为管网中管段总数，$k=0$，并给定环水头闭合差的最大允许值 e$_h$（手工计算时 e_h 一般为 0.1～0.5 m，计算机计算时 e_h 一般为 0.01～0.1 m）。

（2）由式(5.21)计算各环水头闭合差 $\Delta h_l^{(k)}$（$l=1, 2, \cdots, L$）。

（3）判断各环水头闭合差是否均小于最大允许闭合差，即 $|\Delta h_l^{(k)}| < e_h$（$l=1, 2, \cdots, L$）均成立，若满足，则解环方程组结束，转步骤（7）进行后续计算，否则继续下个步骤。

（4）计算系数矩阵 $\boldsymbol{F}^{(k)}$，其元素按式(5.23)计算。

（5）解线性方程组［式(5.22)］，得环校正流量 Δq_l（$l=1, 2, \cdots, L$）。

（6）将环校正流量施加到环内所有管段，得到新的管段流量 $q_i^{(k+1)}$ 管段流量迭代计算公式为：

$$q_i^{(k+1)} = q_i^{(k)} + \Delta q_j - \Delta q_l, \quad i=1, 2, \cdots, M \tag{5.30}$$

式中：Δq_j——第 j 环的校正流量（当管段 i 在第 j 中为顺时针方向）；

Δq_l——第 l 环的校正流量（当管段 i 在第 l 中为顺时针方向）。

返回步骤（2）。

（7）计算管段压降、流速，用顺推法求各节点水头，最后计算节点自由水压，计算结束。

【例5.2】某给水管网如图5.6所示，节点流量、管段长度、管段直径、初分配管段流量数据也标注于图中，节点地面标高见表5.6，节点（8）为定压节点，已知其节点水头为 $H_8=41.50$ m，采用海曾-威廉公式计算水头损失，C_W 为海曾-威廉数，当 $C_W=110$，试进行管网水力分析，最大允许闭合差 $e_h=0.1$ m，求各管段流量、流速、压降，各节点水头和自由水压。

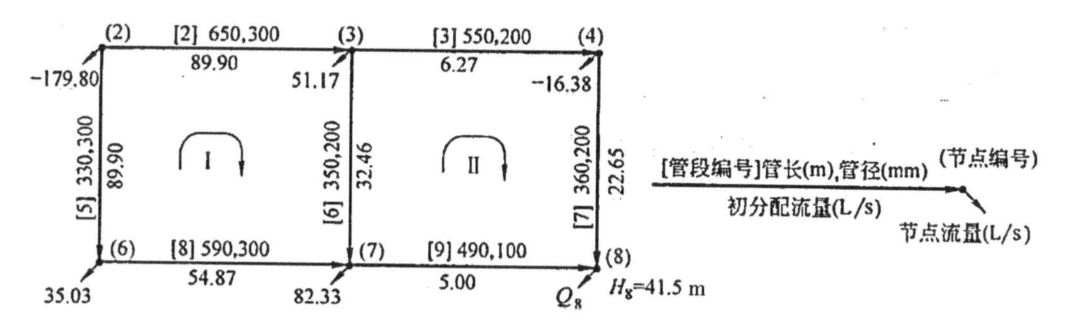

图 5.6　管网水力分析

表 5.6　节点地面标高

节点编号	2	3	4	6	7	8
地面标高（m）	18.80	19.10	22.00	18.30	17.30	17.50

【解】该管网为两个环，管段初分配流量已经完成，相关数据见表 5.7。

表 5.7　初分配流量下的管段数据计算

管段编号 i	[2]	[3]	[5]	[6]	[7]	[8]	[9]
管段长度 l_i（m）	650	550	330	350	360	590	490
管段直径 D_i（mm）	0.300	0.200	0.300	0.200	0.200	0.300	0.100
管段阻力系数 s_i	404.4	2 465.2	205.3	1 568.8	1 613.6	367.1	64 224.6
初分配管段流量 $q_i^{(0)}$（m^3/s）	0.089 90	0.006 27	0.089 90	0.032 46	0.022 65	0.054 87	0.005 00
管段压降 $h_i^{(0)}$（m）	4.67	0.21	2.37	2.75	1.45	1.70	3.52
管段系数 $z_1^{(0)}$	96.21	62.03	48.82	156.90	118.56	567.38	1303.81

各环水头闭合差计算并判断如下：

$$\Delta h_1^{(0)} = h_2^{(0)} + h_6^{(0)} - h_8^{(0)} - h_5^{(0)} = 4.47 + 2.75 - 1.70 - 2.37 = 3.35, |\Delta h_1^{(0)}| > e_h$$

$$\Delta h_2^{(0)} = h_3^{(0)} + h_7^{(0)} - h_9^{(0)} - h_6^{(0)} = 0.21 + 1.45 - 3.52 - 2.75 = -4.61, |\Delta h_2^{(0)}| > e_h$$

环水头闭合差不满足要求，需要进行环流量修正，先求系数矩阵：

$$F^{(0)} = \begin{pmatrix} z_2^{(0)} + z_6^{(0)} + z_8^{(0)} + z_5^{(0)} & z_6^{(0)} \\ -z_6^{(0)} & z_3^{(0)} + z_7^{(0)} + z_9^{(0)} + z_6^{(0)} \end{pmatrix} = \begin{pmatrix} 359.31 & -156.90 \\ -156.90 & 1641.30 \end{pmatrix}$$

解线性方程组：

$$\begin{pmatrix} 359.31 & -156.90 \\ -156.90 & 1\,641.30 \end{pmatrix} \cdot \begin{pmatrix} \Delta q_1 \\ \Delta q_2 \end{pmatrix} = -\begin{pmatrix} 3.35 \\ -4.61 \end{pmatrix}$$

得环校正流量解为：$\Delta q_1 = 0.008\,45$，$\Delta q_2 = 0.002\,00$，施加该环流量，得到新的管段流量，重新计算，见表 5.8。

表 5.8　第一次施加环流量后的管段数据计算

管段编号 i	[2]	[3]	[5]	[6]	[7]	[8]	[9]
管段阻力系数 s_i	404.4	2 465.2	205.3	1 568.8	1613.6	367.1	6 4224.6

续上表

管段编号 i	[2]	[3]	[5]	[6]	[7]	[8]	[9]
原管段流量 $q_i^{(0)}$（m^3/s）	0.089 90	0.006 27	0.089 90	0.032 46	0.022 65	0.054 87	0.005 00
施加环流量 Δq_k（m^3/s）	-0.008 45	0.002 00	0.008 45	0.010 45	0.002 00	0.008 45	-0.002 00
新管段流量 $q_i^{(0)}$（m^3/s）	0.081 45	0.008 27	0.098 35	0.022 01	0.024 65	0.063 32	0.003 00
管段压降 $h_i^{(0)}$（m）	3.89	0.34	2.80	1.34	1.70	2.21	1.37
管段阻尼系数 $z_1^{(0)}$	88.45	76.14	52.73	112.75	127.72	64.64	845.75

重新计算各个环的水头闭合差并判断：

$$\Delta h_1^{(0)}=h_2^{(0)}+h_6^{(0)}-h_8^{(0)}-h_5^{(0)}=3.89+1.34-2.21-2.80=0.22,\quad |\Delta h_1^{(0)}|>e_h$$

$$\Delta h_2^{(0)}=h_3^{(0)}+h_7^{(0)}-h_9^{(0)}-h_6^{(0)}=0.34+1.70-1.37-1.34=-0.67,\quad |\Delta h_2^{(0)}|>e_h$$

闭合差已经大大减小，但是还不满足题目所限制的要求，需要再次修正系数矩阵，得到新的矩阵方程组：

$$\begin{pmatrix}318.57 & -112.75\\ -112.75 & 1\,162.36\end{pmatrix}\cdot\begin{pmatrix}\Delta q_1\\ \Delta q_2\end{pmatrix}=-\begin{pmatrix}0.22\\ -0.67\end{pmatrix}$$

解方程组得：$\Delta q_1=-0.000\,50$，$\Delta q_2=0.000\,53$，对各管段施加该环校正流量，得到新的管段流量，重新计算，见表5.9。

表5.9　第二次施加环流量后的管段数据计算

管段编号 i	[2]	[3]	[5]	[6]	[7]	[8]	[9]
管段阻力系数 s_i	404.4	2 465.2	205.3	1 568.8	1 613.6	367.1	64 224.6
原管段流量 $q_i^{(0)}$（m^3/s）	0.081 45	0.008 27	0.098 35	0.022 01	0.024 65	0.063 32	0.003 00
施加环校正流量 Δq_k（m^3/s）	-0.000 5	0.000 53	0.000 5	0.001 03	0.000 53	0.000 50	-0.000 53
新的管段流量 $q_i^{(0)}$（m^3/s）	0.080 95	0.008 80	0.098 85	0.020 98	0.025 18	0.063 82	0.002 47
管段压降 $h_i^{(0)}$（m）	1.15	0.26	1.40	0.68	0.80	0.90	0.31
管段阻尼系数 $z_1^{(0)}$	3.84	0.38	2.83	1.22	1.76	2.25	0.95

重新计算各环水头闭合差并判断如下：

$$\Delta h_1^{(0)}=h_2^{(0)}+h_6^{(0)}-h_8^{(0)}-h_5^{(0)}=3.84+1.22-2.25-2.83=-0.22,\quad |\Delta h_1^{(0)}|<e_h$$

$$\Delta h_2^{(0)}=h_3^{(0)}+h_7^{(0)}-h_9^{(0)}-h_6^{(0)}=0.38+1.76-0.95-1.22=-0.03,\quad |\Delta h_2^{(0)}|<e_h$$

各环水头闭合差已经满足要求。由节点（8）出发，用顺推法计算各节点水头和节点自由水压，见表5.10。

表5.10　节点自由水压计算

节点编号	2	3	4	6	7	8
地面标高（m）	18.80	19.10	22.00	18.30	17.30	17.50
节点水头（m）	47.43	43.64	43.26	44.60	42.35	41.50
自由水压（m）	28.63	24.54	21.26	26.30	25.05	24.00

2. 哈代－克罗斯算法

在运用上述牛顿－拉夫森算法解环方程组时，需要反复多次求解一阶线性方程组，当管

网中环数 L 很大时，线性方程组的求解是很困难的，特别是采用手工计算时。为此，哈代 - 克罗斯（Hardy Crose）于 1936 年提出了一种简化求解算法。分析系数矩阵 $\boldsymbol{F}^{(0)}$，发现它不但是一个对称正定矩阵，也是一个主对角优势稀疏矩阵；当 L 较大时，其大多数元素为零，主对角元素值是较大的正值，非主对角的不为零的元素都是较小的负值。因此，哈代 - 克罗斯算法提出，若只保留主对角元素，忽略其他所有元素，则线性方程组可直接由下式求解：

$$\Delta q_k^{(1)} = -\frac{\Delta h_k^{(0)}}{\sum\limits_{i \in R_k} z_i^{(0)}}, k = 1,2,\cdots,L \tag{5.31}$$

【例 5.3】多定压节点管网如图 5.7 所示，节点（1）为清水池，节点水头 12.00 m，节点（5）为水塔，节点水头为 48.00 m，该两节点为定压节点。各管段长度、直径，各节点流量如图 5.7 所示，各节点地面标高见表 5.11。管段［1］上设有泵站，其水力特性如图 5.7 所示。试进行水力分析，计算各管段流量与流速、各节点水头与自由水压（水头损失采用海曾 - 威廉公式计算，$C_W = 110$）。

表 5.11　节点地面标高

节点编号	1	2	3	4	5	6	7	8
地面标高（m）	13.60	18.80	19.10	22.00	32.20	18.30	17.30	17.50

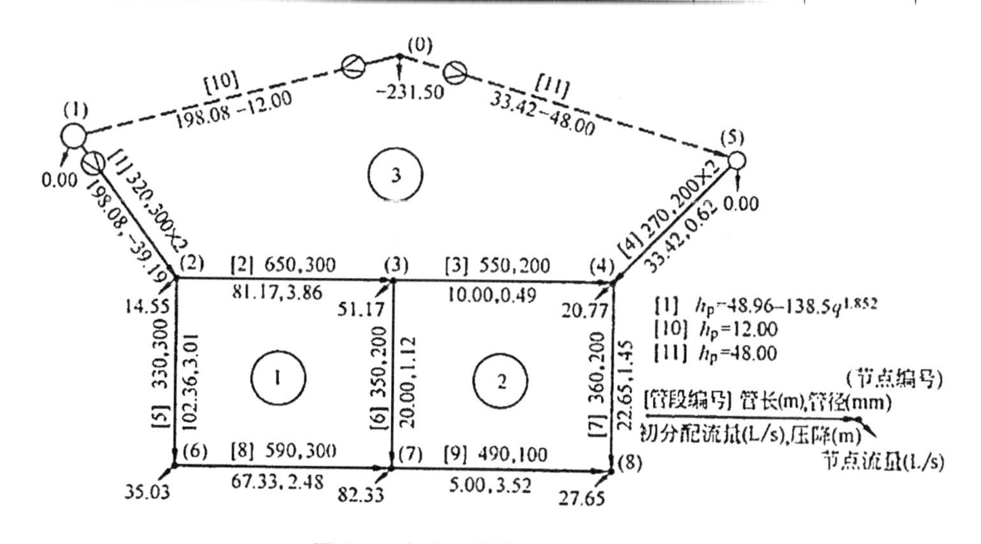

图 5.7　多定压节点官网水力分析

【解】用哈代 - 克罗斯算法进行多定压节点给水管网水力分析，必须先设置虚节点和虚管段，将多定压节点问题转化为单定压节点问题，本例有两个定压节点，因此要设一个虚节点（0）及从节点（0）到定压节点（1）和（5）的两条虚管段［10］和［11］，虚节点（0）是新的定压节点，节点水头为 0.00 m，节点（1）和（5）转化为定流节点，节点流量均为 0.00 L/s，虚管段被认为是无阻力的，但设有泵站，泵站静扬程为原定压节点的节点水头，即分别为 12.00 m 和 48.00 m，如图 5.7 所示。由虚管段［10］和［11］与管段［1］、［2］、［3］和［4］构成一个环，称为虚环，编码为③。

经过以上假设，得到单定压节点管网，按图 5.7 中粗线确定生成树，连枝管段［3］、［6］和［9］的初分配流量分别为 10. 00 L/s、20.00 L/s 和 5.00 L/s，用逆推法求出其余

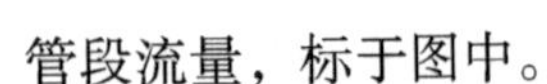

管段流量，标于图中。

对管网中的环进行编码，依次为①、②和③，如图5.7所示。将海曾－威廉公式转换为指数形式，计算各管段的摩阻系数 s 的值，其中，管段［1］的 s 的值为2根DN300的并联等效管段的摩阻系数与泵站摩阻系数之和，管段［4］的 s 的值为2根DN200的并联等效管段的摩阻系数。

用哈代－克罗斯法进行平差计算（注意，流量常用单位为L/s，但计算水头损失时用 m^3/s），见表5.12。经过两次平差，各环水头闭合差均小于0.5 m，最后计算管段流速、节点水头等，见表5.13。计算结果同时用图表示，如图5.8所示。

表5.12　哈代克罗斯法平差计算

环号	管段编号	s	h_{ei} (m)	流量初分配			第1次平差			第2次平差	
				q (L/s)	h (m)	$s\|q\|^{0.852}$	q (L/s)	h (m)	$s\|q\|^{0.852}$	q (L/s)	h (m)
1	2	404.40	0.00	81.17	3.86	47.60	81.01	3.85	47.52	81.14	3.86
	6	1 568.68	0.00	20.00	1.12	55.98	19.95	1.11	55.86	20.52	1.17
	−8	367.07	0.00	−67.33	−2.48	36.85	−65.71	−2.37	36.09	−64.62	−2.30
	−5	205.31	0.00	−102.36	−3.01	29.45	−100.74	−2.93	29.05	−99.65	−2.87
					−0.51	169.88		−0.34	168.51		−0.14
				$\Delta q=-\frac{-0.51\times1\,000}{1.852\times169.88}=1.62$			$\Delta q=-\frac{-0.34\times1\,000}{1.852\times169.52}=1.09$				
2	3	2 465.07	0.00	10.00	0.49	48.73	9.89	0.48	48.28	9.45	0.44
	7	1 613.50	0.00	22.65	1.45	64.02	24.32	1.65	68.02	24.84	1.72
	−9	64 221.17	0.00	−5.00	−3.52	703.40	−3.33	−1.66	497.51	−2.81	−1.21
	−6	1 568.68	0.00	−20.00	−1.12	55.98	−19.95	−1.11	55.86	−20.52	−1.17
					−2.70	872.13		−0.64	669.67		−0.22
				$\Delta q=-\frac{-2.70\times1\,000}{1.852\times872.13}=1.67$			$\Delta q=-\frac{-0.64\times1\,000}{1.852\times669.67}=0.52$				
3	−10	0.00	−12.00	−198.08	12.00	0.00	−196.30	12.00	0.00	−195.34	12.00
	11	0.00	48.00	33.42	−48.00	0.00	35.20	−48.00	0.00	36.16	−48.00
	4*	337.23	0.00	33.42	0.62	18.64	35.20	0.69	19.48	36.16	0.72
	−3	2 465.07	0.00	−10.00	−0.49	48.73	−9.80	−0.48	48.28	−9.45	−0.44
	−2	404.40	0.00	−81.17	−3.86	47.60	−81.01	−3.85	47.52	−81.14	−3.86
	−1*	193.98	−48.86	−198.08	39.19	48.33	−196.30	39.35	48.45	−195.34	39.43
					−0.54	163.80		−0.29	163.73		−0.15
				$\Delta q=-\frac{-0.54\times1\,000}{1.852\times163.80}=1.78$			$\Delta q=-\frac{-0.29\times1\,000}{1.852\times163.73}=0.96$				

注：*管段1和管段4为两条平行管道的等效管段。

表 5.13　多定压节点管网水力分析结果

节点编号	1*	2	3	4*	5	6	7	8	9
管段流速（L/s）	195.34	81.14	9.45	36.14	99.65	20.52	24.84	64.62	2.81
管内流速（m/s）	1.38	1.15	0.30	0.58	1.41	0.65	0.65	0.91	0.36
管段压降（m）	-39.43	3.86	0.44	0.72	2.87	1.17	1.72	2.30	1.21
节点水头（m）	12.00	51.43	47.57	47.28	48.00	48.56	46.26	45.05	--
地面标高（m）	13.60	18.80	19.10	22.00	32.20	18.30	17.30	17.50	—
自由水压（m）	—	32.63	28.47	25.28	15.80	30.26	28.96	28.06	—

注：* 管段 1 和管段 4 为两条平行管道的等效管段。

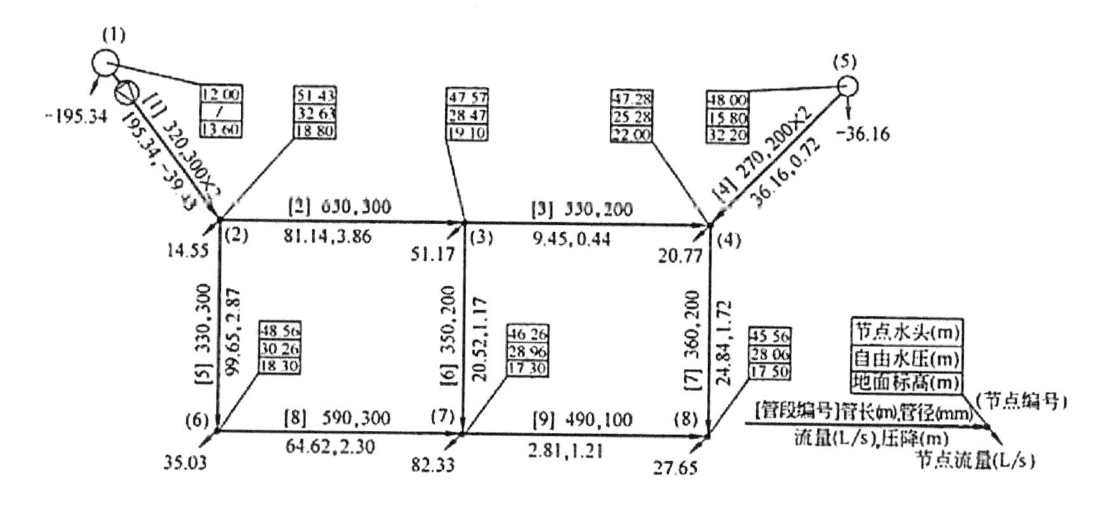

图 5.8　多定压节点管网水力分析结果

5.4　管网节点方程组水力分析和计算

5.4.1　给水管网节点压力方程组

由管段水头损失的指数公式(3.61)，将管段流量表达为关于节点压力的函数：

$$q_{jk}=\left(\frac{H_j-H_k}{S_{jk}}\right)^{\frac{1}{n}}=S_{jk}^{-\frac{1}{n}}(H_j-H_k)^{\frac{1}{n}} \tag{5.32}$$

式中：j——节点编号；

k——与节点 j 邻接的节点号；

S_{jk}——管段 jk 的摩阻系数。

将式(5.32)代入节点流量方程式(3.23)，可以写出各节点的压力方程如下：

$$\sum_{k\in j}\left[\pm S_{jk}^{-\frac{1}{n}}(H_j - H_k)^{\frac{1}{n}}\right] + Q_j = 0 \tag{5.33}$$

设节点压力初值为 $H_j^{(0)}$ 和 $H_k^{(0)}$，则存在节点校正压力 ΔH_j 和 ΔH_k，满足：

$$\begin{cases} H_j = H_j^{(0)} + \Delta H_j \\ H_k = H_k^{(0)} + \Delta H_k \end{cases} \tag{5.34}$$

式(5.33)可改写为以节点校正压力 ΔH_j 和 ΔH_k 为未知参数的节点校正压力方程：

$$G_j(\Delta H_j,\Delta H_k) = \sum_{k\in j}\left(\pm S_{jk}^{-\frac{1}{n}}((H_j^{(0)} + \Delta H_j) - (H_k^{(0)} + \Delta H_k))^{\frac{1}{n}}\right) + Q_j = 0 \tag{5.35}$$

式中：$G_j(\Delta H_j,\Delta H_k)$ ——节点 j 的流量函数之和，它是关于各定流节点上压力增量 ΔH_j 和 ΔH_k 的非线性函数。

以如图5.9所示的管网为例，已知条件是管段长度、管段直径、节点流量和至少一个节点压力。可以采用节点校正压力方程组［式(5.34)］表达管网水力状态。

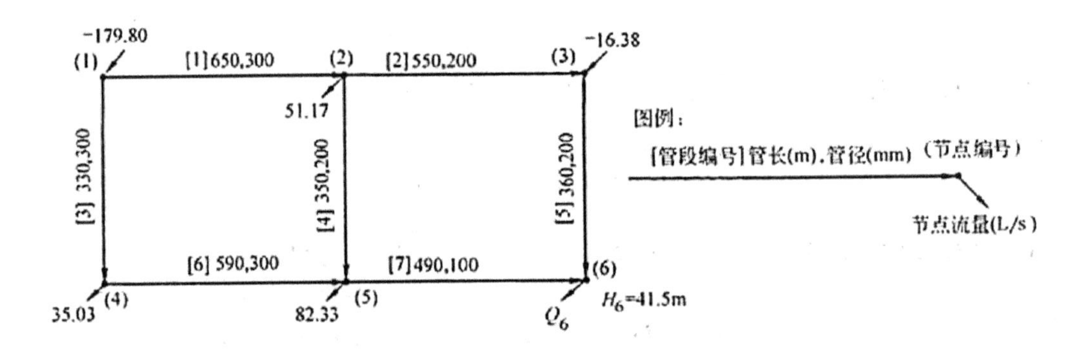

图5.9　管网节点压力法水力分析示意

已知节点(6)的节点水头为 $H_6 = 41.50$ m，为定压节点，以此作为建立管网节点校正压力方程组的压力边界条件（或管网压力基准点）。节点(1)～(5)为定流节点，节点流量已知，节点压力为待求变量。可以写出管网节点流量矩阵方程如下：

$$\begin{pmatrix} 1 & 1 & 0 & 0 & 0 & 0 & 0 \\ -1 & 1 & 0 & 1 & 0 & 0 & 0 \\ 0 & -1 & 0 & 0 & 1 & 0 & 0 \\ 0 & 0 & -1 & 0 & 0 & 1 & 0 \\ 0 & 0 & 0 & -1 & 0 & -1 & 1 \end{pmatrix}\begin{pmatrix} q_1 \\ q_2 \\ q_3 \\ q_4 \\ q_5 \\ q_6 \\ q_7 \end{pmatrix} + \begin{pmatrix} Q_1 \\ Q_2 \\ Q_3 \\ Q_4 \\ Q_5 \end{pmatrix} = \begin{pmatrix} 0 \\ 0 \\ 0 \\ 0 \\ 0 \end{pmatrix} \tag{5.36}$$

应当指出，对于节点(6)，同样存在节点流量方程：

$$-q_5 - q_7 + Q_6 = 0 \tag{5.37}$$

该方程一定是节点(1)～(5)的节点流量方程的代数和，即式(5.37)为非独立方程。因此，由式(5.36)求解得出的管段流量 q_1 ～ q_7 必然满足节点(1)～(6)的节点流量方程。为了建立管网节点校正压力方程组，将管段流量 q_i 的管段编码 i 改为以管段起端和终端节点编号 jk 表达，则管段流量 q_1 ～ q_7 依次改为 q_{12}，q_{23}，q_{34}，q_{45}，q_{56}。由式

(5.35)，可以建立节点校正压力方程组：

$$\begin{cases} G_1(\Delta H_1,\ \Delta H_2,\ \Delta H_4) = S_{12}^{-\frac{1}{n}}\{[H_1^{(0)}+\Delta H_1]-[H_2^{(0)}+\Delta H_2]\}^{\frac{1}{n}}+ \\ \qquad S_{14}^{-\frac{1}{n}}\{[H_1^{(0)}+\Delta H_1]-[H_4^{(0)}+\Delta H_4]\}^{\frac{1}{n}}+Q_1=0 \\ G_2(\Delta H_1,\ \Delta H_2,\ \Delta H_3,\ \Delta H_5) = S_{12}^{-\frac{1}{n}}\{[H_1^{(0)}+\Delta H_1]-[H_2^{(0)}+\Delta H_2]\}^{\frac{1}{n}}+ \\ \qquad S_{23}^{-\frac{1}{n}}\{[H_2^{(0)}+\Delta H_2]-[H_3^{(0)}+\Delta H_3]\}^{\frac{1}{n}}+ \\ \qquad S_{25}^{-\frac{1}{n}}\{[II_2^{(0)}+\Delta II_2]-[H_5^{(0)}+\Delta H_5]\}^{\frac{1}{n}}+Q_2=0 \\ G_3(\Delta H_2,\ \Delta H_3) = S_{23}^{-\frac{1}{n}}\{[H_2^{(0)}+\Delta H_2]-[H_3^{(0)}+\Delta H_3]\}^{\frac{1}{n}}+ \\ \qquad S_{45}^{-\frac{1}{n}}\{[H_4^{(0)}+\Delta H_4]-[H_5^{(0)}+\Delta H_5]\}^{\frac{1}{n}}+Q_4=0 \\ G_5(\Delta H_2,\ \Delta H_3,\ \Delta H_5) = S_{25}^{-\frac{1}{n}}\{[H_2^{(0)}+\Delta H_2]-[H_5^{(0)}+\Delta H_5]\}^{\frac{1}{n}}+ \\ \qquad S_{45}^{-\frac{1}{n}}\{[H_4^{(0)}+\Delta H_4]-[H_5^{(0)}+\Delta H_5]\}^{\frac{1}{n}}+ \\ \qquad S_{56}^{-\frac{1}{n}}\{[H_5^{(0)}+\Delta H_5]-H_6\}^{\frac{1}{n}}+Q_5=0 \end{cases} \tag{5.38}$$

将式(5.38) 用泰勒公式展开：

$$\begin{cases} G_1(\Delta H_1,\ \Delta H_2,\ \Delta H_4) = G_1(H_1^{(0)},\ H_2^{(0)},\ H_4^{(0)})+ \\ \qquad \left(\frac{\partial G_1}{\partial \Delta H_1}\Delta H_1+\frac{\partial G_1}{\partial \Delta H_2}\Delta H_2+\frac{\partial G_1}{\partial \Delta H_4}\Delta H_4\right)+ \\ \qquad \frac{1}{2}\left(\frac{\partial^2 G_1}{\partial \Delta H_1^2}\Delta H_1^2+\frac{\partial^2 G_1}{\partial \Delta H_2^2}\Delta H_2^2+\frac{\partial^2 G_1}{\partial \Delta H_4^2}\Delta H_4^2\right)+\cdots+ \\ \qquad \frac{1}{n!}\left(\frac{\partial^n G_1}{\partial \Delta H_1^n}\Delta H_1^n+\frac{\partial^n G_1}{\partial \Delta H_2^n}\Delta H_2^2+\frac{\partial^n G_1}{\partial \Delta H_4^n}\Delta H_4^n\right)=0 \end{cases}$$

$$\begin{cases} G_2(\Delta H_1,\ \Delta H_2,\ \Delta H_5) = G_2(H_1^{(0)},\ H_2^{(0)},\ H_3^{(0)},\ H_5^{(0)})+ \\ \left(\frac{\partial G_2}{\partial \Delta H_1}\Delta H_1+\frac{\partial G_2}{\partial \Delta H_2}\Delta H_2+\frac{\partial G_2}{\partial \Delta H_3}\Delta H_4+\frac{\partial G_2}{\partial \Delta H_5}\Delta H_5\right)+\cdots+ \\ \frac{1}{2}\left(\frac{\partial^2 G^2}{\partial \Delta H_1^2}\Delta H_1^2+\frac{\partial^2 G^2}{\partial \Delta H_2^2}\Delta H_2^2+\frac{\partial^2 G^2}{\partial \Delta H_3^2}\Delta H_3^2+\frac{\partial^2 G^2}{\partial \Delta H_5^2}\Delta H_5^2\right)+\cdots+ \\ \frac{1}{n!}\left(\frac{\partial^n G_2}{\partial \Delta H_1^n}\Delta H_1^n+\frac{\partial^n G_2}{\partial \Delta H_2^n}\Delta H_2^2+\frac{\partial^n G_2}{\partial \Delta H_3^n}\Delta H_3^n+\frac{\partial^n G_2}{\partial \Delta H_5^n}\Delta H_5^n\right)=0 \\ \cdots\cdots \\ G_5(\Delta H_2,\ \Delta H_4,\ \Delta H_5) = G_5(H_2^{(0)},\ H_4^{(0)},\ H_5^{(0)})+ \\ \left(\frac{\partial G_5}{\partial \Delta H_2}\Delta H_2+\frac{\partial G_5}{\partial \Delta H_4}\Delta H_4+\frac{\partial G_5}{\partial \Delta H_5}\Delta H_5\right)+ \\ \frac{1}{2}\left(\frac{\partial^2 G^5}{\partial \Delta H_2^2}\Delta H_2^2+\frac{\partial^2 G^5}{\partial \Delta H_4^2}\Delta H_4^2+\frac{\partial^2 G^5}{\partial \Delta H_5^2}\Delta H_5^2\right)+\cdots+ \\ \frac{1}{n!}\left(\frac{\partial^n G_5}{\partial \Delta H_2^n}\Delta H_2^n+\frac{\partial^n G_5}{\partial \Delta H_4^n}\Delta H_4^n+\frac{\partial^n G_5}{\partial \Delta H_5^n}\Delta H_5^n\right)=0 \end{cases} \tag{5.39}$$

忽略展开式中的高次项，可以得到关于 ΔH_1，ΔH_2，…，ΔH_5 的节点校正压力线性方程组：

$$\begin{cases} \frac{\partial G_1}{\partial \Delta H_1}\Delta H_1 + \frac{\partial G_1}{\partial \Delta H_2}\Delta H_2 + \frac{\partial G_1}{\partial \Delta H_4}\Delta H_4 = G_1(H_1, H_2, H_4) - \\ \qquad G_1(H_1^{(0)}, H_2^{(0)}, H_4^{(0)}) = -\Delta Q_1^{(0)} \\ \frac{\partial G_2}{\partial \Delta H_1}\Delta H_1 + \frac{\partial G_2}{\partial \Delta H_2}\Delta H_2 + \frac{\partial G_2}{\partial \Delta H_3}\Delta H_3 + \frac{\partial G_2}{\partial \Delta H_5}\Delta H_5 = G_2(H_1, H_2, H_3, H_5) - \\ \qquad G_2(H_1^{(0)}, H_2^{(0)}, H_3^{(0)}, H_5^{(0)}) \\ \qquad = -\Delta Q_2^{(0)} \\ \frac{\partial G_5}{\partial \Delta H_2}\Delta H_2 + \frac{\partial G_5}{\partial \Delta H_4}\Delta H_4 + \frac{\partial G_5}{\partial \Delta H_5}\Delta H_5 = G_5(H_2, H_4, H_5) - \\ \qquad G_5(H_2^{(0)}, H_4^{(0)}, H_5^{(0)}) = -\Delta Q_5^{(0)} \end{cases} \tag{5.40}$$

式中，$\Delta Q_1^{(0)}$，$\Delta Q_2^{(0)}$，…，$\Delta Q_5^{(0)}$ 依次为节点（1）～（5）在初始压力下地节点流量闭合差，最终应为0。式(5.40）可以改写成：

$$\begin{pmatrix} \frac{\partial G_1}{\partial \Delta H_1} & \frac{\partial G_1}{\partial \Delta H_2} & 0 & \frac{\partial G_1}{\partial \Delta H_4} & 0 \\ \frac{\partial G_2}{\partial \Delta H_1} & \frac{\partial G_1}{\partial \Delta H_2} & \frac{\partial G_1}{\partial \Delta H_3} & 0 & \frac{\partial G_2}{\partial \Delta H_5} \\ 0 & \frac{\partial G_3}{\partial \Delta H_2} & \frac{\partial G_3}{\partial \Delta H_3} & 0 & 0 \\ \frac{\partial G_4}{\partial \Delta H_1} & 0 & 0 & \frac{\partial G_4}{\partial \Delta H_4} & \frac{\partial G_4}{\partial \Delta H_5} \\ 0 & \frac{\partial G_5}{\partial \Delta H_2} & 0 & \frac{\partial G_5}{\partial \Delta H_4} & \frac{\partial G_5}{\partial \Delta H_5} \end{pmatrix} \cdot \begin{pmatrix} \Delta H_1 \\ \Delta H_2 \\ \Delta H_3 \\ \Delta H_4 \\ \Delta H_5 \end{pmatrix} = - \begin{pmatrix} \Delta Q_1^{(0)} \\ \Delta Q_2^{(0)} \\ \Delta Q_3^{(0)} \\ \Delta Q_4^{(0)} \\ \Delta Q_5^{(0)} \end{pmatrix} \tag{5.41}$$

对式(5.38）中的第一方程求一阶偏导数，得：

$$\begin{aligned} \frac{\partial G_1}{\partial \Delta H_1} &= \frac{1}{n} S_{12}^{-\frac{1}{n}} \{[H_1^{(0)} + \Delta H_1] - [H_2^{(0)} + \Delta H_2]\}^{\frac{1}{n}-1} + \\ &\quad \frac{1}{n} S_{14}^{-\frac{1}{n}} \{[H_1^{(0)} + \Delta H_1] - [H_4^{(0)} + \Delta H_4]\}^{\frac{1}{n}-1} + \\ &= \frac{1}{n s_{12} |q_{12}^{(0)}|^{n-1}} + \frac{1}{n s_{14} |q_{14}^{(0)}|^{n-1}} \end{aligned} \tag{5.42}$$

$$\frac{\partial G_1}{\partial \Delta H_2} = \frac{1}{n} S_{12}^{-\frac{1}{n}} \{[H_1^{(0)} + \Delta H_1] - [H_2^{(0)} + \Delta H_2]\}^{\frac{1}{n}-1} = -\frac{1}{n S_{12} |q_{12}^{(0)}|^{n-1}} \tag{5.43}$$

$$\frac{\partial G_1}{\partial \Delta H_4} = \frac{1}{n} S_{14}^{-\frac{1}{n}} \{[H_1^{(0)} + \Delta H_1] - [H_4^{(0)} + \Delta H_4]\}^{\frac{1}{n}-1} = -\frac{1}{n S_{14} |q_{14}^{(0)}|^{n-1}} \tag{5.44}$$

式中：$q_{12}^{(0)}$，$q_{14}^{(0)}$——在节点压力初值条件下的管段流量。

同理，对其余的方程求一阶偏导数，可以得到，节点校正压力方程组［式(5.41)］的系数矩阵元素：

$$\frac{\partial G_j}{\partial \Delta H_k}=\begin{cases}\sum_{k\in S_j}\dfrac{1}{ns_{jk}\left|q_{jk}^{(0)}\right|^{n-1}}\text{，系数矩阵的主对角元素，}S_j\text{ 为节点 }j\text{ 的关键集}\\ -\dfrac{1}{ns_{jk}\left|q_{jk}^{(0)}\right|^{n-1}}\text{，节点 }j\text{ 和 }k\text{ 的衔接，第 }j\text{ 行第 }k\text{ 元素及其对称元素}\\ 0\text{，节点 }j\text{ 和 }k\text{ 不衔接，第 }j\text{ 行第 }k\text{ 列元素及其对称元素}\end{cases}\tag{5.45}$$

令

$$c_{jk}^{(0)}=\frac{1}{ns_{jk}\left|q_{jk}^{(0)}\right|^{n-1}}\tag{5.46}$$

则有：

$$\frac{\partial G_j^{(0)}}{\partial \Delta H_k}=\begin{cases}\sum_{k\in S_j}c_{jk}^{(0)}\\ -c_{jk}^{(0)}\\ 0\end{cases}\tag{5.47}$$

如图 5.9 所示的管网的节点校正压力矩阵方程为：

$$\begin{pmatrix} c_{12}^{(0)}+c_{14}^{(0)} & -c_{12}^{(0)} & 0 & -c_{14}^{(0)} & 0\\ -c_{12}^{(0)} & c_{12}^{(0)}+c_{23}^{(0)}+c_{25}^{(0)} & -c_{23}^{(0)} & 0 & -c_{25}^{(0)}\\ 0 & -c_{23}^{(0)} & c_{23}^{(0)}+c_{36}^{(0)} & 0 & 0\\ -c_{14}^{(0)} & 0 & 0 & c_{14}^{(0)}+c_{45}^{(0)} & -c_{45}^{(0)}\\ 0 & -c_{25}^{(0)} & 0 & c_{45}^{(0)} & c_{25}^{(0)}+c_{45}^{(0)}+c_{56}^{(0)} \end{pmatrix}\cdot\begin{pmatrix}\Delta H_1\\ \Delta H_2\\ \Delta H_3\\ \Delta H_4\\ \Delta H_5\end{pmatrix}=-\begin{pmatrix}\Delta Q_1^{(0)}\\ \Delta Q_2^{(0)}\\ \Delta Q_3^{(0)}\\ \Delta Q_4^{(0)}\\ \Delta Q_5^{(0)}\end{pmatrix}\tag{5.48}$$

求解节点压力方程组的方法与解环方程方法类似，它是以节点水头（定压节点除外）为未知量，将节点流量方程组转换成节点压力方程组。从初始节点压力 $H_i^{(0)}$ 开始，用迭代计算方法求解方程组［式(5.48)］，可以得到节点校正压力 $\Delta H_1 \sim \Delta H_5$，使节点流量闭合差 $\Delta Q_1 \sim \Delta Q_5$ 收敛到趋近于 0 的条件，由此可得各管段流量 q_i。

5.4.2　节点校正压力方程组求解

节点校正压力方程组经过线性化后，可以采用解线性方程组的算法求解。与解环方程类似，也可采用牛顿－拉夫森算法和节点压力平差算法求解节点压力方程组。

1. 牛顿—拉夫森算法

牛顿－拉夫森算法直接求解线性化的方程组［式(5.48)］，并通过迭代计算逐步逼近原方程组最终解，其步骤如下：

（1）拟定定流节点水头初值 $H_j^{(0)}$（j 为定流节点），并给定节点流量闭合差的最大允许值 e_q（手工计算时 e_q 一般取 0.1 L/s，计算机计算时 e_q 一般取 0.01 ～ 0.1 L/s）。

（2）由式(5.40) 计算各定流节点流量闭合差 $\Delta Q_j^{(0)}$（j 为定流节点）。

（3）判断各定流节点流量闭合差是否均小于最大允许闭合差，即 $|\Delta Q_j^{(0)}| \leqslant e_q$（$j$ 为定流节点）均成立，若满足，则解节点方程组结束，转步骤（7）进行后续计算，否则继续下一步。

（4）按式(5.47）计算系数矩阵元素。

（5）解线性方程组［式(5.48)］，得到定流节点水头增量 ΔH_j（j 为定流节点）。

（6）将定流节点水头增量施加到相应节点上，得到新的节点水头，作为新的初值（迭代值）。转步骤（2）重新计算，节点水头迭代计算公式为：

$$H_j^{(0)} + \Delta H_j \rightarrow H_j^{(0)}\text{，}j\text{ 为定流节点} \tag{5.49}$$

（7）计算管段流速、节点自由水压，计算结束。

2. **节点压力平差算法**

牛顿－拉夫森算法需要反复多次求解线性方程组，一般适用于计算机程序计算，当管网的节点数很大时，手工计算十分困难，需要较多步骤。如果采用类似于哈代－克罗斯算法，可以忽略系数矩阵的全部非主对角元素，得到一种简便的计算方法——节点压力平差法，或称为校正压力法。

忽略系数矩阵的全部非主对角元素后，由式(5.48）可导出下式：

$$\Delta H_j = \frac{\Delta Q_j^{(0)}}{\sum\limits_{i \in S_j} c_{ij}^{(0)}}\text{，}j\text{ 为定流节点} \tag{5.50}$$

式(5.50）称为节点压力平差公式，可以逐步减小或消除节点流量闭合差，平差计算的步骤与牛顿－拉夫森算法求解节点方程算法相同。

设管网中管段总数为 M，未知压力节点数为节点 N，压力平差计算步骤如下：

（1）确定已知节点压力，设定未知压力节点的初始压力 $H_i^{(0)}$。

（2）用当前节点压力 H_i，计算各管段水头损失和管段流量：$H_i^{(0)} h_j = H_{Tj}$ 和 $q_j =（h_j/s_j)^{1/n}$，$j=1，2，\cdots，M$。

（3）计算各节点流量闭合差：$\Delta Q_1 = \sum\limits_{j \in S_i} q_j + Q_i,\ i = 1,2,\cdots,N$。

（4）计算节点校正压力：$\Delta H_i = -\dfrac{\Delta Q_i}{\sum\limits_{j \in S_i} c_{ij}},\ i = 1,2,\cdots,N$。

（5）如果任一节点校正压力 $\Delta H_i^{(k)} > \varepsilon$，计算新的节点压力：$H^{(k+1)_i} = H_i^{(k)} + \Delta H_i^{(k)}$，$i=1，2，\cdots，N$，$k$ 为迭代计算次数，返回步骤（2）。

（6）如果 $\Delta H_i^{(k)} < \varepsilon$，平差计算完成，求管段流量和节点自由压力。

【例 5.4】如图 5.10 所示，管网中共有 8 个节点和 11 根管段，各管段长度、直径和各节点流量已标示（表 5.14），各节点地面标高见表 5.15。节点（1）和（5）为水源节点，水源节点流量用负的节点流量表示。节点（8）为管网末端最不利压力节点，要求供水自由压力为 20 m。采用节点压力平差方法计算各管段流量与流速、各节点水头与自由水压，并确定水源节点（1）和（5）泵站扬程和水塔高度，水头损失采用海曾－威廉公式计算，$C_W = 110$。

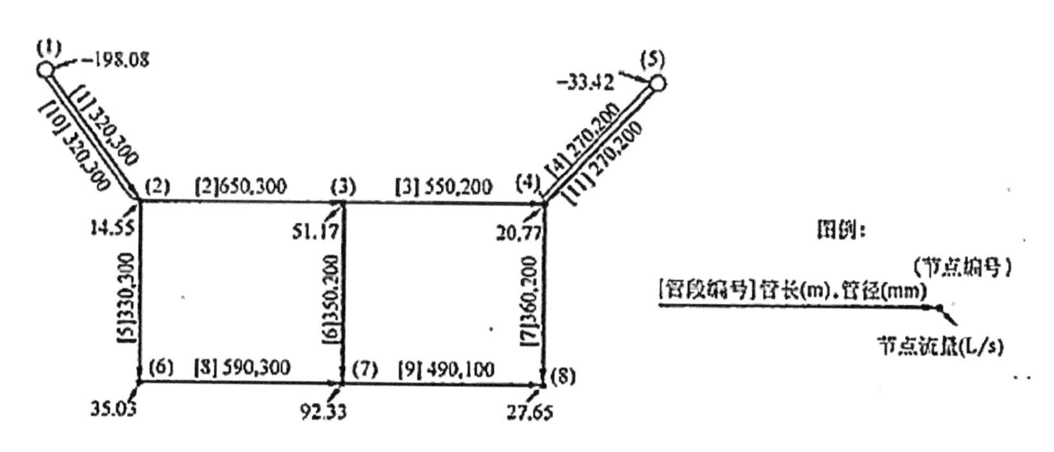

图 5.10　管网节点压力平差基本条件

表 5.14　管网管段数据

管段编号	1	2	3	4	5	6	7	8	9	10	11
上节点号	1	2	3	5	2	3	4	6	7	1	5
下节点号	2	3	4	4	6	7	8	7	8	2	4
管段长度（m）	320	650	550	270	330	350	360	590	490	320	270
管段直径（mm）	300	300	200	200	300	200	200	300	100	300	200

表 5.15　管网节点数据

节点编号	1	2	3	4	5	6	7	8
地面标高（m）	13.6	18.8	19.1	22.0	32.2	18.3	17.3	17.5
节点流量（L/s）	-198.08	14.55	51.17	20.77	-33.42	35.03	82.33	27.65
节点初始压力（m）	46	43	40	39	40	42	39	37.50

【解】节点（8）为管网末端最不利压力节点，要求供水自由压力为 20 m，其地面标高为 17.50 m，因此节点（8）为已知压力节点，计算节点压力为地面标高与自由压力之和，为 $H_8=37.50$ m。以 $H_8=37.50$ m 为基础，初始设定其余节点的压力如下：

$H_7=39$ m，$H_4=39$ m，$H_3=40$ m，$H_6=42$ m，$H_2=43$ m，$H_1=46$ m，$H_5=40$ m

初始节点压力设定的自由度很大。一般只要保证管段具有比较合理的水力坡度，即可保证计算过程收敛。

管网节点压力平差计算的基础数据为节点流量、管段长度和直径、节点地面标高和最不利节点 8 的初始压力，分别见表 5.14 和表 5.15。

由海曾 - 威廉公式的指数形式，管段摩阻系数 S_i 的计算结果见表 5.16。

表 5.16　管网摩阻系数计算结果

管段编号	1	2	3	4	5	6	7	8	9	10	11
S_i	199.1	404.4	2 465.2	1 210.2	205.3	1 568.8	1 613.58	367.1	64 224.6	199.1	1210.2

由初始设定节点的压力为起始条件，应用节点压力平差公式［式（5.50）］和上述节点压力平差计算步骤，进行节点压力平差计算。为了计算过程的稳定性，采用以下的节

点压力校正公式：

$$H_i^{(k)} = H_i^{(k-1)} + 0.5\Delta H_i^{k-1} \tag{5.51}$$

计算过程和结果见表5.17。

表5.17　管网节点压力平差计算过程

平差计算次数：$k=1$

编号 i	1	2	3	4	5	6	7	8	9	10	11
q_i	0.103 8	0.070 8	0.014 7	0.021 6	0.054 6	0.018 8	0.023 1	0.074 6	0.003 2	0.103 8	0.021 6
ΔQ_i	0.009 5	−0.061 1	0.009 1	−0.013 0	0.006 0	0.041 7	−0.000 0	0.000 0			
ΔH_i	−0.254	0.7587	−0.294 6	0.328 2	−0.257 6	−0.949	0.002	0.000			
$H_i^{(k)}$	45.873	43.379	39.853	39.164	39.871	41.526	39.001	37.500			

$\Delta Q_{max} = 0.061\ 1$

平差计算次数：$k=2$

编号 i	1	2	3	4	5	6	7	8	9	10	11
q_i	0.093 9	0.077 2	0.012 0	0.017 9	0.078 7	0.017 2	0.024 4	0.068	0.003 2	0.093 9	0.179
ΔQ_i	−0.025 7	−0.017 6	0.000 3	0.000 8	0.002 7	0.021 6	0.004 5	0.000 0			
ΔH_i	0.631	0.233	−0.009	−0.018	−0.099	−0.576	−0.170	0.000			
$H_i^{(k)}$	46.188	43.496	39.848	39.155	39.822	41.237	38.916	37.500			

$\Delta Q_{max} = 0.025\ 7$

平差计算次数：$k=3$

编号 i	1	2	3	4	5	6	7	8	9	10	11
q_i	0.097 9	0.078 7	0.012 1	0.017 4	0.087 6	0.018 1	0.024 3	0.064 9	0.003 1	0.097 9	0.017 4
ΔQ_i	−0.006 9	−0.012 4	0.002 7	0.000 0	0.001 4	0.011 9	0.005 3	0.000 0			
ΔH_i	0.175	0.173	−0.085	−0.001	−0.048	−0.329	−0.197	0.000			
H_i	46.276	43.528	39.806	39.155	39.798	41.073	38.818	37.500			

$\Delta Q_{max} = 0.012\ 4$

平差计算次数：k 为4～10，……

编号 i	1	2	3	4	5	6	7	8	9	10	11
q_i	0.098 9	0.082 8	0.011 3	0.016 8	0.099 7	0.020 3	0.024 1	0.064 5	0.002 6	0.098 9	0.016 8
ΔQ_i	−0.001	−0.001	−0.00 0	0.000 2	0.000 2	−0.000	0.000 0	0.000 0			
ΔH_4	0.018	0.016	0.003	−0.004	−0.005	0.007	−0.001	0.000 0			
$H_i^{(k)}$	46.499	43.756	39.737	39.126	39.749	40.879	38.580	37.500			

$\Delta Q_{max} = 0.001\ 1$

ΔQ_{max}满足计算收敛条件，管网的节点压力平差计算完成。

管段流量、流速和水头损失计算结果见表5.18。

表5.18　管段流量、流速和水头损失计算结果

管段编号 i	1	2	3	4	5	6	7	8	9	10	11
流量 q_i	0.098 9	0.082 8	0.011 3	0.016 8	0.099 7	0.020 3	0.024 1	0.064 5	0.002 6	0.098 9	0.016 8
流速 v_i	1.399	1.173	0.359	0.533	1.412	0.648	0.767	0.914	0.336	1.399	0.533
h_{fi}	2.742	4.017	0.. 610	0.622	2.876	1.156	1.625	2.298	1.079	2.742	0.622

节点地面标高、节点水头、节点自由压力计算结果见表5.19。

表5.19　节点地面标高，节点水头，节点自由压力计算结果

节点编号 i	1	2	3	4	5	6	7	8
地面标高（m）	13.6	18.8	19.1	22.0	32.2	18.3	17.3	17.5
节点水头 $H_i^{(k)}$	46.499	43.756	39.737	39.126	39.749	40.879	38.580	37.500
自由压力（m）	32.907	24.963	20.639	17.125	7.547	22.583	21.281	20.000

从表5.19可知，节点（4）的自由压力仅为17.125 m，不满足20 m最小压力要求，是最不利压力节点。应该将所有节点压力提高2.875 m，使全部节点自由压力满足20 m最小压力要求。由此可以计算得出，节点（1）的泵站出口有效压力应为32.907 m + 2.875 m = 35.782 m，节点（5）的水塔高度应为7.547 m + 2.875 m = 10.422 m。

• 5.5　给水管网水质控制和管理

维护管网水质也是管理工作的任务之一。有些地区管网中出现水的浊度及色度增高、气味发臭等水质恶化问题，其原因除了出厂水水质不够清洁，还可能是水管中的积垢在水流冲击下脱落，管线末端的水流停滞，或管网边远地区的余氯不足而致细菌繁殖等原因引起。随着供水科学技术的发展和用户对水质的重视，配水管网系统中的水质变化和保障技术已成为供水管网设计和运行管理工作的重要组成部分。

为保持管网的正常水量或水质，除了提高出厂水水质，可采取以下措施：

（1）通过给水栓、消火栓和放水管，定期放去管网中的部分“死水”，并冲洗管道。

（2）长期未用的管线或管线末端，在恢复使用时必须冲洗干净。

（3）管线延伸过长时，应在管网中途加氯，以提高管网边缘地区的余氯浓度，防止细菌繁殖。

（4）定期对金属管道清垢、刮管和衬涂内壁，以保证管线输水能力和水质洁净。

（5）新敷设管线竣工后或旧管线检修后均应冲洗消毒。消毒之前先用高速水流冲洗水管，然后用20～300 mg/L的漂白粉溶液浸泡24 h以上，再用清水冲洗，同时连续测定排出水的浊度和细菌，直到合格为止。

（6）定期清洗水塔、水池和屋顶高位水箱。

（7）在管网的运行调度中，重视管网的水质检测，消除管网中水流滞留时间过长等影响水质的不利因素。

5.5.1 给水管网水质变化影响因素

给水管网系统中的化学和生物反应给水质带来不同程度的影响，会导致水质变差，亦称为管网水质的二次污染。导致水质变差的主要因素有水源水质、输水管道渗漏、管道的腐蚀和管壁上金属的腐蚀、贮水设备中残留或产生的污染物质、消毒剂与有机物和无机物之间的化学反应产生的消毒副产物、细菌的再生长和病原体的寄生、由悬浮物导致的混浊度等。

配水系统中影响水质的另一主要因素是水在管网系统中停留的时间过长。在管网中，不同的水源可以通过不同的管道路径被输送给用户，而水的输送时间与管网水质的变化有着密切关系。我们可以通过管网合理设计、管道的及时维修和更换、调整管道布置和系统运行的科学调度来保护和改善管网水质，保障水质的安全性。

城市给水部门必须负责检验水源水、净化构筑物出水、出厂水和管网水的水质，应在水源、出厂的水和居民经常用水点采样。城市供水管网的水质检验采样点数，一般应按每2万供水人口设1个采样点计算。供水人口超过100万时，按上述比例计算出的采样点数可酌量减少。人口在20万以下时，应酌量增加。在全部采样点中应有一定的点数，选在水质易受污染的地点和管网系统陈旧部分供水区域。在每一采样点上每月采样检验应不少于2次，细菌学指标、浑浊度和肉眼可见物为必检项目。其他指标可根据当地水质情况和需要选定。对水源水、出厂水和部分有代表性的管网末端水，至少每半年进行1次常规检验项目的全分析。当检测指标连续超标时，应查明原因，采取有效措施，防止对人体健康造成危害。凡与饮用水接触的输配水设备、水处理材料和防护材料，均不得污染水质。

在水中加氯消毒后，氯与管壁材料发生反应，特别是在老化和没有保护层的铸铁管或钢管中，铁的腐蚀或者生物膜上的有机物质氧化，会消耗大量的氯气，管网中的余氯会发生额外的损失。此类反应的速率一般很高，氯的半衰期会减少到几小时，并且反应程度会随着管道的使用年数增长和材料的腐蚀而不断加剧。管道内壁耗氯量的常用测定方法是在无入流的一段管道的进出口分别检测其余氯量。

氯化物的衰减速度比自由氯要慢一些，但同样也会产生少量的氯化副产物。但是，在一定的和氯氨存在的条件下，氯氨的分解会生成氮，可能会导致水中的富营养化。目前已经有些方法来处理管网系统中氯损失率过大的问题。首先，可以使用一种更加稳定的化合型消毒物质，如氯化物；其次，可以更换管道材料和冲洗管道；再次，通过运行调度减少水在管网系统中的滞留时间，消除管网中的严重滞留管段；最后，降低处理后水中有机化合物的含量。

管道腐蚀会带来水的金属味、帮助病原微生物的滞留、降低管道的输水能力，并最后导致管道泄漏或堵塞。管道腐蚀的主要种类如下：

（1）均衡腐蚀。均衡腐蚀指材料腐蚀量和腐蚀产物基本上是等量的。

（2）凹点腐蚀。凹点腐蚀指局部的、不均匀的腐蚀过程，在管壁上形成凹陷，最终导致管道穿孔泄漏。

（3）结节腐蚀。凹陷周围会形成结节物，大量的结节物会减小管道的直径，增加硬度，并且促进生物膜的生长。

（4）生物腐蚀。在管壁材料和附着在上面的微生物之间会发生生物腐蚀，生物膜生长和水中溶解氧等会增加生物腐蚀的速度。

许多物理、化学和生物因素都会影响到腐蚀的发生和腐蚀速率。在铁质管道中，水在停滞状态下会促使结节腐蚀和凹点腐蚀产生和加剧；一般来说，对所有的化学反应，腐蚀速率都会随着温度的提高而加快。但是，在较高的温度下，钙会在管壁上形成一层保护膜。pH 较低时会促进腐蚀，当 pH 小于 5 时，铜和铁的腐蚀都相当快。当 pH 大于 9 时，这两种金属通常都不会被腐蚀。当处于这两者之间时，如果在管壁上没有防腐保护层，腐蚀就会发生。碳酸盐和重碳酸盐碱度为水中 pH 的变化提供了缓冲空间，同样也会在管壁形成一层碳酸盐保护层，并防止水泥管中钙的溶解。溶解氧和可溶解的含铁化合物发生反应形成可溶性的含铁氢氧化物。这种状态的铁就会导致结节的形成及铁锈水的出现。所有可溶性固体在水中表现为离子的聚合体，它会提高导电性及电子的转移，因此会促进电化学腐蚀。硬水一般比软水的腐蚀性低，因为在管壁上易形成一层碳酸钙保护层。吸附在管壁上的生物膜细菌会导致 pH 和溶解氧的变化并促进电化学腐蚀。氧化铁细菌会产生可溶性的含铁氢氧化物。

一般有三种方法可以控制腐蚀，分别为调整水质、涂衬保护层和更换管道材料。调整 pH 是控制腐蚀最直接的形式，因为它直接影响到电化学腐蚀和碳酸钙的溶解，也会直接影响水泥管道中钙的溶解。同样，大量的化学防腐剂也有助于在管壁表面形成保护层。石灰和苏打灰可以用来促进碳酸钙在管壁的沉淀，无机磷酸盐和硅酸钠也会形成保护层。对于不同的管道系统，这些防腐剂的剂量和效果也是不同的，必须通过实际测试决定。生物膜一般在流速慢的区域、管段和水塔中形成。随着细菌、线虫类、蠕虫等在水中的生长，在管壁和池壁上的生物膜种类也不断增加。

5.5.2 给水管网水质数学模型

给水管网系统中应建立水质监测制度，用于监测管网水质在时间和空间上的变化。水质监测数据库可以用于管网水质管理，了解在配水系统中发生的水质变化和系统水质数学模型的校正。

仅仅使用监控数据很难了解管网水质变化的全部内容，即使在中型城市也会有上千千米长度的给水管道，全部监测显然是不可能的。管网水质数学模型是对管网水质管理的一种很好手段，可以有效地模拟计算水中物质在时间和空间上的变化。例如，某一水源流入的水量，水在系统中的滞留时间，消毒剂的浓度和损失率，消毒剂副产物的浓度和产生率，系统中附着细菌和自由细菌的数量，等等。这些模型也可以用于研究 系列与管网水质相关的问题，调整系统的设计和运行方案，评估配水系统的安全性和减小管网水质恶化的风险。

应用管网水质模型进行配水系统的水质分析，是一种有效的描述污染物运动的管网水质管理工具。最近的管网水质模型包括模拟余氯量、生物膜生长和三氯甲烷（trihalomethane，THM）形成模型等。将水力和水质模型结合成计算机软件包，在已知的水力条件下，可以模拟计算多种溶解物质随时间的变化状态和过程。

1. 反应方程式和物质浓度

在一定的反应速率条件下，溶解性物质是以相同的流速随着流体运动，并发生物质浓度的变化，可用下式表示：

$$\frac{\partial c_i}{\partial t} = -u_i \frac{\partial c_i}{\partial x} + r(c_i) \tag{5.52}$$

式中：c_i——管段 i 中的浓度；

u_i——管段 i 中的流速；

$r\ (c_i)$ ——与浓度有关的反应速率。

在管道交汇节点处，假设流体在节点上的混合是完全的和瞬时的。因此，节点出流中的物质浓度只与入流中物质浓度有关。对于节点 k 处的某种物质的浓度，公式如下：

$$c_{i|x=0} = \frac{\sum_{j \in l_k} Q_j c_{j|x=L_j} + Q_{k,\mathrm{ext}} c_{k,\mathrm{ext}}}{\sum_{j \in l_k} Q_j + Q_{k,\mathrm{ext}}} \tag{5.53}$$

式中：i——离开节点 k 的管段编号；

l_k——流向节点 k 的管段集合；

L_j——管段 j 中流入节点 k 的水流在管段 j 中的长度；

Q_j——管段 j 中的流量；

$Q_{k,\mathrm{ext}}$——在节点 k 的外部入流；

$c_{k,\mathrm{ext}}$——在节点 k 的外部入流中的物质浓度。

在管网的调节构筑物中，大多数水质模型都假设构筑物中流体是完全混合的，水中物质的浓度变化公式如下：

$$\frac{\partial (V_s c_s)}{\partial t} = \sum_{i \in I_s} Q_i c_{i|x=L_i} - \sum_{j \in O_s} Q_j c_s - r(c_s) \tag{5.54}$$

式中：V_s——构筑物内的时间 t 的储水量；

C_s——容器中的浓度；

Q_i——入流量；

Q_j——出流量；

L_i——管段 i 中流入节点 s 的水流在管段 i 中的长度；

I_s——流入构筑物的管段集合；

O_s——流出构筑物的管段集合。

当一种物质流进管道或停留在构筑物中时，它就会和水中一些物质发生反应，反应速率可用式(5.55) 来描述：

$$r = kc^n \tag{5.55}$$

式中：k——反应常数；

n——反应级数。

氯在水中的衰减反应为一级反应，$r = -kc$；对于形成 THM 的反应过程，$r = k(c^* - c)$，c^* 为可能形成的 THM 最大值。求公式(5.52) 和式(5.53) 时，必须有如下条件：

(1) 起始条件。每一管道和贮水设备中的 c_i 和 c_s 在时间为 0 时的初值。

(2) 边界条件。每个节点的 $c_{k,\mathrm{ext}}$，$Q_{k,\mathrm{ext}}$值。

(3) 水力条件。水量调节构筑物的容量和管段的流量之间的数学关系。

2. 管网水质动态模拟计算方法

管网水质动态模型主要研究管道和附属构筑物中的水质变化和影响因素，可以直观描述管网水质的分布状态。

水质动态模型的求解方法一般采用时间驱动欧拉法。该方法把管段分解为一系列固定的、相互关联和制约的离散体积元素，以固定的时间步长修正管网水质的现状，记录各体积元素在边界上的变化或通过体积元素的物质通量。在求解计算时，假设管网水力模型可以决定每一管段在时间步长上的流速和流向。在该时间步长中，假定每一管道的水流状态保持不变，水中物质的迁移和反应速率保持不变。在确定水力时间步长时应考虑流速和流向变化稳定程序，一般可采用 0.1 h 左右。各体积元素中的污染物质首先发生反应和完全混合，并转移到下一单元水体中。管道中的反应完成以后，每一节点的物质混合浓度可以计算得出。

3. 管网水质数学模拟基础数据

（1）水力学数据。水质模型以水力模型的结果作为它的输入数据，动态模型需要每一管道的水流状态变化和容器的储水体积变化等水力学数据，这些数值可以通过管网水力分析计算得到。大多数管网水质模拟软件包都将水质和水力模拟计算合而为一，因为管网水质模拟计算需要水力模型提供的流向、流速、流量等数据，因此水力模型会直接影响到水质模型的应用。

（2）水质数据。动态模型计算需要初始的水质条件，有两种方法可以确定这些条件。一种方法是使用现场检测结果，检测数据经常用来校正模型。现场检测可以得到取样点的水质数据，其他点的水质数据可以通过插值方法计算得到。当使用这种方法时，对容器设备中的水质条件必须要有很好的估计，这些数值会直接影响到水质模拟计算的结果。另一种方法是在重复水力模拟条件下，以管网进水水质为边界条件，管网内部节点水质的初始条件值可以设为任意值，进行长时段的水力和水质模拟计算，直到系统的水质变化为一周期模式。应该注意的是，水质变化周期与水力周期是不同的。对初始条件和边界条件的准确估计可以缩短模拟系统达到稳定的时间。

（3）反应速率数据。水中物质的反应速率数据主要依赖于被模拟的物质特性，这些数据会随着不同的水源、处理方法以及管线条件而不同。实验结果表明，测得的水中余氯量与时间成自然对数关系。反应速率为曲线上对应点的斜率。瓶实验还可以估计水中 THM 的一级增长率，这个实验应有足够长的时间，以至 THM 的浓度达到不变，这就是 THM 形成的最大估计值。THM 的浓度与时间的关系曲线为自然对数曲线，对应点上的曲线斜率就是 THM 的增长率。

4. 给水管网水质数学模型校正

模型的校正是调整模型变量，使模型结果与实际观测结果尽可能地吻合。因为水质模型需要水力模型提供管道水流的情况，所以一个准确校核的水力模型是非常必要的。在水质模拟计算中，保守物质不随水流移动而发生变化。在节点处，物质的浓度和水的流经时间可以通过流入节点的水量和水质的完全混合方程计算得出。

在管网系统中，非保守物质与水中其他物质发生反应，浓度随时间发生变化，需要通过实验和观测数据来确定反应方式和参数，需要通过实地调查分析来估计和确定数据值。

在水质数学模型的校正工作中，可以采用容易识别的保守示踪剂测定试验进行。所用的化学物质一般有氟化物、氯化钙、氯化钠、氯化锂。示踪剂的选择一般根据化学品管理的规定、使用效果、费用、投加方法和分析装置而定。示踪剂浓度的模拟计算值和实际测定值达到基本一致时，即可表明水质模型得到了正确的校正结果。若两者之间仍存在较大的差距，则需要对模型进一步修正。许多统计和直接观测技术可以和示踪剂数据一起被用于调整水力及水质模型参数，使模拟计算结果与观测数据能够较好地吻合。

5.5.3 给水管网水力停留时间和水质安全评价

给水管网内的水力停留时间、流速变化和管网水力特性是对管网水质产生影响的主要因素。氯在管网中的消耗速度与时间有关。如果水在管网内的停留时间过长，就会使水的质量下降，在管道中产生锈蚀和生物膜。因此，水在管网内的停留时间可以作为评价管网水质安全可靠性的重要依据。模拟计算水在管网中的停留时间，是一个管网水质动态实时模拟和评价的有效途径和方法。

1. 给水管网“水龄”计算

水在管网中的停留时间是指水从水源节点流至各节点的流经时间，也称为节点“水龄”。停留时间的长短表明各节点上水的新鲜程度，是该节点上的水质安全性的重要参数。水源节点上的水的停留时间为零（h）。

如图5.11所示，设节点i上水的停留时间为t_i，水从节点i经管段ij流至其下游节点j，则水在管段ij中的流经时间t_{pij}为：

$$t_{pij}=l_{ij}/v_{ij} \tag{5.56}$$

式中：l_{ij}——管段长度（m）；

v_{ij}——管段ij中的水流速度（m/s）。

图5.11 管段上水质变化方向

管段ij中的水在节点j的停留时间为t_i与t_{pij}之和，即

$$t_j=t_i+t_{pij} \tag{5.57}$$

管段ij中的水在节点j上的余氯浓度为

$$c_j=c_i\exp(kt_{pij}) \tag{5.58}$$

实际上，管网中各节点的水的停留时间和水中的物质浓度是随时间变化的，管段下游节点j的水流停留时间和物质浓度是在与之连接的各上游节点上前时刻的数据基础上计算求得的。在进行动态模拟计算时，应采用统一的时间步长，设为Δt。模拟计算从$t=0$开始，然后每间隔Δt的时间进行一次模拟计算，模拟计算的时间依次为0，Δt，$2\Delta t$，$3\Delta t$，4Δ，…，$n\Delta t$，$(n+1)\Delta t$，…。因此，在$n\Delta t$时刻，各管段水流中的物质浓度c_{ij}^n可取其两端节点上物质浓度的平均值，即

$$c_{ij}^n=0.5(c_i^n+c_j^n) \tag{5.59}$$

在（$n+1$）Δt时刻，各管段中的物质浓度为：

$$c_{ij}^{n+1}=c_{ij}^n\exp(k\Delta t) \tag{5.60}$$

各管段中的平均水流停留时间为：

$$t_{ij}=0.5(t_i+t_j) \tag{5.61}$$

若流向节点j的管段不只一根，则设定所有流到节点j的水中物质在节点j完全混合。在$(n+1)\Delta t$时刻，节点j上水流停留时间可采用到达该节点的水流的加权平均停留

时间，各管段在 Δt 时段内流向节点 j 的流量 $q_{ij}\Delta t$ 以 t_j^{n+1} 为该流量的停留时间的权值，表达如下：

$$t_j^{n+1} = \sum_{i\in j}(q_{ij}^n\Delta t \cdot t_{pij}^n)/\sum_{i\in j}(q_{ij}^n\Delta t) \tag{5.62}$$

此刻，在节点 j 的水中物质浓度为

$$c_j^{n+1} = \sum_{i\in j}(c_{ij}^n q_{ij}^n\Delta t)/\sum_{i\in j}(q_{ij}^n\Delta t) \tag{5.63}$$

式中：i——所有流向节点的管段的起点编号，$i\in j$ 表示由 i 流向 j 的管段集合；

n——时段编号；

q_{ij}——管段 ij 的流量。

利用上述方法，可以模拟计算管网中任意节点或管段在任意时刻的水流停留时间和物质的浓度。在模拟计算的开始时刻，$t=0$，$n=0$，管网中各节点和管段的水流停留时间和物质的浓度必须设定初始值，是不可能符合实际情况的。但是，模拟计算若干时段后，即当 $n\Delta t$ 值大于最大的节点水流停留时间 $t_{j,\max}$ 时，模拟计算的结果将会逐步接近实际的情况。当然，模拟计算结果的可靠程度仍取决于管网水力计算和水质反应速率常数的正确性。

2. **给水管网水质安全性评价**

在水厂内加氯后，经过给水干管和配水管输送过程中，由于氯和管道材料以及水中杂质发生化学反应而消耗氯，氯的消耗速度为一级反应：

$$dc/dt = -kc \tag{5.64}$$

式中：k——反应速度常数。

将上式中余氯浓度 c 对反应时间积分，时间从 0 到 t 浓度从 c_0 到 c，得

$$C = C_0\exp(-kt) \tag{5.65}$$

式中：c_0——$t=0$ 时的余氯浓度（mg/L）；

k——余氯消耗速度常数（h^{-1}），其值因管道材料不同而异，一般 k 为（5 ~ 10）$\times 10^{-3}$。对于一个特定的配水系统，k 值可以通过水质监测数据计算求得。

在研究管网内的余氯变化情况时，上述反应时间 t 若用管网内停留时间来代替，则达到允许余氯浓度 c_a（mg/L）时的停留时间 t_a 为

$$t_a = -1/k\ln(c_a/c_0) \text{ 或 } t_a = 1/k\ln(c_0/c_a) \tag{5.66}$$

允许停留时间 t_a 值可以作为评价水质安全性的指标。从上述的水流停留时间和物质的浓度模拟计算中，如果任一节点或管段的水流停留时间超过 t_a 值，应视为水质安全性降低。

应该指出的是，为了保证管网中的水量和水压，在管道工程设计时，一般总希望尽量放大管径，但从水质安全性考虑，宜将管径缩小，因此在确定管径之前须加以比较。此外，调整水压并不能改变停留时间，所以对已敷设的管网，为了保证水质，只有采取加强消毒的措施。

水质安全性指标主要是指细菌学方面，此外还有病毒、有机物、金属离子等有毒害的物质，可以通过管网的水质监测和模拟计算进行监控，以保证用户用水的安全可靠性。

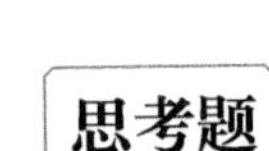

思考题

1．就不设泵站和设泵站的管段，说明其水力特性由哪些因素确定。

2．给水管网水力分析的前提条件有哪些？为什么必须已知至少一个节点的水头？

3．对于树状管网，可以通过列割集流量连续性方程组并变换后，将各管段流量表示成节点流量的表达式，但为什么只有单定压节点树状管网能直接利用连续性方程组解出各管段流量？

4．对于多定压节点管网，如果只用各节点流量连续性方程和各环能量方程，可进行水力分析吗？为什么？进行虚环假设有何意义？为什么说虚环能量方程实际上就是定压节点间路径能量方程？

5．结合一个实例，比较一下解环方程和解节点方程方法的未知数数目，一般情况下哪种方法未知数更多？解节点方程虽然未知数较多，但仍被广泛采用，为什么？

6．单定压节点树状管网水力分析计算有何特点？为什么说其计算比较简单？

7．你认为牛顿－拉夫森算法可能出现不收敛的情况吗？解环方程时，为什么说流量初分配越准确，计算工作量越少？

8．为什么说哈代－克罗斯平差算法是水力分析的最简单方法？它也是最高效的方法吗？

9．为什么说平差的过程实际上是闭合差在管网中传递且相互抵消的过程？对于解环方程时的环水头闭合差是如此，对于解节点方程时的节点流量闭合差也是如此吗？

10．给水管网水质模型是以水力模型为基础的，你认为关于水力模型的哪些假设会给水质模拟计算造成误差？

11．网中节点的“水龄”可以通过哪些方法改变？

第 6 章　给水管网工程设计与计算

6.1　设计用水量计算

6.1.1　最高日设计用水量

设计用水量由下列各项组成：

（1）综合生活用水，包括居民生活用水和公共建筑及设施用水。前者指城市中居民的饮用、烹调、洗涤、冲厕、洗澡等日常生活用水；后者包括娱乐场所、宾馆、浴室、商业、学校和机关办公楼等用水，但不包括城市浇洒道路、绿化和市政等用水。

（2）工业企业生产用水和工作人员生活用水。

（3）消防用水。

（4）浇洒道路和绿地用水。

（5）未预计水量及管网漏失水量。

6.1.1.1　最高日设计用水量定额

设计用水量定额可影响给水系统相应措施的规模、工程投资、工程扩建的期限及安全供水保障，是确设计及用水量的主要依据。城市日常用水主要涉及居民生活用水、工业用水及特殊用水等领域，应结合现状和规划资料并参照类似地区或企业的用水情况，确定用水量定额。

水厂总供水量除以用水人口的水量，就是包括综合生活用水、工业用水、市政用水及其他用水的城市综合用水量。因为其中工业用水占比很大，而各个城市的工业结构与规模及其发展水平差别很大，所以暂无定额。

城市生活用水和工业用水的增长速度，在一定程度上是有规律的。但对于影响用水量的增长速度的因素，如日常生活中的提倡节约用水措施，以及工业生产中的采取计划用水措施、提高工业用水重复利用率措施等，在确定设计用水量定额时也应当加以考虑。

1. 居民生活用水

居民生活用水是指使用公共供水设施或自建供水设施供水的城市居民家庭日常生活的用水，包括饮用、淋洗、冲厕等。城市居民生活用水量由城市规模、地理位置、城市人口、人均日生活用水量和城市给水普及率等因素确定。

(1) 城市规模。通常，对于城市规模大的城市，居民住房条件较好、给水排水设备较完善、居民生活水平相对较高，生活用水量定额高于发展落后的城市。

(2) 地理位置。我国幅员辽阔，各城市的水资源和气候条件不同；不同的地理位置又会影响城市的发展速度，进而影响城市的发展规模。一般说来，我国东南地区、沿海经济开发特区和旅游城市，因水源丰富，气候较好，经济比较发达，用水量普遍高于水源缺乏及气候寒冷的地区。

(3) 城市人口及人均日用水量。城市规模、地理位置的差异，城市的人口分布参差，用水量也千差万别。即使人口数相同的城市，居民生活习惯不同、用水需求各异，人均用水量也有较大的差别。

居民生活用水定额和综合用水定额，应根据当地国民经济和社会发展规划和水资源充沛程度，在现有用水定额基础上，结合给水专业规划和给水工程发展条件综合分析确定。设计时，若缺乏实际用水量资料，则居民生活用水定额和综合生活用水定额可参照《室外给水设计标准》(GB 50013—2018) 的规定，见附表 2.1 至附表 2.4。

2. 工业企业生产用水和生活用水

工业企业门类很多，生产工艺多种多样，用水量的增长与国民经济发展计划、工业企业规划、工艺的改革和设备的更新等密切相关。工业生产用水一般是指工业企业在生产过程中用于冷却、空调、制造、加工、净化和洗涤方面的用水。在城市给水中，工业用水占很大比例。生产用水中，冷却用水是大量的，特别是火力发电、冶金和化工等工业。空调用水则以纺织、电子仪表和精密机床生产等工业用得较多。

设计年限内生产用水量的预测，可以根据工业用水的以往资料，按历年工业用水增长率推算未来的水量，或根据单位工业产值的用水量、工业用水量增长率与工业产值的关系，或单位产值用水量与用水重复利用率的关系加以预测。

工业用水指标一般以万元产值用水量表示。不同类型的工业万元产值用水量不同。若城市中用水单耗指标较大的工业多，则万元产值的用水量也高；即使同类工业部门，由于管理水平提高、工艺条件改革和产品结构的变化，尤其是工业产值的增长，单耗指标会逐年降低。提高工业用水重复利用率，重视节约用水等可以降低工业用水单耗。由于高产值、低单耗的工业发展迅速，因此万元产值的用水量指标在很多城市有较大幅度的下降。

有些工业企业的规划，往往不是以产值为指标，而以工业产品的产量为指标。这时，工业企业的生产用水量标准应根据生产工艺过程的要求确定或是按单位产品计算用水量如每生产 1 t 钢要多少水，或按每台设备每天用水量计算可参照有关工业用水量定额。生产用水量通常由企业的工艺部门提供。在缺乏资料时，可参考同类型企业用水指标。在估计工业企业生产用水量时，应按当地水源条件、工业发展情况、工业生产水平，预估将来可能达到的重复利用率。

工业企业内工作人员生活用水量和淋浴用水量可按《工业企业设计卫生标准》(GBZ 1—2010) 确定。工作人员生活用水量应根据车间性质决定，一般车间采用每人每班25 L，高温车间采用每人每班 35 L。工业企业内工作人员的淋浴用水量可参照附表 2.5 的规定，淋浴时间为下班后 1 h 内。

3. 消防用水

消防用水只在火灾时使用，历时短暂，但从数量上说，它在城市用水量中占有一定的比例，尤其是中小城市，所占比例甚大。消防用水量、水压和火灾延续时间等，应按照现行的《建筑设计防火规范》（GB 50016—2014）等执行。

城市或居住区的室外消防用水量，应按同一时间发生的火灾次数和一次灭火的用水量确定，见附表2.6。

工厂、仓库和民用建筑的室外消防用水量，可按同一时间发生火灾的次数和一次灭火的用水量确定，见附表2.7。

4. 其他用水

浇洒道路和绿化用水量应根据路面种类、绿化面积、气候和土壤等条件确定。浇洒道路用水量一般为每平方米路面每次1.0～2.0 L，每日2～3次。大面积绿化用水量可采用1.5～4.0 L/(m^2·d)。

城市的未预见水量和管网漏失水量可按最高日用水量15%～25%合并计算，工业企业自备水厂的上述水量可根据工艺和设备情况确定。

6.1.1.2　最高日设计用水量计算

城市最高日设计用水量计算时，应包括设计年限内该给水系统所供应的全部用水——居住区综合生活用水、工业企业生产用水和职工生活用水、消防用水、浇洒道路用水和绿地用水以及未预见水量和管网漏失水量，但不包括工业自备水源所供应的水量。

设计用水量应先分项计算，最后进行汇总。由于消防用水量是突然发生的，因此不累计到设计总用水量中，仅作为设计校核使用。

（1）城市最高日综合生活用水量（m^3/d，包括公共设施生活用水量）为：

$$Q_1 = \sum \frac{q_{1i} N_{1i} f_i}{1\,000} \tag{6.1}$$

式中：q_{1i}——城市各用水分区的最高日综合生活用水量定额［升/(人·天)］，见附表2.3；

N_{1i}——设计年限内城市各用水分区的计划人口数；

f_i——自来水普及率,%。

整个城市的最高日生活用水量定额应参照一般居住水平定出。一般地，城市应按房屋卫生设备类型不同，划分成不同的用水区域，以分别选定用水量定额，使计算更准确。城市计划人口数往往并不等于实际用水人数，所以应按实际情况考虑用水普及率，以便得出实际用水人数。

（2）工业企业生产用水量（m^3/d）为：

$$Q_2 = \sum q_{2i} B_{2i} (1 - n_i) \tag{6.2}$$

式中：q_{2i}——各工业企业最高日生产用水量定额［立方米/万元、立方米/产量单位或立方米/(生产设备单位·天)］；

B_{2i}——各工业企业产值［万元/天，或产量，产品单位/天，或立方米/(生产设备单位·天)］；

n_i——各工业企业生产用水重复利用率。

（3）工业企业职工的生活用水和淋浴用水量（m^3/d）为：

$$Q_3 = \sum \frac{q_{3ai} N_{3ai} + q_{3bi} N_{3bi}}{1\,000} \tag{6.3}$$

式中：q_{3ai}——各工业企业车间职工生活用水量定额［升/(人·班)］；

Q_{3bi}——各工业企业车间职工淋浴用水量定额［升/(人·班)］；

N_{3ai}——各工业企业车间最高日职工生活用水总人数；

N_{3bi}——各工业企业车间最高日职工淋浴用水总人数。

注意，N_{3ai}和N_{3bi}应计算全日各班人数之和，不同车间用水量定额不同时应分别计算。

（4）浇洒道路和绿化用水量（m^3/d）为：

$$Q_4 = \frac{q_{4a}N_{4a}f_4 + q_{4b}N_{4b}}{1\ 000} \tag{6.4}$$

式中：q_{4a}——城市浇洒道路用水量定额［升/(平方米·次)］；

q_{4b}——城市绿化用水量定额［$L/(m^2 \cdot d)$］；

N_{4a}——城市最高日浇洒道路面积（m^2）；

f_4——城市最高日浇洒道路次数；

N_{4b}——城市最高日绿化用水面积（m^2）。

（5）未预见水量和管网失水量（m^3/d）为：

$$Q_5 = (0.15 \sim 0.25)(Q_1 + Q_2 + Q_3 + Q_4) \tag{6.5}$$

（6）消防用水量（L/s）为：

$$Q_6 = q_6 f_6 \tag{6.6}$$

式中：q_6——消防用水量定额（L/s）；

f_6——同时火灾次数。

（7）最高日设计用水量（m^2/d）为：

$$Q_d = Q_1 + Q_2 + Q_3 + Q_4 + Q_5 \tag{6.7}$$

【例6.1】我国华东地区某城镇规划人口为80 000人，其中老市区人口为33 000人，自来水普及率95%，新市区人口为47 000人，自来水普及率100%；老市区房屋卫生设备较差，最日综合生活用水量定额采用260升/(人·天)，新市区房屋卫生设备比较先进和齐全，最高日综合生活用水量定额采用350升/(人·天)。主要工业用水工业企业及其用水资料见表6.2；城市浇洒道路面积为7.5 hm^2，用水量定额采用1.5升/(平方米·次)，每天浇洒1次，大面积绿化面积13 hm^2，用水量定额采用2.0 $L/(m^2 \cdot d)$，试计算最高日设计用水量。

表6.2　某城镇主要工业用水工业企业及其用水资料

企业代号	工业产值（万元/天）	生产用水		生产班制	每班职工人数		每班淋浴人数	
		定额（立方米/万元）	复用率（%）		一般车间	高温车间	一般车间	污染车间
F01	16.67	300	40	0～8，8～16，16～24	310	160	170	230
F02	15.83	150	30	7～15，15～23	155	0	70	0
F03	8.2	40	0	8～16	20	220	20	220
F04	28.24	70	55	1～9，9～17，17～1	570	0	0	310
F05	2.79	120	0	8～16	110	0	110	0
F06	60.60	200	60	23～7，7～15，15～23	820	0	350	140
F07	3.38	80	0	8～16	95	0	95	0

【解】城市最高日综合生活用水量（包括公共设施生活用水量）为：

$$Q_2 = \sum \frac{q_{1i}N_{1i}}{1\ 000} = \frac{260 \times 33\ 000 \times 0.95 + 350 \times 47\ 000 \times 1}{1\ 000}\ \text{m}^3/\text{d} = 24\ 601\ \text{m}^3/\text{d}$$

工业企业生产用水量 Q_2 计算见表 6.3，工业企业职工的生活用水和淋浴用水量 Q_3 计算见表 6.4。

表 6.3　工业企业生产用水量计算

企业代号	工业产值（万元/天）	生产用水		生产用水量（m^3/d）	企业代号	工业产值（万元/天）	生产用水		生产用水量（m^3/d）
		定额（立方米/万元）	复用率（%）				定额（立方米/万元）	复用率（%）	
F01	16.67	300	40	3 000.6	F05	2.79	120	0	334.8
F02	15.83	150	30	1 662.2	F06	60.6	200	60	4 848.0
F03	8.2	40	0	328.0	F07	3.38	80	0	270.4
F04	28.24	70	55	889.6	合计（Q_2）				11 333.6

表 6.4　工业企业职工的生活用水和淋浴用水量计算

企业代号	生产班制	每班职工人数		每班淋浴人数		职工生活与淋浴用水量（m^3/d）		
		一般车间	高温车间	一般车间	污染车间	生活用水	淋浴用水	小计
F01	0～8，8～16，16～24	310	160	170	230	40.1	61.8	101.9
F02	7～15，15～23	155	0	70	0	7.8	5.6	13.4
F03	8～16	20	220	20	220	8.2	14	22.2
F04	1～9，9～17，17～1	570	0	0	310	42.8	55.8	98.6
F05	8～16	110	0	110	0	2.8	4.4	7.2
F06	23～7，7～15，15～23	820	0	350	140	61.5	67.2	128.7
F07	8～16	95	0	95	0	2.4	3.8	6.2
合计（Q_3）								378.2

注：职工生活用水量定额为：一般车间 25 升/（人・班），高温车间 35 升/（人・班）；职工淋浴用水量定额为：一般车间 40 升/（人・班），污染车间 60 升/（人・班）。

浇洒道路和绿化用水量为：

$$Q_4 = \frac{Q_{4a}N_{4a}f_4 + q_{4b}N_{4b}}{1\ 000} = \frac{1.5 \times 75\ 000 \times 1 + 2.0 \times 130\ 000}{1\ 000}\ \text{m}^3/\text{d} = 372.5\ \text{m}^3/\text{d}$$

未预见水量和管网漏失水量（取 20%）：

$$\begin{aligned} Q_5 &= 0.20 \times (Q_1 + Q_2 + Q_3 + Q_4) \\ &= 0.20 \times (24\ 601 + 11\ 333.6 + 378.2 + 372.5)\ \text{m}^3/\text{d} = 7\ 337.1\ \text{m}^3/\text{d} \end{aligned}$$

查附表 2.6 得，消防用水量定额为 35 L/s，同时火灾次数为 2，故消防用水量为：

$$Q_6 = q_6 f_6 = 35 \times 2\ \text{L/s} = 70\ \text{L/s}$$

最高日设计用水量为：

$$
\begin{aligned}
Q_d &= Q_1 + Q_2 + Q_3 + Q_4 + Q_5 \\
&= (24\ 601 + 11\ 333.6 + 378.2 + 372.5 + 7\ 337.1)\ \text{m}^3/\text{d} = 44\ 022.4\ \text{m}^3/\text{d}
\end{aligned}
$$

取 $Q_d = 45\ 000\ \text{m}^3/\text{d}$。

6.1.2 设计用水量变化及其调节计算

无论是生活还是生产用水，用水量经常在变化。生活用水量随着生活习惯和气候而变化，如假期比工作日高，夏季比冬季用水多；从我国大中城市的用水情况可以看出，在一天内又以早晨起床后和晚饭前后用水最多。而工业企业的冷却用水量也随气温和水温的变化而变化，夏季多于冬季。

工业生产用水量中包括冷却用水、空调用水、工艺过程用水，以及清洗、绿化等其他用水。冷却用水主要是用来冷却设备、带走多余热量，故用水量受气温和水温影响，夏季多于冬季，如火力发电厂、化工厂、炼钢厂等6—7月的用水量是月平均的1.3倍；空调用水用以调节室温和湿度，一般在5—9月用水量大；除上述两种用水外，其余工业用水量比较均衡，月变化量较小。还有一种季节性很强的食品工业用水，高温时因生产量大导致用水量骤增。

用水量定额只是一个平均值，在设计时还需把每日、每时的用水量变化考虑进去。在设计规定的年限内，用时最多的日用水量称为最高日用水量，可以用来确定给水系统中各类设施的规模。在一年中，最高日用水量与平均日用水量的比值称为日变化系数 K_d，其大小为与给水区的地理位置、气候、生活习惯和室内给排水设施程度有关。即使在最高日内，每时的用水量也不尽相同，变化幅度与居民人数、房屋设备类型、职工上班时间及班次等有关。最高一小时用水量与平均时用水量的比值称为时变化系数 K_h。大中城市的用水较均匀，K_h较小，小城市则较大。

6.1.2.1 最高日用水量变化曲线

最高日用水量的变化曲线是给水管网工程设计的重要依据。在设计工作中，可以依据当地历史实测资料或相近地区实测资料近似地确定最高日总用水量的时变化系数，或者逐项计算各类最高日用水量在各小时的分布量，最后累计计算和绘制最高日时用水量变化曲线。在缺乏设计数据资料时，可参考下列规定和经验计算确定：

（1）《室外给水设计标准》（GB 50013—2018）规定，城市供水中，时变化系数、日变化系数应根据城市性质、城市规模、国民经济与社会发展和城市供水系统并结合现状供水曲线和日用水变化分析确定；在缺乏实际用水资料情况下，最高日城市综合用水的时变化系数宜采用1.2～1.6，日变化系数宜采用1.1～1.5，个别小城镇可适当加大。

（2）工业企业内工作人员的生活用水时变化系数为2.5～3.0，淋浴用水量按每班延续用水1 h确定变化系数。

（3）工业生产用水量一般变化不大，可以在最高日的工作时段内均匀分配。

图6.1为某城市最高日实测用水量变化曲线，其中，直线①为小时平均供水量比率，曲线②为小时供水量比率，曲线③为泵站小时供水量比率。从图6.1可以看出，该城市最高日用水有两个高峰，一个在8—12时，另一个在16—20时，这也是我国一般的大、中型城市的普遍

规律。最高时是 8—9 时，最高时用水量为全天用水量的 5.92%，时变化系数为 1.42。

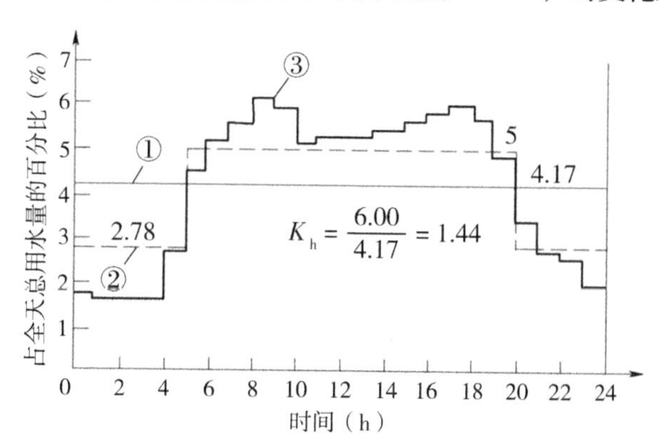

图 6.1　某城市最高日用水量变化曲线

确定最高日用水量变化曲线以后，可以计算最高时用水量（m^3/d），即：

$$Q_h = \frac{K_h Q_d}{24} \tag{6.8}$$

如例 6.1，最高日用水量为 Q_d，若时变化系数 1.42，则最高时用水量为：

$$Q_h = \frac{K_h Q_d}{24} = \frac{1.42 \times 45\ 000}{24}\ m^3/h = 2\ 663\ m^3/h$$

实际上，用水量的 24 h 变化情况天天不同，图 6.1 只是说明大城市的每小时日用水量相差较小。中小城市的 24 h 用水量变化较大，人口较少用水标准较低的小城市 24 h 用水量变化的幅度更大。

对于新设计的给水工程，用水量变化规律只能按照该工程所在地区的气候、人口、居住条件、工业生产工艺、设备能力、产值等情况，参考附近城市的实际资料确定。对于扩建工程，可进行实地调查，获得用水量及其变化规律的资料。

6.1.2.2　泵站供水流量设计

城市给水系统中，一般由供水泵站从自来水厂的清水池吸水并加压后通过管网向用户供水，满足用户在任何时间的用水量需求。

1. 一级泵站

城市的最高日设计用水量确定后，取水构筑物和水厂的设计流量将随一级泵站的工作情况而定。若一天中一级泵站的工作时间越长，则每小时的流量越小。大中城市水厂的一级泵站一般按三班制即 24 h 均匀工作来考虑，以缩小构筑物规模和降低造价；小型水厂的一级泵站才考虑一班或二班制运转。

一级泵站按最高日的平均时流量计算，即：

$$Q_{\mathrm{I}} = \frac{\alpha Q_d}{T} \tag{6.9}$$

式中：α——考虑水厂本身用水量的系数，其值取决于水处理工艺、构筑物类型及原水水质等因素，一般在 1.05 ~ 1.10 之间；

T——一级泵站每天工作小时数。

取用地下水，当仅需在进入管网前进行消毒而无其他处理时，一级泵站可直接将井

水输入管网，但为了提高水泵效率和延长井的使用年限，一般先将水输送到地面水池在京二级泵站将水池水输入管网。因此，取用地下水的一级泵站计算流量为：

$$Q_{\mathrm{I}}=\frac{Q_{\mathrm{d}}}{T} \tag{6.10}$$

2. 二级泵站、水塔、管网

二级泵站、从泵站到管网的输水管、管网和水塔等的计算流量应按照用水量变化曲线和二级泵站工作曲线确定。

二级泵站的计算流量与管网中是否设置水塔有关。当管网内不设水塔或水池等流量调节设施时，任何小时的二级供水量应等于用水量，如图6.1中曲线②所示，各供水泵站的设计流量等于管网用水量。为了保证所需水量和水压，水厂的输水管和管网应按二级泵站最大供水量即最高日最高时水量计算并设计，否则会存在不同程度的供水不足现象。因为用水量每日每小时都在变化，所以二级泵站内应有多台水泵且大小搭配，以便供给每小时变化的水量，同时保持水泵在高效率范围内运转。

当给水管网中设置水塔或高位水池时，由于它们可以调节水泵供水和用水之间的流量差，因此二级泵站每小时的供水量可以不等于用水量。泵站的设计流量曲线应根据用水量变化曲线拟定。拟定时应注意：①尽量接近用水曲线，以减小水塔或高位水池的调节容积，分数级一般不应多于三级，以便水泵机组的运转管理；②分级供水时，应注意每级能否选到合适的水泵及水泵机组的合理搭配，并尽可能满足目前和今后一段时间内用水量增长的需要。

如图6.1中曲线③所示，泵站供水曲线设定为两级，第一级为从22时至次日5时，供水量比率为2.22%，第二级为5—22时，供水量比率为4.97%，日总供水量为：2.22%×7+4.97%×17=100%。在管网中设置水塔或水池，调节管网用水量的变化，可以降低供水泵站的设计规模，也能降低管网造价。

当最高日设计用水量为45 000 m^3/d时，若管网中不设水塔或水池，则供水泵站设计供水流量为：45 000×5.92%×1 000÷86 400 L/s=30.83 L/s。

如果管网中设置水塔或高位水池，供水泵站设计高峰供水流量和低峰设计供水量分别为：45 000×4.97%×1 000÷86 400 L/s=25.89 L/s和45 000×2.22%×1 000÷86 400=11.56 L/s。

水塔或高位水池的设计供水流量为：45 000×(5.92%－4.97%)×1 000÷86 400 L/s=4.95 L/s。

水塔或高位水池的最大进水流量（21—22时，称为最大转输时）为：45 000×(4.97%－3.65%)×1 000÷86 400 L/s=6.88 L/s。

从如图6.1所示的用水量曲线②和泵站供水曲线③可以看出水塔或水池的流量调节作用：供水量高于用水量时，多余的水进入水塔或水池内贮存；相反，当供水量低于用水量时，则从水塔或高位水池流出以补泵站供水量的不足。由此可见，当供水线和用水线接近时，为了适应流量的变化，泵站工作的分级数可能增加，但水塔或高地水池的调节容积可以减小。

尽管各城市的具体情况有差别，水塔或水池在管网内的位置可能不同，或管网的起端或中间，或管网的末端，但水塔或水池的流量调节作用并不因此而变化。

3. 管网调节流量计算

城市给水系统中，取水和给水处理设施按最高日平均时流量设计和运行，水厂各小时出水量占最高日供水量比率为100% ÷24 =4.17%，如图6.1中曲线①所示；如果管网中不设置水塔或水池调节设施，供水泵站供水流量等于管网用水量，泵站供水量比率如图6.1中曲线②所示；如果管网中设置有水塔或水池调节设施，供水泵站可在当日最高时用水量和最低时用水量之间供水量状态工作，如图6.1中曲线③所示。

给水系统中水塔和清水池的作用之一在于协调给水处理流量、管网用户用水量和供水泵站流量之间存在的流量差值，以保障供水系统运行稳定，满足所有用户在任何时间得到安全可靠的供水服务。清水池的调节容积，由一级、二级泵站供水量曲线确定；水塔容积由二级泵站供水线和用水量曲线确定。当二级泵站每小时工时量等于用水量，即流量无须调节时，管网中可不设水塔，成为无水塔的管网系统。大中城市的用水量比较均匀，通常用水泵调节流量，多数可不设水塔。当一级泵站和二级泵站每小时供水量相接近时，清水池的调节容积可以减小，但是为了调节二级泵站供水量和用水量之间的差额，水塔的容积越小，但清水池的容积将增加。流量调节设施的调节容积计算用【例6.2】说明。

【例6.2】按图6.1所示用水曲线和泵站供水曲线，分别计算管网中设水塔和不设水塔时的清水池调节容积，以及水塔调节容积。

【解】用表6.5所示列表法进行计算。第（1）列数据为时间序列，以1 h为时间间隔；第（2）列数据为各小时给水处理供水量，即小时流量为日流量的4.17%（其中几个数据为4.16%，是为了满足100%的总和不变）；第（3）列数据为在设置水塔情况下的泵站小时供水量，分为二级供水量，分别为2.22%和4.97%（其中几个数据为4.96%，是为了满足100%的总和不变）；第（4）列数据为不设置水塔情况下的泵站小时供水量（等于管网用水量）。当管网中设置水塔时，清水池调节容积计算见表6.4中第5、6列，设第（2）列数据为Q_2，第（3）列数据为Q_3，第5列为调节流量Q_2-Q_3，第6列为调节流量累计值$\sum(Q_2-Q_3)$，其最大值为9.74%，最小值为-3.89%，则调节容积为：9.74% -（-3.89%）=13.63%。

当管网中不设水塔时，清水池调节容积计算见表6.4中第7、8列，设第（4）列数据为Q_4，第7列为调节流量Q_2-Q_4，第8列为调节流量累计值$\sum(Q_2-Q_4)$，其最大值为10.40%，最小值为-4.06%，则清水池调节容积为：10.40% -（-4.06%）=14.46%。

水塔调节容积计算见表6.4中第9、10列，其中，第9列为调节流量Q_3-Q_4，第10列为调节流量累计值$\sum(Q_3-Q_4)$，其最大值为2.43%，最小值为-1.78%，则水塔调节容积为：2.43% -（-1.78%）=4.21%。

表6.5 清水池与水塔调节容积计算表

小时	给水处理供水量（%）	供水泵站供水量（%）		清水池调节容积计算（%）				水塔调节容积计算（%）	
		设置水塔	不设水塔	设置水塔		不设水塔			
（1）	（2）	（3）	（4）	（2）-（3）	累计	（2）-（4）	累计	（3）-（4）	累计
0～1	4.17	2.22	1.92	1.95	1.95	2.25	2.25	0.30	0.30
1～2	4.17	2.22	1.70	1.95	3.90	2.47	4.72	0.52	0.82
2～3	4.16	2.22	1.77	1.94	5.84	2.39	7.11	0.45	1.27
3～4	4.17	2.22	2.45	1.95	7.79	1.72	8.83	-0.23	1.04
4～5	4.17	2.22	2.87	1.95	9.74	1.30	10.13	-0.65	0.39

续上表

小时	给水处理供水量（%）	供水泵站供水量（%）		清水池调节容积计算（%）				水塔调节容积计算（%）	
		设置水塔	不设水塔	设置水塔		不设水塔			
(1)	(2)	(3)	(4)	(2) - (3)	累计	(2) - (4)	累计	(3) - (4)	累计
5 ~ 6	4.16	4.97	3.95	-0.81	8.93	0.21	10.34	1.02	1.41
6 ~ 7	4.17	4.97	4.11	-0.80	8.13	0.06	10.40	0.86	2.27
7 ~ 8	4.17	4.97	4.81	-0.80	7.33	-0.64	9.76	0.16	2.43
8 ~ 9	4.16	4.97	5.92	-0.81	6.52	-1.76	8.00	-0.95	1.48
9 ~ 10	4.17	4.96	5.47	-0.79	5.73	-1.30	6.70	-0.51	0.97
10 ~ 11	4.17	4.97	5.40	-0.80	4.93	-1.23	5.47	-0.43	0.54
11 ~ 12	4.16	4.97	5.66	-0.81	4.12	-1.50	3.97	-0.69	-0.15
12 ~ 13	4.17	4.97	5.08	-0.80	3.32	-0.91	3.06	-0.11	-0.26
13 ~ 14	4.17	4.97	4.81	-0.80	2.52	-0.64	2.42	0.16	-0.10
14 ~ 15	4.16	4.96	4.62	-0.80	1.72	-0.46	1.96	0.34	0.24
15 ~ 16	4.17	4.97	5.24	-0.80	0.92	-1.07	0.89	-0.27	-0.03
16 ~ 17	4.17	4.97	5.57	-0.80	0.12	-1.40	-0.51	-0.60	-0.63
17 ~ 18	4.16	4.97	5.63	-0.81	-0.69	-1.47	-1.98	-0.66	-1.29
18 ~ 19	4.17	4.96	5.28	-0.79	-1.48	-1.11	-3.09	-0.32	-1.61
19 ~ 20	4.17	4.97	5.14	-0，80	-2.28	-0.97	-4.06	-0.17	-1.78
20 ~ 21	4.16	4.97	4.11	-0.81	-3.09	0.05	-4.01	0.86	-0.92
21 ~ 22	4.17	4.97	3.65	-0.80	-3.89	0.52	-3.49	1.32	0.40
22 ~ 23	4.17	2.22	2.83	1.95	-1.94	1.34	-2.15	-0.61	-0.21
23 ~ 24	4.16	2.22	2.01	1.94	0.00	2.15	0.00	0.21	0.00
累计	100.00	100.00	100.00	调节容积 = 13.63		调节容积 = 14.46		调节容积 = 4.21	

6.1.2.3 清水池和水塔容积设计

清水池中除了贮存调节用水量，还贮存消防用水量和给水处理系统生产自用水量，因此，清水池设计有效容积为：

$$W = W_1 + W_2 + W_3 + W_4 \tag{6.11}$$

式中：W_1——清水池调节容积（m^3）；

W_2——消防贮备水量（m^3），按 2 h 室外消防用水量计算；

W_3——给水处理系统生产自用水量（m^3），一般取最高日用水量的 5% ～ 10%；

W_4——安全贮备水量（m^3）。

在缺乏资料时，一般清水池容积可按最高日用水量的 10% ～ 20% 设计。工业用水可按生产用水要求确定清水池容积。

清水池应设计成相等容积的两个，若仅有一个，则应分格或采取适当措施，以便清洗或检修时不间断供水。

水塔除了贮存调节用水量，还需贮存室内消防用水量，因此，水塔设计有效容积为：

$$W = W_1 + W_2 \tag{6.12}$$

式中：W_1——水塔调节容积（m^3）；

W_2——室内消防贮备水量（m^3），按10 min室内消防用水量计算。

在资料缺乏时，水塔容积可按最高日用水量的2.5%～3%至5%～6%计算。城市用水量大时取低值。工业用水可按生产工艺要求确定水塔容积。

6.2 设计流量分配与管径设计

上节已经计算出给水管网最高日最高时用水流量 Q_h，这是一个总流量，为了进行给水管网的细部设计，必须将这一流量分配到系统中去，具体而言，就是要将最高日用水流量分配到管网图的每条管段和各个节点上去。

6.2.1 节点设计流量分配

给水管网的布置应满足以下要求：

（1）按照城市规划平面图布置管网，布置时应考虑给水系统分期建设的可能，并留有充分的发展余地。

（2）管网布置必须保证供水安全可靠，当局部管网发生事故时，断水范围应减到最小。

（3）管线遍布在整个给水区内，保证用户有足够的水量和水压。

（4）力求以最短距离敷设管线，以降低管网造价和供水能量费用。

给水管网的布置既要求安全供水，又要贯彻节约投资的原则。而安全供水和节约投资之间不免会产生矛盾，为安全供水以采用环状网较好，要节约投资最好采用树状网。在管网布置时，既要考虑供水的安全，又尽量以最短的路线埋管，并考虑分期建设的可能，即先按近期规划埋管，随着用水量的增长逐步增设管线。

任一管段的计算流量实际上包括该管段两侧的沿线流量和通过该管段输送到以后管段的转输流量。流量分配可以为确定管段计算流量、并进一步确定管径和进行水力计算提供依据，所以流量分配在管网计算中是一个重要环节。

分配的原则如下：用户分为两类，一类称为集中用水户，另一类称为分散用水户。所谓集中用水户，是从管网中的一个点取得用水且用水流量较大的用户，其用水流量称为集中流量，如工业企业、事业单位、大型公共建筑等用水均可以作为集中流量；分散用水户则是从管段沿线取得用水且流量较小的用户，其用水流量称为沿线流量，如居民生活用水、浇路或绿化用水等。集中流量的取水点一般就是管网的节点，或者反过来说，用集中流量的地方，必须作为节点；沿线流量则认为是从管段的沿线均匀流出。

求出节点流量后，就可以进行管网的流量分配。为了初步确定管段计算流量，必须按最大时用水量进行流量分配。

【例 6.3】某给水管网布置定线后，经过简化，得如图 6.2 所示的管网图，管网中设置水塔，各管段长度和配水长度见表 6.6，最高时用水流量为 231.50 L/s，其中集中用水流量见表 6.7，用水量变化曲线和泵站供水量曲线采用如图 6.1 所示的数据。试进行设计用水量分配并计算节点设计流量。

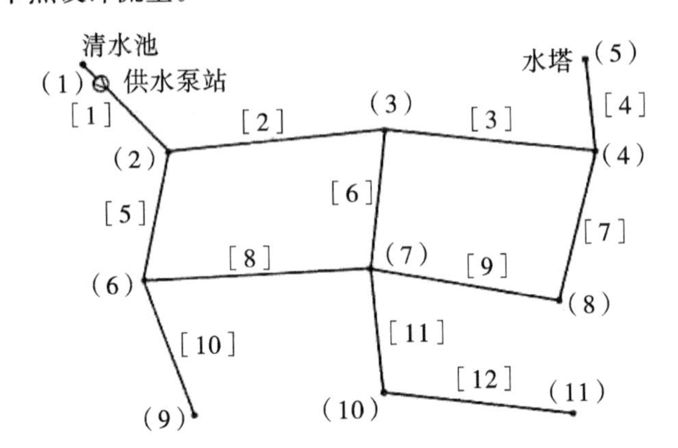

图 6.2　某城市给水管网

表 6.6　各管段长度和配水长度

管段编号	1	2	3	4	5	6	7	8	9	10	11	12
管段长度（m）	320	650	550	270	330	350	360	590	490	340	290	520
配水长度（m）	0	650	550	0	165	350	180	590	490	150	290	360

表 6.7　最高时集中用水流量

集中用水户名称	工厂 A	火车站	宾馆	工厂 B	学校	工厂 C	工厂 D
集中用水流量（L/s）	8.85	14.65	7.74	15.69	16.20	21.55	12.06
所处位置节点编号	3	3	4	8	9	10	11

【解】按管段配水长度进行沿线流量分配，先计算比流量［L/(s · m)］：

$$q_l = \frac{Q_h - \sum q_{n,i}}{\sum l_{m,i}}$$

$$= \frac{231.50 - (8.85 + 14.65 + 7.74 + 15.69 + 16.20 + 21.55 + 12.06)}{650 + 550 + 165 + 350 + 180 + 590 + 490 + 150 + 290 + 360} \text{ L/(s · m)}$$

$$= 0.035\,7 \text{ L/(s · m)}$$

从如图 6.1 所示的泵站供水曲线，得泵站设计供水流量为：

$$q_{s,1} = 231.50 \times \frac{4.97\%}{5.92\%} \text{ L/s} = 194.35 \text{ L/s}$$

水塔设计供水流量为：

$$q_{s,5} = (231.50 - 194.35) \text{ L/s} = 37.15 \text{ L/s}$$

各管段的沿线流量分配与各节点的设计流量计算见表 6.8，例如：

$$q_{m,2} = q_l l_{m,2} = 0.035\,7 \times 650 \text{ L/s} = 23.21 \text{ L/s}$$

$$Q_{j,1} = q_{n,1} - q_{s,1} + \frac{1}{2} q_{m,1} = (0 - 194.35 + 0.5 \times 0) \text{ L/s} = -194.35 \text{ L/s}$$

$$Q_{j,4}=q_{n,4}-q_{s,4}+\frac{1}{2}(q_{m,3}+q_{m,4}+q_{m,7})=[7.74-0+0.5\times(19.63+0+6.43)]\ \text{L/s}$$
$$=20.77\ \text{L/s}$$

节点的设计流量计算的最后结果标于图 6.3 中。

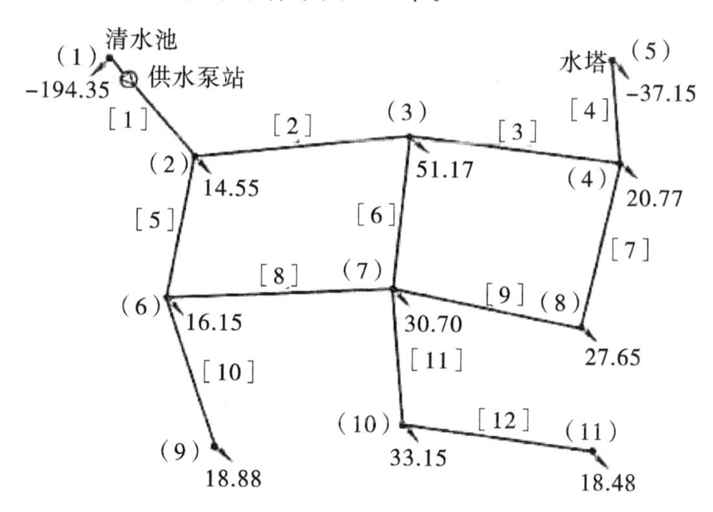

图 6.3　节点的设计流量计算结果

表 6.8　最高时管段的沿线流量分配与节点的设计流量计算

管段或者节点编号	管段的配水长度（m）	管段的沿线流量（L/s）	节点的设计流量计算（L/s）			
			集中流量	沿线流量	供水流量	节点流量
1	0	0.00	—	0.00	194.35	-194.35
2	650	23.21	—	14.55	—	14.55
3	550	19.63	23.50	27.67	—	51.17
4	0	0.00	7.74	13.03	—	20.77
5	165	5.89	—	0.00	37.15	-37.15
6	350	12.50	—	16.15	—	16.15
7	180	6.43	—	30.70	—	30.70
8	590	21.06	15.69	11.96	—	27.65
9	490	17.49	16.20	2.68	—	18.88
10	150	5.35	21.55	11.60	—	33.15
11	290	10.35	12.06	6.42	—	18.48
12	360	12.85	—	—	—	—
合计	3 775	134.76	96.74	134.76	231.50	0.00

6.2.2　管段设计流量分配

树状管网管段设计流量分配比较简单，在节点设计流量全部确定后，管段设计流量可以利用节点流量连续性方程组解出。

环状管网的管段设计流量分配比较复杂，因为各管段的流量与以后各节点流量没有直接的联系，并且在一个节点上连接几条管段，所以任一节点的流量包括该节点流量和流向以及流离该节点的几条管段流量。环状网流量分配时，由于到任一节点的水流情况较为复杂，不可能像树状网一样，对每一管段得到唯一的流量值。

环状网可以有许多不同的流量分配方案，但都应保证能供给用户以所需水量且需满足节点流量平衡的条件。流量分配的不同导致了方案所确定的管径的差异和管网总造价的不等。研究结果表明，在现有管线造价指标下得到的环状网流量分配并非优化的，如在流量分配时，使环状网中某些管段的流量为零，也就是说环状网变为树状网时能实现最经济的流量分配，但树状网又不能保证可靠的供水。

估计环状网流量分配时，应同时考虑经济性与可靠性。前者指流量分配后得到的管径是一定年限内管网建造费用和管理费用最小，后者是指能向用户不间断地供水并且保证应有的水量、水压和水质。

然而，管段设计流量的分配方案涉及管网设计的经济性和供水可靠性，因为不同的管段设计流量分配方案将导致设计管径不同，建设费用不同，运行时的能耗费用也不同，更重要的是，当某条管段出现事故时，其他管段替代它输送流量的能力也不同。因此，管段设计流量要在综合考虑管网经济性和供水可靠性的前提下，认真分析，合理分配。

管段设计流量分配通常应遵循下列原则：

（1）从一个或多个水源（指供水泵站或水塔等在最高时供水的节点）出发进行管段设计流量分配，使供水流量沿较短的距离输送到整个管网的所有节点上。这一原则体现了供水的目的性。

（2）在遇到要向两个或两个以上方向分配设计流量时，要向主要供水方向（如通向密集用水区或大用户的管段）分配较多的流量，向次要供水方向分配较少的流量，特别要注意不能出现逆向流，即从远离水源的节点向靠近水源的节点流动。这一原则体现了供水的经济性。

（3）应确定两条或两条以上平行的主要供水方向，如从供水泵站至水塔或主要用水区域等，并且应在各平行供水方向上分配相接近的较大流量，使主要供水方向上管段损坏时流量可通过这些管段绕道通过；垂直于主要供水方向的管段主要作用是沟通平行干管之间的流量，有时只是就近供水到用户，平时流量不大，可适当进行流量分配。这一原则体现了供水的可靠性。

由于实际管网的管线复杂，用水流量的分布千差万别，上述原则要结合具体条件灵活运用。对设计流量分配方案应反复调整，在对已经分配的方案进行调整时，可以采取施加环流量的方法，不必重新分配。

对于多水源管网，应由每一水源的供水量定出大致供水范围，初步确定个税元的供水分界线，然后从个水源开始按供水主流方向按每一节点符合 $q_i + \sum q_{ij} = 0$ 的条件及经济性和可靠性的考虑，进行流量分配。位于分界线上各节点的流量往往由几个水源同时供给。各水源供水范围内的全部节点流量加上分界线上由该水源供给的节点流量之和应等于该水源的供水量。

【例 6.4】对【例 6.3】所示管网进行管段设计流量分配。

【解】节点设计流量已经在【例 6.3】中计算得出。观察管网图形，可以看出，有两条平行的主要供水方向，一条从供水泵站节点（1）出发，经过管段［1］、［2］、［3］和［4］通向水塔节点（5）；另一条也是从供水泵站节点（1）出发，经过管段［1］、［5］、［8］和［11］通向水塔节点（10），先在图中将这两条线路标示出来。

首先，应确定枝线管段的设计流量，它们可以根据节点流量连续性方程，用逆树递推法计算。如本例中的管段［1］、［4］、［10］、［12］和［11］的设计流量可以分别用节点［1］、［5］、［9］、［11］和［10］流量连续性方程确定。

然后，从节点（2）出发，分配环状管网设计流量，［2］和［5］管段均属于主要供水方向，因此两者可分配相同的设计流量，管段［6］虽为垂直主要供水方向的管段，但其设计流量不能太小，必须考虑到主要供水方向上管段［8］发生事故时流量从该管段绕过。另外，管段［3］虽然位于主要供水方向上，但它与管段［9］及水塔共同承担（4）、（8）两节点供水，如果其设计流量太大，必然造成管段［9］逆向流动。

管段设计流量分配结果如图6.4所示。

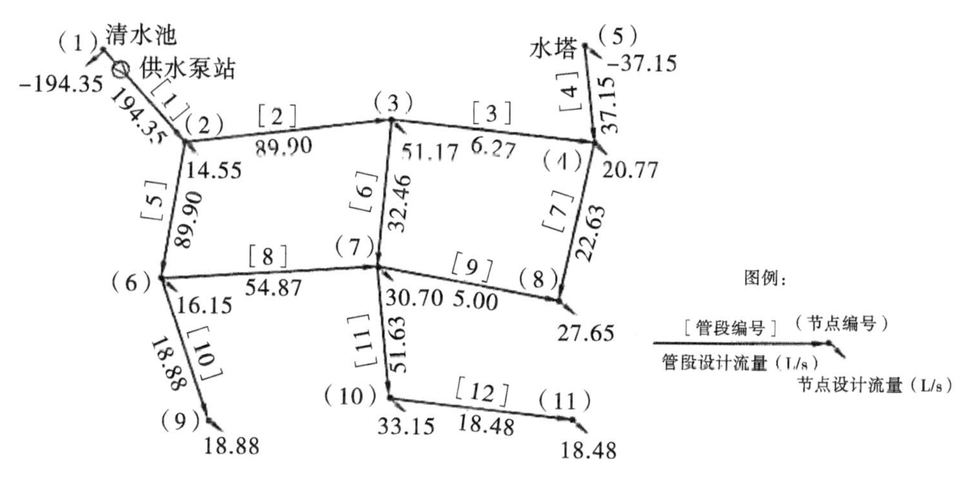

图6.4　管段设计流量分配结果

6.2.3　管段直径设计

确定管段的直径是给水管网设计的主要内容之一，管径与设计流量的关系为：

$$q = Av = \frac{\pi D^2}{4} v \tag{6.13}$$

由此可得：

$$D = \sqrt{\frac{4q}{\pi v}} \tag{6.14}$$

式中：D——管段直径（m）；

q——管段设计流量（m^3/s）；

A——管段过水断面面积（m^2）；

v——设计流速（m/s）。

从式(6.13)可知，管径不但与管段设计流量有关，而且与设计流速的大小有关。如管段的设计流量已知，但是设计流速未定，管径还是无法确定。因此，要确定管径，必须先选定设计流速。

为了防止管网因水锤现象出现事故，最大设计流速不应超过 3 m/s；在输送浑浊的原水时，为了避免水中悬浮物质在水管内沉积，最低设计流速通常不得小于 0.6 m/s。可见，技术上允许的设计流速幅度是较大的。因此，需在上述流速范围内，根据当地的经济条件，考虑管网的造价和经营管理等费用，选定合适的设计流速。

设计流量已定时，管径和设计流速的平方根成反比。设计流量相同时，如果设计流速取得小，管径相应增大，此时管网造价增加，可是管段中的水头损失却相应减小，因此水泵所需扬程可以降低，日常的输水电费可以节约。相反，如果设计流速用得大些，管径虽然减小，管网造价有所下降，但因水头损失增大，日常的电费势必增加。因此，一般采用优化方法求得设计流速或管径的最优解，在数学上表现为求一定年限 T 年（称为投资偿还期）内管网造价和管理费用（主要是电费）之和为最小的流速，称为经济流速，以此来确定的管径称为经济管径。下面给出一些优化的概念和定性分析，设计者可以靠经验确定管径。

设管网一次性投资的总造价为 C，每年的运行管理费用为 Y，则管网每年的折算费用为：

$$W=\frac{C}{T}+Y \tag{6.15}$$

其中，每年的运行管理费用一般分两项计算：

$$Y=Y_1+Y_2=\frac{p}{100}C+Y_2 \tag{6.16}$$

式中：Y_1——管网每年折旧和大修费用，该项费用与管网建设投资费用成比例；

Y_2——管网年运行费用，主要考虑泵站的年运行总电费，其他费用相对较少，可忽略不计；

p——管网年折旧和大修费率（%）。

由式(6.15) 和式(6.16) 得：

$$W=\left(\frac{1}{T}+\frac{p}{100}\right)C+Y_2 \tag{6.17}$$

C 和 Y_2都与管径和设计流速有关，前者随着管径的增加或设计流速的减小而增加，后者则随着管径的增加或设计流速的减小而减小，如图 6.5 和图 6.6 所示。

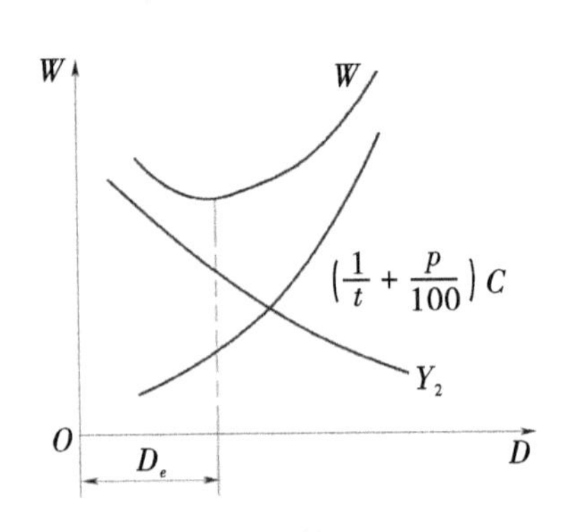

图 6.5　年折算费用和管径的关系

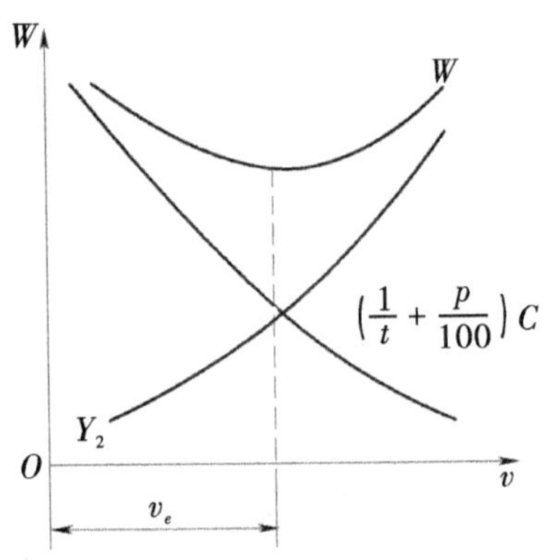

图 6.6　年折算费用和流速的关系

经济流速和经济管径与当地的管材价格、管线施工费用、电价等有关。由于实际管网的复杂性，加之情况在不断变化，例如，用水量不断增长，管网逐步扩展，许多经济指标（如管材价格、电费等）也随时变化，要从理论上计算管网造价和年管理费用相当复杂，且有一定的难度。在条件不具备时，设计中也可采用由各地统计资料计算出的平均经济流速来确定管径，得出的是近似经济管径，见表6.9。

表6.9　平均经济流速

管径（mm）	平均经济流速（m/s）	管径（mm）	平均经济流速（m/s）
100～400	0.6～0.9	≥400	0.9～1.4

选取经济流速和确定管径时，可以考虑以下原则：

（1）大管径可取较大的经济流速，小管径可取较小的经济流速。

（2）从供水泵站到控制点（供水压力要求较难满足的节点，可能有多个）的管线上的管段可取较小的经济流速，其余管段可取较大的经济流速，如输水管必位于供水泵站到控制点的管线上，因此输水管所取经济流速应较管网中的管段小。

（3）管线造价（含管材价格、施工费用等）较高而电价相对较低时取较大的经济流速，反之取较小的经济流速。

（4）重力供水时，各管段的经济管径或经济流速按充分利用地形高差来确定，即应使输水管渠和管网通过设计流量时的水头损失总和等于或略小于可以利用的标高差。

（5）根据经济流速计算出的管径，当不符合市售标准管径时，可以选用相近的标准管径。

（6）当管网有多个水源或设有对置水塔时，在各水源或水塔供水的分界区域，管段设计流量可能特别小，选择管径时要适当放大，因为当各水源供水流量比例变化或水塔转输（进水）时，这些管段可能需要输送较大的流量。

（7）重要的输水管，如从水厂到用水区域的输水管，或向远离主管网大用户供水的输水管，在未连成环状网且输水末端没有保证供水可靠性的贮水设施时，应采用平行双条管道，每条管道直径按设计流量的50%确定。另外，对于较长距离的输水管，中间应设置两处以上的连通管（将输水管分为三段以上），并安装切换阀门，以便事故时能够实现局部隔离，保证达到规范要求的70%以上供水量要求。

6.3　泵站扬程与水塔高度设计

由于在确定管段直径时没有考虑管网的能量平衡条件，因此，对环状管网而言，在给定节点设计流量和管径下，管段流量会按管网的水力特性进行分配，它们将不等于管段设计流量。也就是说，只有树状管网或管网中的枝状管段的设计流量不会因为管径选择的不同而改变，而环状管网管段的设计流量只起确定管径的作用，不能用于计算泵站的扬程和水塔高度，必须先通过水力分析求出设计工况下管段的实际工作流量，然后才能正确地计算出泵站的扬程和水塔高度。

6.3.1 设计工况水力分析

给水管网的设计工况即最高日最高时用水工况，对此工况进行水力分析所得到的管段流量和节点水头等一般都是最大值，用它们确定泵站扬程和水塔高度通常是最安全的。但是，在泵站扬程和水塔高度未确定前，对设计工况的水力分析有两个前提条件不满足，需要进行预处理。

6.3.1.1 泵站所在管段的暂时删除

参与水力分析的管段，其水力特性必须是已知的，而根据管网模型理论的假设，泵站位于管段上，在泵站未设计之前，泵站的水力特性是未知的，泵站水力特性是其所在管段水力特性的一部分，因此其管段的水力特性也是未知的。为了进行水力分析，可以暂时将该管段从管网中删除，与之相关的管段能量方程暂时不予计算。但是，此管段的流量（泵站的设计流量）已经确定，应将该流量合并到与之相关联的节点中，以保持管网的水力等效。

以如图 6.7 所示的管网在设计工况时的水力分析为例，节点（7）为水厂清水池，管段［1］上设有泵站，可以假想将管段［1］从管网中删除，其管段流量合并到节点（7）和（1），如图 6.8 所示。

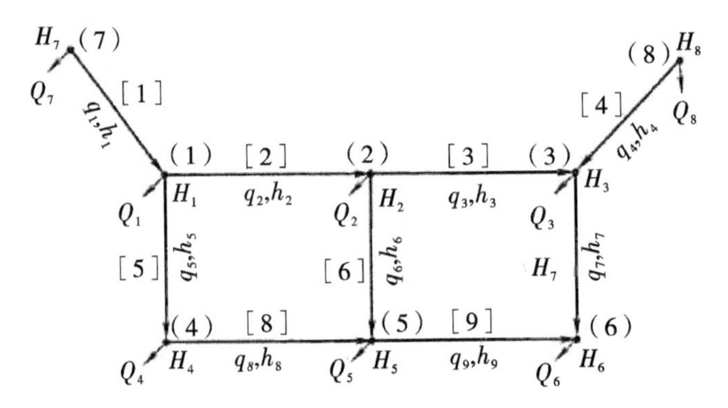

图 6.7 某给水管网模型

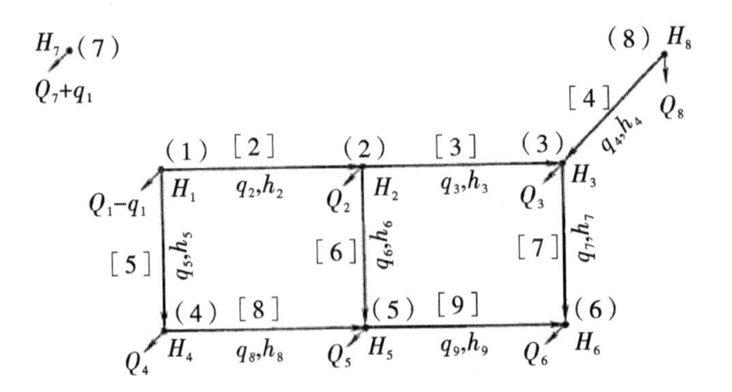

图 6.8 给水管网中管段的暂时删除

6.3.1.2　假设控制点

按照管网水力分析的前提条件，管网中必须至少有一个定压节点，才能使恒定流方程组可解。但是，对于设计工况水力分析而言，由于泵站所在管段的暂时删除，即清水池所在的节点已经与管网分离［如图 6.9 中的节点（7）］，加之水塔的高度尚未确定，因此管网中没有一个已知节点水头的节点，即没有一个定压节点。

为了解决管网中无定压节点的问题，可以假设一个压力控制点，设定管网供水压力条件。

在管网中所有节点水头均为未知的情况下，恒定流基本方程组无确定解主要指的是节点水头无确定解。管段流量仍然是有解的，因而管段的压降也是确定的，也就是说，节点水头的相对值是确定的。这时，可以将给水管网想象成一张刚性网，它的总体高程可高可低，但网中节点的相对高差是固定的。将这张刚性网逐渐放低，必然有一个节点首先接触到“地面”。如果“地面”是保证管网用户用水的最低压力界面，则这一“触地”节点的水头就应该等于“地面”高程，即用水最低压力高程。若抬高这张网，使“触地”节点高出“地面”，则会造成不必要的能量浪费，因为节点水头是由泵站扬程提供的；若降低这张网，使“触地”节点陷入“地面”，则其用水压力不能保证。

在此引入两个概念：

（1）节点服务水头。这是节点地面高程加上节点所连接用户的最低供水压力，就是“地面”的概念。对于城镇给水管网，设计规范规定了最低供水压力指标，即一层楼用户为 10 m，二层楼用户为 12 m，以后每增加一层，用水压力增加 4 m，见表 6.10。有时，为了满足消防要求，此供水压力需要适当提高。对于工业给水管网或其他给水管网，参照相关标准确定最低供水压力。

表 6.10　城镇居民生活用水压力标准

建筑楼层	1	2	3	4	5	6	…
最低供水压力（m）	10	12	16	20	24	28	…

（2）控制点。这是给水管网用水压力最难满足的节点，就是前面“触地”节点的概念。在给水管网水力分析时，管段水力特性为已知，管网成为一张刚性网，只会有一个节点最先“触地”，因此只有一个控制点。

综上所述，在引入管网供水压力条件后，控制点的节点水头可以确定，成为已知量。因此，理论上可以用控制点作为定压节点。但在水力分析前无法确定哪个节点是控制点，因此可以随意假定一个节点为控制点，令其节点水头等于服务水头，则该节点成为定压节点。待水力分析完成后，再通过节点自由水压比较，找到用水压力最难满足的节点——真正的控制点，并根据控制的服务水头调整所有节点水头。以下通过实例说明确定控制点的过程。

在完成设计工况水力分析以后，泵站扬程可以直接根据其所在管段的水力特性确定。泵站扬程计算见第 3 章。

【例 6.5】某给水管网如图 6.9 所示，水源、泵站和水塔位置标于图中，节点设计流量、管段长度、管段设计流量等数据也标注于图中，节点地面标高及自由水压要求见表 6.11。

（1）设计管段直径（标准管径为100 mm，200 mm，300 mm，400 mm，500 mm）。

（2）进行设计工况水力分析。

（3）确定控制点。

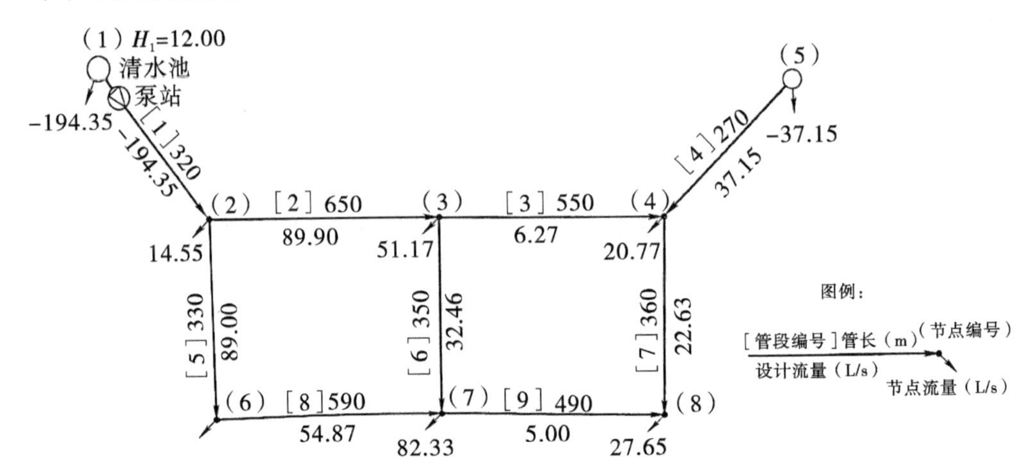

图6.9 管网实际工况水力分析

表6.11 某给水管网设计节点数据

节点编号	1	2	3	4	5	6	7	8
地面标高（m）	13.60	18.80	19.10	22.00	32.20	18.30	17.30	17.50
要求自由水压（m）	—	24.00	28.00	24.00	—	28.00	28.00	24.00
服务水头（m）	—	42.80	47.10	46.00	—	46.30	45.30	41.50

【解】（1）管段直径设计。管段经济流速采用见表6.12中第3行。管段［1］、［2］、［5］和［8］由于设计流量较大，采用较高的经济流速；管段［6］虽然流量不太大，但它是与主要供水方向垂直，对电费影响较小，所以也采用较高的经济流速；管段［4］、［7］设计流量中等，采用中等经济流速；管段［9］设计流量很小，采用较小的经济流速；管段［3］比较特殊，虽然设计流量很小，但考虑到水塔转输流量必须通过该管段，所以直接选取2 000 mm管径；管段［1］、［4］为输水管，为了提高供水可靠性，采用并行双管。根据经济流量计算出管径后，按邻近原则选取标准管径，见表6.12中第5行。

表6.12 某给水管网设计数据

管段编号	1	2	3	4	5	6	7	8	9
设计流量（L/s）	194.35	89.90	6.27	37.15	89.90	32.46	22.63	54.87	5.00
经济流速（m/s）	1.00	1.00	0.20	0.80	1.00	1.00	0.70	0.90	0.60
计算管径（mm）	352×2	338	—	172×2	338	203	203	279	103
设计管径（mm）	300×2	300	200	200×2	300	200	200	300	100

（2）设计工况水力分析。为了满足水力分析前提条件，将管段［1］暂时删除，其管段流量并到节点（2）上得 $Q_2=(-194.5+14.55)$ L/s = −179.95 L/s，同时，假定节点（8）为控制点，其节点水头等于服务水头，即 $H_8=41.50$ m。水力分析采用哈代－克罗斯

算法计算平差，允许闭合差0.1 m，使用海曾－威廉公式计算水头损失，$C_W=110$，计算过程不再详述，计算结果见表6.13。

表6.13　设计工况水力分析计算结果

管段或节点编号	2	3	4	5	6	7	8	9
管段流量（L/s）	81.08	8.77	37.15	98.72	21.14	25.13	63.69	2.50
管内流速（m/s）	1.15	0.28	0.59	1.40	0.67	0.80	0.90	0.32
管段压降（m）	3.86	0.38	0.75	2.82	1.24	1.76	2.24	0.97
节点水头（m）	47.57	43.71	43.26	44.01	44.71	42.47	41.50	—
地面标高（m）	18.80	19.10	22.00	32.20	18.30	17.30	17.50	—
自由水压（m）	28.77	24.61	21.26	—	26.41	25.17	24.00	—

（3）确定控制点。在水力分析时，假定节点（8）为控制点，但经过水力分析后，比较节点水头与服务水头，或比较节点自由水压与要求自由水压，显然节点（3）、（4）、（6）和（7）的用水压力要求不能满足，说明节点（8）不是真正的控制点。比较按假定控制点确定的节点水头与服务水头，可以得到各节点供压差额，差额最大的节点就是用水压力最难满足的节点，本例即节点（3），最大差额为3.39 m，所有节点水头加上此值，可使用水压力要求全部得到满足，而管段压降未变，能量方程组仍满足，自由水压也应同时加上此值。计算结果见表6.14。

表6.14　控制点确定与节点水头调整

节点编号	1	2	3	4	5	6	7	8
节点水头（m）	—	47.57	43.71	43.26	44.01	44.71	42.47	41.50
服务水头（m）	—	42.80	47.10	46.00	—	46.30	45.30	41.50
供压差额（m）	—	−4.77	3.39	2.74	—	1.59	2.83	0.00
节点水头调整（m）	12.00	50.96	47.10	46.65	47.40	48.10	45.86	44.89
自由水压（m）	—	32.16	28.00	24.65	—	29.80	28.56	27.39

6.3.2　泵站扬程设计

在完成设计工况水力分析以后，泵站扬程可以直接根据其所在管段的水力特性确定。设泵站位于管段 i，该管段起端节点水头为 H_{Fi}，终端节点水头为 H_{Ti}，该管段管道沿程水头损失为 h_{fi}，管道局部水头损失为 h_{mi}，则泵站扬程由两部分组成，一部用于提升水头，即 $H_{Ti}-H_{Fi}$，另一部用于克服管道水头损失，即 $h_{fi}+h_{mi}$，所以泵站扬程可用下式计算：

$$h_{pi}=(H_{Ti}-H_{Fi})+(h_{fi}+h_{mi}) \tag{6.18}$$

管道沿程水头损失可以根据管段设计流量（即泵站设计流量）和管径等计算，局部水头损失一般可以忽略不计，则上式可以写成：

$$h_{pi}=(H_{Ti}-H_{Fi})+\frac{kq_i^n}{D_i^m}l_i \tag{6.19}$$

有了泵站设计扬程和流量，可以进行选泵和泵房设计。选择水泵的扬程一般要略高于泵站的扬程，因为还要考虑泵站内部连接管道的水头损失。

【例6.6】仍用【例6.5】的数据，节点（1）处为清水池，其最低设计水位标高为12.00 m，即节点（1）的水头12.00 m，试根据设计工况水力分析的结果，求［1］管段上泵站的设计扬程并选泵。

【解】由【例6.4】所给数据和计算结果，根据式(6.19）有：

$$h_{pi}=(H_2-H_1)+\frac{10.47}{C_W^{1.852}D_1^{4.87}}\left(\frac{q_1}{2}\right)^{1.852}l_1$$

$$=\left[(50.69-12.00)+\frac{10.67}{110^{1.852}\times 0.3^{4.87}}\times\left(\frac{0.19435}{2}\right)^{1.852}\times 320\right]\text{ m}=41.35\text{ m}$$

为了选泵，估计泵站内部水头损失。一般水泵吸压水管道设计流速为1.2～2.0 m/s，局部阻力系数可按5.0～8.0考虑，沿程水头损失较小，可以忽略不计，则泵站内部水头损失约为：

$$h=8.0\times\frac{2.0^2}{2\times 9.81}\text{ m}=1.63\text{ m}$$

因此，水泵的扬程应为：$H_p=(41.35+1.63)$ m，取43 m。按2台泵并联工作考虑，单台水泵流量为：$Q_p=(194.35\div 2)$ L/s =97.18 L/s =349.85 t/h，取350 t/h。查水泵样本，选取250S39型水泵3台，2用1备。

6.3.3 水塔高度设计

在完成设计工况水力分析后，水塔高度也随之确定了。设水塔所在节点水头为 H，地面高程为 Z，即水塔高度为：

$$H_{Tj}=H_j-Z_j \tag{6.20}$$

为了安全起见，此式所确定的水塔高度应作为水塔水柜的最低水位离地面的高度。在考虑水塔转输（进水）条件时，水塔高度还应该加上水柜设计有效水深。

6.4 管网设计举例及校核

6.4.1 给水管网设计举例

6.4.1.1 树状网计算

多数小型给水和工业企业给水在建设初期往往采用树状网，以后随着城市和用水量的发展，可根据需要逐步连接为环状网。树状网的计算比较简单，主要原因是树状网中每一管段的流量容易确定，只要在每一节点应用节点流量平衡条件，无论是从二级泵站起顺水流方向推算还是从控制点起向二级泵站方向推算，只能得出唯一的管段流量，或者可以说树状网只有唯一的流量分配。任一管段的流量决定后，即可按经济流速求出管径，并求得水头损失。此后，选定一条干线，如从二级泵站到控制点的任一条干管线，将此干线上各管段的水头损失相加，求出干线的总水头损失，计算二级泵站所需扬程或水塔所需的高度。这里，控制点的选择很重要，在保证该点水压达到最小服务水头时，整个管网不会出现水压不足地区。如果控制点选择不当而出现某些地区水压不足，应重新选定控制点进行计算。

干线计算后，得出干线上各节点包括接出支线处节点的水压标高（等于节点处地面标高加服务水头）。因此，在计算树状网的支线时，起点的水压标高已知，面支线终点的水压标高等于终点的地面标高与最小服务水头之和。从支线起点和终点的水压标高差除以支线长度，即得支线的水力坡度，再从支线每一管段的流量并参照此水力坡度选定相近的标准管径。

【例6.8】某城市供水区用水人口为5万人，最高日用水量定额为150升/(人·天)，要求最小服务水头为157 kPa（15.7 m）。节点4接某工厂，工业用水量为400 m³/d，两班制，均匀使用。城市地形平坦，地面标高为5.00 m，管网布置如图6.10所示。

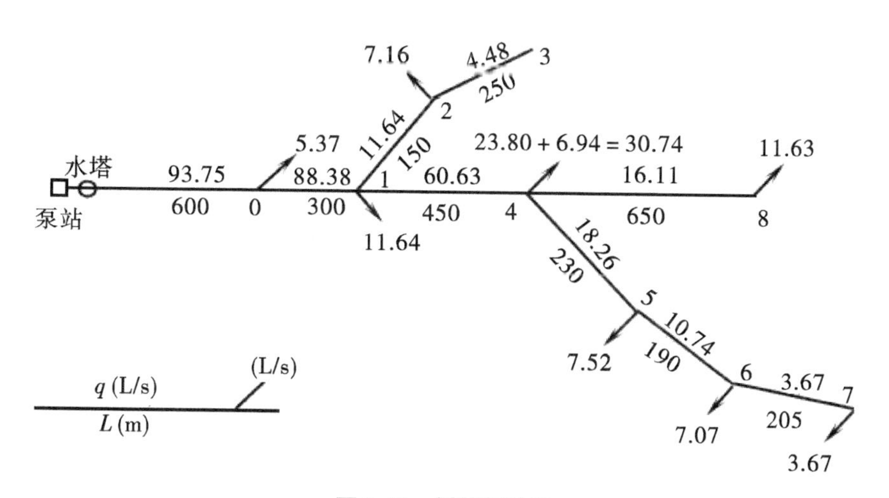

图6.10　树状网计算

【解】(1) 总用水量。

设计最高日生活用水量为：

$$50\ 000 \times 0.15\ \text{m}^3/\text{d} = 7\ 500\ \text{m}^3/\text{d} = 312.50\ \text{m}^3/\text{h} = 86.81\ \text{L/s}$$

工业用水量为：

$$\frac{400}{16}\ \text{m}^3/\text{h} = 25\ \text{m}^3/\text{h} = 6.94\ \text{L/s}$$

总水量为：

$$\sum Q = (86.81 + 6.94)\ \text{L/s} = 93.75\ \text{L/s}$$

(2) 管线总长度为：$\sum L = 3\ 025$ m，其中，水塔到节点0的管段两侧无用户。

(3) 比流量为：

$$q_s = \frac{93.75 - 6.94}{3025 - 600}\ \text{L/(m·s)} = 0.0358\ \text{L/(m·s)}$$

（4）沿线流量见表6.15。

表6.15 沿线流量计算

管段	管段长度（m）	沿线流量（L/s）
0—1	300	10.74
1—2	150	5.37
2—3	250	8.95
1—4	450	16.11
4—8	650	23.27
4—5	230	8.23
5—6	190	6.80
6—7	205	7.34
合计	2 425	86.81

（5）节点流量见表6.16。

表6.16 节点流量计算

节点	节点流量（L/s）
0	1/2×10.74＝5.37
1	1/2×(10.74＋5.37＋16.11)＝16.11
2	1/2×(5.37＋8.95)＝7.16
3	1/2×8.95＝4.475
4	1/2×(16.11＋23.27＋8.23)＝23.805
5	1/2×(8.23＋6.80)＝7.515
6	1/2×(6.80＋7.34)＝7.07
7	1/2×7.34＝3.67
8	1/2×23.27＝11.635
合计	86.81

（6）因城市用水区地形平坦，控制点选在离泵站最远的节点8。干管各管段的水力计算见表6.17。管径按平均经济流速确定。

表6.17 干管水力计算

干管	流量（L/s）	流速（m/s）	管径（mm）	水头损失（m）
水塔至节点0	93.75	0.75	400	1.27
0—1	88.38	0.7	400	0.56
1—4	60.63	0.86	300	1.75
4—8	11.63	0.66	150	3.95
				$\sum h=7.53$

（7）干管上各支管接出处节点的水压标高如下：

节点4：（16.00＋5.00＋3.95）m＝24.95 m

节点 1：(24.95 + 1.75) m = 26.70 m

节点 0：(26.70 + 0.56) m = 27.26 m

水塔：(27.26 + 1.27) m = 28.53 m

各支线的允许水力坡度为：

$$i_{1-3} = \frac{26.70 - (16 + 5)}{150 + 250} = \frac{5.70}{400} = 0.01425$$

$$i_{4-7} = \frac{24.95 - (16 + 5)}{190 + 230 + 205} = \frac{3.95}{625} = 0.00632$$

支线各管段的水力计算见表 6.18。

表 6.18　支线水力计算

管段	流量（L/s）	管径（mm）	i	h（m）
1—2	11.64	150	0.006 17	1.85
2—3	4.48	100	0.008 29	2.07
4—5	18.26	200	0.003 37	0.64
5—6	10.74	150	0.006 31	1.45
6—7	3.67	100	0.005 81	1.19

参照水力坡度和流量选定支线各管段的管径时，应注意市售标准管径的规格，还应注意支线各管段水头损失之和不得大于允许的水头损失，例如，支线 4—5—6—7 的总水头损失为 3.28 m，而允许的水头损失按支线起点和终点的水压标高差计算为 3.95 m，符合要求，否则须调整管径重新计算，直到满足要求为止，由于标准管径的规格不多，可供选择的管径有限，所以调整的次数不多。

（8）求水塔高度和水泵扬程。

水塔水柜底高于地面的高度为：

$$H_{塔} = (16.00 + 5.00 + 3.95 + 1.75 + 0.56 + 1.27 - 5.00)\ \text{m} = 23.53\ \text{m}$$

水塔建于水厂内，靠近泵站，因此水泵扬程为：

$$H_{塔} = (5.00 + 23.53 + 3.00 + 4.70 + 3.00)\ \text{m} = 39.23\ \text{m。}$$

上式中 3.00 m 为水塔的水深，4.70 m 为泵站吸水井最低水位标高，3.00 m 为泵站内和到水塔的管线总水头损失。

6.4.1.2　环状网计算

1. 计算原理

环状网的水力计算可分以下三类：

（1）在初步分配流量后，调整管段流量以满足能置方程，得出各管段流量的环方程组解法。

（2）应用连续性方程和压降方程解节点方程组，得出各节点的水压。

（3）应用连续性方程和能量方程解管段方程组，得出备管段的流量。

A. 环方程组解法。

环状网在初步分配流量时，已经符合连续性方程的要求。但在选定管径和求得备管段水头损失以后，每环往往不能满足 $\sum h_{ij}=0$ 或 $\sum s_{ij}q_{ij}^{n}=0$ 的要求。因此，解环方程的环状网计算过程，就是在按初步分配流量确定的管径基础上，重新分配各管段的流量，反复计算，直到同时满足连续性方程组和能量方程组时为止，这一计算过程称为管网平差。换言之，平差就是求解 $J-1$ 个线性连续性方程组，和 L 个非线性能量方程组，以得出 p 个管段的流量。一般情况下，不能用直接法求解非线性能量方程组，而须用逐步近似法求解。

解环方程有多种方法，现在最常用的解法是哈代－克罗斯算法。

L 个非线性能量方程可表示为：

$$\begin{cases}F_1(q_1,\ q_2,\ q_3,\ \cdots,\ q_h)=0\\F_2(q_g,\ q_{g+1},\ \cdots,\ q_j)=0\\\cdots\cdots\\F_L(q_m,\ q_{m+1},\ \cdots,\ q_p)=0\end{cases}\tag{6.21}$$

方程数等于环数，即每环一个方程，它包括该坏的各管段流量，但是式(6.21)所列方程组包含管网中的全部管段流置。函数 F 有相同形式的 $\sum s_i|q_i|^{n-1}q_i$ 项，两环公共管段的流量同时出现在两邻环的方程中。

求解的过程是，分配流量得各管段的初步流量 $q_i^{(0)}$ 值，分配时须满足节点流量平衡的要求，由此流量按经济流速选定管径。然后对初步分配的管段流量 $q_i^{(0)}$ 增加校正流量 Δq_i，再将 $q_i^{(0)}+\Delta q_i$ 代入式(6.21)中计算，目的是使管段流量逐步趋近于实际流量。代入得：

$$\begin{cases}F_1(q_1^{(0)}+\Delta q_1,\ q_2^{(0)}+\Delta q_2,\ \cdots,\ q_h^{(0)}+\Delta q_h)=0\\F_2(q_g^{(0)}+\Delta q_g,\ q_{g+1}^{(0)}+\Delta q_{g+1},\ \cdots,\ q_j^{(0)}+\Delta q_j)=0\\\cdots\cdots\\F_L(q_m^{(0)}+\Delta q_m,\ q_{m+1}^{(0)}+\Delta q_{m+1},\ \cdots,\ q_p^{(0)}+\Delta q_p)=0\end{cases}$$

将函数 F 展开，保留线性项得：

$$\begin{cases}F_1(q_1^{(0)},\ q_2^{(0)},\ \cdots,\ q_h^{(0)})+\left(\dfrac{\partial F_1}{\partial q_1}\Delta q_1+\dfrac{\partial F_1}{\partial q_2}\Delta q_2+\cdots+\dfrac{\partial F_1}{\partial q_h}\Delta q_h\right)=0\\F_2(q_g^{(0)},\ q_{g+1}^{(0)},\ \cdots,\ q_j^{(0)})+\left(\dfrac{\partial F_2}{\partial q_g}\Delta q_g+\dfrac{\partial F_2}{\partial q_{q+1}}\Delta q_{q+1}+\cdots+\dfrac{\partial F_2}{\partial q_j}\Delta q_j\right)=0\\\cdots\cdots\\F_L(q_m^{(0)},\ q_{m+1}^{(0)},\ \cdots,\ q_p^{(0)})+\left(\dfrac{\partial F_L}{\partial q_m}\Delta q_m+\dfrac{\partial F_L}{\partial q_{m+1}}\Delta q_{m+1}+\cdots+\dfrac{\partial F_L}{\partial q_p}\Delta q_p\right)=0\end{cases}\tag{6.22}$$

式(6.22)中的第一项和式(6.21)形式相同，只是用流量 $q_i^{(0)}$ 代替 q_i，因为两者都是能量方程，所以均表示各环在初步分配流量时的管段水头损失代数和，或称为闭合差 $\Delta h^{(0)}$：

$$\sum_i h_i^{(0)}=\sum_i s_i|q_i^{(0)}|^{n-1}q_i^{(0)}=\Delta h^{(0)}$$

闭合差 $\Delta h^{(0)}$ 越大，说明初步分配流量和实际流量相差越大。

式(6.22)中，未知量是校正流量 Δq_i（$i=1,\ 2,\ \cdots,\ L$），它的系数是 $\dfrac{\partial F_i}{\partial q_i}$，即相应环对 q_i 的偏导数。按初步分配的流量 $q_i^{(0)}$，相应系数为 $ns_i[q_i^{(0)}]^{n-1}$。

由式(6.22）求得的是 L 个线性的 Δq_i 方程组，而不是 L 个非线性的 Δq_i 方程组：

$$\begin{cases} \Delta h_1 + ns_1[q_1^{(0)}]^{n-1}\Delta q_1 + ns_2[q_2^{(0)}]^{n-1}\Delta q_2 + \cdots + ns_h[q_h^{(0)}]^{n-1}\Delta q_h = 0 \\ \cdots\cdots \\ \Delta h_L + ns_m[q_m^{(0)}]^{n-1}\Delta q_m + ns_{m+1}[q_{m+1}^{(0)}]^{n-1}\Delta q_{m+1} + \cdots + ns_p[q_p^{(0)}]^{n-1}\Delta q_p = 0 \end{cases} \tag{6.23}$$

综上所述，管网计算的任务是解 L 个线性方程，每一方程表示一个环的校正流量，求解的是满足能量方程时的校正流量 Δq_i。由于初步分配流量时已经符合连续性方程，所以求解以上线性方程组时，必然同时满足 $J-1$ 个连续性方程。此后即可用迭代法来解。但是环数很多的管网，计算是很烦琐的。

为了求解式(6.23）的线性方程组，哈代 - 克罗斯（Hardy Cross）和洛巴切夫（B. T. Лобачев）同时提出各环的管段流量用校正流量 Δq_i 调整的迭代方法。现以如图 6.11 所示的四环管网为例，说明解环方程组的方法。

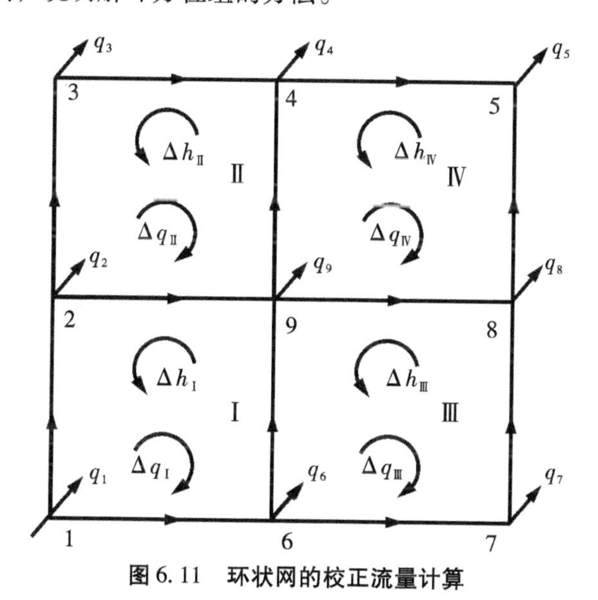

图 6.11　环状网的校正流量计算

设初步分配的流量为 q_{ij}，取水头损失公式 $h = sq^n$ 中的 $n=2$，可写出四个能量方程，以求解四个未知的校正流量 Δq_{I}，Δq_{II}，Δq_{III}，Δq_{IV}：

$$\begin{cases} s_{1-2}(q_{1-2}+\Delta q_1)^2 + s_{2-9}(q_{2-9}+q_{\text{I}}-\Delta q_{\text{II}})^2 - s_{6-9}(q_{6-9}+\Delta q_{\text{I}}-\Delta q_{\text{III}})^2 - \\ s_{1-6}(q_{1-6}-\Delta q_{\text{I}})^2 = 0 \\ s_{2-3}(q_{2-3}+\Delta q_{\text{II}})^2 + s_{3-4}(q_{3-4}+\Delta q_{\text{II}})^2 - s_{4-9}(q-\Delta q_{\text{II}}+\Delta q_{\text{IV}})^2 - \\ s_{2-9}(q_{2-9}+\Delta q_{\text{I}}-\Delta q_{\text{II}})^2 = 0 \\ s_{6-9}(q_{6-9}-\Delta q_{\text{I}}+\Delta q_{\text{III}})^2 + s_{9-8}(q_{9-8}+\Delta q_{\text{III}}-\Delta q_{\text{IV}})^2 - s_{8-7}(q_{8-7}-\Delta q_{\text{III}})^2 - \\ s_{6-7}(q_{6-7}+\Delta q_{\text{III}})^2 = 0 \\ s_{4-9}(q_{4-9}-\Delta q_{\text{II}}+\Delta q_{\text{IV}})^2 + s_{4-5}(q_{4-5}+\Delta q_{\text{IV}})^2 - s_{5-8}(q_{5-8}-\Delta q_{\text{IV}})^2 - \\ s_{9-8}(q_{9-8}-\Delta q_{\text{IV}}+\Delta q_{\text{III}})^2 = 0 \end{cases} \tag{6.24}$$

校正流量 Δq_i 的大小和符号，可在解方程组时得出。

将式(6.24）按二项式定理展开，并略去 Δq_i^2 项，整理后得环 Ⅰ 的方程如下：

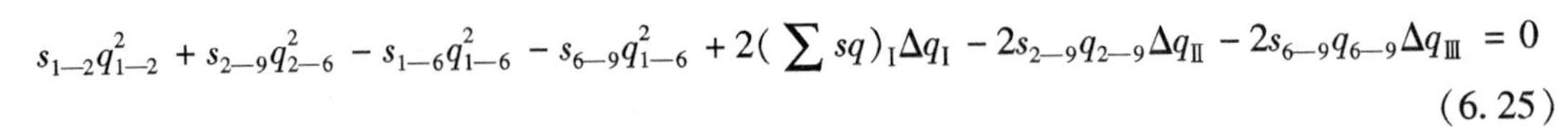

$$s_{1-2}q_{1-2}^{2}+s_{2-9}q_{2-6}^{2}-s_{1-6}q_{1-6}^{2}-s_{6-9}q_{1-6}^{2}+2(\sum sq)_{\mathrm{I}}\Delta q_{\mathrm{I}}-2s_{2-9}q_{2-9}\Delta q_{\mathrm{II}}-2s_{6-9}q_{6-9}\Delta q_{\mathrm{III}}=0 \tag{6.25}$$

式(6.25）括号内为初步分配流量条件下环Ⅰ各管段的水头损失代数和，称为闭合差 Δh。因此得出下列线性方程组：

$$\begin{cases}\Delta h_{\mathrm{I}}+2\sum(sq)_{\mathrm{I}}\Delta q_{\mathrm{I}}-2s_{2-9}q_{2-9}\Delta q_{\mathrm{II}}-2s_{6-9}q_{6-9}\Delta q_{\mathrm{III}}=0\\ \Delta h_{\mathrm{II}}+2\sum(sq)_{\mathrm{II}}\Delta q_{\mathrm{II}}-2s_{2-9}q_{2-9}\Delta q_{\mathrm{I}}-2s_{4-9}q_{4-9}\Delta q_{\mathrm{IV}}=0\\ \Delta h_{\mathrm{III}}+2\sum(sq)_{\mathrm{III}}\Delta q_{\mathrm{III}}-2s_{6-9}q_{6-9}\Delta q_{\mathrm{I}}-2s_{9-8}q_{9-8}\Delta q_{\mathrm{IV}}=0\\ \Delta h_{\mathrm{IV}}+2\sum(sq)_{\mathrm{IV}}\Delta q_{\mathrm{IV}}-2s_{4-9}q_{4-9}\Delta q_{\mathrm{II}}-2s_{9-8}q_{9-8}\Delta q_{\mathrm{III}}=0\end{cases} \tag{6.26}$$

式中：Δh_i——闭合差，等于该环内各管段水头损失的代数和；

$\sum(sq)_i$——该环内各管段的 $|sq|$ 值总和。

解得每环的校正流量公式如下：

$$\begin{cases}\Delta q_{\mathrm{I}}=\dfrac{1}{2\sum(sq)_{\mathrm{I}}}(2s_{2-9}q_{2-9}\Delta q_{\mathrm{II}}+2s_{6-9}q_{6-9}\Delta q_{\mathrm{III}}-\Delta h_{\mathrm{I}})\\ \Delta q_{\mathrm{II}}=\dfrac{1}{2\sum(sq)_{\mathrm{II}}}(2s_{2-9}q_{2-9}\Delta q_{\mathrm{I}}+2s_{4-9}q_{4-9}\Delta q_{\mathrm{IV}}-\Delta h_{\mathrm{II}})\\ \Delta q_{\mathrm{III}}=\dfrac{1}{2\sum(sq)_{\mathrm{III}}}(2s_{6-9}q_{6-9}\Delta q_{\mathrm{I}}+2s_{9-8}q_{9-8}\Delta q_{\mathrm{IV}}-\Delta h_{\mathrm{III}})\\ \Delta q_{\mathrm{IV}}=\dfrac{1}{2\sum(sq)_{\mathrm{IV}}}(2s_{4-9}q_{4-9}\Delta q_{\mathrm{III}}+2s_{9-8}q_{9-8}\Delta q_{\mathrm{III}}-\Delta h_{\mathrm{IV}})\end{cases} \tag{6.27}$$

管网计算就是解 L 个线性的 Δq_i 方程组，每个方程表示一个环的校正流量，待求的是使闭合差为零的校正流量 Δq_i。

解线性 Δq_i 方程组有多种方法，本质上都要求以最小的计算工作量达到所需的精度。

B. 节点方程组解法。

节点方程是用节点水压 H（或管段水头损失）表示管段流量 q 的管网计算方法。在计算之前，先拟定各节点的水压，此时已经满足能量方程 $\sum h_{ij}=0$ 的条件。管网平差时，是使连接在节点 i 的各管段流量满足连续性方程，即 $J-1$ 个 $\sum s_{ij}^{-\frac{1}{2}}h_{ij}^{\frac{1}{2}}=0$ 的条件。

应用水头损失公式 $h_{ij}=s_{ij}q_{ij}^2$ 时，管段流量 q_{ij} 和水头损失 h_{ij} 之间的关系为：

$$q_{ij}=s_{ij}^{-\frac{1}{2}}|h_{ij}|^{-\frac{1}{2}}h_{ij}\text{或}\ q_{ij}=s_{ij}^{-\frac{1}{2}}|H_i-H_j|^{-\frac{1}{2}}(H_i-H_j) \tag{6.28}$$

节点方程的解法是将式(6.28）代入 $J-1$ 个连续性方程中：

$$q_i+\sum\left(\frac{H_i-H_j}{s_{ij}}\right)^{\frac{1}{2}}=0 \tag{6.29}$$

并以节点 H_i 为未知量解方程得出各节点的水压。

这时，环中各管段的 h_{ij} 已经满足能量方程 $\sum h_{ij}=0$ 的条件，然后求出各管段的流量 q_{ij}，核算该环内各管段的 $\sum s_{ij}^{-\frac{1}{2}}h_{ij}^{\frac{1}{2}}$ 值是否等于零，若不等于零，则求出节点水压校正值 ΔH_i：

$$\Delta H_i = \frac{-2\Delta q_i}{\sum \frac{1}{\sqrt{s_{ij}h_{ij}}}} = \frac{-2(q_i + \Delta q_{ij})}{\sum \frac{1}{\sqrt{s_{ij}h_{ij}}}} \tag{6.30}$$

当水头损失式为 $h = sq^n$ 时，节点的水压校正值为：

$$\Delta H_i = \frac{-\Delta q_i}{\frac{1}{n}\sum (s_{ij}^{-\frac{1}{n}} h_{ij}^{-\frac{1}{n}})} \tag{6.31}$$

式中：Δq_i——任一节点的流量闭合差，负号表示初步拟定的节点水压使正向管段的流量过大。

求出各节点的水压校正值 ΔH_i后，修改节点的水压，由修正后的 H_i值求得各管段的水头损失，计算相应的流量，反复计算，以逐步接近真正的流量和水头损失，直至满足连续性方程和能量方程为止。

应用哈代－克罗斯算法求解节点方程时，步骤如下：

a. 根据泵站和控制点的水压标高，假定各节点的初始水压，所假定的水压越符合实际情况，计算时收敛越快。

b. 由 $h_{ij} = H_i - H_j$和 $q_{ij} = \left(\frac{h_{ij}}{s_{ij}}\right)^{\frac{1}{2}}$的关系式求得管段流量。

c. 假定流向节点管段的流量和水头损失为负，离开节点的流量和水头损失为正，验算每节点的管段流量是否满足连续性方程，即进出该节点的流量代数和是否等于零，若不等于零，则按式(6.30) 求出校正水压 ΔH_i值。

d. 除了水压已定的节点，按 ΔH_i校正每一节点的水压，根据新的水压，重复上列步骤计算，直到所有节点的进出流量代数和达到预定的精确度为止。

C. 管段方程组解法。

管段方程组可用线性理论法求解，即将 L 个非线性的能量方程转化为线性方程组，方法是使管段的水头损失近似等于

$$h = [s_{ij}q_{ij}(0)^{n-1}2]q_{ij} = r_{ij}q_{ij} \tag{6.32}$$

式中：s_{ij}——水管摩阻；

$q_{ij}(0)$——管段的初步假设流量；

r_{ij}——系数。

因连续性方程为线性，将能量方程化为线性后，共计 L 个线性方程，即可用线性代数法求解。因为初设流量 $q_{ij}(0)$ 一般并不等于待求的管段流量 q_{ij}，所得结果往往不会是精确解，所以必须将初设流量加以调整。设第一次调整后的流量是 $q_{ij}(1)$，重新计算各管段的 s_{ij}，检查是否符合能量方程，如此反复计算，直到前后两次计算所得的管段流量之差小于允许误差时为止，即得 q_{ij}的解。线性理论法不需要初步假设流量，第一次迭代时可设 $s_{ij} = r_{ij}$，这就是说全部初始流量 $q_{ij}(0)$ 可等于1，经过两次迭代后，流量可采用以前两次解的 q_{ij}平均值。

2. 环状网计算

（1）哈代－克罗斯算法。从式(6.27) 可看出，任一环的校正流量 Δq_i，由两部分组成：一部分是受到邻环影响的校正流量，如式(6.27) 括号中的前两项所示，另一部分是消除本环闭合差 Δh_i的校正流量。这里不考虑通过邻环传过来的其他各环的校正流量的影响，例如图6.11 的环Ⅲ，只计环Ⅰ和Ⅳ通过公共管段6—9，9—8 传过来的校正流量 Δq_{I}

和 $\Delta q_{Ⅳ}$，而不计环Ⅱ校正时对环Ⅲ所产生的影响。

如果忽视环与环之间的相互影响，即每环调整流量时不考虑邻环的影响，而将式(6.27) 中邻环的校正流量略去不计，可使运算简化。当 $h=sq^n$ 式中的 $n=2$ 时，可导出基环的校正流量公式如下：

$$\begin{cases} \Delta q_{Ⅰ} = -\dfrac{\Delta h_{Ⅰ}}{2\sum (sq)_{Ⅰ}} \\ \Delta q_{Ⅱ} = -\dfrac{\Delta h_{Ⅱ}}{2\sum (sq)_{Ⅱ}} \\ \Delta q_{Ⅲ} = -\dfrac{\Delta h_{Ⅲ}}{2\sum (sq)_{Ⅲ}} \\ \Delta q_{Ⅳ} = -\dfrac{\Delta h_{Ⅳ}}{2\sum (sq)_{Ⅳ}} \end{cases} \tag{6.33}$$

写成通式则为：

$$\Delta q_i = -\frac{\Delta h_i}{2\sum |s_{ij}q_{ij}|} \tag{6.34}$$

应该注意，式(6.34) 中 Δq_i和 Δh_i的符号相反。

水头损失与流量为非平方关系时，即在 $n \neq 2$ 时的情况下，校正流量公式为：

$$\Delta q_i = -\frac{\Delta h_i}{n\sum |s_{ij}q_{ij}^{n-1}|} \tag{6.35}$$

式(6.35) 中，Δh_i是该环内各管段的水头损失代数和，分母总和项内是该环所有管段的 $s_{ij}q_{ij}$绝对值之和。计算时，可在管网示意图上注明闭合差 Δh_i和校正流量 Δq_i的方向与数值。因为 Δh_i和 Δq_i的符号相反，所以闭合差 Δh_i为正时，用顺时针方向的箭头表示，反之用逆时针方向的箭头表示。校正流量 Δq_i的方向和闭合差 Δh_i的方向相反。

如图 6.12 所示的管网，设由初步分配流量求出的两环闭合差都是正，即：

$$\Delta h_{Ⅰ} = (h_{1-2} + h_{2-5}) - (h_{1-4} + h_{4-5}) > 0$$

$$\Delta h_{Ⅱ} = (h_{2-3} + h_{3-6}) - (h_{2-5} + h_{5-6}) > 0$$

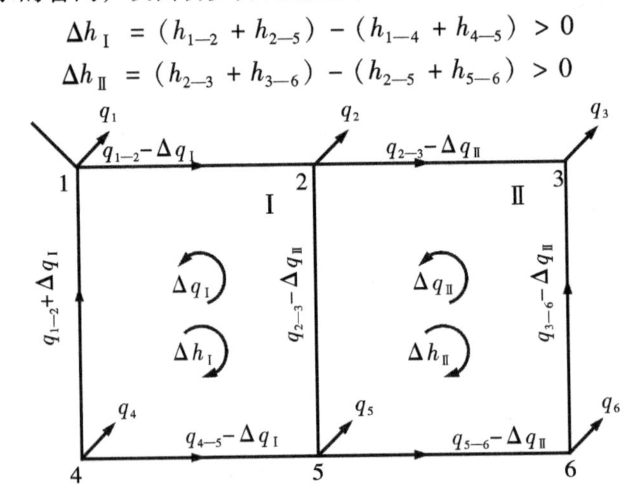

图 6.12　两环管网的流量调整

在图6.12中，闭合差以Δh_{I}和Δh_{II}用顺时针方向的箭头表示。因为闭合差Δh_{I}的方向是正，所以校正流量Δq_i的方向为负，在图上用逆时针方向的箭头表示。校正流量为：

$$\Delta q_{\mathrm{I}} = -\frac{\Delta h_{\mathrm{I}}}{2(s_{1-2}q_{1-2} + s_{2-5}q_{2-5} + s_{1-4}q_{1-4} + s_{4-5}q_{4-5})}$$

$$\Delta q_{\mathrm{II}} = -\frac{\Delta h_{\mathrm{II}}}{2(s_{2-3}q_{2-3} + s_{3-6}q_{3-6} + s_{2-5}q_{2-5} + s_{5-6}q_{5-6})}$$

调整管段的流量时，在环Ⅰ内，因管段1—2和2—5的初步分配流量与Δq_{I}方向相反，须减去Δq_{I}，管段1—4和4—5则加上Δq_{I}；在环Ⅱ内，管段2—3和3—6的流量须减去Δq_{II}，管段2—5和5—6则加上Δq_{II}。因公共管段2—5同时受到环Ⅰ和环Ⅱ校正流量的影响，调整后的流量为$q_{2-5} - \Delta q_{\mathrm{I}} + \Delta q_{\mathrm{II}}$。因为初步分配流量时，已经符合节点流量平衡条件，即满足了连续性方程，所以每次调整流量时能自动满足此条件。

流量调整后，各环闭合差将减小，如仍不符要求的精度，应根据调整后的新流量求出新的校正流量，继续平差。在平差过程中，某一环的闭合差可能改变符号，即从顺时针方向改为逆时针方向，或相反，有时闭合差的绝对值反而增大，这是因为推导校正流量公式时，略去了Δq_i^2项以及各环相互影响的结果。

上述计算方法称哈代－克罗斯算法，也就是洛巴切夫法。具体计算过程见例题。在使用电子计算机以前的年代里，它是最早和应用广泛的管网分析方法，目前有一些计算机程序仍基于这一方法。

综上所述，可得解环方程组的步骤如下：

A. 根据城镇的供水情况，拟定环状网各管段的水流方向，按每一节点满足$q_i + \sum q_{ij} = 0$的条件，并考虑供水可靠性要求分配流量，得初步分配的管段流量$q_{ij}^{(0)}$。这里，i，j表示管段两端的节点编号。

B. 由$q_{ij}^{(0)}$计算各管段的摩阻系数$s_{ij} = a_{ij}l_{ij}$和水头损失$h_{ij}^{(0)} = s_{ij}[q_{ij}^{(0)}]^2$。

C. 假定各环内水流顺时针方向管段中的水头损失为正，逆时针方向管段中的水头损失为负，计算该环内各管段的水头损失代数和$\sum h_{ij}^{(0)}$，如$\sum h_{ij}^{(0)} \neq 0$，其差值即为第一次闭合差$\Delta h_i^{(0)}$。如$\Delta h_i^{(0)} > 0$，说明顺时针方向各管段中初步分配的流量多于逆时针方向管段中分配的流量；反之，$\Delta h_i^{(0)} < 0$，则顺时针方向管段中初步分配的流量少于逆时针方向管段中的流量。

D. 计算每环内各管段的$|s_{ij}q_{ij}^{(0)}|$及其总和$\sum |s_{ij}q_{ij}^{(0)}|$，按式(6.34)求出校正流量。如闭合差为正，校正流量即为负，反之则校正流量为正。

E. 设图上的校正流量Δq_i符号以顺时针方向为正，逆时针方向为负，凡是流向和校正流量Δq_i方向相同的管段，加上校正流量，否则减去校正流量，据此调整各管段的流量，得第一次校正的管段流量：

$$q_{ij}^{(1)} = q_{ij}^{(0)} + \Delta q_s^{(0)} + \Delta q_n^{(0)} \tag{6.36}$$

式中：$\Delta q_s^{(0)}$——本环的校正流量；

$\Delta q_n^{(0)}$——邻环的校正流量。

按此流量再行计算，如闭合差尚未达到允许的精度，再从第2步起按每次调整后的流量反复计算，直到每环的闭合差达到要求为止。手工计算时，每环闭合差要求小于0.5 m，大环闭合差小于1.0 m。采用计算机计算时，闭合差的大小可以达到任何要求的精度，但可考虑采用0.01～0.05 m。

【例6.9】环状网计算。按最高用水时流量219.8 L/s，计算如图6.13所示的管网。节点流量见表6.19。

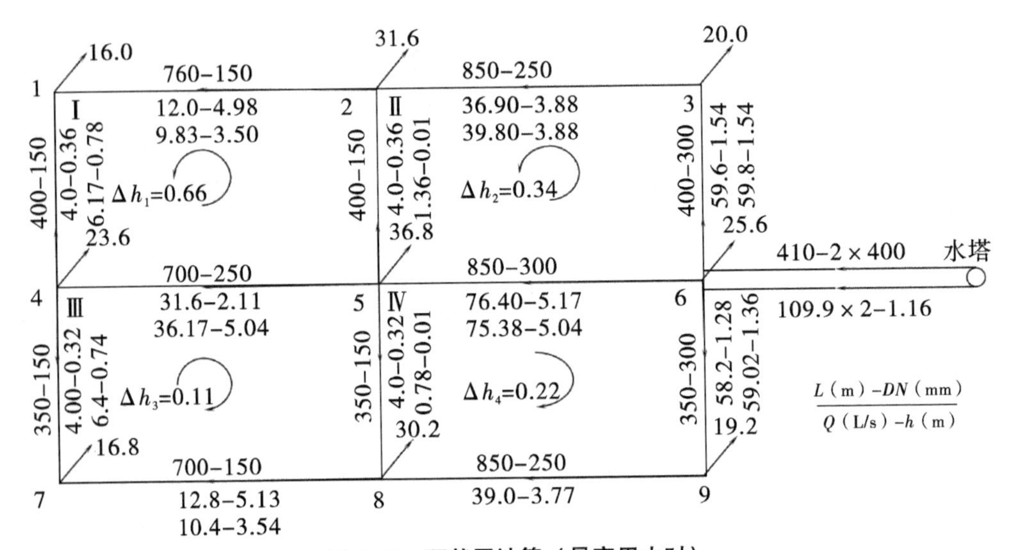

图6.13 环状网计算（最高用水时）

表6.19 节点流量

节点	1	2	3	4	5	6	7	8	9	总计
节点流量（L/s）	16	31.6	20	23.6	36.8	25.6	16.8	30.2	19.2	219.8

【解】根据用水情况，拟定各管段的流向，如图6.13所示。按照最短路线供水原则，并考虑可靠性的要求进行流量分配。这里，流向节点的流量取负号，离开节点的流量取正号，分配时每一节点满足 $q_i + \sum q_{ij} = 0$ 的条件。几条平行的干线，如3—2—1，6—5—4和9—8—7，大致分配相近的流量。与干线垂直的连接管，因为平时流量较小，所以分配较少的流量，由此得出每一管段的计算流量。

管径按界限流量确定。该城市的经济因素为 $f = 0.8$，则单独管段的折算流量为：

$$q_0 = \sqrt[3]{f} \cdot q_{ij} = 0.93 q_{ij} \tag{6.37}$$

例如，管段5—6，折算流量为0.93×76.4 L/s＝71.1 L/s，从界限流量表（表6.20）得管径为DN350，但考虑到市场供应的规格，选用DN300。至于下管之间的连接管管径，考虑到干管事故时，连接管中可能通过较大的流量以及消防流量的需要，将连接管2—5，5—8，1—4，4—7的管径适当放大为DN150。

表6.20　界限流量

管径（mm）	界限流量（L/s）	管径（mm）	界限流量（L/s）
100	<9	450	130～168
150	9～15	500	168～237
200	15～28.5	600	237～355
250	28.5～45	700	155～490
300	45～68	800	490～685
350	68～96	900	685～822
400	96～130	1 000	822～1 120

每一管段的管径确定后，即可求出水力坡度，该值乘以管段长度即得水头损失。水头损失除以流量即为$s_{ji}q_{ji}$值。

计算时应注意两环之间的公共管段，如2—5，4—5，5—6和5—8等的流量校正。以管段5—6为例，初步分配流量为76.4 L/s，但同时受到环Ⅱ和环Ⅳ校正流量的影响，环Ⅱ的第一次校正流量为-0.20 L/s校正流量的方向与管段5—6的流向相反，环Ⅳ的校正流量为0.82 L/s，方向也和管段5—6的流向相反，因此第一次调整后的管段流量为：(76.4-0.20-0.82) L/s=75.38 L/s。

计算结果见表6.21。

表6.21　环状网计算（最高用水时）

环号	管段	管长（m）	管径（mm）	初步分配流量				第一次校正			
				q（L/s）	1 000i	h(m)	|sq|	q(L/s)	1 000i	h(m)	|sq|
Ⅰ	1—2	760	150	-12.0	6.55	-4.98	0.415	-12+2.17=-9.83	4.60	-3.50	0.356
	1—4	400	150	4.0	0.909	0.36	0.090	4.0+2.17=6.17	1.96	0.78	0.126
	2—5	400	150	-4.0	0.909	-0.36	0.090	-4+2.17+0.2=-1.63	0.10	-0.04	0.025
	4—5	700	250	31.6	3.02	2.11	0.067	31.6+2.17+2.4=36.17	3.86	2.70	0.075
						-2.87	0.662			-0.06	0.582
				$\Delta q_{Ⅰ}=\frac{2.87}{2\times0.662}=2.17$							
Ⅱ	4—5	850	250	-39.6	4.55	-3.88	0.098	-39.6-0.2=-39.8	4.57	3.88	0.097
	4—6	400	150	-4.0	0.909	0.36	0.090	4-0.2-2.17=1.63	0.10	0.04	0.025
	4—7	400	300	-59.6	3.84	-1.54	0.026	-59.6-0.2=-59.8	3.85	-1.54	0.026
	4—8	850	300	76.4	6.08	5.17	0.068	76.4-0.2-0.82=75.38	5.93	5.04	0.067
						0.11	0.282			-0.34	0.215
				$\Delta q_{Ⅱ}=\frac{-0.11}{2\times0.282}=-0.20$							

续上表

环号	管段	管长（m）	管径（mm）	初步分配流量				第一次校正			
				q（L/s）	1 000i	h（m）	|sq|	q（L/s）	1 000i	h（m）	|sq|
Ⅲ	4—5	700	250	-31.6	3.02	-2.11	0.067	-31.6-2.4-2.17=-36.17	3.86	-2.70	0.075
	4—7	350	150	-4.0	0.909	-0.32	0.080	-4-2.4=-6.4	2.10	-0.74	0.116
	5—8	350	150	4.0	0.909	0.32	0.080	4.0-2.4-0.82=0.78	0.026	0.009	0.012
	7—8	700	150	12.8	7.33	5.13	0.401	12.8-2.4=10.4	5.06	3.54	0.340
						3.02	0.682			0.109	0.543
				$\Delta q_{Ⅲ}=\frac{-3.02}{2\times0.682}=-2.40$							
Ⅳ	5—6	850	300	-76.4	6.08	-5.17	0.068	-76.4+0.82+0.20=-75.38	5.93	-5.04	0.067
	6—9	350	300	58.2	3.67	1.28	0.022	58.2+0.82=59.02	3.88	1.36	0.023
	5—8	350	150	-4.0	0.909	-0.32	0.080	-4.0+0.82+2.40=-0.78	0.026	-0.009	0.012
	8—9	850	250	39.0	4.44	3.77	0.097	39.0+0.82=39.82	4.60	3.91	0.098
						-0.44	0.267			0.221	0.200
				$\Delta q_{Ⅳ}=\frac{-0.44}{2\times0.267}=0.82$							

注：顺时针方向的流量为正，逆时针方向为负。

经过一次校正后，各环闭合差均小于0.5 m，大环6—3—2—1—4—7—8—9—6的闭合差为：

$$\begin{aligned}\sum h &= -h_{6-3}-h_{3-2}-h_{2-1}+h_{1-4}-h_{4-7}+h_{7-8}+h_{8-9}+h_{6-9}\\ &=(-1.54-3.88-3.50+0.78-0.74+3.54+3.91+1.36)\ \mathrm{m}\\ &=-0.07\ \mathrm{m}\end{aligned}$$

小于允许值，可满足要求，计算到此完毕。

从水塔到管网的输水管计两条，每条计算流量为1/2×219.8 L/s=109.9 L/s，选定管径DN400，水头损失为$h=1.16$ m。

水塔高度由距水塔较远且地形较高的控制点1确定，该点地面标高为85.60 m，水塔处地面标高为88.53 m，所需服务水压为241 m，从水塔到控制点的水头损失取6—3—2—1和6—9—8—7—4—1两条干线的平均值，因此水塔高度为：

$$\begin{aligned}H_t &= [85.60+24.00+1/2\times(1.54+3.88+3.50+1.36+3.91+3.54-0.74+\\ &\quad 0.78)+1.16-88.53]\ \mathrm{m}\\ &=31.12\ \mathrm{m}\end{aligned}$$

本例的水塔位置是在二级泵站和管网之间，它将管网和泵站分隔开来，形成水塔和管网联合工作以及泵站和水塔联合工作的情况。在一天内的任何时刻，水塔供给管网的流量等于管网的用水量。管网用水量的变化对泵站工作并无直接的影响，只有在用水量变化引起水塔的水位变动时，才对泵站供水情况产生影响。例如，水塔的进水管接至水塔的水柜底部时，水塔水位变化就会影响水泵的工作情况，此时应按水泵特性曲线，对水泵流置的可能变化进行分析。

根据计算结果得到各节点的水压后，即可在管网平面图上用插值法按比例绘出等水压线。也可从节点水压减去地面标高得出各节点的自由水压，在管网平面图上绘出等自由水压线，图 6.14 为管网等水压线示例。

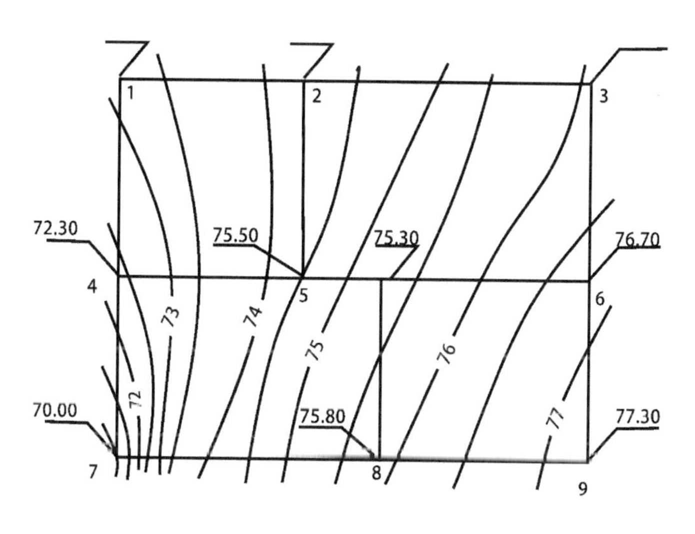

图 6.14　管网等水压线

（2）最大闭合差的环校正法。管网计算过程中，在每次迭代时，可对管网各环同时校正流量，但也可以只对管网中闭合差最大的一部分环进行校正，称为最大闭合差的环校正法。

前述哈代 - 克罗斯算法是指由初步分配流量求出各环闭合差 Δh_i，由此得出各环的校正流量 Δh_i。各环的管段流量经校正流量 Δh_i 校正后，得到新的计算管段流量，然后应用这一流量重复以上计算过程，迭代计算到各环闭合差小于允许值为止。

最大闭合差的环校正法和哈代 - 克罗斯算法不同的是，平差时只对闭合差最大的一个环或若干环进行计算，而不是全部环。该法在手工计算时，对技术比较熟练的人来说可以减少平差的时间。该法首先按初步分配流量求得各环的闭合差大小和方向，然后选择闭合差大的一个环或将闭合差较大且方向相同的相邻基环连成大环。环数较多的管网可能会有几个大环，平差时只需计算在大环上的各管段。平差后，和大环异号的各邻环，闭合差会同时相应减小，因此选择大环是加速得到计算结果的关键。选择大环时应该注意的是，决不能将闭合差方向不同的几个基环连成大环，否则计算过程中会出现和大环闭合差相反的基环的闭合差反而增大的情况，致使计算不能收敛。

如图 6.15 所示的多环管网，闭合差 Δh_i 方向如图示，因为环Ⅲ、Ⅴ、Ⅳ的闭合差较大且方向相同，并且与邻环Ⅱ、Ⅳ异号，所以连成一个大环，大环的闭合差等于各基环闭合差之和，即 $\Delta h_{\text{Ⅲ}} + \Delta h_{\text{Ⅳ}} + \Delta h_{\text{Ⅴ}}$。这时因为闭合差为顺时针方向，即为正值，所以校正流量为逆时针方向，其值为负。

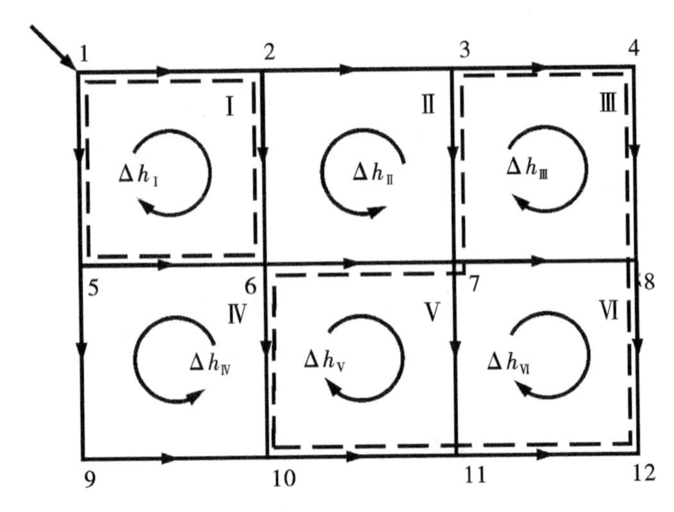

图 6.15　最大闭合差的环校正法

如果在大环顺时针方向管段 3—4、4—8、8—12、6—7 上减去校正流量，逆时针方向管段 3—7、6—10、10—11、11—12 等加上校正流量，调整流量后，大环闭合差将减小，相应地大环内各基环的闭合差随之减小。同时，闭合差与大环相反的环Ⅱ，因受到大环流量校正的影响，流量发生变化，例如，管段 3—7 增加了校正流量 Δq，管段 6—7 减去了 Δq，因而使闭合差 Δh_{III} 减小，同样原因使邻环Ⅳ的闭合差减小。由此可见，计算工作量较逐环平差方法少。如一次校正并不能使各环的闭合差达到要求，可按第一次计算后的闭合差重新选择闭合差较大的一个环或几个环连成的大环继续计算，直到满足要求为止。

大型管网如果可同时连成几个大环，平差时应先计算闭合差最大的环，使对其他的环产生较大的影响，有时甚至可使其他环的闭合差改变方向。若先对闭合差小的大环进行计算，则计算结果对闭合差较大的环影响较小，为了反复消除闭合差，需要增加计算的次数。使用本法计算时，同样需反复计算多次，每次计算需重新选定大环。

校正流量值可以按式(6.35）估算或凭计算者经验拟定 Δq 值。

应用本法计算需有一定的技巧与经验，手工计算较复杂的管网时，有经验的计算人员可用这种方法缩短计算时间。

（3）多水源管网计算。前面讨论的内容，主要是单水源管网的计算方法。但是许多大中城市，由于用水量的增长，往往逐步发展成为多水源（包括泵站、水塔、高地水池等也看作水源）的给水系统。多水源管网的计算原理虽然和单水源时相同，但有其特点。这种情况下的每一水源的供水量随着供水区用水量、水源的水压及管网中的水头损失而变化，因此存在各水源之间的流量分配问题。

由于城市地形和保证供水区水压的需要，水塔可能布置在管网末端的高地上，这样就形成对置水塔的给水系统。如图 6.16 所示的对置水塔系统，可以有两种工作情况：

A. 最高用水时，因这时二级泵站供水量小于用水量，管网用水由泵站和水塔同时供给，即成为多水源管网。两者有各自的供水区，在供水区的分界线上水压最低，从管网计算结果，可得出两水源的供水分界线经过 8、12、5 等节点，如虚线所示。

B. 最大转输时，在一天内有若干小时因二级泵站供水量大于用水量，多余的水通过管网转输入水塔贮存，这时就成为单水源管网，不存在供水分界线。

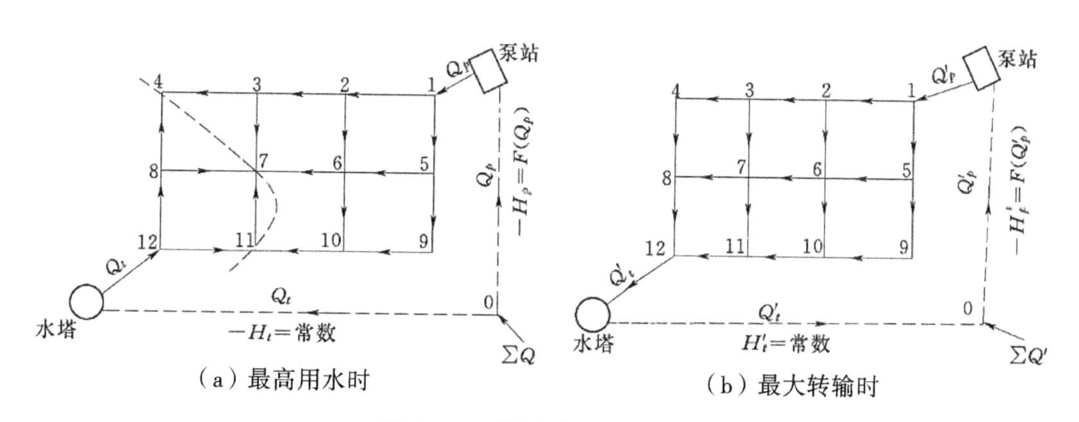

图6.16　对置水塔的工作情况

应用虚环的概念，可将多水源管网转化成为单水源管网。所谓虚环，是将各水源与虚节点，用虚线连接成环，如图6.16所示。它由虚节点0（各水源供水量的汇合点）、该点到泵站和水塔的虚管段及泵站到水塔之间的实管段（例如，泵站—1—2—3—4—5—6—7—水塔的管段）组成。于是多水源的管网可看成只从虚节点0供水的单水源管网。虚管段中没有流量，不考虑摩阻，只表示按某一基准面算起的水泵扬程或水塔水压。

从上可见，两水源时可形成一个虚环，同理，三水源时可构成两个虚环，因此虚环数等于水源（包括泵站、水塔等）数减1。

虚节点0的位置可以任意选定，其水压可假设为零。从虚节点0流向泵站的流量 Q_p，为泵站的供水量。在最高用水时，水塔也供水到管网，此时虚节点0到水塔的流量 Q_t 为水塔供水量。最大转输时，泵站的流量为 Q_p，经过管网用水后，以转输流量 Q'_t 从水塔经过虚管段流向虚节点0。

最高用水时虚节点0的流量平衡条件为：

$$Q_p + Q_t = \sum Q \tag{6.38}$$

也就是各水源供水量之和等于管网的最高时用水量。

水压 H 的符号规定为流向虚节点的管段水压为正，流离虚节点的管段水压为负，因此由泵站供水的虚管段，水压的符号常为负。最高用水时虚环的水头损失平衡条件为：

$$-H_p + \sum h_p - \sum h_t - (-H_t) = 0$$

$$H_p - \sum h_p + \sum h_t - H_t = 0 \tag{6.39}$$

式中，H_p——最高用水时的泵站水压（m）；

$\sum h_p$——从泵站到分界线上控制点的任一条管线的总水头损失（m）；

$\sum h_t$——从水塔到分界线上控制点的任一条管线的总水头损失（m）；

H_t——水塔的水位标高（m）。

最大转输时的虚节点流量平衡条件为：

$$Q'_p = Q'_t + \sum Q' \tag{6.40}$$

式中：Q_p'——最大转输时的泵站供水量（L/s）；

Q_t'——最大转输时进入水塔的流量（L/s）；

$\sum Q'$——最大转输时管网用水量（L/s）。

这时，虚环的水头损失平衡条件（图6.17）为：

$$-H_p' + \sum h' + H_t' = 0 \tag{6.41}$$

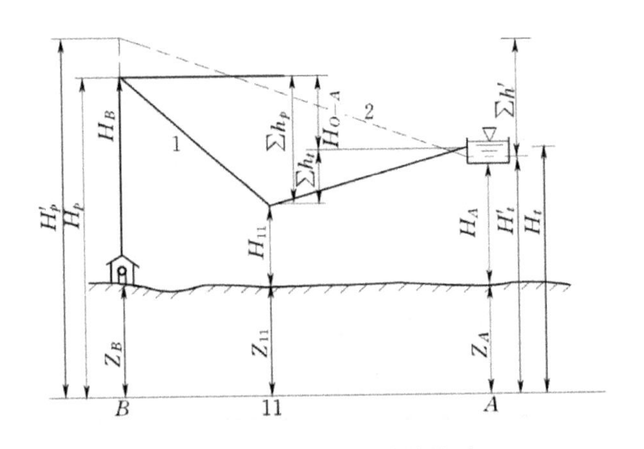

1—最高用水时；2—最大转输时。

图6.17 对置水塔管网的水头损失平衡条件

多水源环状网的计算考虑了泵站、管网和水塔的联合工作情况。这时，除了 $J-1$ 个节点 $q_i + \sum q_{ij} = 0$ 方程，还有 L 个环的 $\sum s_{ij}q_{ij}^n = 0$ 方程和 $S-1$ 个虚环方程，S 为水源数。

进行管网计算时，把虚环和实环看作一个整体，即不分虚环和实环同时计算。闭合差和校正流量的计算方法和单水源管网相同。管网计算结果应满足下列条件：

A. 进出每一节点的流量（包括虚流量）总和等于零，即满足连续性方程。

B. 每环（包括虚环）各管段的水头损失代数和为零，即满足能量方程 $q_i + \sum q_{ij} = 0$。

C. 各水源供水至分界线处的水压应相同，就是说从各水源到分界线上控制点的沿线水头损失之差应等于水源的水压差，见式(6.39）和式(6.41）。

6.4.2 管网核算

给水管网按最高日最高时用水流量进行设计，管段管径、水泵扬程和水塔高度等都是按此时的工况设计的，但在一些特殊的情况下，它们仍然不能保证安全供水。如管网出现事故造成部分管段损坏，管网提供消防灭火流量，管网向水塔转输流量，等等，必须对它们相应的工况进行水力分析，校核管网在这些工况条件下能否满足供水流量与水压要求。

通过校核，可能需要修改管网中个别管段直径，也有可能需要另选合适的水泵或改变水塔的高度等。由于供水流量和压力是紧密联系的，因此，校核指标同时包括供水流量和压力要求两个方面。为了校核进行水力分析有两种方法：一是假定供水流量要求可以满足，通过水力分析求出供水压力，校核其是否可以满足要求，称为水头校核法；二是假定供水压力要求可以满足，通过水力分析求出供水流量，校核其是否可以满足要求，称为流量校核法。

管网的管径和水泵扬程，按设计年限内最高日最高时的用水量和水压要求决定。但是用水量是发展的也是经常变化的，为了核算所定的管径和水泵能否满足不同工作情况下的要求，就需进行其他用水量条件下的计算，以确保经济合理地供水。

6.4.2.1　消防时的流量和水压核算

给水管网的设计流量未计入消防流量，当火灾发生在最高日最高时时，由于消防流量比较大，一般用户的用水量肯定不能满足。在消防工况下，管网以保证灭火用水为主，其他用户用水可以不必考虑，但其他用户的用水会影响消防用水。因此，为了安全起见，要按最不利的情况——最高时用水流量加上消防流量的工况进行消防校核，但节点服务水头只要求满足火灾处节点的灭火服务水头，而不必满足正常用水的服务水头。

消防时的管网核算，是以最高时用水量确定的管径为基础，然后按最高用水时另行增加消防时的流量（见附表2.6）进行流量分配，求出消防时的管段流量和水头损失。计算时只是在控制点另外增加一个集中的消防流量，若按照消防要求同时有两处失火，则可从经济和安全等方面考虑，将消防流量一处放在控制点，另一处放在离二级泵站较远或靠近大用户和工业企业的节点处。

消防流量计算时，若只考虑一处火灾，消防流量一般加在控制点上（最不利火灾点），若考虑两处或两处以上同时火灾，另外几处分别放在离供水泵站较远、靠近大用户、居民密集区或重要的工业企业附近的节点上。对于未发生火灾的节点，其节点流量与最高时相同。

灭火处节点服务水头按低压消防考虑，即10 m水柱的自由水压。

消防工况校核一般采用水头校核法，即先按上述方法确定各节点流量，通过水力分析得到各节点水头，判断各灭火节点水头是否满足消防服务水头。

虽然消防时比最高时用水时所要求的服务水头较低，但因消防时通过管网的流量增大，各管段的水头损失相应增加，按最高用水时确定的水泵扬程有可能不够消防时的需要，这时须放大个别管段的直径，以减小水头损失。个别情况下因最高用水时和消防时的水泵扬程相差很大（多见于中小型管网），须设专用消防泵供消防时使用。

6.4.2.2　最大转输时的流量和水压核算

在最高用水时，由泵站和水塔同时向管网供水。但在一天内泵站供水量大于用水量的一段时间里，多余的水经过管网送入水塔内贮存，这种情况称为水塔转输工况，水塔进水流量最大的情况称为最大转输工况。

对于前置水塔或网中水塔，转输进水一般不存在问题。只有当设对置水塔或靠近供水末端的网中水塔时，由于它们离供水泵站较远，转输水流的水头损失大，水塔进水可能会遇到困难。因此，水塔转输工况校核通常只是对对置水塔或靠近供水末端网中水塔管网的最大转输工况进行校核。

最大转输时间可以从用水量变化曲线和泵站供水曲线上查到。转输校核工况各节点流量按最大转输时的用水量求出，一般假定各节点流量随管网总用水量的变化成比例地增减，所以最大转输工况各节点流量可按下式计算：

$$最大传输工况各节点流量=\frac{最大传输工程管网总用水量}{最高时工况管网总用水量}\times最高时工况各节点流量$$

以如图 6.1 所示的管网用水情况为例，则有：

$$最大传输工况各节点流量=\frac{3.65\%}{5.92\%}\times最高时工况各节点流量$$

转输工况校核一般采用流量校核法，即将水塔所在节点作为定压节点，通过水力分析，得到该节点流量，判断是否满足水塔进行流量要求。

转输工况校核不满足要求时，应适当加大从泵站到水塔最短供水路线上管段的管径。

【例 6.10】最大传输时管网核算。最大传输时管网计算流量，等于最高日内二级泵站供水量与用水量之差为最大值的一小时流量。根据该城市的用水量变化规律，得最大传输时的流量为 246.7 L/s，转输时的节点流量如图 6.18 所示。

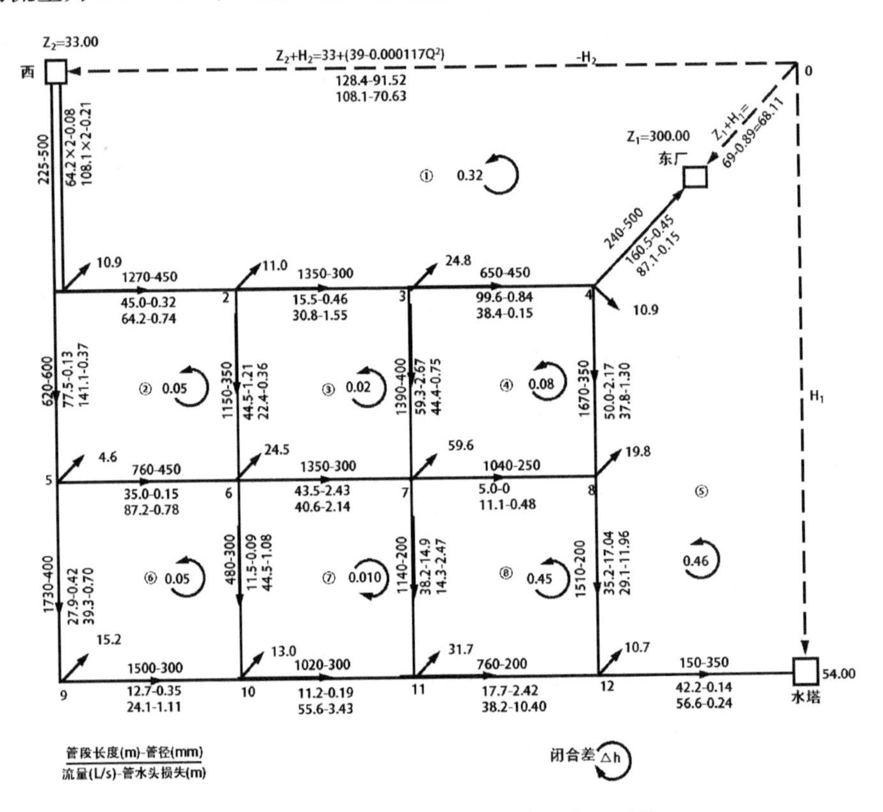

图 6.18　最大转输时多水源管网计算

【解】本例题主要核算按最高用水时选定的水泵扬程能否在最大转输时供水到水塔，以及此时进水塔的流量。

根据虚环概念用手工计算，虚节点为 0，3 条虚管段分别从虚节点向两泵站及水塔连接。水塔的水位标高为 54.0 m（地面标高 27.0 m，从地面到水塔水面的高度 27.0 m）。

按最高用水时选定的离心泵特性曲线方程为：

$$H_p=39.0-0.000\,117Q^2$$

泵站的水压等于水泵扬程 H_p 加吸水井水面标高（西厂水面标高为 33.0 m，东厂为 30.0 m），即：

西厂　　　　　　$Z_2 + H_p = 33.0 + (39.0 - 0.000\ 117Q^2)$

东厂　　　　　　$Z_1 + H_p = 30.0 + (39.0 - 0.000\ 117Q^2)$

计算结果如图6.18所示，经过多次校正后，各环闭合差已满足要求。最大转输时西厂供水量为216.2 L/s，东厂供水量为87.1 L/s，转输到水塔的水量为56.6 L/s，从西厂到水塔的管线水头损失平均为：

$$\left[0.21 + \frac{1}{2}(0.37 + 0.70 + 1.11 + 3.43 + 10.40 + 0.74 + 1.55 - 0.15 + 1.30 + 11.96) + 0.24\right] \text{m} = 16.16 \text{ m}$$

西厂泵站输水入水塔所需扬程为：

$(54.0 + 16.16)$ m $= 70.16$ m

实际扬程为：

$(33.0 + 39.0 - 0.000\ 117 \times 108.1^2)$ m $= (72.0 - 1.37)$ m $= 70.63$ m

经核算，东厂和西厂按最高用水时选定的水泵，在最大转输时都可以供水到水塔。

6.4.2.3　最不利管段发生故障时的事故用水量和水压核算

管网主要管线损坏时必须及时检修。在检修期和恢复供水前，该管段停止输水，整个管网的水力特性必然改变，供水能力降低。国家有关规范规定，城市给水管网在事故工况下，必须保证70%以上用水量，工业企业给水管网也应按有关规定确定事故时供水比例。

一般按最不利事故工况进行校核，即考虑靠近供水泵站的主干管在最高时损坏的情况。节点压力仍按设计时的服务水头要求（满足用户最低自由水压要求），当事故抢修时间短，且断水造成损失小时，节点压力要求可以适当降低。节点流量按下式计算：

事故工况各节点流量 = 事故工况供水比例 × 最高时工况各节点流量

事故工况校核一般采用水头校核法，先从管网中删除事故管段，调低节点流量，通过水力分析，得到各节点水头，将它们与节点服务水头比较，全部高于服务水头为满足要求。

经过核算不能符合要求时，可以增加平行主干管条数或埋设双管。也可以从技术上采取措施，如加强当地给水管理部门的检修力量，缩短损坏的管道的修复时间；重要的和不允许断水的用户，可以采取贮备用水的保障措施。

6.5　输水管渠计算

6.5.1　输水系统的基本形式

从水源到城市水厂或工业企业自备水厂的输水管渠设计流量，应按最高日平均时供水量加自用水量确定。当远距离输水时，输水管渠的设计流量应计入管渠漏失水量。

向管网输水的管道设计流量，当管网内有调节构筑物时，应按最高日最高时用水条件下由水厂所负担供应的水量确定；当无调节构筑物时，应按最高日最高时供水量确定。

当供应消防用水时，上述输水管渠设计流量还应包括消防补充流量或消防流量。输水管渠计算的任务是确定管径和水头损失。确定大型输水管渠的尺寸时，应考虑到具体埋设条件、所用材料、附属构筑物数量和特点、输水管渠条数等，通过方案比较确定。

6.5.2 重力供水的输水管渠

水源在高地（如取用蓄水库水）时，若水源水位和水厂内处理构筑物水位的高差足够，可利用水源水位向水厂重力输水。

设计时，水源输水量和位置水头为已知，可据此选定管渠材料、大小和平行工作的管线数。水管材料可根据计算内压和埋管条件决定。平行工作的管渠条数，应从可靠性要求和建造费用两方面来比较。若用一条管渠输水，则当发生事故时，在修复期内会完全停水；但若增加平行管渠数，则当其中一条损坏时，虽然可以提高半故时的供水量，但是建造费用将增加。

以下研究重力供水时，由几条平行管线组成的压力输水管系统，在事故时所能供应的流量。设水源水位标高为 Z，输水管输水至水处理构筑物，其水位为 Z_0，这时水位差 $H=Z-Z_0$ 称为位置水头。该水头用以克服输水管的水头损失。

假定输水量为 Q，平行的输水管线为 n 条，则每条管线的流量为 $\frac{Q}{n}$，设平行管线的直径和长度相同，则该系统的水头损失为：

$$h=s\left(\frac{Q}{n}\right)^2=\frac{s}{n^2}Q^2 \tag{6.42}$$

式中：s——每条管线的摩阻。

当一条管线损坏时，该系统中其余 $n-1$ 条管线的水头损失为：

$$h_a=s\left(\frac{Q_a}{n-1}\right)^2=\frac{s}{(n-1)^2}Q_a^2 \tag{6.43}$$

式中：Q_a——管线损坏时须保证的流量或允许的事故流量。

因为重力输水系统的位置水头已定，正常时和事故时的水头损失都应等于位置水头，即 $h=h_a=Z-Z_0$，但是正常时和事故时输水系统的摩阻却不相等，即 $s\neq s_a$，由式（6.42）、式（6.43）得事故时流量为：

$$Q_a=\frac{n-1}{n}Q=\alpha Q \tag{6.44}$$

当平行管线数 $n=2$ 时，则 $\alpha=\frac{2-1}{2}=0.5$，这样事故流量只有正常时供水量的一半。若只有一条输水管，则 $Q_a=0$，即事故时流量为零，不能保证不间断供水。

实际上，为提高供水可靠性，常采用简单而造价增加不多的方法，即在平行管线之间用连接管相接。当管线某段损坏时，无须整条管线全部停止工作，而只需用阀门关闭损坏的一段进行检修，采用这种措施可以提高事故时的流量。重力输水系统如图 6.19 所示。图 6.19(a) 表示有连接管时两条平行管线正常工作时的情况，图 6.19(b) 表示一段损坏时的水流情况。

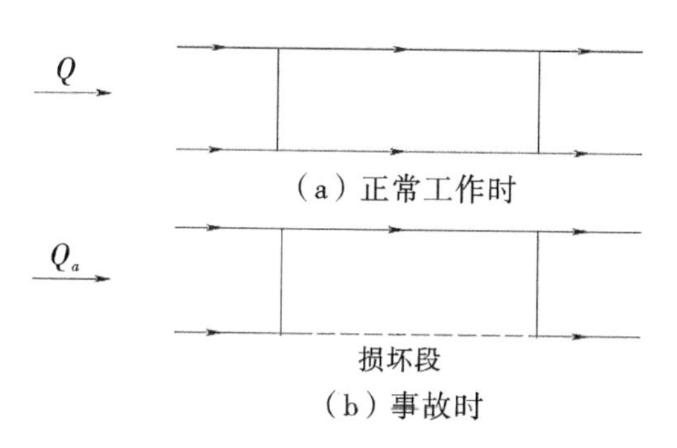

图 6.19　重力输水系统

设平行管线数为 2，连接管数为 2，则正常工作时水头损失为：

$$h = s(2+1)\left(\frac{Q}{2}\right)^2 = \frac{3}{4}sQ^2$$

一段损坏时水头损失为：

$$h_a = s\left(\frac{Q_a}{2}\right)^2 \times 2 + s\left(\frac{Q_a}{2-1}\right)^2 = s\left(\frac{s}{2}+s\right)Q_a^2 = \frac{3}{2}sQ_a^2$$

因此得出事故时和正常工作时的流量比例为：

$$\frac{Q_a}{Q} = \alpha = \sqrt{\frac{3/4}{3/2}} = \sqrt{\frac{1}{2}} = 0.7$$

城市的事故用水量规定为设计水量的 70%，即 $\alpha = 0.7$，所以为保证输水管损坏时的事故流量，应敷设两条平行管线，并用两条连接管将平行管线分成三段才行。

6.5.3　压力输水管道

水泵供水时，流量 Q 受到水泵扬程的影响。反之，输水量变化也会影响输水管起的水压。因此，水泵供水时的实际流量，应由水泵特性曲线 $h = f(Q)$ 和输水管特性曲线 $H_0 + \sum h = f(Q)$ 求出。

图 6.20 表示水泵特性曲线 $Q - H_p$ 和输水管特性曲线 $Q - \sum h$ 的联合工作情况，Ⅰ为输水管正常工作时的 $Q - \sum h$ 特性曲线，Ⅱ为事故时。当输水管任一段损坏时，阻力增大，使曲线的交点从正常工作时的点 b 移到点 a，与点 a 相应的横坐标即表示事故时流量 Q_a。

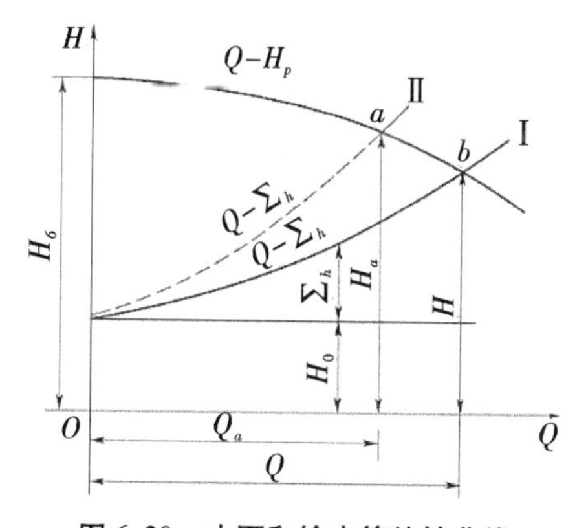

图 6.20　水泵和输水管特性曲线

水泵供水时，为保证管线损坏时的事故流量，输水管的分段数计算方法如下：设输水管接入水塔，这时，输水管损坏只影响进入水塔的水量，直到水塔放空无水时，才影响管网用水量。

输水管 $Q-\sum h$ 特性方程表示为：

$$H=H_0+(s_p+s_d)Q^2 \tag{6.45}$$

设两条不同直径的输水管用连接管分成 n 段，则任一段损坏时的水泵扬程为：

$$H=H_0+\left(s_p+s_d-\frac{s_d}{n}+\frac{s_1}{n}\right)Q_a^2 \tag{6.46}$$

式中：H_0——水泵静扬程，等于水塔水面和泵站吸水井水面的高差；

s_p——泵站内部管线的摩阻；

s_d——两条输水管的当量摩阻。

$$\frac{1}{\sqrt{s_d}}=\frac{1}{\sqrt{s_1}}+\frac{1}{\sqrt{s_2}}$$

$$s_d=\frac{s_1s_2}{(s_1+s_2)^2} \tag{6.47}$$

式中：s_1、s_2——每条输水管的摩阻；

n——输水管分段数，输水管之间只有一条连接管时，分段数为2，余类推；

Q——正常时流量；

Q_a——事故时流量。

连接管的长度与输水管相比很短，其阻力可忽略不计。

水泵 $Q-H_p$ 特性方程为：

$$H_p=H_b-sQ^2 \tag{6.48}$$

输水管任一段损坏时的水泵特性方程为：

$$H_a=H_b-sQ_a^2 \tag{6.49}$$

式中：s——水泵摩阻。

由式(6.48) 和式(6.45) 得正常时的水泵输水量为：

$$Q=\sqrt{\frac{H_b-H_0}{s+s_p+s_d}} \tag{6.50}$$

从式(6.50) 看出，因 H_0、s、s_p 已定，故 H_b 减小或输水管当量摩阻 s_d 增大，均可使水泵流量减小。

解式(6.46) 和式(6.49)，得事故时的水泵输水量为：

$$Q_a=\sqrt{\frac{H_b-H_0}{s+s_p+s_d+(s_1-s_d)\dfrac{1}{n}}} \tag{6.51}$$

由式(6.50) 和式(6.51) 得事故时和正常时的流量比例为：

$$\frac{Q_a}{Q}=\alpha=\sqrt{\frac{s+s_p+s_d}{s+s_p+s_d+(s_1-s_d)\dfrac{1}{n}}} \tag{6.52}$$

按事故用水量为设计水量的 70%，即 $\alpha=0.7$ 的要求，所需分段数等于：

$$n=\frac{(s_1-s_d)\alpha^2}{(s+s_p+s_d)(1-\alpha^2)}=\frac{0.96(s_1-s_d)}{s+s_p+s_d} \tag{6.53}$$

【例 6.12】某城市从水源泵站到水厂敷设两条铸铁输水管，每条输水管长度为 12 400 m，管径分别为 250 mm 和 300 mm，如图 6.21 所示。水泵特性曲线方程为：$H_p=141.3-0.002\,6Q^2$。泵站内管线的摩阻为 $s_p=0.000\,21$。水泵的静扬程为 40 m。假定 DN 为 300 mm 的输水管的一段损坏，试求事故流量为 70% 设计水量时的分段数，以及正常时和事故时的流量比。

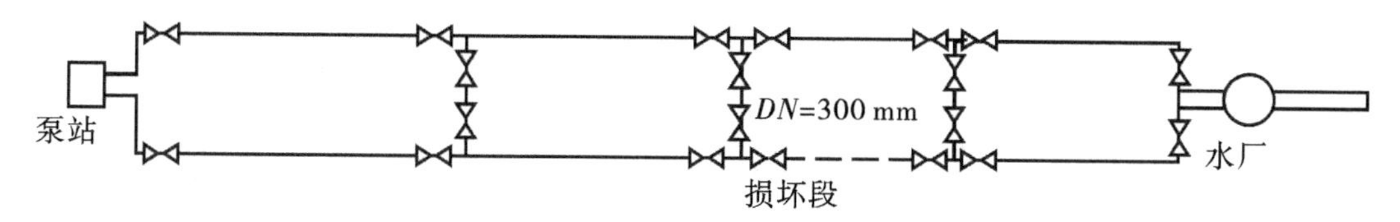

图 6.21　输水管分段数计算

【解】管径为 250 mm 和 300 mm 的输水管摩阻分别为：

$$s_1=2.752\times10^{-6}\times12\,400\ \text{m}\cdot\text{s}^2/\text{L}^2=0.034\ \text{m}\cdot\text{s}^2/\text{L}^2$$

$$s_2=1.025\times10^{-6}\times12\,400\ \text{m}\cdot\text{s}^2/\text{L}^2=0.013\ \text{m}\cdot\text{s}^2/\text{L}^2$$

两条输水管的当量摩阻为：

$$s_d=\frac{0.013\times0.034}{(\sqrt{0.013}+\sqrt{0.034})^2}\ \text{m}\cdot\text{s}^2/\text{L}^2=0.005\ \text{m}\cdot\text{s}^2/\text{L}^2$$

分段数为：

$$n=\frac{(0.034-0.005)\times0.7^2}{(0.002\,6+0.000\,21+0.005)(1-0.7^2)}=3.6$$

设分成 4 段，即 $n=4$，得事故时流量等于：

$$Q_a=\sqrt{\frac{141.3-40.0}{0.002\,6+0.000\,21+0.005+(0.034-0.005)\times\frac{1}{4}}}\ \text{L/s}=82.0\ \text{L/s}$$

正常时流量为：

$$Q=\sqrt{\frac{141.3-40.0}{0.002\,6+0.000\,21+0.005}}\ \text{L/s}=113.9\ \text{L/s}$$

事故时和正常工作时的流量比为：

$$\alpha=\frac{82.0}{113.9}=0.72$$

大于规定 $\alpha=70\%$ 的要求。

6.6 给水管网分区设计

6.6.1 分区给水的技术与能量分析

6.6.1.1 分区给水系统概述

分区给水是根据城市地形特点将整个给水系统分成若干个区，每区有独立的泵站和管网等，但各区之间有适当的联系，以保证供水可靠性和运行调度灵活性。分区给水的目的，从技术上是使管网的水压不超过管道可以承受的压力，以免损坏管道和附件，并可减少管网漏水量；在经济上可以降低供水动力费用。在给水区很大、地形高差显著或远距离输水时，都有可能考虑分区给水问题。

6.6.1.2 技术上要求分区给水的分析

图6. 22 表示给水区地形起伏、高差很大时采用的分区给水系统。在图6. 22 中，由同一泵站内的低压和高压水泵分别供给低区②和高区①用水，这种形式称为并联分区。它的特点是各区用水分别供给，比较安全可靠；各区水泵集中在一个泵站内，管理方便；但增加了输水管长度和造价，又因到高区的水泵扬程高，需用耐高压的输水管。图 6. 22（b）中，高、低两区用水均由低区泵站供给，但高区用水再由高区泵站增压，这种形式叫作串联分区。大城市往往由于城市面积大、管线延伸很长，管网水头损失过大，为了提高管网边缘地区的水压，而在管网中间设加压泵站或水库泵站加压，也是串联分区的一种形式。

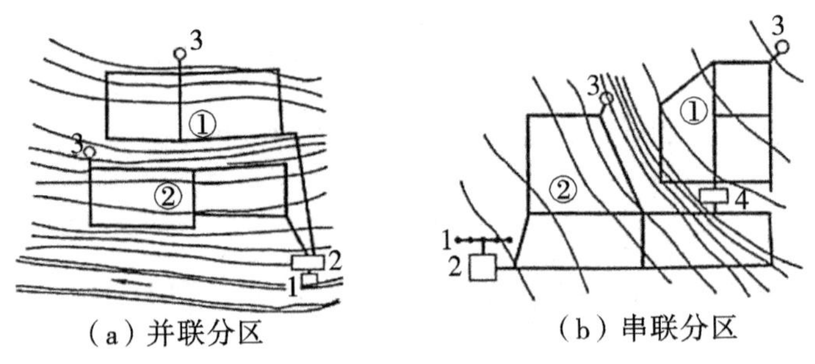

（a）并联分区　　（b）串联分区

①—高区；②—低区；1—取水构筑物；2—水处理构筑物和二级泵站；3—水塔或水池；4—高区泵站。

图 6. 22　分区给水系统

图 6. 23 表示远距离重力输水管，从水库 A 输水至水池 B。为防止水管承受压力过高，将输水管适当分段（分区），在分段处建造水池，以降低管网的水压，保证工作正常。这种输水管如不分段，且全线采用相同的管座径，则水力坡度为 $i=\frac{\Delta Z}{L}$，这时部分管线所承受的压力很高，可是在地形高于水力坡线之外，例如点 D，又使管中出现负压，显然是不合理的。若将输水管分成 3 段，并在 C 和 D 处建造水池，则点 C 附近水管的工作压力

有所下降，点 D 也不会出现负压，大部分管线的静水压力将显著减小。这是一种重力给水分区系统。

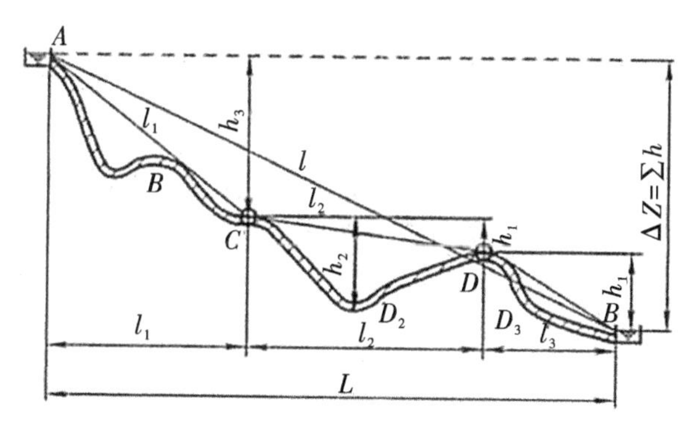

图 6.23　重力输水管分区

将输水管分段并在适当位置建造水池，不仅可以降低输水管的工作压力，并且可以降低输水管各点的静水压力，使各区的静水压不超过 h_1、h_2 和 h_3，因此是经济合理的，水池应尽量布置在地形较高的地方，以免出现虹吸管段。

6.6.1.3　分区给水的能量分析

如图 6.24 所示的给水区，假设地形从泵站起均匀升高。水由泵站经输水管供水到管网，这时管网中的水压以靠近泵站处为最高。设给水区的地形高差为 ΔZ，管网要求的最小服务水头为 H，最高用水时管网的水头损失为 $\sum h$，则管网中最高水压等于：

$$H' = \Delta Z + H + \sum h \tag{6.54}$$

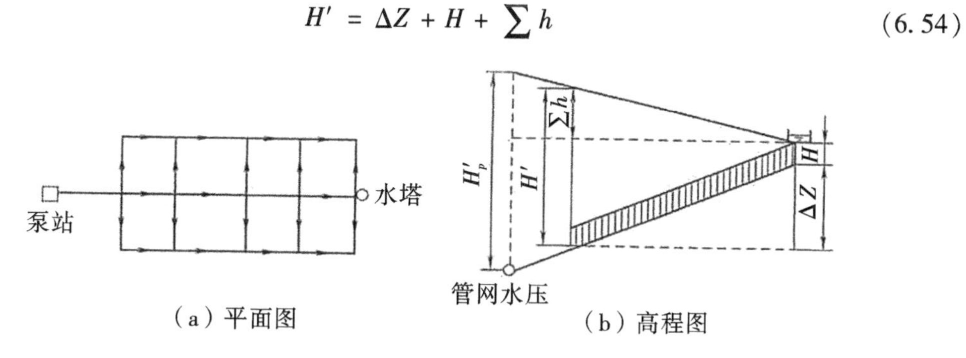

（a）平面图　（b）高程图

图 6.24　网管水压

由于输水管的水头损失，泵站扬程 H_p' 应大于 H'。

城市管网能承受的最高水压 H'，由水管材料和接口形式而定。铸铁管虽能承受较高的水压，但为使用安全和管理方便起见，水压最好不超过 590 kPa。城市管网最小服务水头 H 只由房屋层数确定，管网的水头损失 $\sum h$ 根据管网水力计算决定，泵站扬程根据控制点所需最小服务水头和管网中的水头损失确定。当管网延伸很远，这时即使地形平坦，也因管网水头损失过大，而须在管网中途设置水库泵站或加压泵站，形成分区给水系统。因此根据式(6.54) 可以求出地形高差 ΔZ，即可在地形图上初步定出分区界线。这是由于限制管网的水压而从技术上采取分区的给水系统。多数情况下，除了技术上的因素，还由于经济上的考虑而采用分区给水系统，目的是降低供水的动力费用。这时，需对管网进行能量分析，找出哪些是浪费的能量，分区后如何减少这部分能量，以此作为选择分区给水的依据。

给水系统中，供水所需动力费用是很大的，它在给水成本中占有很大的比重。所以从给水能量利用程度上来评价分区给水系统，是有实际意义的。因为泵站扬程根据控制点所需最小服务水头和管网中的水头损失确定。除了控制点附近地区，大部分给水区的管网水压高于实际所需的水压，多余的水压消耗在用户给水龙头的局部水头损失上，因此产生了能量浪费。

1. 输水管的供水能量分析

规模相同的给水系统，采用分区给水常可比未分区时减小泵站的总功率，降低输水能量费用。以如图6.25所示的输水管为例，各管段的流量 q_{ij} 和管径 D_{ij} 随着与泵站（设在节点5处）距离的增加而减小。未分区时泵站供水的能量等于：

$$E=\rho g q_{4-5} H \tag{6.55}$$

或

$$E=\rho g_{4-5}(Z_1+H_1+\sum h_{ij}) \tag{6.56}$$

式中：q_{4-5}——泵站总供水量（L/s）；

Z_1——控制点地面高出泵站吸水井水面的高度（m）；

H_1——控制点所需最小服务水头；

$\sum h_{ij}$——从控制点到泵站的总水头损失（m）；

ρ——水的密度（kg/L）；

g——重力加速度（9.81 m/s²）。

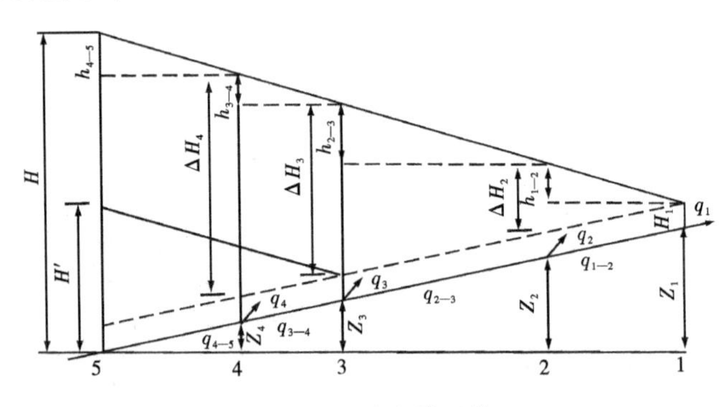

图6.25　输水管系统

泵站供水能量厂由以下三部分组成：

（1）保证最小服务水头所需的能量；

$$\begin{aligned}E_1&=\sum_{i=1}^{4}\rho g(Z_i+H_i)q_i\\&=\rho g(H_1+Z_1)q_1+\rho g(H_2+Z_2)q_2+\rho g(H_3+Z_3)q_3+\rho g(H_4+Z_4)q_4\end{aligned} \tag{6.57}$$

（2）克服管道摩擦阻所需的能量：

$$\begin{aligned}E_2&=\sum_{i=1}^{4}\rho g q_{ij} h_{ij}\\&=\rho g q_{1-2}h_{1-2}+\rho g q_{2-3}h_{2-3}+\rho g q_{3-4}h_{3-4}+\rho g q_{4-5}h_{4-5}\end{aligned} \tag{6.58}$$

（3）未利用的能量，它是因各用水点的水压过剩而浪费的能量：

$$\begin{aligned} E_3 &= \sum_{i=2}^{4} \rho g q_i \Delta h_i \\ &= \rho g(H_1 + Z_1 + h_1 - H_2 - Z_2)q_2 + \rho g(H_1 + Z_1 + h_{1-2} + h_{2-3} - H_{3-4} - Z_3)q_3 + \\ &\quad \rho g(H_1 + Z_1 + h_{1-2} + h_{2-3} + h_{3-4} - H_4 - Z_4)q_4 \end{aligned} \tag{6.59}$$

式中，ΔH_i——过剩压力。

单位时间内水泵的总能量等于上述三部分能量之和：

$$E = E_1 + E_2 + E_3 \tag{6.60}$$

实际上，总能量中只有最小服务水头的能量和输水过程中克服管道摩阻的能量须得到有效利用，所以属于必须消耗的能量。而第三部分能量 E_3 未能有效利用，这是未分区给水系统无法避免的缺点，因为泵站必须将全部流量按最远或位置最高处用户所需的水压输送。

未分区（集中）给水系统中供水能量利用的程度，可用必须消耗的能量占总能量的比例来表示，称为能量利用率：

$$\phi = \frac{E_1 + E_2}{E} = 1 - \frac{E_3}{E} \tag{6.61}$$

从式(6.61）看出，为了提高输水能量利用率，只有设法降低 E_3 值，这就是从经济上考虑管网分区的原因。

如图 6.25 所示的输水管分区时，为了确定分区界线和各区的泵站位置，须绘制能量分配图，如图 6.26 所示。方法如下：将节点流量 q_1、q_2、q_3、q_4 等值顺序按比例绘在横坐标上。各管段流量可从节点流量求出，例如管段 3—4 的流量 q_{3-4} 等于 $q_1 + q_2 + q_3$，泵站的供水量即管段 4—5 的流量 q_{4-5} 等于 $q_1 + q_2 + q_3 + q_4$。

在图 6.26 的纵坐标上按比例绘出各节点的地面标高 Z_i 和所需最小服务水头 H_i，得到若干以 q_i 为底、$H_i + Z_i$ 为高的矩形面积，这些面积的总和等于保证最小服务水头所需的能量，即图 6.26 中的 E_1 部分。

为了供水到控制点 1，泵站 5 的扬程应为：

$$H = H_1 + Z_1 + \sum h_{ij} \tag{6.62}$$

式中，$\sum h_{ij}$ 为泵站到控制点的各管段水头损失总和，在纵坐标上再绘出各管段的水头损失 h_1、h_2、h_3、h_4 等，纵坐标总高度为 H。

因此，每一管段流量 q_{ij} 和相应水头损失 h_{ij} 所形成的矩形面积总和，等于克服水管摩阻所需的能量，即图 6.27 中的 E_2 部分。

由于泵站总能量为 $q_{4-5}H$，因此除了 E_1 和 E_2，其余部分面积就是无法利用而浪费的能量。它等于以 q_i 为底，过剩水压 ΔH_i 为高的矩形面积之和，在图 6.27 中用 E_3 表示。

假定在图 6.25 节点 3 处设加压泵站，将输水管分成两区加压，泵站的扬程只需满足节点 3 处的最小服务水头，因此可从未分区时的 H 降低到 H'。从图 6.26 看出，此时过剩水压 ΔH_3 消失，ΔH_4 减小，因而减小了一部分未利用的能量。减小值如图 6.26 中阴影部分面积所示，等于：

$$(H_1 + Z_1 + h_{1-2} + h_{2-3} - H_3 - Z_3)(q_3 + q_4) = \Delta H_3(q_3 + q_4) \tag{6.63}$$

图 6.27 为位于平地上的输水管线能量分配图。因沿线各点（0 ～ 13）的配水流量不均匀，从能量图上可以找出最大可能节约的能量，因此，加压泵站可考虑设在节点 3 处，

节点3将输水管分成两区。

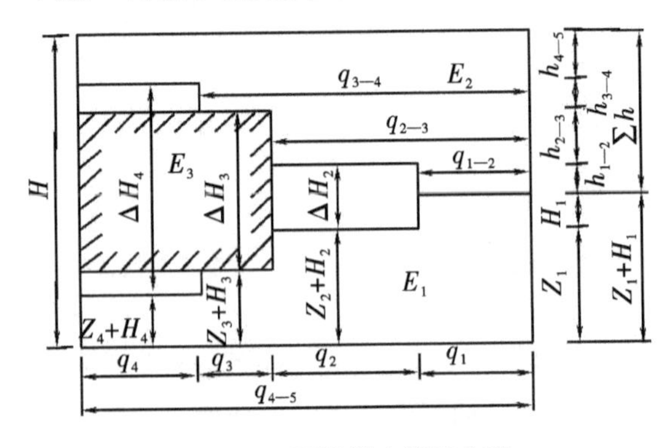

图6.26　泵站供水能量分配

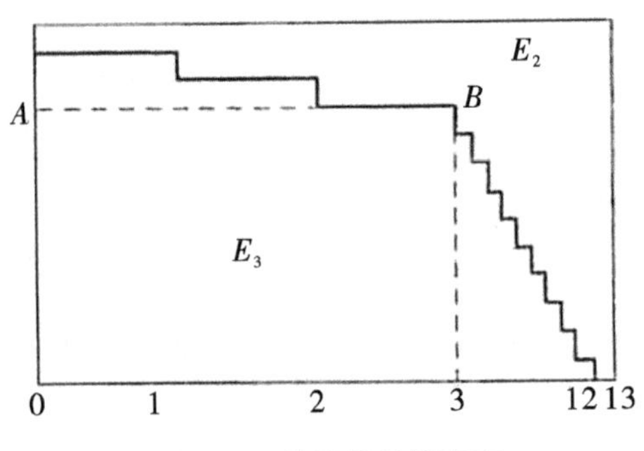

图6.27　分区界线的确定

远距离输水管是否分区，以及分区后设多少泵站等问题，须通过方案的技术经济比较才可确定。

2. 管网的供水能量分析

如图6.28所示的城市给水管网，假定给水区地形从泵站起均匀升高，全区用水量均匀，要求的最小服务水头相同。设管网的总水头损失为 $\sum h$，泵站吸水井水面和控制点地面高差为 ΔZ。未分区时，泵站的流量为 Q，扬程为：

$$H_p = \Delta Z + H + \sum h \tag{6.64}$$

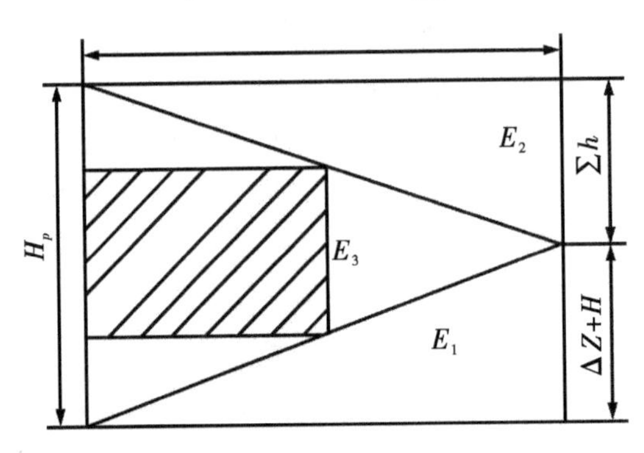

图6.28　管网分区供水能量分析

若等分成两区，则第1区管网的水泵扬程为：

$$H = \frac{\Delta Z}{2} + H + \frac{\sum h}{2} \tag{6.65}$$

若第1区的最小服务水头 H 与泵站总扬程 H_p 相比极小，则 H 可以略去不计，得：

$$H_1 = \frac{\Delta Z}{2} + \frac{\sum h}{2} \tag{6.66}$$

若第2区泵站能利用第1区的水压 H，则该区的泵站扬程 $H = \frac{\Delta Z}{2} + \frac{\sum h}{2}$。因此，分成两区后，所节约的能量为 $\frac{Q}{2}\left(\frac{\Delta Z + H + \sum h}{2}\right)$。如图6.28的阴影部分矩形面积所

示，即比不分区最多可以节约1/4的供水能量。

由此可见，对于沿线流量均匀分配的管网，最大可能节约的能量对应的部分为其中的最大内接矩形面积，相当于将加压泵站设在给水区中部的情况。也就是分成相等的两区时，可使浪费的能量降低到最小。

依此类推，当给水系统分成 n 区时，供水能量如下：

（1）串联分区时，根据全区用水量均匀的假定，各区的用水量分别为 Q，$\frac{n-1}{n}Q$，$\frac{n-2}{n}Q$，…，$\frac{Q}{n}$，各区的水泵扬程为 $\frac{H_p}{n}=\frac{\Delta Z+\sum h}{n}$，则分区后的供水能量为：

$$
\begin{aligned}
E_n &= Q\frac{H_p}{n}+\frac{n-1}{n}Q\frac{H_p}{n}+\frac{n-2}{n}Q\frac{H_p}{n}+\cdots+\frac{Q}{n}\frac{H_p}{n} \\
&= \frac{1}{n^2}[n+(n-1)+(n-2)+\cdots+1]QH_p \\
&= \frac{1}{n^2}\frac{n(n+1)}{2}QH_p=\frac{n+1}{2n}QH_p=\frac{n+1}{2n}E
\end{aligned}
\tag{6.67}
$$

式中，$E=QH_p$ 为未分区时供水所需总能量。

等分成两区时，$n=2$，代入式(6.67)，得 $E_2=\frac{3}{4}QH$，即较未分区时节约1/4的能量。分区数越多，能量节约越多，但最多只能节约1/2的能量。

（2）并联分区时，各区的流量等于 $\frac{Q}{n}$，各区的泵站扬程分别为 H_p，$\frac{n-1}{n}H_p$，$\frac{n-2}{n}H_p$，…，$\frac{H_p}{n}$。分区后的供水能量为：

$$
\begin{aligned}
E_n &= \frac{Q}{n}H_p+\frac{Q}{n}\frac{n-1}{n}H_p+\frac{Q}{n}\frac{n-2}{n}H_p+\cdots+\frac{Q}{n}\frac{H_p}{n} \\
&= \frac{1}{n^2}[n+(n-1)+(n-2)+\cdots+1]QH_p=\frac{n+1}{2n}E
\end{aligned}
\tag{6.68}
$$

从经济上来说，无论串联分区［式(6.67)］或并联分区［式(6.68)］，分区后可以节省的供水能量相同。一般按节约能量的多少来划定分区界线，因为管网、泵站和水池的造价不大受到分界线位置变动的影响，所以考虑是否分区及选择分区形式时，应根据地形、水源位置、用水量分布等具体条件，评定若干方案，进行比较。串联或并联分区所节约的能量相近，但分区后相应增加基建投资和管理的复杂性。并联分区增加了输水管长度，串联分区增加了泵站，因此两种布置方式的造价和管理费用并不相同。

6.6.2　分区给水系统的设计

为使管网水压不超出水管所能承受的压力，以及减少无形的能量浪费，可采用分区给水。但管网分区后，将增加管网系统的造价，因此须进行技术上和经济上的比较。若所节约的能置费用多于所增加的造价，则可考虑分区给水。就分区形式来说，并联分区的优点是各区用水由同一泵站供给，供水比较可靠，管理也较方便，整个给水系统的工作情况较为简单，设计条件易与实际情况一致。串联分区的优点是输水管长度较短，可用扬程较低的水泵和低压管。因此在选择分区形式时，应考虑到并联分区会增加输水管造价，串联分氏将增加泵站的造价和管理费用。

在分区给水设计时，城市地形是决定分区形式的重要影响因素，当城市狭长时，采用并联分区较宜，增加的输水管长度不多，高、低两区的泵站可以集中管理，如图 6.29（a）所示。与此相反，城市垂直于等高线方向延伸时，串联分区更为适宜，如图 6.29（b）所示。

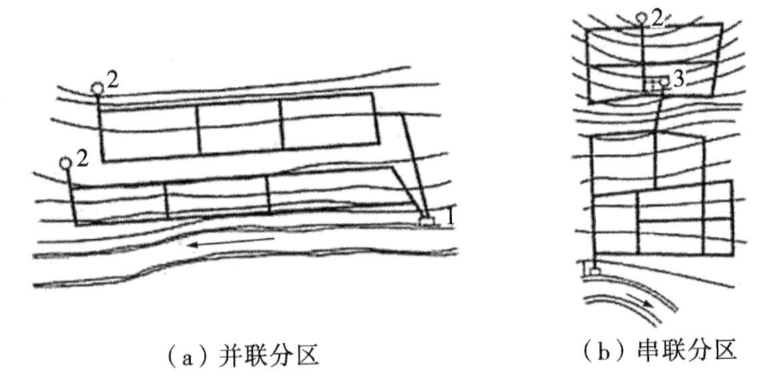

（a）并联分区　　（b）串联分区

图 6.29　城市延伸方向与分区形式选择

水厂位置往往影响到分区形式，如在图 6.30（a）中，水厂靠近高区时，宜用并联分区。水厂远离高区时，采用串联分区较好，以免到高区的输水管过长，如图 6.30（b）所示。

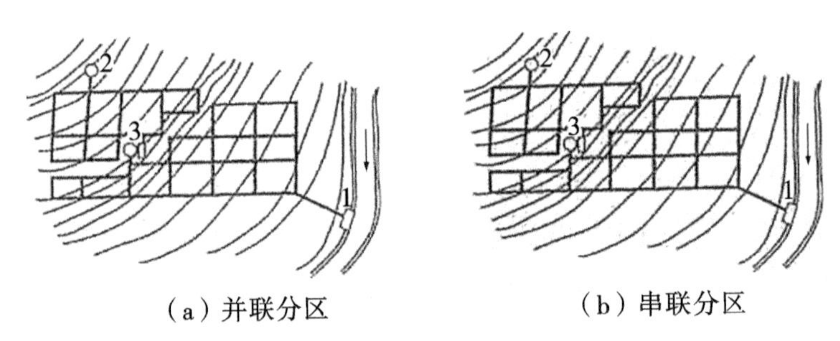

（a）并联分区　　（b）串联分区

1—水厂；2—水塔或高地水池；3—加压泵站。

图 6.30　水厂位置与分区形式选择

在分区给水系统中，可以采用高地水池或水塔作为水量调节设备，水池标高应保证该区所需的水压。采用水塔或水池需通过方案比较后确定。

思考题

1. 影响用水量的因素有哪些？附表 2.1 至附表 2.4 规定的生活用水定额考虑了哪些影响因素？

2. 为什么说最高日和最高时用水量都是平均流量的概念，它们分别是什么时间内的平均流量？计算它们有何意义？

3. 设计时为什么要分析用水量的变化？在 1 h 时段内实际用水流量是否保持不变？为什么在计算时不考虑 1 h 时段内的流量变化？

4. 为什么被调节的两个流量在一个变化周期内的总和必须相等？

5. 要使节点设计流量分配比较合理，需要注意哪些问题？

6. 管段设计流量分配的目的是什么？树状管网管段设计流量分配有何特点？环状管网管段设计流量分配要考虑哪些原则？

7. 何为经济流速？它与哪些因素有关？为什么说平均经济流速是近似的经济流速？在设计管段直径时除了考虑经济性，还要考虑哪些因素？

8. 在设计工况水力分析时为何要暂时删除泵站所在的管段和假设控制点？如何找到真正的控制点？为何真正的控制点是唯一的？

9. 管网设计校核时泵站所在管段还要删除吗？在各种工况校核时，哪些节点是定压节点，哪些节点是定流节点？

10. 分区供水有哪几种形式？在哪些情况下应该采用分区供水方式？

11. 泵站供水的能量由哪几部分组成？哪些部分可以通过分区供水得到降低？

12. 如何绘制泵站供水能量分配图？

第7章　污水管网设计与计算

污水管网系统是由收集和输送污水的管道及其附属构筑物组成的。城镇污水管网的主要功能是收集和输送城镇区域中的生活污水和生产废水，将污水、废水集中输送到污水处理厂进行处理，防止环境污染。污水管网的设计要依据当地城镇（或地区）总体规划和排水工程总体规划进行。

污水管网的主要设计内容包括：

（1）基础数据的收集（面积、人口、污水定额等）。

（2）污水管网的布置与定位。

（3）污水总设计流量及各管段设计流量计算。

（4）污水管网各管段直径、埋深、衔接设计与水力计算。

（5）污水管网系统附属构筑物的设置与设计。

（6）污水管网施工图绘制等。

7.1　污水设计流量计算

污水管道及其附属构筑物能保证通过的污水最大流量称为污水设计流量。由于居民的生活习惯和工业生产需求不同，污水的排放量会随时间发生变化，每日污水量与每时污水量均有不同。污水量定额与用水量定额之间存在一定比例关系，该比例称为排放系数。因此，确定污水的设计流量时，必须确定污水量的变化系数。污水设计流量通常按照最高日最高时污水流量进行设计的，合理确定污水设计流量是污水管网系统设计的主要内容之一。污水包括生活污水和工业废水两大类，详述如下。

7.1.1　生活污水设计流量

1. 居民生活污水设计流量

居民生活污水设计流量按下式计算：

$$Q_1 = \frac{n \cdot N \cdot K_z}{24 \times 3\ 600} \tag{7.1}$$

式中：Q_1——居民生活污水设计流量（L/s）；

n——居民生活污水定额［升/(人·天)］；

N——设计人口数；

K_z——生活污水量总变化系数。

（1）居民生活污水定额。居住区生活污水定额可参考居民生活用水定额或综合生活用水定额。

居民生活污水定额是指居民每人每天日常生活中洗涤、冲厕、洗澡等产生的污水量［升/(人·天)］；综合生活污水定额是指居民生活污水和公共设施（包括娱乐场所、宾馆、浴室、商业网点、学校和机关办公室等地方）排出污水两部分的总和［升/(人·天)］。

居民生活污水定额和综合生活污水定额应根据当地采用的用水定额（附表 2.1 至附表 2.4），结合建筑内部给排水设施水平和排水系统普及程度等因素确定，一般可按当地用水定额的 80% ～90% 计算。对给水系统完善的地区可按 90% 计，一般地区可按 80% 计。当缺少当地实际用水定额资料时，可根据《室外排水设计标准》（GB 50014—2021）规定的居民生活用水定额（平均日）和综合生活用水定额（平均日），结合当地的实际情况选用。

（2）设计人口。设计人口指污水排水系统设计期限终期的规划人口数，是计算污水设计流量的基本数据。该值是由城镇（地区）的总体规则确定的。由于城镇性质或规模不同，城市工业、仓储、交通运输、生活居住用地分别占城镇总用地的比例和指标有所不同。因此，在计算污水管网服务的设计人口时，常用人口密度与服务面积相乘得到。

人口密度表示人口分布的情况，是指住在单位面积上的人口数，单位为人/公顷。当人口密度所用的地区面积包括街道、公园、运动场、水体等在内时，该人口密度称作总人口密度。若所用的面积只是街区内的建筑面积时，该人口密度称作街区人口密度。在规划或初步设计时，计算污水量是根据总人口密度计算。而在技术设计或施工图设计时，一般采用街区人口密度计算。

（3）生活污水量总变化系数。由于居住区生活污水定额是平均值，因此根据设计人口和生活污水定额计算所得的是污水平均流量。实际上污水管道的污水量时刻都在变化。夏季与冬季污水量不同；一日中，日间和晚间的污水量不同；日间各小时的污水量也有很大的差异。一般说来，居住区的污水量在凌晨几个小时最小，6—8 时和 17—20 时流量较大。就是在 1 h 内，污水量也是有变化的，但这个变化比较小，通常假定 1 h 过程中流入污水管道的污水是均匀的。这种假定，一般不致影响污水排水系统设计和运转的合理性。

污水量的变化程度通常用变化系数表示：

$$日变化系数（K_d）=\frac{最大日污水量}{平均日污水量}$$

$$时变化系数（K_h）=\frac{最大日最大时污水量}{最大日平均时污水量}$$

总变化系数为：

$$K_z=K_d\cdot K_h \tag{7.2}$$

通常，污水管道的设计断面系根据最大日最大时污水流量确定，因此需要求出总变化系数。然而，一般城市缺乏日变化系数和时变化系数的数据，要直接采用式(7.2) 求总变化系数有困难。实际上，污水流量的变化情况随着人口数和污水定额的变化而定。若污水定额一定，则流量变化幅度随人口数增加而减小；若人口数一定，则流量变化幅度随污水定额增加而减小。因此，在采用同一污水定额的地区，上游管道由于服务人口少，管道中出现的最大流量与平均流量的比值较大。而在下游管道中，服务人口多，来自各排水地区的污水由于流动时间不同，高峰流量得到削减，最大流量与平均流量的比值较小，流量变化幅度小于上游管道。也就是说，总变化系数与平均流量之间有一定的关系，平均流量愈大，总变化系数愈小。表 7.1 是我国《室外排水设计标准》(GB 50014—2021）采用的综合生活污水量总变化系数值。

表 7.1 综合生活污水量总变化系数

平均日污水流量（L/s）	5	15	40	70	100	200	500	≥1 000
总变化系数 K_z	2.7	2.4	2.1	2.0	1.9	1.8	1.6	1.5

注：当污水平均日流量为中间数值时，总变化系数用内插法求得。

2. 工业企业生活污水及淋浴污水的设计流量

工业企业生活污水及淋浴污水的设计流量按下式计算：

$$Q_2 = \frac{A_1B_1K_1 + A_2B_2K_2}{3\ 600T} + \frac{C_1D_1 + C_2D_2}{3\ 600} \tag{7.3}$$

式中：Q_2——工业企业生活污水及淋浴污水设计流量（L/s）；

A_1——一般车间最大班职工人数（人）；

A_2——热车间最大班职工人数（人）；

B_1——一般车间职工生活污水定额，以 25 升/(人·班）计；

B_2——热车间职工生活污水定额，以 35 升/(人·班）计；

K_1——一般车间生活污水量时变化系数，以 3.0 计；

K_2——热车间生活污水量时变化系数，以 2.5 计；

C_1——一般车间最大班值用淋浴的职工人数（人）；

C_2——热车间最大班值用淋浴的职工人数（人）；

D_1——一般车间的淋浴污水定额，以 40 升/(人·班）计；

D_2——高温、污染严重车间的淋浴污水定额，以 60 升/(人·班）计；

T——每班工作时数（h）。

淋浴时间以 60 min 计。

7.1.2 工业废水设计流量

工业废水的设计流量按下式计算：

$$Q_3 = \frac{m \cdot M \cdot K_z}{3\ 600T} \tag{7.4}$$

式中：Q_3——工业废水设计流量（L/s）；

m——生产过程中每单位产品的废水量（升/单位产品）；

M——产品的平均日产量；

T——每日生产时数（h）；

K_z——总变化系数。

生产单位产品或加工单位数量原料所排出的平均废水量，也称作生产过程中单位产品的废水量定额。工业企业的工业废水量随各行业类型、采用的原材料、生产工艺特点和管理水平等有很大差异。单位产品废水量可通过查《给水排水设计手册》和国家相关标准得到。污水总变化系数按不同行业区分，部分工业生产废水量的时变化系数 K_h 可参考表 7.2。

表 7.2　部分工业生产废水的时变化系数

工业种类	冶金	化工	纺织	食品	皮革	造纸
时变化系数 K_h	1.0 ～ 1.1	1.3 ～ 1.5	1.5 ～ 2.0	1.5 ～ 2.0	1.5 ～ 2.0	1.3 ～ 1.8

7.1.3　地下水渗入量

在地下水位较高地区，受当地土质、管道及接口材料和施工质量等因素的影响，一般均存在地下水渗入现象，设计污水管网系统时宜适当考虑地下水渗入量。地下水渗入量 Q_4 一般以单位管道延长长度（m）或单位服务面积（hm^2）算。地下水渗入量应当根据测定资料确定，缺乏测定资料时，可按平均日综合生活污水和工业废水总量的 10% ～ 15% 计。

7.1.4　城市污水设计总流量计算

城市污水总的设计流量是居住区生活污水、工业企业生活污水和工业废水设计流量三部分之和。在地下水位较高地区，还应加入地下水渗入量。因此，城市污水设计总流量一般为：

$$Q = Q_1 + Q_2 + Q_3 + Q_4 \tag{7.5}$$

这种计算方法是假定各种污水在同一时间内出现最大流量，采用直接求和的方式进行计算。实际上，直接将各项污水设计流量相加是不合理的。因为各种污水最大时流量同时发生的可能性较少，各种污水流量汇合时，可能互相调节，而使流量高峰降低。因此，为了正确地、合理地决定污水泵站和污水厂各处理构筑物的最大污水设计流量，就必须考虑各种污水流量的逐时变化。

然而，合理地计算城市污水设计总流量需要逐项分析污水量的变化规律，这在实际工程设计中很难办到，只能采用简化计算方法。采用直接求和法计算所得城市污水设计总流量往往超过其实际值，由此设计出的污水管网是偏安全的。当设计污水管道系统时，应分别列表计算各居住区生活污水、工业废水和工厂生活污水设计流量，然后得出污水设计总流量。

【例 7 - 1】某城镇居住区的街坊总面积为 54.8 hm^2，街区人口密度为 400 人/公顷，居民生活污水量定额为 150 升/(人・天)；城镇包括有工厂、学校及公共浴室，其设计流量分别为 30 L/s、25 L/s、5 L/s；管网收集的全部污水统一送至污水处理厂处理。试求该城镇的污水设计总流量。

【解】先计算出服务总人数 n，再根据居民生活污水量定额为 150 升/(人・天)，计算居民生活污水量（平均日）为：

$$Q_d = \frac{n \cdot N}{24 \times 3\,600} = \frac{21\,920 \times 150}{24 \times 3\,600} \text{ L/s} = 38.06 \text{ L/s}$$

查表7.1得到生活污水量总变化系数 K_z 为2.1，则居民生活污水设计流量：

$$Q_1 = \frac{n \cdot N}{24 \times 3\,600} \cdot K_z = 38.06 \times 2.1\ \mathrm{L/s} = 79.93\ \mathrm{L/s}$$

工业废水设计流量已直接给出：

$$Q_2 = 30\ \mathrm{L/s}$$

公共建筑生活污水设计流量：

$$Q_3 = (25+5)\ \mathrm{L/s} = 30\ \mathrm{L/s}$$

将各项污水设计流量相加，得到该城镇污水设计总流量：

$$Q = Q_1 + Q_2 + Q_3 = (79.93+30+30)\ \mathrm{L/s} = 139.93\ \mathrm{L/s}$$

7.2　污水管道的水力计算

7.2.1　污水在管道中的流动特点

污水管道的分布类似于河流，呈树枝状。污水由支管流入干管，由干管流入主干管，最后由主干管流入污水处理厂。污水在管道中的流动一般靠重力，即污水在管道中靠管道两端的水面高差从高处向低处流动，大多数情况下管道内部是不承受压力的。

流入污水管道的污水中含有一定数量的有机物和无机物，其中比重小的漂浮在水面并随污水漂流；较重的分布在水流断面上并呈悬浮状态流动；最重的沿着管底移动或淤积在管壁上，这种情况与清水的流动略有不同。但总的说来，污水中水分一般在99%以上，所含悬浮物质的比例极少，因此可假定污水的流动按照一般液体流动的规律，并假定管道内水流是均匀流。

但在污水管道中实测流速的结果表明管内的流速是有变化的。这主要是因为管道中水流流经转变、交叉、变径、跌水等地点时水流状态发生改变，流速也就不断变化，同时流量也在变化，因此污水管道内水流为非均匀流。但在直线管段上，当流量没有很大变化又无沉淀物时，管内污水的流动状态可接近均匀流。若在设计与施工中注意改善管道的水力条件，则可使管内水流尽可能接近均匀流。

7.2.2　水力计算的基本公式

污水管道水力计算的目的，在于合理、经济地选择管道断面尺寸、坡度和埋深。由于这种计算是根据水力学规律，所以称作管道的水力计算。根据前面所述，如果在设计与施工中注意改善管道的水力条件，可使管内污水的流动状态尽可能地接近均匀流。考虑到变速流公式计算的复杂性和污水流动的变化不定，即使采用变速流公式计算也很难保证精确。因此，为了简化计算工作，目前在排水管道的水力计算中仍采用均匀流公式。常用的均匀流基本公式有流量公式和流速公式，分别为：

$$Q = A \cdot v \tag{7.6}$$

$$v = C \cdot \sqrt{R \cdot I} \tag{7.7}$$

式中：Q——流量（m^3/s）；

A——过水断面面积（m^2）；

v——速度（m/s）；

R——水力半径，即过水断面面积与湿周的比值（m）；

I——水力坡度，等于水面坡度，也等于管底坡度；

C——流速系数或谢才系数。

C 值一般按曼宁公式计算，即：

$$C = \frac{1}{n} \cdot R^{\frac{1}{6}} \tag{7.8}$$

将式(7.7）代入式(7.5）和式(7.6)，得：

$$v = \frac{1}{n} \cdot R^{\frac{2}{3}} \cdot I^{\frac{1}{2}} \tag{7.9}$$

$$Q = \frac{1}{n} \cdot A \cdot R^{\frac{2}{3}} \cdot I^{\frac{1}{2}} \tag{7.10}$$

式中：n——管壁粗糙系数。

n 的值根据管渠材料而定，见表7.3。混凝土和钢筋混凝土污水管道的管壁粗糙系数一般采用0.014。

表7.3　排水管渠粗糙系数

管渠种类	n 值
水泥砂浆内衬球墨铸铁管	0.011 ～ 0.012
UPVC 管、PE 管、玻璃钢管	0.009 ～ 0.010
混凝土管、钢筋混凝土管、水泥砂浆抹面渠道	0.013 ～ 0.014
石棉水泥管、钢管	0.012
浆砌砖渠道	0.015
浆砌块石渠道	0.017
干砌块石渠道	0.020 ～ 0.025
土明渠（包括带草皮）	0.025 ～ 0.030

7.2.3　污水管道水力计算的设计数据

从水力计算公式可知，设计流量与设计流速及过水断面积有关，而流速则是关于管壁粗糙系数、水力半径和水力坡度的函数。为了保证污水管道的正常运行，《室外排水设计标准》（GB 50014—2021）对这些参数做了相应规定，在进行污水管网水力计算时应予遵循。

1. 设计充满度

在设计流量下，污水在管道中的水深 h 和管道直径 D 的比值称为设计充满度。当 $h/D=1$ 时称为满流，当 $h/D<1$ 时称为非满流。

设计污水管道时应按非满流进行设计，原因如下：

（1）污水流量是随时变化的，而且雨水或地下水可能通过检查井盖或管道接口渗入污水管道。因此，有必要保留一部分管道内的空间，为未预见水量的增长留有余地，避免污水溢出而妨碍环境卫生。

（2）污水管道内沉积的污泥可能分解析出一些有害气体，需留出适当的空间，以利管道内的通风，排除有害气体。

（3）便于管道的疏通和维护管理。

污水管道的最大设计充满度的规定见表7.4。

表7.4　最大设计充满度

管径 D 或管渠高度 H（mm）	最大设计充满度 h/D 或 h/H
200 ～ 300	0.55
350 ～ 450	0.65
500 ～ 900	0.70
≥1 000	0.75

2. 设计流速

与设计流量、设计充满度相对应的水流平均速度称为设计流速。污水在管内流动缓慢时，污水中所含杂质可能下沉，产生淤积；当污水流速增大时，可能产生冲刷现象，甚至损坏管道。为了防止管道中产生淤积或冲刷，设计流速应限制在最大和最小设计流速范围之内。

最小设计流速是保证管道内不产生淤积的流速。这一最低设计流速的限值与污水中所含悬浮物的成分和粒度有关，与管道的水力半径和管壁的粗糙系数有关。引起污水中悬浮物沉淀的另一重要因素是充满度，即水深。根据国内污水管道实际运行情况的观测数据并参考国外经验，《室外排水设计标准》（GB 50014—2021）规定污水管渠在设计充满度下的最小设计流速为0.6 m/s，含有金属、矿物固体或重油杂质的生产污水管道，其最小设计流速宜适当加大；明渠的最小设计流速为0.4 m/s。

由于防止淤积的管段最小设计流速与废水中挟带的悬浮物颗粒的大小和相对密度有关，因此对各种工业废水采用的最小设计流速要根据试验或调查研究决定。在地形平坦地区，如果最小设计流速取值过大，就会增大管道的坡度，从而增加管道的埋深和管道造价，甚至需要增设中途泵站。因此，在平坦地区，要结合当地具体情况，可以对规范规定的最小流速做合理的调整，并制定科学的运行管理规程，保证管道系统的正常运行。

最大设计流速是保证管道不被冲刷损坏的流速。该值与管道材料有关，通常，金属管道的最大设计流速为10 m/s，非金属管道的最大设计流速为5 m/s。

明渠最大设计流速按表7.5采用。

表7.5　明渠最大设计流速

明渠类别	最大设计流速（m/s）	明渠类别	最大设计流速（m/s）
粗砂或低塑性粉质黏土	0.8	干砌块石	2.0
粉质黏土	1.0	浆砌块石或浆砌砖	3.0

续上表

明渠类别	最大设计流速（m/s）	明渠类别	最大设计流速（m/s）
黏土	1.2	石灰岩或中砂岩	4.0
草皮护面	1.6	混凝土	4.0

3. **最小管径**

在污水管网的上游部分，由于服务的排水面积小，污水管段的设计流量一般很小，直接根据设计流量计算出的管径会很小，极易引起堵塞问题。根据污水管道的养护记录统计，直径为 150 mm 的支管的堵塞次数可能达到直径为 200 mm 的支管的堵塞次数的 2 倍，使管道养护费用增加。而在同样埋深条件下，直径为 200 mm 与 150 mm 的管道施工费用相差不多。此外，因采用较大的管径，可选用较小管道坡度，使管道埋深减小。因此，为了方便养护工作的进行，常规定一个允许的最小管径。在居住区和厂区内的污水支管最小管径为 200 mm，干管最小管径为 300 mm。在城镇道路下的污水管道最小管径为 300 mm。在进行管道水力计算时，由管段设计流量计算得出的管径小于最小管径时，应直接采用最小管径和相应的最小坡度而不再进行水力计算。这种管段称为不计算管段。在这些管段中，当有适当的冲洗水源时，可考虑设置冲洗井，防止管道内产生淤积或堵塞。

4. **最小设计坡度**

在污水管网设计时，为了降低管道敷设的造价，当管道走向与地面坡度一致时，常使管道敷设坡度与设计区域的地面坡度保持一致，而在地势平坦或管道走向与地面坡度相反时，要尽可能减小管道敷设坡度和埋深。但要注意，由管道坡度造成的流速应不小于最小设计流速，以防止管道内产生沉淀。因此，将相应于最小设计流速的管道坡度称为最小设计坡度。

从水力计算公式可知，设计坡度与设计流速的平方成正比，与水力半径的 2/3 次方成反比。由于水力半径等于过水断面面积与湿周的比值，因此不同管径的污水管道应有不同的最小坡度。管径相同的管道，因充满度不同，其最小坡度也不同。在给定设计充满度的条件下，管径越大，相应的最小设计坡度值越小。规范规定最小管径对应的最小设计坡度为：管径 200 mm 的最小设计坡度为 0.004；管径 300 mm 的最小设计坡度为 0.003。较大管径的最小设计坡度可由设计充满度下不淤流速控制，当管道坡度不能满足不淤流速要求时，应有防淤、清淤措施。在工程设计中，不同管径的钢筋混凝土管的建议最小设计坡度见表 7.6。

表 7.6 常用管径的最小设计坡度（钢筋混凝土管非满流）

管径（mm）	最小设计坡度	管径（mm）	最小设计坡度
400	0.001 5	1 000	0.000 6
500	0.001 2	1 200	0.000 6
600	0.001 0	1 400	0.000 5
800	0.000 8	1 500	0.000 5

7.2.4 污水管道的埋设深度

污水管道的埋设深度是指管道内壁底部到地面的垂直距离，也称为管道埋深。管道外壁顶部到地面的垂直距离称为覆土厚度，如图7.1所示。一条管段的埋设深度分为起点埋深、终点埋深和管段平均埋深，管段平均埋深是起点埋深和终点埋深的平均值。管道埋深是影响管道造价的重要因素，是污水管道的重要设计参数。在实际工程中，污水管道的造价由选用的管道材料、管道直径、施工现场地质条件和管道埋设深度等四个主要因素决定，合理地确定管道埋设深度可以有效地降低管道建设的工程造价。

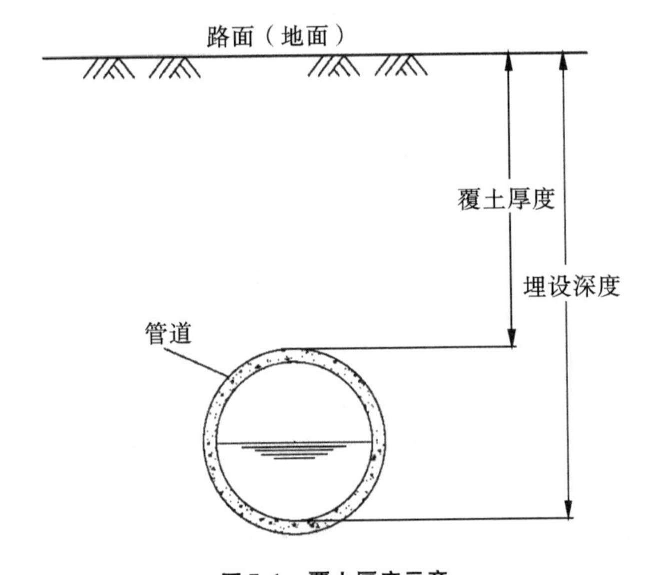

图7.1 覆土厚度示意

为了降低造价，缩短施工期，管道埋设深度越小越好，但管道的覆土厚度不应小于一定的最小限值，以保证污水管道不受外界压力和冰冻的影响和破坏，这一最小限值称为最小覆土厚度。

污水管道的最小覆土厚度，一般应满足三个因素的要求。

(1) 防止管道内污水冰冻和因土壤冰冻膨胀而损坏管道。我国北方的部分地区气候比较寒冷，属于季节性冻土区。土壤冰冻深度主要受气温和冻结期长短的影响，如我国北方寒冷地区最低气温达－40 ℃以下，最大土壤冰冻深度超过3 m。同一城市中因地面覆盖的土壤种类、阳光照射时间不同和市区与郊区的差别等，冰冻深度也有很大差异。冰冻层内污水管道的埋设深度或覆土厚度应根据流量、水温、水流情况和敷设位置等因素确定。一般情况下，污水水温较高，即使在冬季，污水温度也不会低于4 ℃。根据东北几个寒冷城市冬季污水管道的调查和多年实测资料，满洲里市、齐齐哈尔市、哈尔滨市的出户污水管水温在4～15 ℃之间，齐齐哈尔区的街道污水管水温平均为5 ℃，一些测点的水温高达8～9 ℃。满洲里市和海拉尔区的污水管道出口水温，在1月实测为7～9 ℃。此外，管内污水经常保持一定的流量而不断地流动，在管道内是不易冰冻的。由于污水水温的辐射作用，管道周围的泥土也不易冰冻。因此，没有必要把整个污水管道都埋在土壤冰冻线以下。但若将管道全部埋在冰冻线以上，则会因土壤冰冻膨胀可能损坏管道基础，从而损坏管道。无保温措施的生活污水管道或水温与生活污水接近的工业废水管道，管底可埋设在冰冻线以上 0.15 m。有保温措施或水温较高的管道，管底在冰冻线以上的距离可以加大，其数值应根据该地区或条件相似地区的经验确定。

（2）防止地面荷载破坏管道。埋设在地面下的污水管道承受着管顶覆盖土壤静荷载和地面上车辆运行产生的动荷载。为了防止管道因外部荷载影响而损坏，要注意管材质量，另外必须保证管道有一定的覆土厚度。因为车辆运行对管道产生的动荷载，其垂直压力随着深度增加而向管道两侧传递，最后只有一部分压力传递到地下管道上。从这一因素考虑并结合实际经验，车行道下污水管最小覆土厚度不宜小于 0.7 m。非车行道下的污水管道若能满足管道衔接的要求，而且无动荷载的影响，其最小覆土厚度值可适当减小。

（3）满足街区污水连接管衔接的要求。为了使住宅和公共建筑内产生的污水畅通地排入污水管网，就必须保证污水干管起点的埋深大于或等于街区内污水支管终点的埋深，而污水支管起点的埋深又必须大于或等于建筑物污水出户连接管的埋深。这对于确定在气候温暖又地势平坦地区管网起点的最小埋深或覆土厚度是很重要的因素。从安装技术方面考虑，要使建筑物首层卫生设备的污水能顺利排出，污水出户连接管的最小埋深一般为 0.5 ～ 0.7 m，所以污水支管起点最小埋深也应有 0.6 ～ 0.7 m。

对于每一个具体设计管段，从上述三个不同的因素出发，可以得到三个不同的管底埋深或管顶覆土厚度值，这三个数值中的最大一个值就是这一管道的允许最小埋设深度或最小覆土厚度。除考虑管道的最小埋深外，还应考虑最大埋深问题。污水在管道中依靠重力从高处流向低处。当管道的坡度大于地面坡度时，管道的埋深就越来越大，尤其在地形平坦的地区更为突出。埋深越大，造价越高，施工期也越长。管道允许埋设深度的最大值称为最大允许埋深。该值的确定应根据技术经济指标及施工方法而定，在干燥土壤中，最大埋深一般不超过 8 m；在多水、流沙、石灰岩地层中，一般不超过 5 m。

7.2.5　污水管道水力计算的方法

在进行污水管道水力计算时，通常污水设计流量为已知值，需要确定管道的断面尺寸和敷设坡度。为使水力计算获得较为满意的结果，必须认真分析设计地区的地形等条件，并充分考虑水力计算设计数据的有关规定。所选择的管道断面尺寸，必须要在规定的设计充满度和设计流速的情况下，能够保证管道排泄设计流量。管道坡度应参照地面坡度和最小坡度的规定确定。除了要使管道尽可能与地面坡度平行敷设，不增大埋深，还不能使管道坡度小于最小设计坡度的规定，以免管道内流速达不到最小设计流速而产生淤积。当然也应避免因管道坡度太大而使流速大于最大设计流速，导致管壁受冲刷。

在具体计算中，已知设计流量 Q 及管道粗糙系数 n，要求出管径 D、水力半径 R、充满度 h/D、管道坡度 I 和流速 v。在式(7.6) 和式(7.9) 中，有 5 个未知数，因此必须先假定3个求其他2个，这样的数学计算极为复杂。为了简化计算，常采用水力计算图（附图3.13）。这种将流量、管径、坡度、流速，充满度、粗糙系数各水力因素之间关系绘制成的水力计算图使用较为方便。对每一张图表而言，D 和 n 是已知数，图上的曲线表示 Q、v、I、h/D 之间的关系如图7.2所示。这4个因素中，只要知道2个就可以查出其他2个。现举例说明这些图的用法。

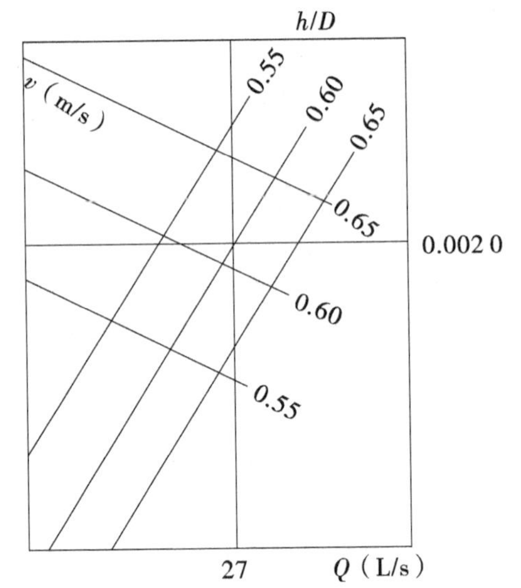

图7.2　水力计算示意

【例7－2】根据条件，计算出管道的各项参数。

（1）已知 $n=0.014$、$D=300$ mm、$I=0.004$、$Q=30$ L/s，求出该管道的流速 v 和设计充满度 h/D。

（2）已知 $n=0.014$、$D=400$ mm、$Q=41$ L/s、$v=0.9$ m/s，求出该管道的坡度 I 和设计充满度 h/D。

（3）已知 $n=0.014$、$D=300$ mm、$Q=32$ L/s、$h/D=0.55$，求出该管道的流速 v 和坡度 I。

【解】（1）采用 $D=300$ mm 的水力计算图（附图3.3）。

在图上有四组线条：竖线条表示流量，横线条表示水力坡度，从左向右下倾的斜线表示流速，从右向左下倾的斜线表示充满度。每条线上的数目字代表相应数量的值。

从图上找到 $I=0.004$ 及 $Q=30$ L/s 时相交的一点，该点落在代表流速 $v=0.8$ m/s 及 $v=0.85$ m/s 的两条斜线之间，估计 $v=0.82$ m/s，同时该点落在 $h/D=0.5$ 和 $h/D=0.55$ 的两条斜线之间，估计 $h/D=0.52$。因此，该管道的流速 $v=0.82$ m/s，设计充满度 $h/D=0.52$。

【解】（2）采用 $D=400$ mm 的水力计算图（附图3.5）。

从图上找到 $v=0.9$ m/s 及 $Q=41$ L/s 时相交的一点，该点落在代表坡度 $I=0.004\ 3$ 的横线上，$I=0.004\ 3$；同时，该点落在 $h/D=0.35$ 和 $h/D=0.4$ 的两条斜线之间，估计 $h/D=0.39$。因此，该管道的坡度 $I=0.004\ 3$，设计充满度 $h/D=0.39$。

【解】（3）采用 $D=300$ mm 的水力计算图（附图3.3）。

从图上找到 $Q=32$ L/s 以及 $h/D=0.55$ 时相交的一点，该点落在代表坡度 $I=0.003\ 8$ 的横线上，$I=0.003\ 8$；同时，该点落在 $v=0.8$ m/s 和 $v=0.85$ m/s 的两条斜线之间，估计 $v=0.81$ m/s。因此，该管道的坡度 $I=0.003\ 8$，流速 $v=0.81$ m/s。

污水管道的水力计算也可以用水力计算表进行，每张水力计算表的管径 D 和粗糙系数 n 是已知的，只要知道表中 Q、v、I、h/D 四个因素的其中两个便可求出另外两个。表7.7为摘录的圆形管道（不满流，$n=0.014$）$D=300$ mm 的水力计算表的部分数据。

表 7.7　圆形管道 $D=300$ mm 水力计算（部分摘录）

h/D	I/1‰									
	2.5		3.0		4.0		5.0		6.0	
	Q	v	Q	v	Q	v	Q	v	Q	v
0.10	0.94	0.25	1.03	0.28	1.19	0.32	1.33	0.36	1.45	0.39
0.15	2.18	0.33	2.39	0.36	2.76	0.42	3.09	0.46	3.38	0.51
0.20	3.93	0.39	4.31	0.43	4.97	0.49	5.56	0.55	6.09	0.61
0.25	6.15	0.45	6.74	0.49	7.78	0.56	8.70	0.63	9.53	0.69
0.30	8.79	0.49	9.63	0.54	11.12	0.62	12.43	0.70	13.62	0.76
0.35	11.81	0.54	12.93	0.59	14.93	0.68	16.69	0.75	18.29	0.83
0.40	15.13	0.57	16.57	0.63	19.14	0.72	21.40	0.81	23.44	0.89
0.45	18.70	0.61	20.49	0.66	23.65	0.77	26.45	0.86	28.97	0.94
0.50	22.45	0.64	24.59	0.70	28.39	0.80	31.75	0.90	34.78	0.98
0.55	26.30	0.66	28.81	0.72	33.26	0.84	37.19	0.93	40.74	1.02
0.60	30.16	0.68	33.04	0.75	38.15	0.86	42.66	0.96	46.73	1.06
0.65	33.69	0.70	37.20	0.76	42.96	0.88	48.03	0.99	52.61	1.08
0.70	37.59	0.71	41.48	0.78	47.55	0.90	53.16	1.01	58.23	1.10
0.75	40.94	0.72	44.85	0.79	51.79	0.91	57.90	1.02	63.42	1.12
0.80	43.89	0.72	48.07	0.79	55.51	0.92	62.06	1.02	67.99	1.12
0.85	46.26	0.72	50.68	0.79	58.52	0.91	65.43	1.02	71.67	1.12
0.90	47.85	0.71	52.42	0.78	60.53	0.90	67.67	1.01	74.13	1.11
0.95	48.24	0.70	52.85	0.76	61.02	0.88	68.22	0.98	74.74	1.08
1.00	44.90	0.64	49.18	0.70	56.79	0.80	63.49	0.90	69.55	0.98

7.3　污水管道的设计及举例

7.3.1　确定排水区界，划分排水区域

排水区界是污水排水系统设置的界限。凡是采用完善卫生设备的建筑区都应设置污水管道。它是根据城镇总体规划的设计规模决定的。

在排水区界内，根据地形及城镇（地区）的竖向规划划分排水流域。一般在丘陵及地形起伏的地区，可按等高线划出分水线，通常分水线与流域分界线基本一致。在地形平坦无显著分水线的地底，可依据面积的大小划分，使各相邻流域的管道系统能合理分担排水面积，使干管在最大合理埋深情况下，流域内绝大部分污水能以自流方式接入。每个排水流域往往有干管，根据流域地势标明水流方向和污水需要抽升的地区。

7.3.2 管道定线和平面布置的组合

在城镇（地区）总平面图上确定污水管道的位置和走向，称为污水管道系统的定线。正确的定线是设计合理的、经济的污水管道系统的先决条件，是污水管道系统设计的重要环节。管道定线一般按主干管、干管、支管顺序依次进行。定线应遵循的主要原则是，应尽可能在管线较短和埋深较小的情况下，让最大区域的污水能自流排出。为了实现这一原则，在定线时必须很好地研究各种条件，使拟定的路线能因地制宜地利用其有利因素而避免不利因素。定线时通常考虑的因素包括地形和用地布局、排水体制和线路数目、污水厂和出水口位置、水文地质条件、道路宽度、地下管线及构筑物的位置、工业企业和产生大量污水的建筑物的分布情况。

在一定条件下，地形一般是影响管道定线的主要因素。定线时应充分利用地形，使管道的走向符合地形趋势，一般宜顺坡排水。在整个排水区域较低的地方，例如，集水线或河岸低处敷设主干管及干管，这样使支管的污水自流接入，而横支管的坡度尽可能与地面坡度一致。在地形平坦地区，应避免小流量的横支管长距离平行于等高线敷设，让其尽早接入干管。宜使干管与等高线垂直，主干管与等高线平行敷设。由于主干管管径较大，保持最小流速所需坡度小，其走向与等高线平行是合理的。当地形倾向河道的坡度很大时，主干管与等高线垂直，干管与等高线平行，这种布置虽然主干管的坡度较大，但可设置为数不多的跌水井，从而使干管的水力条件得到改善。有时，由于地形，还可以布置成几个独立的排水系统。例如，由于地形中间隆起而布置成两个排水系统，或由于地势高低有较大差异而布置成高低区两个排水系统。

污水管道中的水流靠重力流动，因此管道必须具有坡度。在地形平坦地区，管线虽然不长，埋深亦会增加很快，当埋深超过一定限值时，需设泵站抽升污水。这样会增加基建投资和常年运转管理费用，是不利的，但不建泵站而过多地增加管道埋深，不但施工困难大，造价也很高。因此，在管道定线时需进行方案比较，选择最适当的定线位置，使之既能尽量减小埋深，又可少建泵站。

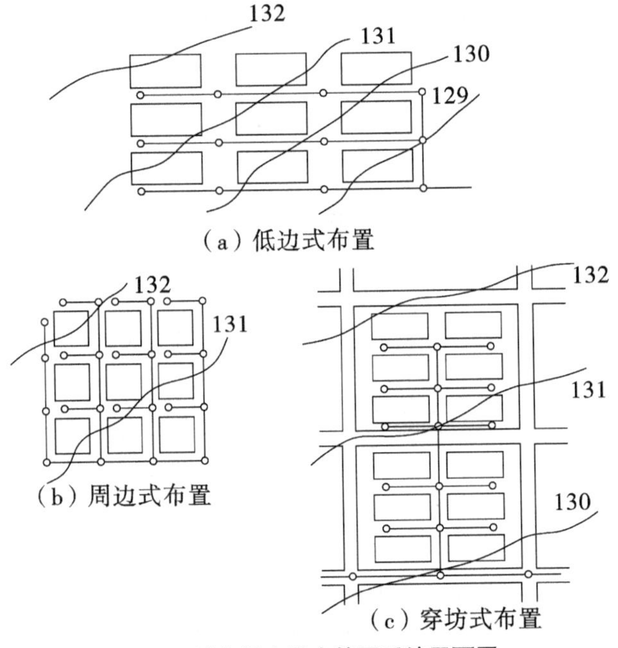

图 7.3　城市污水排水管网系统平面图

污水支管的平面布置取决于地形及街区建筑特征，并应便于用户接管排水。当街区面积不太大，街区污水管网可采用集中出水方式时，街道支管敷设在服务街区较低测的街道下，如图 7.3(a) 所示，称为低边式布置。当街区面积较大且地势平坦时，宜在街区四周的街道敷设污水支管，如图 7.3(b) 所示，建筑物的污水排出管可与街道支管连接，称为周边式布置。街区已按规划确定，街区内污水管网按各建筑的需要设计，组成一个系统，再穿过其他街区并与所穿街区的污水管网相连，如图 7.3（c）所示，称为穿坊式布置。

污水主干管的走向取决于污水厂和出水口的位置。因此，污水厂和出水口的数目与布设位置，将影响主干管的数目和走向。例如，在大城市或地形复杂的城市，可能要建几个污水厂分别处理与利用污水，这就需要敷设几条主干管。在小城市或地形倾向一方的城市，通常只设一个污水厂，则只需敷设一条主干管。若相邻城市联合建造区域污水厂，则需相应的建造区域污水管道系统。

采用的排水体制也影响管道定线。分流制系统一般有 2 个或 2 个以上的管道系统，定线时必须在平面和高程上互相配合。采用合流制时要确定截流干管及溢流井的正确位置。若采用混合体制，则在定线时应考虑两种体制管道的连接方式。

考虑到地质条件，地下构筑物及其他障碍物对管道定线的影响，应将管道，特别是主干管布置在坚硬密实的土壤中，尽量避免或减少管道穿越高地，基岩浅露地带，或基质土壤不良地带。尽量避免或减少与河道、山谷、铁路及各种地下构筑物交叉，以降低施工费用，缩短工期及减少日后养护工作的困难。管道定线时，若管道必须经过高地，可采用隧洞或设提升泵站，若须经过土壤不良地段，应根据具体情况采取不同的处理措施，以保证地基与基础有足够的承载能力。当污水管道无法避开铁路、河流、地铁或其他地下建（构）筑物时，管道最好垂直穿过障碍物，并根据具体情况采用侧虹管、管桥或其他工程设施。

管道定线时还需考虑街道宽度及交通情况。污水干管一般不宜敷设在交通繁忙而狭窄的街道下。若街道宽度超过 40 m，为了减少连接支管的数目和减少与其他地下管线的交叉，可考虑设置 2 条平行的污水管道。

为了增大上游干管的直径，减小敷设坡度，以致能减少整个管道系统的埋深。将产生大流量污水的工厂或公共建筑物的污水排出口接入污水干管起端是有利的。

管道定线，在整个城市或局部地区都可能形成几个不同的布置方案。比如，常遇到由于地形或河流的影响，把城市分割成了几个天然的排水流域，此时是设计一个集中的排水系统，还是设计成多个独立分散的排水系统？当管线遇到高地或其他障碍物时，是绕行或设置泵站，或设置倒虹管，还是采用其他的设施？管道埋深过大时，是设置中途泵站将管位提高，还是继续增大埋深？凡此种种，在不同地区，不同城市的管道定线中都可能出现。因此应对不同的设计方案在同等条件和深度下进行技术经济比较，选用一个最好的管道定线方案。

管道系统的方案确定后，便可组成污水管道平面布置图。在初步设计时，污水管道系统的总平面图包括干管、主干管的位置，走向和主要泵站、污水厂、出水口等的位置等。技术设计时，管道平面图应包括全部支管、干管、主干管、泵站、污水厂、出水口等的具体位置和资料。

7.3.3　控制点的确定和泵站的设置地点

在污水排水区域内，对管道系统的埋深起控制作用的地点称为控制点，如各条管道的起点大多是这条管道的控制点。这些控制点中离出水口最远的一点，通常就是整个系统的控制点。具有相当深度的工厂排出口或某些低洼地区的管道起点，也可能成为整个管道系统的控制点。这些控制点的管道埋深，影响整个污水管道系统的埋深。

确定控制点的标高，一方面应根据城市的竖向规划，保证排水区域内各点的污水都能够排出，并考虑发展，在埋深上适当留有余地；另一方面，不能因照顾个别控制点而增加整个管道系统的埋深。对此通常采取一些措施，例如，加强管材强度，通过填土提高地面高程以保证最小覆土厚度，设置泵站提高管位等方法，减小控制点管道的埋深，从而减小整个管道系统的埋深，降低工程造价。

在排水管道系统中，由于地形条件等因素的影响，通常可能需设置中途泵站、局部泵站和终点泵站。当管道埋深接近最大埋深时，为提高下游管道的管位面设置的泵站称为中途泵站。将低洼地区的污水抽升到地势较高地区管道中，或是将高层连筑地下室、地铁、其他地下建筑的污水抽送到附近管道系统所设置的泵站称为局部泵站。此外，污水管道系统终点的埋深通常很大，而污水处理厂的处理后出水因受受纳水体水位的限制，处理构筑物一般埋深很浅或设置在地面上，因此需设置泵站将污水抽升至第一个处理构筑物，这类泵站称为终点泵站或总泵站。

泵站设置的具体位置应考虑环境卫生、地质、电源和施工条件等因素，并应征询规划、环保、城建等部门的意见。

7.3.4 设计管段及实际流量的确定

1. 设计管段及其划分

污水管网设计计算的任务是计算管网中不同地点的污水流量、各管段的污水输送流量，从而确定各管段的直径、埋深和衔接方式等。在设计计算时，将污水管网中流量和管道敷设坡度不变的一段管道称为管段，将该管段的上游端汇入污水流量和该管段的收集污水量作为管段的输水流量，称为管段设计流量。每个设计管段的上游端和下游端称为污水管网的节点。污水管网节点一般设有检查井，但并不是所有检查井处均为节点，若检查井未发生跌水，且连接的管道流量和坡度均保持不变，则该检查井可不作为节点，即管段上可以包括多个检查井。

根据管道平面布置图，凡有集中流量进入、有旁侧管道接入的检查井均可作为设计管段的起讫点。设计管段的起讫点应编上号码。

2. 设计管段的设计流量

污水管网的水力计算是从上游起端节点开始向下游节点进行，依次对各管段进行设计计算，直到末端节点。要确定各管段的管径、埋深、坡度和充满度，必须先计算出各管段的设计流量。

每一设计管段的污水设计流量可能包括以下三种流量：

（1）本段流量 q_1，从管段沿线街坊流入的污水量。

（2）转输流量 q_2，从上游管段和旁侧管段流入的污水量。

（3）集中流量 q_3，从工业企业或其他大型公共建筑物流入的污水量。

对于某一设计管段而言，本段流量是沿线变化的，即从管段起点的零增加到终点的全部流量，但为了计算方便，通常假定本段流量集中在起点进入设计管段，该管段接受所属管段服务地区的全部污水流量。

本段流量可用下式计算：

$$q_1 = F \cdot q_0 \cdot K_z \tag{7.10}$$

式中：q_1——设计管段的本段流量（L/s）；

F——设计管段服务的街区面积（hm^2）；

K_Z——生活污水量总变化系数；

q_0——单位面积的本段平均流量，即比流量［$L/(s \cdot hm^2)$］。

q_0可用下式求得：

$$q_0 = \frac{n \cdot p}{86\,400} \tag{7.11}$$

式中：n——居住区生活污水定额［升/(人·天)］；

p——人口密度（人/公顷）。

从上游管段和旁侧管段流入的平均流量以及集中流量对这一管段是不变的。

初步设计时，只计算干管和主干管的流量。技术设计时，应计算全部管道的流量。

7.3.5　污水管道的衔接

污水管道在管径、坡度、高程、方向发生变化及支管接入的地方都需要设置检查井。在设计时必须考虑在检查井内上下游管道衔接时的高程关系问题。管道在衔接时应遵循以下两个原则：

（1）尽可能提高下游管段的高程，以减少管道埋深，降低造价。

（2）避免上游管段中形成回水而造成淤积。

管道衔接的方法，通常有水面平接和管顶平接两种，如图7.4(a)和图7.4(b)所示。

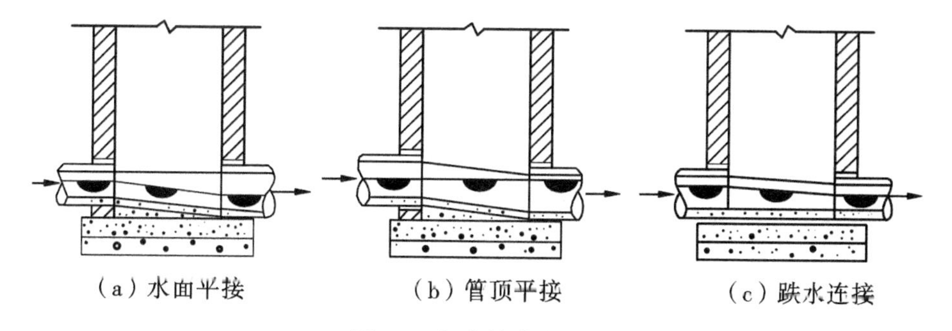

图7.4　污水管道的衔接

水面平接是指在水力计算中，使上游管段终端和下游管段起端在设定的设计充满度下的水面相平，即上游管段终端与下游管段起端的水面标高相同。由于上游管段中的水面变化较大，水面平接时在上游管段内的实际水面标高有可能低于下游管段的实际水面标高，因此，在上游管段中易形成回水。

管顶平接是指在水力计算中，使上游管段终端和下游管段起端的管顶标高相同。采用管顶平接时，在上述情况下就不至于在上游管段产生回水，但下游管段的埋深将增加。

这对于平坦地区或设置较深的管道，有时是不适宜的。这时为了尽可能减少埋深，而采用水面平接的方法。

无论采用哪种衔接方法，下游管段起端的水面和管底标高都不得高于上游管段终端的水面和管底标高。

此外，当管道敷设地区的地面坡度很大时，为了调整管内流速，所采用的管道坡度将会小于地面坡度。为了保证下游管段的最小覆土厚度和减少上游管段的埋设，可根据地面坡度采用跌水连接，如图 7.4(c) 所示。

在旁侧管道与干管交汇处，当旁侧管道的管底标高比干管的管底标高高很多时，为保证干管有良好的水力条件，最好在旁侧管道上先设跌水井后再与干管相接。反之，若干管的管底标高高于旁侧管道的管底标高，为了保证旁侧管道能接入干管，干管需在交汇处设跌水井，增大干管的埋深。

7.3.6 污水管道在街道上的位置

在城市道路下，有许多管线工程，如给水管、污水管、煤气管、热力管、雨水管、电力电缆、电讯电缆等。在工厂的道路下，管线工程的种类会更多。此外，在道路下还可能有地铁、地下人行横道、工业用隧道等地下设施。为了合理安排其在空间的位置，必须在各单项管线工程规划的基础上进行综合规划和统筹安排，以利于施工和日后的维护管理。

由于污水管道为重力流管道，管道（特别是干管和主干管）的埋设深度较其他管线大，且有很多连接支管，若管线位置安排不当，将会造成施工和维修的困难。污水管道难免会出现渗漏、损坏等问题，从而对附近建筑物、构筑物的基础造成危害或污染生活饮用水。因此，污水管道与建筑物间应有一定距离，当其与生活给水管道相交时，应敷设在生活给水管道下面。进行管线综合规划时，所有地下管线应尽量布置在人行道、非机动车道和绿带下，只有在不得已时，才考虑将埋深大且修理次数较少的污水、雨水管布置在机动车道下。管线的布置一般是从建筑红线向道路中心线，顺序为电力电缆——电信电缆——煤气管道——热力管道——给水管道——污水管道——雨水管道。各种管线的布置发生矛盾时，处理的原则如下：新建的让已建的，临时的让永久的，小管让大管，压力管让重力管，可弯的让不可弯的，检修次数少的让检修次数多的。

在地下设施拥挤的地区或车运极为繁忙的街道下，把污水管道与其他管线集中安置在隧道中是比较合适的，但雨水管道一般不设在隧道中，而是与隧道平行敷设。

为了方便用户检查管道，当路面宽度大于 40 m 时，可在两侧各设 1 条污水管道。污水管道与其他地下管线或构筑物的水平和垂直最小净距，最好由城市规划部门或工业企业内部管道综合部门根据其管线类型和数量、高程、可敷设管线的位置等因素进行管线的综合设计。

7.3.7 污水管道设计计算举例

【例 7－3】某城镇居住小区的污水管网的初步设计。继续进行【例 7－1】给出的某城镇的污水管网设计，图 7.5 为某城镇的平面图，街坊共划分为 22 个，经测算各街坊的面积列于表7.10中；污水设计流量的相关信息与【例7-1】相同，工厂的废水排出口管内底埋深为2 m。

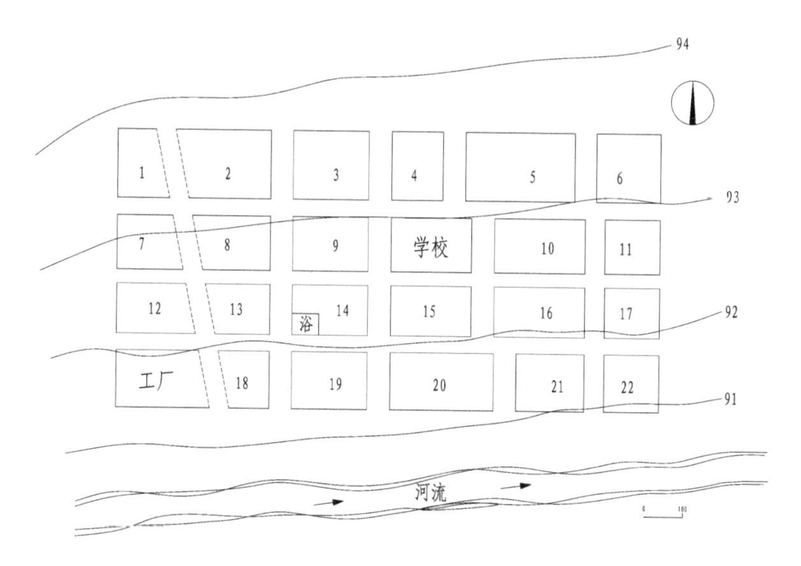

图7.5 某城镇街区平面图

【解】设计方法和步骤如下：

(1) 在城镇平面图上布置污水管道。从平面图可知，该城镇地势自北向南倾斜，坡度较小，无明显分水线，可划分为一个排水流域。街道支管布置在街区地势较低一侧的道路下，干管基本上与等高线垂直布置，主干管沿河岸布置，基本与等高线平行。整个管道线呈穿坊式布置。如图7.6所示。

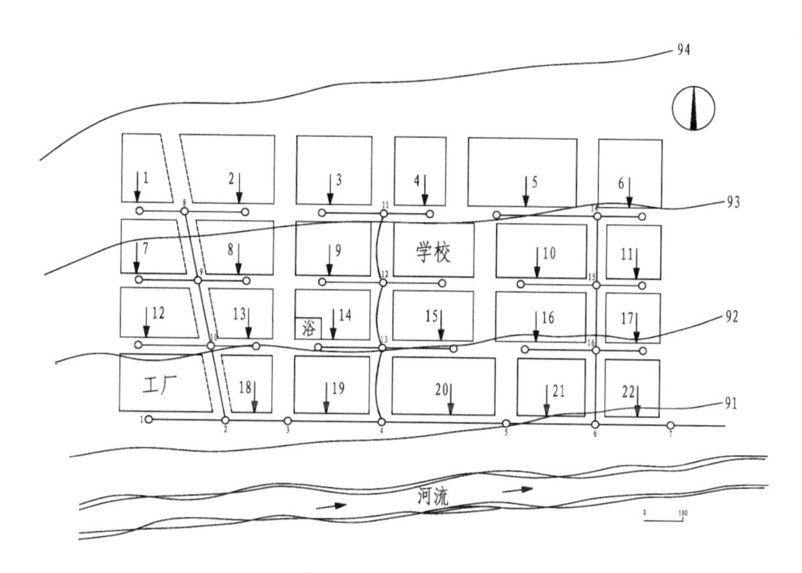

图7.6 某城镇污水管道平面布置（初步设计）

(2) 街区编号并计算其面积。将街区标上号码，并计算各街坊的面积，列入表7.8中，用箭头标出各街区污水排出的方向。

表 7.8 街区面积

街区编号	1	2	3	4	5	6	7	8	9	10
街区面积（hm^2）	1.88	3.67	3.22	2.15	4.61	2.62	1.94	2.31	2.47	2.90
街区编号	11	12	13	14	15	16	17	18	19	20
街区面积（hm^2）	1.70	2.27	1.81	2.03	2.47	2.77	1.63	1.59	2.75	3.67
街区编号	21	22								
街区面积（hm^2）	2.44	1.90								

（3）划分设计管段，计算设计流量。根据设计管段的定义和划分方法，将各干管和主干管中有本段流量进入的点（一般为街区两端）、集中流量及旁侧支管进入的点，作为设计管段的起讫点的检查井并编上号码。本例中将主干管划分为1—2、2—3、3—4、4—5、5—6、6—7共6个设计管段。其中管段1—2输送工厂的集中流量，管段2—3、3—4、4—5、5—6、6—7分别接纳街坊18、19、20、21、22的生活污水作为本段流量。三条干管分别是8—2、11—4、14—6，均为输送与它们相连接的支管所输入的转输流量，没有直接的本段流量。

各设计管段的设计流量应列表进行计算。居民生活污水平均日流量按街坊面积比例分配，比流量为：

$$q=\frac{150\times400}{24\times3\ 600}\ \mathrm{L/(s\cdot hm^2)}\ =0.69\ \mathrm{L/(s\cdot hm^2)}$$

在初步设计中只计算干管和主干管的设计流量，污水设计流量计算见表7.9。

表 7.9 污水管段设计流量计算

管段编号	居民生活污水流量分配						管段设计流量计算				
	本段流量				转输流量（L/s）	合计流量（L/s）	总变化系数 K_z	沿线流量（L/s）	集中流量		设计流量（L/s）
	街坊编号	街坊面积（hm^2）	比流量 [$L/(s\cdot hm^2)$]	流量（L/s）					本段（L/s）	转输（L/s）	
1—2	—	—	—	—	—	—	—	—	30.00	—	30.00
8—9	—	—	—	—	3.83	3.83	2.7	10.34	—	—	10.34
9—10	—	—	—	—	6.77	6.77	2.6	17.60	—	—	17.60
10—2	—	—	—	—	9.59	9.59	2.6	24.93	—	—	24.93
2—3	18	1.59	0.69	1.10	9.59	10.69	2.5	26.72	—	30.00	56.72
3—4	19	2.75	0.69	1.90	10.69	12.59	2.5	31.48	—	30.00	61.48
11—12	—	—	—	—	3.71	3.71	2.7	10.02	—	—	10.02
12—13	—	—	—	—	5.41	5.41	2.7	14.61	25.00	—	39.61
13—4	—	—	—	—	8.52	8.52	2.6	22.15	5.00	25.00	52.15
4—5	20	3.67	0.69	2.54	21.11	23.65	1.9	44.94	—	60.00	104.94
5—6	21	2.44	0.69	1.69	23.65	25.34	1.9	48.15	—	60.00	108.15

续上表

管段编号	居民生活污水流量分配						管段设计流量计算				
	本段流量				转输流量(L/s)	合计流量(L/s)	总变化系数 K_z	沿线流量(L/s)	集中流量		设计流量(L/s)
	街坊编号	街坊面积(hm^2)	比流量[$L/(s\cdot hm^2)$]	流量(L/s)					本段(L/s)	转输(L/s)	
14—15	—	—	—	—	4.99	4.99	2.7	13.47	—	—	13.47
15—16	—	—	—	—	8.17	8.17	2.6	21.24	—	—	21.24
16—6	—	—	—	—	11.20	11.20	2.5	28	—	—	28
6—7	22	1.9	0.69	1.32	36.54	37.86	1.8	68.15	—	60.00	128.15

本例中有 3 个集中流量，分别在节点 1、12、13 汇入管道，相应的设计流量分别为 30 L/s、25 L/s、5 L/s。管段 1—2 为主干管的起始管段，只有工厂的集中流量流入，设计流量为 30 L/s。设计管段 2—3 除接纳街坊 18 排入的本段流量外，还转输管段 1—2 汇入的集中流量以及管段 8—2 的生活污水流量。街坊 18 的汇水面积为 1.59 hm^2，故本段日平均流量为由管段 8—9—10—2 汇入管段 2—3 的生活污水日平均流量，则管段 2—3 的居民生活污水合计流量为（1.10 +9.59）L/s = 10.69 L/s。由表 7.1 得到污水总变化系数为 2.5，则该管段的居民污水设计流量为管段 2—3 的总设计流量为（26.72 + 30）L/s = 56.72 L/s。

其余管段设计流量计算方法同上。

（4）进行水力计算。在确定设计流量后，可从上游管段开始依次进行主干管各设计管段的水力计算，见表 7.10。

表 7.10　污水管段水力计算

管段编号	管段长度 L(m)	设计流量 q (L/s)	管径 D (mm)	管段坡度 I	管内流速 v (m/s)	充满度 h/D	水深 h(m)	降落量 I L(m)	标高(m)						埋设深度(m)	
									地面		水面		管内底			
									上端	下端	上端	下端	上端	下端	上端	下端
1—2	175	30.00	350	0.002	0.62	0.50	0.18	0.35	91.30	91.25	89.48	89.13	89.30	88.95	2.00	2.30
2—3	140	52.43	400	0.001 6	0.67	0.60	0.24	0.22	91.25	91.20	89.13	88.91	88.89	88.67	2.30	2.53
3—4	220	56.44	450	0.001 8	0.71	0.50	0.23	0.40	91.20	91.10	88.91	88.51	88.68	88.28	2.52	2.82
4—5	290	104.94	500	0.001 6	0.78	0.65	0.33	0.46	91.10	91.00	88.51	88.05	88.18	87.72	2.92	3.28
5—6	210	113.23	500	0.001 8	0.84	0.65	0.33	0.38	91.00	90.90	88.05	87.67	87.72	87.34	3.28	3.56
6—7	170	128.51	550	0.001 8	0.86	0.60	0.33	0.31	90.90	90.85	87.67	87.36	87.34	87.03	3.56	3.82

首先将管段编号、长度、设计流量、上下端地面标高等已知数据分别填入表 7.12 第 1、2、3、10、11 各列。确定管段起点埋深，节点 1 的埋深为 2.0 m，将起点埋深填入表 7.10 中第 16 列，同时计算出起点管内底标高，填入表 7.10 中第 14 列。同时，可计算出地面坡度（$地面坡度=\frac{地面高差}{距离}$）以作为选取管道坡度的参考。确定管段的管径、设计

流速、设计坡度，以及设计充满度。

A. 进行管段1—2的水力计算。根据本例所给的数据，由于管段的地面坡度较小，节点1起点埋深较大，在后续的管段设计时宜尽可能减小埋设深度；管段1—2设计流量为$Q_{1-2}=30$ L/s，可以先采用最小管径300 mm，采用查水力计算图，当$D=300$ mm时，采用最大充满度$h/D=0.55$，则流速$v=0.75$ m/s，坡度$I=0.0033$；而当采用$D=350$ mm时，若取最小设计流速$v=0.6$ m/s，则充满度$h/D=0.57$，坡度$I=0.0018$，若取充满度$h/D=0.50$，则设计流速$v=0.62$ m/s，坡度$I=0.002$。经对比，选择管段的参数为$D=350$ mm，$h/D=0.50$，$v=0.62$ m/s，$I=0.002$，计算符合规范要求，因此将数据对应填入表7.10中。

通常随着设计流量的增加，下一个管段的管径一般会增大一级或两级（50 mm为一级），或者管径保持不变，这样便可根据流量的变化确定管径，然后根据设计流速随着设计流量的增大逐段增大或保持不变的规律设计流速。根据Q和v即可在确定D的水力计算图/表中查出相应的h/D和I值，选择符合设计规范的结果填入表中。在此计算方法中，往往存在一个试算过程，需要对不同条件下的计算结果进行对比。

根据管径和充满度计算水深、上端水面标高，根据坡度和管长计算管段降落量、下端水面标高、下端管内底标高、下端管道埋深，计算结果分别填入表7.10中第8、12、9、13、15和17列。

B. 进行管段2—3的水力计算。管段2—3可继续选择同一级管径或大一级管径，采用查水力计算图的方法，当$D=350$ mm时，采用最大充满度$h/D=0.65$，则流速$v=0.79$ m/s，坡度$I=0.0026$；而当采用$D=400$ mm时，若取充满度$h/D=0.65$，则设计流速$v=0.61$ m/s，坡度$I=0.0013$，若取充满度$h/D=0.60$，则设计流速$v=0.67$ m/s，坡度$I=0.0016$。经对比，选择管段的参数为$D=400$ mm，$h/D=0.60$，$v=0.67$ m/s，$I=0.0016$，计算符合规范要求，因此将数据对应填入表7.10中。

由于管段1—2与管段2—3管径不同，因此采用管顶平接，即管段2—3的起点管顶标高与管段1—2终点管顶标高相等。根据管径和充满度计算水深、管段2—3的上端管内底标高，填入表7.10中第12列。

将上端水面标高、管段降落量、下端水面标高、下端管内底标高、下端管道埋深的计算结果分别填入表7.10中第8、12、9、13、15和17列。

C. 依照此方法继续进行计算，直到完成表7.10中所有项目，则水力计算完成。最后得到污水管网总出水口及节点7处的管道埋深。

（5）绘制管道平面图和纵剖面图。在进行设计计算后，将计算所得的管径、坡度等数据标注在图中，即得到本例题管道平面布置的初步设计图。污水管道的平面图和纵剖面图绘制方法将在下节详细讲述。

7.4 污水管道平面图和纵剖面图的绘制

污水管网的平面图和纵剖面图是污水管网设计的主要图纸。根据设计阶段的不同，图纸表现的深度亦有所不同。初步设计阶段的管道平面图就是管道总体布置图。通常采用比例尺1∶5 000～1∶10 000，图上有地形、地物、河流、风玫瑰或指南针等。已有和设计的污水管道用粗线条表示，在管线上画出设计管段起讫点的检查井并编上号码，标出各设计管段的服务面积，可能设置的中途泵站、倒虹管及其他的特殊构筑物，污水处理厂、出口等。初步设计的管道平面图中还应将主干管各个设计管段的长度、管径和坡度在图上标明。此外，图上应有管道的主要工程项目表和说明。

施工图阶段的管道平面图比例尺常用1∶1 000～1∶5 000，图上内容基本同初步设计，而要求更为详细确切。要求标明检查井的准确位置及污水管道与其他地下管线或构筑物交叉点的具体位置、高程，居住区街坊连接管或工厂废水排出管接入污水干管或主干管的准确位置和高程。图上还应有图例、主要工程项目表和施工说明。

污水管道的纵剖面图反映管道沿线的高程位置，它是和平面图相对应的，图上用单线条表示原地面高程线和设计地面高程线，用双竖线表示检查井，图中还应标出沿线支管接入处的位置、管径、高程，与其他地下管线、构筑物或障碍物交叉点的位置和高程，沿线地质钻孔位置和地质情况，等等。在剖面图的下方有一表格，表格中列有检查井号、管道长度、管径、坡度、地面高程、管内底高程、埋深、管道材料、接口形式和基础类型等。有时也将流量、流速、充满度等数据标明。采用比例尺，一般横向为1∶500～1∶2 000，纵向1∶50～1∶200，对工程量较小，地形、地物较简单的污水管网，亦可不绘制纵剖面图，只需要将管道的直径、坡度、长度、检查井的高程以及交叉点等注明在平面图上即可。

【例7－3】为初步设计，根据计算结果可得到主干管纵剖面图，如图7.7所示。

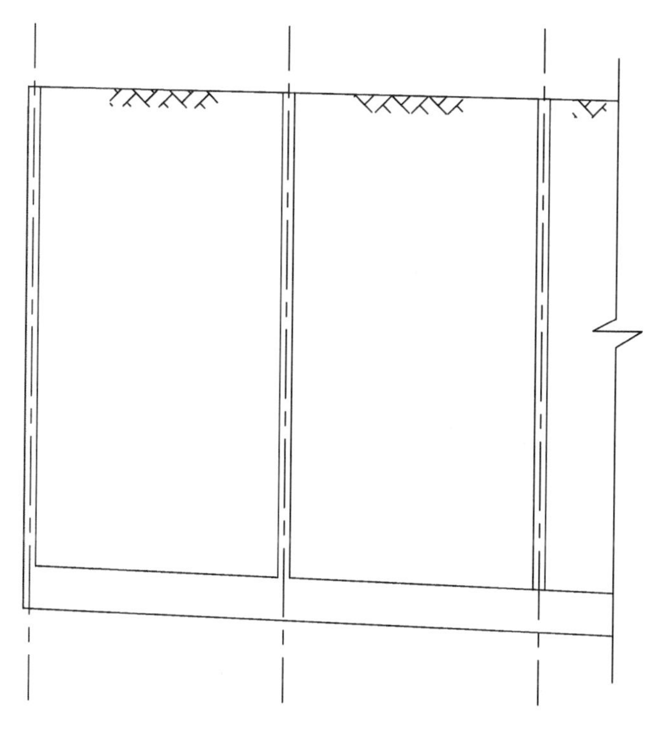

图7.7　主干管纵剖面

• 7.5 污水管道处理

长期以来，排水管网仅作为输送污水的管道设施，工程设计时按照水力条件要求的原则进行设计。然而，在排水管道中普遍存在的状态是可以用于对污水进行部分处理的。长期的观察和研究表明，污水管网不仅可以实现输送污水的目的，还应该考虑到对污水处理的可能性。因此，排水管道内的水质变化和水质净化机理和过程应该看作对传统污水末端处理的一种替代或补充方式，或者作为污水收集后的源头控制方法。如果合理地进行设计和运行，不仅可以减少污水处理设施建设和运行开支，而且能够产生良好的经济效益和环境效益。

1. 污水管道中的水质转化过程

污水管道就如一个推流式反应器，污水在其中停留时间有可能等于或超过在污水处理厂的停留时间。即使没有专门的针对水质的功能设计，在污水管道中同样发生着诸多的水质转变过程，具体如下：

（1）物理过程。污水管道中存在着复杂的颗粒物质运动过程，除具有沉淀物的输送特征外，还包括有机颗粒的降解、混合、絮凝、凝聚和紊流搅拌。

（2）化学过程。化学过程包括污水中各种物质的溶解、沉降和水解等过程。

（3）生化过程。悬浮的微生物和管壁上的生物膜与污水中的可生物降解的物质发生反应，水解难生物降解的物质，并氧化易生物降解的物质。

有文献数据表明，在自然状态条件下，充气性能良好的重力输水污水管道中，污水经过 4 h 的停留时间后，水中 BOD 从 192 mg/L 减少到 141 mg/L，减少 27%；通过检测一个通风和充气良好的污水管道系统，发现污水中 COD 减少了 20%，折合每千米污水管道能够去除 3% 的溶解性 COD，而污水中的总 COD 去除率稍低；有文献评估，假如人均拥有污水管道长度 3 ～ 10 m，污水中绝大部分的有机物质在到达污水处理厂之前可能已经被氧化而去除。

上述发现已经多次通过反应器实验和管道实验研究得以证实，甚至得到了更高的去除效果。研究和开发污水管道系统中的污水处理技术，通过积极地创造有利于管道中污水净化的条件，将使污水管道发挥污水净化的功能。

2. 管道污水处理方法

最可行的管道污水处理过程是好氧生物处理，可以采用三种措施来提高管道污水处理的效率，包括向管道中补充空气或氧气、增加污水中附着的生物量和接种新鲜的污水（活性污泥）。

在重力流污水管道中，氧气从空气中转移到污水中。在一些小的管道中，这种自然的充气足以保持污水的好氧环境。然而，在一些大型污水管道中，由于管道中污水流动的速度梯度较小，限制了水中氧气量的增加和污水中微生物的生长。通过加强管道中的紊流剧烈程度，可以提高污水表面的充气量，增强微生物的活性。可通过提高平均流速、采用跌水管或其他措施达到充氧效果。

在污水管道中人工注入空气或氧气，可以强化可生物降解物质的氧化速率。有实验表明，在污水管道中注入空气，可以控制硫化物的产生，同时发现污水中的 BOD 浓度降低了 44%，污水在管道中流经时间达到 6 ～ 7 h 后，总 BOD 和溶解性 BOD 各自降低了 30% ～ 55% 和 30% ～ 75%，如果采用纯氧充气，可以得到更高的 BOD 去除率。

在污水管道中，水中悬浮和管壁黏附的微生物同样具有重要的污水净化作用，其作用的大小取决于生物膜的面积与污水体积的比率。生物膜在小管道中发挥更重要的作用。在重力流污水管道系统中，通过增加表面积的方法，可以为生物膜的生长提供更有利的条件，但这样做的主要问题是可能增加输水系统的水头损失。

在压力流污水管道中，污水可能处在厌氧的环境条件下，生物降解速率较慢，与重力流系统比较，生物膜发挥了更为重要的作用，同时可以增加污水中污染物质的整体转化率。

在长距离输送的排水管道起端，建造小型的活性污泥厂或相同设施，人为地增加排水管道中的活性污泥，以增加水流中的微生物浓度，从而强化物质转化过程。也可以将污水处理厂中的污泥循环到排水管道的起端和中段，将污水管道作为一个分段投料式的活性污泥反应器，实验室模拟实验表明，溶解性 COD 的去除效率可高达 80% ～ 90%。

近 30 年来，利用污水管道作为污水处理系统或者作为部分处理的理念，一直在进行学术性讨论和研究，只在有限的程度内付诸试验性应用实践。但是，在污水管网设计和运行管理中，污水管道处理将受到高度重视，具有很高的专业科学价值和应用前景。

第8章　雨水管渠设计和计算

降雨是一种水文过程，降雨的时间和降雨量大小具有一定的随机性，同时又服从一定的统计规律。一般，越大的暴雨出现的概率越小。我国地域宽广，气候差异很大，长江以南地区的雨量充沛，年平均降雨量可高达1 000 mm以上，降雨绝大部分集中在夏季；北方少雨干旱，西北内陆地区年平均降雨量甚至低于200 mm。因此，不同地区的城市排水系统的设计要根据地区的降雨特点和规律，合理设计雨水管渠系统的排水能力。正确计算雨水系统排水量，经济合理地设计雨水管渠系统，对于及时汇集和排除暴雨形成的地面径流，保障人们的生命安全和维持正常生产生活秩序具有非常重要的意义和价值。

雨水管渠系统是有雨水口、雨水管渠、检查井、出水口等构筑物所组成的一整套工程设施。雨水管渠设计的主要内容包括：

（1）确定城市（地区）暴雨强度公式。

（2）划分流水流域，进行雨水管渠的定线，确定可能设置的调节池、泵站位置。

（3）根据当地水文地理条件，工程要求等确定设计参数。

（4）计算设计流量和进行水力计算，确定雨水管段的断面尺寸、坡度、管底标高及埋深。

（5）绘制管渠平面图及纵剖面图。

8.1　雨量分析与雨量公式

我国地域广阔，气候差异大，年降雨量分布很不均匀，大体上从东南沿海的年平均1 600 mm向西北内陆递减至200 mm以下。长江以南地区，雨量充沛，年降雨量均在1 000 mm以上。这些地区的全年雨水总量在同一面积上和全年的生活污水总量相近，而沿地面流入雨水管渠的雨水径流量仅约为降雨量的一半。但是全年雨水的绝大部分多集中在夏季降落，且常为大雨或暴雨，从而在极短时间内形成大量的地面径流，若不能及时地进行排除，便会造成巨大的危害。

雨水管渠系统是由雨水口、雨水管渠、检查井、出水口等构筑物所组成的一整套工程设施。雨水管渠系统的任务就是及时地汇集并排除暴雨形成的地面径流，防止城市居住区与工业企业受淹，以保护城市人民的生命安全和生活生产的正常秩序。

在雨水管渠系统设计中，管渠是主要的组成部分，所以合理而又经济地进行雨水管渠的设计具有很重要的意义。

任何一场暴雨都可用自记雨量计记录降雨过程中的两个基本数值：降雨量和降雨历时。雨量分析的目的是通过对降雨过程的多年资料（一般 10 年以上）进行统计和分析来找出暴雨特征的降雨历时、暴雨强度与降雨重现期之间的相互关系，作为雨水管渠设计的依据。

8.1.1　雨量分析的几个要素

1. 降雨量

降雨量是指降雨的绝对量，即降雨深度，用 H 表示，单位为 mm。也可用单位面积上的降雨体积（L/hm^2）表示。在研究降雨量时，很少以一场雨为对象，而常以时间单位表示，例如，年平均降雨量指多年观测所得的各年降雨量的平均值，月平均降雨量指多年观测所得的各月降雨量的平均值，年最大降雨量指多年观测所得的一年中降雨量最大一日的绝对值。

2. 降雨历时

降雨历时是指连续降雨的时段，可以指一场雨的全部降雨时间，也可以指其中个别的连续时间，用 t 表示，以 min 或 h 计，从自记雨量记录纸上读得。

3. 暴雨强度

暴雨强度是指某一连续降雨时段内的平均降雨量，即单位时间的平均降雨深度，用 i（mm/min）表示：

$$i = \frac{H}{t} \tag{8.1}$$

在工程上，常用单位时间内单位面积上的降雨体积 q [$L/(s \cdot hm^2)$] 表示暴雨强度。q 与 i 之间的换算关系是将每分钟的降雨深度换算成每公顷面积每秒内的降雨体积，即：

$$q = \frac{10\,000 \times 1\,000 i}{1\,000 \times 60} = 167i \tag{8.2}$$

式中：q——暴雨强度 [$L/(s \cdot hm^2)$]；

167——换算系数。

暴雨强度是描述暴雨特征的重要指标，也是决定雨水设计流量的主要因素，因此有必要研究暴雨强度与降雨历时之间的关系。在一场暴雨中，暴雨强度是随降雨历时变化的。若所取历时长，则与这个历时对应的暴雨强度将小于短历时对应的暴雨强度。在推求暴雨强度公式时，降雨历时常采用 5 min、10 min、15 min、20 min、30 min、45 min、60 min、90 min、120 min 共 9 个时段。另外，自记雨量曲线实际上是降雨量累积曲线。曲线上任一点的斜率表示降雨过程中任一瞬时的强度，称为瞬时暴雨强度。曲线上各点的斜率是变化的，表明暴雨强度是变化的。曲线越陡，暴雨强度越大。因此，在分析暴雨资料时，必须选用对应各降雨历时的最陡的那段曲线，即最大降雨量。但由于在各降雨历时内每个时刻的暴雨强度也是不同的，因此计算出的各历时的暴雨强度称为最大平均暴雨强度。

4. 降雨面积和汇水面积

降雨面积是指降雨所笼罩的面积，汇水面积是指雨水管渠汇集雨水的面积。用 F 表示汇水面积，以 hm^2 或 km^2为单位。

任何一场暴雨在降雨面积上个点的各点的暴雨强度是不相等的，就是说，降雨是非均匀分布的。但城镇或工厂的雨水管渠或排洪沟汇水面积较小，一般小于 100 km^2，最远点的集水时间不超过 120 min。在这种小汇水面积上降雨不均匀分布的影响较小。因此，可假定降雨在整个小汇水面积内是均匀分布，即在降雨面积内各点的 i 相等。从而可以认为，雨量计所测得的点雨量资料可以代表整个小汇水面积的面雨量资料，即不考虑降雨在面积上的不均匀性。

5. **暴雨强度频率**

对应于特定降雨历时的暴雨强度服从一定的统计规律，可以通过长期的观测数据计算某个特定的降雨历时的暴雨强度出现的经验频率，简称暴雨强度频率。

经验频率的计算公式有多种，常用均值公式或数学期望公式：

$$F_m = \frac{m}{n+1} \tag{8.3}$$

式中：n——降雨量统计数据总个数；

m——将所有数据从大到小排序之后，某个具有一定大小的数据的序号；

F_m——相应于第 m 个数据的暴雨时间出现的频率，常用百分比表示，用于近似地表达暴雨强度大于等于第 m 个数据的暴雨时间出现的概率，显然，参与统计的数据越多，这种近似性表示就越精确。

根据以上定义可知，当对应于特定降雨历时的暴雨强度的频率越小时，该暴雨强度的值就越大。

当每年只取一个代表性数据组成统计序列时，n 为资料年数，求出的频率值称为年频率；而当每年取多个数据组成统计序列时，n 为数据总个数，求出的频率值称为次（数）频率。年频率和次（数）频率统称为经验频率，并统一以 F_m表示，计算公式如下：

$$F_m = \frac{mM}{nM+1} \tag{8.4}$$

式中：M——每年选取的雨样数。

在坐标纸上以经验频率为横坐标，暴雨强度为纵坐标，按数据点的分布绘出的曲线，称为经验频率曲线。

6. **暴雨强度重现期**

工程上常用比较容易理解的“重现期”来代替频率这一抽象名词。重现期的定义是指在多次的观测中，事件数据值大于等于某个设定值重复出现的平均间隔年数，单位为年（a）。

重现期 P 与频率互为倒数，重现期与经验频率之间的关系可由下式表示：

$$P = \frac{1}{F_m} \tag{8.5}$$

式中：P——暴雨强度重现期（a）。

需要指出，重现期是从统计平均的概念引出的。某一暴雨强度的重现期等于 P，并不是说大于等于暴雨强度的降雨每隔 P 年就会发生一次。P 年重现期是指在相当长的一个时间序列（远远大于 P 年）中，大于等于该指标的数据平均出现的可能性为 $1/P$，而且这种可能性对于这个时间序列中的每一年都是一样的，发生大于等于该暴雨强度的事件在时间序列中的分布也并不是均匀的。对于某一个具体的厂年时间段而言，大于等于该强度的暴雨可能出现一次，也可能出现数次或根本不出现。重现期越大，降雨强度越大，如图 8.1 所示。

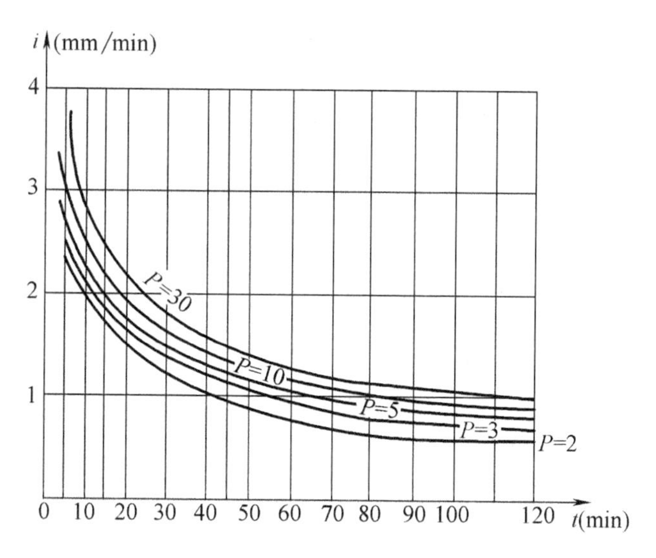

图 8.1　降雨强度、降雨历时和重现期的关系

若在雨水排水系统的计算中使用较高的设计重现期，则计算的设计排水量就较大，排水管网系统设计规模相应增大，排水顺畅，但该排水系统的建设投资就比较高；反之，则投资较小，但安全性差。确定设计重现期的因素主要有排水区域的重要性、功能（如广场、干道、工厂或居住区）、淹没后果严重性、地形特点和汇水面积的大小等。在一般情况下，低洼地段采用的设计重现期大于高地；干管采用的设计重现期大于支管；工业区采用的设计重现期大于居住区；市区采用的设计重现期大于郊区。

《室外排水设计标准》（GB 50014—2021）规定，雨水管渠设计重现期，应根据汇水地区性质、城镇类型、地形特点和气候特征等因素，经技术经济比较后按表 8.2 的规定取值。

表 8.2　雨水管渠设计重现期

单位：年

城镇类型	城区类型			
	中心城区	非中心城市	中心城区的重要地区	中心城区地下通道和下沉式广场等
超大城市和特大城市	3 ～ 5	2 ～ 3	5 ～ 10	30 ～ 50
大城市	2 ～ 5	2 ～ 3	5 ～ 10	20 ～ 30
中等城市和小城市	2 ～ 3	2 ～ 3	3 ～ 5	10 ～ 20

说明：1. 表中所列设计重现期适用于采用年最大值法确定的暴雨强度公式。

2. 雨水管渠按重力流、满管流计算。

3. 超大城市指城区常住人口在 1 000 万人以上的城市；特大城市指城区常住人口在 500 万人以上 1 000 万人以下的城市；大城市指城区常住人口在 100 万人以上 500 万人以下的城市；中等城市指城区常住人口在 50 万人以上 100 万人以下的城市；小城市指城区常住人口在 50 万人以下的城市（以上包括本数，以下不包括本数）。

8.1.2 暴雨强度公式

根据数理统计理论，暴雨强度 q（或 i）与降雨历时 t 和重现期 P 之间的关系，可以用一个经验函数表示，称为暴雨强度公式。其函数形式可以有多种。根据不同地区的适用情况，可以采用不同的公式。《室外排水设计标准》（GB 50014—2021）中规定的暴雨强度公式的形式为：

$$q = \frac{167A_1(1 + C\lg P)}{(t + b)^n} \tag{8.6}$$

式中：q——设计暴雨强度 $[\mathrm{L/(s \cdot hm^2)}]$；

t——降雨历时（min）；

P——设计重现期（a）；

A_1，C，n，b——待定参数。

该式也可用单位时间的降雨深度表示：

$$i = \frac{A_1(1 + C\lg P)}{(t + b)^n} \tag{8.7}$$

式中：i——设计暴雨强度（mm/min）；

t，P，A_1，C，n，b——意义同式(8.6)。

在具有10年以上自动雨量记录的地区，暴雨强度公式中的待定参数可按以下步骤，用统计方法进行计算确定。而在自动雨量记录不足10年的地区，可参照附近气象条件相似地区的资料采用。

（1）计算降雨历时分别采用5 min、10 min、15 min、20 min、30 min、45 min、60 min、90 min、120 min、150 min、180 min共11个历时。计算降雨重现期一般按0.25年、0.33年、0.5年、1年、2年、3年、5年、10年、20年、30年统计。

（2）取样方法可采用年最大值法或年多个样法。年最大值法为每年每个历时选取一个最大值按大小排序作为基础资料；年多个样法为在每年的每个历时选择6～8个最大值，然后不论年次，将每个历时的子样数据按大小次序排列，再从中选择资料年数的3～4倍的数目的最大值，作为统计的基础资料。具有20年以上自动雨量记录的地区，排水系统设计暴雨强度公式应采用年最大值法。在编制暴雨强度公式时，采用年最大值法取样的重现期用 F_m 表示，采用非年最大值法取样的重现期用 T_E 表示，以示区别。

（3）所选取的各降雨历时的数据一般应采用频率曲线加以调整。根据确定的频率曲线，得出重现期、暴雨强度和降雨历时三者之间的关系。

（4）根据 P、i、t 关系值求解 A_1、C、b 和 n 各个参数。可用解析法或图解法等方法进行。

（5）计算抽样误差和暴雨公式均方差。一般按绝对均方差计算，也可辅以相对均方差计算。当计算重现期在2～30年范围内时，平均绝对均方差不宜大于0.05 mm/min。在较大降雨强度的地方，平均相对均方差不宜大于5%。

我国部分大城市的暴雨强度公式见表8.3，其他主要城市的暴雨强度公式可参见《给水排水设计手册》（第二版）第5分册或各地官方发布的最新暴雨强度公式。

表 8.3　我国部分大城市的暴雨强度公式表

序号	城市名称	暴雨强度公式	资料年数
1	北京	$q=\dfrac{2\,001(1+0.811\lg P)}{(t+8)^{0.711}}$	68
2	上海	$i=\dfrac{9.45(1+6.7932\lg T_E)}{(t+5.54)^{0.6514}}$	55
3	天津	$q=\dfrac{3\,833.34(1+0.85\lg P)}{(t+17)^{0.85}}$	50
4	南京	$q=\dfrac{2\,989.3(1+0.671\lg P)}{(t+13.3)^{0.8}}$	40
5	杭州	$i=\dfrac{20.12(1+0.639\lg P)}{(t+11.945)^{0.825}}$	37
6	广州	$q=\dfrac{2\,424.17(1+0.533\lg T)}{(t+11)^{0.668}}$	31
7	成都	$q=\dfrac{2\,806(1+0.803\lg P)}{(t+12.8P^{0.231})^{0.768}}$	17
8	昆明	$i=\dfrac{8.918+6.183\lg T_E}{(t+10.247)^{0.649}}$	16
9	西安	$i=\dfrac{6.041(1+1.475\lg T_E)}{(t+14.72)^{0.704}}$	40
10	哈尔滨	$q=\dfrac{2\,989.3(1+0.95\lg P)}{(t+11.77)^{0.88}}$	34

注：本表中北京市的暴雨强度公式仅适用于 $t\leqslant120$ min 和 $P\leqslant10$ a 的条件，其他条件的暴雨公式另行查阅。

8.2　雨水管渠设计流量的确定

雨水设计流量是确定雨水管渠断面尺寸的重要依据。城镇和工厂中排除雨水的管渠因为汇水面积较小，所以可采用小汇水面积上其他排水构筑物计算设计流量的推理公式来计算雨水管渠的设计流量。

8.2.1　雨水管渠设计流量计算公式

雨水设计流量按以下推理公式计算：

$$Q=\psi qF \tag{8.8}$$

式中：Q——雨水设计流量（L/s）；

ψ——综合径流系数，其数值小于1；

F——汇水面积（hm^2）；

q——设计暴雨强度［$L/(s \cdot hm^2)$］。

当有生产废水排入雨水管渠时，应将其水量计算在内。

城市及工业区雨水管道的汇水面积比较小，可以不考虑降雨面积的影响。关键问题在于降雨强度和降雨历时两者的关系。也就是要在较小面积内，采用降雨强度 q 和降雨历时 t 都是尽量大的降雨，作为雨水管道的设计流量。在设计中采用的降雨历时等于汇水面积最远点雨水流达集流点的集流时间，因此，设计暴雨强度 q、降雨历时 t、汇水面积 F 都是相应的极限值，这便是雨水管道设计的极限强度理论。根据这个理论来确定设计流量的最大值，作为雨水管道设计的依据。

极限强度法原理如下：承认降雨强度随降雨历时的增长而减小的规律性，同时认为汇水面积的增长与降雨历时成正比，而且汇水面积随降雨历时的增长较降雨强度随降雨历时增长而减小的速度更快。因此，如果降雨历时 t 小于流域的集流时间 τ，显然只有一部分面积参与径流，根据面积增长较降雨强度减小的速度更快，得出的雨水径流量小于最大径流量。如果降雨历时 t 大于集流时间 τ，流域全部面积已参与汇流，面积不能再增长，而降雨强度则随降雨历时的增长而减小，径流量也随之由最大逐渐减小。因此，只有当降雨历时 t 等于集流时间 τ 时，全面积参与径流，产生最大径流量。也就是说，雨水管渠的设计流量可用全部汇水面积 F 乘以流域的集流时间 τ 时的暴雨强度 q 及地面平均径流系数 ψ（假定全流域汇水面积采用同一径流系数）得到。

根据以上分析，得到极限强度理论的两点内容：①当汇水面积上最远点的雨水流达集流点时，全面积产生汇流，雨水管道的设计流量最大；②当降雨历时等于汇水面积上最远点的雨水流达集流点的集流时间时，雨水管道需要排除的雨水量最大。

如图8.2所示，区域1、2、3为相邻的区域，设面积 $F_1=F_2=F_3$，雨水从各区域最远点分别流入设计管段 AB、BC、CD 所需的集水时间均为 τ，管段 AB 和管段 BC 内雨水流动时间分别是 t_{A-B}、t_{B-C}。假设径流系数 $\psi=1$，汇水面积随降雨历时的增加而均匀增加，降雨历时大于或等于汇水区域最远点的雨水流至设计断面的给水时间 τ，则管段 AB、BC、CD 的设计流量 Q_1、Q_2、Q_3分别为：

$$Q_1=\frac{167A_1(1+C\lg P)}{(\tau+b)^n}F_1 \tag{8.9}$$

当集流时间为 τ 时，F_1全部面积的雨水均已到达点 A，管段 AB 的雨水流量为最大值。

$$Q_2=\frac{167A_1(1+C\lg P)}{(T+t_{A-B}+b)^n}(F_1+F_2) \tag{8.10}$$

当集流时间为 $\tau+t_{A-B}$时，F_1和 F_2全部面积的雨水均已到达点 B，管段 BC 的雨水流量为最大值。

$$Q_3=\frac{167A_1(1+C\lg P)}{(T+t_{A-B}+t_{B-C}+b)^n}(F_1+F_2+F_3) \tag{8.11}$$

当集流时间为 $\tau+t_{A-B}+t_{B-C}$时，F_1、F_2和 F_3全部面积的雨水均已到达点 C，管段 CD 的雨水流量为最大值。

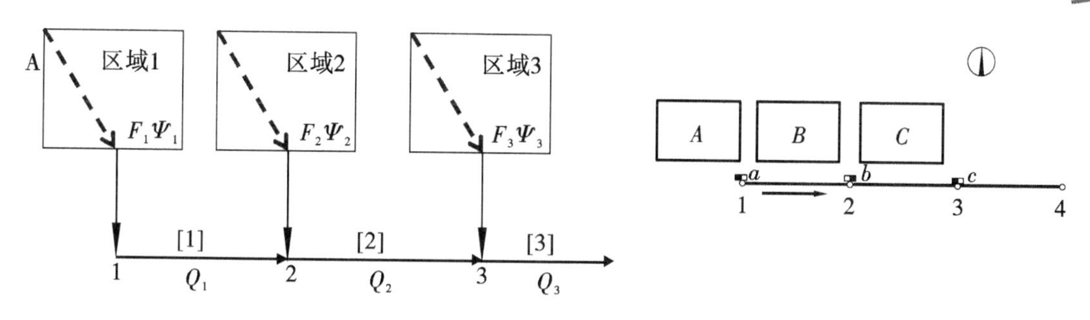

图 8.2　雨水管段流量 Q 和流经时间计算

要注意的是，随着计算管段数量的增加，集水面积不断增大，但降雨强度逐渐减小，有可能会出现管道系统中的下游管段设计计算流量小于其上游管段的计算流量的结果，这时应设定下游管段计算流量等于其上游管段计算流量。

8.2.2　地面径流与径流系数 ψ 的确定

降落在地面上的雨水在沿地面流动的过程中，一部分雨水被地面上的植物、洼地、土壤或地面缝隙截留，剩余的雨水在地面上沿地面坡度流动，称为地面径流。地面径流的流量称为雨水地面径流量。雨水管渠系统的功能就是排除雨水地面径流量。地面径流量与总降雨量的比值称为径流系数 ψ，径流系数常小于 1。若雨水管渠的汇水面积较小，在整个汇水面积上能产生全面积的径流，则称为完全径流。

降雨刚发生时，有部分雨水会被植被截留，而且地面比较干燥，雨水渗入地面的渗水量比较大，开始时的降雨量小于地面渗水量，雨水被地面全部吸收。随着降雨时间的增长和雨量的加大，降雨量大于地面渗水量后，降雨量与地面渗水量的差值称为余水，在地面开始积水并产生地面径流。单位时间内的地面渗水量和余水量分别称为入渗率和余水率。在降雨强度增至最大时，相应产生的地面径流也最大。

径流系数的值与汇水面积的地形地貌、地面坡度、地面覆盖情况、建筑密度、道路铺砌情况、降雨历时、暴雨强度以及暴雨雨型等有关。当地面材料透水率较小、植被较少、地形坡度大的时候，径流系数较大。如降雨历时较长，由于地面渗透损失减少，径流系数就大些。暴雨强度大，则流入雨水管渠的相对水量增加导致径流系数增大。对于最大强度发生在降雨初期的雨型，降雨初期的径流系数值也大。

目前，在雨水管渠的设计中，通常按地面材料性质确定径流系数的经验数值。人们以各种不同材料覆盖的小块场地，用自然降雨或人工降雨进行试验，实测和计算径流系数。实验中，一般不考虑植物截留和洼地积水的影响，但往往包括地面的初期渗透。《室外排水设计标准》（GB 5014—2021）中有关径流系数的取值规定见表 8.4。

表 8.4　不同地面类型的径流系数

地面种类	径流系数 ψ
各种屋面、混凝土或沥青路面	0.85 ～ 0.95
大块石铺砌路面或沥青表面各种的碎石路面	0.55 ～ 0.65
级配碎石路面	0.40 ～ 0.50

续上表

地面种类	径流系数 ψ
干砌砖块或碎石路面	0.35 ～ 0.40
非铺砌土地面	0.25 ～ 0.35
公园或绿地	0.10 ～ 0.20

若汇水面积由径流系数不同的地面组合而成，则整个汇水面积上的平均径流系数、值可按各类地面的面积用加权平均法计算：

$$\psi_{av} = \frac{\sum \psi_i F_i}{F} \tag{8.12}$$

式中：F_i——雨水设计流量（L/s）；

ψ_i——径流系数，其数值小于 1；

F——汇水面积（hm^2）。

为了简化计算，实际工程中，常采用区域综合径流系数（也称为流域径流系数）来代替。一般情况下，城市市区的综合径流系数取值为 0.5 ～ 0.8，城市郊区的综合径流系数取值为 0.4 ～ 0.6。随着城市化的进程，不透水面积相应增加，为适应这种变化对径流系数产生的影响，设计时径流系数 ψ 可取较大值。

《室外排水设计标准》（GB 50014—2021）规定的综合径流系数见表 8.5。

表 8.5　区域综合径流系数

区域情况	综合径流系数 ψ
城镇建筑密集区	0.60 ～ 0.70
城镇建筑较密集区	0.45 ～ 0.60
城镇建筑稀疏区	0.20 ～ 0.45

8.2.3　设计重现期 P 的确定

从暴雨强度公式可知，暴雨强度随着重现期的不同而不同。在雨水管渠设计中，若选用较高的设计重现期，计算所得设计暴雨强度大，相应的雨水设计流量大，管渠的断面相应大。这对防止地面积水是有利的，安全性高，但经济上则因管渠设计断面的增大而增加了工程造价；若选用较低的设计重现期，管渠断面可相应减小，这样虽然可以降低工程造价，但可能会经常发生排水不畅、地面积水而影响交通，甚至给人们的生活及工业生产造成危害。因此，必须结合我国国情，从技术和经济方面统一考虑。

雨水管渠设计重现期的选用，应根据汇水面积的地区建设性质（广场、干道、厂区、居住区）、地形特点、汇水面积和气象特点等因素确定，一般选用 0.5 ～ 3 a，对于重要干道、立交道路的重要部分、重要地区或短期积水即能引起较严重损失的地区，宜采用较高的设计重现期，一般选用 2 ～ 5 a，并且要预道路设计相协调。对于特别重要的地区可酌情增加，而且在同一排水系统中也可采用相同或不同的设计重现期。

雨水管渠设计重现期规定的选用范围，是根据我国各地目前实际采用的数据，经归纳综合后确定的。我国地域辽阔，各地气候、地形条件及排水设施差异较大。因此，在选用雨水管渠的设计重现期时，必须根据当地的具体条件合理选用。我国部分城市采用的雨水管渠的设计重现期见表 8.6，可供参考。

表 8.6　国内各城市采用的重现期

城市	重现期（a）	城市	重现期（a）
北京	一般地区 0.33 ～ 1，重要地区 1 ～ 10	成都	1
上海	市区 0.5 ～ 1，工业区 1 ～ 5	重庆	3 ～ 5
无锡	0.33 ～ 1	武汉	1
常州	1	济南	1
南京	0.5 ～ 1	天津	1
杭州	0.33 ～ 1	齐齐哈尔	0.33 ～ 1
宁波	0.5 ～ 1	哈尔滨	0.5 ～ 1
广州	1 ～ 2，主要地区 2 ～ 20	吉林	1
长沙	0.5 ～ 1	长春	0.5 ～ 2
通辽	0.5	西安	1 ～ 3
鞍山	0.5	保定	1 ～ 2
兰州	0.5 ～ 1	昆明	0.5
唐山	1	贵阳	3

8.2.4　集水时间 t 的确定

集水时间指雨水从汇水面积上的最远点流到设计的管道断面所需要的时间，记为 t，常用单位为 min。

对于雨水管道始端的管道断面，上述集水时间指地面集水时间，就是雨水从汇水面积上的最远点流到位于雨水管道起始端点第一个雨水口所需的地面流动时间。

对于雨水管道中的任一设计断面，集水时间 t 由地面集水时间 t_1（min）和雨水在管道中流到该设计断面所需的流动时间 t_2（min）组成，用下式表示：

$$t = t_1 + mt_2 \tag{8.13}$$

$$t_2 = \sum \frac{L_i}{60v_i} \tag{8.14}$$

式中：m——折减系数或容积利用系数；

L_i——设计断面上游各管道的长度（m）；

v_i——上游各管道中的设计流速（m/s）。

地面集水时间 t_1 视汇水距离地形坡度和地面覆盖情况而定，一般采用 5 ～ 15 min。集水时间一般由三个部分组成，分别为屋面点沿屋面经屋檐到地面散水坡的时间、散水坡沿地面坡度流入附近到路边沟的时间，以及沿路边沟到雨水口的时间。

按照经验，一般对在建筑密度较大、地形较陡、雨水口分布较密的地区或街区内设置的雨水暗管，宜采用较小的 t_1 值，可取 t_1 为 5 ～ 8 min。而在建筑密度较小、汇水面积较大、地形较平坦、雨水口布置较稀疏的地区，宜采用较大值，一般可取 t_1 为 10 ～ 15 min。起点井上游地面流动距离以不超过 150 m 为宜。在不同的地面覆盖条件、地面坡度和地区降雨量分布条件下，要恰当地选定 t_1 的值。

引进折减系数 m 是因为实际雨水管道中的水流并非一直处于满流状态，各管段中的最大设计流量不会同时出现，管段中的水流会随着降雨历时的增长才能逐渐形成满流，流速也逐渐增大到设计流速。当在某一管道断面上达到洪峰流量时，该断面的上游管道可能处于非满管流状态，管道中的空间对水流可以起到缓冲和调蓄作用，使洪峰流量断面上的水流的水位升高，从而使上游的来水流动减缓。此外，一个设计管段上的汇集水量是沿该管段长度方向分散接入的，并非其上游节点的集中流量，在该管段的计算流量条件下，发生满管流的断面只可能出现在该管段的下游节点处，而发生满管流的断面的上游管道中的水流应是非满管流状态。实际雨水在管渠中的流动时间比按最大设计流量计算的流动时间大，经资料分析，一般采用大于 1（或 1.2）的系数乘以管内用满流状态算得的雨水流动时间 t_2。

以前我国在雨水管网工程设计中，普遍使用折减系数，地下暗管采用 $m=2$，明渠采用 $m=1.2$，陡坡地区暗道采用 m 为 1.2 ～ 2。但最新版《室外排水设计标准》（GB 50014—2021）规定 $m=1$，以提高雨水管渠系统的安全性，即

$$t = t_1 + t_2 \tag{8.15}$$

则对应集水时间 t 的暴雨强度公式为：

$$q = \frac{167A_1(1 + C\lg P)}{(t_1 + t_2 + b)^n} \tag{8.16}$$

式中：q——对应于降水历时 $t=t_1+t_2$ 的设计暴雨强度 [$L/(s \cdot hm^2)$]；

P——设计重现期（a）；

A_1，C，n，b——暴雨强度公式中的参数。

根据公式推理可得，管段的设计流量计算公式如下：

$$Q_i = \frac{167A_1(1 + C\lg P)}{(t_1 + t_{2i} + b)^n} \sum \psi_k F_k \tag{8.17}$$

式中：Q_i——管段 i 的设计流量（L/s）；

t_{2i}——管段 i 的计算径流时间（min）；

F_k、ψ_k——管段 i 上游各集水面积（hm^2）和径流系数。

其余符号同前。

8.2.5 特殊情况雨水设计流量的确定

1. 部分面积参与径流的雨水管渠流量计算

推理公式的基本假定只是近似的概括，实际上暴雨强度在受雨面积上的分布是不均匀的，它在面积上的分布情况与地形条件、汇水面积形状、降雨历时、降雨中心强度等因素有关。由于雨水管渠的汇水面积较小，地形地貌较为一致，故可按均匀情况计算。对于暴雨强度在时间上的分布，国内外大量的实测资料表明，暴雨强度的平均过程是先

小、继大、又小的过程，当降雨历时较短时，可近似地看作等强度的过程。当降雨历时较长时，按等强度过程考虑将会产生一定偏差。

径流面积的增长情况则取决于汇水面积形状和管线布置，一般把矩形的面积增长视为均匀增长。在实际计算中，为简化计算，常把那些面积增长虽不完全均匀，但还不是畸形的面积都当成径流面积均匀增长计算。因此，在一般情况下，按极限强度法计算雨水管渠的设计流量是合理的。但当汇水面积的轮廓形状很不规则，即汇水面积呈畸形增长时（包括几个相距较远的独立区域雨水的交汇），以及汇水面积地形坡度变化较大或汇水面积各部分径流系数有显著差异时，就可能发生管道的最大流量不是发生在全部面积参与径流时，而发生在部分面积参与径流时。在设计中也应注意这种特殊情况。这时，需要计算出各种可能存在的情况下的雨水设计流量，并取最大值。

现举例说明两个有一定距离的独立排水流域的雨水干管交汇处，最大设计流量计算的一种方法。

【例 8－1】有两个独立排水流域的雨水汇入同一条雨水干管，如图 8.3 所示，流域 1 的汇水面积为 F_A，流域 2 的汇水面积为 F_B，已知：①暴雨强度公式为 $q=\dfrac{2\,450(1+0.587\lg P)}{(t+10)^{0.65}}$，设计重现期 $P=1$ a。②径流系数 $\psi=0.5$。③$F_A=30\ \text{hm}^2$，$t_A=25$ min；$F_B=12\ \text{hm}^2$，$t_B=15$ min；雨水干管 A—B 的管道流动时间 $t_{A-B}=10$ min。求点 B 的设计流量。

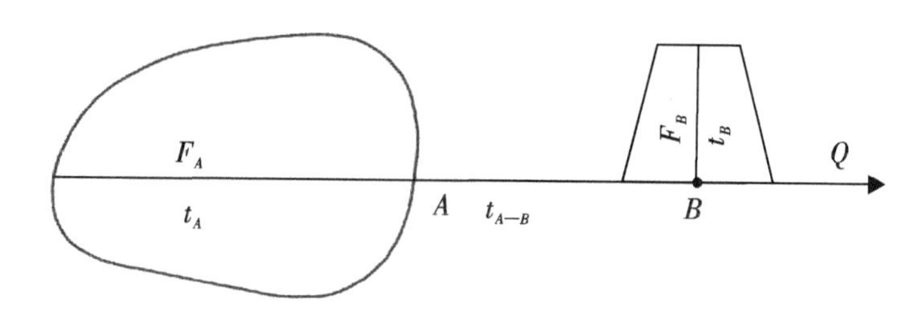

图 8.3　两个独立排水面积雨水汇流示意

【解】根据已知条件，流域 1 面积上产生的最大流量为：

$$Q_1=\psi q_A F_A=0.5\times\frac{2\,450(1+0.587\lg P)}{(t_A+10)^{0.65}}F_A=\frac{1\,225}{(t_A+10)^{0.65}}F_A$$

流域 2 面积上产生的最大流量为：

$$Q_2=\psi q_B F_B=0.5\times\frac{2\,450(1+0.587\lg P)}{(t_B+10)^{0.65}}F_B=\frac{1\,225}{(t_B+10)^{0.65}}F_B$$

流域 1 面积上的最大流量流至点 B 的集水时间为 t_A+t_{A-B}，流域 2 面积上的最大流量流至点 B 的集水时间为 t_B。若 $t_A+t_{A-B}=t_B$，则点 B 的最大流量 $Q=Q_1+Q_2$。但由已知条件可知 $t_A+t_{A-B}\neq t_B$，因此点 B 的最大流量可能发生在流域 1 面积 F_A 或流域 2 面积 F_B 单独出现雨水最大流量的时候。由于 $t_A+t_{A-B}>t_B$，点 B 的最大流量可以按下面两种情况分别计算。

（1）最大流量可能发生在流域 2 全部面积（F_B）参与径流时。这时流域 1 中仅部分面积的雨水能流至点 B 参与径流，点 B 的最大流量为：

$$Q=\frac{1\ 225F_B}{(t_B+10)^{0.65}}+\frac{1\ 225F_A'}{(t_B-t_{A-B}+10)^{0.65}}$$

F_A'为流域 1 在 $t_{A-B}-t_B$ 时间内流到点 B 的部分面积，$F_A'=\frac{F_A}{t_A}\times(t_B-t_{A-B})=\frac{30\times(15-10)}{25}\ \text{hm}^2=6\ \text{hm}^2$，代入后得出：

$$Q=\left[\frac{1\ 225\times12}{(15+10)^{0.65}}+\frac{1\ 225\times6}{(15-10+10)^{0.65}}\right]\ \text{L/s}=3\ 078.3\ \text{L/s}$$

（2）最大流量可能发生在流域 1 全部面积（F_A）参与径流时。这时流域 2 面积（F_B）的最大流量已经流过点 B，则点 B 的最大流量为：

$$Q=\frac{1\ 225F_A}{(t_A+10)^{0.65}}+\frac{1\ 225F_B}{(t_A+t_{A-B}+10)^{0.65}}=\left[\frac{1\ 225\times30}{(25+10)^{0.65}}+\frac{1\ 225\times12}{(25+10+10)^{0.65}}\right]\ \text{L/s}=4\ 882.3\ \text{L/s}$$

由上述两种计算结果选择最大流量 $Q=4\ 882.3$ L/s 作为点 B 所求的设计流量。

2. 多个设计重现期地区的雨水管渠流量计算（供参考）

在雨水管渠设计中，根据地区的特点，相应采用多个设计重现期来设计是合理的。根据径流的形成原因，在满足多个地区的相应要求下，可以概括出以下两条计算准则：

（1）各区域干管交汇点的上游管道，按各个地区的重要性和具体特点所确定的设计重现期做相应的常规计算。

（2）各区域干管交汇点的下游管道，因上游各区域所用设计重现期不同，需假设上游地区所用的高重现期设计暴雨来临时，上游低重现期设计地区的管道因泄水能力不够而在该地区产生给水，管道将产生压力流，所以这时实际泄水能力为原设计流量的 1.2 倍，为此，全流域的设计流量可以统一在用高重现期的设计暴雨雨力 A_{max} 下计算各地区的当量泄量系数，所以全流域的流量 Q 为：

$$Q=166.7\times\frac{A_{max}}{(t+b)^n}\times\sum1.2K_iF_i\psi_i \tag{8.14}$$

式中，$166.7\times\frac{A_{max}}{(t+b)^n}\times1.2K_1F_1\psi_1$ 为区域 1 在高重现期暴雨时排出的流量，余同。但 $1.2K_i$应不大于 1.0，当计算值大于 1.0 时，应取 1.0。

• 8.3　雨水管渠系统的设计与计算

雨水管渠系统设计的基本要求是能够及时、通畅地排除汇水面积内的暴雨径流量。为防止暴雨径流的危害，设计人员应深入现场进行研究调查，勘探地形，了解排水走向，搜集当地的设计基础资料，作为选择设计方案及设计计算的可靠依据。

8.3.1　雨水管渠的平面布置及其特点

1. 充分利用地形，就近排入水体

在雨水水质符合排放水质标准的条件下，雨水应尽量利用自然地形坡度，以重力流方式和最短的距离排入附近的池塘、河流、湖泊等水体中，以减低管渠工程造价。

当地形坡度较大时，雨水干管宜布置在地面标高较低处或溪谷线上；当地形平坦时，雨水干管宜布置在排水流域的中间，以便于支管就近接入，尽可能地扩大重力流排除雨水的范围。

雨水管渠接入池塘或河道的出水口的构造一般比较简单，造价不高，增多出水口不会大量增加基建费用，而由于雨水就近排放，管线较短，管径也较小，可以降低工程造价。因此，雨水干管的平面布置宜采用分散式出水口的管道布置形式，这在技术上、经济上都是较合理的。

当河流的水位变化很大，管道出口离水体很远时，出水口的建造费用很大，这时就不宜采用过多的出水口，而应考虑集中式出水口的管道布置。这时，应尽可能利用地形使管道与地面坡度平行，可以减小管道埋深，并使雨水自流排放而不需设置提升泵站。当地形平坦且地面平均标高低于河流的洪水水位，或管道埋设过深而造成技术经济上的不合理时，就要将管道出口适当集中，在出水口前设置雨水泵站，暴雨期间雨水经提升后排入水体。由于雨水泵站的造价及运行费用很大而且使用的频度不高，因此要尽可能地使通过雨水泵站的流量减小到最小，节省泵站的工程造价和运行费用。

2. 根据城市规划布置雨水管道

通常应根据建筑物的分布，道路布置及街区内部的地形等布置雨水管道，使街区内的雨水以最短距离排入街道低侧的雨水管道。

雨水管道应平行道路铺设，宜设置在人行道或草地带下，不宜设置在快车道下，以免积水时影响交通或维修时破坏路面，当道路宽度大于 40 m 时，可考虑在道路两侧分别设置雨水管道。

3. 合理布置雨水口，以保证路面雨水排除通畅

雨水口布置应根据地形及汇水面积确定，一般在道路交叉口的汇水点，低洼地段均应设置雨水口，避免排水不畅时积水或雨水溢流至路面而影响行人安全。

4. 雨水管道采用明渠或暗管应结合具体条件确定

在城市市区或工厂内，由于建筑密度较高，交通量较大，雨水管道一般采用暗管。在地形平坦地区，埋设深度或出水口深度受限制地区，可采用盖板渠排除雨水。在城市郊区，当建筑密度较低，交通量较小的地方，可考虑采用明渠，以节省工程费用，降低造价。但明渠容易淤积，滋生蚊蝇，影响环境卫生。

此外，在每条雨水干管的起端，应尽可能采用道路边沟排除路面雨水。选样通常可以减少暗管 100 ～ 150 m。这对降低整个管渠工程造价是很有意义的。

8.3.2 雨水管渠的设计参数

为使雨水管渠正常工作，避免发生淤积、冲刷等现象，有关雨水管渠水力计算的基本参数有如下规定。

1. 设计充满度

不同于污水，雨水较为清洁，对环境的污染较小，加之暴雨径流量大，相应的较高设计重现期的暴雨强度的降雨历时一般不会很长；在工程投资的角度来说，雨水管渠允许溢流。故雨水管渠的充满度按满流设计，即 $h/D=1$，明渠应有不小于 0.20 m 的超高，街道边沟应有不小于 0.30 m 的超高。

2. 设计流速

雨水常挟带的泥沙、碎石等无机物质，为避免细小物质在管渠内沉淀下来而堵塞管道，雨水管渠的最小设计流速应大于污水管道，满流时管道内最小设计流速为 0.75 m/s；明渠内最小设计流速为 0.4 m/s。

为防止管壁受到冲刷而损坏，影响排水效果，对雨水管渠的最大设计流速规定如下：金属管最大设计流速为 10 m/s；非金属管最大设计流速为 5 m/s；明渠中水流深度为 0.4 ～ 1 m 时，最大设计流速应按表 7.5 的数据选用。

当水流深度 h 在 0.4 ～ 1.0 m 范围以外时，表 7.5 所列流速应乘以以下系数：$h<0.4$ m，系数 0.85；$h>1$ m，系数 1.25；$h\geqslant 2$ m，系数 1.40。

因此，雨水管渠设计流速的确定应在最小流速与最大流速范围内。

3. 最小管径与最小设计坡度

为了保证管道在养护上的便利，便于管道的清除阻塞，雨水管道不能太小，因此有最小管径的规定。雨水管道的最小管径为 300 mm，相应的最小坡度为 0.003；雨水口连接管最小管径为 200 mm，最小坡度为 0.01。

4. 最小埋深与最大埋深

雨水管道的埋深规定与污水管道的具体规定相同。

在地形平坦地区、埋设深度或出水深度受限制的地区，可采用渠道（明渠或盖板渠）排除雨水。盖板渠宜就地取材，构造应方便维护，渠壁可与道路侧石联合砌筑。有关规定为：明渠和盖板渠的底宽不宜小于 0.3 m。无铺砌的明渠边坡，应根据不同的地质按表 8.7 的规定取值；用砖石或混凝土铺砌的明渠可采用 1∶0.75 ～ 1∶1 的边坡。

表 8.7 明渠边坡值

地质	边坡值
粉砂	1∶3 ～ 1∶3.5
松散的细砂、中砂和粗砂	1∶2 ～ 1∶2.5
密实的细砂、中砂、粗砂或黏质粉土	1∶1.5 ～ 1∶2
粉质黏土或黏土砾石或卵石	1∶1.25 ～ 1∶1.5

续上表

地质	边坡值
半岩性土	1∶0.5 ～ 1∶1
风化岩石	1∶0.25 ～ 1∶0.5
岩石	1∶0.1 ～ 1∶0.25

8.3.3　雨水管渠系统的设计步骤

在进行设计之前，首先要收集和整理所设计区域的各种原始资料，包括地形图，城市或工业区的总体规划，水文、地质、暴雨等资料作为基本的设计数据，然后再根据具体情况开始设计。

（1）划分排水流域和管道定线。根据地形的分水线和铁路、公路、河道等对排水管道布置的影响情况，并结合城市的总体规划图或工厂的总平面布置，划分排水流域，进行管渠定线，确定雨水排水流向。

（2）划分设计管段与沿线汇水面积。各设计管段汇水面积的划分应结合地面坡度、汇水面积的大小及雨水管道布置等情况进行。雨水管渠的设计管段的划分应使设计管段范围内地形变化不大，管段上下端流量变化不多，无大流量交汇，一般以 100 ～ 200 m 为一段。若管段划得较短，则计算工作量增大；若设计管段划得太长，则设计方案不经济。管渠沿线汇水面积的划分，要根据实际地形条件而定。当地形平坦时，根据就近排除的原则，把汇水面积按周围管渠的布置用等分角线划分。当有适宜的地形坡度时，按雨水汇入低侧的原则划分，按地面雨水径流的水流方向划分汇水面积，并将每块面积进行编号，计算其面积，并在图中注明。根据管道的具体位置，在管道转弯处、管径或坡度改变处、有支管接入处或两条以上管道交汇处及超过一定距离的直线管段上，都应设置检查井。把两个检查井之间流量没有变化且预计管径和坡度也没有变化的管段定为设计管段，设计管段上下游端点的检查井设为节点，并从管段上游往下游按顺序进行设计管段和节点的编号。

（3）确定设计计算基本数据。根据各流域的具体条件，确定设计暴雨的重现期、地面径流系数和集水时间。通常根据排水流域内各类地面的面积或所占比例，计算出该排水流域的平均径流系数。也可根据规划的地区类别采用区域综合径流系数。合理地选择设计暴雨重现期，根据建筑物密度、地形坡度、地面覆盖情况等确定地面集水时间。

（4）确定管渠的最小埋深。在保证管渠不被压坏、不冻结和满足街坊内部沟道的衔接要求下，确定沟道的最小埋深。管顶最小的覆土厚度，在车行道下时一般不小于 0.7 m，管道基础应设在冰冻线以下。

（5）设计流量的计算。根据设计区域的条件，选定设计流量的计算方法，列表计算各设计管段的设计流量。

（6）雨水管道系统的水力计算。确定雨水管道的坡度、管径和埋深计算确定出各设计管道的管径、坡度、流速、沟底标高和埋深。

（7）绘制雨水管道平面图和纵剖面图。

8.3.4　雨水管渠水力计算方法

雨水管渠水力计算仍按均匀流考虑，其水力计算公式与污水管道相同，但设计充满度按满流即 $h/D=1$ 计算。在实际计算中，通常采用根据公式制成的水力计算图（见附录3）或水力计算表（表7.7）。

在工程设计中，通常在选定管材后，n 即确定。而设计流量 Q 也可经计算求得，在水力计算公式中，只剩下管径 D、设计流速 v 及管底坡度 I 三个未知数。

因此，在实际应用中，可参照地面坡度 i，假定管底坡度 I，从水力计算图或水力计算表中求得 D 及 v 值，并使所求得的 D、v、I 各值符合水力计算基本数据的技术规定。

【例8－3】已知管壁粗糙系数 $n=0.0013$，设计流量经计算为 $Q=200$ L/s，该管段地面坡度 $i=0.004$，试计算该管段的管径 D、管底坡度 I 及流速 v。

【解】设计计算采用 $n=0.0013$ 的水力计算图，见附图3.13。

先在横坐标轴上找到 $Q=200$ L/s，作竖线；在纵坐标轴上找到 $l=0.004$，作横线。将此两线相交与点 A，找出该点所在的 v 及 D 值。得到 $v=1.17$ m/s，符合水力计算的设计规定，而 D 值则界于400～500 mm两斜线之间，显然不符合管材统一规格的规定，因此管径 D 必须进行调整。

当采用 $D=400$ mm时，$Q=200$ L/s的竖线与 $D=400$ mm的斜线相交于点 B，从图中得出交点处的 $i=0.0092$ 及 $v=1.60$ m/s。此结果 v 符合要求，而 i 与地面坡度相差很大，势必会增大管道的埋深，不宜采用。

当采用 $D=500$ mm时，$Q=200$ L/s的竖线与 $D=500$ mm的斜线相交于点 C，从图中得出交点处的 $i=0.0028$ 及 $v=1.02$ m/s。此结果合适，因此决定采用。

8.3.5　雨水管渠设计计算举例

【例8－4】图8.4为某居住区的部分平面图，该地区的地形西高东低，东面有一自北向南流动的河流，河流的常年洪水位为28 m，常水位25 m。雨水干管的排水区域界线已在图8.4中标出，已知暴雨强度公式为 $q=\dfrac{120\ (1+1.68\lg P)}{t^{0.6}}$，设计暴雨强度重现期取 $P=2$ a，径流系数取 $\psi=0.5$。试进行管道定线和雨水干管的水力计算。

图 8.4　某居住区部分平面图

【解】根据汇水流域的划定，布置雨水干管的位置。由于排水流域西高东低，东面有河流，可将雨水出水口设置河岸边，雨水干管的走向为自西向东。

划分设计管段和汇水面积。将设计管段的检查井依次编上号码，将各设计管段的长度填入表 8.8 中。每一设计管段的汇水面积可按就近原则排入雨水管道，对每块汇水面积进行编号，确定面积大小，将雨水流向标注在图中，将各检查井的汇水面积填入表 8.9 中。雨水管道的平面布置和街区汇水面积的划分如图 8.5 所示。管段 1—2—3—4—5—6—7 为雨水干管，管段 8—3、9—4、10—5 为雨水支管。

表 8.8　各管段长度

管段编号	管段长度（m）	管段编号	管段长度（m）
1—2	260	4—5	220
2—3	180	5—6	200
3—4	220	6—7	100

表 8.9　各街区面积

街区编号	1	2	3	4	5	6	7	8	9	10
街区面积（hm^2）	0.68	1.33	0.86	0.63	0.83	0.73	0.80	0.79	0.57	1.10
街区编号	11	12	13	14	15	16	17	18	19	20
街区面积（hm^2）	0.74	1.09	0.79	1.36	1.03	1.05	1.01	0.85	0.85	1.16

续上表

街区编号	21	22	23	24	25	26	27			
街区面积（hm^2）	1.14	0.78	0.94	1.40	1.29	1.42	1.08			

图 8.5　初步设计的雨水干管平面图

将数据资料中各管段上端和下端的地面标高填入表 8.10 中；本例中地形平坦，地面集水时间采用 $t_1 = 10$ min，设计降雨历时 $t = t_1 + t_2$；管道起点埋深根据支管接入条件，选用 1.5 m。列表进行雨水干管的水力计算（表 8.10）。

表 8.10　雨水管段设计计算

管段编号	管长（m）	汇水面积 F（hm^2）		集水时间		单位面积径流量 q [L/(s·hm^2)]	设计流量 Q（L/s）	流速 v（m/s）	管径 D（mm）
		本段	总设计	$\sum t_2$	$t_1 + t_2$				
1—2	260	3.50	3.50	0.00	10.00	22.61	79.14	0.76	400
2—3	180	3.15	6.65	5.70	15.70	17.25	114.71	0.76	450
3—4	220	5.65	12.30	9.65	19.65	15.07	185.36	0.78	600
4—5	220	4.79	17.09	14.35	24.35	13.25	226.44	0.81	600
5—6	200	6.71	23.80	18.88	28.88	11.97	284.89	0.83	700
6—7	100	2.50	26.30	22.89	32.89	11.07	291.14	0.83	700

续上表

管段编号	坡度 I	地面标高（m）		管内底标高（m）		埋深（m）	
		起端	终端	起端	终端	起端	终端
1—2	0.002 1	28.700	28.550	27.200	26.504	1.50	2.05
2—3	0.001 8	28.550	28.450	26.454	26.030	2.10	2.42
3—4	0.001 3	28.450	28.300	25.880	25.444	2.57	2.86
4—5	0.001 4	28.350	28.300	25.444	25.086	2.91	3.21
5—6	0.001 2	28.300	28.200	24.986	24.646	3.31	3.55
6—7	0.001 2	28.200	28.100	24.646	24.426	3.55	3.67

计算是假设雨水均从管段起端进入的，在计算各设计管段的暴雨强度时，t_2应按上游各管段内雨水流动时间之和（$\sum t_2 = \sum \frac{L}{v}$）求得。确定单位面积径流量［L/(s·hm^2)］的计算公式：$q_0 = \psi q = 0.5 \times \frac{120(1+1.68\lg 2)}{(t_1 + \sum t_2)^{0.6}} = \frac{90}{(t_1 + \sum t_2)^{0.6}}$。

管段1—2设计计算：由于1—2为起始管段，因此$\sum t_2 = 0$。获得单位面积径流量$q_0 = 22.61$ L/(s·hm^2)，该管段的总汇水面积与单位面积径流量相乘即可得到设计流量$Q = 3.50 \times 22.61$ L/s $= 79.14$ L/s。得出设计流量后，查水力计算图或表（钢筋混凝土圆管，满流，$n = 0.013$）确定管径D、管段坡度I和流速v。管段1—2的水力计算结果为$D = 400$ mm，$I = 0.002\ 1$，$v = 0.76$ m/s。起点地面标高减去起点埋深得到起端管内底标高为27.200 m，管段长度乘以管段坡度得到管段的降落量为0.546 m，由此可计算出管段终端的管内底标高及管段终端埋深。

采用同样的方法计算后续的管段。各设计管段均采用管顶平接。要注意的是，下游管段设计暴雨强度小于上游管段暴雨强度而总汇水面积只增加很小，出现管段的设计流量小于上游管段设计流量的情况时，应采用上游管段的设计流量作为下游管段的设计流量进行计算。

由计算结果可以看出，管段6—7的终端管内底标高为24.426 m，而常水位为25 m，洪水位为28 m，为了保证雨水管渠排水的顺畅，需在干管的终端设置雨水泵站。

8.4 防洪沟的设计与计算

沿江（河）城市逐渐发展，工业企业和居民建筑也不断向山洪区域建设发展。位于山坡或山脚下的工厂和城镇，除了应及时排除区内的暴雨径流，还应及时拦截并排除建成区以外、分水线以内沿山坡倾泻而下的山洪流量。为了尽量减少洪水造成的危害，保护城市、工厂的工业生产和生命财产安全，必须根据城市或工厂的总体规划和流域防洪规划，合理选用防洪标准，整治或建设好城市或工厂的防洪工程设施，提高城市或工厂

的抗洪能力。

因为山区地形坡度大，集水时间短，洪水历时也不长，所以水流急，流势猛，且水流中还夹带着砂石等杂质，冲刷力大，容易使山坡下的工厂和城镇受到破坏而造成严重损失。因此，须在受山洪威胁的工厂和城镇外围设置防洪设施以拦截山洪，并通过排洪沟道将洪水引出保护区排入附近水体。排洪沟设计的任务就在于开沟引洪，整治河道，修建防洪排洪构筑物等，以便及时地拦截并排除山洪径流，保护山区的工厂和城镇的安全。

8.4.1　设计防洪标准

在进行防洪工程设计时，首先要确定洪峰设计流量，然后根据该流量拟定工程规模。为了准确、合理地拟定某项工程规模，需要根据该工程的性质、范围及重要性等因素，选定某一降雨频率作为计算洪峰流量的依据，称为防洪设计标准。实际工作中，常用暴雨重现期衡量设计标准的高低，即重现期越大，设计标准就越高，工程规模也就越大；反之，设计标准低，工程规模小。

我国《城市防洪工程设计规范》（GB/T 50805—2012）规定，有防洪任务的城市，其防洪工程的等别应根据防洪保护对象的社会经济地位的重要程度和人口数量按表8.11的规定划分为四等。另外，根据防洪工程的等别和灾害类型规定了城市防洪工程设计标准，见表8.12。

表8.11　城市防洪工程等别

城市防洪工程等别	分等指标	
	防洪保护对象的重要程度	防洪保护区人口（万人）
Ⅰ	特别重要	≥150
Ⅱ	重要	50 ～ 150
Ⅲ	比较重要	20 ～ 50
Ⅳ	一般重要	≤20

注：防洪保护区人口指城市防洪保护区内的常住人口。

表8.12　城市防洪工程设计标准

城市防洪工程等别	设计标准（a）			
	洪水	涝水	海潮	山洪
Ⅰ	≥200	≥20	≥200	≥50
Ⅱ	100 ～ 200	10 ～ 20	100 ～ 200	30 ～ 50
Ⅲ	50 ～ 100	10 ～ 20	50 ～ 100	20 ～ 30
Ⅳ	20 ～ 50	5 ～ 10	20 ～ 50	10 ～ 20

注：1. 根据受灾后的影响、造成的经济损失、抢险难易程度及资金筹措条件等因素确定。

2. 洪水、山洪的设计标准指洪水、山洪的重现期。

3. 涝水的设计标准指相应暴雨的重现期。

4. 海潮的设计标准指高潮位的重现期。

8.4.2　设计洪峰流量的计算

排洪沟属于小汇水面积上的排水构筑物。一般情况下，小汇水面积没有实测资料，往往采用实测暴雨资料记录，间接推求设计洪水量和洪水频率。同时，考虑山区河流流域面积一般只有几平方千米至几十平方千米，平时流量小，河道干枯；汛期流量急增，集流快，几十分钟内即可形成洪水。因此，在排洪沟设计计算中，以推求洪峰流量为主，对洪水总量及其径流过程则忽略。我国各地区计算小汇水面积的暴雨洪峰流量主要有以下 3 种方法。

1. **洪水调查法**

洪水调查法包括形态调查法和直接类比法两种。下面仅介绍形态调查法。

形态调查法是通过深入现场，勘察洪水位的痕迹，推导洪水位发生的频率，选择和测量河道过水断面。首先按下式计算流速：

$$v = \frac{1}{n} R^{\frac{2}{3}} J^{\frac{1}{2}} \tag{8.18}$$

式中：n——河槽的粗糙系数；

R——河槽的过水断面水力半径；

J——水面比降，可用平均比降代替。

然后按

$$Q = Av \tag{8.19}$$

计算出洪峰流量。

最后通过流量变差系数和模比系数法，将调查得到的某一频率的流量换算成该设计频率的洪峰流量。

2. **推理公式法**

中国水利科学研究院等提出如下推理公式：

$$Q = 0.278 \times \frac{\psi \cdot S}{t^n} \cdot F \tag{8.20}$$

式中：Q——设计洪峰流量（m^3/s）；

ψ——洪峰径流系数；

S——暴雨强度，即与设计重现期相应的最大的一小时降雨量（mm/h）；

t——流域的集流时间（h）；

n——暴雨强度衰减指数；

F——流域面积（km^2）。

用该推理公式求设计洪峰流量时，需要较多的基础资料，计算过程也较烦琐。当流域面积为 40 ～ 50 km^2时，此公式的适用效果最好。

3. **经验公式法**

常用的经验公式有多种形式，在我国应用比较普遍的以流域面积 F 为参数的一般地区性经验公式如下：

$$Q = K \cdot F^n \tag{8.20}$$

式中：Q——设计洪峰流量（m^3/s）；

F——流域面积（km^2）；

K，n——随地区及洪水频率变化的系数和指数。

该法使用方便，计算简单，但地区性很强。相邻地区采用时，必须注意各地区的具体条件，不宜任意套用。地区经验公式可参阅各地区的水文手册。

对于以上三种方法，应特别重视洪水调查法。在此法的基础上，可再运用其他方法试算，进行比较和验证。

8.4.3 排洪沟的设计要点

排洪沟的设计涉及面广，影响因素复杂。因此，应深入现场，根据城镇或工厂总体规划布置、山区自然流域划分范围、山坡地形和地貌条件、原有天然排洪沟情况、洪水走向、洪水冲刷情况、当地工程地质和水文地质条件、当地气象条件等各种因素综合考虑，合理布置排洪沟。排洪沟包括明渠、暗渠、截洪沟等。

1. 排洪沟布置应与区域总体规划统一考虑

在城市或工矿企业建设规划设计中，必须重视防洪和排洪问题。应根据总图规划设计，合理布置排洪沟，城市建筑物或工矿厂房建筑均应避免设在山洪口上，不与洪水主流发生顶冲。

排洪沟布置还应与铁路、公路、排水等工程相协调，尽量避免穿越铁路、公路，以减少交叉构筑物。同时，排洪沟应布置在厂区、居住区外围靠山坡一侧，避免穿绕建筑群，以免因沟渠转折过多而增加桥、涵建筑，这样不仅会造成投资浪费，还会造成沟道水流不畅。排洪沟与建筑物之间应留有 3 m 以上的距离，以防洪水冲刷建筑物。

2. 排洪沟尽可能利用原有天然山洪沟道

原有山洪沟道是洪水常年冲刷形成的，其形状、底床都比较稳定，应尽量利用原有优势。当原有沟道不能满足设计要求而必须加以整修时，也要注意尽可能不改变原有沟道的水力条件，要因势利导，使洪水排泄畅通。

3. 排水沟应尽量利用自然地形坡度

排洪沟的走向，应沿大部分地面水流的垂直方向，因此应充分利用自然地形坡度，使洪水能以重力通过最短距离排入受纳水体。一般情况下，排洪沟上不设泵站。

4. 排洪渠平面布置的基本要求

（1）进口段。为使洪水能顺利进入排洪沟，进口形式和布置很重要。排洪沟的进口应直接插入山洪沟，衔接点的高程为原山洪沟的高程，该形式适用于排洪沟与山沟夹角小的情况，也适用于高速排洪沟。另一种方式是以侧流堰作为进口，将截流坝的顶面做成侧流堰渠与排洪沟直接相接，此形式适用于排洪沟与山洪沟夹角较大且进口高程高于原山洪沟底高程的情况。进口段的形式应根据地形、地质及水力条件进行合理的方案比较和选择。进口段的长度一般不小于 3 m，并应在进口段上段一定范围内进行必要的整治，使之衔接良好，水流通畅，具有较好的水流条件。为防止洪水冲刷，进口段应选择在地形和地质条件良好的地段。

（2）出口段。排洪沟的出口段应布置在不致冲刷的排放地点（河流、山谷等）的岸坡，因此，应选择在地质条件良好的地段，并采取护砌措施。此外，出口段应设置渐变段，逐渐增大宽度，以减少单宽流量，降低流速，或采用消能、加固等措施。出口标高宜在相应的排洪设计重现期的河流洪水位以上，一般应在河流常水位以上。

（3）连接段。当排洪沟受地形限制而不能布置成直线时，应保证转弯处有良好的水流条件，平面上的转弯沟道的弯曲半径一般不小于设计水面宽度的 5 倍。排洪沟的设计安全超高一般采用 0.3 ～ 0.5 m。

5. 排洪沟纵向坡度的确定

排洪沟的纵向坡度应根据地形、地质、护砌材料、原有天然排洪沟坡度及冲游情况等条件确定，一般不小于 1%。工程设计时，要使沟内水流速度均匀增加，以防止沟内产生淤积。当纵向坡度很大时，应考虑设置跌水或陡槽，但不得设在转弯处。一次跌水高度通常为 0.2 ～ 1.5 m。很多地方采用条石砌筑的梯级渠道，每级梯级高 0.3 ～ 0.6 m，有的多达 20 ～ 30 级，消能效果很好。陡槽也称为急流槽，纵向坡度一般为 20% ～ 60%，常采用块石或条石砌筑，也有用钢筋混凝土浇筑而成，陡槽终端应设消能设施。

6. 排洪沟的断面形式、材料及其选择

排洪沟的断面形式常用矩形或梯形断面，最小断面；沟渠材料及加固形式应根据沟内最大流速、当地地形及地质条件、当地材料供应情况而定。一般常用片石、块石铺砌，不宜采用土明沟。

7. 排洪沟最大流速的规定

为了防止山洪冲刷，应按设计流速的大小选用不同的加固形式。表 8.14 规定了不同铺砌的排洪沟最大设计流速。

表 8.14　排洪沟最大设计流速

沟渠护砌条件	最大设计流速（m/s）	沟渠护砌条件	最大设计流速（m/s）
浆砌块石	2.0 ～ 4.5	草皮护面	0.9 ～ 2.2
坚硬块石浆砌	6.5 ～ 12.0	混凝土浇制	10.0 ～ 20.0
混凝土护面	5.0 ～ 10.0		

8.4.4　排洪沟的水力计算

排洪沟的水力计算公式与污水的水力计算公式［式(7.9)、式(7.10)］一致，采用：

$$v = \frac{1}{n} \cdot R^{\frac{2}{3}} \cdot I^{\frac{1}{2}}$$

$$Q = \frac{1}{n} \cdot A \cdot R^{\frac{2}{3}} \cdot I^{\frac{1}{2}}$$

不同的是公式中过水断面 A 和湿周 x 的求法。

对于梯形断面，为：

$$A = Bh + mh^2 \tag{8.21}$$

$$x = B + 2h\sqrt{1 + m^2} \tag{8.22}$$

式中：h——水深（m）；

B——底宽（m）；

m——沟侧边坡水平宽度与深度之比。

对于矩形断面，为：

$$A = Bh \tag{8.23}$$

$$x = B + 2h \tag{8.24}$$

进行排洪沟道水力计算时，常遇到以下几种情况：

（1）已知设计流量、渠底坡度，确定渠道面积。

（2）已知设计流量或流速、渠道断面及粗糙系数，求渠道底坡。

（3）已知渠道断面、渠壁粗糙系数及渠道底坡，要求出渠道的输水能力。

8.5 内涝防治设施

内涝是指强降雨或连续性降雨超过城镇排水能力，导致城镇地面产生积水灾害的现象。内涝防治系统是用于防治和应对城镇内涝的工程性设施和非工程性措施以一定方式组合成的总体，应涵盖雨水的产流、汇流、调蓄、利用、排放、预警和应急等从源头产生到末端排放的全过程控制，其中包括雨水渗透、收集、输送、调蓄、行泄、处理和利用天然和人工设施及管理措施等。

城镇内涝防治系统包括源头控制设施、排水管渠设施和综合防治设施，分别与国际上常用的低影响开发设施、小排水系统和大排水系统相对应。

8.5.1 内涝防治要求

内涝防治设施应与城镇平面规划、竖向规划和防洪规划相协调，根据当地地形特点、水文条件、气候特征、雨水管渠系统、防洪设施现状和内涝防治要求等综合分析后确定。

8.5.2 源头控制设施（低影响开发雨水系统）

源头控制设施又称为低影响开发设施（low impact development，LID）和分散式雨水管理设施等，其核心是维持场地开发前后水文特征不变，包括径流总量、峰值流量、峰值出现时间等。从水文循环角度，要维持径流总量不变，就要采取渗透、储存等方式，实现开发后一定量的径流量不外排；要维持峰值流量不变，就要采取渗透、储存、调节等措施削减峰值、延缓峰值时间。源头控制是通过多种不同形式的低影响开发设施及其系统组合，有效地减少降雨期间的地表径流量，减轻排水管渠设施的压力。

1. 主要设施

低影响开发技术又包含若干个不同形式的低影响开发设施，主要有透水铺装、绿色屋顶、下沉式绿地、生物滞留设施、渗透塘、渗井、湿塘、雨水湿地、蓄水池、雨水罐、调节塘、调节池、植草沟、渗管/渠、植被缓冲带、初期雨水弃流设施、人工土壤渗滤等。

低影响开发单项设施往往具有多个功能，如生物滞留设施的功能除了渗透补充地下水，还可削减峰值流量、净化雨水，实现径流总量、径流峰值和径流控制等多重目标。因此，应根据设计目标灵活选用低影响开发设施及其组合系统，根据主要功能按相应的方法进行设施规模计算，并对单项设施及其组合系统的设施选型和规模进行优化。

各单向设施的构造、适用性及优缺点可详见住房和城乡建设部于 2014 年颁发的《海绵城市建设技术指南——低影响开发雨水系统构建（试行）》。

2. **单项设施的功能比较**

低影响开发设施往往具有补充地下水、集蓄利用、削减峰值流量及净化雨水等多个功能，可实现径流总量、径流峰值和径流污染等多个控制目标，因此应根据城市总体规划、专项规划及详细规划明确控制目标，结合汇水区特征和实施的主要功能、经济性、适用性、景观效果等因素灵活选用低影响开发设施及其组合系统。

地区开发和改建宜保留天然可渗透性地面。雨水入渗场所应不引起地质灾害及损害建筑物，在可能造成陡坡坍塌、滑坡灾害的场所或自重湿陷性黄土、膨胀土和高含盐土等特殊土壤地质场所不得采用雨水入渗系统。人行道、停车场和广场等宜采用渗透性铺面，新建地区硬化地面中可渗透地面面积不宜低于 40%，有条件的既有地区应对现有硬化地面进行透水性改建；绿地标高宜低于周边地面标高 5 ～ 25 cm，形成下凹式绿地。当场地有条件时，可设置植草沟、渗透池等设施接纳地面径流。

各单项设施的功能比较详见表 8.15。

表 8.15　低影响开发单项设施功能比较

单项设施	功能					控制目标			处置方式		经济性		污染物去除率（以固体悬浮物计，%）	景观效果
	集蓄利用雨水	补充地下水	削减峰值流量	净化雨水	转输	径流总量	径流峰值	径流污染	分散	相对集中	建造费用	维护费用		
透水砖铺装	○	●	⊙	⊙	○	●	⊙	⊙	✓		低	低	80 ～ 90	
透水水泥混凝土	○	○	⊙	⊙	○	⊙	⊙	⊙	✓		高	中	80 ～ 90	
透水沥青混凝土	○	○	⊙	⊙	○	⊙	⊙	⊙	✓		高	中	80 ～ 90	
绿色屋顶	○	○	⊙	⊙	○	●	⊙	⊙	✓		高	中	70 ～ 80	好
下沉式绿地	○	●	⊙	⊙	○	●	⊙	⊙	✓		低	低		一般
简易型生物滞留设施	○	●	⊙	⊙	○	●	⊙	⊙	✓		低	低		好
复杂型生物滞留设施	○	●	⊙	●	○	●	⊙	●	✓		中	低	70 ～ 95	好
渗透塘	○	●	⊙	⊙	○	●	⊙	⊙		✓	中	中	70 ～ 80	一般
渗井	○	●	⊙	⊙	○	●	⊙	⊙	✓	✓	低	低		
湿塘	●	○	●	⊙	○	●	●	●		✓	高	中	50 ～ 80	好
雨水湿地	●	○	●	●	○	●	●	●	✓	✓	高	中	50 ～ 80	好

续上表

单项设施	功能					控制目标			处置方式		经济性		污染物去除率（以固体悬浮物计，%）	景观效果
	集蓄利用雨水	补充地下水	削减峰值流量	净化雨水	转输	径流总量	径流峰值	径流污染	分散	相对集中	建造费用	维护费用		
蓄水池	●	○	⊙	⊙	○	●	⊙	⊙		✓	高	中	80 ～ 90	
雨水罐	●	○	⊙	⊙	○	●	⊙	⊙	✓		低	低	80 ～ 90	
调节塘	○	○	●	⊙	○	○	●	⊙		✓	高	中		一般
调节池	○	○	●	○	○	○	●	○		✓	高	中		
转输型植草沟	⊙	○	○	⊙	●	⊙	○	⊙	✓		低	低	35 ～ 90	一般
干式植草沟	○	●	○	⊙	●	●	○	⊙	✓		低	低	35 ～ 90	好
湿式植草沟	○	○	○	●	●	○	○	●	✓		中	低		好
渗管/渠	○	⊙	○	○	●	⊙	○	⊙	✓		中	中	35 ～ 70	
植被缓冲带	○	○	○	●		○	○	●	✓		低	低	50 ～ 75	一般
初期雨水弃流设施	⊙	○	○	●		○	○	●	✓		低	中	40 ～ 60	
人工土壤渗滤	●	●	○	●		○	○	⊙		✓	高	中	75 ～ 95	好

注：●强；⊙较强；○弱或很小。

8.5.3 排水管渠设施

城镇内涝防治系统中排水管渠设施应包括分流制雨水管渠、合流制雨水管渠、泵站，以及雨水口、检查井、管渠调蓄设施等附属设施。

1. 内涝防治设计重现期

在排水管渠的设计中，为了使洪水发生时地面、道路等地区的积水深度不超过一定的标准，城镇内涝防治系统的设计重现期要大于雨水管渠设计重现期。内涝防治设计重现期需根据城镇类型、积水影响程度和内河水位变化等因素，经经济技术比较后按表8.16的规定取值，同时应符合下列规定：

（1）人口密集、内涝易发且经济条件较好的城镇，宜采用规定的上限。

（2）目前不具备条件的地区可分期达到标准。

（3）当地面积水不满足表8.16的要求时，应采取渗透、调蓄、设置雨洪行泄通道和内河整治等措施。

（4）超过内涝设计重现期的暴雨，应采取应急措施。

表8.16 内涝防治设计重现期

城镇类型	重现期（a）	地面积水设计标准
超大城市	100	居民住宅和工商业建筑物的底层不进水
特大城市	50 ～ 100	

续上表

城镇类型	重现期（a）	地面积水设计标准
大城市	30 ～ 50	道路中一条车道的积水深度不超过 15 cm
中等城市和小城市	20 ～ 30	

注：1. 表中所列设计重现期适用于采用年最大值法确定的暴雨强度公式。

2. 超大城市指常住人口在 1 000 万以上的城市；特大城市指常住人口在 500 万以上 1 000 万以下的城市；大城市指常住人口在 100 万以上 500 万以下的城市；中等城市指常住人口在 50 万以上 100 万以下的城市；小城市指常住人口在 50 万以下的城市（以上包括本数，以下不包括本数）。

3. 地面积水设计标准没有包括具体的积水时间，各城市应根据地区重要性等因素，因地制宜确定设计地面积水时间。

应根据内涝设计重现期计算校核城镇排水系统排除地面积水的能力，当计算校核后发现地面积水不满足标准时，应采取渗透、调蓄、雨洪行泄等措施。

2. 管渠调蓄设施及管道的管理养护

调蓄设施是将雨水径流的高峰流量暂时储存，待流量下降后，再从调蓄设施中将水排出，可以削减峰值流量，降低下游雨水干管的管径，提高地区的排水标准和防洪能力，减少内涝灾害。

管渠调蓄设施的建设应和城市景观、绿化、排水泵站等设施统筹规划、相互协调，并应利用现有河道、池塘、人工湖、景观水池等设施建设雨水调蓄池以削减排水管渠的峰值流量，以此做法来降低建设费用，取得良好的经济效益和社会效益。

排水设施是否正常发挥其功能影响着城市能否排除洪涝灾害，因此需定时进行排水设施的检查和养护，及时清通管道堆积的淤泥，修复损坏的管道，杜绝隐患。

8.5.4　综合防治设施

综合防治设施的建设应以城镇总体规划和内涝防治专项规划为依据，结合地区降雨规律和暴风内涝风险等因素，统筹规划，合理确定建设规模。

综合防治设施包含道路、河道及城镇水体、绿地及广场和调蓄隧道等设施，其承担着在暴雨期间调蓄雨水径流、为雨水提供行泄通道和最终出路等重要任务，是满足城镇内涝防治设计重现期标准的重要保障。综合防治设施的建设，应遵循低影响开发的理念，充分利用自然蓄水设施，发挥河道行泄能力和水库、洼地、湖泊调蓄洪水的功能，合理确定排水出路。

1. 绿地调蓄

绿地调蓄工程可根据调蓄空间设置方法的不同分为生物滞留设施和浅层雨水调蓄池。生物滞留设施是利用绿地本身建设的调蓄设施，包括下凹式绿地、雨水花园等；浅层雨水调蓄池是采用人工材料在绿地下部浅层空间建设的调蓄设施，以增加对雨水的调蓄能力，此类绿地调蓄设施适用于土壤入渗率低、地下水位高的地区。

城市道路、广场、停车场和滨河空间等宜结合周边绿地空间建设调蓄设施，并应对硬化地面产生的地表径流进行调蓄控制。可结合道路红线内外的绿化带、广场和停车场等开放空间的场地条件和绿化方案，分散设施雨水花园、下凹式绿地和生态树池等小规模调蓄设施；滨河空间可建设大规模的调蓄设施。

不同类型绿地调蓄设施的调蓄量应根据雨水设计流量和调蓄工程的主要功能，经计算后确定。当调蓄设施具备多种功能时，总调蓄量应为按各功能计算的调蓄量之和，调蓄高度和平面面积等参数应根据设施类型和场地条件确定。

2. **广场调蓄**

广场调蓄指利用城市广场、运动场、停车场等空间建设的多功能调蓄设施，以削减峰值流量为主，通过与城市排水系统的结合，在暴雨发生时发挥临时的调蓄功能，提高汇流区域的排水防洪标准，无降雨发生时广场发挥其主要的休闲娱乐功能，发挥多重效益。

为减少污染物随雨水径流汇入广场，应在广场调蓄设施入口处设置格栅等拦污设施。同时，为了防止雨水对广场空间造成冲刷侵蚀，避免雨水长时间滞留和难以排空，广场调蓄应设置专用的雨水进出口。广场调蓄设施应设置警示牌，标明该设施发挥调蓄功能的启动条件、可能被淹没的区域和目前的功能状态，并应设置预警预报系统。

3. **调蓄隧道**

内涝易发、人口密集、地下管线复杂、现有排水系统改造难度较大的地区，可设置调蓄隧道系统，用于削减峰值流量、控制降雨初期的雨水污染或控制合流溢流污染。

调蓄隧道的设计，应在城市管理部门对地下空间的开发和管理统一部署下进行，与城市地下空间利用与开发规划相协调，合理实施。

调蓄隧道系统应由综合设施、管渠、出口设施、通风设施和控制系统组成，其主要功能包括提高区域的排水标准和防洪标准，降低水浸风险；大幅度削减降雨初期雨水，实现污染控制。因此，调蓄隧道的调蓄容量应在满足该地区的城镇排水与污水处理规划的前提下，依据内涝防治总体要求，结合调蓄隧道的功能设置综合确定。

8.6 雨水综合利用

雨水是一种相对清洁、易收集、易储蓄的淡水资源，若能将雨水资源合理利用，变废为宝，不仅能缓解淡水资源短缺的问题，更能减轻城市防洪排涝的压力，还能有助于海绵城市的建设。雨水综合利用是以低影响开发雨水系统为基础，通过收集回用、调控排放、有效保护等多种技术措施，强化雨水下渗补充地下水，延长产汇流时间，削减洪峰和洪量，并对雨水进行资源化利用。

8.6.1 雨水综合利用的有关规定

（1）雨水综合利用应根据当地水资源情况和经济发展水平合理确定，并应符合下列规定：①水资源缺乏、水质性缺水、地下水位下降严重、内涝风险较大的城市和新建地区等宜进行雨水综合利用；②雨水经收集、储存、就地处理后可作为冲洗、灌溉、绿化和景观水等，也可经过自然或人工渗透设施渗入地下，补充地下水资源；③雨水利用设施的设计、运行和管理应与城镇内涝防治相协调。

（2）雨水收集利用系统汇水面的选择，应符合下列规定：①应选择污染较轻的屋面、广场、人行道等作为汇水面；对屋面雨水进行收集时，宜优先收集绿化屋面和采用环保型材料屋面的雨水。②不应选择厕所、垃圾堆场、工业污染源场地等作为汇水面。③不宜收集利用机动车道路的雨水径流。④当不同汇水面的雨水径流水质相差较大时，可分别收集和储存。

（3）对屋面、场地雨水进行收集利用时，应将降雨初期的雨水弃流。弃流的雨水可排入雨水管道，条件允许时，也可就近排入绿地。

（4）雨水利用方式应根据收集量、利用量和卫生要求等综合分析后确定。雨水利用不应影响雨水调蓄设施应对城镇内涝的功能。雨水利用设施和装置的设计应考虑防腐蚀、防堵塞等。

8.6.2　雨水综合利用的主要方式

雨水综合利用主要是涵养利用，即在降雨初期将雨水尽可能多地储存在土壤涵养层，雨水进入地表涵养层后，一部分在土壤层被植物根系吸收，维持土壤含水率，另一部分补充地下水，保持地下含水率，促进自然水循环，防止地面沉降。当区域中的土壤涵养层含水率呈饱和状态时，后续降雨会使雨水溢流至绿地、道路或其他洼地，此时需要根据城市或地区的水资源情况或用水需要集蓄雨水，建设相应规模的集蓄设施和回用设施，而过量的雨水可通过城市雨水管网排放。雨水综合利用示意如图 8.6 所示。

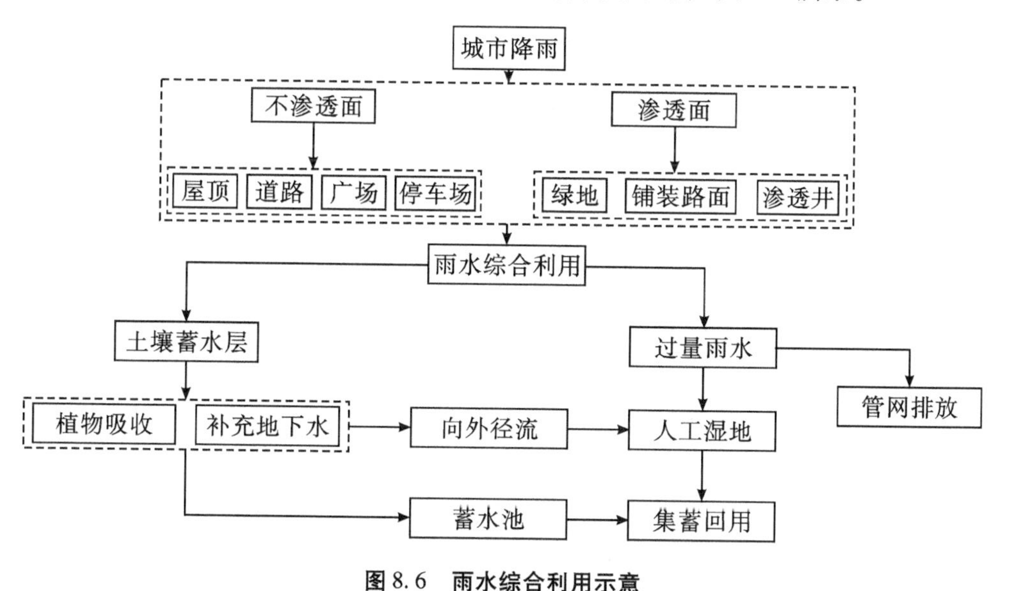

图 8.6　雨水综合利用示意

1. 雨水综合利用可根据汇水面的不同选择不同形式的雨水利用设施

（1）道路及硬质透水基层面。这里的道路指城市交通快速路、主干路、次干路、支路，但不包括居民小区内道路以及厂区、园区、小区内的一般道路。此类道路宜通过有组织地引流进入道路两侧绿地以补充绿化用水，并利用植物和土壤的截留、截污作用，进一步向下渗透以补充地下生态用水。主要采用下沉式绿地、透水铺装、路边渗井、边沟、生态排水等基本形式。

(2) 广场绿地。绿地的面积相对较大，宜设置下凹式绿地、水塘、人工湖等收集设施，以及沉淀、植物截留等水质预处理措施，必要时可建立雨水/中水回用系统。绿地内的道路可采用渗透铺装和设置有生态滞留措施的排水沟。绿地内汇集的雨水常用作绿化用水、地下水及绿地内水体的补充。

(3) 屋顶。对于已建成的建筑物，可实施雨养型屋顶绿地，也可在保证足够承载和防渗能力的屋面上设立集水箱配合限流措施，将雨水临时滞留在屋面，需要时进行引流利用。而对新建的建筑物，应进行屋面雨水收集系统的绿色屋顶设计。现在，越来越多的工程结合绿色环保型建筑的环保理念，使建筑与雨水综合利用技术相结合，取得了良好的效益。

2. 初期雨水弃流系统

初期降雨时雨水中含较多成分复杂的杂质，这会影响雨水处理效果，增大处理负荷，因此需将这部分雨水直接排放，待雨水物化指标降低至一定标准时，再进行收集的过程。

初期弃流系统包括土建的井、格栅、弃流装置或提升泵等，其中，弃流装置最关键，类型也较多。流量控制型雨水弃流装置是用智能流量计测得雨水径流量，通过控制器控制电动阀的启闭，达到雨水初期弃流的要求；雨量控制型雨水弃流装置是靠雨量采集器来计量降雨量，当达到设定值时会发出信号以控制电动阀的启闭，实现初期雨水的弃流；机械式初期雨水弃流装置是靠重力或水流产生的离心力来实现弃流，不需电气设备的控制，因此故障率低，又因为其独特的结构可以保持长时间的清洁而减少人为清理的次数。

8.6.3 绿色建筑小区雨水资源化综合利用

建筑雨水的收集利用具有良好的节水效能和环境效益，对于绿色建筑小区，可配置屋面雨水收集系统和雨水利用设施。下面介绍几种利用形式：

(1) 屋顶集雨系统。将单体建筑物作为单位，基于就地收集、处理和利用的原则，屋面雨水在经过收集系统实施弃流、过滤等处理以后置于储水罐，随后用作小区杂用水。

(2) 绿色屋顶。绿化屋面将绿色植物作为覆盖物，提供植物生存必须的条件，对屋面应有的植物根阻拦层、防水层等协同构建形成的屋面系统进行设置，可以缩减径流、调节室温、丰富城市景观等。

(3) 雨水花园。雨水花园是通过种植喜水植物，经过对雨水的吸附、渗透和过滤等处理后改善水质，减小雨水径流量。

(4) 植被浅沟。通过在排水沟内培植植物的方式，当雨水流经排水沟时，植被起到对雨水的截留及过滤作用，还可以吸附降解雨水中的一部分污染物。

(5) 渗透铺装。选择具有透水性的铺装材料，如透水混凝土，使铺面具有渗透性，改善雨水入渗效果。

第 9 章　合流制排水管渠的设计与计算

9.1　合流制管渠系统的使用条件和布置特点

合流制管渠系统是在同一管渠内排除生活污水、工业废水及雨水的管渠系统。常用的有截流式合流制管渠系统，它是在临河的截流管上设置溢流井。晴天时，截流管以非满流将生活污水和工业废水送往污水厂处理。雨天时，随着雨水量的增加，截流管以满流将生活污水、工业废水和雨水的混合污水送往污水厂处理。当雨水径流量继续增加到混合污水量超过截流管的设计输水能力时，溢流井开始溢流，并随雨水径流量的增加，溢流量增大。当降雨时间继续延长时，由于降雨强度的减弱，雨水溢流井处的流量减少，溢流量减小，最后混合污水量又重新等于或小于截流管的设计输水能力，溢流停止。

合流制管渠系统因在同一管渠内排除所有的污水，所以管线单一，管渠的总长度减少，但合流制截流管、提升泵站及污水厂都较分流制大，截流管的埋深也因为同时排除生活污水和业废水而要求比单设的雨水管渠的埋深大。在暴雨天，有一部分带有生活污水和工业废水的混合污水溢入水体，使水体受到一定程度的污染。我国及其他某些国家，由于合流制排水管渠的过水断面很大，晴天流量很小，流速很低，往往在管底造成淤积，降雨时雨水将沉积在管底的大量污物冲刷起来带入水体，形成污染。因此，排水体制的选择，应根据城镇和工业企业的规划、环境保护要求、污水利用情况、原有排水设施、水质、水量、地形、气候和水体等条件，从全局出发，通过经济技术比较，综合考虑确定。一般地说，在下述情形下时考虑采用合流制：

（1）排水区域内有一处或多处水源充沛的水体，其流量和流速都足够大，一定量的混合污水排入后对水体造成的污染危害程度在允许的范围以内。

（2）街坊和街道的建设比较完善，必须采用暗管渠排除雨水，而街道横断面又较窄，管渠的设置位置受到限制时，可考虑选用合流制。

（3）地面有一定的坡度倾向水体，当水体高水位时，岸边不受淹没，污水在中途不需要提升。

也就是说，在采用合流制管渠系统时，首先应满足环境保护的要求，即保证水体所受的污染程度在允许的范围内，再根据当地城市建设及地形条件合理地选用合流制管渠系统。

当合流制管网系统采用截流式时，其布置特点如下：

（1）管网的布置应使所有服务面积上的生活污水、工业废水和雨水都能合理地排入管网，并能以可能的最短距离流向水体。

（2）沿水体岸边布置与水体平行的截流干管，在截流干管的适当位置上设置溢流井，使超过截流干管设计输水能力的那部分混合污水能顺利地通过溢流井就近排入水体。

（3）必须合理地确定溢流井的数目和位置，以便尽可能减少对水体的污染，减小截流干管的尺寸和缩短排放渠道的长度。从对水体的污染情况看，截流式合流制管网系统中的初期雨水虽被截留处理，但溢流的混合污水仍受到污染。为改善水体卫生，保护环境，溢流井的数目宜少，且其位置应尽可能设置在水体的下游。从经济上讲，为减小截流干管的尺寸，溢流井的数目多一点好，这可使混合污水及早溢入水体，降低截流干管下游的设计流量。但是，溢流井过多，会增加溢流井和排放管网的造价，在溢流井离水体较远、施工条件困难时更是如此。当溢流井的溢流堰口标高低于水体最高水位时，需在排放管网上设置防潮门、闸门或排涝泵站。为减少泵站造价和便于管理，溢流井应适当集中，不宜过多。

（4）在合流制管网系统的上游排水区域内，若雨水可沿地面的街道边沟排泄，则该区域可只设置污水管道。只有当雨水不能沿地面排泄时，才考虑布置合流管网。

目前，我国许多城市的旧市区多采用合流制，而在新建区和工矿区则多采用分流制，特别是当生产污水中含有毒物质，其浓度又超过允许的卫生标准时，必须采用分流制，或者必须预先对这种污水单独进行处理，符合排放水质标准后，再排入合流制管网系统。

9.2 合流制排水管网的设计流量

1. 完全合流制排水管网设计流量

完全合流制排水管网应按下式计算管道的设计流量：

$$Q_z = Q_s + Q_g + Q_y = Q_h + Q_y \tag{9.1}$$

式中：Q_z——完全合流制排水管网的设计流量；

Q_s——设计生活污水量；

Q_g——设计工业废水量；

Q_y——设计雨水量；

Q_h——为生活污水量 Q_s 和工业废水 Q_g 之和，由于不包括检查井、管道连接口和管道裂隙等处的渗入地下水和雨水，相当于在无降雨日的城市污水量，因此也称为旱流污水量。

截流式合流制排水管网的设计流量，在溢流井上游和下游是不同的。截流式合流制排水管网中的溢流井上游管网部分实际也相当于完全合流制排水管网，其设计流量计算方法与上述方法完全相同。

2. 截流式合流制排水管网设计流量

采用截流式合流制排水体制时，溢流井上游合流污水的流量超过一定数值以后，就有部分合流污水经溢流井直接排入受纳水体。当溢流井内的水流刚达到溢流状态的时候，合流管和截流管中被截留的雨水量与旱流污水量的比值称为截留倍数 n_0。截流倍数 n_0 应根据旱流污水的水质、水量、排放水体的环境容量、水文、气候、经济和排水区域大小等因素计算确定。显然，截流倍数的取值也决定了其下游管网的大小和污水处理厂的设计负荷。

溢流井下游截流管道的设计流量可按下式计算：

$$Q_j = (n_0 + 1)\ Q_h + Q'_h + Q'_y \tag{9.2}$$

式中：Q_j——截流式合流制排水管网溢流井下游截流管道的总设计流量（L/s）；

n_0——设计截流倍数；

Q_h——从溢流井截流的上游日平均旱流污水量（L/s）；

Q'_h——溢流井下游纳入的旱流污水量（L/s）；

Q'_y——溢流井下游纳入的设计雨水量（L/s）。

由合流排水体制的工作特点可知，在无雨的时候，不论是合流管道还是截流管道，其输送的水量都是旱流污水量。因此，在无雨的时候，合流管道或截流管道中的流量变化必定就是旱流流量的变化。这个变化范围对管道的工程设计意义不大，因为在一般情形下，合流管或截流管中的雨水量必定大大超出旱流流量的变化幅度，设计雨水量的影响总会覆盖旱流流量的变化，因而在确定合流管道或截流管道管径的时候，一般忽略旱流流量变化的影响。

在降雨的时候，完全合流制排水管网或截流式合流制排水管网可以达到的最大流量即为式(9.1) 或式(9.2) 的计算值，一般为管道满流时所能输送的水量。

• 9.3　合流制排水管网的水力计算要点

合流制排水管网一般按满管流设计。水力计算的设计数据包括设计流速、最小坡度和最小管径等，和雨水管网的设计基本相同。合流制排水管网水力计算内容包括溢流井上游合流管网的计算、截流干管和溢流井的计算和晴天旱流情况校核。

1. 溢流井上游合流管网的计算

溢流井上游合流管网的计算与雨水管网的计算基本相同，只是它的设计流量要包括雨水、生活污水和工业废水。合流管网的雨水设计重现期一般应比分流制雨水管网的设计重现期提高 10% ～25%，因为虽然合流管网中混合废水从检查井溢出的可能性不大，但合流管网中的混合污水一旦溢出，比雨水管网溢出的雨水所造成的污染要严重得多，为了防止出现这种可能情况，合流管网的设计重现期和允许的积水程度一般都更加严格。

2. 截流干管和溢流井的计算

截流干管和溢流井的计算，主要是要合理地确定所采用的截流倍数 n_0。根据 n_0，可按式(9.2) 决定截流干管的设计流量和通过溢流井泄入水体的流量，然后即可进行截流干管和溢流井的水力计算。

从环境保护的要求出发，为使水体少受污染，应采用较大的截流倍数。但从经济上考虑，截流倍数过大，将会增加截流干管、提升泵站及污水厂的设计规模和造价，同时造成进入污水厂的污水水质和水量在晴天和雨天的差别过大，带来很大的运行管理困难。调查研究表明，降雨初期的雨污混合水中 BOD 和固体悬浮物的浓度比晴天污水中的浓度明显增加，当截流雨水量达到最大小时污水量的 3 倍时（若小时流量变化系数为 1.3 ～ 1.5，则相当于平均小时污水量的 2.6 ～ 4.5 倍），从溢流井中溢流出来的混合污水中的污染物浓度将急剧减少，当截流雨水量超过最大小时污水量的 3 倍时，溢流混合污水中的污染物浓度的减少量就不再显著。因此，可以认为截流倍数 n_0 的值采用 2.6 ～ 4.5 是比较经济合理的。

《室外排水设计标准》（GB 50014—2021）规定截流倍数 n_0 的值应根据排水条件不同而确定，宜采用 2 ～ 5。同一排水系统可采用不同的截流倍数。我国多数城市采用截流倍数 $n_0 = 3$。在美国、日本以及西欧各国，截流倍数 n_0 多采用 3 ～ 5。

一条截流管渠上可能设置了多个溢流井与多根合流管道连接，因此设计截流管道时要按各个溢流井接入点分段计算，使各段的管径和坡度与该段截流管的水量相适应。

3. **晴天旱流情况校核**

关于晴天旱流流量校核，应使旱流时流速能满足污水管网最小流速的要求。当不能满足这一要求时，可修改设计管段的管径和坡度。应当指出，由于合流管网中旱流流量相对较小，特别是在上游管段，旱流校核时往往不易满足最小流速的要求，此时可在管渠底设置缩小断面的流槽以保证旱流时的流速，或者加强养护管理，利用雨天流量冲洗管网，以防淤塞。

9.4 合流制排水管网的水力计算示例

图 9.1 系某市一个区域的截流式合流干管的计算平面图。其计算原始数据如下：

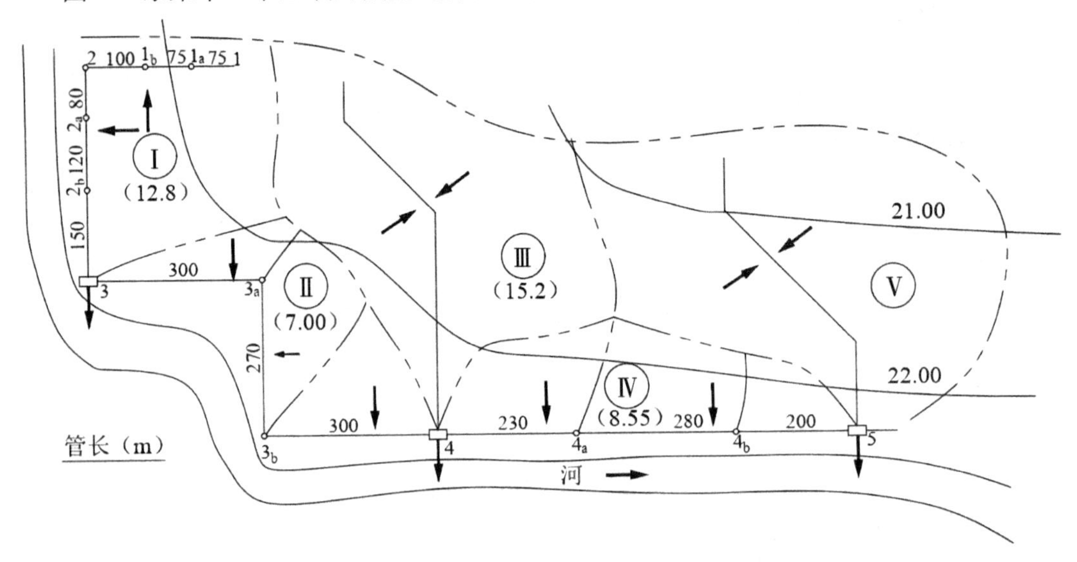

图 9.1　某市一个区域的截流式合流干管计算平面图

（1）设计雨水量计算公式。该市的暴雨强度公式为：

$$q=\frac{167(47.17+41.66\lg P)}{t+32.5+9\lg(P-0.4)}$$

式中：P——设计重现期，采用1 a；

t——集水时间，地面集水时间按10 min计算，管内流行时间为t_2，则$t=10+2t_2$。

该设计区域平均径流系数经计算为$\psi=0.45$，则设计雨水量为：

$$Q_t=q\psi F=\frac{167\times(47.17+41.66\lg 1)\times 0.45}{10+2\sum t_2+32.5+9\lg(1-0.4)}\cdot F=\frac{3\,544.8}{40.503+2\sum t_2}\cdot F$$

式中：F——设计排水面积（hm^2）；

当$\sum t_2=0$时，单位面积的径流量为87.5 L/(s·hm^2)。

（2）设计人口密度按200人/公顷计算，生活污水量标准按100升/(人·天)计，故生活污水比流量为$q_s=0.231$ L/(s·hm^2)。

（3）截流干管的截流倍数n_0采用3。

（4）街道管网起点埋深1.70 m。

（5）河流最高月平均洪水位为12.00 m。

计算时，先划分各设计管段及其排水面积，计算每块面积的大小，如图9.1中括号内所示数据；再计算设计流量，包括雨水量、生活污水量及工业废水量；然后根据设计流量查水力计算表（满流）得出设计管径和坡度，本例中采用的管道粗糙系数$n=0.013$；最后校核旱流情况。

表9.1系管段1—5的水力计算结果。

表 9.1　截流式合流干管计算结果

管段编号	管长(m)	排水面积(hm^2)			管内流行时间(min)		设计流量(L/s)					设计管径(mm)	设计坡度	管道坡降(m)	设计流速(m/s)	设计管道输水能力(L/s)	地面标高(m)		管内底标高(m)		埋深(m)		旱流校核			备注
		本段	转输	总计	累计 $\sum t_2$	本段 t_2	雨水	生活污水	工业废水	溢流井转输水量	总计						起点	终点	起点	终点	起点	终点	旱流流量(L/s)	充满度	流速(m/s)	
$1—1_a$	75	0.60		0.60	0	1.67	52.4	0.14	1.5		52.4	300	0.002 8	0.21	0.75	53	20.20	20.00	18.50	18.29	1.70	1.71	1.64			
$1_a—1_b$	75	1.40	0.60	2.00	1.67	1.54	162	0.46	3.1		162	500	0.001 7	0.13	0.81	165	20.00	19.80	18.09	17.96	1.91	1.84	3.56			
$1_b—2$	100	1.80	2.00	3.80	3.21	1.65	288	0.88	6.4		288	600	0.002 1	0.21	1.01	290	19.80	19.55	17.86	17.65	1.94	1.90	7.28			
$2—2_a$	80	0.70	3.80	4.50	4.86	1.16	318	1.04	8.5		327.54	600	0.002 7	0.22	1.15	330	19.55	19.55	17.65	17.43	1.90	2.12	9.54	0.12	0.52	
$2_a—2_b$	120	4.50	4.50	9.00	6.02	1.60	610	2.08	14.5		626.58	800	0.002 2	0.26	1.23	630	19.55	19.50	17.23	16.97	2.32	2.53	16.58	0.11	0.52	
$2_b—3$	150	3.80	9.00	12.80	7.62	1.90	817	2.97	18.5		838.47	900	0.002 1	0.31	1.32	840	19.50	19.45	16.87	16.56	2.63	2.89	21.47	0.11	0.54	3点设溢流井
$3—3_a$	300	2.00		2.00	0	5.25	175	0.46	0.18	85.88	260.88	600	0.001 8	0.54	0.95	262	19.45	19.50	16.56	16.02	2.89	3.48	22.11	0.23	0.62	
$3_a—3_b$	270	2.80	2.00	4.80	5.25	3.92	368	1.15	0.43	85.88	455.46	700	0.002 2	0.59	1.15	460	19.50	19.45	15.92	15.33	3.58	4.12	22.97	0.18	0.66	
$3_b—4$	300	2.20	4.80	7.00	9.17	3.95	422	1.61	0.61	85.88	515.59	700	0.002 7	0.81	1.27	515	19.45	19.45	15.33	14.52	4.12	4.93	23.69	0.16	0.59	4点设溢流井

续上表

管段编号	管长（hm^2）	排水面积（hm^2）			管内流行时间（min）		设计流量（L/s）					设计管径（mm）	设计坡度	管道坡降（m）	设计流速（m/s）	设计管道输水能力（L/s）	地面标高（m）		管内底标高（m）		埋深（m）		旱流校核			备注
		本段	转输	总计	累计 $\sum t_2$	本段 t_2	雨水	生活污水	工业废水	溢流井转输水量	总计						起点	终点	起点	终点	起点	终点	旱流流量（L/s）	充满度	流速（m/s）	
$4—4_a$	230	2.95		2.95	0	3.06	259	0.46	0.13	123.16	382.16	700	0.002 5	0.57	1.25	385	19.45	19.45	14.52	13.95	4.93	5.50	31.50	0.24	0.61	7—4管设转输
$4_a—4_b$	280	3.10	2.95	6.05	3.06	4.00	460	1.38	0.28	123.16	584.82	800	0.001 8	0.51	1.17	600	19.45	19.50	13.85	13.34	5.60	6.16	32.39	0.21	0.62	q_s = 7.10 L/s
$4_b—5$	200	2.50	6.05	8.55	7.06	2.25	620	1.98	0.40	123.16	745.54	800	0.002 9	0.58	1.48	750	19.50	19.50	13.34	12.76	6.16	6.74	33.11	0.19	0.68	

现对表9.1中部分计算进行说明：

（1）为简化计算，有些管段（如1—2、$3—3_a$、$4—4_a$）的生活污水量及工业废水量未计入总设计流量，因为其数值太小，不影响设计管径及坡度的确定。

（2）表中第17列设计管道输水能力系设计管径在设计坡度条件下的实际输水能力，该值应接近或略大于第12项的设计总流量。

（3）管段1—2因旱流流量太小，未进行旱流校核，在施工设计时或在养护管理中应采取适当措施防止淤塞。

（4）节点3及节点4均设有溢流井。

对于节点3而言，由管段1—3流来的旱流流量为$Q_h=21.47$ L/s。在截流倍数$n_0=3$时，经溢流井转输的总设计流量为

$$Q=(n_0+1)Q_h=(3+1)\times 21.47=85.88\ \text{L/s}$$

经溢流井溢流入河道的混合废水量为

$$Q_0=838.47-85.88=752.59\ \text{L/s}$$

对于节点4而言，由管段3—4流来的旱流流量为23.69 L/s；由管段4—7流来的总设计流量为713.10 L/s，其中旱流流量为7.10 L/s。故到达节点4的总旱流流量为

$$Q'_h=23.69+7.10=30.79\ \text{L/s}$$

经溢流井转输的总设计流量为

$$Q'=(n_0+1)Q'_h=(3+1)\times 30.79=123.16\ \text{L/s}$$

经溢流井溢流入河道的混合污水量为

$$Q'_0=515.59+713.10-123.16=1\ 105.53\ \text{L/s}$$

（5）截流管$3—3_a$、$4—4_a$的设计流量分别为

$$\begin{aligned}Q_{3—3_a}&=(n_0+1)Q_h+Q_{y(3—3_a)}+Q_{s(3—3_a)}+Q_{g(3—3_a)}\\&=85.88+175+0.46+0.18\approx 260.88\ \text{L/s}\end{aligned}$$

$$\begin{aligned}Q_{4—4_a}&=(n_0+1)Q'_h+Q_{y(4—4_a)}+Q_{s(4—4_a)}+Q_{g(4—4_a)}\\&=123.16+259+0.64+0.13\approx 382.16\ \text{L/s}\end{aligned}$$

因为两管段的Q_s及Q_g相对较小，计算中都忽略未计。

（6）节点3和节点4溢流井的堰顶标高按设计计算分别为17.16 m和15.22 m，均高于河流最高月平均洪水位12.00 m，故河水不会倒流。

• 9.5　城市旧合流制排水管网系统的改造

城市排水管网系统一般随城市的发展而相应地发展。最初，城市往往用合流明渠直接排除雨水和少量污水至附近水体。随着工业的发展和人口的增加与集中，为保证市区的卫生条件，便把明渠改为暗管，污水仍基本上直接排入附近水体，也就是说，大多数的城市，旧的排水管网系统一般采用直排式的合流制管网系统。据有关资料介绍，日本70%左右的城市、英国67%左右的城市采用合流制排水管网系统。我国绝大多数的大城市也采用这种系统。随着工业与城市的进一步发展，直接排入水体的污水量迅速增加，

势必造成水体的严重污染，为保护水体，提出了对城市已建旧合流制排水管网系统的改造问题。

目前，对城市旧合流制排水管网系统的改造，通常有以下途径。

1．将合流制改造为分流制

将合流制改为分流制可以完全控制混合污水对水体的污染，因而是一个比较彻底的改造方法。这种方法因为雨污水分流，需要处理的污水量将相对减少，污水在成分上的变化也相对较小，所以污水厂的运行管理容易控制。通常，在具有下列条件时，可考虑将合流制改造为分流制：

（1）住房内部有完善的卫生设备，便于将生活污水与雨水分流。

（2）工厂内部可清浊分流，可以将符合要求的生产污水接入城市污水管道系统，将较清洁的生产废水接入城市雨水管网系统，或可将其循环使用。

（3）城市街道的横断面有足够的位置，允许增建分流制污水管道，并且不对城市的交通造成严重影响。一般来说，住房内部的卫生设备目前已日趋完善，将生活污水与雨水分流比较易于做到；但工厂内部的清浊分流，因已建车间内工艺设备的平面位置与竖向布置比较固定而不太容易做到；至于城市横断面的大小，则往往由于旧城市（区）的街道比较窄，加之年代已久，地下管线较多，交通也较频繁，改建工程的施工极为困难。

2．将合流制改造为截流式合流制

由于将合流制改为分流制往往投资大、施工困难等，较难在短期内做到，因此目前旧合流制排水管网系统的改造多采用保留合流制，修建截流干管，即改造成截流式合流制排水管网系统。这种系统的运行情况已如前述。但是，截流式合流制排水管网系统并没有杜绝污水对水体的污染。溢流的混合污水不仅含有部分旱流污水，而且夹带晴天沉积在管底的污物。据调查，1953—1954 年，由伦敦溢流入泰晤士河的混合污水的 5 日生化需氧量浓度平均高达 221 mg/L，而进入污水厂的污水的 5 日生化需氧量也只有 239 ～ 281 mg/L。由此可见，溢流混合污水的污染程度仍然是相当严重的，足以对水体造成局部或全部污染。

3．对溢流混合污水进行适当处理

由于从截流式合流制排水管网系统溢流的混合污水直接排入水体仍会造成污染，其污染程度随工业与城市的进一步发展而日益严重，为了保护水体，可对溢流混合污水进行适当处理。处理措施包括细筛滤、沉淀，有时还通过投氯消毒后再排入水体，也可增设蓄水池或地下人工水库，将溢流的混合污水储存起来，待暴雨过后再将它抽送入截流干管进污水厂处理后排放。这样，可以较好地解决溢流混合污水对水体的污染问题。

4．对溢流混合污水量进行控制

为减少溢流混合污水对水体的污染，在土壤有足够渗透性且地下水位较低（至少低于排水管底标高）的地区，可采用提高地表持水能力和地表渗透能力的措施来减少暴雨径流，从而降低溢流的混合污水量。例如，据美国的研究结果，采用透水性路面或没有细料的沥青混合料路面，可削减高峰径流量的 83%，且载重运输工具或冰冻不会破坏透水性路面的完整结构，但需定期清理路面以防阻塞。也可采用屋面、街道、停车场或公园里为限制暴雨进入管道的临时蓄水塘等表面蓄水措施，削减高峰径流量。

城市旧合流制排水管网系统的改造是一项很复杂的工作，必须根据当地的具体情况，与城市规划相结合，在确保水体免受污染的条件下，充分发挥原有排水系统的作用，使改造方案有利于保护环境，经济合理，切实可行。

9.6 调蓄池

随着城市化的进程，不透水地面面积增加，使雨水径流量增大。而利用管道本身的空隙容量调节最大流量是有限的。在雨水管道系统上设置较大容积的调蓄池，暂存雨水径流的洪峰流量，待洪峰径流量下降至设计排泄流量后，再将贮存在池内的水逐渐排出，可以削减洪峰。这可以较大地降低下游雨水干管的断面尺寸，提高区域的排水标准和防洪能力，减少内涝灾害。

调蓄池是一种雨水收集设施，主要作用是把雨水径流的高峰流量暂存，待最大流量下降后再从调蓄池中将雨水慢慢地排出。建造人工调蓄池或利用天然洼地、池塘、河流等，可有效地节约调蓄池下游管渠造价，经济效益显著，在国内外的工程实践中日益得到重视和应用。在下列情况下设置调蓄池，通常可以取得良好的技术经济效果：

（1）在雨水干管的中游或有大流量交汇处设置调蓄池，可降低下游各管段的设计流量。

（2）正在发展或分期建设的区域，可用以解决旧有雨水管渠排水能力不足的问题。

（3）在雨水不多的干旱地区，可用于蓄洪养鱼和灌溉。

（4）利用天然洼地或池塘、公园水池等调节径流，可以补充景观水体，美化城市。

图9.2表示雨水调蓄池的三种设置形式。溢流堰式是在雨水管道上设置溢流堰，当雨水在管道中的流量增大到设定流量时，由于溢流堰下游管道变小，管道中水位升高产生溢流，流入雨水调蓄池；当雨水排水径流量减小时，调蓄池中的蓄存雨水开始外流，经下游管道排出。流槽式调蓄池是雨水管道流经调蓄池中央，雨水管道在调蓄池中变成池底的一道流槽。当雨水在上游管道中的流量增大到设定流量时，由于调蓄池下游管道变小，雨水不能及时全部排出，即在调蓄池中淹没流槽，雨水调蓄池开始蓄存雨水；当雨水量减小到小于下游管道排水能力时，调蓄池中的蓄存雨水开始外流，经下游管道排出。泵汲式调蓄池适用于下游管渠较高的情况，可以减小下游管渠的埋设深度。

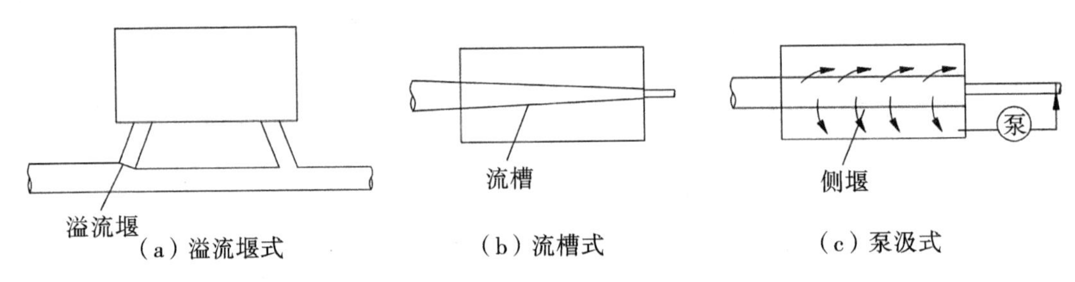

图9.2 雨水调蓄池设置形式

雨水调蓄池的位置对于排水管渠工程的经济效益和使用效果具有重要影响。同样容积的调蓄池，其设置的位置不同，经济效益和使用效果具有明显的差别。应根据调蓄目的、排水体制、管网布置、溢流管下游水位高程和周围环境等综合考虑和确定雨水调蓄池的位置。

调蓄池的入流管渠过水能力决定最大设计入流量，调蓄池最高水位以不使上游地区溢流积水为控制条件，最高和最低水位间的容积为有效调蓄容积。调蓄池容积的计算原理是，用径流过程线，以调节控制后的排水流量过程线切割洪峰，被切割的洪峰部分的流量作为调蓄池设计容积。

当调蓄池用于削减排水管道洪峰流量时，其设计有效容积可按下列公式计算：

$$V = \left[-\left(\frac{0.65}{n^{1.2}} + \frac{b}{t}\frac{0.5}{n+0.2} + 1.10\right)\lg(\alpha + 0.3) + \frac{0.215}{n^{0.15}}\right] \cdot Qt \tag{9.3}$$

式中：V——调蓄池有效容积（m^3）；

α——脱过系数，取值为调蓄池下游设计流量和上游设计流量之比；

Q——调蓄池上游设计流量（m^3/min）；

b、n——暴雨强度公式参数；

t——降雨历时（min），$t = t_1 + t_2$；

t_1——地面集水时间（min）；

t_2——管渠内雨水流行时间（min）。

当调蓄池用于合流制排水系统的径流污染控制时，出水应接入污水管网，其有效容积可按下列公式计算：

$$V = 3\,600 t_i (n - n_0) Q_{dr} \beta \tag{9.4}$$

式中：V——调蓄池有效容积（m^3）；

t_i——调蓄池进水时间（h），宜采用0.5～1 h，当合流制排水系统雨天溢流污水水质在单次降雨事件中无明显初期效应时，宜取上限，若有，宜取下限；

n——调蓄池建成运行后的截流倍数，由要求的污染负荷目标削减率、当地截流倍数和截流量占降雨量比例之间的关系求得；

n_0——系统原截流倍数；

Q_{dr}——溢流井以前的旱流污水量（m^3/s）；

β——安全系数，可取1.1～1.5。

当调蓄池用于分流制排水系统径流污染控制时，雨水调蓄池的有效容积，可按下式计算：

$$V = 10 D F \Psi \beta \tag{9.5}$$

式中：V——调蓄池有效容积（m^3）；

D——调蓄量（mm），按降雨量计，可取4～8 mm；

F——汇水面积（hm^2）；

Ψ——径流系数；

β——安全系数，可取1.1～1.5。

出流管渠泄水能力根据调蓄池泄空流量决定，一般要求泄空调节水量的时间不超过24 h。调蓄池的放空时间，可按下式计算：

$$t_0 = \frac{V}{3\,600 Q' \eta} \tag{9.6}$$

式中：t_0——放空时间（h）；

V——调蓄池有效容积（m^3）；

Q'——下游排水管道或设施的受纳能力（m^3/s）；

η——排放效率，一般可取 0.3 ～ 0.9。

9.7 溢流井

9.7.1 溢流井形式

溢流井是截流干管上最重要的构筑物，它既要使截流的污水进入截污系统，达到整治水环境的目的，又要保证在大雨时不让超过截流量的雨水进入截污系统，以防止下游截污管道的实际流量超过设计流量，避免发生污水反冒和给污水处理厂带来冲击。

最简单的溢流井是在井中设置截流槽，槽顶与截流干管管顶平齐，如图 9.3 所示。也可采用溢流堰式或跳跃堰式的溢流井，其构造分别如图 9.4、图 9.5 所示。

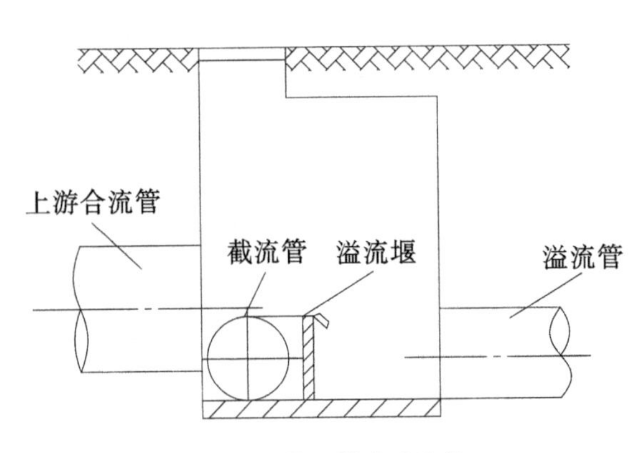

图 9.3　截流槽式溢流井

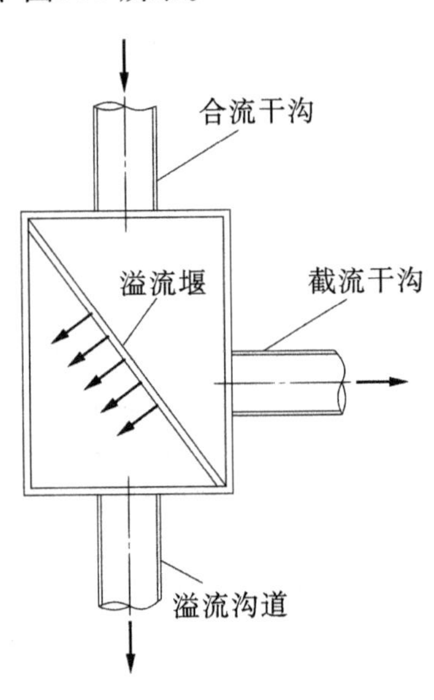

图 9.4　溢流堰式溢流井

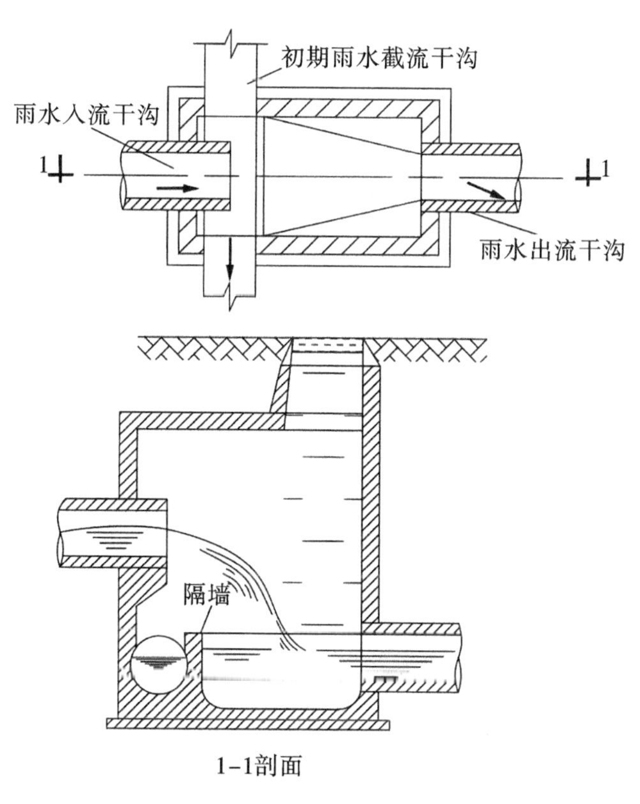

图 9.5　跳跃堰式溢流井

9.7.2　防倒流措施

当雨水量特别大时，排放渠中的水位会急速增高，若截污口标高较低，则渠内的水将倒灌至溢流井而进入截流管道，使截污管道的实际流量大大超出设计流量。在此种情况下，需考虑为截污系统设置防倒流措施。

1. 鸭嘴止回阀

鸭嘴止回阀为橡胶结构，无机械部件，具有水头损失小、耐腐蚀寿命长、安装简单、无须维护等优点，将其安装在截流井排放管端口即可解决污水倒灌问题。

2. 橡胶拍门

在溢流井的溢流堰上安装拍门，可使防倒灌问题直接在溢流井的内部解决。拍门采用橡胶材料，水头损失小，耐腐蚀。

第 10 章　给水排水管网优化设计

10.1　给水管网造价计算

管网造价为管网中所有管网设施的建设费用之和，包括管道、阀门、泵站、水塔等造价。但是，由于泵站和水塔等设施的造价占总造价的比例较小，同时为了降低计算的复杂性，在管网优化设计计算中仅考虑管道系统和与之直接配套的管道配件及阀门等的综合造价，称为管网造价。

管道的造价按管道单位长度造价乘以管段长度计算。管道单位长度造价是指单位长度（一般指每米）管道的建设费用，包括管材、配件与附件等的材料费和施工费（含直接费和间接费）。管道单位长度造价与管道直径有关，可以表示为：

$$c = a + bD^{\alpha} \tag{10.1}$$

式中：c——管道单位长度造价（元/米）；

D——管段直径（m）；

a、b、α——管道单位长度造价公式统计参数。

根据《市政工程投资估算指标》第三册“给水工程（HGZ 47－103—2007）”，不同材料给水管道单位长度投资估算指标基价见表 10.1。

表 10.1　给水管道单位长度投资指标基价

单元：元/米

管径(m)	0.20	0.30	0.40	0.50	0.60	0.70	0.80	0.90	1.0	1.2
承插球墨铸铁管	455.10	742.55	986.16	1 212.34	1 567.22	1 909.33	2 288.70	2 606.90	3 036.99	4 021.49
钢管	529.57	717.08	952.94	1 272.44	1 541.44	1 781.60	2 014.66	2 394.19	2 676.56	3 199.80
预应力钢筋砼管	—	537.22	736.47	850.57	1 055.17	1 210.96	1 406.48	1 489.02	1 712.55	2 186.34

管道单位长度造价公式统计参数 a、b、α 可以用曲线拟合方法对当地管道单位长度

造价统计数据进行计算求得。有作图法和最小二乘法两种方法，以下通过例题说明。

【例 10.1】某城市根据当地管道市场管道价格和施工费用定价，制定该市承插球墨铸铁管单位长度投资估算指标。基价见表 10.2 数据，试确定该管道单位长度造价公式统计参数 a、b 和 α。

表 10.2　某市给水承插球墨铸铁管单位长度投资估算指标

单位：元/米

管径（m）	0.20	0.30	0.40	0.50	0.60	0.70	0.80	0.90	1.0	1.2
估算指标	349.9	558.4	886.6	1 217.5	1 503.1	1 867.1	2 246.4	2 707.0	3 153.6	4 166.6

【解】(1) 采用作图法求造价公式参数。

作图法分为两个步骤，第一步确定参数 a，第二步确定参数 b 和 α。

第一步以 D 为横坐标，c 为纵坐标，将（D，c）的数据点画在方格坐标纸上，并且用光滑曲线连接这些点，曲线延长后与纵轴相交，相交处的截距值即为 a。图 10.1 为根据铸铁管数据所作曲线，a 值为 100。

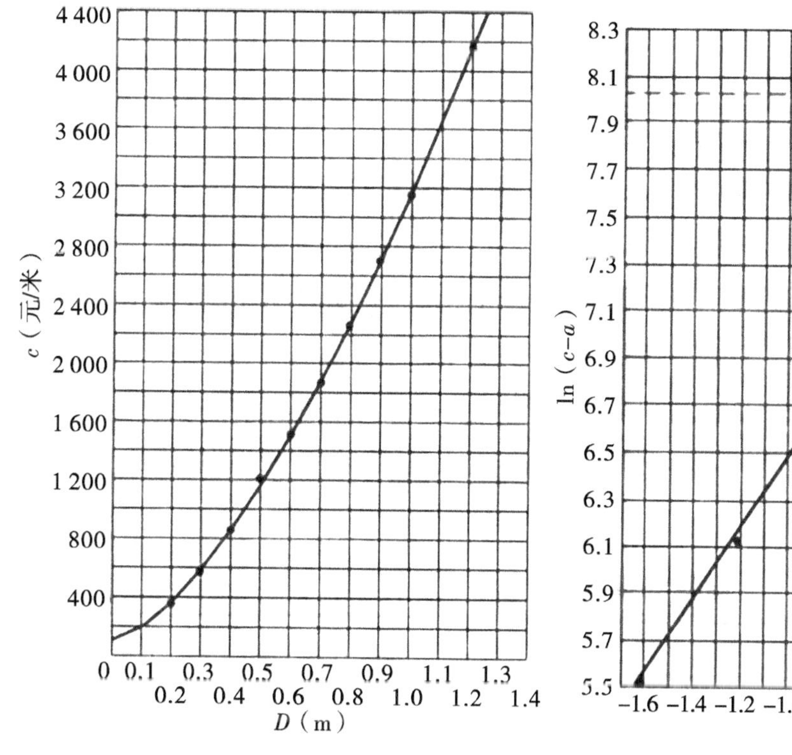

图 10.1　管道单位长度造价公式参数 a

图 10.2　管道单位长度造价公式参数 b 和 a

第二步将公式改写为：

$$\ln(c-a) = \ln b + \alpha \ln D \tag{10.2}$$

在双对数坐标纸上，以 D 为横坐标，$c-a$ 为纵坐标，画（D，$c-a$）数据，并且画一条最接近这些点的直线。当 $D=1$ 时，$\ln D=0$，由式（10.2）可得，$b=c-a$，该直线与 $D=1$ 的相交点所对应的 $c-a$ 值即为 b。同理，直线的斜率为 α。

如图10.2所示，在普通方格坐标纸上，也可以 $\ln D$ 为横坐标，$\ln(c-a)$ 为纵坐标，画 $(\ln D, \ln(c-a))$ 数据，并且画一条最接近这些点的直线，该直线与 $\ln D=0$ 的纵坐标线的相交点所对应的 $\ln(c-a)$ 值即为 $\ln b=\ln(c-a)=8.03$，由此可得 $b=3\ 072$。该直线的斜率为1.53，即 $\alpha=1.53$。

承插铸铁给水管道单位长度造价公式为：

$$c=100+3\ 072D^{1.53}$$

（2）采用黄金分割最小二乘法求造价公式参数。

按最小二乘法线性拟合原理，假设 α 已知，则有：

$$a=\frac{\sum c_i\sum D_i^{2\alpha}-\sum c_iD_i^{\alpha}\sum D_i^{\alpha}}{N\sum D_i^{2\alpha}-(\sum D_i^{\alpha})^2} \tag{10.3}$$

$$b=\frac{\sum c_i-aN}{\sum D_i^{\alpha}} \tag{10.4}$$

$$\sigma=\sqrt{\frac{\sum(a+bD_i^{\alpha}-c_i)^2}{N}} \tag{10.5}$$

式中：N——数据点数；

σ——线性拟合均方差（元）。

因为 α 取值一般在1.0～2.0之间，在此区间用黄金分割法（或其他搜索最小值的方法）取不同的 α 值，代入式(10.3）至式(10.5)，分别求得参数 a、b 和均方差 σ，搜索最小均方差 σ，直到 α 步距小于要求值（手工计算可取0.05，用计算机程序计算可0.01）为止，取最后的 a、b 和 α 值。

对于本例承插球墨铸铁给水管造价指标数据，可以计算得表10.3，最后得 $a=112.9$，$b=3\ 135$，$\alpha=1.5$，即承插球墨铸铁给水管单位长度造价公式为：

$$c=112.9+3\ 135D^{1.5}$$

表10.3　球墨铸铁给水管单价公式参数计算

点号	α 取值	a	b	均方差 σ
1	1.00	-738.86	3 992.14	117.47
2	2.00	551.73	2 659.22	111.33
3	1.38	-36.89	3 288.85	57.81
4	1.62	241.45	2 999.91	57.89
5	1.24	-246.79	3 501.52	75.07
6	1.47	77.66	3 171.17	52.73
7	1.53	146.85	3 099.33	52.80
8	1.44	41.00	3 208.99	53.76
9	1.50	112.91	3 134.65	52.41
10	1.51	124.37	3 122.75	52.46

根据上述管道造价公式，给水管网的造价可表示为：

$$C = \sum_{i=1}^{M} C_i l_i = \sum_{i=1}^{M} (a + bD_i^{\alpha}) l_i \tag{10.6}$$

式中：D_i——管段 i 的直径（m）；

C_i——管段 i 的管道单位长度造价（元/米）；

l_i——管段 i 的长度（m）；

M——管网管段总数。

10.2　给水管网优化设计数学模型

10.2.1　给水管网优化设计目标函数

给水管网优化设计的目标是降低管网年费用折算值，即在一定投资偿还期（亦称为项目投资计算期）内的管网建设投资费用和运行管理费用之和的年平均值。可用下式表示：

$$W = \frac{C}{T} + Y_1 + Y_2 \tag{10.7}$$

$$Y_1 = \frac{p}{100} C \tag{10.8}$$

式中：W——年费用折算值（元/年）；

C——管网建设投资费用（元），主要考虑管网造价，其他费用相对较少，可以忽略不计；

T——管网建设投资偿还期（a），参照我国城市基础设施建设项目的投资计算期，取值 15 ～ 20 a；

Y_1——管网每年折旧和大修费用（元/年），一般按管网建设投资费用的一个固定比率计算；

p——管网年折旧和大修费率，一般取 2.5% ～ 3.0%；

Y_2——管网年运行费用（元/年），主要考虑泵站的年运行总电费，其他费用相对较少，可忽略不计。

10.2.2　泵站年运行电费和能量变化系数

管网中泵站年运行电费为管网中所有泵站年运行电费之和，泵站年运行电费（元/年）按全年各小时运行电费累计计算，可用下式表示并简写为：

$$Y_2 = \sum_{t=1}^{24\times365} \frac{\rho g q_{pt} h_{pt} E_t}{\eta_t} = \frac{86\ 000 \gamma E}{\eta} \cdot q_p h_p = P q_p h_p \tag{10.9}$$

$$P = \frac{86\ 000 \gamma E}{\eta} \tag{10.10}$$

$$\gamma = \frac{\sum_{t=1}^{24\times365} \rho g q_{pt} h_{pt} E_t / \eta_t}{8\,760 \rho g q_p h_p E / \eta} \tag{10.11}$$

式中：E_t——全年各小时电价［元/（千瓦·时）］，一般用电高峰、低峰和正常时间电价，各地有所不同；

ρ——水的密度（t/m^3），近似取1；

g——重力加速度（m/s^2），近似取9.81；

q_{pt}——泵站全年各小时扬水流量（m^3/s）；

h_{pt}——泵站全年各小时扬程（m）；

η_t——泵站全年各小时能量综合效率，为变压器效率、电机效率和机械传动效率之积；

E——泵站最大时用电电价［元/（千瓦·时）］；

q_p——泵站最大时扬水流量（m^3/s）；

h_p——泵站最大时扬程（m）；

η——泵站最大时综合效率；

P——管网动力费用系数［元·秒/（米^4·年）］；

γ——泵站电费变化系数，即泵站全年平均时电费与最大时电费的比值。

显然，$\gamma \leqslant 1$ 且全年各小时 q_{pt}、h_{pt}、η_t 和 E_t 变化越大，γ 越小。

若全年电价不变（$E = E_t$），则 γ 成为泵站能量变化系数，即：

$$\gamma = \frac{\sum_{t=1}^{24\times365} q_{pt} h_{pt} / \eta_t}{8\,760 q_p h_p / \eta} \tag{10.12}$$

假设泵站全年综合效率不变，即 $\eta_t = \eta$，则泵站能量变化系数为：

$$\gamma = \frac{\sum_{t=1}^{24\times365} q_{pt} h_{pt}}{8\,760 q_p h_p} \tag{10.13}$$

能量变化系数可以根据泵站扬水量和扬程的变化曲线进行计算。假设：①泵站扬水量与管网用水量同比例变化；②在最高日最高时管网用水量和最低日最低时管网用水量之间的变化范围内，各种用水量出现的概率相等。由此可以推导出以下公式：

（1）若泵站扬水至近处水塔或高位水池，泵站扬程主要用于满足地形高差的需要，全年数值基本不变（$h_{pt} \approx h_p$），则能量变化系数仅与管网用水量变化有关，约等于全年平均小时用水量与最大日最大时用水量的比值：

$$\gamma' = \frac{\sum_{t=1}^{24\times365} q_{pt} h_{pt}}{8\,760 q_p h_p} = \frac{\sum_{t=1}^{24\times365} q_{pt}}{8\,760 q_p} = \frac{q_a}{q_p} = \frac{1}{K_d K_h} = \frac{1}{K_z} \tag{10.14}$$

式中：q_a——全年平均小时用水量；

K_d——管网用水量日变化系数；

K_h——管网用水量时变化系数；

K_z——管网用水量总变化系数，即 $K_z = K_d K_h$。

（2）若泵站扬水至较远处且无地势高差，其扬程主要用于克服管道水头损失，则泵站扬程 h_{pt} 与 q_{pt}^2 成正比，即 $h_{pt} \propto q_{pt}^2$。

在最高日最高时管网用水量和最低日最低时管网用水量之间的变化范围内，近似假定小时用水量呈线性变化，设最小日最小时的用水量为 q_{hmin}，平均日平均时用水量为 q_{hav}，则有：

$$q_{\mathrm{hmin}} = q_{\mathrm{hav}} - (q_{\mathrm{h}} - q_{\mathrm{hav}}) = q_{\mathrm{hav}} - (K_{\mathrm{z}} q_{\mathrm{hav}} - q_{\mathrm{hav}}) = (2 - K_{\mathrm{z}}) q_{\mathrm{hav}}$$

全年中各小时用水量 q_{pt} 可以被写成一个等差数列，即：

$$q_{pt} = \left\{ (2 - K_{\mathrm{z}}) q_{\mathrm{hav}}, \cdots, q_{\mathrm{hav}}, \cdots, K_{\mathrm{z}} q_{\mathrm{hav}} \right\}$$

其中，q_{hav} 为数列的中数。

应用等差数列运算，泵站能量变化系数 γ'' 可以由下式表达：

$$\gamma'' = \frac{\sum_{t=1}^{24\times365} q_{pt} h_{pt}}{8\,760 q_p h_p} = \frac{\sum_{t=1}^{24\times365} q_{pt}^3}{8\,760 q_p^3} = \frac{\sum_{t=1}^{24\times365} q_{\mathrm{hav}}^3 \left[(2 - K_{\mathrm{z}})^3 + \cdots + 1^3 + \cdots + K_{\mathrm{z}}^3 \right]}{8\,760 K_{\mathrm{z}}^3 q_{\mathrm{hav}}^3}$$

$$= \frac{(K_{\mathrm{z}} - 1)^2 + 1}{K_{\mathrm{z}}^3} \tag{10.15}$$

实际情况下，泵站扬程既要满足地形高差和用户用水压力需要，又要克服管网水头损失，可以采用加权平均法近似计算能量变化系数 γ，即：

$$\gamma = (h_{p0}/h_p)\gamma' + (1 - h_{p0}/h_p)\gamma'' \tag{10.16}$$

式中：h_{p0}——泵站总扬程 h_p 中用于满足地形高差和用户用水压力需要的部分压力（m）。

【例 10.2】某给水管网用水量日变化系数为 $K_{\mathrm{d}} = 1.35$，时变化系数为 $K_{\mathrm{h}} = 1.82$，其供水泵站从清水池吸水，清水池最低水位为 76.20 m。设计考虑两种供水方案：方案一为泵站供水到前置水塔，估计水塔高度 35.60 m，水塔最大水深 3.00 m，水塔所在点地面高程 79.50 m，估计泵站设计扬程 48.40 m；方案二为不设水塔，供水压力最不利点地面高程为 82.20 m，用户最高居住建筑 5 层，需要供水压力 24 m，最大供水时的泵站设计扬程为 47.50 m。试分别求两方案的泵站能量变化系数。

【解】用水量总变化系数为 $K_{\mathrm{z}} = K_{\mathrm{d}} K_{\mathrm{h}} = 1.35 \times 1.82 = 2.457$，代入式（10.14）和式（10.15）计算得：

$$\gamma' = \frac{1}{K_{\mathrm{z}}} = \frac{1}{2.457} = 0.407, \gamma'' = \frac{(K_{\mathrm{z}} - 1)^2 + 1}{K_{\mathrm{z}}^3} = \frac{(2.457 - 1)^2 + 1}{2.457^3} = 0.211$$

方案一：泵站设计总扬程 $h_p = 48.40$ m，其中高程差 $h_{p0} = [(79.50 - 76.20) + 35.60 + 3.00]$ m $= 41.90$ m，则：

$$\gamma = \frac{h_{p0}}{h_p}\gamma' + \left(1 - \frac{h_{p0}}{h_p}\right)\gamma'' = \frac{41.90}{48.40} \times 0.407 + \left(1 - \frac{41.90}{48.40}\right) \times 0.211 = 0.38$$

方案二：泵站设计总扬程 $h_p = 47.50$ m，其中高程差 $h_{p0} = [(82.20 - 76.20) + 24.00]$ m $= 30.00$ m，则：

$$\gamma = \frac{h_{p0}}{h_p}\gamma' + \left(1 - \frac{h_{p0}}{h_p}\right)\gamma'' = \frac{30.00}{47.50} \times 0.407 + \left(1 - \frac{30.00}{47.50}\right) \times 0.211 = 0.33$$

根据以上计算，泵站年运行总电费可以表示为：

$$Y_2 = \sum_{i=1}^{M} y_{2i} = \sum_{i=1}^{M} P_i q_i h_{pi} \tag{10.17}$$

式中：y_{2i}——管段 i 上泵站的年运行电费（元/年）；

P_i——管段 i 上泵站的单位运行电费指标［元·秒/(米^4·年)］；

q_i——管段 i 的最大时流量，即泵站设计扬水流量（m^3/s）；

h_{pi}——管段 i 上泵站最大时扬程（m）。

10.2.3 给水管网优化设计数学模型的约束条件

给水管网优化设计计算必须满足管网水力条件和设计规范等要求，在管网优化设计数学模型中称为约束条件，数学表达式如下：

（1）水力约束条件为：

$$H_{Fi} - H_{Ti} = h_i = h_{fi} - h_{pi},\ i = 1,2,3,\cdots,M \tag{10.18}$$

$$\sum_{i \in s_j} (\pm q_i) + Q_j = 0,\ j = 1,2,3,\cdots,N \tag{10.19}$$

此即给水管网恒定流方程组，其中：

$$h_{fi} = \frac{k q_i^n}{D_i^m} l_i,\ i = 1,2,3,\cdots,M \tag{10.20}$$

（2）节点水头约束条件为：

$$H_{\min,j} \leqslant H_j \leqslant H_{\max,j},\ j = 1,2,3,\cdots,N \tag{10.21}$$

$$H_{\min,j} = \begin{cases} Z_j + H_{uj},\ j \text{ 为有用水节点} \\ Z_j,\ j \text{ 为无用水节点} \end{cases} \tag{10.22}$$

$$H_{\max,j} = \begin{cases} Z_j + H_{bj} - h_{bj},\ j \text{ 为有贮水设施节点} \\ Z_j + P_{\max,j},\ j \text{ 为无贮水设施节点} \end{cases} \tag{10.23}$$

式中：$H_{\min,j}$——节点 j 的最小允许水头（m），按用水压力要求或不出现负压条件确定；

Z_j——节点 j 的地面标高（m）；

H_{uj}——节点 j 服务水头（m），对于居民用水，一层楼 10 m，二层楼 12 m，以后每层加 4 m；

$H_{\max,j}$——节点 j 的最大允许水头（m），按贮水设施水位或管道最大承压力确定；

H_{bj}——水塔或水池高度（m），水池为埋深，H_{bj}取负值；

H_{bj}——水塔或水池最低水深（m）；

$P_{\max,j}$——节点 j 处管道最大承压能力（m）。

（3）供水可靠性和管段设计流量非负约束条件为：

$$q_i \geqslant q_{\min,i},\ i = 1,2,3,\cdots,M \tag{10.24}$$

式中：$q_{\min,i}$——管段最小允许设计流量，必须为正值。

（4）非负约束条件为：

$$D_i \geqslant 0,\ i = 1,2,3,\cdots,M \tag{10.25}$$

$$h_{pi} \geqslant 0,\ i = 1,2,3,\cdots,M \tag{10.26}$$

10.2.4　给水管网优化设计数学模型

综上所述，给水管网优化设计的目标就是求解管网中所有管段的一组管径 D_i，使管网的年费用折算值最小，可以用下列非线性规划数学模型表达：

目标函数：

$$\min W = \sum_{i=1}^{M} \omega_i = \sum_{i=1}^{M} \left[\left(\frac{1}{T} + \frac{p}{100} \right) (a + bD_i^{\alpha}) l_i + P_i q_i h_{pi} \right] \tag{10.27}$$

$$\omega_i = \left(\frac{1}{T} + \frac{p}{100} \right) (a + bD_i^{\alpha}) l_i + P_i q_i h_{pi},\ i = 1,2,\cdots,M \tag{10.28}$$

约束条件：

$$\begin{cases} H_{Fi} - H_{Ti} = \dfrac{kq_i^n}{D_i^m} l_i - h_{pi},\ i = 1,2,\cdots,M \\ \sum\limits_{i \in s_j} (\pm q_i) + Q_j = 0,\ j = 1,2,\cdots,N \\ H_{\min,j} \leqslant H_j \leqslant H_{\max,j},\ j = 1,2,\cdots,N \\ q_i \geqslant q_{\min,i},\ i = 1,2,\cdots,M \\ D_i \geqslant 0,\ i = 1,2,\cdots,M \\ h_{pi} \geqslant 0,\ i = 1,2,\cdots,M \end{cases}$$

式中：ω_i——管段年费用折算值（元/年），如下式定义：

10.2.5　数学模型的求解法则

1. 目标函数 W 不存在由 q_i 和 h_i 同时作为变量的极值

由 $h_f = \dfrac{kq^n}{D^m} l$，可得 $D_i = k^{\frac{1}{m}} q_i^{\frac{n}{m}} l_i^{\frac{1}{m}} h_i^{-\frac{1}{m}}$，代入目标函数式(10.27)，假设所有管段设置增压水泵增压提供能量，其扬程等于该管段水头损失，则目标函数可以改写为管段流量 q_i 和管段水头损失 h_i 的二元函数：

$$\min W(q_i, h_i) = \sum \omega_i(q_i, h_i) = \sum \left[\left(\frac{1}{T} + \frac{p}{100} \right) \left(a + bk^{\frac{\alpha}{m}} q_i^{\frac{n\alpha}{m}} l_i^{\frac{\alpha}{m}} h_i^{-\frac{\alpha}{m}}\right) l_i + P_i q_i h_i \right] \tag{10.29}$$

目标函数 W 存在极值的必要条件为：

$$\frac{\partial W}{\partial q_i} = \left(\frac{1}{T} + \frac{p}{100} \right) \frac{n\alpha}{m} bk^{\frac{\alpha}{m}} l_i^{\frac{\alpha+m}{m}} q_i^{\frac{n\alpha-m}{m}} h_i^{-\frac{\alpha}{m}} + P_i h_i = nz_i q_i^{\frac{n\alpha-m}{m}} h_i^{-\frac{\alpha}{m}} + P_i h_i = 0 \tag{10.30}$$

$$\frac{\partial W}{\partial h_i} = -\left(\frac{1}{T} + \frac{p}{100} \right) \frac{\alpha}{m} bk^{\frac{\alpha}{m}} q_i^{\frac{n\alpha}{m}} h_i^{-\frac{\alpha+m}{m}} l_i^{\frac{\alpha+m}{m}} + P_i q_i = -z_i q_i^{\frac{n\alpha}{m}} h_i^{-\frac{\alpha+m}{m}} + P_i q_i = 0 \tag{10.31}$$

式中：$z_i = \left(\dfrac{1}{T} + \dfrac{p}{100} \right) \dfrac{\alpha}{m} bk^{\frac{\alpha}{m}} l_i^{\frac{\alpha+m}{m}}$，对于任一定线管段为常数。

为了证明目标函数 W 存在极值的充分条件，设

$$A = \frac{\partial^2 W}{\partial q_i^2} = nz_i \frac{n\alpha - m}{m} q_i^{\frac{n\alpha-2m}{m}} h_i^{-\frac{\alpha}{m}}$$

$$B = \frac{\partial^2 W}{\partial q_i \partial h_i} = -\frac{\alpha}{m} nz_i q_i^{\frac{n\alpha-m}{m}} h_i^{-\frac{\alpha+m}{m}} + P_i$$

$$C = \frac{\partial^2 W}{\partial h_i^2} = \left(-\frac{\alpha+m}{m}\right)(-z_i) q_i^{\frac{n\alpha}{m}} h_i^{-\frac{\alpha+2m}{m}} = \frac{\alpha+m}{m} z_i q_i^{\frac{n\alpha}{m}} h_i^{-\frac{\alpha+2m}{m}}$$

$$\Delta = B^2 - AC$$

由二元函数的极值判定法则可知，当 $\Delta < 0$ 时，目标函数 W 存在极值；当 $\Delta > 0$ 时，目标函数 W 不存在极值；当 $\Delta = 0$ 时，目标函数 W 不确定存在极值。

设 $\alpha = 1.5$，$n = 1.85$，$m = 4.87$，则 $n\alpha - m < 0$，所以上述三式中，$A < 0$，$B^2 > 0$，$C > 0$，故 $\Delta = B^2 - AC > 0$。由此判定，目标函数 W 不存在由 q_i 和 h_i 同时作为变量的极值。

2. 使 W 最小的管段流量分配结果是枝状管网

假定管段水头损失 h_i 已知，并视作常数，则管段流量 q_i 为目标函数 W 的变量，其一阶和二阶导数分别为：

$$\frac{\partial W}{\partial q_i} = \left(\frac{1}{T} + \frac{p}{100}\right)\frac{n\alpha}{m} bk^{\frac{\alpha}{m}} q_i^{\frac{n\alpha-m}{m}} h_i^{-\frac{\alpha}{m}} l_i^{\frac{\alpha+m}{m}} + P_i h_{pi} \tag{10.32}$$

$$\frac{\partial^2 W}{\partial q_i^2} = \left(\frac{1}{T} + \frac{p}{100}\right)\frac{n\alpha}{m} \cdot \frac{n\alpha - m}{m} bk^{\frac{\alpha}{m}} q_i^{\frac{n\alpha-2m}{m}} h_i^{-\frac{\alpha}{m}} l_i^{\frac{\alpha+m}{m}} \tag{10.33}$$

当 $\alpha = 1.5$，$m = 4.87$ 时，可得

$$\frac{n\alpha - m}{m} = \frac{1.85 \times 1.5 - 4.87}{4.87} = -0.43$$

即

$$\frac{\partial^2 W}{\partial q_i^2} < 0$$

由函数的极值法则可知，目标函数式(10.27）为关于变量 q_i 的上凸函数，由求解变量 q_i 得到的目标函数极值为最大值，而不是最小值。换言之，当 $\frac{n\alpha - m}{m} > 0$，即 $\alpha > \frac{m}{n}$ 时，不存在使目标函数最小的优化管段流量分配。下面举例说明。

【例 10.3】两根并联管道如图 10.3 所示，假设管道水头损失为常数 h，该两条管段的水头损失必然相等。已知管段长度分别为 l_1 和 l_2，流量之和为 q，求使目标函数达到极值的流量分配值 q_1 和 q_2。

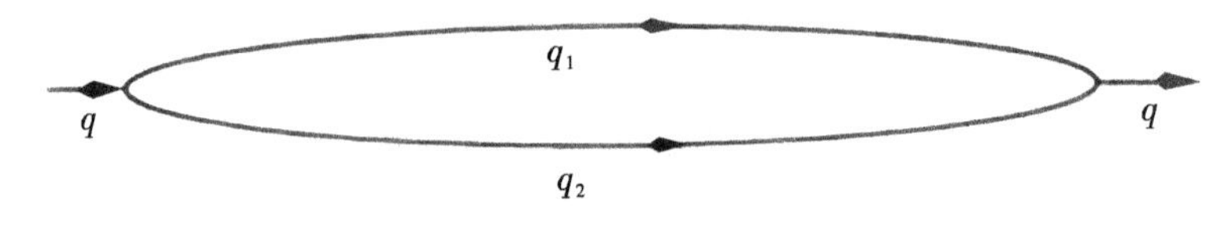

图 10.3　并联管道流量分配

【解】图 10.3 所示管道的目标函数为：

$$W = \left(\frac{1}{T} + \frac{p}{100}\right)\left[(a + b k^{\frac{\alpha}{m}} q_1^{\frac{n\alpha}{m}} l_1^{\frac{\alpha}{m}} h^{-\frac{\alpha}{m}}) l_1 + (a + b k^{\frac{\alpha}{m}} q_2^{\frac{n\alpha}{m}} l_2^{\frac{\alpha}{m}} h^{-\frac{\alpha}{m}}) l_2\right]$$

设$q_1 = \beta q$，其中β为流量分配系数，且β为 0 ～ 1，则$q_2 = (1-\beta) q$。

目标函数可以改写成如下关于β的函数：

$$W = \left(\frac{1}{T} + \frac{p}{100}\right)\left(\left(a + b k^{\frac{\alpha}{m}} (\beta q)^{\frac{n\alpha}{m}} l_1^{\frac{\alpha}{m}} h^{-\frac{\alpha}{m}}\right) l_1 + \left(a + b k^{\frac{\alpha}{m}} ((1-\beta) q)^{\frac{n\alpha}{m}} l_2^{\frac{\alpha}{m}} h^{-\frac{\alpha}{m}}\right) l_2\right)$$

$$= 2a_{\varphi} + b_{\varphi}\left[\beta^{\frac{n\alpha}{m}} l_1^{\frac{\alpha+m}{m}} + (1-\beta)^{\frac{n\alpha}{m}} l_2^{\frac{\alpha+m}{m}}\right]$$

其中$a_{\varphi} = \left(\frac{1}{T} + \frac{p}{100}\right) a$，$b_{\varphi} = \left(\frac{1}{T} + \frac{p}{100}\right) b k^{\frac{\alpha}{m}} q^{\frac{n\alpha}{m}} h^{-\frac{\alpha}{m}}$。

为解使目标函数达到极值的管段流量分配 q_1 和 q_2，即求解流量分配系数β的问题，求 W 对β的导数，并令其等于 0，得：

$$\frac{\mathrm{d}W}{\mathrm{d}\beta} = b_{\varphi} \frac{n\alpha}{m} \beta^{\frac{n\alpha-m}{m}} l_1^{\frac{\alpha+m}{m}} + b_{\varphi} \frac{n\alpha}{m} (1-\beta)^{\frac{n\alpha-m}{m}} (-1) l_2^{\frac{\alpha+m}{m}} = 0$$

整理后可得：

$$\beta = (1-\beta)\left(\frac{l_2}{l_1}\right)^{\frac{\alpha+m}{n\alpha-m}}$$

亦即$\beta = \frac{l_2^{m_{\varphi}}}{l_1^{m_{\varphi}} + l_2^{m_{\varphi}}}$，其中$m_{\varphi} = \frac{\alpha + m}{n\alpha - m}$。

当$\alpha = 1.5$，$n = 1.85$，$m = 4.87$ 时，流量分配系数β仅与两条管段的长度有关，且β随着 l_2的增大而增大，而 $q_2 = (1-\beta) q$ 随着 l_2的增大而减小，即管段长度越长，管段流量越小。

当 $l_1 = l_2$，即两条管段的分配流量相等时，目标函数 W 的值为最大值。在β为 0 ～ 1 的条件下任意改变系数β，都会使目标函数 W 值减小。当$\beta = 0$ 或$\beta = 1$ 时，其中一条管段流量为 0，目标函数 W 值达到最小，此时，该环状管网变成了枝状管网。系数β和费用 W 的关系曲线如图 10.4 所示，图中最大费用值 W_{max}为最小费用值 W_{min}的 1.35 倍。

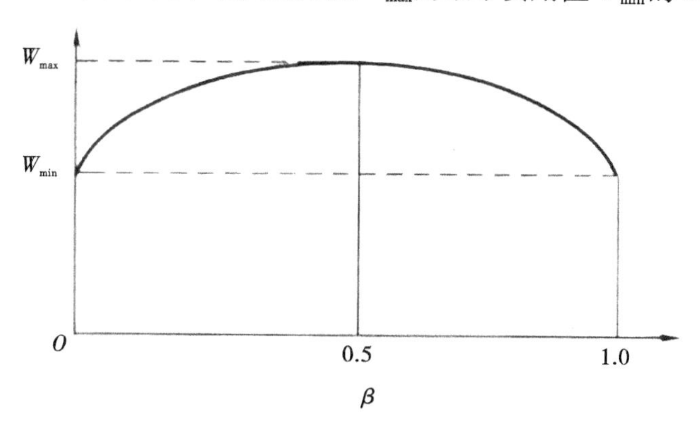

图 10.4　并联管道流量分配系数β和目标费用 W

由此可以得到结论：当$\alpha < \frac{m}{n}$时，使年费用折算值达到最小的管段流量分配结果是

管网成为枝状管网，管网供水量从水源节点通过最短路径距离到达各用水节点。

在某些特别情况下，当$\frac{n\alpha - m}{m} > 0$，即管道造价公式中的管径指数$\alpha > \frac{m}{n}$时，由$\frac{\mathrm{d}W}{\mathrm{d}\beta} = 0$得到的管段流量分配将使目标函数$W$的值为最小值。

3．设管段流量q_i已知，求解优化管段水头损失h_i

假定管段流量已经分配，即q_i已知，并视作常数，则管段水头损失h_i为目标函数W的变量，其一阶和二阶导数分别为：

$$\frac{\partial W}{\partial h_i} = -\left(\frac{1}{T} + \frac{p}{100}\right)\frac{\alpha}{m} b k^{\frac{\alpha}{m}} q_i^{\frac{n\alpha}{m}} h_i^{-\frac{\alpha + m}{m}} l_i^{\frac{\alpha + m}{m}} + P_i q_i \tag{10.34}$$

$$\frac{\partial^2 W}{\partial h_i^2} = \left(\frac{1}{T} + \frac{p}{100}\right)\frac{\alpha}{m} \cdot \frac{\alpha + m}{m} b k^{\frac{\alpha}{m}} q_i^{\frac{n\alpha}{m}} h_i^{-\frac{\alpha + 2m}{m}} l_i^{\frac{\alpha + m}{m}} \tag{10.35}$$

当$\alpha > 0$，$m > 0$时，可得

$$\frac{\partial^2 W}{\partial h_i^2} > 0$$

当管网中管段流量分配已知时，以管段水头损失h_i为自变量的目标函数式(10.27)为下凸函数，可以求解优化管段水头损失，目标函数极值为最小值。

因此，环状管网优化设计是在管段流量已经分配条件下求解优化管径的问题，就是求解使年费用折算值达到最小的管段直径、水头损失或节点设计压力。

在10.5节中，将专门讲述管段流量已分配条件下的环状管网优化管径计算方法。

10.3　环状管网管段流量近似优化分配计算

10.3.1　管段流量优化分配数学模型

如10.2节所述，在管网布置方案确定后，优化设计工作通常分两步进行。第一步进行管段设计流量分配，第二步进行管网压力、管径等的优化计算，确定管段设计流量是进行管网压力和各管段管径等优化计算的前提。

树状管网的管段设计流量可以由节点流量连续性方程直接解出，只有唯一的分配方案，不需要进行优化计算。本节讨论环状管网管段设计流量优化分配问题。

环状管网中的管段设计流量分配应满足两个目标，即满足管网年费用折算值最小和管网的供水安全可靠性。因此，环状管网的管段流量分配是一个多目标优化问题。然而，同时满足经济性和安全可靠性的管段流量优化分配，目前还是一个没有完全解决的问题，只能给出一些近似的优化设计和计算方法。

首先可以定性地认为，管网中每个管段的输水费用是关于该管段的流量q_i和长度l_i的非线性函数，使管网输水费用最小的管段流量优化分配的目标函数，可以采用下式表示：

$$\min W_q = \sum_{i=1}^{M} (|q_i|^{\beta} l_i^{\chi}) \tag{10.36}$$

并必须满足管网中各节点流量连续性方程的约束条件：

$$\sum_{i \in S_j} \pm (q_i) + Q_i = 0, j = 1,2,\cdots,N \tag{10.37}$$

式中：β——管段流量指数，取值区间为（0，2）；

χ——管段长度指数，取值区间为（0，1）。

这里，$\beta > 0$，反映管段输水费用随着管段设计流量的增加而增加。当 $\beta < 1$ 时，输水费用的增加速率小于设计流量的增加速率，即管径相同的管段在输送大流量时较输送小流量更经济。如 10.2 节中的数学证明，管网年费用折算值最小的管段流量分配的解为树状管网，即每个环内一定有一条管段的分配流量为零。从工程上可以理解为，将设计流量集中通过较少的管段输送比分散通过较多的管段输送更经济。

如果要提高管网供水的安全可靠性，需要设计成环状管网。为此，必须将上述管段流量优化分配的目标函数式(10.36）中的流量指数 β 加大，以减小管段设计流量分配的集中效应。可证明，当指数 $\beta > 1$ 时，目标函数式(10.36）的解不再是树状管网，而成为环状管网。这时，管段输水费用增加的速度大于管段设计流量增加的速度，将使管段设计流量比较均匀地分配到各管段上。

关于上述目标函数中管段长度 l_i 的影响因素，若指数 $\chi = 1$，则管段流量将向输水距离较短的管线集中，将导致输水距离较短的管道直径较大，而输水距离长的管道直径较小，当输水距离短的管道出现事故时，管网供水能力将显著下降，因此是不安全的。若指数 $\chi = 0$，则目标函数成为：

$$\min \sum_{i=1}^{M} |q_i|^{\beta} \tag{10.38}$$

在指数 $\beta > 1$ 的条件下，管段流量 q_i 将随着 β 值的增大而趋向均匀，当 $\beta = 2$ 时，成为一个最小二乘问题，从各节点上流出的管段流量分配将相等。

由式(10.36）和式(10.37）构成的管段设计流量分配数学模型，综合考虑了管网输水的经济性和安全可靠性，β 一般可取 1.5，χ 一般可取 0.5 左右。该数学模型称为管段设计流量分配优化数学模型，可以求解管段设计流量分配的近似优化方案，具有工程实用意义。

10.3.2　管段设计流量分配近似优化计算

可以证明，当流量指数 $\beta > 1$ 时，目标函数式(10.36）是关于变量 q_i 的下凸函数，存在一组管段流量 q_i，使目标函数的极值为最小值。

考虑到节点流量连续性约束条件，数学模型中真正的自变量 q_i 是各环中的管段流量，类似于哈代－克罗斯算法平差计算，若已经初步分配了管段流量，则任意施加环的校正流量，不会破坏节点流量连续性条件。然而，施加环校正流量必然改变目标函数值，使目标函数值减小。

如图 10.5（图中所标箭头为流量方向）所示，在初步分配管段流量后，从管网中任取一个环 k，施加校正流量 Δq_k，根据求目标函数极值的原理，在极值点处有：

$$\frac{\partial W_q}{\partial \Delta q_k} = 0$$

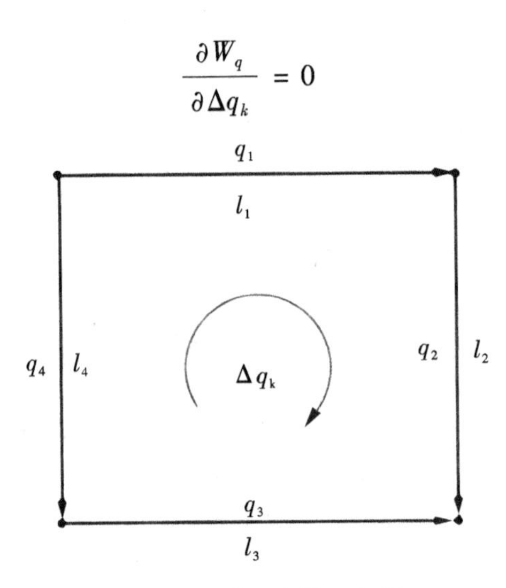

图 10.5 管网中的一个环

由式(10.36)，对 q_i 求偏导数，得：

$$\beta(q_1^{\beta-1}l_1^{\chi}+q_2^{\beta-1}l_2^{\chi}-q_3^{\beta-1}l_3^{\chi}-q_4^{\beta-1}l_4^{\chi}) = 0$$

即

$$q_1^{\beta-1}l_1^{\chi}+q_2^{\beta-1}l_2^{\chi}-q_3^{\beta-1}l_3^{\chi}-q_4^{\beta-1}l_4^{\chi} = 0$$

对该式在初分配流量 $q_i^{(0)}$（$i=1, 2, 3, \cdots, M$）处用泰勒公式展开，舍去非线性项，经整理变换可得：

$$\Delta q_k^{(0)} = -\frac{[q_1^{(0)}]^{\beta-1}l_1^{\chi}+[q_2^{(0)}]^{\beta-1}l_2^{\chi}-[q_3^{(0)}]^{\beta-1}l_3^{\chi}-[q_4^{(0)}]^{\beta-1}l_4^{\chi}}{(\beta-1)\left\{[q_1^{(0)}]^{\beta-2}l_1^{\chi}+[q_2^{(0)}]^{\beta-2}l_2^{\chi}+[q_3^{(0)}]^{\beta-2}l_3^{\chi}+[q_4^{(0)}]^{\beta-2}l_4^{\chi}\right\}}$$

即

$$\Delta q_k^{(0)} = -\frac{\sum_{i\in R_k}\pm\left\{[q_i^{(0)}]^{\beta-1}l_i^{\chi}\right]}{(\beta-1)\sum_{i\in R_k}\left\{[q_i^{(0)}]^{\beta-2}l_i^{\chi}\right\}}, k = 1,2,3,\cdots,L \tag{10.39}$$

令

$$x_i = q_i^{\beta-1}l_i^{\chi} \tag{10.40}$$

$$X_k = \sum_{i\in R_k}(\pm x_i) = \sum_{i\in R_k}(\pm q_i^{\beta-1}l_i^{\chi}) \tag{10.41}$$

$$y_i = (\beta-1)q_i^{\beta-2}l_i^{\chi} \tag{10.42}$$

$$Y_k = \sum_{i\in R_k}y_i = (\beta-1)\sum_{i\in R_k}\left(q_i^{\beta-2}l_i^{\chi}\right) \tag{10.43}$$

则式(10.39) 可以简化为：

$$\Delta q_k^{(0)} = -\frac{X_k^{(0)}}{Y_k^{(0)}}, k = 1,2,3,\cdots,L \tag{10.44}$$

此式即为管段设计流量优化分配平差公式，由于公式推导时略去了非线性项，必须进行多次迭代计算，迭代公式为：

$$q_i^{(j+1)} = q_i^{(j)} \pm \Delta q_k^{(j)},\ i \in R_k \qquad (10.45)$$

经过对各环优化迭代计算，直到环校正流量的绝对值小于允许值 e_{qopt} 为止，即：

$$\left| \Delta q_k^{(j)} \right| \leqslant e_{qopt},\ k = 1,2,3,\cdots,L \qquad (10.46)$$

式中：e_{qopt}——环校正流量允许误差（m^3/s），手工计算可取 $e_{qopt} = 0.000\ 1\ m^3/s$，即 0.1 L/s，计算机程序计算可取 $e_{qopt} = 0.000\ 01\ m^3/s$，即 0.01 L/s。

实际上，管段设计流量分配近似优化算法与管网水头平差算法相似，管段流量优化计算的过程也可以理解为管段流量优化分配平差过程。下面举例说明。

【例 10.4】某环状管网如图 10.6 所示，管段长度及初分配管段设计流量标于图中，试用数学模型式（10.43）进行管段设计流量近似优化计算，取 $\beta = 1.5$，$\chi = 0.5$，$e_{qopt} = 0.1$ L/s。

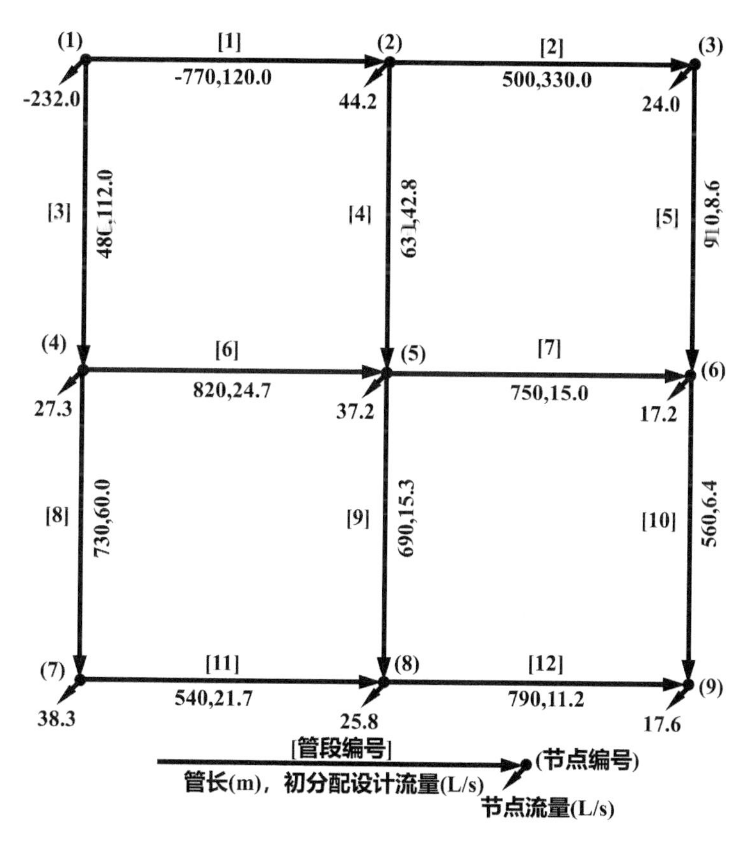

图 10.6　管段设计流量分配近似优化

【解】从初分配管段设计流量 q_i 开始，由式(10.40) 至式(10.45) 分别计算各管段和环的优化迭代参数，列入计算表格中，计算过程见表 10.4，其中的第 3 ～ 7 次计算过程省略。

表 10.4　管段设计流量分配近似优化计算

次数			第 1 次优化			第 2 次优化			…	第 8 次优化			结果
	i	l_i	q_i	x_i	y_i	q_i	x_i	y_i		q_i	x_i	y_i	q_i
管段参数计算	1	770	120.00	303.97	1.27	106.78	286.74	1.34	…	109.65	290.57	1.32	109.72
	2	500	33.00	128.45	1.95	37.25	136.47	1.83		36.78	135.61	1.84	36.74
	3	480	112.00	231.86	1.04	125.22	245.16	0.98		122.35	242.34	0.99	122.28
	4	630	42.80	164.21	1.92	25.33	126.32	2.49		28.67	134.40	2.34	28.78
	5	910	8.60	88.46	5.14	12.85	108.14	4.21		12.38	106.14	4.29	12.34
	6	820	24.70	142.32	2.88	44.84	191.75	2.14		40.89	183.11	2.24	40.78
	7	790	15.00	106.07	3.54	12.71	97.63	3.84		15.24	106.91	3.51	15.32
	8	730	60.00	209.28	1.74	53.08	196.85	1.85		54.16	198.84	1.84	54.20
	9	690	15.30	102.75	3.36	20.26	118.23	2.92		17.12	108.69	3.17	17.04
	10	560	6.40	59.87	4.68	8.36	68.42	4.09		10.42	76.39	3.67	10.46
	11	540	21.70	108.25	2.49	14.78	89.34	3.02		15.86	92.54	2.92	15.90
	12	790	11.20	94.06	4.20	9.24	85.44	4.62		7.18	75.31	5.24	7.14
	k	—	Δq_k	X_k	Y_k	Δq_k	X_k	Y_k	—	Δq_k	X_k	Y_k	—
节点参数计算	1	—	-13.22	94.00	7.11	3.43	-23.85	6.95	…	0.07	-0.48	6.89	—
	2	—	4.25	-53.37	12.55	-1.67	20.66	12.37		-0.04	0.44	11.98	—
	3	—	6.92	-72.46	10.47	-2.40	23.79	9.93		-0.04	0.42	10.17	—
	4	—	1.96	-30.87	15.78	2.43	-37.62	15.47		0.04	-0.70	15.59	—

10.4　输水管优化设计

10.4.1　压力输水管

压力输水管线由多条管段串联组成，管段之间允许有节点流量流出，一般在其起始端管段上设置泵站提供压力。如图 10.7 所示，压力输水管由 N 个节点和 $N-1$ 条管段组成，泵站设于管段［1］上。

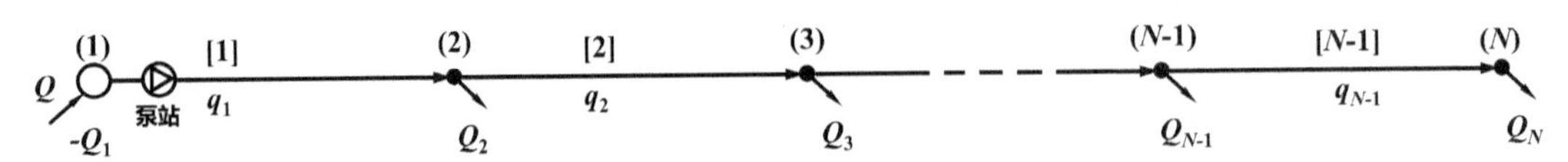

图 10.7　压力输水管网示意

压力输水管线的动力费用为泵站的电费，该泵站的扬程为所有管段的水头损失、地面高差与节点服务压力之和，如下式表示：

$$h_p = \sum h_i + H_d + H_f = \sum h_i + H_{df},\ i = 1,2,3,\cdots,N-1 \tag{10.47}$$

式中：h_p——水泵扬程（m）；

h_i——管段水头损失（m）；

H_d——地面高差（m）；

H_f——节点服务压力（m）；

H_{df}——$H_{df} = H_d + H_f$（m），H_{df}为常数。

泵站流量 Q 等于管段［1］的流量 q_1，由管网优化设计数学模型的目标函数式（10.27），并用$h_i = \dfrac{kq_i^n}{D_i^m}l_i = kq_i^n D_i^{-m} l_i$代替 h_i，压力输水管线优化管径计算的目标函数为：

$$\min W = \sum_{i=1}^{M} \omega_i = \sum_{i=1}^{M} \left[\left(\frac{1}{T} + \frac{p}{100} \right) (a + b D_i^{\alpha})\ l_i + PQ\left(\sum k\ q_i^n\ D_i^{-m}\ l_i + H_{df} \right) \right] \tag{10.48}$$

该目标函数是关于管径 D_i的下凸函数。写出目标函数对管径 D_i的一阶偏导数，并令其等于 0，可得

$$\frac{\partial W}{\partial D_i} = b\alpha\left(\frac{1}{T} + \frac{p}{100}\right) D_i^{\alpha-1} l_i - mPQk\ q_i^n D_i^{-m-1} l_i = 0 \tag{10.49}$$

移项整理，可以得到输水管线的优化管径公式，又称为经济管径公式：

$$D_i = \left[\frac{mk}{b\alpha\left(\frac{1}{T} + \frac{p}{100}\right)} \right]^{\frac{1}{\alpha+m}} P^{\frac{1}{\alpha+m}}\ Q^{\frac{1}{\alpha+m}}\ q_i^{\frac{n}{\alpha+m}} = (fPQq_i^n)^{\frac{1}{\alpha+m}} \tag{10.50}$$

$$f = \frac{mk}{b\alpha\left(\frac{1}{T} + \frac{p}{100}\right)} \tag{10.51}$$

式中：f——经济因素，是包括多个管网技术和经济指标的综合参数。

当输水管沿程流量不变时，成为单一管段，$q_i = Q$，其经济管径公式为：

$$D_i = (fPQ^{n+1})^{\frac{1}{\alpha+m}} \tag{10.52}$$

【例 10.5】某压力输水管由 3 段组成，第一段上设有泵站，设计流量为 160 L/s，第二、第三段设计流量分别为 140 L/s 和 50 L/s，有关经济指标为：$b = 2\ 105$，$\alpha = 1.52$，$T = 15$，$p = 2.5$，$E = 0.6$，$\gamma = 0.55$，$\eta = 0.7$，$n = 1.852$，$k = 0.001\ 77$，$m = 4.87$。管段长度分别为：$l_1 = 1\ 660$ m，$l_2 = 2\ 120$ m，$l_3 = 1\ 350$ m。泵站前的吸水井水位 $H_1 = 20$ m，管线末端地面标高 $H_4 = 32$ m，管段末端服务压力 $H_f = 16$ m。

（1）计算各管段优化管径。

（2）求泵站的总扬程 H_p。

【解】（1）计算优化管径。

$$P = \frac{86\ 000\gamma E}{\eta} = \frac{86\ 000 \times 0.55 \times 0.6}{0.7} = 40\ 543$$

$$f = \frac{mk}{\left(\frac{1}{T} + \frac{p}{100}\right) b\alpha} = \frac{4.87 \times 0.001\ 77}{\left(\frac{1}{15} + \frac{2.5}{100}\right) \times 2\ 105 \times 1.52} = 0.000\ 029\ 39$$

$$\frac{1}{\alpha + m} = \frac{1}{1.52 + 4.87} = 0.16$$

$$fPQ = 0.000\,029\,39 \times 40\,543 \times 0.16 = 0.19$$

代入式(10.50)，得：

$D_1 = (fPQq_1^n)^{\frac{1}{\alpha+m}} = (0.19 \times 0.16^{1.852})^{0.16} = 0.445$，选用500 mm 管径；

$D_2 = (fPQq_2^n)^{\frac{1}{\alpha+m}} = (0.19 \times 0.14^{1.852})^{0.16} = 0.428$，选用400 mm 管径；

$D_3 = (fPQq_3^n)^{\frac{1}{\alpha+m}} = (0.19 \times 0.05^{1.852})^{0.16} = 0.316$，选用300 mm 管径。

(2) 计算泵站总扬程。

管道摩阻系数 k=0.001 77，管道的海曾 - 威廉系数 C_W=100。

用海曾 - 威廉公式计算各管段水头损失 h_i：

$$h_1 = \frac{10.67q_1^{1.852}l_1}{C_W^{1.852}D_1^{4.87}} = \frac{10.67 \times 0.16^{1.852} \times 1\,660}{100^{1.852} \times 0.5^{4.87}}\ \text{m} = 3.44\ \text{m}$$

$$h_2 = \frac{10.67q_2^{1.852}l_2}{C_W^{1.852}D_2^{4.87}} = \frac{10.67 \times 0.14^{1.852} \times 2\,120}{100^{1.852} \times 0.4^{4.87}}\ \text{m} = 10.16\ \text{m}$$

$$h_2 = \frac{10.67q_3^{1.852}l_3}{C_W^{1.852}D_3^{4.87}} = \frac{10.67 \times 0.05^{1.852} \times 1\,350}{100^{1.852} \times 0.3^{4.87}}\ \text{m} = 3.90\ \text{m}$$

泵站总扬程：

$$H_p = \sum_{i=1}^{3} h_i + (H_4 - H_1) + H_f = [17.5 + (32 - 20) + 16]\ \text{m} = 45.5\ \text{m}$$

10.4.2 重力输水管

重力输水管是指依靠输水管两端的地形高差所产生的重力克服管线水头损失的输水管线。如图10.8所示，输水管线由 N 个节点和 $N-1$ 条管段组成，其输水动力来自起点和终点的可利用水头差，记为 $\Delta H = H_1 - H_N = \sum_{i=1}^{N-1} h_i$。

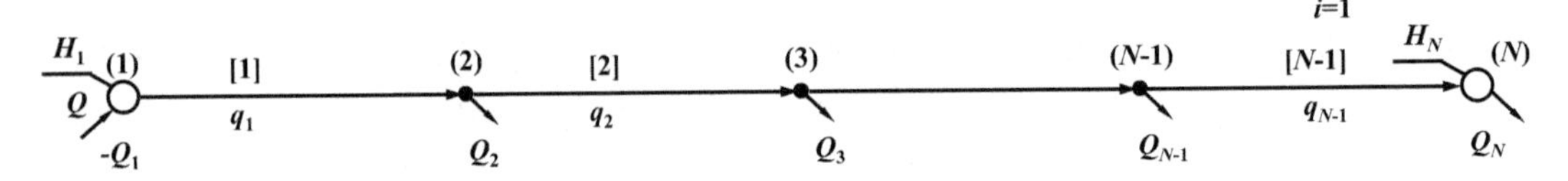

图10.8 重力输水管网示意

依照式(10.29)，略去其中的电费项，重力输水管线优化设计的数学模型为：

$$\min W = \sum_{i=1}^{M} \omega_i = \sum_{i=1}^{M} \left(\frac{1}{T} + \frac{p}{100}\right)\left(a + bk^{\frac{\alpha}{m}} q_i^{\frac{n\alpha}{m}} l_i^{\frac{\alpha}{m}} h_i^{-\frac{\alpha}{m}}\right) l_i \tag{10.53}$$

同时，应满足下式的约束条件：

$$\sum_{i=1}^{N-1} h_i - \Delta H = 0 \tag{10.54}$$

或

$$\sum_{i=1}^{N-1} i_i l_i - \Delta H = 0 \tag{10.55}$$

应用拉格朗日条件极值法，由式(10.53) 和式(10.54) 构成的优化数学模型的拉格朗日函数为：

$$F(h_i) = \sum_{i=1}^{M}\left(\frac{1}{T}+\frac{p}{100}\right)\left(a + bk^{\frac{\alpha}{m}} q_i^{\frac{n\alpha}{m}} l_i^{\frac{\alpha}{m}} h_i^{-\frac{\alpha}{m}}\right) l_i + \lambda\left(\sum_{i=1}^{N-1} h_i - \Delta H\right) \tag{10.56}$$

式中：λ——拉格朗日乘子。

求 $F(h_i)$ 对 h_i的一阶偏导数，并令其等于 0，得：

$$\frac{\partial F(h_i)}{\partial h_i} = \left(\frac{1}{T}+\frac{p}{100}\right)\left(-\frac{\alpha}{m}\right) bk^{\frac{\alpha}{m}} q_i^{\frac{n\alpha}{m}} h_i^{-\frac{\alpha+m}{m}} l_i^{\frac{\alpha+m}{m}} + \lambda = 0 \tag{10.57}$$

令 $A=\left(\frac{1}{T}+\frac{p}{100}\right)\left(-\frac{\alpha}{m}\right) bk^{\frac{\alpha}{m}}$，可以得到：

$$q_1^{\frac{n\alpha}{m}} h_1^{-\frac{\alpha+m}{m}} l_1^{\frac{\alpha+m}{m}} = q_2^{\frac{n\alpha}{m}} h_2^{-\frac{\alpha+m}{m}} l_2^{\frac{\alpha+m}{m}} = \cdots = q_i^{\frac{n\alpha}{m}} h_i^{-\frac{\alpha+m}{m}} l_i^{\frac{\alpha+m}{m}} = \cdots = q_{N+1}^{\frac{n\alpha}{m}} h_{N+1}^{-\frac{\alpha+m}{m}} l_{N+1}^{\frac{\alpha+m}{m}} = \frac{\lambda}{A} \tag{10.58}$$

由管段水力坡度，式(10.58) 可以改写为：

$$\frac{q_1^{\frac{n\alpha}{\alpha+m}}}{i_1} = \frac{q_2^{\frac{n\alpha}{\alpha+m}}}{i_2} = \cdots = \frac{q_i^{\frac{n\alpha}{\alpha+m}}}{i_i} = \cdots = \frac{q_{N-1}^{\frac{n\alpha}{\alpha+m}}}{i_{N-1}} \tag{10.59}$$

式中：i_i——第 i 管段的水力坡度。

将式(10.59) 和式(10.55) 组成联立方程组：

$$\begin{cases} \dfrac{q_1^{\frac{n\alpha}{\alpha+m}}}{i_1} = \dfrac{q_2^{\frac{n\alpha}{\alpha+m}}}{i_2} = \cdots = \dfrac{q_i^{\frac{n\alpha}{\alpha+m}}}{i_i} = \cdots = \dfrac{q_{N-1}^{\frac{n\alpha}{\alpha+m}}}{i_{N-1}} \\ \sum_{i=1}^{N-1} i_i l_i - \Delta H = 0 \end{cases} \tag{10.60}$$

这是重力输水管的经济水力坡度方程组，可以求解得出各管段经济水力坡度 i_i。应用 $D_i=(kq_i^n/i_i)^{\frac{1}{m}}$，可以得到各管段的优化管径 D_i，见【例 10.6】。

【例 10.6】仍用前例数据，改用重力输水，输水管线可利用水头差为 18.5 m，试确定各管段直径。

【解】已知管段设计流量为——$q_1=0.16\ m^3/s$，$q_2=0.14\ m^3/s$，$q_3=0.05\ m^3/s$；管段长度为——$l_1=1\ 660$ m，$l_2=2\ 120$ m，$l_3=1\ 350$ m；有关经济指标数为——$\alpha=1.52$，$n=1.852$，$m=4.87$，$k=0.001\ 77$。

因此，$\frac{n\alpha}{\alpha+m}=\frac{1.852\times1.52}{1.52+4.87}=0.44$，$\frac{q_1^{\frac{n\alpha}{\alpha+m}}}{i_1}=\frac{0.16^{0.44}}{i_1}=\frac{0.45}{i_1}$，$\frac{q_2^{\frac{n\alpha}{\alpha+m}}}{i_2}=\frac{0.14^{0.44}}{i_2}=\frac{0.42}{i_2}$，$\frac{q_3^{\frac{n\alpha}{\alpha+m}}}{i_3}=\frac{0.05^{0.44}}{i_3}=\frac{0.27}{i_3}$。

由上述联应方程组，得

$$\begin{cases} i_1 = \dfrac{0.45}{0.27} i_3 = 1.6667 i_3 \\ i_2 = \dfrac{0.42}{0.27} i_3 = 1.556 i_3 \\ 1\,660 i_1 + 2\,120 i_2 + 1\,350 i_3 = 18.5 \end{cases}$$

解联立方程组，得：$i_1 = 0.004\,2$，$i_2 = 0.003\,9$，$i_3 = 0.002\,5$。

管段的管径为：

$$D_1 = \left(\frac{kq_1^n}{i_1} \right)^{\frac{1}{m}} = \left(\frac{0.001\,77 \times 0.16^{1.852}}{0.004\,2} \right)^{\frac{1}{4.87}} \text{m} = 0.417\ \text{m}，可选用 D_1 = 400\ \text{mm}；$$

$$D_2 = \left(\frac{kq_2^n}{i_2} \right)^{\frac{1}{m}} = \left(\frac{0.001\,77 \times 0.14^{1.852}}{0.003\,9} \right)^{\frac{1}{4.87}} \text{m} = 0.403\ \text{m}，可选用 D_2 = 400\ \text{mm}；$$

$$D_3 = \left(\frac{kq_3^n}{i_3} \right)^{\frac{1}{m}} = \left(\frac{0.001\,77 \times 0.05^{1.852}}{0.002\,5} \right)^{\frac{1}{4.87}} \text{m} = 0.298\ \text{m}，可选用 D_3 = 300\ \text{mm}。$$

• 10.5 已定设计流量下的环状管网优化设计与计算

•• 10.5.1 泵站加压环状管网优化设计

1. 泵站加压环状管网节点压力优化数学模型

确定了各水源设计供水流量和各管段设计流量以后，通过求解管网节点压力优化数学模型，可以得到管网中各节点的优化压力，并由此可以计算管段的优化设计管径。

对于环状给水管网，年费用最小的优化设计数学模型还必须同时满足环能量方程和节点流量方程的水力条件约束。任意设定管网中各节点的压力水头 H_j，则各管段水头损失等于两端之压力差，即 $h_{fi} = H_{Fi} - H_{Ti}$，其中，H_{Fi}为管段的起点压力（m），H_{Ti}为管段的终点压力（m）。由此必然得到任一环中的管段水头损失之和等于0，即 $\sum h_{fi} = 0$。这样，每个环能量方程约束条件自然得到了满足，使管网的优化计算数学模型得到了简化，成为求解管网中各节点优化压力的问题。因此，采用节点压力作为管网优化设计数学模型的计算参数，具有很好的数学计算简便性。

如图 10.9 所示的管网，节点（1）至节点（8）为未知压力节点，其中节点（7）和节点（8）为水源节点，供水泵站分别从清水池和水塔加压供水，其节点流量已知，分别为两个水源的已知供水量。节点（9）至节点（11）为管网末端已知压力节点，各自要求满足最低服务压力。该管网优化设计问题是求解节点（1）至节点（8）的优化压力。另外，由水源节点压力 H_7和 H_8可以计算泵站的扬程。

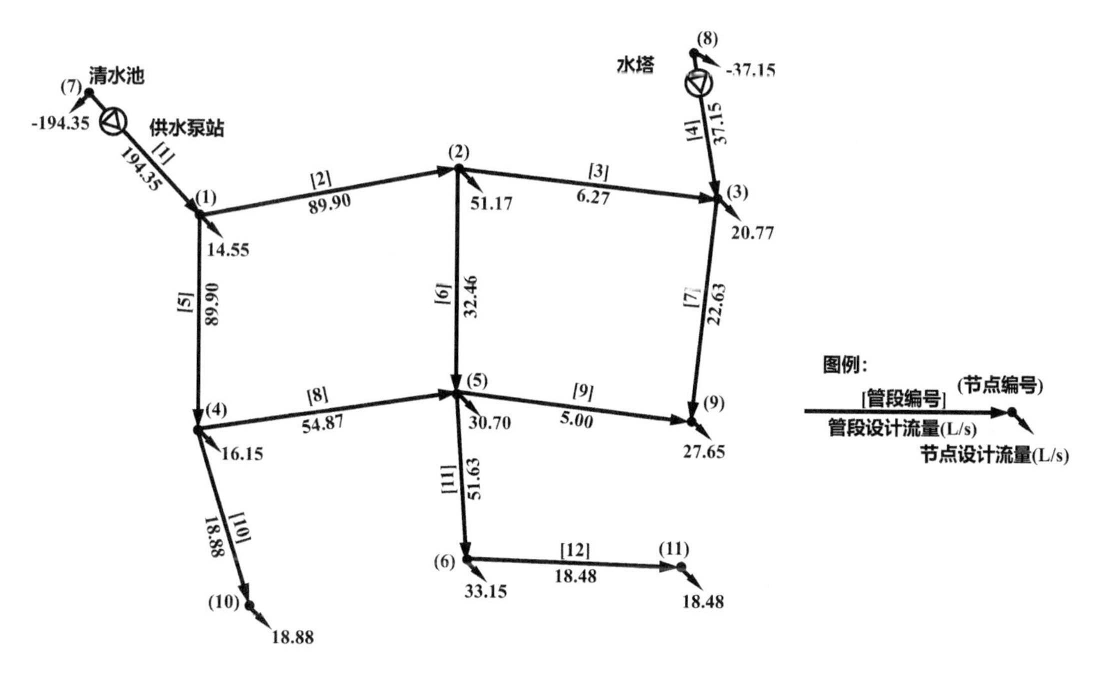

图 10.9　已知管段流量分配的管网示意

任意设定管网中各节点的压力水头 H_j，可以建立管网节点优化数学模型。

设各管段两端的节点编码为 j 和 k，节点压力分别为 H_j 和 H_k，管段的编码为 jk，表示其起端节点为 j，终端节点为 k，q_{jk} 为管段 jk 的流量，Q_j 为水源节点 j 的供水量，h_{pj} 为水源节点加压泵站扬程，P_j 为泵站动力费用系数［元/(立方米・秒$^{-1}$・米・年)］，在没有泵站供水的节点上，$P_j=0$。则管网优化设计数学模型目标函数式（10.29）可以改写为

$$\min W = \sum \left[\left(\frac{1}{T} + \frac{p}{100} \right) \left(a + bk^{\frac{\alpha}{m}} q_{jk}^{\frac{n\alpha}{m}} l_{jk}^{\frac{\alpha}{m}} h_{jk}^{-\frac{\alpha}{m}} \right) l_{jk} \right] + \sum P_j Q_j h_{pj} \qquad (10.61)$$

对于管网中任一管段，其水头损失可以表示为

$$h_{jk} = H_j - H_k \qquad (10.62)$$

泵站扬程 h_{pj} 为水源节点需求供水压力与原有水位的差值，可以表示为：

$$h_{pj} = H_j - H_{jd} \qquad (10.63)$$

式中：h_{pj}——连接节点 j 的泵站扬程（m）；

H_j——泵站增压后的节点压力（m）；

H_{jd}——泵站加压前的水源节点水位（m）。

将式(10.62）和式(10.63）代入式(10.61)，可以得到由各管段两端的节点压力 H_j 和 H_k 为待求参数的目标函数式，待求参数的个数为管网中未知压力节点数，构成管网节点优化数学模型如下：

$$\min W = \sum \left\{ \left(\frac{1}{T} + \frac{p}{100} \right) \left[\left(a + bk^{\frac{\alpha}{m}} q_{jk}^{\frac{n\alpha}{m}} l_{jk}^{\frac{\alpha}{m}} (H_j - H_k)^{-\frac{\alpha}{m}} \right] l_{jk} \right\} + \sum \left[P_j Q_j (H_j - H_{jd}) \right] \qquad (10.64)$$

令 $A_{1jk} = \left(\frac{1}{T} + \frac{p}{100} \right) a l_{jk}$，$A_{2jk} = \left(\frac{1}{T} + \frac{p}{100} \right) b (k q_{jk}^{n} l_{jk})^{\frac{\alpha}{m}}$，将式（10.64）简化为：

$$\min W = \sum \left\{ \left[A_{1jk} + A_{2jk} l_{jk} (H_j - H_k)^{-\frac{\alpha}{m}} \right] \right\} + \sum \left[P_j Q_j (H_j - H_{jd}) \right] \qquad (10.65)$$

应用函数极值原理，对未知节点压力写出一阶偏导数，并令其等于0，可得下式：

$$\frac{\partial W}{\partial H_j} = \sum A_{2jk} l_{jk} \left(-\frac{\alpha}{m} \right) (H_j - H_k)^{-\frac{\alpha+m}{m}} - \sum A_{2jk} l_{jk} \left(-\frac{\alpha}{m} \right) (H_k - H_j)^{-\frac{\alpha+m}{m}} + P_j Q_j = 0 \qquad (10.66)$$

式（10.66）的物理意义是节点压力 H_j的变化对管网年费用值的影响，其中，第1项表示 H_j对流出节点 j 的管段年费用值的影响，第2项表示 H_j对流入节点 j 的管段年费用值的影响，第3项表示 H_j对泵站能量年费用值的影响，当 j 节点无加压水泵时，$P_jQ_j=0$。

因此，管网中的节点可以分为泵站加压供水的水源节点和没有泵站加压供水的一般节点两种类型，后面的叙述中分别简称为泵站节点和一般节点。两类节点的特征和压力的表示如图10.10所示。

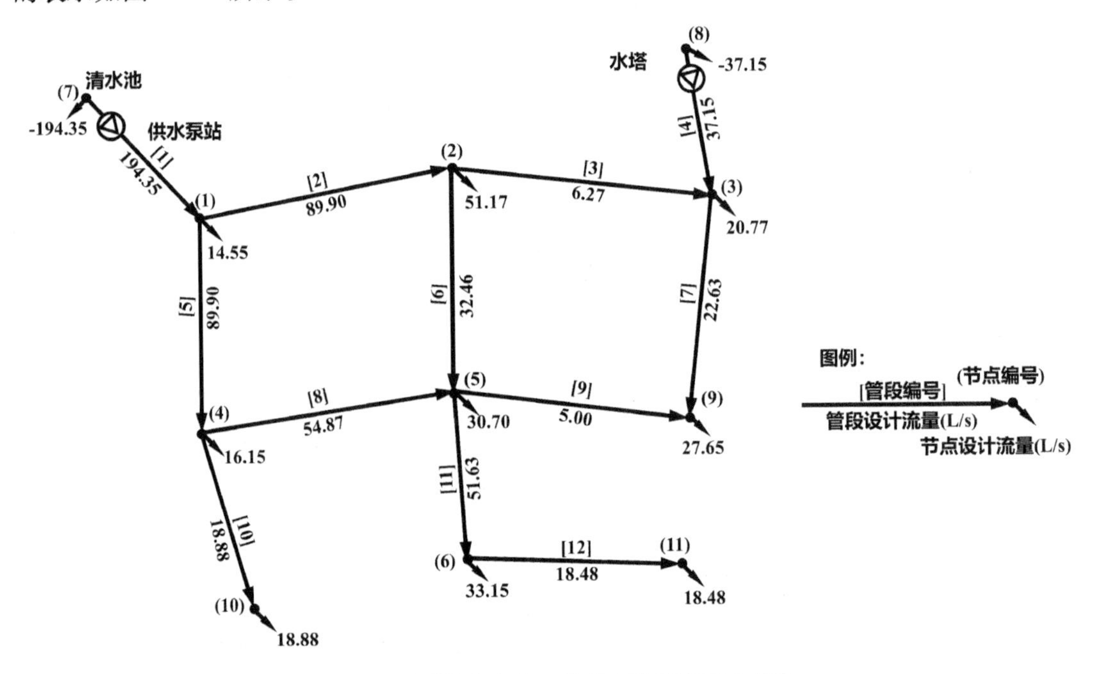

图 10.10　泵站节点和一般节点及节点压力示意

式（10.66）可以改写为如下形式：

$$-\frac{\partial W}{\partial H_j} = \sum_{k \in j} A_{2jk} l_{jk} \left(\frac{\alpha}{m} \right) (H_j - H_k)^{-\frac{\alpha+m}{m}} - \sum_{k \in j} A_{2jk} l_{jk} \left(\frac{\alpha}{m} \right) (H_k - H_j)^{-\frac{\alpha+m}{m}} - P_j Q_j = 0 \qquad (10.67)$$

在满足约束条件下，求解由式(10.67）表达的节点优化压力方程组，可以得到使管网年费用值最小的优化节点压力 H_j。

$q_{\varphi jk}$为管段 jk 的管段虚流量，表达式为：

$$q_{\varphi jk} = A_{2jk} l_{jk} \left(\frac{\alpha}{m} \right) (H_j - H_k)^{-\frac{\alpha+m}{m}} \qquad (10.68)$$

令连接 j 节点的所有管段虚流量之和为$Q_{\varphi j}$，并称$Q_{\varphi j}$为节点 j 的节点虚流量，则

$$Q_{\varphi j}=\sum_{k\in j}A_{2jk}\,l_{jk}\left(\frac{\alpha}{m}\right)(H_j-H_k)^{-\frac{\alpha+m}{m}}-\sum_{k\in j}A_{2jk}\,l_{jk}\left(\frac{\alpha}{m}\right)(H_k-H_j)^{-\frac{\alpha+m}{m}}=\sum_{k\in j}(\pm q_{\varphi jk})\tag{10.69}$$

式中，流入节点 j 的管段虚流量为负值（$-q_{\varphi jk}$），流出节点 j 的管段虚流量为正值（$q_{\varphi jk}$）。

由式(10.67)，节点虚流量的值为：

$$Q_{\varphi j}=\begin{cases}\sum_{k\in j}(\pm q_{\varphi jk})=0(\text{一般节点})\\ \sum_{k\in j}q_{\varphi jk}=P_j\,Q_j(\text{泵站节点})\end{cases}\tag{10.70}$$

若泵站节点出流管段只有一根，则泵站节点出流管段的虚流量为已知，即：

$$q_{\varphi jk}=A_{2jk}l_{jk}\left(\frac{\alpha}{m}\right)(H_j-H_k)^{-\frac{\alpha+m}{m}}=P_jQ_j\tag{10.71}$$

由此可以得出结论：管网中一般节点所连接的管段虚流量之和等于0，即节点虚流量等于0，泵站节点出流管段虚流量之和等于P_jQ_j，也就是说，节点虚流量等于P_jQ_j。

式(10.70) 称为节点虚流量连续性方程，简称节点虚流量方程。由节点压力 H_j为变量的节点虚流量方程组即为节点压力优化数学模型。

2. 泵站加压环状管网经济管径公式

将式(10.68) 中的 A_{2jk}还原展开，得：

$$\begin{aligned}q_{\varphi jk}&=A_{2jk}l_{jk}\left(\frac{\alpha}{m}\right)(H_j-H_k)^{-\frac{\alpha+m}{m}}\\&=\left(\frac{1}{T}+\frac{p}{100}\right)b(kq_{jk}^{n}l_{jk})^{\frac{\alpha}{m}}l_i\left(\frac{\alpha}{m}\right)(H_j-H_k)^{-\frac{\alpha+m}{m}}\\&=\left(\frac{1}{T}+\frac{p}{100}\right)b(kq_{jk}^{n}l_{jk})^{\frac{\alpha}{m}}l_i\left(\frac{\alpha}{m}\right)h_{jk}^{-\frac{\alpha+m}{m}}\\&=\left(\frac{1}{T}+\frac{p}{100}\right)\frac{b\alpha}{m}\left[(kq_{jk}^{n}l_{jk})^{\frac{1}{m}}h_{jk}^{-\frac{1}{m}}\right]^{\alpha}h_{jk}^{-1}l_i\\&=\left(\frac{1}{T}+\frac{p}{100}\right)\frac{b\alpha}{m}D_{jk}^{\alpha}\frac{D_{jk}^{m}}{(kq_{jk}^{n})}\\&=\frac{D_{jk}^{\alpha+m}}{fq_{jk}^{n}}\end{aligned}\tag{10.72}$$

式中：f——管网经济因素系数。

由$f=\dfrac{mk}{\left(\dfrac{1}{T}+\dfrac{p}{100}\right)b\alpha}$，可以得到经济管径公式：

$$D_{jk}=(f\,q_{\varphi jk}q_{jk}^{n})^{\frac{1}{\alpha+m}}\tag{10.73}$$

对于泵站出流管段，其管段虚流量$q_{\varphi jk}=P_jq_{jk}$，则

$$D_{jk}=(f\,P_jq_{jk}^{n+1})^{\frac{1}{\alpha+m}}\tag{10.74}$$

由于泵站设计参数f、P_j和 $q_{jk}=Q_j$ 均已知，所以泵站出水管段的经济管径 D_{jk}已经确定，且成为求解优化设计问题的约束条件或边界条件。

3. 泵站加压环状管网节点压力优化计算

(1) 节点压力优化线性化方程组求解。设定一组节点压力初始值，节点虚流量方程

［式(10.70)］可以转化为以节点压力为未知量的线性方程组：

$$\begin{cases}\sum_{k\in j}A_{2jk}\left(\frac{\alpha}{m}\right)\left[H_j^{(0)}-H_k^{(0)}\right]^{-\frac{\alpha+2m}{m}}(H_j-H_k)-\sum_{k\in j}A_{2jk}\left(\frac{\alpha}{m}\right) \\ \left[H_k^{(0)}-H_j^{(0)}\right]^{-\frac{\alpha+2m}{m}}(H_k-H_j)=0\text{（一般节点）} \\ \sum_{k\in j}A_{2jk}\left(\frac{\alpha}{m}\right)\left[H_j^{(0)}-H_k^{(0)}\right]^{-\frac{\alpha+2m}{m}}(H_j-H_k)=P_jQ_j\text{（泵站节点）}\end{cases} \tag{10.75}$$

令$b_{2jk}^{(0)}=A_{2jk}\left(\frac{\alpha}{m}\right)\left[H_j^{(0)}-H_k^{(0)}\right]^{-\frac{\alpha+2m}{m}}$，式(10.75)可以简写为：

$$\begin{cases}Q_{\varphi j}(H_j,H_k)=\sum_{k\in j}b_{2jk}^{(0)}(H_j-H_k)-\sum_{k\in j}b_{2jk}^{(0)}(H_k-H_j)=0\quad\text{（一般节点）} \\ Q_{\varphi j}(H_j,H_k)=\sum_{k\in j}b_{2jk}^{(0)}(H_j-H_k)=P_jQ_j\quad\text{（泵站节点）}\end{cases} \tag{10.76}$$

对式(10.76)应用泰勒公式展开，仅保留一次项，可得：

$$\begin{cases}Q_{\varphi j}(H_j,H_k)=Q_{\varphi j}\left[H_j^{(0)},H_k^{(0)}\right]+\frac{\partial Q_{\varphi j}}{\partial H_j}\Delta H_j-\sum_{k\in j}\frac{\partial Q_{\varphi j}}{\partial H_k}\Delta H_k=0\quad\text{（一般节点）} \\ Q_{\varphi j}(H_j,H_k)=Q_{\varphi j}\left[H_j^{(0)},H_k^{(0)}\right]+\frac{\partial Q_{\varphi j}}{\partial H_j}\Delta H_j-\sum_{k\in j}\frac{\partial Q_{\varphi j}}{\partial H_k}\Delta H_k=P_jQ_j\quad\text{（泵站节点）}\end{cases} \tag{10.77}$$

由此，节点压力优化计算方程组转化为求解节点压力校正值ΔH_j的迭代方程组：

$$\begin{cases}\frac{\partial Q_{\varphi j}}{\partial H_j}\Delta H_j-\sum_{k\in j}\frac{\partial Q_{\varphi j}}{\partial H_k}\Delta H_k=-Q_{\varphi j}(H_j^{(0)},H_k^{(0)})\quad\text{（一般节点）} \\ \frac{\partial Q_{\varphi j}}{\partial H_j}\Delta H_j-\sum_{k\in j}\frac{\partial Q_{\varphi j}}{\partial H_k}\Delta H_k=P_jQ_j-Q_{\varphi j}(H_j^{(0)},H_k^{(0)})\quad\text{（泵站节点）}\end{cases} \tag{10.78}$$

由式(10.76)可得，

$$\begin{cases}\frac{\partial Q_{\varphi j}}{\partial H_j}=\sum_{k\in j}b_{2jk}^{(0)} \\ \frac{\partial Q_{\varphi j}}{\partial H_k}=-b_{2jk}^{(0)}\end{cases} \tag{10.79}$$

式(10.78)可以写成下列矩阵方程：

$$\boldsymbol{B}\Delta\boldsymbol{H}=\boldsymbol{C} \tag{10.80}$$

式中：$\boldsymbol{B}$——系数矩阵，其行数和列数均等于待求压力节点数N；

$\Delta\boldsymbol{H}$——待求校正压力向量，$\boldsymbol{H}=[\Delta H_1,\Delta H_2,\cdots,\Delta H_N]^{\mathrm{T}}$；

$\boldsymbol{C}$——右边向量，$\boldsymbol{C}=\left[c_1,c_2,\cdots,c_N\right]^{\mathrm{T}}$。

设系数矩阵$\boldsymbol{B}$的元素为v_{jk}，$j=1,\cdots,N$，$k=1,\cdots,N$，则

$$v_{jk}^{(0)}=\begin{cases}\sum_{k\in j}b_{2jk}^{(0)},j=k,\text{即}v_{jk}\text{为对角元素} \\ -b_{2jk}^{(0)},k\in j,\text{即节点}k\text{与节点}j\text{连接} \\ 0,j\notin k,\text{即节点}k\text{与节点}j\text{不连接}\end{cases}$$

元素c_j为

$$c_j = \begin{cases} -Q_{\varphi j}(H_j^{(0)}, H_k^{(0)}) & （一般节点） \\ -Q_{\varphi j}(H_j^{(0)}, H_k^{(0)}) + P_j Q_j & （泵站节点） \end{cases}$$

如图 10.9 所示的管网，设未知压力节点的初始压力水头初始值为$H_j^{(0)}$，各管段的初始系数矩阵元素为$v_{jk}^{(0)} = b_{2jk}^{(0)} = A_{2jk}\left(\dfrac{\alpha}{m}\right)[H_j^{(0)} - H_k^{(0)}]^{-\frac{\alpha+2m}{m}}$，则管网节点压力优化计算的矩阵方程为：

$$\begin{bmatrix} v_{11}^{(0)} & -b_{12}^{(0)} & 0 & -b_{14}^{(0)} & 0 & 0 & -b_{71}^{(0)} & 0 \\ -b_{12}^{(0)} & v_{22}^{(0)} & -b_{23}^{(0)} & 0 & -b_{25}^{(0)} & 0 & 0 & 0 \\ 0 & -b_{23}^{(0)} & v_{33}^{(0)} & 0 & 0 & -b_{36}^{(0)} & 0 & -b_{83}^{(0)} \\ -b_{14}^{(0)} & 0 & 0 & v_{44}^{(0)} & -b_{45}^{(0)} & 0 & 0 & 0 \\ 0 & -b_{25}^{(0)} & 0 & -b_{45}^{(0)} & v_{55}^{(0)} & -b_{56}^{(0)} & 0 & 0 \\ 0 & 0 & 0 & 0 & -b_{56}^{(0)} & v_{66}^{(0)} & 0 & 0 \\ -b_{71}^{(0)} & 0 & 0 & 0 & 0 & 0 & v_{77}^{(0)} & 0 \\ 0 & 0 & -b_{83}^{(0)} & 0 & 0 & 0 & 0 & v_{88}^{(0)} \end{bmatrix} \begin{bmatrix} \Delta H_1 \\ \Delta H_2 \\ \Delta H_3 \\ \Delta H_4 \\ \Delta H_5 \\ \Delta H_6 \\ \Delta H_7 \\ \Delta H_8 \end{bmatrix} =$$

$$\begin{bmatrix} -Q_{\Phi 1}(H_1^{(0)}, H_k^{(0)}) \\ -Q_{\Phi 2}(H_2^{(0)}, H_k^{(0)}) \\ -Q_{\Phi 3}(H_3^{(0)}, H_k^{(0)}) \\ -Q_{\Phi 4}(H_4^{(0)}, H_k^{(0)}) \\ -Q_{\Phi 5}(H_5^{(0)}, H_k^{(0)}) \\ -Q_{\Phi 6}(H_6^{(0)}, H_k^{(0)}) \\ -Q_{\Phi 7}(H_7^{(0)}, H_1^{(0)}) + P_7 Q_7 \\ -Q_{\Phi 8}(H_8^{(0)}, H_3^{(0)}) + P_8 Q_8 \end{bmatrix} \tag{10.81}$$

式中，系数矩阵的主对角元素 $v_{jj}^{(0)} = \sum\limits_{k \in j} b_{2jk}^{(0)}$，为清晰起见，其表达如下式：

$$\begin{cases} v_{11}^{(0)} = \sum\limits_{k \in 1} b_{21k}^{(0)} = b_{12}^{(0)} + b_{14}^{(0)} + b_{71}^{(0)} \\ v_{22}^{(0)} = \sum\limits_{k \in 2} b_{22k}^{(0)} = b_{12}^{(0)} + b_{23}^{(0)} + b_{25}^{(0)} \\ v_{33}^{(0)} = \sum\limits_{k \in 3} b_{23k}^{(0)} = b_{23}^{(0)} + b_{36}^{(0)} + b_{83}^{(0)} \\ v_{44}^{(0)} = \sum\limits_{k \in 4} b_{24k}^{(0)} = b_{14}^{(0)} + b_{45}^{(0)} + b_{410}^{(0)} \\ v_{55}^{(0)} = \sum\limits_{k \in 5} b_{25k}^{(0)} = b_{25}^{(0)} + b_{45}^{(0)} + b_{56}^{(0)} + b_{59}^{(0)} \\ v_{66}^{(0)} = \sum\limits_{k \in 6} b_{26k}^{(0)} = b_{56}^{(0)} + b_{61}^{(0)} \\ v_{77}^{(0)} = \sum\limits_{k \in 7} b_{27k}^{(0)} = b_{71}^{(0)} \\ v_{88}^{(0)} = \sum\limits_{k \in 8} b_{28k}^{(0)} = b_{83}^{(0)} \end{cases} \tag{10.82}$$

求解方程组［式(10.81)］，得到节点压力的第一次校正值 $\Delta H_j^{(0)}$，则初始节点压力可以校正为：

$$H_j^{(1)} = H_j^{(0)} + \Delta H_j^{(0)}$$

由于方程组［式(10.67)］为非线性方程组，需要多次迭代求解 ΔH_j 和校正 H_j，即：

$$H_j^{(k+1)} = H_j^{(k)} + \Delta H_j^{(k)} \tag{10.83}$$

式中：k——迭代计算次数。

当 $\Delta H_j^{(k)} < \varepsilon$ 时，求解计算完成。其中，ε 为求解计算收敛值，手工计算时，可设定为 0.01 m，计算机求解计算时，可设定为 0.001 m。

各管段的经济管径为：

$$D_{jk} = \left(\frac{kq_{jk}^n l_{jk}}{h_{jk}}\right)^{\frac{1}{m}} = \left(\frac{kq_{jk}^n l_{jk}}{H_j - H_k}\right)^{\frac{1}{m}} \tag{10.84}$$

泵站扬程为：

$$h_{p71} = H_7 - H_{7d}$$

和

$$h_{p83} = H_8 - H_{8d}$$

式中：H_{7d}——节点（7）的泵站加压前的水位。

H_{8d}——节点（8）的泵站加压前的水位。

（2）节点虚流量迭代平差计算。由式(10.78)，忽略相邻节点压力变化 ΔH_k 的影响，可以得到各节点虚流量平差计算的简化公式：

$$\begin{cases} \dfrac{\partial Q_{\varphi j}}{\partial H_j}\Delta H_j = -Q_{\varphi j}(H_j^{(0)}, H_k^{(0)}) & \text{（一般节点）} \\ \dfrac{\partial Q_{\varphi j}}{\partial H_j}\Delta H_j = P_j Q_j - Q_{\varphi j}(H_j^{(0)}, H_k^{(0)}) & \text{（泵站节点）} \end{cases} \tag{10.85}$$

由此可得：

$$\begin{cases} \Delta H_j = -\dfrac{Q_{\varphi j}(H_j^{(0)}, H_k^{(0)})}{\dfrac{\partial Q_{\varphi j}(H_j^{(0)}, H_k^{(0)})}{\partial H_j}} = -\dfrac{\sum\limits_{j\in k}(\pm q_{\varphi jk}^{(0)})}{\sum\limits_{k\in j} b_{2jk}^{(0)}} & \text{（一般节点）} \\ \Delta H_j = -\dfrac{Q_{\varphi j}(H_j^{(0)}, H_k^{(0)}) - P_j Q_j}{\dfrac{\partial Q_{\varphi j}(H_j^{(0)}, H_k^{(0)})}{\partial H_j}} = -\dfrac{\sum\limits_{j\in k}(\pm q_{\varphi jk}^{(0)}) - P_j Q_j}{\sum\limits_{k\in j} b_{2jk}^{(0)}} & \text{（泵站节点）} \end{cases} \tag{10.86}$$

式(10.86)类似于节点流量平差公式，由节点虚流量的闭合差计算节点校正压力，期望节点虚流量的绝对值减小到零，使管网年费用折算值达到最小。

（3）节点压力优化平差计算过程。

A. 确定已知节点压力，设定未知压力节点的初始压力。

B. 用当前节点压力 H_i 计算各管段虚流量：

$$q_{\varphi jk} = A_{2jk}\, l_{jk}\left(\frac{\alpha}{m}\right)(H_j - H_k)^{-\frac{\alpha+m}{m}}$$

C. 计算各节点虚流量闭合差：

$$Q_{\varphi j} = -\sum_{k \in j}(\pm q_{\varphi jk})$$

D. 计算节点校正压力：

$$\begin{cases} \Delta H_j = -\dfrac{\sum\limits_{j \in k}[\pm q_{\varphi jk}^{(0)}]}{\sum\limits_{k \in j} b_{2jk}^{(0)}} & \text{（一般节点）} \\ \Delta H_j = -\dfrac{\sum\limits_{j \in k}[\pm q_{\varphi jk}^{(0)}] - P_j Q_j}{\sum\limits_{k \in j} b_{2jk}^{(0)}} & \text{（泵站节点）} \end{cases}$$

E. 如果任一节点校正压力 $\Delta H_i^{(k)} > \varepsilon$，计算新的节点压力 $H_i^{(k+1)} = H_i^{(k)} + \Delta H_i^{(k)}$（$k$ 为迭代计算次数），返回步骤 B。

F. 如果 $\Delta H_i^{(k)} < \varepsilon$，平差计算完成。

G. 求各管段经济管径、节点压力和泵站扬程。

【例 10.7】如图 10.9 所示，节点（1）至节点（8）为未知压力节点，节点（7）和节点（8）为水源节点，分别有泵站向管网加压供水，加压前的水位分别为 20 m 和 30 m，节点（9）、节点（10）和节点（11）为管网末端节点，要求供水最低服务压力为 18 m，各节点地面标高见表 10.5，求解优化节点压力、优化管径和泵站扬程。

表 10.5　节点地面标高数据

节点	(1)	(2)	(3)	(4)	(5)	(6)	(7)	(8)	(9)	(10)	(11)
标高（m）	39.8	41.5	41.8	40.2	42.4	43.3	20.0	30.0	42.0	42.0	42.0

【解】节点（9）、节点（10）和节点（11）为管网末端节点，要求供水最低服务压力为 18 m，则这些节点的已知压力水头都为 60 m。节点（7）和节点（8）为水源节点，设计供水量分别为 0.194 35 m^3/s 和 0.037 15 m^3/s。节点（1）至节点（8）为待求优化压力节点，需要设定初始压力。节点初始压力和已知压力见表 10.6。各管段的基础数据见表 10.7。

表 10.6　节点初始压力和已知压力设定值

节点分类	待求压力节点								已知压力节点		
节点	(1)	(2)	(3)	(4)	(5)	(6)	(7)	(8)	(9)	(10)	(11)
初始压力（m）	67	64	61	65	62	61	68	62	60	60	60

表 10.7　各管段基础数据

编号	1	2	3	4	5	6	7	8	9	10	11	12
I0	7	1	2	8	1	2	3	4	5	4	5	6
J0	1	2	3	3	4	5	9	5	9	10	6	11

续上表

编号	1	2	3	4	5	6	7	8	9	10	11	12
流量（m/s）	0.194 35	0.088 9	0.006 27	0.037 15	0.089 9	0.032 46	0.022 63	0.054 87	0.005	0.018 88	0.051 63	0.018 48
长度（m）	50	650	350	50	170	350	180	590	490	190	490	360
C_W	100	100	100	100	100	100	100	100	100	100	100	100

应用计算机程序进行优化节点压力平差计算，其中输出的计算参数如下：

kk——平差计算迭代次数。

HH[*i*]——节点压力（m），*i* 为节点编号，程序输出数据中，未知压力节点号为 0～7，依次对应于图 10.9 中的节点编号 1～8。

Hj[*i*]——节点标高（m）。

qj[*i*]——节点流量（m^3/s）。

DDH[*i*]——节点校正压力（m）；为了计算过程的稳定，节点压力修正公式采用 $HH[i]^{(KHH)} = HH[i]^{KK} + 0.25DDH[i]^{(KK)}$。

max_DDH——最大节点校正压力（m）。

qfx[*i*]——连接节点 *i* 的管段虚流量绝对值之和。

sum_b2jk[i]——连接节点 *i* 的管段系数之和，输出表中称为节点系数。

lp[*i*]——管段长度（m），*i* 为管段编号，程序输出数据中，管段编号 0～11 依次对应于图 10.9 中的管段编号 1～12。

qx[*i*]——管段虚流量（m^3/s）。

hp[*i*]——泵站扬程（m）。

计算过程和结果输出数据如下：

泵站加压节点优化程序：造价 C = 200 + 3135 * D * * 1.53，电价 = 0.6 元/(千瓦·时)

HH[i] =	67	64	61	65	62	61	68	62	60	60	60	
I0 =	6	0	1	7	0	1	2	3	4	3	4	5
J0 =	0	1	2	2	3	4	8	4	8	9	5	10

kk = 1 max_ DDH = 1. 2776

节点号	节点标高	节点水头	节点流量	节点虚流量	节点系数	修正水头
I	Hj[i]	HH[i]	qj[i]	qfx[i]	sum_b2jk[i]	DDH[i]
0	39. 80	67. 220	0. 015	4 879. 100	5 538. 81	-0. 880 9
1	41. 50	63. 905	0. 051	-1 509. 398	3 951. 93	0. 381 9
2	41. 80	61. 012	0. 021	246. 768	4 989. 43	-0. 049 5
3	40. 20	65. 319	0. 016	3 087. 566	2 416. 68	1. 277 6
4	42. 40	62. 126	0. 031	9 590. 664	18 968. 81	-0. 505 6
5	43. 30	60. 913	0. 033	-7 484. 031	21 462. 27	0. 348 7
6	20. 00	67. 683	0. 000	-3 452. 478	2 718. 88	1. 269 8
7	30. 00	62. 068	0. 000	437. 013	1 616. 67	-0. 2703

kk = 2 max_ DDH = 1. 118 61

节点号	节点标高	节点水头	节点流量	节点虚流量	节点系数	修正水头
I	Hj[i]	HH[i]	qj[i]	qfx[i]	sum_b2jk[i]	DDH[i]
0	39. 80	67. 214	0. 015	-500. 594	18 732. 08	0. 026 7
1	41. 50	63. 893	0. 051	-189. 502	4 086. 12	0. 046 4
2	41. 80	61. 026	0. 021	253. 230	4 749. 74	-0. 053 3
3	40. 20	65. 599	0. 016	2 590. 115	2 315. 48	-1. 118 6
4	42. 40	62. 233	0. 031	5 932. 969	13 864. 71	-0. 427 9
5	43. 30	60. 866	0. 033	-3 343. 187	17 879. 00	0. 187 0
6	20. 00	67. 703	0. 000	1 322. 548	16 209. 25	-0. 081 6
7	30. 00	62. 125	0. 000	326. 768	1 427. 60	-0. 228 9

kk = 3 max_ DDH = 0. 7110 67

节点号	节点标高	节点水头	节点流量	节点虚流量	节点系数	修正水头
I	Hj[i]	HH[i]	qj[i]	qfx[i]	sum_b2jk[i]	DDH[i]
0	39. 80	67. 220	0. 015	470. 517	17 171. 37	-0. 027 4
1	41. 50	63. 905	0. 051	192. 308	4 456. 58	-0. 043 2
2	41. 80	61. 040	0. 021	267. 974	4 542. 75	-0. 059 0
3	40. 20	65. 777	0. 016	1 853. 262	2 606. 31	-0. 711 1
4	42. 40	62. 320	0. 031	4 059. 436	11 724. 39	-0. 346 2
5	43. 30	60. 849	0. 033	-1 151. 544	16 765. 23	0. 068 7
6	20. 00	67. 717	0. 000	782. 433	14 208. 75	-0. 055 1
7	30. 00	62. 173	0. 000	248. 206	1 299. 11	-0. 191 1

（略）

kk = 666 max_ DDH = 0. 000 995 38

节点号	节点标高	节点水头	节点流量	节点虚流量	节点系数	修正水头
I	Hj[i]	HH[i]	qj[i]	qfx[i]	sum_b2jk[i]	DDH[i]
0	39. 80	70. 371	0. 015	13. 735	14 090. 62	-0. 001 0
1	41. 50	66. 088	0. 051	1. 457	2 448. 84	-0. 000 6
2	41. 80	61. 461	0. 021	0. 145	2 312. 81	-0. 000 1
3	40. 20	68. 871	0. 016	1. 867	2 178. 79	-0. 000 9
4	42. 40	63. 992	0. 031	1. 559	3 895. 07	-0. 000 4
5	43. 30	61. 457	0. 033	0. 687	4 606. 22	0. 000 1
6	20. 00	70. 906	0. 000	11. 500	11 552. 90	-0. 001 0
7	30. 00	62. 732	0. 000	0. 059	928. 21	-0. 0001

节点压力优化法计算结果数据

管号	上压力	下压力	长度	优化管径	流量	流速	摩阻	压差
I	HH[I0]	HH[J0]	lp[i]	Dp[i]	qp[i]	vp[i]	HWC	hf[i]
0	70. 906	70. 371	100	0. 456	0. 194	1. 190	100	0. 535
1	70. 371	66. 088	650	0. 335	0. 089	1. 006	100	4. 283
2	66. 088	61. 461	350	0. 118	0. 006	0. 569	100	4. 627
3	62. 732	61. 461	100	0. 218	0. 037	0. 994	100	1. 271
4	70. 371	68. 871	170	0. 317	0. 090	1. 139	100	1. 499
5	66. 088	63. 992	350	0. 243	0. 032	0. 699	100	2. 096
6	61. 461	60. 000	180	0. 202	0. 023	0. 705	100	1. 461
7	68. 871	63. 992	590	0. 272	0. 055	0. 945	100	4. 879
8	63. 992	60. 000	490	0. 121	0. 005	0. 433	100	3. 992
9	68. 871	60. 000	190	0. 133	0. 019	1. 363	100	8. 871
10	63. 992	61. 457	490	0. 293	0. 052	0. 765	100	2. 536
11	61. 457	60. 000	360	0. 218	0. 018	0. 496	100	1. 457

水泵扬程 hp[i] = 0 0 0 0 0 0 50. 905 7 32. 7318 0 0 0 0

管网节点优化计算结果：管道总造价 = 1.50387×10^6 元

年折算费用 year_ cost = 213 920 元/年

节点压力优化计算法计算结束

经过 666 次节点压力迭代平差校正计算，节点最大校正水头收敛到 0. 001 m 以内，节点虚流量亦接近于 0，由此得到节点优化压力、水泵扬程、管网造价和年费用折算值。

10.5.2　起点水压已知的重力供水环状管网优化设计

1. 重力供水环状管网节点优化压力计算方法

水源位于高地（如高地水池和水塔）的供水管网系统，依靠重力克服管网水头损失，无须水泵加压，属于起点水压已知的重力输水管网系统。求解经济管径的目标是充分利用管网中的地形高差，使管网建设费用与维护费用之和最小。管网年费用折算值中的动力费用为0。

以如图 10.11 所示的管网为例，两个水源节点（7）和节点（8）均位于地形高的位置，两节点的供水压力已知，节点（9）、节点（10）和节点（11）为管网末端已知压力节点。节点（1）至节点（6）为未知压力节点。该管网是一个多水源管网，且有多个终点。该重力输水环状管网的优化设计问题是在管段流量和管网起始与末端节点压力已知条件下求解节点（1）至节点（6）的优化压力，并计算各管段的经济管径。

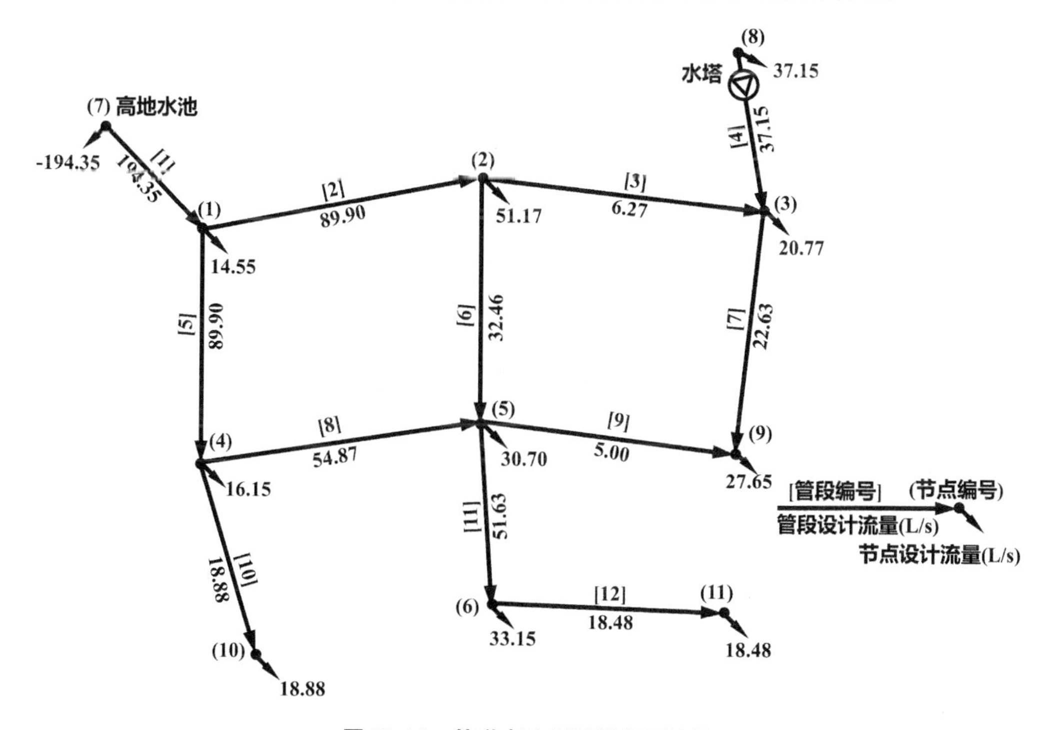

图 10.11　管道虚流量近似分配计算

同样采用管网节点压力作为优化计算变量，从式（10.64）表示的泵站加压供水管网数学模型中删除泵站动力费用项，即构成重力供水管网节点优化压力的数学模型。

目标函数：

$$\min W = \sum \omega_{jk} = \sum \left\{ \left(\frac{1}{T} + \frac{p}{100} \right) \left[a + b k^{\frac{\alpha}{m}} q_{jk}^{\frac{n\alpha}{m}} l_{jk}^{\frac{\alpha}{m}} (H_j - H_k)^{-\frac{\alpha}{m}} \right] l_{jk} \right\} \quad (10.87)$$

约束条件：

$$\sum_{\text{选定路径}i} h_{jk} = H_{di}$$

式中，选定路径为从管网起点到管网末端最不利压力节点的管段组合，H_{di} 为第 i 路径的可利用重力水头，即该路径的允许最大水头损失。如图 10.11 所示，起端节点为（7）和节点（8），最不利压力节点为节点（9）、节点（10）和节点（11），因此，存在多条选定路径，如管段［1］、管段［5］、管段［8］、管段［11］和管段［12］，管段［1］、管段［5］和管段［10］，管段［4］和管段［7］，均为可以选定的路径。如前所述，目标函数中已经包含已知节点压力，约束条件已经得到满足。

对与式(10.79）表示的泵站加压供水管网的矩阵方程相同的推导过程，设定如图 10.11 所示的重力供水管网中未知节点压力的初始值为 $H_j^{(0)}$，可得节点（1）至节点（6）的节点压力优化计算矩阵方程：

$$\begin{bmatrix} v_{11} & -b_{12}^{(0)} & 0 & -b_{14}^{(0)} & 0 & 0 \\ -b_{12}^{(0)} & v_{22} & -b_{23}^{(0)} & 0 & -b_{25}^{(0)} & 0 \\ 0 & -b_{23}^{(0)} & v_{33} & 0 & 0 & -b_{36}^{(0)} \\ -b_{14}^{(0)} & 0 & 0 & v_{44} & -b_{45}^{(0)} & 0 \\ 0 & -b_{25}^{(0)} & 0 & -b_{45}^{(0)} & v_{55} & -b_{56}^{(0)} \\ 0 & 0 & 0 & 0 & -b_{56}^{(0)} & v_{66} \end{bmatrix} \begin{bmatrix} \Delta H_1 \\ \Delta H_2 \\ \Delta H_3 \\ \Delta H_4 \\ \Delta H_5 \\ \Delta H_6 \end{bmatrix} = \begin{bmatrix} -Q_{\Phi1}(H_1^{(0)},H_k^{(0)}) \\ -Q_{\Phi2}(H_2^{(0)},H_k^{(0)}) \\ -Q_{\Phi3}(H_3^{(0)},H_k^{(0)}) \\ -Q_{\Phi4}(H_4^{(0)},H_k^{(0)}) \\ -Q_{\Phi5}(H_5^{(0)},H_k^{(0)}) \\ -Q_{\Phi6}(H_6^{(0)},H_k^{(0)}) \end{bmatrix} \tag{10.88}$$

式中，系数矩阵的主对角元素$v_{jj}^{(0)} = \sum_{k\in j} b_{2jk}^{(0)}$，分别同式(10.82）中的$v_{11}^{(0)}$ ～ $v_{66}^{(0)}$的表达式。

求解方程组［式(10.88)］，得到节点压力的修正值 ΔH_j，则节点优化压力为：

$$H_j = H_j^{(0)} + \Delta H_j$$

同前所述，应用节点压力修正公式：

$$\Delta H_j = -\frac{\sum_{j\in k}[\pm q_{\varphi jk}^{(0)}]}{\sum_{k\in j} b_{2jk}^{(0)}}$$

可以迭代计算节点优化节点压力。

各管段的经济管径为：

$$D_{jk} = \left(\frac{kq_{jk}^{n} l_{jk}}{H_j - H_k}\right)^{\frac{1}{m}} \tag{10.89}$$

2. **重力供水环状管网优化管径计算公式**

应用前述泵站供水管网中管段虚流量和节点虚流量的推导方法，亦可以得到重力供水管网的管段虚流量公式如下：

$$q_{\varphi jk} = A_{2jk} l_{jk} \left(\frac{\alpha}{m}\right) (H_j - H_k)^{-\frac{\alpha+m}{m}} \tag{10.90}$$

式(10.90）中的符号意义同前述。

对于起端压力已知的管网起始管段，如图 10.11 中的管段［1］和管段［4］，其管段虚流量为：

$$q_{\varphi jk} = A_{2jk} l_{jk} \left(\frac{\alpha}{m}\right) (H_j^0 - H_k)^{-\frac{\alpha+m}{m}} \tag{10.91}$$

式中：H_j^0——管段 jk 的起端已知压力水头；

H_k——该管段的终端压力水头。

H_k等于该管段所在路径中除去管段 jk 之外的管段水头损失与路径终端节点［如图 10.11 中的节点（9）、节点（10）或节点（11）］已知压力水头之和，见下式：

$$H_k = \sum_{\substack{\text{选定路径} \\ jk \notin l}} h_l + H_{le}^0 \tag{10.92}$$

式中：h_l——路径中一个管段的水头损失；

H_{le}^0——路径终端的已知压力水头。

因此，该管段虚流量为：

$$q_{\varphi jk} = A_{2jk} l_{jk} \left(\frac{\alpha}{m}\right) \left(H_j^0 - \sum_{\substack{\text{选定路径} \\ jk \notin l}} h_l - H_{le}^0\right)^{-\frac{\alpha+m}{m}} = A_{2jk} l_{jk} \left(\frac{\alpha}{m}\right) \left(\Delta H - \sum_{\substack{\text{选定路径} \\ jk \notin l}} h_l\right)^{-\frac{\alpha+m}{m}} \tag{10.93}$$

式中，$\Delta H = H_j^0 - H_{le}^0$，为已知可利用重力水头，决定了重力供水管网的管段虚流量和管段经济水头损失。

由式（10.93）可知，可利用重力水头 ΔH 越高，该管段的虚流量越小，管径也越小，可以节约管网建设费用。

可得重力供水环状管网经济管径公式：

$$\begin{aligned} D_{jk} &= \left\{ f \left[A_{2jk} l_{jk} \left(\frac{\alpha}{m}\right) \left(\Delta H - \sum_{\substack{\text{选定路径} \\ jk \notin l}} h_l\right)^{-\frac{\alpha+m}{m}} \right] q_{jk}^n \right\}^{\frac{1}{\alpha+m}} \\ &= \left[\frac{f A_{2jk} l_{jk} \left(\frac{\alpha}{m}\right)}{\left(\Delta H - \sum\limits_{\substack{\text{选定路径} \\ jk \notin l}} h_l\right)^{\frac{\alpha+m}{m}}} q_{jk}^n \right]^{\frac{1}{\alpha+m}} \\ &= \left[\left(\frac{k^{\alpha+m} l_{jk}^{\alpha+m} q_{jk}^{n\alpha}}{\Delta H - \sum\limits_{\substack{\text{选定路径} \\ jk \notin l}} h_l} \right)^{\frac{1}{m}} q_{jk}^n \right]^{\frac{1}{\alpha+m}} \end{aligned} \tag{10.94}$$

在不同的重力给水管网中，可利用重力水头 ΔH 是不同的，应用式(10.94）计算经济管径的计算工作量很大，应尽可能应用计算机软件进行管网优化设计。

10.6　管网近似优化计算

在前述给水管网优化设计中，无论是设计流量分配的优化还是节点水头的优化，都采用了一些假设和简化处理，计算所得最优管径往往也不是标准管径，所以严格意义上的最优化实际上是不可能的。为了减轻人工计算工作量，在工程可以采取一些近似的方法，只要运用优化设计的一些理论指导，方法使用得当，还是可以保证一定精度的。

10.6.1 管段设计流量的近似优化分配

实践表明，管段设计流量分配对整个系统优化的经济性影响是不显著的，其最主要影响系统供水安全性。在工程设计中，依靠人工经验进行管段设计流量分配是可行的，但要注意遵守以下原则：

（1）对于多条平行主干管，设计流量相差不要太大（如不超过25%），以便在事故时可以相互备用。

（2）要保证与主干管垂直的连通管上有一定的流量（如不少于主干管流量的50%），以保证在事故时沟通主干管的能力，但连通管的设计流量也不应过大（如不大于主干管流量的75%）。

（3）尽量做到主要设计流量以较短的路线流向大用户和主要供水区域，多水源管网应首先确定各水源设计供水流量，然后根据供水流量拟定各水源大致供水范围并划出供水分界线。

（4）多水源或对置水塔管网中，各水源及对置水塔之间至少应有一条较大过流能力的通路，以便于水源之间供水量的相互调剂及低峰用水时向水塔输水。

（5）一般情况下，要保证节点流量连续性条件满足，设计流量初步分配完成后，可以采取施加环流量的办法调整分配方案。特殊情况下，如在多水源或有对置水塔的系统中，在各水源或水塔供水的分界线附近可以适当加大设计流量，而不必满足节点流量连续性条件。这种做法实际上考虑了多工况条件。

（6）要避免出现设计流量特别小的管段和明显不合理的管段流向。

10.6.2 管段虚流量的近似分配

在管段设计流量分配完成后，如果能进一步近似分配管段虚流量，即可用下式近似计算该管段的经济管径：

$$D_i=(f\,q_{\varphi i}q_i^n)^{\frac{1}{\alpha+m}},\ i=1,2,\cdots,M \tag{10.95}$$

由式(10.70)，管段虚流量近似分配应遵循下列原则，才能使计算所得的经济管径具有实际工程意义：

（1）首先确定需要设泵站的管段，这些管段的虚流量为$q_{\varphi i}=P_iq_i$。

（2）与水塔相连的输水管，其虚流量亦可按$q_{\varphi i}=P_iq_i$估算，其中P_i取各泵站的最大值。

（3）管网中间的节点一般不是控制点，其节点虚流量$Q_{\varphi j}=0$，即流入该节点的管段虚流量之和等于流出该节点的管段虚流量之和。

（4）管段虚流量的方向永远与设计流量的方向保持一致。

（5）对于多条管段虚流量流入或流出节点，它们的虚流量分配比例可以参考其设计流量的比例。

（6）虚流量只能从那些可能成为下控制点的节点流出，一般而言，用水量越大或用水压力要求越高，从节点流出的虚流量越大，反之则从节点流出的虚流量越小。在虚流量初步分配完后，要对所有下控制点流出的虚流量横向比较一下，若有明显不合理，则要加以调整。

【例 10. 8】某给水管网如图 10. 12 所示，管段长度与设计流量分配标于图中，有参数为：$n=2.0$，$k=0.001\ 74$，$m=5.333$，$b=307\ 2$，$\alpha=1.53$，$f=0.000\ 021\ 54$，$P_{13}=318\ 00$，试进行虚流量近似分配，并据分配结果确定设计管径。

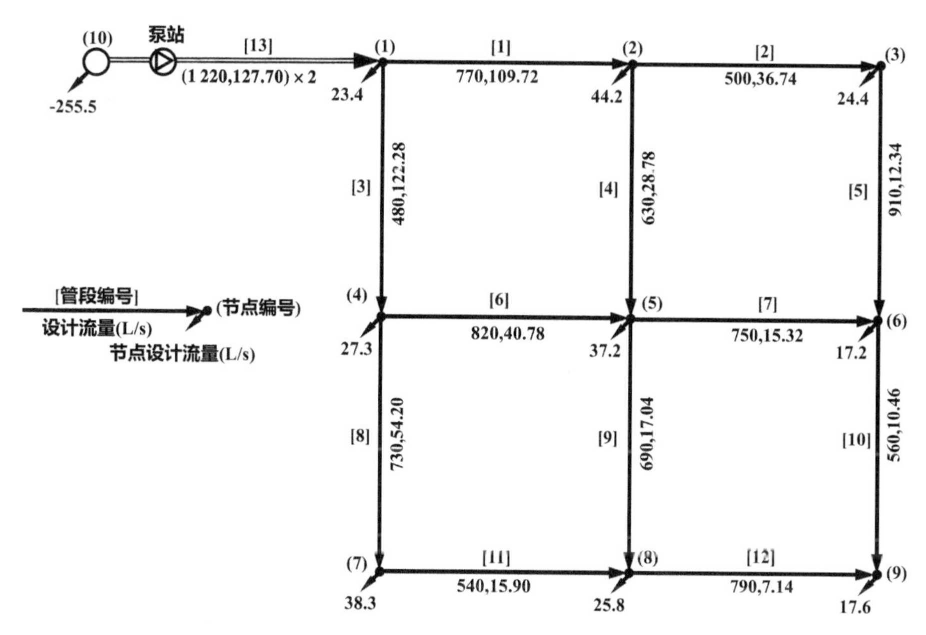

图 10. 12　管道虚流量近似分配

【解】首先计算管段［13］的虚流量：

$$q_{\varphi13}=P_{13}q_{13}=31\ 800\times0.127\ 7\approx4\ 061$$

节点（9）为控制点，所有虚流量从节点（10）流入，从节点（9）流出，其余节点虚流量为 0，管段虚流量按管段设计流量比例进行近似分配，如图 10. 13 所示。

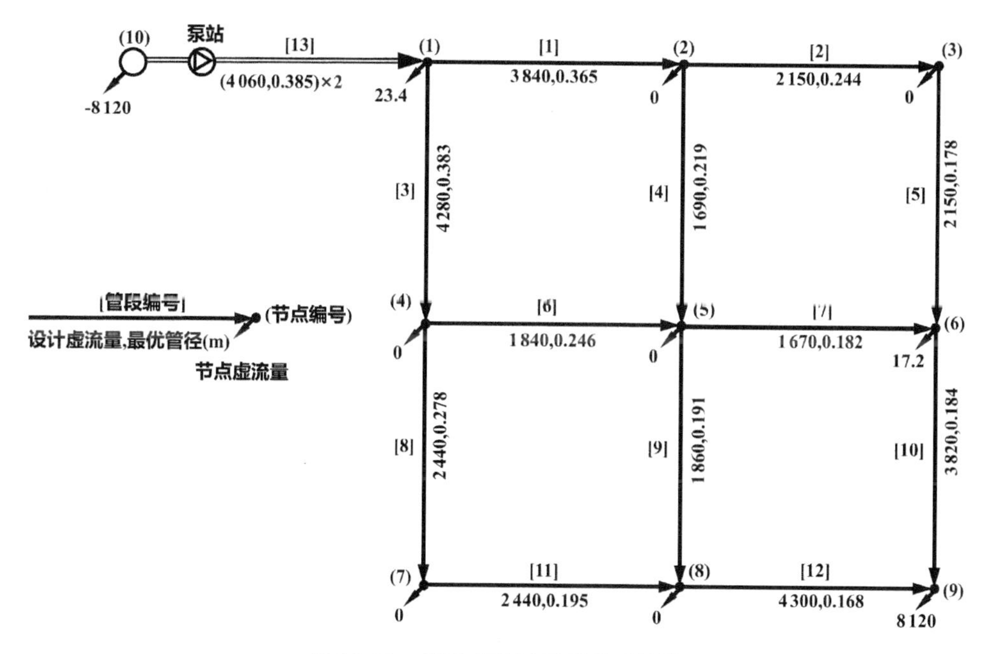

图 10. 13　管道虚流量近似分配计算

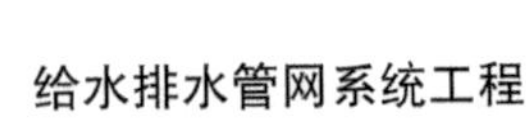

在近似分配管段虚流量后，按式(10.73）计算最优管径：

$$D_{13}=\left(f\,q_{\varphi 13}q_{13}^{n}\right)^{\frac{1}{\alpha+m}}=[(0.000\,021\,54\times 4\,061\times 0.127\,7^{2})^{\frac{1}{1.53+5.333}}]\ \text{m}=0.385\ \text{m}$$

其余管段最优直径计算结果标于图10.13中。

10.6.3 输水管经济流速

根据计算经验，管段虚流量对管径的影响并不显著，一般当虚流量增加100%时，计算管径只增加10%左右，即使虚流量增加300%，计算管径也只增加22%左右。因此，可以采取更简单的方法确定管段直径。

对于设泵站加压的输水管，或离输水管较近的管段，其虚流量应为$q_{\Phi i}=P_i q_i$，计算很简单，对于管网中的其他管段，可以近似地按输水管的虚流量确定管径，即：

$$D_i=(f\,q_{\Phi i}q_i^{n})^{\frac{1}{\alpha+m}}\approx(f P_i q_i^{n+1})^{\frac{1}{\alpha+m}},\ i=1,2,\cdots,M \tag{10.96}$$

考虑到设计人员一般习惯于用流速（m/s）确定管径，因此可以将上式转换为求流速的形式：

$$v=\frac{4q}{\pi D^2}\approx\frac{4}{\pi}(fP)^{-\frac{2}{\alpha+m}}q^{\frac{\alpha+m-2n-2}{\alpha+m}}\ (\text{m/s}) \tag{10.97}$$

上式求出的是输水管经济流速，也可以用于管网中管段的管径设计。

在【例10.8】中，将已知参数值代入式(10.97)，可得经济流速$v=1.427q^{0.125\,4}$（m/s），根据管段输水量q可以计算经济流速。

用我国城市供水系统的当前经济指标数据，由式（10.97）可得不同设计流量条件下的经济流速，见表10.8，供设计参考。

表10.8 输水管经济流速

单位：m/s

管材	电价［元/(千瓦·时)］	设计流量（L/s） 10	25	50	100	200	300	400	500	750	1 000	1 500	2 000
球墨铸铁管	0.4	0.99	1.09	1.18	1.27	1.37	1.43	1.48	1.51	1.58	1.63	1.71	1.76
	0.6	0.87	0.97	1.04	1.13	1.22	1.27	1.31	1.35	1.41	1.45	1.52	1.57
	0.8	0.80	0.89	0.96	1.04	1.12	1.17	1.21	1.24	1.29	1.33	1.40	1.44
	1.0	0.75	0.83	0.90	0.97	1.05	1.09	1.13	1.16	1.21	1.25	1.31	1.35
普通铸铁管	0.4	0.95	1.05	1.14	1.23	1.33	1.40	1.45	1.48	1.55	1.61	1.68	1.74
	0.6	0.84	0.93	1.01	1.10	1.19	1.24	1.28	1.32	1.38	1.43	1.50	1.55
	0.8	0.77	0.86	0.93	1.01	1.09	1.14	1.18	1.21	1.27	1.31	1.38	1.42
	1.0	0.72	0.80	0.87	0.94	1.02	1.07	1.11	1.14	1.19	1.23	1.29	1.33
钢筋混凝土管	0.4	1.23	1.29	1.33	1.38	1.43	1.46	1.48	1.50	1.53	1.55	1.58	1.60
	0.6	1.08	1.13	1.17	1.21	1.26	1.28	1.30	1.32	1.34	1.36	1.39	1.41
	0.8	0.99	1.03	1.07	1.11	1.15	1.17	1.19	1.20	1.23	1.24	1.27	1.29
	1.0	0.92	0.96	1.00	1.03	1.07	1.09	1.11	1.12	1.14	1.16	1.18	1.20

10.6.4　管径标准化

通过优化计算所得最优管径是无法在工程中采用的，因为市售标准管径只有若干个规格，在我国一般为 100 mm、150 mm、200 mm、250 mm、300 mm、350 mm、400 mm 等规格，各地区可能还略有不同。最优管径往往介于两档标准管径之间，只能向上靠采用大一号或向下靠采用小一号的标准管径，具体根据经济性决定，即看采用哪一档标准管径更经济。

因为管网中的管段在水力上是相互联系的，改变某管段直径也将影响到其他管段最优直径和泵站扬程，这样问题就复杂化了。为此，我们作出两点假定：

（1）假设管段上设有泵站（无论实际上是否设有泵站），管径改变所造成的水头损失的变化由泵站的扬程弥补，这样，管径的变化就不致引起管段两端节点水头变化，从而不致影响系统中其他管段。

（2）假设泵站的扬程的变化所造成管网年费用折算值的变化等同于真实泵站，即：

$$\Delta m_{2i} = P_i q_i \Delta h_{pi} = q_{\varphi i} \Delta h_{pi} = \frac{D_i^{\alpha+m}}{f q_i^n} \Delta h_{pi} \tag{10.98}$$

设最优管径 D_i 介于标准管径 $\widehat{D}_1$ 和 $\widehat{D}_2$ 之间（$\widehat{D}_1 < D_i < \widehat{D}_2$），若采用标准管径$_1$，根据以上假设，管网年费用折算值改变量为：

$$\begin{aligned}\Delta\omega'_i &= \left(\frac{1}{T} + \frac{p}{100}\right)\left[(a + b\widehat{D}_1^{\alpha}) - (a + b\widehat{D}_i^{\alpha})\right] l_i + \frac{D_i^{\alpha+m}}{f q_i^n} \Delta h_{pi} \\ &= \left(\frac{1}{T} + \frac{p}{100}\right) b(\widehat{D}_1^{\alpha} - \widehat{D}_i^{\alpha}) l_i + \frac{D_i^{\alpha+m}}{f q_i^n} kk q_i^n (\widehat{D}_1^{-m} - \widehat{D}_i^{-m}) l_i\end{aligned} \tag{10.99}$$

同理，若采用标准管径$_2$，管网年费用折算值改变量为：

$$\Delta\omega''_i = \left(\frac{1}{T} + \frac{p}{100}\right) b(\widehat{D}_2^{\alpha} - \widehat{D}_i^{\alpha}) l_i + \frac{D_i^{\alpha+m}}{f q_i^n} kk q_i^n (\widehat{D}_2^{-m} - \widehat{D}_i^{-m}) l_i \tag{10.100}$$

根据经济性原则，若 $\Delta\omega'_i < \Delta\omega''_i$，则应采用标准管径 $\widehat{D}_1$，若 $\Delta\omega'_i > \Delta\omega''_i$，则应采用标准管径 $\widehat{D}_2$，若 $\Delta\omega'_i = \Delta\omega''_i$，则可以任选 $\widehat{D}_1$ 或 $\widehat{D}_2$，这是一个分界线，我们称此时对应的管径为界限管径，记为 D^*。为求得界限管径，令 $\Delta\omega'_i = \Delta\omega''_i$、$D_i = D^*$，由前式推导可得：

$$D^* = \left(\frac{m}{\alpha} \frac{\widehat{D}_2^{\alpha} - \widehat{D}_1^{\alpha}}{\widehat{D}_1^{-m} - \widehat{D}_2^{-m}}\right)^{\frac{1}{\alpha+m}} \tag{10.101}$$

一般情况下，设 α 为 1.65 ～ 1.85，m 为 4.87 ～ 5.33，所计算出的界限管径基本相同，可列出标准管径选用界限表 10.9。该表在各地区可通用。

表 10.9　标准管径选用界限

标准管径（mm）	界限管径（mm）	标准管径（mm）	界限管径（mm）	标准管径（mm）	界限管径（mm）
100	≤120	350	328 ～ 373	700	646 ～ 746
150	120 ～ 171	400	373 ～ 423	800	746 ～ 847

续上表

标准管径（mm）	界限管径（mm）	标准管径（mm）	界限管径（mm）	标准管径（mm）	界限管径（mm）
200	171 ～ 222	450	423 ～ 474	900	847 ～ 947
250	222 ～ 272	500	474 ～ 545	1000	947 ～ 1 090
300	272 ～ 328	600	545 ～ 646	1 200	≥1 090

【例 10.9】根据【例 10.8】的计算结果，为各管段确定标准管径。

【解】根据图 10.13 中标注的计算管径，查表 10.9，得各管段标准管径，见表 10.10。

表 10.10　标准管径选用

管段编号	1	2	3	4	5	6	7	8	9	10	11	12	13
计算管径（mm）	365	244	383	219	178	246	182	278	191	184	195	168	385 ×2
标准管径（mm）	350	250	400	200	200	250	200	300	200	200	200	150	400 ×2

● 10.7　排水管网优化设计

在排水管网设计中，根据设计规范和实践经验进行多种方案比较和选择，使设计方案达到技术先进、经济合理的目标。但是，技术经济分析和比较都只能考虑有限个不同布置形式的设计方案，因而会造成排水管网的设计方案因人而异，其工程效果和建设投资也会出现很大差异。研究和推广优化设计方法是排水管网设计的重要发展方向。

排水管网系统优化设计是在满足设计规范要求的条件下，使排水管网的建设投资和运行费用最低。应用最优化方法进行排水管道系统的优化设计，可以得出科学合理和安全实用的排水管网优化设计方案。

排水管网管线布置形式和管段流量给定条件下，通过不同管径、坡度的组合和比较可以形成优化设计方案。

排水管网优化设计一般包括三个相互关联的内容：

（1）最优排水分区和最优集水范围的确定。

（2）管网系统平面优化布置。

（3）管线布置和管段流量给定条件下的管径、坡度（埋深）及泵站设置的优化设计方案。

排水管网优化设计通常以建设投资费用为目标函数，以设计规范要求和规定为约束条件，建立优化设计数学模型，进行设计方案最优化求解计算，尽可能降低其工程造价。由于排水管网系统造价的影响因素比较复杂，目前对排水管网优化设计的研究和应用仍有待于更加深入研究和发展。本节内容的目的是建立排水管网工程设计最优化的基本概念和思想方法，以不断提高排水管网工程设计的科学性。

10.7.1　排水管道造价指标

排水管道的造价指标是排水管网工程投资费用计算的重要依据。根据中华人民共和国建设部《市政工程投资估算指标》第四册“排水工程（HGZ 47－104—2007）”，不同材料和不同埋设深度的排水管道单位长度投资估算指标基价见表 10.11。排水管道投资估算的指标基价，实际总造价还应包括路面及绿化恢复等其他费用。为了表述方便，这里仅以表中数据作为造价计算的依据。排水管道造价指标与管径、埋深和管道基础设置有关。管道基础如图 10.14 所示。

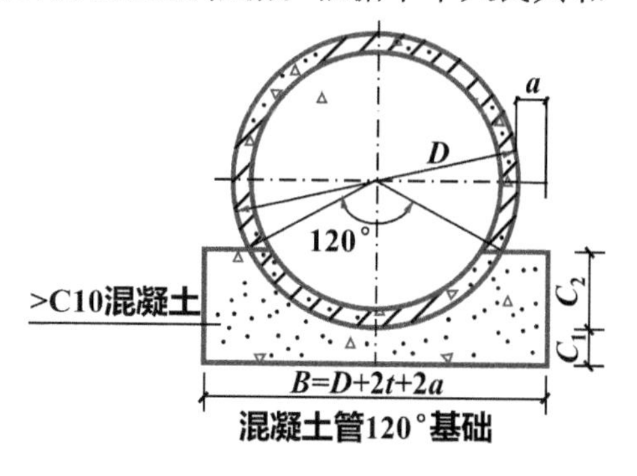

图 10.14　排水管道基础

排水管道的造价指标与前述给水管道造价指标不同，由于排水管道的埋深引起造价的增加十分显著，而且，由地质条件引起的管道基础的不同要求也增加了管道的造价。这样就带来了造价费用函数的复杂性和不连续性。在不同的管道施工条件下，需要采用不同的费用函数。

根据不同管径的埋深在实际排水工程中出现的概率分布，可以近似地应用加权平均方法，计算不同管径的埋深平均造价指标，列入表 10.11 中的造价第（6）列。

表 10.11　排水管道（开槽埋管）投资估算指标基价表

单位：元/100 米

管径（mm）	管道材料	埋深 H（m）					(6) 加权平均指标基价
		(1) H=1.5	(2) H=2.5	(3) H=3.5	(4) H=4.5	(5) H=5.5	
300	UPVC	42 249	52 964	144 282	—	—	48 500
400	UPVC	57 783	69 153	160 402	—	—	65 800
600	RFPP	91 901	104 783	197 812	—	—	11 800
800	RFPP	153 007	167 514	261 779	—	—	196 000
1 000	RFPP	—	251 443	346 743	—	—	289 500
600	钢筋混凝土	—	111 680	224 875	287 927	—	11 800
800	钢筋混凝土	—	136 649	253 441	317 631	—	196 000
1 000	钢筋混凝土	—	169 467	288 285	357 385	—	289 500
1 200	钢筋混凝土	—	204 089	325 282	394 450	—	335 800
1 350	钢筋混凝土	—	269 475	401 251	481 041	—	426 850
1 500	钢筋混凝土	—		433 414	515 953	534 486	515 000
1 650	钢筋混凝土	—		468 832	550 571	568 835	550 500
1 800	钢筋混凝土	—		523 438	606 286	624 448	626 200

续上表

管径(mm)	管道材料	埋深 H (m)					(6) 加权平均指标基价
		(1) $H=1.5$	(2) $H=2.5$	(3) $H=3.5$	(4) $H=4.5$	(5) $H=5.5$	
2 000	钢筋混凝土	—		586 786	674 014	714 452	678 500
2 200	钢筋混凝土	—		651 657	737 425	757 005	745 500
2 400	钢筋混凝土	—		705 821	796 128	813 555	807 500

10.7.2 排水管道造价公式

很多研究文献中，采用管道直径和埋深两个变量表达管道单位长度的造价，并提出以下主要代表型造价公式：

$$C = k_1 D^{k_2} H^{k_3} \tag{10.102}$$

$$C = k_1 + k_2 D^{k_3} + k_4 H^{k_5} \tag{10.103}$$

$$C = k_1 + k_2 D^2 + k_3 H^2 \tag{10.104}$$

式中：C——管道单位长度造价（元/米）；

D——管径（m）；

H——管道埋设深度（m）；

k_1，k_2，k_3，k_4，k_5——系数和指数，随地区不同而变化，可以通过线性回归方法求出各参数值，使所对应的造价公式计算误差最小。

可以看出，排水管道系统造价费用函数是比较复杂的关于管径和埋设深度的非线性函数。对于不同地区，存在不同的造价指标，应根据当地的造价指标数据选用最适合的造价公式。

为了简化上述造价公式，进一步分析表10.11中同一列的造价数据，并考虑到排水管道的埋深一般是随着管径的增大而增大，可以将管道埋深参数 H 作为管径 D 的函数，即

$$H = d + eD^{\beta} \tag{10.105}$$

式中：H——管道埋深（m）；

D——管径（m）；

d，e，β——曲线拟合常数和指数。

代入式(10.102)至式(10.104)中任一公式，可以整理得到与给水管网造价公式形式相同的公式：

$$C = a + bD^{\alpha} \tag{10.106}$$

式中：C——造价指标（元/米）；

D——管径（m）；

a，b，α——曲线拟合常数和指数。

由表10.11中（1）至（6）列的造价指标数据，排水管道造价具有与给水管道造价数据相同的特征，按照式(10.106)进行曲线拟合计算，可以依次得出对应于各列数据的排水管道造价指标公式如下：

（1）$C=240+1\ 989D^{2}$。

（2）$C=-56+1\ 941D^{1.002}$。

（3）$C=1\ 046+1\ 893D^{1.335}$。

（4）$C=1\ 864+1\ 823D^{1.4}$。

（5）$C=495+3\ 213D^{1.002}$。

（6）$C=-837+3\ 746D^{1.02}$。

在排水管网工程设计中，如果所有管道的埋深均在同一个埋深范围内，即可应用上述对应的一个曲线拟合公式作为造价指标公式，具有很好的连续性。在具体的区域排水管网工程设计中，管道的埋深一般比较接近，通常能够使用上述公式中的一个公式。

在城镇排水管网规划设计时，覆盖区域范围较广，地质条件一般不够清晰，管道埋深和管道基础的要求亦不够肯定。这时，应用加权平均的拟合曲线公式（6），具有较好的造价估算参考作用和经济比较依据。

比较上述造价公式，加权平均计算式(6）与式(10.102）至式(10.104）具有同等的综合特征，且式（6）更加简洁，使用方便，同样具有较好的管道埋深代表意义。

10.7.3　排水管网优化设计数学模型

排水管网优化设计的目标是在满足管网排水能力和设计规范的约束条件下，使排水管网造价最低。采用造价费用函数作为目标函数，求解目标函数的极小值。

排水管网造价公式采用式(10.106）的形式，造价费用函数即为管网中所有管段的造价之和，可写为：

$$F=\sum_{i=1}^{m}[(a+bD_i^{\alpha})l_i] \tag{10.107}$$

式中：i——管段序号；

m——管段总数；

l_i——管段长度（m）；

D_i——管道直径（m）。

基于费用函数的排水管网优化设计数学模型是具有线性约束条件的非线性数学最优化模型，目标函数为：

$$\min F=\sum_{i=1}^{m}[(a+bD_i^{\alpha})l_i] \tag{10.108}$$

约束条件主要是设计规范中的规定，可写成如下线性约束数学表达式：

$$\begin{cases} I_{\min}\leqslant I_{\mathrm{i}}\leqslant I_{\max} \\ v_{\min}\leqslant v_{\mathrm{i}}\leqslant v_{\max} \\ H_{\min}\leqslant H_{i1}\leqslant H_{\max} \\ H_{\min}\leqslant H_{i2}\leqslant H_{\max} \\ (h/D)_{\min}\leqslant (h/D)_i\leqslant (h/D)_{\max} \\ v_i\geqslant v_{iu} \\ D_i\geqslant D_{iu} \\ D_i\in D_{标} \end{cases} \tag{10.109}$$

式中：F——排水管道系统总费用（元）；

l_i——第 i 管段的管长（m）；

m——管道系统中管段总数；

$I_{\min}$、$v_{\min}$、$H_{\min}$、$(h/D)_{\min}$——分别为最小允许设计坡度、最小允许设计流速（m/s）、最小允许埋深（m）和最小允许设计充满度；

$I_{\max}$、$v_{\max}$、$H_{\max}$、$(h/D)_{\max}$——分别为最大允许设计坡度、最大允许设计流速（m/s）、最大允许埋深（m）和最大允许设计充满度；

H_{i1}、H_{i2}——分别为管段 i 上、下端埋设深度（m）；

I_i、v_i、$(h/D)_i$、D_i——分别为管段 i 的设计坡度、设计流速（m/s）、设计充满度和管径（m）；

v_{iu}、D_{iu}——分别为与管段 i 相邻上游管段的流速（m/s）和管径（m）中的最大值；

$D_{标}$——标准规格管径集。

10.7.4 管段优化坡度计算方法

排水管网具有两个主要特征，一是枝状网络结构，二是依靠重力输水。一般情况下，排水管网设计中应尽量避免设置提升泵站，因此需要尽量利用最大可能的埋设深度。决定管道埋设深度的因素是充分利用地形高差，管道流向尽可能保持与地面坡度一致，同时尽量利用技术条件增大埋设深度。目前排水管网的最大埋深可以达到 8 m。因此，排水管网设计的重要已知设计参数是各管道的排水流量和从管网起始端到管网末端之间可以利用的水位落差，分别用 q 和 ΔH 表示，ΔH 称为可利用水位高差。在充分利用已知的水位高差和满足约束条件下，求解管网中各管道的优化坡度，使管网造价最低。可以采用与给水管网中的重力输水管道优化设计相同的方法，构成优化设计简化数字模型如下：

目标函数为

$$\min F = \sum_{i=1}^{m}[(a + bD_i^{\alpha})l_i] \tag{10.110}$$

约束条件：

$$\sum_{i=1}^{MP} h_i = \sum_{i=1}^{MP}(H_{Fi} - H_{Ti}) = \Delta H \tag{10.111}$$

式中：h_i——管道的水位落差（m）；

MP——在选定管线上的管道总数；

H_{Fi}——管道 i 的起点水面标高（m）；

H_{Ti}——管道 i 的终点水面标高（m）；

ΔH——选定管线上的可利用水位高差（m）。

优化数学模型的约束表达式（10.109）中的其他条件，在优化计算过程中作为边界条件予以应用。

所谓选定管线，是指水力高程上相互衔接的一组管段，共同利用一个可利用的水位高差 ΔH。排水管网中的主干管、干管和支管可能各自构成独立的重力输水条件，可利用

水位高差 ΔH 不同，即构成不同的选定管线。

如图 10.15 所示的排水管网，主干管由管段［1］至管段［6］组成，而管段［7］至管段［9］和管段［10］至管段［12］为两条独立的干管。节点（1）到节点（7）的选定管线利用该二节点间最大的水位落差，而其他两条选定管线则可能分别利用它们的起始节点（8）和节点（11）与主干管连接节点（4）和节点（6）处存在的水位差。因此，该系统可以分为三条选定管线，分别利用它们的可利用水位差进行管线的优化设计。

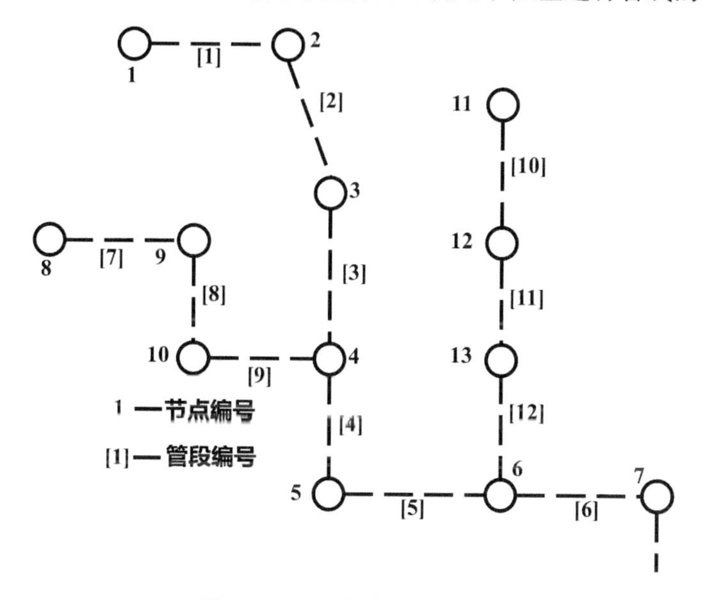

图 10.15　排水管道选定管线

假定各选定管线的可利用高差分别为 ΔH_1，ΔH_2 和 ΔH_3，各选定管线的管段数为 MP_i（$i=1$，2，3），则各选定管线中的管段上下游水位差之和分别为：

$$\sum_{i=1}^{MP_1}(H_{Fi}-H_{Ti})=\Delta H_1 \text{［选定管线：节点（1）至节点（7）］} \tag{10.112}$$

$$\sum_{i=1}^{MP_2}(H_{Fi}-H_{Ti})=\Delta H_2 \text{［选定管线：节点（8）至节点（4）］} \tag{10.113}$$

$$\sum_{i=1}^{MP_3}(H_{Fi}-H_{Ti})=\Delta H_3 \text{［选定管线：节点（11）至节点（6）］} \tag{10.114}$$

假定选定管线上各管道为水面等高衔接，可以构成与给水管网重力输水管线类似的优化数学模型，求解各管段的优化水力坡度。

下面以非满流排水管道为研究对象，满流管道作为充满度等于 1 时的一种特例，建立排水管段优化坡度和经济管径数学模型。

如果设定管道的初始充满度 y_d，可以得出水流中心夹角 θ：

$$\theta=2\cos^{-1}(1-2y_d)$$

在管道流量 q 已知条件下，有：

$$q=vA=\frac{1}{n}R^{\frac{2}{3}}i^{\frac{1}{2}}A \tag{10.115}$$

式中：R——水力半径（m）；

A——水流断面面积（m^2）；

i——管道水力坡度。

其中，水流断面面积 A 和水力半径 R 可以写成关于管径 D 和水流中心夹角 θ 的函数：

$$A=\frac{D^2}{8}(\theta-\sin\theta) \tag{10.116}$$

$$R=\frac{D}{4}\left(\frac{\theta-\sin\theta}{\theta}\right) \tag{10.117}$$

因此，由式(10.115) 可得：

$$\begin{aligned} q&=\frac{1}{n}R^{\frac{2}{3}}i^{\frac{1}{2}}A=\frac{1}{n}\cdot i^{\frac{1}{2}}\cdot\left[\frac{D}{4}\left(\frac{\theta-\sin\theta}{\theta}\right)\right]^{\frac{2}{3}}\cdot\left[\frac{D^2}{8}(\theta-\sin\theta)\right]\\ &=\frac{(\theta-\sin\theta)^{\frac{5}{3}}}{n\cdot 8\cdot 4^{\frac{2}{3}}\cdot\theta^{\frac{2}{3}}}\cdot i^{\frac{1}{2}}\cdot D^{\frac{8}{3}}=\frac{(\theta-\sin\theta)^{\frac{5}{3}}}{20.16n\theta^{\frac{2}{3}}}i^{\frac{1}{2}}D^{\frac{8}{3}} \end{aligned} \tag{10.118}$$

$$q_\varphi=\frac{20.16n\theta^{\frac{2}{3}}q}{(\theta-\sin\theta)^{\frac{5}{3}}} \tag{10.119}$$

式中：q_φ——排水管道虚流量。

当管道流量 q、曼宁系数 n 和管道水流中心夹角 θ 已知时，管段虚流量 q_φ 即为已知。

由式(10.118) 和式(10.119)，可得：

$$D=q_\varphi^{\frac{3}{8}}i^{-\frac{3}{16}} \tag{10.120}$$

代入目标函数［式(10.112)］，可得：

$$\min F=\sum_{i=1}^{m}\left(al_i+b\,q_{\varphi i}^{\frac{3\alpha}{8}}i_i^{-\frac{3\alpha}{16}}l_i\right) \tag{10.121}$$

式中：$q_{\varphi i}$，i_i，l_i——分别为选定管线上管段 i 的虚流量、待求坡度和管段长度。

式(10.121) 称为求解管道优化坡度的目标函数式。

待求坡度 i_i需要满足可利用水位差 ΔH 的约束条件，即

$$\sum_{i=1}^{m}i_il_i=\Delta H \tag{10.122}$$

应用条件极值原理，可以写成求解管道优化坡度 i_i的拉格朗日函数方程：

$$W=\sum_{i=1}^{m}\left(al_i+bq_{\varphi i}^{\frac{3\alpha}{8}}i_i^{-\frac{3\alpha}{16}}l_i\right)+\lambda\left(\sum_{i=1}^{m}i_il_i-\Delta H\right) \tag{10.123}$$

写出 W 对 i_i的偏导数，并令其等于0，则

$$\frac{\partial W}{\partial i_i}=\left(-\frac{3\alpha}{16}\right)bq_{\varphi i}^{\frac{3\alpha}{8}}i_i^{-\left(\frac{3\alpha}{16}+1\right)}l_i+\lambda l_i=0 \tag{10.124}$$

将其改写为

$$-\frac{\partial W}{\partial i_i}/l_i=\left(\frac{3\alpha}{16}\right)bq_{\varphi i}^{\frac{3\alpha}{8}}i_i^{-\left(\frac{3\alpha}{16}+1\right)}-\lambda=0 \tag{10.125}$$

令

$$q_{1\varphi i}=\left(\frac{3\alpha}{16}\right)bq_{\varphi i}^{\frac{3\alpha}{8}} \tag{10.126}$$

和

$$\eta = -\left(\frac{3\alpha}{16}+1\right) \tag{10.127}$$

式(10.125)可以简化为：

$$-\frac{\partial W}{\partial i_i}/l_i = q_{1\varphi i}i_i^{\eta} - \lambda = 0 \tag{10.128}$$

由此可得，在选定的重力流排水管线上，各管段的值相等，即：

$$q_{1\varphi 1}i_1^{\eta} = q_{1\varphi 2}i_2^{\eta} = q_{1\varphi 3}i_3^{\eta} = ,\ \cdots,\ = q_{1\varphi m}i_m^{\eta} = \lambda \tag{10.129}$$

同时满足式(10.122)和式(10.129)的一组管段水力坡度 i_i，即为该排水管网的管段经济坡度。

如果求出任一管段的坡度，如末端管段 m 的坡度 i_{m}，即可得出其余管段的坡度 i_i：

$$i_i = \left(\frac{q_{1\varphi m}}{q_{1\varphi i}}\right)^{\frac{1}{\eta}} i_m \tag{10.130}$$

且有

$$\sum_{i=1}^{m} i_i l_i = \sum_{i=1}^{m}\left[\left(\frac{q_{1\varphi m}}{q_{1\varphi i}}\right)^{\frac{1}{\eta}} l_i\right] i_m = \Delta H \tag{10.131}$$

因此，管段 m 的经济坡度 i_m 存在唯一解：

$$i_m = \frac{\Delta H}{\sum_{i=1}^{m}\left[\left(\frac{q_{1\varphi m}}{q_{1\varphi i}}\right)^{\frac{1}{\eta}} l_i\right]} \tag{10.132}$$

由式(10.130)可以计算其余管段的经济坡度 i_i，$i = 1, 2, 3, \cdots, m$。

由式(10.120)可以计算各管段直径 $D_i = q_{\varphi i}^{\frac{3}{8}} i_i^{-\frac{3}{16}}$，称为优化管径，或称为排水管网经济管径。得到的管段直径为非标准管径，需要进行管径标准化。

【例10.10】如图10.15所示的污水管网，管段长度和流量见表10.12。分为3个选定管线，如前述。三个起端节点(1)、(8)和(11)起始水位标高分别为3.5 m、4.2 m和3.9 m，末端节点7的规划排水水位为1.2 m。管网采用钢筋混凝土管，曼宁系数 $n = 0.014$。管网埋设深度为4 m以内，采用造价公式 $C_3 = 675 + 976D^{1.6}$。各管段统一设定初始充满度为 $y_d = 0.7$。计算管网经济管径。

表10.12　污水管网管段长度和流量数据

管段号	1	2	3	4	5	6	7	8	9	10	11	12
长度(m)	180	250	220	210	190	150	190	210	160	220	210	170
流量(m/s)	0.1	0.15	0.25	0.5	0.6	0.75	0.12	0.26	0.35	0.12	0.2	0.3

【解】首先计算节点(1)至节点(7)之间的主干管选定管线，可利用水位差 $\Delta H = (3.5 - 1.2)\ \mathrm{m} = 2.3\ \mathrm{m}$，管线长度为1 200 m。按照上述优化公式和步骤，应用计算机程序计算，输出参数代码和意义如下：

qj[i]——管段流量($\mathrm{m^3/s}$)；

lp[i]——管段长度(m)；

qf3[i]——$q_{1\varphi i} = \left(\frac{3\alpha}{16}\right) b q_{\varphi i}^{\frac{3\alpha}{8}}$；

qf4[i] ——$\left(\frac{q_{1\varphi m}}{q_{1\varphi i}}\right)^{\frac{1}{\eta}}$；

sqq—— $\sum_{i=1}^{m}\left[\left(\frac{q_{1\varphi m}}{q_{1\varphi i}}\right)^{\frac{1}{\eta}} l_i\right]$；

slop[i] ——管段经济坡度 i_i；

dp[i] ——管段优化管径（m）；

Rp[i] ——管段水力半径（m）；

vp[i] ——管段流速（m/s）；

hp[i] ——管段水头损失（m）；

cost——选定管线造价（元）。

计算机优化计算结果如下：

（1）主干管：管段［1］至管段［6］。管段数为6，管段长度为1 200 m，可利用水位差为2.3 m，充满度为0.7。

qj[i] =0.100 0　0.150 0　0.250 0　0.500 0　0.600 0　0.750 0

lp[i] =180.00　250.00　220.00　210.00　190.00　150.00

qf3[i] =12.715　16.217　22.034　33.397　37.257 8　42.594

qf4[i] =3.349 9　2.626 5　1.933 2　1.275 4　1.143 3　1.000 0

slop[i] =0.001 1　0.001 3　0.001 7　0.002 3　0.002 5　0.002 8

dp[i] =0.504 2　0.566 8　0.656 8　0.802 2　0.845 5　0.901 7

Rp[i] =0.149 4　0.167 9　0.194 6　0.237 6　0.250 5　0.267 1

vp[i] =0.669 8　0.795 1　0.986 9　1.323 3　1.429 4　1.570 9

hp[i] =0.199 7　0.334 4　0.372 5　0.489 7　0.481 9　0.421 7

cost =$1.486\ 58\times10^{6}$ 元

（2）干管1：管段［7］至管段［9］。管段数为3，管线长度为560 m，可利用水位差为1.6 m，充满度为0.7。

qj[i] =0.120 0　0.260 0　0.350 0

lp[i] =190.00　210.00　160.00

qf3[i] =14.185　22.558　26.963

qf4[i] =1.900 8　1.195 2　1.000 0

slop[i] =0.002 1　0.003 0　0.003 5

dp[i] =0.477 9　0.597 3　0.650 8

Rp[i] =0.141 6　0.176 9　0.192 8

vp[i] =0.894 8　1.241 0　1.407 4

hp[i] =0.404 1　0.638 2　0.557 7

cost =603 306 元

（3）干管2：管段［10］至管段［12］。管段数为3，长度为600 m，可利用水位差为2.3 m，充满度为0.7。

qj[i] =0.120 0　0.200 0　0.300 0

lp[i] =220.00　210.00　170.00

qf3[i] =12.715　17.324　22.096
qf4[i] =1.732 9　1.275 4　1.000 0
slop[i] =0.003 1　0.003 9　0.004 7
dp[i] =0.417 0　0.483 2　0.543 1
Rp[i] =0.104 2　0.120 8　0.135 8
vp[i] =0.878 9　1.090 9　1.295 0
hp[i] =0.678 9　0.820 3　0.800 8
cost =584 452 元

优化计算结果数据列入表 10.13。

表 10.13　管段坡度和管径优化结果数据

管段号	1	2	3	4	5	6	7	8	9	10	11	12
坡度	0.001 1	0.001 3	0.001 7	0.002 3	0.002 5	0.002 8	0.002 1	0.003 0	0.003 5	0.003 1	0.003 9	0.004 7
管径（m）	0.504	0.567	0.657	0.802	0.846	0.902	0.477	0.597	0.651	0.446	0.516	0.580

由于求解得出的优化管径为非标准管径，因此对它们进行标准化，见表 10.14。

表 10.14　优化管径标准化计算结果数据

管段号	1	2	3	4	5	6	7	8	9	10	11	12
标准管径（m）	0.5	0.6	0.7	0.8	0.9	0.9	0.5	0.6	0.7	0.5	0.5	0.6
坡度	0.001 2	0.001 3	0.001 7	0.002 3	0.002 5	0.002 8	0.002 1	0.003 0	0.003 5	0.003 1	0.003 9	0.004 7

将本例题输入数据中的充满度 y_d 改为 1 时，计算结果即为满流管道的经济坡度和经济管径。

第 11 章　“海绵城市”的设计与建设

11.1　“海绵城市”的设计与建设

城市化进程对一个国家的发展具有重要的作用，它不仅能够推动经济、社会、环境、科技和国际竞争力的全面发展，而且也是衡量一个国家现代化程度和文明程度的重要标志。我国自改革开放以来，城市数量从 1978 年的 193 个增加到 2023 年的 672 个，城镇化率达到 66.16%，城市已成为人们生产生活的主要组成部分。近年来，许多城市都面临内涝频发、径流污染、雨水资源大量流失、生态环境破坏等诸多雨水问题，在城市建设中构建完善管理系统刻不容缓。2020 年中央气象台连续发布 31 天的暴雨预警，近六分之一的国土出现累计雨量超过 200 mm，南方局部地区超过 1 000 mm，“城市看海”屡见不鲜，其中相当一部分是严重内涝，人员伤亡的现象时有发生，财产损失重大。究其原因，很大程度是雨水利用系统不完善或城市排水体系不达标。内涝问题与当前城市建设切割地面、硬化面积大量增加等有直接关系。与此同时，城市也面临资源约束趋紧、环境污染加重、生态系统退化等一系列问题，其中又以城市水问题表现最为突出。

（1）水安全问题。一方面，受“重地上、轻地下”等习惯思维的影响，城市排水设施建设不足，“逢雨必涝”成为城市顽疾，据统计，全国已有超过 62% 的城市发生过水涝。另一方面，传统城市到处都是水泥硬地面，城市绿地等“软地面”在竖向设计上又高于硬地面，雨水下渗面参量很小，也未考虑“滞”和“蓄”的空间，容易造成积水内涝，更严重的是，阻挡地下水补给，造成地下水水位下降，形成漏斗区。

（2）水生态问题。一方面，传统城市建设造成大量湖河水系、湿地等城市蓝线受到侵蚀，据最新的统计调查，2019 年我国湿地面积比 2009 年前减少 339.63 万公顷，减少率为 8.82%，土壤、气候等生态环境质量下降。另一方面，城市河、湖、海等水岸被大量水泥硬化，甚至这种城市化水岸修筑模式已向乡村田园蔓延，人为割裂了水与土壤、水与水之间的自然联系，导致水的自然循环规律被干扰，水生物多样性减少，水生态系统被破坏。

（3）水污染问题。降雨挟带空气中的尘埃，降落到地面，同时，形成地表径流，初期雨水污染对城镇水体造成一定的污染。

（4）水短缺问题。降雨量在时间、空间上分布不均衡，传统的雨水排水模式水来得急、去得也快，而位于城市的自然调蓄空间大量被挤占，人工蓄水设施又不足，导致大量雨水白白流走。中国在 2022 年有 25 个省份处于缺水状态，其中轻度缺水的省份有 7 个，中度缺水的省份有 6 个，严重缺水的省份有 4 个，极度缺水的省份有 8 个。这些数据表明，中国的水资源短缺问题依然严重，特别是在北方和西部地区。

因此，要解决城市雨水问题，不能局限在建筑本身，一定要看成整个城市建设的一个系统工程，才能解决城市水环境的生态问题。建设“海绵城市”就是系统地解决城市水安全、水资源、水环境问题，减少城市洪涝灾害，缓解城市水资源短缺问题，改善城市水质量和水环境，调节小气候，恢复生物多样性，使城市再现鸟语、蝉鸣、鱼跃、蛙叫等生态景象，形成人与自然和谐相处的生态环境。

“海绵城市”就是使城市像海绵一样，在适应环境变化和应对自然灾害等方面有良好的“弹性”，通过下雨时吸水、蓄水、渗水、净水，需要时将蓄存的水“释放”并加以利用，可实现“自然积存、自然渗透、自然净化”三大功能，让城市回归自然。“海绵城市”建设可有效地解决城市水安全、水污染、水短缺、生态退化等问题。我国“十四五”规划中也对海绵城市建设做出重要指示，根据《中华人民共和国国民经济和社会发展第十四个五年规划和 2035 年远景目标纲要》，海绵城市建设的重要内容主要包括：加强城市防洪排涝体系建设，提高城市防洪排涝能力；全面推广海绵城市建设理念，推动城市发展从“工程治水”向“自然积存、自然渗透、自然净化”转变；加强城市内涝治理，加大城市地下空间开发利用力度，构建城市防洪排涝体系，推进城市生态修复和功能修补；推广绿色建筑和装配式建筑，加强建筑节能、绿色建筑、绿色生态小区建设，推进城市绿色化、生态化、智能化发展。这些内容旨在通过海绵城市建设，提升城市应对极端天气的能力，改善城市生态环境，实现城市的可持续发展。

11.2 国内外“海绵城市”的建设经验

“海绵城市”概念的产生源自行业内和学术界习惯用“海绵”来比喻城市的某种吸附功能，最早是澳大利亚人口研究学者 Budge（2006）应用海绵来比喻城市对人口的吸附现象。近年来，更多的是将海绵用以比喻城市或土地的雨涝调蓄能力。“海绵城市”是从城市雨洪管理角度来描述的一种可持续的城市建设模式，其内涵如下：现代城市应该具有像海绵一样吸纳、净化和利用雨水的功能，以及应对气候变化、极端降雨的防灾减灾、维持生态功能的能力。很大程度上，海绵城市与国际上流行的城市雨洪管理理念和方法非常契合，如低影响开发、绿色雨水基础设施及水敏感性城市设计等，都是将水资源可持续利用、良性水循环、内涝防治、水污染防治、生态友好等作为综合目标。

“海绵城市”建设的重点是构建低影响开发雨水系统，强调通过源头分散的小型控制设施，维持和保护场地自然水文功能，有效缓解城市不透水面积增加造成的洪峰流量增加、径流系数增大、面源污染负荷加重等城市问题。德国、美国、日本和澳大利亚等国是较早开展雨水资源利用和管理的国家，经过几十年的发展，已取得了较为丰富的实践经验。

11.2.1 国外“海绵城市”的建设经验

1. 德国

德国是最早对城市雨水采用政府管制制度的国家，目前德国的雨水管理已经形成较为系统的法律法规、技术指引和经济激励政策，雨洪利用技术已经标准化。

（1）在水资源保护与雨水综合利用方面，德国精心制定的各级法律法规发挥了关键性引导作用。联邦水法、建设法规以及地区性规定，均以法律形式明确了对自然环境保护和水资源可持续利用的高标准要求。联邦水法以生态优化和生态平衡为政策核心，为各州相关法规的制定提供了坚实的依据。特别是在1986年的水法中，德国将供水技术的可靠性和卫生安全性作为重点，并强调每个公民都有节约用水的义务，以确保水资源的总量平衡。到了1995年，德国率先颁布了欧洲首个《家外排水沟和排水管道标准》，旨在通过先进的用水收集系统降低公共区域建筑物底层遭遇洪水的风险。而在1996年的水法补充条款中，德国更是提出了“水的可持续利用”理念，强调减少排水量，实现“排水量零增长”的目标。在这一背景下，德国的建设规划导则也明确要求，在建设项目用地规划中，必须确保雨水下渗用地的设置，并通过法规确保这一理念的落地实施。尽管各州在具体实施上有所差异，但普遍规定降水不能直接排入公共管网，新建项目的业主需对雨水进行妥善处置与利用。

（2）在雨水利用技术方面，德国取得了显著成就，并积极推广三种主要方式。首先，屋面雨水集蓄系统经过简单处理后，能够满足家庭、公共场所和企业的非饮用水需求，如街区公寓的厕所冲洗和庭院浇洒。法兰克福的一个苹果榨汁厂就是一个典范，他们利用屋顶收集的雨水作为工业冷却循环用水。其次，雨水截污与渗透系统通过下水道将道路雨洪排入大型蓄水池或通过渗透补充地下水，同时利用截污挂篮和可渗透地砖等手段减少径流污染和流量。最后，生态小区雨水利用系统通过可渗透浅沟和雨洪池等设施，有效地利用雨水，减少了对公共管网的依赖。

（3）为了实现排入管网径流量零增长的目标，德国各城市在国家法律法规和技术导则的指导下，结合当地生态法、水法及行政费用管理等规定，制定了雨水费用（管道使用费）的征收标准。根据降水情况和业主所拥有的不透水地面面积，地方行政主管部门会核算并收取相应的雨水费。这笔资金主要用于雨水利用项目的投资补贴，从而鼓励更多的雨水利用项目得以实施。雨水费用的征收不仅促进了雨水处置和利用方式的转变，更对雨水管理理念的普及与实施起到了关键作用。

（4）德国对水资源实施统一管理制度，水务局负责全面管理与水务相关的各项事务，包括雨水、地表水、地下水、供水和污水处理等水循环的各个环节。这种统一管理模式采用市场运作模式，接受社会监督，确保了对水资源的有效调配和管理。这种模式不仅有利于水循环各个环节的精细管理，还促使用户更加合理、高效地利用每一滴水，使水资源和水务管理始终处于良性循环状态。

2. 新加坡

新加坡“海绵城市”的建设经验主要体现在科学的雨水收集与城市排水系统设计、建立大型蓄水池、严格的地面建筑排水标准、水资源管理、生态与景观融合、技术创新以及社区参与等方面（图 11.1）。目前，新加坡全岛 2/3 的国土已经建成城市集水区，这些集水区通过蓄水与供水，满足了全国用水需求的 30%，洪水多发区从 20 世纪 70 年代的约 3 200 公顷大幅减少到 2016 年的 30.5 公顷，显著降低了城市内涝的风险。这些经验为其他城市在“海绵城市”建设方面提供了有益的借鉴和参考。

图 11.1　新加坡的“海绵城市”建设状况

（1）科学的雨水收集与城市排水系统设计。新加坡的排水系统设计充分考虑了城市独特的地理环境和气候条件。它采用了精心规划的分布式排水网络，确保雨水能够高效、迅速地分散到各个指定的排放区域。这一系统包括先进的地下主排水管道、精细的雨水收集系统以及一系列大型蓄水池，共同构建起一个高效、协同的排水网络，以应对各种天气状况。

（2）地下主排水管道发挥核心作用。地下主排水管道作为新加坡排水系统的基石，承载着将雨水从城市各个角落输送到蓄水池或排放点的重任。这些管道内部配备了先进的电子监控系统，能够实时监控管道内的水位、流量以及潜在的堵塞问题，确保排水系统的畅通无阻。

（3）广泛的雨水收集系统。新加坡的雨水收集系统遍布城市的每个角落，从屋顶到道路、广场等开放空间，都设置了合理的排水沟和水槽等设施。这些设施能够迅速收集雨水，并通过地下主排水管道将其输送到指定的处理区域，从而最大限度地减少城市内涝的风险。

（4）大型蓄水池发挥调节作用。新加坡拥有 17 个大型蓄水池，这些蓄水池不仅是城市排水系统的重要组成部分，还承担着储存和调节雨水的关键角色。当降雨量较大时，这些蓄水池能够迅速接收多余的雨水，并通过地下排水管道与城市的主要排水系统相连，有效减轻城市排水系统的压力。

（5）滨海堤坝等关键设施的智能控制。新加坡的滨海堤坝等关键设施配备了先进的闸门和排水泵系统。这些系统能够根据海水的潮汐情况和降雨量智能地调节闸门的开闭和排水泵的运行，确保在涨潮或降大雨时能够迅速、有效地将雨水排放入海。

（6）严格的建筑排水标准。新加坡对地面建筑的排水系统设定了严格的标准和要求。所有新建筑物都必须遵循这些标准，提高防水门槛的高度，以确保在雨量激增的情况下能够迅速、有效地将雨水排出，降低城市内涝的风险。

（7）技术创新的推动。新加坡在排水系统的设计和建设中始终注重技术创新。引入智能监控系统和自动化控制技术等先进手段，不仅提高了排水系统的效率和可靠性，还为城市的可持续发展提供了有力支持。这些技术创新不仅提升了排水系统的性能，还为城市管理者提供了更加便捷、高效的监控和管理手段。

（8）生态与景观融合。新加坡在“海绵城市”的建设中，注重与生态和景观的融合，例如在蓄水池和排水系统周边种植植被，增加绿化面积，提高城市生态环境质量。

3. 美国

美国的城市雨水管理策略经历了从简单的排放到综合控制，再到生态保护与可持续发展的转变。这一转变体现了雨水管理理念和技术重点逐步向低影响开发和源头控制倾斜，构建了一个集污染防治与总量削减于一体的多目标控制和管理体系。

（1）立法严控雨水下泄量。美国国会通过一系列重要立法，如1972年的《联邦水污染控制法》、1987年的《水质法案》和1999年的《清洁水法》，为雨水管理提供了坚实的法律基础。这些法律强调了对雨水径流及其污染控制系统的识别和管理利用，要求所有新开发区必须实施“就地滞洪蓄水”策略，确保改建或新建开发区的雨水下泄量不超过开发前的水平。在联邦法律的指导下，各州进一步制定了《雨水利用条例》，旨在促进雨水的资源化利用。此外，美国政府还通过税收控制、发行债券、提供补贴和贷款等经济手段，鼓励雨水的合理处理及资源化利用，形成了一套完整的政策体系。

（2）强调非工程的生态技术开发与综合应用。美国的雨水资源管理注重提高天然入渗能力，并强调非工程措施的应用。其中，“最佳管理方案”作为城市雨水资源管理和雨水径流污染控制的核心策略，通过工程和非工程措施相结合的方式，实现了源头控制、自然与生态措施以及非工程方法的有机结合。

在城市雨水利用处理技术应用上，美国尤为注重非工程的生态技术开发与综合运用。第二代“最佳管理方案”中，强调了与植物、绿地、水体等自然条件和景观结合的生态设计，如植被缓冲带、植物浅沟、湿地等。这些设计不仅美化了城市环境，还通过地表回灌系统（包括屋顶蓄水、入渗池、井、草地、透水地面等）实现了雨水的有效回用，获得了环境、生态、景观等多重效益。

进入21世纪，美国提出了低影响开发雨水管理技术。这一技术基于微观尺度景观控制措施，通过分散的、均匀分布的、小规模的雨水源头控制机制，运用渗透、过滤、存贮、蒸发等技术，在接近源头的地方截取径流，从而实现对暴雨所产生的径流和污染的有效控制。低影响开发技术不仅有助于缓解或修复开发造成的水文扰动，还显著减少了开发行为对场地水文状况的冲击，为城市的可持续发展提供了有力支持。

4. 日本

日本作为一个水资源相对匮乏的国家，政府对于雨水的收集和利用给予了极高的重视。早在1980年，日本建设省便启动了雨水贮留渗透计划，随着近年来雨水渗透设施的广泛推广和应用，相关的雨水资源化利用法律、技术和管理体系得到了逐步完善。

（1）规划与社会组织协同发力。日本建设省在1980年通过雨水贮留渗透计划，积极推动雨水资源的综合利用。1992年颁布的“第二代城市下水总体规划”更是将雨水渗沟、渗塘及透水地面纳入城市总体规划的核心组成部分，明确要求新建和改建的大型公共建筑群必须配备雨水就地下渗设施，并在城市新开发土地中，每公顷土地应配建至少 500 m^3 的雨洪调蓄池。此外，1988 年成立的民间组织“日本雨水贮留渗透技术协会”，也为城市雨水资源的控制及利用提供了有力支持，确保了雨水资源化的有效实施。

（2）多功能化的雨水调蓄设施。日本在雨水利用方面采取了多项技术措施，其中包括降低操场、绿地、公园等开放空间的地面高程，铺设透水路面或碎石路面以加速雨水渗流，建设大型地下水库并利用高层建筑地下室作为水库调蓄雨洪等。尤为值得一提的是，日本在雨水调节池的基础上，发展了多功能调蓄设施，这些设施不仅设计标准高、规模大，而且效益投资比也相当可观。在非雨季或没有大暴雨时，这些设施还能作为城市景观、公园、绿地、停车场、运动场等多功能空间，供市民休闲集会或娱乐使用。

（3）政府补助促进雨水利用。为鼓励雨水利用技术的应用和雨水资源的有效开发，日本实施了雨水利用补助金制度。根据地区和城市的差异，补助政策各有侧重。以东京都墨田区为例，自 1996 年起便建立了促进雨水利用补助金制度，对地下储雨装置、中型储雨装置和小型储雨装置给予不同程度的补助，水池每立方米补助 40 ～ 120 美元，雨水净化器补助 1/3 ～ 2/3 的设备价。这一举措极大地推动了雨水利用技术的普及和雨水资源化的进程。

日本雨水管理围绕多功能调蓄设施的推广应用经历了三个阶段：准备期（20 世纪 70 年代），政府对多功能调蓄设施进行了初步研究和示范性应用；发展期（20 世纪 80 年代），政府广泛推广多功能调蓄设施并总结应用经验；飞跃期（20 世纪 90 年代），多功能调蓄设施得到广泛应用，并在多个领域取得了显著成效。

5. 澳大利亚

维多利亚州的首府墨尔本，作为澳大利亚的文化、商业、教育、娱乐、体育及旅游中心，凭借其卓越的居住环境和丰富的城市魅力，在 2011—2013 年间连续三年荣登世界宜居城市榜首。这座城市拥有约 400 万人口，总面积达 8 800 km^2，其中城市绿化面积比率高达 40%，被誉为花园城市。然而，随着城市化的不断推进，墨尔本也面临着城市防洪、水资源短缺和水环境保护等全球共通的挑战。

在这些挑战面前，墨尔本以其前瞻性的城市水环境管理理念和技术创新，特别是水敏性城市设计（water sensitive urban design，WSUD），成为城市雨洪管理领域的佼佼者。这一设计理念的提出和实践，不仅有效缓解了城市防洪压力，而且促进了水资源的可持续利用和水环境的改善。

据最新数据显示，墨尔本已经广泛应用 WSUD 技术于城市开发中。澳大利亚政府明确规定，超过 2 hm^2 的城市开发项目必须使用 WSUD 技术进行雨洪管理设计。这些设计旨在控制径流量，确保开发后的防洪排涝系统（如河道、排水管网等）的设计洪峰流量、洪水位和流速不超过现状；同时，保护受纳水体的水质，通过雨水水质处理设施减少污染物含量，达到设定的环境标准。

此外，墨尔本的 WSUD 设计还注重雨洪处理设施与城市景观的融合，将雨水作为一种独特的景观元素，为市民提供宜人的生活环境。这种设计理念不仅实现了雨水的资源化利用，还提升了城市的生态价值和美观度。

11.2.2 国内“海绵城市”的建设经验

近年来，我国的雨水资源化利用与管理也逐渐受到重视。深圳、福建等地开始积极规划并推动“海绵城市”的建设工作。“海绵城市”是一种新型的城市雨水管理理念，旨在通过增加城市的“海绵”功能，即吸水、蓄水、渗水和净水能力，来应对城市内涝、水资源短缺等问题。这些城市在“海绵城市”建设中积累了丰富的经验，为我国其他城市的雨水管理提供了有益的借鉴。

通过引入先进的雨洪管理理念和技术，我国城市将能够更有效地应对水环境问题，实现城市的可持续发展。

1. 深圳

深圳是国家“海绵城市”建设试点城市之一。一方面，作为经济高度发达的南方滨海城市，暴雨频繁、城市化水平高、人口密度大、土地开发强度高，面临着较多的城市水问题。另一方面，正处在建设粤港澳大湾区和中国特色社会主义先行示范区“双区驱动”的重大历史发展机遇期，需要在更高起点、更高层次、更高目标上创新引领。因此，深圳“海绵城市”建设不仅要围绕国家要求解决水安全、水资源、水环境和水生态等各个层面的问题，还肩负着探索新时代城市转型发展新模式的历史使命。

国家“海绵城市”建设试点工作以来，深圳以光明区凤凰城国家“海绵城市”建设试点为契机，将“海绵城市”建设与“治水”和“治城”相结合，把“海绵城市”建设作为修复水生态、治理水环境、涵养水资源、保障水安全、弘扬水文化的重要抓手，将“海绵城市”建设理念融入城市规划建设治理的方方面面，开展了卓有成效的探索与实践，形成了鲜明的特色。

（1）建设方略因地制宜。针对发展空间和土地资源严重不足、环境承载压力大、涉水问题突出的困境，深圳结合城市水文特征和城市发展要求，以“+海绵”理念为指导将“海绵城市”建设纳入城市发展战略，将“海绵城市”建设与城市更新改造、流域产业带转型升级积极融合，开发强度控制与生态环境约束并举，在保证城市高质量发展的基础上系统解决涉水问题。

（2）组织管理全面到位。深圳在试点过程中积极探索，形成了涵盖政府组织、规划编制、技术体系、项目管控、社会参与、以点带面、布局建设的“海绵城市”推进模式，搭建统筹协调平台，通过全市各部门、各区协作联动，统筹管理涉及建设工作的方方面面，实现“海绵城市”建设工作的常态化。

（3）技术体系层次分明。深圳以契合自然本底特征为前提，综合考量宏观、中观、微观三个层级，搭建层次分明、协同作用的“海绵城市”建设技术体系。宏观上，依托“山水林田湖草”生态基底，通过城市蓝线、绿线、生态控制线划定和管控构建“海绵城市”建设生态屏障；中观上，通过城市绿地、水系和市政排水系统搭建“海绵城市”建设骨架；微观上，顺应高度城市化特征因地制宜地应用低影响开发设施。通过三者的联系与协同，同步实现径流污染控制、排水防涝等“海绵城市”的综合控制目标。早在2004年，深圳市就引入低影响开发理念，积极探索在城市发展转型和南方独特气候条件下的规划建设新模式。近些年来，通过创建低影响开发示范区、出台相关标准规范和政策法规，以及加强低影响开发基础研究和国际交流，低影响开发模式在深圳市的应用已初见成效。

A. 开展相关技术交流与研究。2004 年深圳市举办了第四届流域管理与城市供水国际学术研讨会，深圳市水务局与美国土木工程师协会和美国联邦环保局签署包括流域管理、面源污染控制和低影响开发的技术交流与合作协议框架。深圳市光明新区低影响开发示范区成为国家水体污染控制与治理科技重大专项“低影响开发城市雨水系统研究与示范”项目的基础研究与示范基地。通过将课题研究、国际交流与自身实践相结合，促进城市雨水系统建设理念从快排为主到“渗、滞、蓄、用、排”相结合的转变，为探索“自身可持续、成本可接受、形式可复制”的低影响开发模式奠定基础。

B. 编制完善地方相关导则规范。在国家标准《建筑与小区雨水控制及利用工程技术规范》（GB/T 50336—2019）的基础上，深圳编制了一系列关于低影响开发的地方技术规范。包括：①《雨水利用工程技术规范》（2016 年），适用于深圳市的建筑与小区、市政道路、工商业区、城中村、城市绿地等雨水利用工程的规划、设计、管理与维护，规定了雨水利用工程的系统组成、设施种类以及设计准则，比较详细地给出了径流污染控制、雨水入渗和雨水收集利用的设计方法，并以附录形式给出径流污染控制设施示意图；②《深圳市再生水、雨水利用水质规范》（2017 年），规定了深圳市再生水、雨水利用的水源要求、利用水水质标准以及水质监测方法；③《深圳市低冲击开发技术基础规范》（2018 年），适用于深圳市低影响开发及雨水综合利用工程的规划、设计、施工、管理和维护，规范要求低影响开发设施应与项目主体工程同时设计，同时施工，同时使用。

（4）由点到面，成效显著。通过成片推进、融合推进与全面实施，深圳“海绵城市”建设从建设项目到排水分区再到流域，层层推进，效果显著。“小雨不积水，大雨不内涝，水体不黑臭，热岛有缓解”的目标已在 20% 以上的城市建成区实现，一大批高品质的城市公园、广场、湖泊、湿地相继建成，城市人居环境质量得到明显改善。

深圳“海绵城市”试点建设的实践为中国南方湿润气候区高密度超大城市“海绵城市”建设提供了可复制、可推广的技术模式，其显著成效充分验证了“海绵城市”建设是“治黑除涝”的有效手段，同时也是建设环境友好型城市、推动城镇化发展方式转型的重要举措。

2. 武汉

武汉市“海绵城市”建设的发展历程经历了从试点到全域的推进过程，通过科学规划、系统治理和技术创新，实现了“海绵城市”建设的显著成效，为城市的可持续发展和居民生活品质的提升奠定了坚实基础。

武汉市在 2015 年入选国内首批“海绵城市”建设试点城市，这标志着武汉正式开启了“海绵城市”建设的探索与实践。随后，武汉市发布了《武汉市海绵城市规划设计导则》，要求新建建筑与小区中高度不超过 50 m 的平顶房屋宜采用屋顶绿化；新建公园透水铺装率应不低于 55%，改建公园不低于 45%；新建城市广场透水铺装率应不低于 50%，改建城市广场不低于 40%。《武汉市海绵城市规划设计导则》还图文并茂地描述各种透水铺装、下沉绿地等设施的建设方法、技术规格要求，如图 11.2 所示。通过 7 年的“海绵城市”建设，武汉市紧扣“生态宜居”，制订片区系统化“海绵城市”建设方案，全域推进“海绵城市”建设。试点区域内的“海绵城市”建设成效显著，全市“海绵城市”建设面积已完成 123 km^2，径流控制率达 75% 以上，实现了“海绵”控制目标。

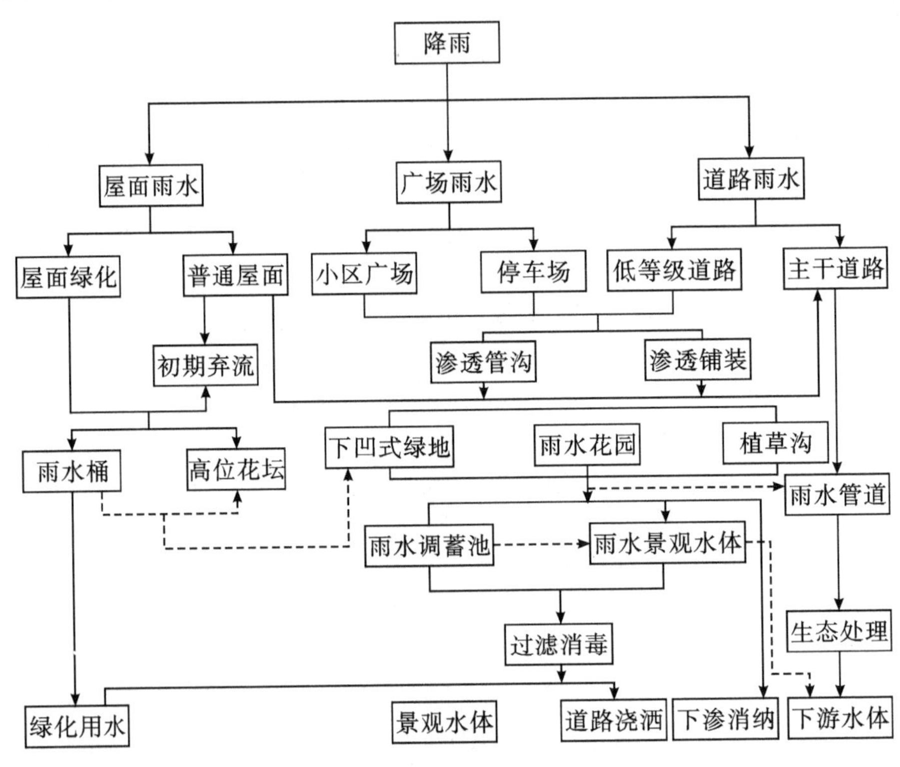

图 11.2 “海绵城市”规划设计技术路线

进入“十四五”时期，武汉市“海绵城市”建设从“从无到有”转变为“从有到优”，正式由试点走向全域。围绕 13 个三级流域，截至 2022 年底，累计完成 295.8 km^2“海绵城市”建设。武汉市构建了一套全市“一盘棋”的“海绵城市”规划体系，完善了“海绵城市”建设全过程技术标准体系，建立了“海绵城市”规划及设计审查机制，并探索出“海绵城市”建设成效评估机制。

3. 广州

作为一座拥有 2 200 多年悠久历史的水城，广州市以其独特的地理优势，坐拥 1 368 条河涌与 330 座湖泊。为了打造适应全人群，特别是老年人和儿童需求的特色水岸环境，近年来，广州坚持“以水定城，顺应自然”的原则，积极推进“海绵城市”建设，致力于构建生态宜居的现代化都市。

随着“海绵城市”建设的不断深入，广州市已经形成了一系列具有示范意义的“海绵城市”建设项目或片区，如阅江路碧道、海珠湿地、灵山岛尖、中新知识城等，共计 50 余个。这些项目的成功实施，不仅有效推动了全市海绵城市建设的系统化和片区化达标，也为未来建设提供了宝贵的经验和参考。截至 2020 年底，广州城市建成区已有 306.12 km^2 达到“海绵城市”建设目标要求，占比达到 23.12%，这一成绩远超国家达标线 20% 的标准。展望未来，广州计划到 2025 年底，实现城市建成区 45% 以上的面积达到海绵城市标准。

在“海绵城市”建设中，广州市高度重视规划引领的作用，构建了“（1+12+N）+X+Y”的全方位规划体系。这一体系不仅涵盖市、区“海绵城市”建设专项规划和重点片区详细性控制规划，还充分考虑了生态系统规划（X）与水系统规划（Y）的相互衔接和融合。通过多维度的规划布局，确保了“海绵城市”建设的科学性、系统性和协调性。

为确保海绵城市建设的顺利实施，广州市先后出台了《广州市海绵城市建设领导小组工作规则》《广州市建设项目海绵城市建设管控指标分类指引（试行）》等60余项制度和技术文件，并修订了《广州市海绵城市建设管理办法》。这些文件和制度的制定，为全市“海绵城市”建设提供了有力的制度保障和技术支持，形成了全流程、全方位的管控体系。

在“海绵城市”建设过程中，广州市注重技术创新和理念更新。以“核算水账”为基础，采用“上中下协调、大中小结合、灰绿蓝交融”的技术思路，以“污涝同治”为主要手段，全面运用“+海绵”理念。通过这一系列的创新措施，广州确保了新建、改建、扩建项目都能充分落实“海绵城市”建设要求，实现“应做尽做、能做尽做”的目标。

在城市尺度上，广州结合区域自身地质、功能区划等情况，形成了“上蓄、中通、下排”的治理思路。上游地区注重生态保育和水源涵养，中游地区强化水体调度和内涝风险管理，下游地区则关注洪潮防控和洪水下泄空间的建设。这种因地制宜的分区治理策略，有效提升了整个城市的防洪排涝能力。

在流域尺度上，广州通过大、中、小“海绵”设施的完善，构建了完整的“海绵”体系（图 11.3）。从流域大局出发，算清水账，提出流域大“海绵”建设及管控要求；完善中“海绵”设施，降低河涌水位，为雨水腾出调蓄空间；结合具体项目建设，落实源头小“海绵”建设理念及指标要求。

图 11.3　广州市“海绵城市”建设状况 1

在区域尺度上，广州注重源头、中途和末端的系统建设和有效衔接。通过绿色“海绵”设施实现雨水的减量、减速和减污；通过灰色管网厂站实现污水的精准收处和雨水的可靠排放；通过蓝色空间对超标雨水进行蓄排，实现低水快排、高水缓排的错峰模式。这种灰绿蓝交融的建设模式，不仅提升了设施功效，也有效解决了洪涝问题。

此外，广州还建立了涵盖各类在建、拟建项目的项目库，并实行“规划—设计—施工—验收—运维”的全流程闭合管理。从控制性详细规划阶段到运行维护阶段，广州都制定了严格的管控措施和验收标准，确保每一个建设项目都能严格按照海绵城市建设要求进行实施和管理。

总之，广州市在海绵城市建设中取得了显著成效。通过科学的规划引领、严格的制度保障、创新的技术措施和精细化的管理手段，广州成功打造了一批具有示范意义的海绵城市建设项目和片区（图 11.4）。未来，广州将继续推进海绵城市建设工作，为构建生态宜居的现代化都市做出更大的贡献。

图 11.4　广州市“海绵城市”建设状况 2

11.3　“海绵城市”示范城市建设内容

为了大力推进建设“海绵城市”，节约水资源，保护和改善城市生态环境，促进生态文明建设，国家颁布了一系列的法规政策，如《国务院办公厅关于推进海绵城市建设的指导意见》（国办发〔2015〕75 号）、《关于开展系统化全域推进海绵城市建设示范工作的通知》（财办建〔2021〕35 号）、《住房城乡建设部办公厅关于印发海绵城市建设可复制政策机制清单的通知》（建办城函〔2024〕165 号）等。全国各地为响应国家号召，也相应出台了当地的促进海绵城市建设的政策法规，如《广州市海绵城市绿地建设指引（2024 年版）》《广东省系统化全域推进海绵城市建设工作方案（2022—2025 年）》《深圳市海绵城市建设管理规定》《信阳市海绵城市建设管理办法》等。

1. “海绵城市”的建设理念

（1）“海绵城市”的本质——解决城镇化与资源环境的协调和谐。建设“海绵城市”是为了改变传统城市建设理念，实现与资源环境的协调发展。在“成功的”工业文明达到顶峰时，人们习惯于战胜自然、超越自然、改造自然的城市建设模式，结果造成严重的城市病和生态危机；而“海绵城市”遵循的是顺应自然、与自然和谐共处的低影响发展模式。传统城市利用土地进行高强度开发，“海绵城市”实现人与自然、土地利用、水环境、水循环的和谐共处；传统城市开发方式改变了原有的水生态，“海绵城市”则保护原有的水生态；传统城市的建设模式是粗放式的，“海绵城市”对周边水生态环境则是低影响的；传统城市建成后，地表径流量大幅增加；“海绵城市”建成后，地表径流量能保持不变。因此，“海绵城市”建设又称为低影响设计或低影响开发。

（2）“海绵城市”的目标让城市“弹性适应”环境变化与自然灾害。

A. 保护原有水生态系统。通过科学合理划定城市的蓝线、绿线等开发边界和保护区域，最大限度地保护原有河流、湖泊、湿地、坑塘、沟渠、树林、公园草地等生态体系，维持城市开发前的自然水文特征。

B. 恢复被破坏水生态。对传统粗放城市建设模式下已经受到破坏的城市绿地、水体、湿地等，综合运用物理、生物和生态等的技术手段，使其水文循环特征和生态功能逐步得以恢复和修复，并维持一定比例的城市生态空间，促进城市生态多样性提升。我国很多地方在进行点源污水治理的同时，改善水生态。

C. 推行低影响开发。在城市开发建设过程中，合理控制开发强度，减少对城市原有水生态环境的破坏。留足生态用地，适当开挖河湖沟渠，增加水域面积。此外，从建筑设计始，全面采用屋顶绿化、可渗透路面、人工湿地等促进雨水积存净化。

D. 通过各种低影响开发措施及其系统组合有效减少地表雨水径流量，减轻暴雨对城市运行的影响。

（3）改变传统的排水模式。传统的市政模式认为，雨水排得越多、越快、越通畅越好，这种“快排放”（图 11.5）的传统模式没有考虑水的循环利用。“海绵城市”遵循“渗、滞、蓄、净、用、排”的六字方针，把雨水的渗透、滞留、集蓄、净化、循环使用和排水密切结合，统筹考虑内涝防治、径流污染控制、雨水资源化利用和水生态修复等多个目标。具体技术方面，有很多成熟的工艺手段，可通过城市基础设施规划、设计及其空间布局来实现。总之，只要能够把上述六字方针落到实处，城市地表水的年径流量就会大幅下降。经验表明：在正常的气候条件下，典型“海绵城市”可以截流 80% 以上的雨水。

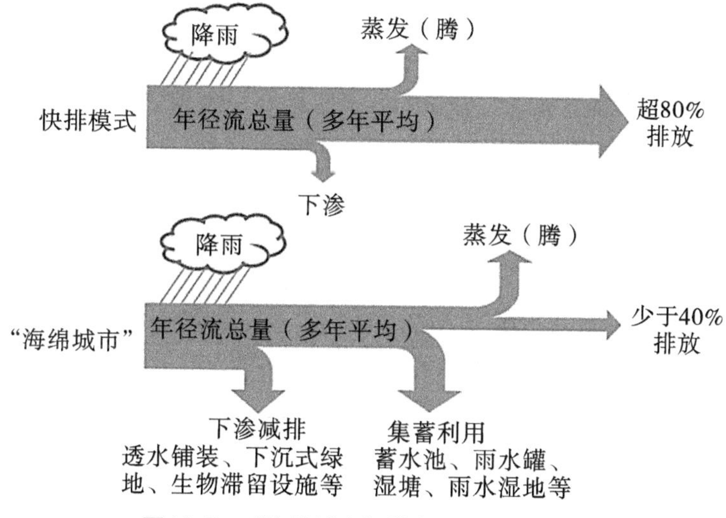

图 11.5　“海绵城市”转变排水防涝思路

我国很多城市采用快排模式，雨水落到硬化地面只能从管道里集中快排。强降雨一来，多大的管道都不够用，而且许多严重缺水的城市就这么让70%的雨水白白流失了。以深圳市光明新区为例，这个年均降雨量1 935 mm、汛期暴雨集中的城区，一方面有26个易涝点，内涝严重；另一方面又严重缺水，70%以上的用水靠从区外调水。这说明城市排涝抗旱的思路必须调整，把雨水这个包袱变成城市解渴的财富。根据《海绵城市建设技术指南——低影响开发雨水系统构建（试行）》，城市建设将强调优先利用植草沟、雨水花园、下沉式绿地等"绿色"措施来组织排水，以"慢排缓释"和"源头分散"控制为主要规划设计理念。

（4）保持水文特征基本稳定。通过"海绵城市"的建设，可以实现开发前后径流量总量和峰值流量保持不变（图11.6），在渗透、调节、储存等诸方面的作用下，径流峰值的出现时间也可以基本保持不变，可以通过源头削减、过程控制和末端处理等来实现城市化前后水文特征的基本稳定。

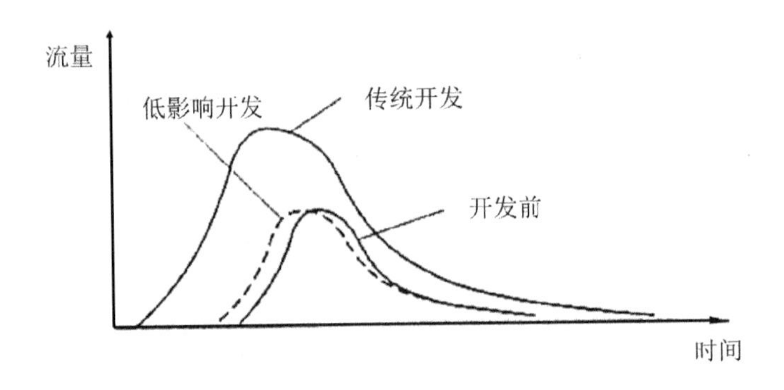

图11.6　低影响开发水文原理

总之，通过建立尊重自然、顺应自然的低影响开发模式，是系统地解决城市水安全、水资源、水环境问题的有效措施。通过"自然积存"来实现削峰调蓄，控制径流量；通过"自然渗透"来恢复水生态，修复水的自然循环；通过"自然净化"来减少污染，实现水质的改善，为水的循环利用奠定坚实的基础。

2.“海绵城市”建设试点城市实施方案编制

2014年10月发布了《海绵城市建设技术指南——低影响开发雨水系统构建（试行）》。该指南提出了"海绵城市"建设——低影响开发雨水系统构建的基本原则，规划控制目标分解、落实及其构建技术框架，明确了城市规划、工程设计、建设、维护及管理过程中低影响开发雨水系统构建的内容、要求和方法，并提供了我国部分实践案例。济南、鹤壁、武汉、常德、南宁、重庆、迁安、白城、镇江、嘉兴、池州、厦门、萍乡、遂宁、贵安新区和西咸新区列入了我国"海绵城市"建设的试点区域。

"海绵城市"建设试点城市实施方案编制提纲见本章附录。编制"海绵城市"建设试点城市实施方案的技术路线框图如图11.7所示。

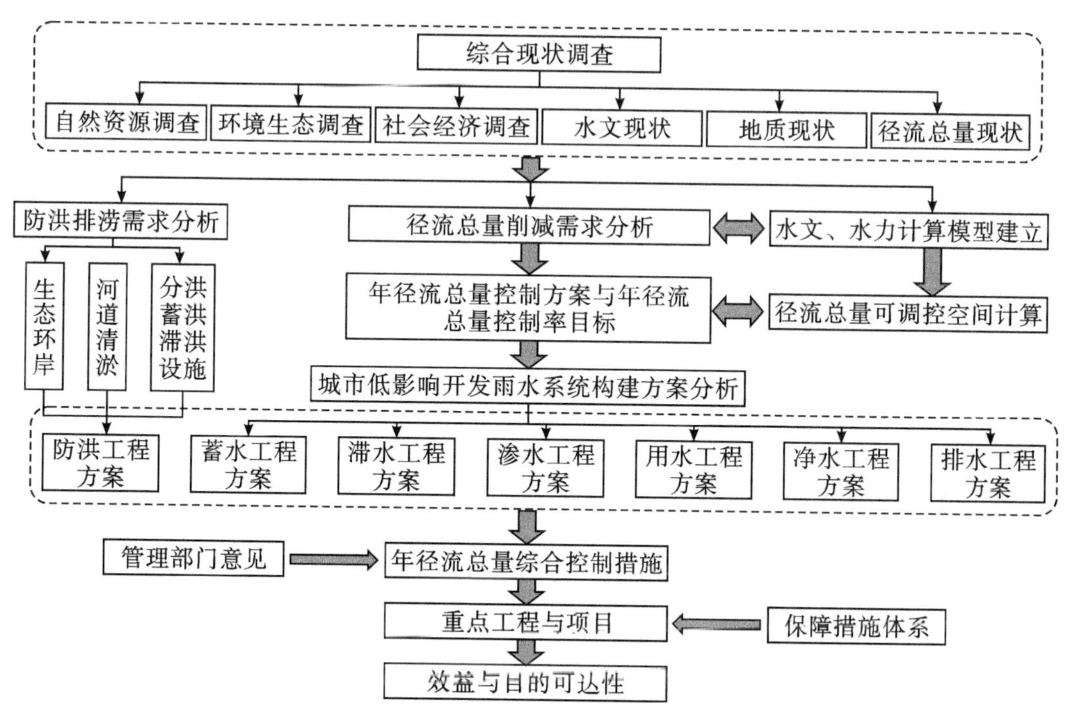

图11.7 “海绵城市”建设方案编制技术路线框图

3. 我国“海绵城市”的建设控制及考核指标

“海绵城市”以构建低影响开发雨水系统为目的，其规划控制目标一般包括径流总量控制、径流峰值控制、径流污染控制、雨水资源化利用等。各地应结合水环境现状、水文地质条件等特点，合理选择其中项或多项目标作为规划控制目标。

鉴于径流污染控制目标、雨水资源化利用目标大多可通过径流总量控制实现，各地低影响开发雨水系统构建可选择径流总量控制作为首要的规划控制目标。

（1）径流总量控制目标。低影响开发雨水系统的径流总量控制一般采用年径流总量控制率作为控制目标。年径流总量控制率与设计降雨量为一一对应关系，部分城市年径流总量控制率及其对应的设计降雨量参见《海绵城市建设技术指南——低影响开发雨水系统构建（试行）》中的附录2。理想状态下，径流总量控制目标应以开发建设后径流排放量接近开发建设前自然地貌时的径流排放量为标准。自然地貌往往按照绿地考虑，一般情况下，绿地的年径流总量外排率为15% ～ 20%（相当于年雨量径流系数为0.15 ～ 0.20），因此，借鉴发达国家实践经验，年径流总量控制率最佳为80% ～ 85%。这一目标主要通过控制频率较高的中、小降雨事件来实现。以北京市为例，当年径流总量控制率为80%和85%时，对应的设计降雨量为27.3 mm和33.6 mm，分别对应约0.5年一遇和1年一遇的1 h降雨量。

实践中，在确定年径流总量控制率时需要综合考虑多方面因素。一方面，开发建设前的径流排放量与地表类型、土壤性质、地形地貌、植被覆盖率等因素有关，应通过分析综合确定开发前的径流排放量，并据此确定适宜的年径流总量控制率。另一方面，要考虑当地水资源禀赋情况、降雨规律、开发强度、低影响开发设施的利用效率以及经济发展水平等因素，具体到某个地块或建设项目的开发，要结合本区域建筑密度、绿地率及土地利用布局等因素确定。因此，在综合考虑以上因素的基础上，当不具备径流控制的空间条件或者经济成本过高时，可选择较低的年径流总量控制目标。同时，从维持区域水环境良性循环及经济合理性角度出发，径流总量控制目标也不是越高越好，雨水的过量收集、减排会导致原有水体的萎缩或影响水系统的良性循环；从经济性角度出发，当年径流总量控制率超过一定值时，投资效益会急剧下降，造成设施规模过大、投资浪费的问题。

我国地域辽阔，气候特征、土壤地质等天然条件和经济条件差异较大，城市径流总量控制目标也不同。有特殊排水防涝要求的区域，可根据经济发展条件适当提高径流总量控制目标；对于广西、广东及海南等部分沿海地区，由于极端暴雨较多导致设计降雨量统计值偏差较大，造成投资效益及低影响开发设施利用效率不高，可适当降低径流总量控制目标。

如《厦门海绵城市建设方案》，根据低影响开发理念，最佳雨水控制量应以雨水排放量接近自然地貌为标准，不宜过大。在自然地貌或绿地的情况下，径流系数为0.15，故径流总量控制率不宜大于85%。根据试点区当地水文站的降雨资料，统计得出降雨量比例如图11.8所示，综合考虑厦门市具体情况，结合《海绵城市建设技术指南——低影响开发雨水系统构建（试行）》，确定径流总量控制目标为70%，对应的设计降雨量为26.8 mm。

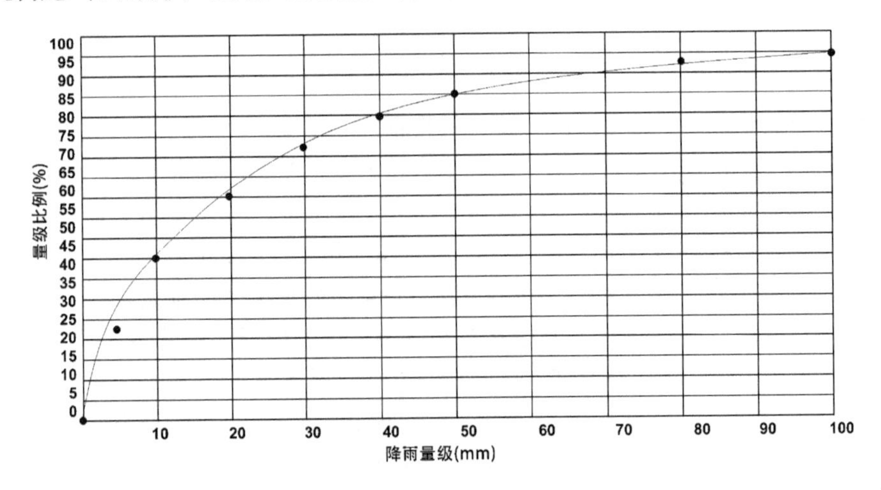

图11.8　厦门不同降雨量对应的降雨量所占比例

（2）径流峰值控制目标。径流峰值流量控制是低影响开发的控制目标之一。低影响开发设施受降雨频率与雨型、低影响开发设施建设与维护管理条件等因素的影响，一般对中、小降雨事件的峰值削减效果较好，对特大暴雨事件，虽仍可起到一定的错峰、延峰作用，但其峰值削减幅度往往较低。因此，为保障城市安全，在低影响开发设施的建设区域，城市雨水管渠和泵站的设计重现期、径流系数等设计参数仍然应当按照《室外排水设计标准》（GB 50014—2021）中的相关标准执行。同时，低影响开发雨水系统是城市内涝防治系统的重要组成，应与城市雨水管渠系统及超标雨水径流排放系统相衔接，建立从源头到末端的全过程雨水控制与管理体系，共同达到内涝防治要求。城市内涝防治设计重现期应按《室外排水设计标准》（GB 50014—2021）中内涝防治设计重现期的标准执行。

（3）径流污染控制目标。径流污染控制是低影响开发雨水系统的控制目标之一，既要控制分流制径流污染物总量，也要控制合流制溢流的频次或污染物总量。各地应结合城市水环境质量要求、径流污染特征等确定径流污染综合控制目标和污染物指标，污染物指标可采用悬浮物、化学需氧量、总氮、总磷等。

城市径流污染物中，悬浮物往往与其他污染物指标具有一定的相关性，因此，一般可采用悬浮物作为径流污染物控制指标，低影响开发雨水系统的年悬浮物总量去除率一般可达到 40% ～ 60%。年悬浮物总量去除率可用下述方法进行计算：

年悬浮物总量去除率 = 年径流总量控制率 × 低影响开发设施对悬浮物的平均去除率

城市或开发区域年悬浮物总量去除率，可通过不同区域、地块的年悬浮物总量去除率经年径流总量（年均降雨量 × 综合雨量径流系数 × 汇水面积）加权平均计算得出。考虑到径流污染物变化的随机性和复杂性，径流污染控制目标一般也通过径流总量控制来实现，并结合径流雨水中污染物的平均浓度和低影响开发设施的污染物去除率确定。

（4）控制目标的选择。各地应根据当地降雨特征、水文地质条件、径流污染状况、内涝风险控制要求和雨水资源化利用需求等，并结合当地水环境突出问题、经济合理性等因素，有所侧重地确定低影响开发径流控制目标。

水资源缺乏的城市或地区，可采用水量平衡分析等方法确定雨水资源化利用的目标；雨水资源化利用一般应作为径流总量控制目标的一部分；对于水资源丰沛的城市或地区，可侧重径流污染及径流峰值控制目标；径流污染问题较严重的城市或地区，可结合当地水环境容量及径流污染控制要求，确定年悬浮物总量去除率等径流污染物控制目标，实践中，一般转换为年径流总量控制率目标；对于水土流失严重和水生态敏感地区，宜选取年径流总量控制率作为规划控制目标，尽量减小地块开发对水文循环的破坏；易涝城市或地区可侧重径流峰值控制，并达到《室外排水设计标准》（GB 50014—2021）中内涝防治设计重现期标准；面临内涝与径流污染防治、雨水资源化利用等多种需求的城市或地区，可根据当地经济情况、空间条件等，选取年径流总量控制率作为首要规划控制目标，综合实现径流污染和峰值控制及雨水资源化利用目标。

• 11.4 “海绵城市”关键技术

低影响开发技术按主要功能一般可分为渗透、贮存、调节、转输、截污净化等。通过各类技术的组合应用，可实现径流总量控制、径流峰值控制、径流行染控制、雨水资源化利用等目标。实践中，应结合不同区城水文地质、水资源等特点及技术经济分析，按照因地制宜和经济高效的原则选择低影响开发技术及其组合系统。

对于小区建筑，可以让屋顶绿起来，在滞留雨水的同时起到节能减排、缓解热岛效应的作用。小区绿地应“沉下去”，让雨水进入下沉式绿地进行调蓄、下渗与净化，而不是直接通过下水道排放。小区的景观水体作为调蓄、净化与利用雨水的综合设施。人行道可采用透水铺装，道路绿化带可下沉，若绿化带空间不足，还可将路面雨水引入周边公共绿地进行消纳。

城市绿地与广场应建成具有雨水调蓄功能的多功能“雨洪公园”，城市水系应具备足够的雨水调蓄与排放能力，滨水绿带应具备净化城市所汇入雨水的能力，水系岸线应设计为生态驳岸，提高水系的自净能力。

各类低影响开发技术又包含若干不同形式的低影响开发设施，主要有透水铺装、绿色屋顶、下沉式绿地、生物滞留设施、渗透塘、渗井、湿塘、雨水湿地、蓄水池、雨水罐、调节塘、调节池、植草沟、渗管（渠）、植被缓冲带、初期雨水弃流设施、人工土壤渗滤等。

（1）透水铺装。按照面层材料不同可分为透水砖铺装、透水水泥混凝土铺装、透水沥青混凝土铺装，以及嵌草砖和园林铺装中的鹅卵石、碎石铺装等。当透水铺装设置在地下室顶板上时，顶板覆土厚度不应小于 600 mm，并应设置排水层。其典型构造如图 11.9 所示。

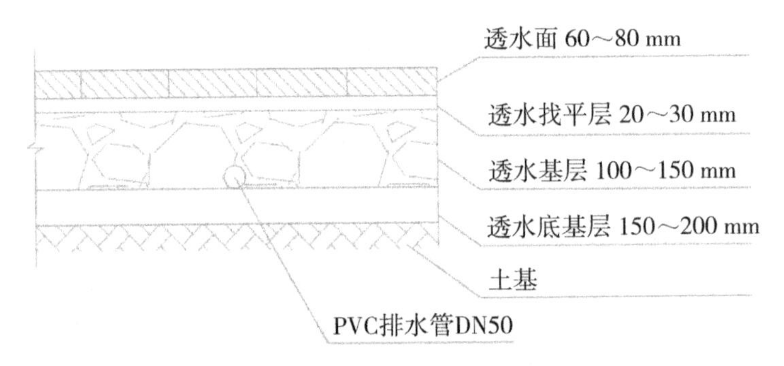

图 11.9　透水砖铺装典型结构示意

（2）绿色屋顶。绿色屋顶也称为种植屋面、屋顶绿化等，根据种植基质的深度和景观的复杂程度，又分为简单式和花园式，基质深度根据种植植物需求和屋面荷载确定，简单式的基质深度一般不大于 150 mm，花园式的基质深度一般不大于 600 mm，典型构造如图 11.10 所示。

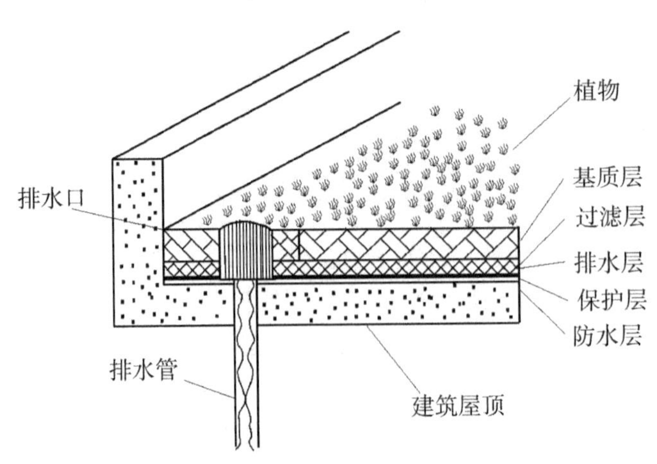

图 11.10　绿色屋顶典型构造示意

（3）下沉式绿地。下沉式绿地具有狭义和广义之分。狭义的下沉式绿地指低于周边铺砌地面或道路在200 mm以内的绿地；广义的下沉式绿地泛指具有一定的调蓄容积（在以径流总量控制为目标进行目标分解或设计计算时，不包括调节容积），且可用于调蓄和净化径流雨水的绿地，包括生物滞留设施、渗透塘、湿塘、雨水湿地、调节塘等。狭义的下沉式绿地应满足以下要求：①下沉式绿地的下凹深度应根据植物耐淹性能和土壤渗透性能确定，一般为100 ～ 200 mm；②下沉式绿地内一般应设置溢流口（如雨水口），保证暴雨时径流的溢流排放，溢流口顶部标高一般应高于绿地50 ～ 100 mm。下沉式绿地典型构造如图11.11所示。

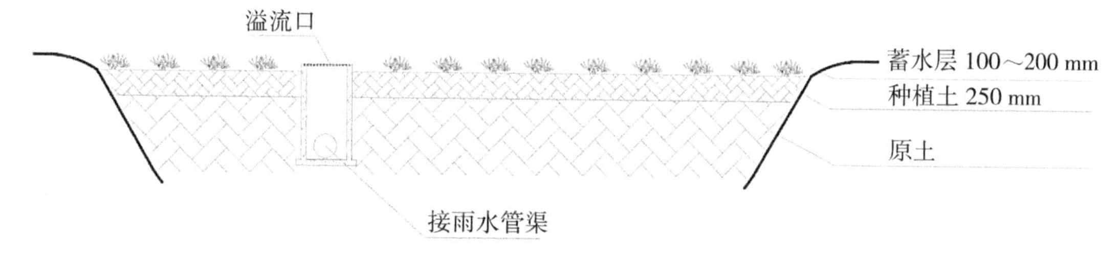

图11.11 狭义的下沉式绿地典型构造示意

（4）生物滞留设施。生物滞留设施指在地势较低的区域，通过植物、土壤和微生物系统蓄渗、净化径流雨水的设施。生物滞留设施分为简易型生物滞留设施和复杂型生物滞留设施，按应用位置不同又称为雨水花园、生物滞留带、高位花坛、生态树池等。生物滞留设施内应设置溢流设施，可采用溢流竖管、盖箅溢流井或雨水口等，溢流设施顶一般应低于汇水面100 mm。生物滞留设施的蓄水层深度应根据植物耐淹性能和土壤渗透性能来确定，一般为200 ～ 300 mm，并应设100 mm的超高；换土层介质类型及深度应满足出水水质要求，还应符合植物种植及园林绿化养护管理技术要求；为防止换土层介质流失，换土层底部一般设置透水土工布隔离层，也可采用厚度不小于100 mm的砂层（细砂和粗砂）代替；砾石层起到排水作用，厚度一般为250 ～ 300 mm，可在其底部埋置管径为100 ～ 150 mm的穿孔排水管，砾石应洗净且粒径不小于穿孔管的开孔孔径；为提高生物滞留设施的调蓄作用，在穿孔管底部可增设一定厚度的砾石调蓄层。生物滞留设施典型构造如图11.12、图11.13所示。

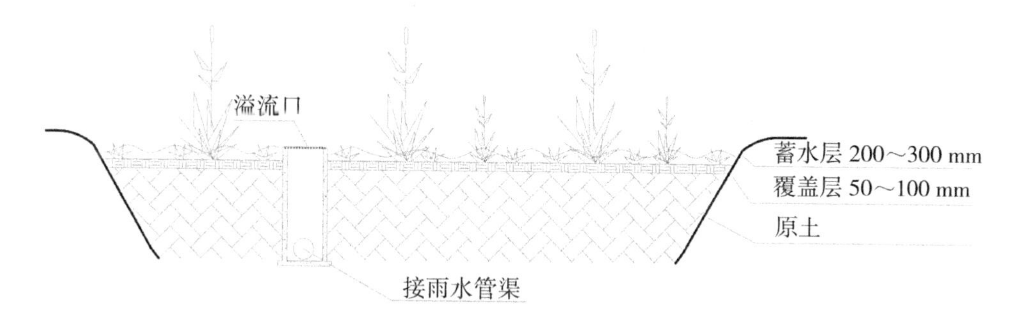

图11.12 简易型生物滞留设施典型构造示意

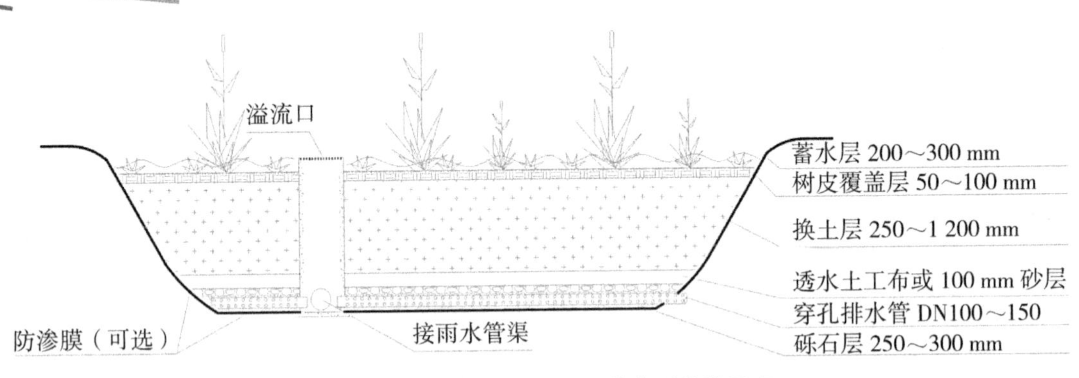

图 11.13 复杂型生物滞留设施典型构造示意

（5）渗透塘。这是一种用于雨水下渗补充地下水的洼地，具有一定的净化雨水和削减峰值流量的作用。渗透塘边坡度（垂直：水平）一般不大于 1：3，塘底至溢流水位一般不小于 0.6 m。渗透塘底部构造一般为 200 ～ 300 mm 的种植土、透水土工布及 300 ～ 500 mm 的过滤介质层。渗透塘典型构造如图 11.14 所示。

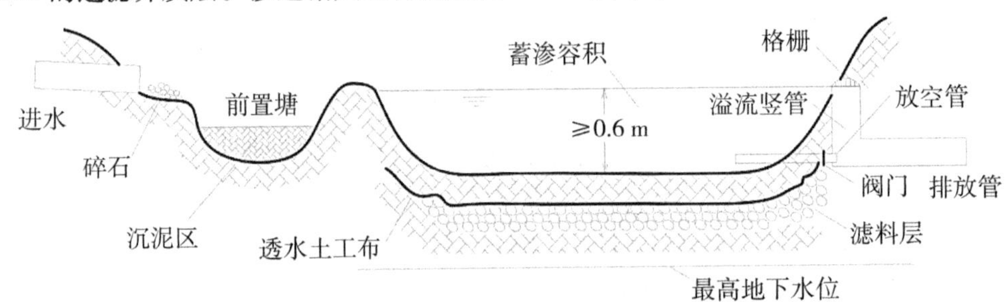

图 11.14 渗透塘典型构造示意

（6）渗井。渗井指通过井壁和井底进行雨水下渗的设施。为增大渗透效果，可在渗井周围设置水平渗排管，并在渗排管周围铺设砾（碎）石。渗井应满足下列要求：雨水通过渗井下渗前应通过植草沟、植被缓冲带等设施对雨水进行预处理；渗井的出水管的内底高程应高于进水管管内顶高程，但不应高于上游相邻井的出水管管内底高程。渗井调蓄容积不足时，也可在渗井周围连接水平渗排管，形成辐射渗井。辐射渗井的典型构造如图 11.15 所示。

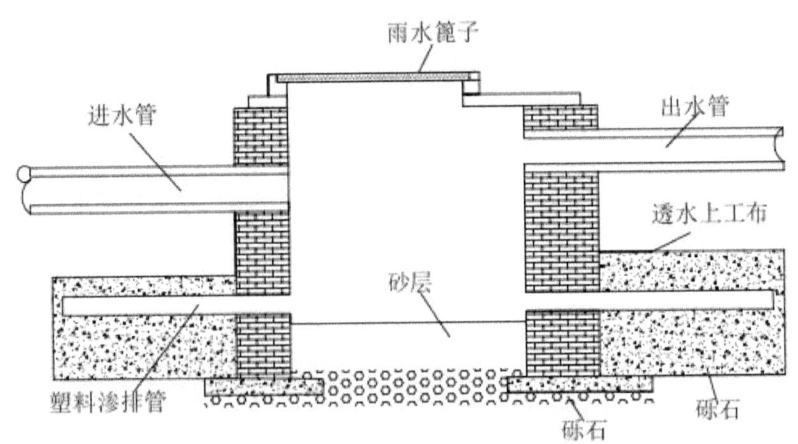

图 11.15 辐射渗井构造示意

（7）湿塘。湿塘指具有雨水调蓄和净化功能的景观水体，雨水同时作为其主要的补水水源。湿塘有时可结合绿地、开放空间等场地条件设计为多功能调蓄水体，即平时发挥正常的景观及休闲、娱乐功能，暴雨发生时发挥调蓄功能，实现土地资源的多功能利用。湿塘一般由进水口、前置塘、主塘、溢流出水口、护坡及驳岸、维护通道等构成。主塘一般包括常水位以下的永久容积和储存容积，永久容积水深一般为 0.8 ～ 2.5 m。其典型构造如图 11.16 所示。

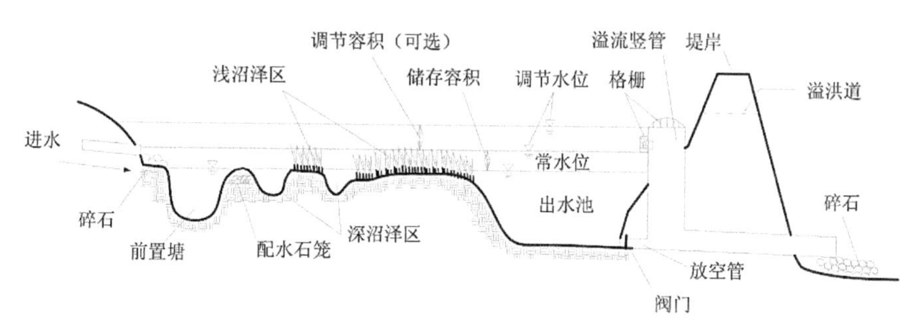

图 11.16 湿塘典型构造示意

（8）雨水湿地。雨水湿地利用物理、水生植物及微生物等作用净化雨水，是一种高效的径流污染控制设施。雨水湿地分为雨水表流湿地和雨水潜流湿地，一般设计成防渗型以便维持雨水湿地植物所需要的水量，雨水湿地常与湿塘合建并设计一定的调蓄容积。雨水湿地与湿塘的构造相似，一般由进水口、前置塘、沼泽区、出水池、溢流出水口、护坡及驳岸、维护通道等构成。

（9）蓄水池。蓄水池指具有雨水贮存功能的集蓄利用设施，同时也具有削减峰值流量的作用，主要包括钢筋混凝土蓄水池，砖、石砌筑蓄水池及塑料蓄水模块拼装式器水池，用地紧张的城市大多采用地下封闭式蓄水池。适用于有雨水回用需求的建筑与小区、城市绿地等，根据雨水回用途（绿化、道路喷洒及冲厕等）不同需配建相应的雨水净化设施；不适用于无雨水回用需求和径流污染严重的地区。

（10）雨水罐。雨水罐也称为雨水桶，为地上或地下封闭式的简易雨水集蓄利用设施，可用塑料、玻璃钢或金属等材料制成。适用于单体建筑屋面雨水的收集利用。

（11）调节塘。调节塘也称为干塘，以削减峰值流量功能为主，一般由进水口、调节区、出口设施、护坡及堤岸构成，应设置前置塘对径流雨水进行预处理。调节区深度一般为 0.6 ～ 3 m，也可通过合理设计使其具有渗透功能，起到一定的补充地下水和净化雨水的作用。调节塘典型构造如图 11.17 所示。

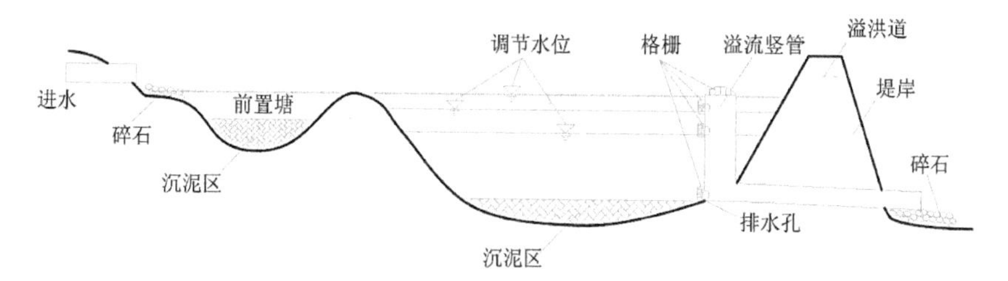

图 11.17 调节塘典型构造示意

（12）调节池。调节池为调节设施的一种，主要用于削减雨水管渠峰值流量，一般常用溢流堰式或底部流槽式，可以是地上敞口式调节池或地下封闭式调节池，适用于城市雨水管渠系统中，削减管渠峰值流量。

（13）植草沟。植草沟指种有植被的地表沟渠，可收集、输送和排放径流雨水，并具有一定的雨水净化作用，可用于衔接其他各单项设施、城市雨水管渠系统和超标雨水径流排放系统。浅沟断面形式宜采用倒抛物线形、三角形或梯形。植草沟的边坡坡度（垂直：水平）不宜大于1：3，纵坡不应大于4%。纵坡较大时宜设置为阶梯形植草沟或在中途设置消能台坎。植草沟最大流速应小于0.8 m/s，曼宁系数宜为0.2～0.3。转输型植草沟内植被高度宜控制在100～200 mm之间。转输型三角形断面植草沟的典型构造如图11.18所示。

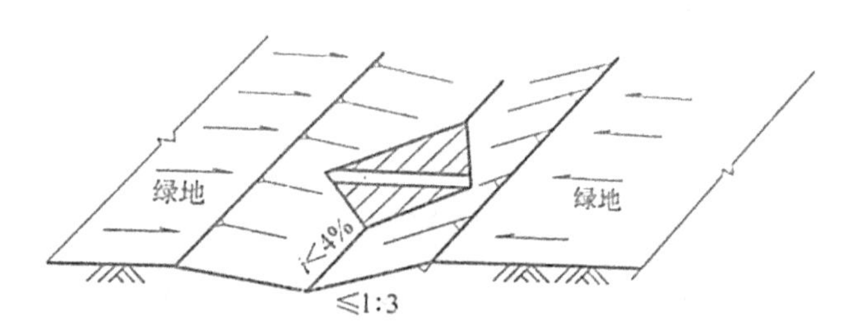

图11.18　转输型三角形断面植草沟典型构造示意

（14）渗管/渠。渗管/渠指具有渗透功能的雨水管/渠，可采用穿孔塑料管、无砂混凝土管/渠和砾（碎）石等材料组合而成。渗管/渠应满足以下要求：渗管/渠应设置植草沟、沉淀（砂）池等预处理设施；渗管/渠开孔率应控制在1%～3%之间，无砂混凝土管的孔隙率应大于20%。渗管/渠典型构造如图11.19所示。

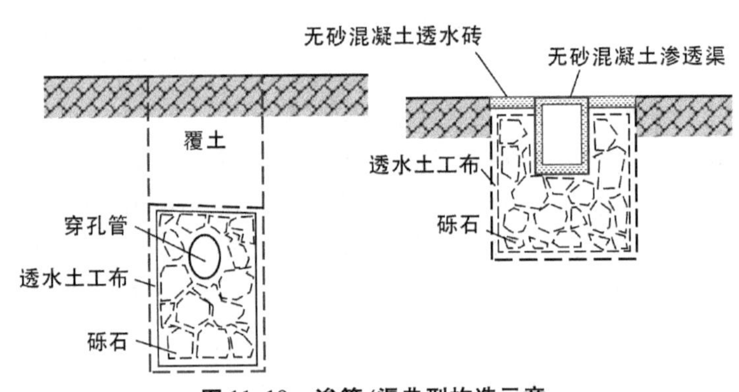

图11.19　渗管/渠典型构造示意

（15）植被缓冲带。植被缓冲带为坡度较缓的植被区，经植被拦截及土壤下渗作用减缓地表径流流速，并去除径流中的部分污染物。植被缓冲带坡度一般为4.2%～6%，宽度不宜小于2 m。植被缓冲带典型构造如图11.20所示。

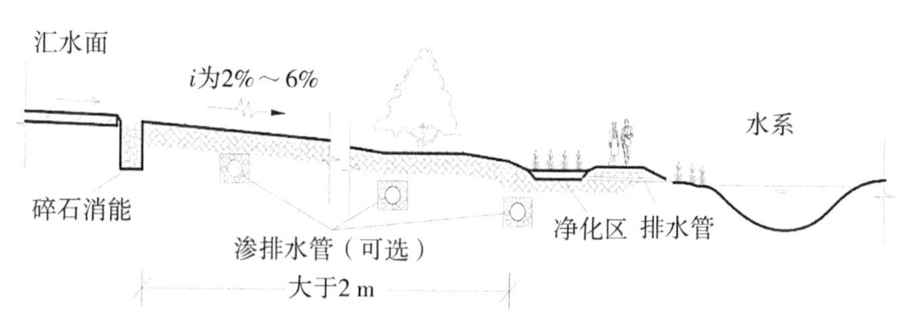

图 11.20　植被缓冲带典型构造示意

（16）初期雨水弃流设施。初期雨水弃流设施指通过一定方法或装置将存在初期冲刷效应、污染物浓度较高的降雨初期径流予以弃除，以降低雨水的后续处理难度。弃流雨水应进行处理，如排入市政污水管网（或雨污合流管网）由污水处理厂进行集中处理等。常见的初期弃流方法包括容积法弃流、小管弃流（水流切换法）等，弃流形式包括自控弃流、渗透弃流、弃流池、雨落管弃流等。初期雨水弃流设施典型构造如图 11.21 所示。

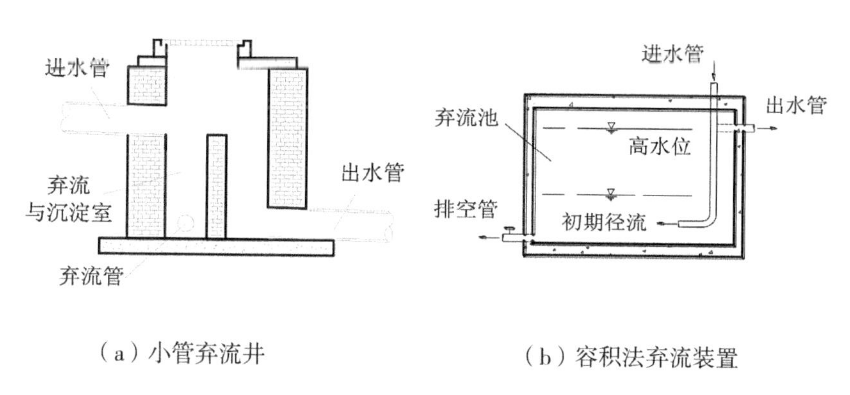

图 11.21　初期雨水弃流设施示意

（17）人工土壤渗滤。人工土壤渗滤主要作为蓄水池等雨水储存设施的配套雨水设施，以达到回用水水质指标，其典型构造可参照复杂型生物滞留设施。

11.5　我国“海绵城市”的建设绩效评价与考核指标

海绵城市建设绩效评价与考核指标分为水生态、水环境、水资源、水安全、制度建设及执行情况、显示度六个方面，具体指标、要求和方法见表 11.1（“海绵城市”建设绩效评价与考核指标）与表 11.2（低影响开发设施及相应指标）。

表 11.1　“海绵城市”建设绩效评价与考核指标（试行）

类别	项	指标	要求	方法	性质
水生态	1	年径流总量控制率	当地降雨形成的径流总量达到《海绵城市建设技术指南——低影响开发雨水系统构建（试行）》规定的年径流量总量控制要求。在低于年径流总量控制率所对应的降雨量时，“海绵城市”建设区域不得出现雨水外排现象	根据实际情况，在地块雨水排放口、关键管网节点安装观测计量装置及雨量监测装置，连续进行检测（不少于1年，检测频率不低于15分/次）；结合气象部门提供的降雨数据、相关设计图纸、现场勘测情况、设施规模及衔接关系等进行分析，必要时通过模型模拟分析计算	定量（约束性）
	2	生态岸线恢复	在不影响防洪安全的前提下，对城市河湖水系岸线、加装盖板的天然河渠等进行生态修复，达到蓝线控制要求，恢复其生态功能	查看相关设计图纸、规则，现场检查等	定量（约束性）
	3	地下水位	年均地下水潜水位保持稳定，或下降趋势得到明显遏制，平均降幅低于历史同期。年均降雨量超过100 m的地区不评价此项指标	查看地下水潜水位监测数据	定量（约束性，分类指导）
	4	城市热岛效应	热岛强度得到缓解。“海绵城市”建设区域夏季（6—9月）日平均气温不高于同期其他区域的日均气温，或与同区域历史同期（扣除自然气温变化影响）相比呈现下降趋势	查阅气象资料，可通过红外遥感监测评价	定量（鼓励性）
水环境	5	水环境质量	不得出现黑臭现象。“海绵城市”建设区域内的河湖水系水质不低于《地表水环境质量标准》Ⅳ类标准，且优于“海绵城市”建设前的水质。当城市内河水系存在上游来水时，下游断面主要指标不得低于来水指标	委托具有计量认证资质的检测机构开展水质检测	定量（约束性）
			地下水监测点位水质不低于《地下水质量标准》Ⅲ类标准，或不劣于“海绵城市”建设前	委托具有计量认证资质的检测机构开展水质检测	定量（鼓励性）

续上表

类别	项	指标	要求	方法	性质
水环境	6	城市面源污染控制	雨水径流污染、合流制管渠溢流污染得到有效控制。 1. 雨水管网不得有污水直接排入水体。 2. 非降雨时段，合流制管渠不得有污水直排水体。 3. 雨水直排或合流制管渠溢流进入城市内河水系的，应采取生态治理后入河，确保"海绵城市"建设区域内的河湖水系水质不低于地表Ⅳ类	查看管网排放口，辅以必要的流量监测手段，并委托具有计量认证资质的检测机构开展水质检测	定量（约束性）
水资源	7	污水再生利用率	人均水资源量低于 500 m³ 和城区内水体水环境质量低于Ⅳ类标准的城市，污水再生利用率不低于 20%。再生水包括污水经处理后，通过管道及输配设施、水车等输送用于市政杂用、工业农业、园林绿地灌溉等用水，以及经过人工湿地、生态处理等方式，主要指标达到或优于地表Ⅳ类要求的污水处理厂尾水	统计污水处理厂（再生水厂、中水站等）的污水再生利用量和污水处理	定量（约束性，分类指导）
	8	雨水资源利用率	收集并用于道路浇洒、园林绿地灌溉、市政杂用、工农业生产、冷却等的雨水总量（按年计算，不包括汇入景观、水体的雨水量和自然渗透的雨水量），与年均降雨量（折算成毫米数）的比值，或雨水利用量代替的自来水比例等，达到各地根据实际确定的目标	查看相应计量装置、计量统计数据和计算报告等	定量（约束性，分类指导）
	9	管网漏损控制	供水管网漏损率不高于 12%	查看相关统计数据	定量（鼓励性）

续上表

类别	项	指标	要求	方法	性质
水安全	10	城市暴雨内涝灾害防治	历史积水点彻底消除或明显减少，或者在同等降雨条件下积水程度显著减轻。城市内涝得到有效防范，达到《室外排水设计标准》规定的标准	查看降雨记录、监测记录等，必要时通过模型辅观助判断	定量（鼓励性）
	11	饮用水安全	饮用水水源地水质达到国家标准要求。以地表水为水源的，一级保护区水质达到《地表水环境质量标准》Ⅱ类标准和饮用水源补充、特定项目的要求；二级保护区水质达到《地表水环境质量标准》Ⅲ类标准和饮用水源补充、特定项目的要求。以地下水为水源的，水质达到《地下水质标准》Ⅲ类标准的要求。自来水厂出厂水、管网水和龙头水达到《生活饮用水卫生标准》的要求	查看水源地水质检测报告和自来水厂出厂水、管网水、龙头水水质检测报告。 检测报告须由有资质的检测单位出具	定量（鼓励性）
制度建设及执行情况	12	规划建设管控制度	建立“海绵城市”建设的规则（土地出让、两证一书）、建设（施工图审查、竣工验收等）方面的管理制度和机制	查看出台的城市控制性详细规划、相关法规、政策文件等	定性（约束性）
	13	蓝线、绿线划定与保护	在城市规划中划定蓝线、绿线并制定相应管理规定	查看当地相关城市规划及出台的法规、政策文件	定性（约束性）
	14	技术规范与标准建设	制定较为健全、规范的技术文件，能够保障当地“海绵城市”建设的顺利实施	查看地方出台的“海绵城市”工程技术、设计施工相关标准、技术规范、图集、导则、指南等	定性（约束性）
	15	投融资机制建设	制定海绵城市建设投融资、PPP管理方面的制度机制	查看出台的政策文件等	定性（约束性）

续上表

类别	项	指标	要求	方法	性质
制度建设及执行情况	16	绩效考核与奖励机制	1. 对于吸引社会资本参与的“海绵城市”建设项目，须建立按效果付费的绩效考评机制，与“海绵城市”建设成效相关的奖励机制等。 2. 对于政府投资建设、运行、维护的“海绵城市”建设项目，须建立与“海绵城市”建设成效相关的责任落实与考核机制等	查看出台的政策文件等	定性（约束性）
	17	产业化	制定促进相关企业发展的优惠政策等	查看出台的政策文件、研发与产业基地建设等情况	定性（鼓励性）
显示度	18	连片示范效应	60% 以上的“海绵城市”建设区域达到“海绵城市”建设要求，形成整体效应	查看规划设计文件、相关工程的竣工验收资料。现场查看	定性（约束性）

表 11.2 低影响开发设施及相应指标

单项设施	功能					控制目标			处置方式		经济性		污染物（以固体悬浮物计）去除率（%）	景观效果
	集蓄利用雨水	补充地下水	削减峰值流量	净化雨水	转输	径流总量	径流峰值	径流污染	分散	相对集中	建造费用	维护费用		
透水砖铺装	弱	强	较强	较强	弱	强	较强	较强	√	—	低	低	80 ~ 90	—
透水水泥混凝土	弱	弱	较强	较强	弱	较强	较强	较强	√	—	高	中	80 ~ 90	—
透水沥青混凝土	弱	弱	较强	较强	弱	较强	较强	较强	√	—	高	中	80 ~ 90	—
绿色屋顶	弱	弱	较强	较强	弱	强	较强	较强	√	—	高	中	70 ~ 80	好
下沉式绿地	弱	强	较强	较强	弱	强	较强	较强	√	—	低	低	—	一般

续上表

单项设施	功能					控制目标			处置方式		经济性		污染物（以固体悬浮物计）去除率（%）	景观效果
	集蓄利用雨水	补充地下水	削减峰值流量	净化雨水	转输	径流总量	径流峰值	径流污染	分散	相对集中	建造费用	维护费用		
简易型生物滞留设施	弱	强	较强	较强	弱	强	较强	较强	√	—	低	低	—	好
复杂型生物滞留设施	弱	强	较强	强	弱	强	较强	强	√	—	中	低	70 ～ 95	好
渗透塘	弱	强	较强	较强	弱	强	较强	较强	—	√	中	中	70 ～ 80	一般
渗井	弱	强	较强	较强	弱	强	较强	较强	√	√	低	低	—	—
湿塘	强	弱	强	较强	弱	强	强	较强	—	√	高	中	50 ～ 80	好
雨水湿地	强	弱	强	较强	弱	强	强	较强	√	√	高	中	50 ～ 80	好
蓄水池	强	弱	较强	较强	弱	强	较强	较强	—	√	高	中	80 ～ 90	—
雨水罐	强	弱	较强	较强	弱	强	较强	较强	√	—	低	低	80 ～ 90	—
调节塘	弱	弱	强	较强	弱	弱	强	弱	—	√	高	中	—	一般
调节池	弱	弱	强	弱	弱	弱	强	弱	—	√	高	中	—	—
转输型植草沟	较强	弱	弱	较强	强	较强	弱	较强	√	—	低	低	35 ～ 90	一般
干式植草沟	弱	强	弱	较强	强	强	弱	较强	√	—	低	低	35 ～ 90	好
湿式植草沟	弱	弱	弱	强	强	弱	弱	强	√	—	中	低	—	好

续上表

单项设施	功能					控制目标			处置方式		经济性		污染物（以固体悬浮物计）去除率（%）	景观效果
	集蓄利用雨水	补充地下水	削减峰值流量	净化雨水	转输	径流总量	径流峰值	径流污染	分散	相对集中	建造费用	维护费用		
渗管/渠	弱	较强	弱	弱	强	较强	弱	较强	√	—	中	中	35 ～ 70	—
植被缓冲带	弱	弱	弱	强	—	弱	弱	强	√	—	低	低	50 ～ 75	一般
初期雨水弃流装置	弱	弱	弱	强	—	弱	弱	强	√	—	低	中	40 ～ 60	—
人工土壤渗滤	强	弱	弱	强	—	弱	弱	较强	—		高	中	75 ～ 95	好

注：固体悬浮物去除率数据来自美国流域保护中心（Center for Watershed Protection，CWP）的研究数据。

• 11.6 “海绵城市”建设设施规模计算

1. 计算原则

（1）低影响开发设施的规模应根据控制目标及设施在具体应用中发挥的主要功能，选择容积法、流量法或水量平衡法等方法通过计算确定；按照径流总量、径流峰值与径流污染综合控制目标进行设计的低影响开发设施，应综合运用以上方法进行计算，并选择其中较大的规模作为设计规模；有条件的可利用模型模拟的方法确定设施规模。

（2）当以径流总量控制为目标时，地块内各低影响开发设施的设计调蓄容积之和，即总调蓄容积（不包括用于削减峰值流量的调节容积），一般不应低于该地块单位面积控制容积的控制要求。计算总调蓄容积时，应符合以下要求：

A. 顶部和结构内部有蓄水空间的渗透设施（如复杂型生物滞留设施、渗管/渠等）的渗透量应计入总调蓄容积。

B. 调节塘、调节池对径流总量削减没有贡献，其调节容积不应计入总调蓄容积；转输型植草沟、渗管/渠、初期雨水弃流、植被缓冲带、人工土壤渗滤等对径流总量削减贡献较小的设施，其调蓄容积也不计入总调蓄容积。

C. 透水铺装和绿色屋顶仅参与综合雨量径流系数的计算，其结构内的空隙容积一般不再计入总调蓄容积。

D. 受地形条件、汇水面大小等影响，设施调蓄容积无法发挥径流总量削减作用的设施（如较大面积的下沉式绿地，往往受坡度和汇水面竖向条件限制，实际调蓄容积远远小于其设计调蓄容积），以及无法有效收集汇水面径流雨水的设施，具有的调蓄容积不计入总调蓄容积。

2. “海绵城市”的一般计算

（1）容积法。当低影响开发设施以径流总量和径流污染为控制目标进行设计时，设施具有的调蓄容积一般应满足单位面积控制容积的指标要求。设计调蓄容积一般采用容积法进行计算：

$$V = 10H\varphi F \tag{11.1}$$

式中：V——设计调蓄容积（m^3）；

H——设计降雨量（mm），参照《海绵城市建设技术指南——低影响开发雨水系统构建（试行）》中的附录2；

ϕ——综合雨量径流系数，可参照《海绵城市建设技术指南——低影响开发雨水系统构建（试行）》中的表4.3进行加权平均计算；

F——汇水面积（hm^2）。

用于合流制排水系统的径流污染控制时，雨水调蓄池的有效容积可参照《室外排水设计标准》（GB 50014—2021）进行计算。

（2）流量法。植草沟等转输设施，其设计目标通常为排除一定设计重现期下的雨水流量，可通过推理公式来计算一定重现期下的雨水流量：

$$Q = \varphi qF \tag{11.2}$$

式中：Q——雨水设计流量（L/s）；

Φ——流量径流系数，可参见《海绵城市建设技术指南——低影响开发雨水系统构建（试行）》中的表4.3；

q——设计暴雨强度［$L/(s \cdot hm^2)$］；

F——汇水面积（hm^2）。

城市雨水管渠系统设计重现期的取值及雨水设计流量的计算等还应符合《室外排水设计标准》（GB 50014—2021）的有关规定。

（3）水量平衡法。水量平衡法主要用于湿塘、雨水湿地等设施贮存容积的计算。设施贮存容积应首先按容积法进行计算，同时为保证设施正常运行（如保持设计常水位），再通过水量平法计算设施每月雨水补水水量、外排水量、水量差、水位变化等相关参数，最后通过经分析确定设施设计容积的合理性并进行调整，水量平衡计算过程可参照《海绵城市建设技术指南——低影响开发雨水系统构建（试行）》中的表4.4。

3. 以渗透为主要功能的设施规模计算

对于生物滞留设施、渗透塘、渗井等结构外部或内部有蓄水空间的渗透设施，设施规模应按照以下方法进行计算。透水铺装等仅以原位下渗为主、顶部无蓄水空间的渗透设施，其基层及垫层空隙虽有一定的蓄水空间，但其蓄水能力受面层或基层渗透性能的影响很大，因此透水铺装可通过参与综合雨量径流系数计算的方式确定其规模。

渗透设施有效调蓄容积按下式进行计算：

$$V_s = V - W_p \tag{11.3}$$

式中：V_s——渗透设施的有效调蓄容积，包括设施顶部和结构内部者水空间的容积（m^3）；

V——渗透设施进水量（m^3），参照容积法计算；

W_p——渗透量（m^3）。

渗透设施渗透量按下式进行计算：

$$W_p = KJA_s t_s \tag{11.4}$$

式中：W_p——渗透量（m^3）；

K——土壤（原土）渗透系数（m/s）；

J——水力坡降，一般可取 $J = 1$；

A——有效渗透面积（m^2）；

t_s——渗透时间（s），指降雨过程中设施的渗透历时，一般可取 2 h。

渗透设施的有效渗透面积 A_s 应按下列要求确定：

（1）水平渗透面按投影面积计算。

（2）竖直渗透面按有效水位高度的 1/2 计算。

（3）斜渗透面按有效水位高度的 1/2 所对应的斜面实际面积计算。

（4）地下渗透设施的顶面积不计。

4. 以贮存为主要功能的设施规模计算

当雨水罐、蓄水池、湿塘、雨水湿地等设施以贮存为主要功能时，其贮存容积应通过容积法及水量平衡法计算，并通过技术经济分析综合确定。

5. 以调节为主要功能的设施规模计算

调节塘、调节池等调节设施，以及以径流峰值调节为目标进行设计的蓄水池、湿塘、雨水湿地等设施的容积应根据雨水管渠系统设计标准、下游雨水管道负荷（设计过流流量）及入流、出流流量过程线，经技术经济分析合理确定。调节设施容积按下式进行计算：

$$V = \max\left[\int_0^T (Q_{in} - Q_{out})\,dt\right] \tag{11.5}$$

式中：V——调节设施容积（m^3）；

Q_{in}——调节设施的入流流量（m^3/s）；

Q_{out}——调节设施的出流流量（m^3/s）；

t——计算步长（s）；

T——计算降雨历时（s）。

6. 调蓄设施规模计算

具有贮存和调节综合功能的湿塘、雨水湿地等多功能调蓄设施，其规模应综合贮存设施和调节设施的规模计算方法进行计算。

7. 以转输与截污净化为主要功能的设施规模计算

植草沟等转输设施的计算方法如下：

（1）根据总平面图布置植草沟并划分各段的汇水面积。

（2）根据《室外排水设计标准》（GB 50014—2021）确定排水设计重现期，参考流量法计算设计流量 Q。

（3）根据工程实际情况和植草沟设计参数取值，确定各设计参数。弃流设施的弃流容积应按容积法计算；绿色屋顶的规模计算参照透水铺装的规模计算方法；人工土壤渗滤的规模根据设计净化周期和渗滤介质的渗透性能确定；植被缓冲带规模根据场地空间条件确定。

• 11.7 “海绵城市”建设典型案例

1. 深圳市光明新区

深圳市光明新区的低影响开发建设于2008年开始，一直在住房和城乡建设部的直接领导下开展工作，现已成为全国低影响开发的示范区。以下介绍这一示范区实现雨水综合利用的实践经验，为更多城市建设成为“自然积存、自然渗透、自然净化”的“海绵城市”提供借鉴。

光明新区位于深圳市西北部，面积为156 km^2，人口为48万人。区域年均降雨量为1 935 mm,汛期暴雨集中，一方面极易产生城市内涝，全区有26个易涝点；另一方面严重缺水，70%以上的用水依靠境外调水。为此，深圳市光明新区管委会调整了雨水控制思路，遵循“源头控制、生态治理”的原则，将原来的快排转向“渗、滞、蓄、用、排”，利用透水铺装，下凹绿地、人工湿地、地下蓄水池等措施，建设“海绵城市”，提高雨水径流控制率，扭转城市“逢雨必涝、雨后即旱”的困境。明确了年径流控制率为70%、初期雨水污染控制总量削减不低于40%的总体要求，并在此基础上，细化了控制指标：建筑面积超过2万平方米的项目，必须配套建设雨水综合利用设施；新建项目在两年一遇24 h降雨条件下，与开发前相比，不得增加雨水外排总量；改扩建项目，采取低影响开发措施后，不改变既有雨水管网的情况下，排水能力由一年或两年一遇提升至三年一遇；按表11.3控制各类建设用地进行径流控制。

表11.3 不同用地类型及相应的径流系数

用地类型	径流系数	用地类型	径流系数
居住	0.4～0.45	道路	≤0.6
商业	0.4～0.5	交通设施	≤0.4
公建	0.4～0.45	公园	0.1～0.15
工业	0.4～0.5	广场	0.2～0.3
物流仓储	≤0.5		

具体措施如下：

（1）公共建筑示范项目的主要措施。采用绿色经屋顶、雨水花园、透水铺装、生态停车场等工程措施，其成效为：累计年面水利用量超过1万立方米，综合径流系数由0.7～0.8下降至0.4以下。

（2）市政道路示范项目的主要措施。下凹绿地（耐旱耐涝的美人蕉、黄菖蒲、再力花、花菖蒲等）、透水道路等，其成效为径流系数控制在0.5。道路排水能力由两年一遇提升至四年一遇，中小雨不产生汇流。

（3）公园绿地示范项目的主要措施。植草沟、滞留塘（耐旱耐涝的美人蕉、黄菖蒲、再力花、花菖蒲等）、地下蓄水池等，其成效为径流系数控制在0.1。年收集回用雨水1.5 hm^2，回补地下水25 hm^2。

（4）水系湿地示范项目的主要措施。自然水体、调蓄池、人工湿地（美人蕉、再力花、花菖蒲）、稳定塘等，其成效为确保湖体水质达到地表Ⅳ类水标准。

2. 北京奥林匹克森林公园

奥林匹克森林公园广场雨水收集系统是北京市公园绿地第一个大规模雨水利用工程，也是系统规划设计综合措施利用的案例。此工程年利用雨水量约40万立方米。该工程现成为我国“海绵城市”建设的实践工程典范。

该工程规划总用地面积为84.7 hm^2，由于雨洪利用系统和外排水系统的综合作用，该区域总的排水能力远大于十年一遇。雨洪利用工程投资为33.76元/平方米。奥林匹克公园中心区包括树阵区、广场铺装区、中轴大道、下沉花园、休闲花园、水系边绿地及非机动车道等区域。考虑到承重的问题，奥林匹克公园的中轴路、庆典广场等重要区域采用不透水（石材）铺装，非透水铺装面积为19.13 hm^2；绿化面积为22.64 hm^2；透水铺装面积为17.16 hm^2；水系面积为16.47 hm^2；雨洪集水池有9个，容积为7 200 m^3。在设计上，排水的雨水口高程低于硬化路面，高于绿地。根据实测数据，2009年该工程雨洪利用总量为402 173 m^3，雨洪利用率高达98%，达到了预期标准：一年一遇降雨外排水量的综合径流系数不超过0.15；两年一遇降雨外排水量的综合径流系数不超过0.3；雨水综合利用率98%。示范工程控制范围内，67 mm以下日降雨可实现无径流外排，全部滞蓄在区域内；小于35 mm的次降雨量，雨水大部分进行下渗；区域综合径流系数由0.675减小为0.357。

下面列举地面景观用水利用的常用方式：

（1）混凝土透水砖，以碎石、水泥为主要原料，经成型工艺处理后制成，具有较强的渗透性能。

（2）植草地坪，通过钢筋将用模具制作出来的混凝土块连接起来，形成一个整体，再在空隙中填满种植土，播种或栽种草苗。

（3）风积沙透水砖，主要是靠破坏水的表面张力来透水，透水砖和结合层材料完全采用沙漠中的风积沙，这是一种变废为宝的新技术。这种材料的使用在雨水下渗的过程中还能起到很好的净化过滤作用。

（4）下凹式绿地，比周围路面或广场下凹50～100 mm，路面和广场多余的雨水可经过绿地入渗或外排，增渗设施采用PP透水片材、PP透水型材、PP透水管材，以及渗滤框、渗槽、渗坑等多种形式。

（5）下沉花园，地下土层建设了蓄洪排水综合涵道，蓄洪涵两侧设雨水集水沟。

思考题

1. 暴雨强度与最大平均暴雨强度的含义有何区别？
2. 暴雨强度公式是哪几个表示暴雨特征的因素之间关系的数学表达式？推求暴雨强

度公式有何意义？我国常用的暴雨强度公式有哪些形式？

3. 计算雨水管渠的设计流量时，应该用与哪个历时 t 相应的暴雨强度 q？为什么？

4. 试述地面集水时间的含义。一般应如何确定地面集水时间？

5. 设计降雨历时确定后，设计暴雨强度 q 是否也就确定了？为什么？

6. 进行雨水管道设计计算时，在什么情况下会出现下游管段的设计流量小于上一管段设计流量的现象？若出现该现象，应如何处理？

7. 雨水管渠平面布置与污水管道平面布置相比有何特点？

8. 圆形管道的最大流速和最大流量均不是在 $h/D=1$ 时出现，那为什么圆形断面的雨水管道要按 $h/D=1$ 设计呢？

9. 排洪沟的设计标准为什么比雨水管渠的设计标准高得多？

附录 “海绵城市”建设试点城市实施方案编制提纲

一、城市基本情况

（一）自然地理和社会经济

自然地理情况重点分析区域地形、地貌、下垫面条件、河湖水系等。社会经济包括人口数量及结构、经济总量、产业结构、城市功能及分区等；介绍地方经济发展规划、城市总体规划定位等确定的试点地区发展目标和功能定位。

（二）降水、径流及洪涝特点

降水径流及洪涝特点包括年降雨量、短历时降雨规律、径流特性、洪涝特性等。

（三）水资源状况

水资源状况包括区域水资源总量及开发利用情况。

（四）水环境质量状况

水环境质量状况包括现状水体水质、排污口分布、水源地分布等情况。

（五）现状工程体系及设施情况

现状工程体系及设施情况包括供排水设施、排水防涝设施、水利设施、雨水调蓄利用设施等。

二、问题及需求分析

（一）存在问题

1. 水安全方面

水安全方面包括城市排水防涝、城市防洪、供水安全保障等。

2. 水资源方面

水资源方面包括城市水资源供需平衡及保护等。

3. 水环境方面

水环境方面包括城市水体污染问题、初期雨水面源污染、污水处理及再生利用、地下水超采问题等。

4. 周边区域影响方面

周边区域影响方面包括城市周边区域河湖水系、防洪、水源涵养情况等。

（二）需求分析

（1）拟重点解决的问题。

（2）通过“海绵城市”建设解决存在问题的优势（经济、技术、管理等方面）。

（3）可能存在的风险。

三、“海绵城市”建设的目标和指标

（一）总体目标（此目标为申请中央补助资金及考核的基本依据）

（1）年径流总量控制率（不小于70%）。

（2）排水防涝标准（按国家标准要求）。

（3）城市防洪标准（按国家标准要求）。

（二）具体指标

1．建成区内主要指标（根据实际情况适当增减）

（1）渗、滞、蓄：综合径流系数、可渗透地面面积比例、雨水调蓄标准（以mm为单位）和雨水调蓄总容积。

（2）净：确定城区地表水体水质标准等。

（3）用：雨水利用量、替代城市供水比例、公共供水管网漏损率，污水再生利用率等。

（4）排：城市排水防涝标准、河湖水系防洪标准、雨水管渠排放标准、雨污分流比例等。

2．建成区外主要指标

（1）防洪标准：城市外部河湖水系防洪标准、海潮防御标准、洪水位与雨水排放口衔接关系等。

（2）水源涵养：水源保护区比例、城市水源的供水保障率和水质达示率、地下水水位等。

四、技术路线

建设技术指标达到或优于国家相关技术规范，依据《海绵城市建设技术指南——低影响开发雨水系统构建（试行）》有关要求，因地制宜，提出经济可行、技术合理的技术路线和实施方案。按照全面深化改革的总体要求，依据国家相关政策，提出完善制度机制，加强能力建设的措施。

五、建设任务

将“海绵城市”建设的总体目标、具体指标分解落实到城市水系统、园林绿地系统、道路交通系统、住宅小区等工程项目，并提出“渗、滞、蓄、净、用、排”等各项工程措施，明确各项措施可分担的雨水径流控制量；通过经济技术比较，优化确定各项措施的工程规模。

（一）主要工程

1．城市建成区内主要工程

（1）渗：建设绿色屋顶、可渗透路面、砂石地面和自然地面，以及透水性停车场和广场等。

（2）滞：建设下凹式绿地、广场，植草沟、绿地滞留设施等。

（3）蓄：保护、恢复和改造城市建成区内河湖水域、湿地并加以利用，因地制宜建设雨水收集调蓄设施等。

（4）净：建设污水处理设施及管网，初期雨水处理设施，适当开展生态水循环及处理系统建设；在满足防洪和排水防涝安全的前提下，建设人工湿地，改造不透水的硬质铺砌河道，建设沿岸生态缓坡。

（5）用：按照“集散结合、就近处理、就地循环”的原则，建设污水再生利用设施；建设综合雨水利用设施等。更新改造使用年限超过 50 年、材质落后、漏损严重的老旧管网等。

（6）排：进行河道清淤，有条件的地区拓宽河道，开展城市河流湖泊整治，恢复天然河湖水系连通；新建地区严格实施雨污分流管网建设，老旧城区加快雨污分流管网改造；高标准建设雨水管网，加大截流倍数；加快易涝立交桥区、低洼积水点的排水设施提标改造等。

2. 城市建成区外主要工程。

（1）防洪：因地制宜，建设防洪堤坝、涵闸，以及分洪和蓄滞洪设施等，构建完善的城市防洪体系。

（2）水源地建设与保护：加强水源地保护、应急备用水源地建设等。

（3）水源涵养工程：水源涵养林、湿地、水源地水土流失综合治理等。

（二）建设项目和投资安排

将各项建设任务落实到具体建设项目，根据轻重缓急确定建设时序、建设期限。按照建筑红线内（绿色建筑小区）、公共部分的设施布局以及工程投资建设主体的不同，将“渗、滞、蓄、净、用、排”的各项建设任务分解，测算工程规模和投资安排。

1. 城市建成区内

（1）建筑红线内（绿色建筑小区）：工程类型、工程量；市场化运作情况，政府提出的规模建设管控要求；投资来源、相关投融资计划等。

（2）公共部分（可经营项目）：工程类型、工程规模、运作模式、投资来源、收益来源、相关投融资计划等。

（3）公共部分（非经营项目）：工程类型、工程规模、运作模式、投资来源、相关投融资计划等。

2. 城市建成区外

城市建成区外水利工程部分的工程量、投资来源、投资规模、相关投融资计划等。

（三）时间进度安排

进度安排计划，应包含至少 1 年的运营期。

六、预期效益分析可行性论证报告

在科学预测建设效果的基础上，分析试点在社会、经济、生态方面的预期效益等。效益分析应结合试点期目标和指标体系，尽量提出量化的预期效益。

七、主要示范内容

（一）规划建设管控制度

规划建设管控制度包括将“海绵城市”的建设要求落实到城市总规、控规和相关专项规划的制度，地块开发的规划建设管控制度等。

（二）制度机制

制度机制包括加强城市河湖水系的保护与管理、低影响开发控制和雨水调蓄利用、城市防洪和排水防涝应急管理、持续稳定投入等体制机制。

（三）技术标准及方法

技术标准及方法包括形成的技术标准、方法、政策等。

（四）能力建设

能力建设包括建立城市暴雨预报预警体系，健全城市防洪和排水防涝应急预案体系，加强应急管理组织机构、人员队伍、抢险能力等。

（五）规范的运作模式

规范的运作模式包括政府与社会资本合作的运作模式等。

（六）费价与投融资制度

费价与投融资制度包括保障社会资本正常运营和合理收益的费价政策、财政补贴制度、中长期财政预算制度等。

（七）绩效考核与按效果付费制度

绩效考核与按效果付费制度包括建立绩效考核制度和指标体系，按实施效果付费。

八、保障措施

（一）组织保障

组织保障包括组织机构、部门及职责分工、责任人员等。

（二）资金保障

资金保障包括资金需求总额及分年度预算、资金需求的计算方法、资金筹措情况、长效投入机制及资金来源、财政支持手段等。

（三）融资机制保障

融资机制保障包括融资机制设计等。若采用PPP模式，还需包括PPP模式的投融资结构设计及政府社会资本合作的具体机制安排，采取PPP模式部分投资占项目总投资比例，等等。

（四）管理及制度保障

管理及制度保障包括保障试点工作的相关制度措施等。

第 12 章　给水排水管道材料和附件

12.1　排水管渠的断面（排水工程）

12.1.1　管渠的断面形式

排水管渠的断面形式除必须满足静力学、水力学方面的要求外，还应经济和便于养护。在静力学方面，管道必须有较大的稳定性，在承受各种荷载时是稳定和坚固的。在水力学方面，管道断面应具有最大的排水能力，并在一定的流速下不产生沉淀物。在经济方面，管道单长造价应该是最低的。在养护方面，管道断面应便于冲洗和清通淤积。

最常用的管渠断面形式是圆形，半椭圆形、马蹄形、矩形、梯形和蛋形等也常见，如图 12.1 所示。

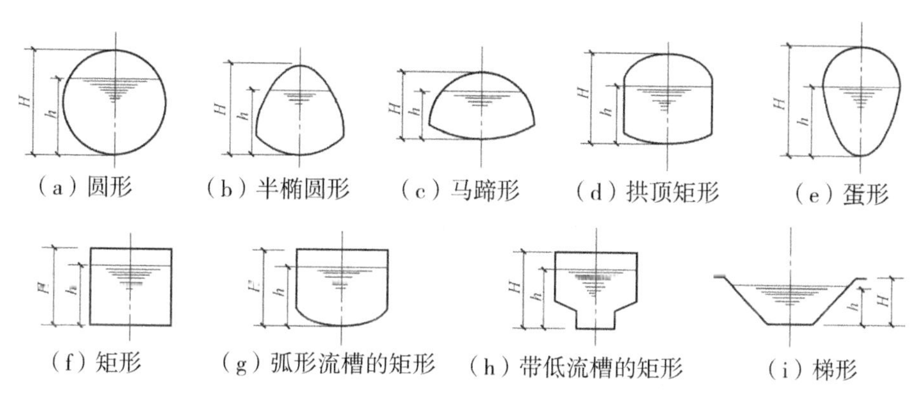

图 12.1　常用管渠断面

圆形断面有较好的水力性能，在一定的坡度下，指定的断面面积具有最大的水力半径，因此流速大，流量也大。此外，圆形管便于预制，使用材料经济，对外压力的抵抗力较强，当挖土的形式与管道相称时，能获得较高的稳定性，在运输和施工养护方面也较方便。因此，圆形断面是最常用的一种断面形式。

半椭圆形断面在土压力和活荷载较大时可以更好地分配管壁压力，因而可减小管壁厚度。在污水流量无大变化及管渠直径大于2 m时，采用此种形式的断面较为合适。

马蹄形断面的高度小于宽度。当地质条件较差或地形平坦，受受纳水体水位限制时，需要尽量减少管道埋深以降低造价，可采用此种形式的断面。马蹄形断面的下部较大，对于排除流量无大变化的大流量污水较为适宜。但马蹄形管的稳定性需依靠还土的坚实度，要求还土坚实稳定度大，若还土松软，两侧底部的管壁易产生裂缝。

蛋形断面由于底部较小，从理论上看，在小流量时难以维持较大的流速，因此可减少淤积，适用于污水流量变化较大的情况。但实际养护经验证明，这种断面的冲洗和清通工作比较困难。加上制作和施工较复杂，现已很少使用。

矩形断面可以就地浇制或砌筑，并按需要将深度增加，以增大排水量。某些工业企业的污水管道、路面狭窄地区的排水管道及排洪沟道常采用这种断面形式。

不少地区在矩形断面的基础上，将渠道底部用细石混凝土或水泥砂浆做成弧形流槽，以改善水力条件。也可在矩形渠道内做低流槽。这种组合的矩形断面是为合流制管道设计的，晴天时污水在小矩形槽内流动，以保持一定的充满度和流速，使之能够免除或减轻淤积程度。

梯形断面适用于明渠，它的边坡决定于土壤性质和铺砌材料。

12.1.2 对管渠材料的要求

排水管渠必须具有足够的强度，以承受外部的荷载和内部的水压，外部荷载包括土壤的重量——静荷载，以及由于车辆运行所造成的动荷载。压力管及倒虹管一般要考虑内部水压。自流管道发生淤塞时或雨水管渠系统的检查井内充水时，也可能引起内部水压。此外，为了保证排水管道在运输和施工中不致破裂，也必须使管道具有足够的强度。

排水管渠应具有能抵抗污水中杂质的冲刷和磨损的作用，也应该具有抗腐蚀的性能，以免在污水或地下水的侵蚀作用（酸、碱或其他）下很快损坏。

排水管渠必须不透水，以防止污水渗出或地下水渗入。因为污水从管渠渗出至土壤，将污染地下水或邻近水体；或者破坏管道及附近房屋的基础。地下水渗入管渠，不但降低管渠的排水能力，而且将增大污水泵站及处理构筑物的负荷。

排水管渠的内壁应整齐光滑，使水流阻力尽量减小。

排水管渠应就地取材，并考虑到预制管件及快速施工的可能，以便尽量降低管渠的造价，以及运输和施工的费用。

12.1.3 常用排水管渠

1. 混凝土管和钢筋混凝土管

混凝土管和钢筋混凝土管适用于排除雨水、污水，可在专门的工厂预制，也可在现场浇制。其分为混凝土管、轻型钢筋混凝土管、重型钢筋混凝土管。管口通常有承插式、企口式、平口式，如图12.2所示。

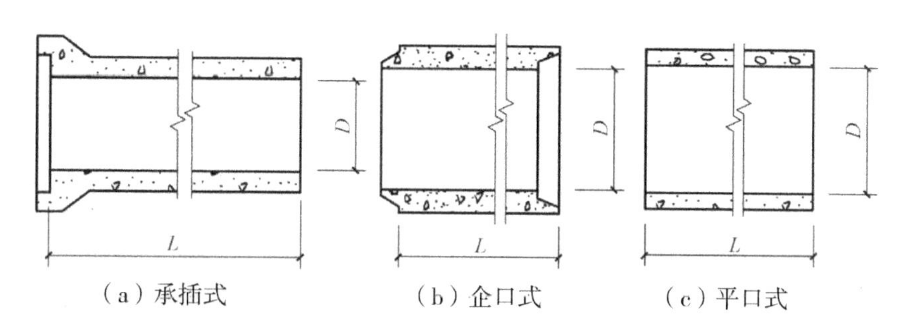

图 12.2　混凝土管和钢筋混凝土管

混凝土管的管径一般小于 450 mm，长度多为 1 m，适用于管径较小的无压管。当管道埋深较大或敷设在土质条件不良地段时，为抗外压，管径大于 400 mm 的通常都采用钢筋混凝土管。混凝土、轻型钢筋混凝土、重型钢筋混凝土排水管的技术条件及标准规格分别参见表 12.1 至表 12.3。国内生产的混凝土管和钢筋混凝土管产品规格，详见《给水排水设计手册》（第二版）第 10 册的有关部分。

表 12.1　混凝土排水管技术条件及标准规格

公称内径（mm）	管体尺寸		外压试验	
	最小管长（mm）	最小壁厚（mm）	安全荷载（kg/m）	破坏荷载（kg/m）
75	1 000	25	2 000	2 400
100	1 000	2	1 600	1 900
150	1 000	25	1 200	1 400
200	1 000	27	1 000	1 200
250	1 000	33	1 200	1 500
300	1 000	40	1 500	1 800
350	1 000	50	1 900	2 200
400	1 000	60	2 300	2 700
430	1 000	67	2 700	3 200

表 12.2　轻型钢筋混凝土排水管技术条件及标准规格

公称内径（mm）	管体尺寸		套环			外压试验		
	最小管长（mm）	最小壁厚（mm）	填缝宽度（mm）	最小壁厚（mm）	最小管长（mm）	安全荷载（kg/m）	裂缝荷载（kg/m）	破坏荷载（kg/m）
100	2 000	25	15	25	150	1 900	2 300	2 700
150	2 000	25	15	25	150	1 400	1 700	2 200
200	2 000	27	15	27	450	1 200	1 500	2 000
250	2 000	28	15	28	150	1 100	1 300	1 800
300	2 000	30	15	30	150	100	1 400	1 800

续上表

公称内径（mm）	管体尺寸		套环			外压试验		
	最小管长（mm）	最小壁厚（mm）	填缝宽度（mm）	最小壁厚（mm）	最小管长（mm）	安全荷载（kg/m）	裂缝荷载（kg/m）	破坏荷载（kg/m）
350	2 000	33	15	33	150	1 100	1 500	2 100
400	2 000	35	15	35	150	1 100	1 800	2 400
450	2 000	40	15	40	200	1 200	1 900	2 500
500	2000	42	15	42	200	1 200	2 000	2 900
600	2 000	50	15	50	200	1 900	2 100	3 200
700	2 000	55	15	55	200	1 500	2 300	3 800
800	2 000	65	15	65	200	1 800	2 700	4 400
900	2 000	70	15	70	200	1 900	2 900	4 800
1 000	2 000	75	18	75	250	2 000	3 300	5 900
1 100	2 000	85	18	85	250	2 300	3 500	6 300
1 200	2 000	90	18	90	250	2 400	3 800	6 900
1 350	2 000	100	18	100	250	2 600	4 400	8 000
1 500	2 000	115	22	115	250	3 100	4 900	9 000
1 650	2 000	125	22	125	250	3 300	5 400	9 900
1 800	2 000	140	22	140	250	3 800	6 100	11 100

表 12.3　重型钢筋混凝土排水管技术条件及标准规格

公称内径（mm）	管体尺寸（mm）		套环（mm）			外压试验（kg/m）		
	最小管长	最小壁厚	填缝宽度	最小壁厚	最小管长	安全荷载	裂缝荷载	破坏荷载
300	2 000	58	15	58	150	3 400	3 600	4 000
350	2 000	60	15	60	150	3 400	3 600	4 400
400	2 000	65	15	65	150	3 400	3 800	4 000
450	2 000	67	15	67	200	3 400	4 000	5 200
550	2 000	75	15	75	200	3 400	4 200	6 100
650	2 000	80	15	80	200	3 400	4 300	6 300
750	2 000	90	15	90	200	3 600	5 000	8 200
850	2 000	95	15	95	200	3 600	5 500	9 100
950	2 000	100	18	100	250	3 600	6 100	11 200
1 050	2 000	110	18	110	250	4 000	6 600	12 100
1 300	2 000	125	18	125	250	4 100	8 400	13 200
1 550	2 000	175	18	175	250	6 700	10 400	18 700

混凝土管和钢筋混凝土管便于就地取材，制造方便，而且可根据抗压的不同要求，制成无压管、低压管、预应力管等，因此在排水管道系统中得到普遍应用。混凝土管和钢筋混凝土管除用作一般自流排水管道外，钢筋混凝土管及预应力钢筋混凝土管亦可用作泵站的压力管及倒虹管。它们的主要缺点是抵抗酸、碱浸蚀及抗渗性能较差，管节短，接头多，施工复杂。在地震强度大于 8 的地区及饱和松散砂土、淤泥和淤泥土质、冲填土、杂填土的地区不宜敷设。另外，大管径管的自重大，搬运不便。

2. **陶土管**

陶土管是由塑性黏土制成的。为了防止在焙烧过程中产生裂缝，通常加入耐火黏土及石英砂（按一定比例），经过研细、调和、制坯、烘干、焙烧等过程制成。根据需要可制成无釉、单面釉、双面釉的陶土管。若采用耐酸黏土和耐酸填充物，还可以制成特种耐酸陶土管。

陶土管一般制成圆形断面，有承插式和平口式两种形式，如图 12.3 所示。

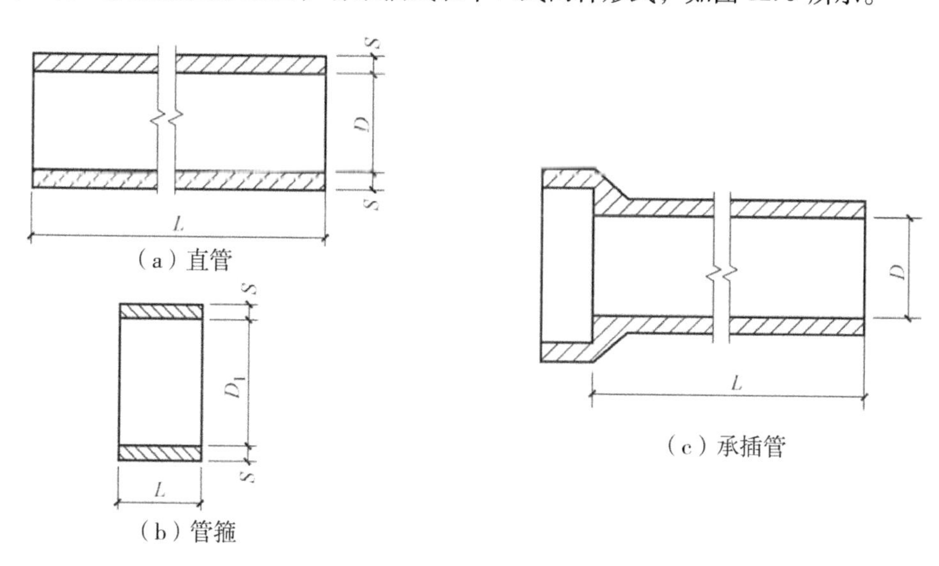

图 12.3　陶土管

普通陶土排水管（缸瓦管）最大公称直径可到 300 mm，有效长度为 800 mm，适用于居民区室外排水管。耐酸陶瓷管最大公称直径国内可做到 800 mm，一般在 400 mm 以内，管节长度有 300 mm、500 mm、700 mm、1 000 mm 几种，适用于排除酸性废水。

带釉的陶土管内外壁光滑，水流阻力小，不透水性好，耐磨损，抗腐蚀。但陶土管质脆易碎，不宜远运，不能受内压。抗弯抗拉强度低，不宜敷设在松土中或埋深较大的地方。此外，管节短，需要较多的接口，增加施工复杂度和费用。由于陶土管耐酸抗腐蚀性好，适用于排除酸性废水，或管外有侵蚀性地下水的污水管道。

3. **金属管**

常用的金属管有铸铁管及钢管。室外重力流排水管道一般很少采用金属管，只有当排水管道承受高内压、高外压或对渗漏要求特别高的地方，如排水泵站的进出水管、穿越铁路、河道的倒虹管或靠近给水管道和房屋基础时，才采用金属管。在地震强度大于 8 或地下水位高，流沙严重的地区也采用金属管。

金属管质地坚固，抗压，抗震，抗渗性能好；内壁光滑，水流阻力小；管子每节长度大，接头少。但价格昂贵，钢管抵抗酸碱腐蚀及地下水浸蚀的能力差。因此，在采用钢管时必须涂刷耐腐蚀的涂料并注意绝缘。

4. 浆砌砖、石或钢筋混凝土大型管渠

排水管道的预制管管径一般小于2 m，实际上，当管道设计断面大于1.5 m时，通常就在现场建造大型排水渠道。建造大型排水渠道常用的建筑材料有砖、石、陶土块、混凝土块、钢筋混凝土块和钢筋混凝土等。采用钢筋混凝土时，要在施工现场支模浇制，采用其他几种材料时，在施工现场主要是铺砌或安装。在多数情况下，建造大型排水渠道，常采用两种以上材料。

渠道的上部称为渠顶，下部称为渠底，常和基础连在一起，两壁称为渠身。图12.4为矩形大型排水渠道，由混凝土和砖两种材料建成。基础用C15混凝土浇筑，渠身用M7.5水泥砂浆砌Mu10砖，渠顶采用钢筋混凝土盖板，内壁用1∶3水泥砂浆抹面20 mm厚。这种渠道的跨度可达3 m，施工也较方便。

砖砌渠道在国内外排水工程中应用较早，目前在我国仍普遍使用。常用的断面形式有圆形、矩形、半椭圆形等。可用普通砖或特制的楔形砖砌筑。当砖的质地良好时，砖砌渠道能抵抗污水或地下水的腐蚀作用，很耐久，因此能用于排泄有腐蚀性的废水。

在石料丰富的地区，常采用条石、方石或毛石砌筑渠道。通常将渠顶砌成拱形，渠底和渠身扁光、勾缝，以使水力性能良好。图12.5为某地用条石砌筑的合流制排水渠道。

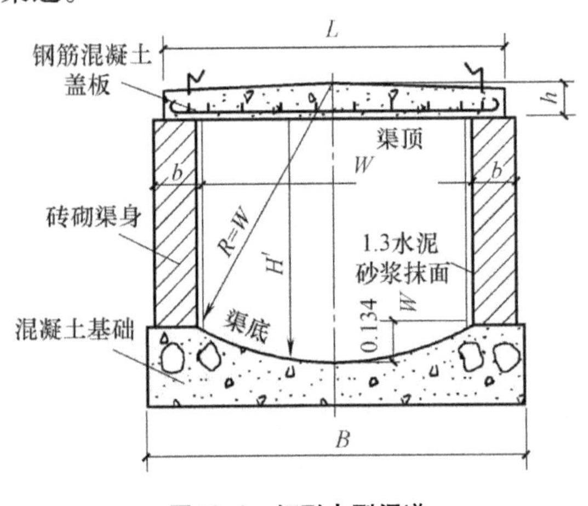

图12.4　矩形大型渠道

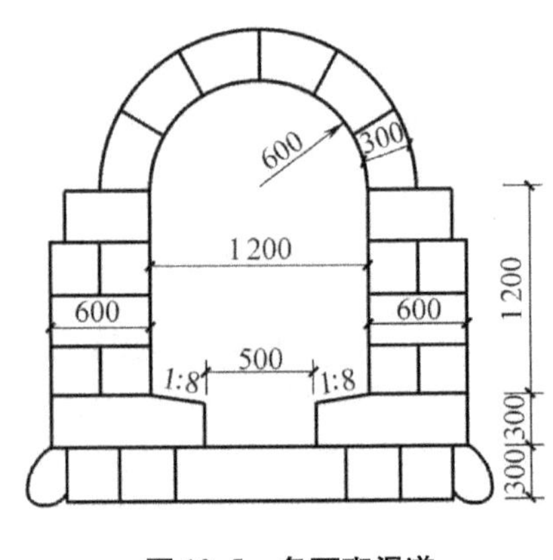

图12.5　条石砌渠道

图12.6及图12.7为沈阳、西安两市采用的预制混凝土装配式渠道。装配式渠道预制块材料一般用混凝土或钢筋混凝土，也可用砖砌。为了增强渠道结构的整体性、减少渗漏的可能性及加快施工进度，在设备条件许可的情况下应尽量加大预制块的尺寸。渠道的底部是在施工现场用混凝土浇制的。

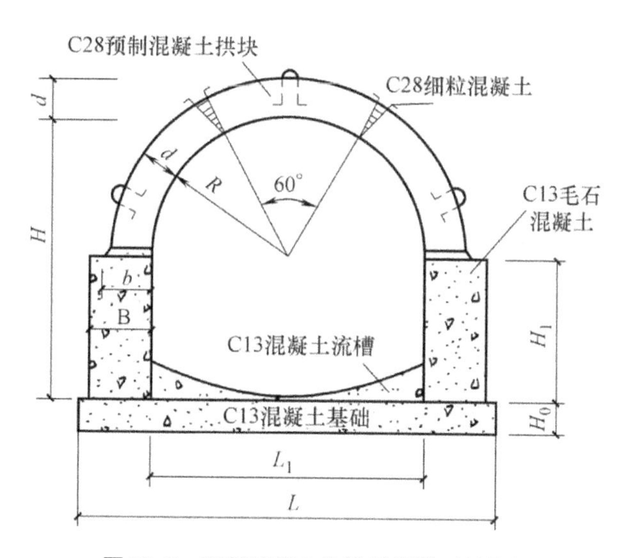

图 12.6　预制混凝土块拱形渠道（沈阳）

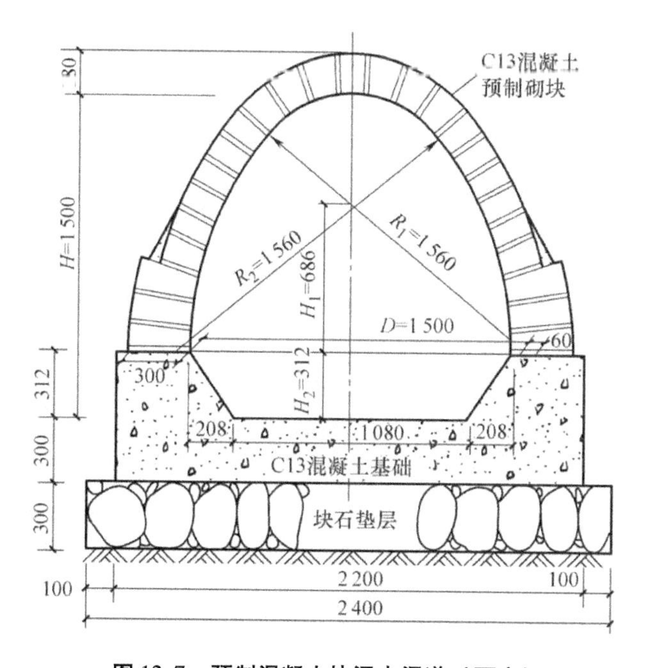

图 12.7　预制混凝土块污水渠道（西安）

5. 其他管材

随着新型建筑材料的不断研制，用于制作排水管道的材料也日益增多。比如，在英国已正式生产玻璃纤维筋混凝土管（在强度上优于普通混凝土管）。美国除采用聚氯乙烯、丙烯腈、丁二烯、苯乙烯，空隙填充珍珠岩水泥的“构架管”外，还采用一种加筋的热固性树脂管。这种管由环绕耐腐蚀衬里的玻璃纤维和微性玻璃球构成，质量小，不漏水，抗腐蚀性好。日本的排水管材除离心混凝土管外，有强化塑料管、聚氯乙烯管，玻璃纤维筋离心混凝土管近年来也大量使用。硬聚氯乙烯管用作排水管道在国内也日益普遍，目前还限于小口径管道。

12.2 给水排水管道材料（给水工程）

12.2.1 常用管材（管网）

输配水管道材质的选择，应根据管径、内压、外部荷载和管道敷设区的地形、地质、管材的供应，按照运行安全、耐久、减少漏损、施工和维护方便、经济合理及清水管道防止二次污染的原则，进行技术、经济、安全等综合分析确定。

目前，国内输水管道管材一般采用预应力钢筒混凝土管、预应力钢筋混凝土管、玻璃纤维增强树脂夹砂管等。配水管道管材一般采用球墨铸铁管、钢管、聚乙烯管、硬质聚氯乙烯管等。

12.2.1.1 铸铁管

根据铸铁管制造过程中采用的材料和工艺的不同，可分为灰口铸铁管和球墨铸铁管，后者的质量和价格比前者高得多，但产品规格基本相同。

（1）灰口铸铁管。连续铸造的铸铁管称为灰口铸铁管，有较强的耐腐蚀性，以往使用最广。但由于连续铸管工艺也有缺陷，如质地较脆，抗冲击和抗震能力较差，质量较大，并且经常发生接口漏水、水管断裂和爆管事故，给生产带来很大的损失。灰口铸铁管已被列为被淘汰的供水管材，不得在城市给水管网中使用。

（2）球墨铸铁管。球墨铸铁管主要成分石墨为球状结构，较石墨为片状结构的灰口铸铁管的强度高，故其管壁较薄，质量较小，同样管径比灰口铸铁管省材 30% ～ 40%。球墨铸铁管既具有灰口铸铁管的许多优点，力学性能又有很大提高，其耐压力高达 3.0 MPa 以上，是灰口铸铁管的数倍，抗腐蚀性能远高于钢管，使用寿命是灰口铸铁管的 1.5 ～ 2.0 倍，是钢管的 3 ～ 4 倍。很少发生爆管、渗水和漏水现象，可以减少管网漏损率和管网维修费用。据统计，球墨铸铁管的爆管事故发生率仅为普通灰口铸铁管的 1/16。球墨铸铁管在给水工程中已有 50 多年的使用历史，在欧美发达国家已基本取代了灰口铸铁管。近年来，随着工业技术的发展和给水工程质量要求的提高，目前，球墨铸铁管已被国内建设主管部门和供水企业选定为首选的管道材料，已成为给水管道的主要管材。产品规格为 DN200 ～ 1 400，有效长度为 4 ～ 6 m。

12.2.1.2 钢管

钢管有无缝钢管和焊接钢管两种。钢管的特点是耐高压、耐震动、质量较小、单管的长度大和接口方便，但承受外荷载的稳定性和耐腐蚀性差，管壁内外都需有防腐措施，并且造价较高。在给水管网中，通常只在管径大和水压高处，以及因地质、地形条件限制或穿越铁路、河谷和地震地区时使用。

普通钢管的工作压力不超过 1.0 MPa，加强钢管工作压力可达 1.5 MPa，高压管道可以采用无缝钢管。产品规格一般为 DN100 ～ 2 200，长度为 4 ～ 12 m。

12.2.1.3 钢筋混凝土管

钢筋混凝土管在20世纪70年代和80年代在给水工程中应用比较普遍，常见的有自应力钢筋混凝土管和预应力钢筋混凝土管，但这类管材施工比较困难，接口处因材料刚性和强度方面比较脆弱，容易出现脱节和开裂，在给水管材应用上受到一定限制。

（1）自应力钢筋混凝土管。自应力钢筋混凝土管是借膨胀水泥在养护过程中发生膨胀，张拉钢筋，而混凝土则因钢筋所给予的张拉反作用力而产生压应力。自应力钢筋混凝土管在给水管网中使用容易出现管子接口漏水、管身渗水开裂和横向断裂等问题。目前属于淘汰产品，不得在城市给水管网中使用。

（2）预应力钢筋混凝土管。预应力钢筋混凝土管是在管身预先施加纵向与环向应力制成的双向预应力钢筋混凝土管，具有良好的抗裂性能，其耐土壤电流侵蚀的性能远较金属管好。预应力钢筋混凝土管分普通和加钢套筒两种，其特点是造价低，抗震性能强，管壁光滑，水力条件好，耐腐蚀，爆管率低，但质量大，不便于运输和安装。预应力钢筋混凝土管在设置阀门、弯管、排气、放水等装置处，仍需采用钢管配件。近年来，一种新型的钢板套筒加强混凝土管（称为PCCP管）正在大型输水工程项目中得到应用，受到设计和工程主管部门的重视。钢筒预应力管是管芯中间夹有一层1.5 mm左右的薄钢筒，然后在环向施加1～2层预应力钢丝。这一技术是法国Bonna公司最先研制的。世界上使用钢筒预应力管最多的国家是美国和加拿大，目前世界上规模最大的钢筒预应力管工程在利比亚，全长1 900 km，直径4 m，工作压力2.8 MPa，现工程已全部完工。国内在20世纪90年代引进这一制管工艺，目前制造的最大管径达2 600 mm，单根管材长度为6 m，工作压力0.2～2.5 MPa。其用钢量比钢管省，价格比钢管便宜。接口为承插式，承口环和插口环均用扁钢压制成型，与钢筒焊成一体。

12.2.1.4 玻璃钢管

玻璃钢管是一种新型的非金属材料，也叫玻璃纤维增强树脂塑料管（GRP管），以玻璃纤维和环氧树脂为基本原料预制而成，耐腐蚀，内壁光滑，不结垢，质量小。在管径相同的条件下，其质量是钢管的40%，预应力钢筋混凝土管的20%，其综合造价介于钢管和球墨铸铁管之间。

按制管工艺有离心浇铸玻璃纤维增强树脂砂浆复合管（HOABS管）和玻璃纤维缠绕夹砂复合管两大类（夹砂的玻璃钢管，统称为RPM），据有关资料介绍，HOBAS管销售量已占全部玻璃钢管的80%左右，在我国给水管道中也开始得到应用。HOBAS管用高强度的玻纤增强塑料作内、外面板，中间以廉价的树脂和石英砂作芯层组成一夹芯结构，以提高弯曲刚度，并辅以防渗漏和满足功能要求（如达到食品级标准或耐腐蚀）的内衬层形成复合管壁结构，满足地下埋设的大口径供水管道和排污管道使用要求。

HOBAS管的公称直径为600～2 500 mm，工作压力为0.6～2.4 MPa（4～6倍的安全系数）；标准的刚度等级为2 500 N/m^2、5 000 N/m^2、10 000 N/m^2、15 000 N/m^2，内压可从无压至2.5 MPa，达8个等级。HOBAS管的配件（如三通、弯管等）可用直管切割加工并拼接黏合而成。直管的连接可采用承插口和双“O”形橡胶圈密封，也可将直管与管件的端头都制成平口对接，外缠树脂与玻璃布。拼合处需用树脂、玻璃布、玻璃

毡和连续玻璃纤维等局部补强。玻璃钢管亦可制成法兰接口，与其他材质的法兰连接。

12.2.1.5 塑料管

塑料管具有表面光滑、不易结垢、水头损失小、耐腐蚀、质量小、加工和接口方便等优点，但是管材的强度较低，膨胀系数较大，用于长距离管道时，需考虑温度补偿措施，如伸缩节和活络接口。与铸铁管相比，塑料管的水力性能较好，由于管壁光滑，在相同流量和水头损失情况下，塑料管的管径可比铸铁管小；塑料管相对密度在 1.4 左右，比铸铁管轻，又可采用胶圈柔性承插接口，抗震和水密性较好，不易漏水，既提高了施工效率，又降低了施工费用。可以预见，塑料管将成为城市供水中中小口径管道的一种主要管材。

塑料管有多种，如聚氯乙烯塑料（PVC）管、聚乙烯（PE）管、聚丙烯腈 - 丁二烯 - 苯乙烯塑料（ABS）管和聚丙烯塑料（PP-R）管等。目前在市政供水管道中常用的塑料管材有以下两种：

（1）聚氯乙烯（PVC）管道。PVC 管道是国内最早推广使用的塑料管。近年来，由于加工 PVC 管材时使用了对人体有害的铅稳定剂，PVC 管道用于城市供水受到了社会各界的质疑。目前，国家已出台有关政策禁止使用铅盐稳定剂的 PVC 管道用于给水管道。另外，制备 PVC 的单体聚乙烯（VCM）可能会对人体有害（国际规定 VCM 单体含量应不大于 1.0 mg/kg)，也应引起注意。

（2）聚乙烯（PE）管。PE 管道目前是我国许多城市供水管网中管径为 200 mm 和 200 mm 以下管道系统的首选管材。目前，管材生产执行的国家标准为《给水用聚乙烯（PE）管道系统》（GB/T 13663—2018)，管道施工执行的是行业标准《埋地塑料给水管道工程技术规程》（CJ 101—2016)，以上规定对聚乙烯管的原材料和产品质量、生产过程、工程安装等提出了规范性要求。

12.2.2 给水管配件

水流方向改变或者管径改变，管道之间或管道与附件之间衔接时采用的管件称为管配件，如管线转弯处采用的各种弯头、管径变化处采用的变径管等。

钢管所用管件，如三通、四通、弯管和渐缩管等，由钢板卷焊而成，也可直接用标准铸铁配件连接；球墨铸铁管件执行的是《水及燃气用球墨铸铁管、管件和附件》（GB/T 13295—2019）标准；预应力钢筋混凝土管一般采用特制的钢配件或铸铁配件；塑料管配件的种类也逐渐开发齐全

12.3 给水管网附件

为了保证管网的正常运行、消防和维修管理工作，管网上必须装设一些附件。

12.3.1　阀门及阀门井

12.3.1.1　阀门

阀门是控制水流、调节管道内的流量和水压的重要设备。阀门通常放在管网节点和分支管处，以及穿越障碍物和过长的管线上。配水干管上装设阀门的距离一般为400～1 000 m，并不应超过3条配水支管。主要管线和次要管线交接处的阀门通常设在次要管线上。承接消火栓的水管上要安装阀门，配水支管上的阀门不应隔断5个以上消火栓。

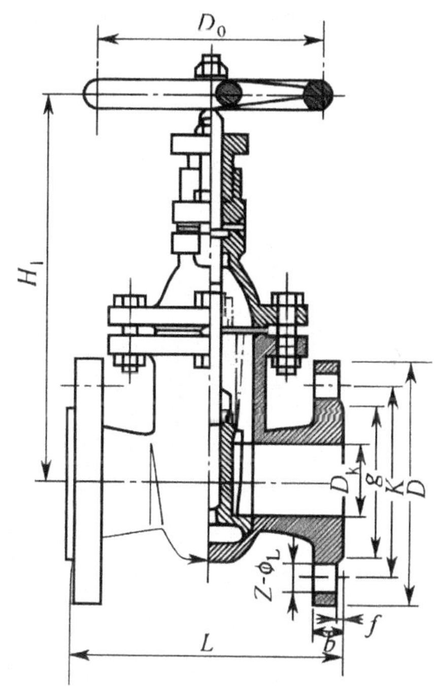

图12.8　法兰暗杆楔式闸阀

阀门的口径一般和水管的直径相同，但当管径较大阀门价格较高时，可以安装口径为0.8倍水管直径的阀门，以降低造价。

在给水管网中最常见的是闸阀和蝶阀，DN100～600以闸阀为主，DN600～1 000使用蝶阀较多，DN1 200以上基本都使用蝶阀。

1. 闸阀

闸阀由闸壳内的闸板上下移动来控制流量。根据阀内闸板的不同，分为楔式和平行式，根据闸阀使用时阀杆是否上下移动，又可分为明杆式和暗杆式。明杆式闸阀的阀杆随闸板的启闭而升降，从阀杆位置的高低可看出阀门开启程度，适用于明装的管道；暗杆式闸阀的闸板在阀杆前进方向留一个圆形的螺孔，当闸阀开启时，阀杆螺丝进入闸板孔内而提起闸板，阀杆不露出外面，有利于保护阀杆，通常适用于安装和操作地位受到限制之处。闸阀构造如图12.8所示。

给水管网中的阀门宜用暗杆式，一般手动操作，大型闸阀的过水面积很大，开启时闸板上游面受到很大内水压力，因此开启比较困难。一般常附有旁通阀，连通主阀两边水管，在开主阀前，先开旁通阀，减低阀两边水压差，便于开启。大型闸阀用人工启闭困难时，可在阀门上安装伞形齿轮传动装置、电动、气动或水力传动启闭装置。应该注意，在压力较高的水管上，阀门应缓慢关闭，以免引起水锤，影响水管的安全使用。

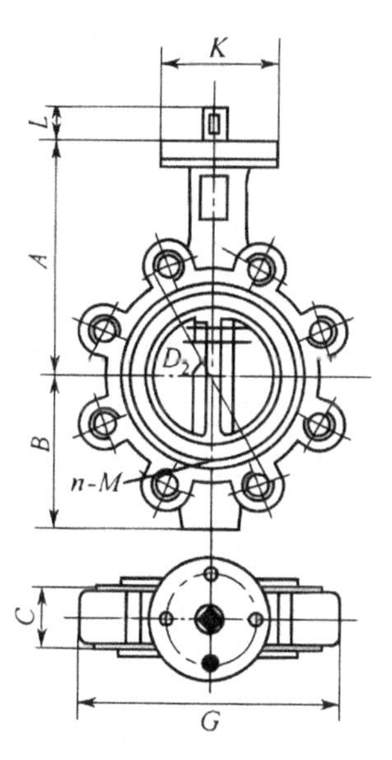

图12.9　对夹式蝶阀

2. 蝶阀

蝶阀具有结构简单、尺寸小、质量小、90°回转开启迅速等优点，价格同闸阀差不多，目前应用也很广泛。蝶阀是由阀体内的阀板在阀杆作用下旋转来控制或截断水流的。按照连接形式的不同，分为对夹式和法兰式。按照驱动方式不同分为手动、电动、气动等。对夹式蝶阀构造如图 12.9 所示。

3. **单向阀**

单向阀也叫止回阀或逆止阀，主要功能是限制水流朝一个方向流动，若水从反方向流来，则阀门自动关闭。止回阀常安装在水压大于 196 kPa 的水泵压水管上，防止突然停电或其他事故时水倒流。

单向阀的形式很多，主要分为旋启式和升降式两大类。旋启式单向阀如图 12.10 所示，阀瓣可绕轴转动。当水流方向相反时，阀瓣依靠自重和水压作用关闭。

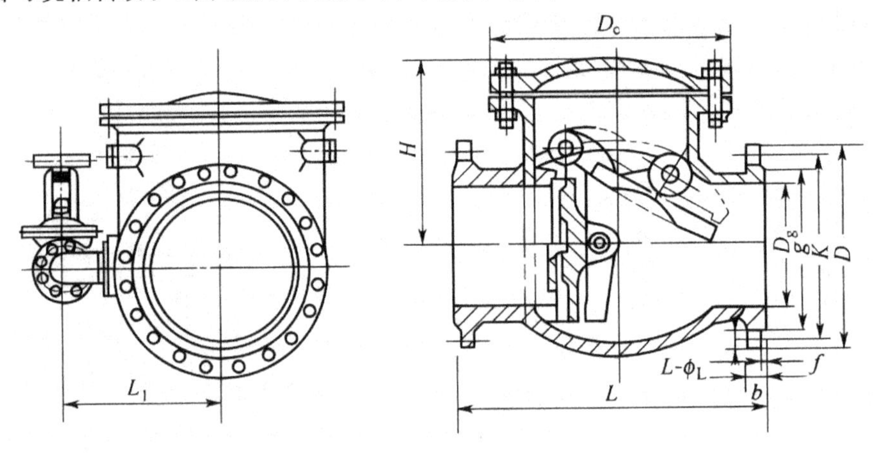

图 12.10 旋启式单向阀

在直径较大的管线上，如工业企业的冷却水系统中，常用多瓣阀门的单向阀，由于几个阀瓣不同时闭合，所以能有效地减轻水锤破坏。

12.3.1.2 阀门井

为便于操作和维护，输配水管道上的各种阀门，一般应设在专用地下的阀门井（图 12.11）内。为了降低造价，配件和附件应布置紧凑。井的平面尺寸取决于水管直径以及附件的种类和数量，应满足操作阀门及拆装管道阀件所需的最小尺寸。井的深度由管道埋设深度确定。地下井类一般用砖砌，也可用石砌或钢筋混凝土建造。

地下井的形式，可根据所安装的阀件类型、大小和路面材料来选择。

位于地下水位较高处的井，井底和井壁应不透水，在水管穿越井壁处应保持足够的水密性，地下井应具有抗浮稳定性。

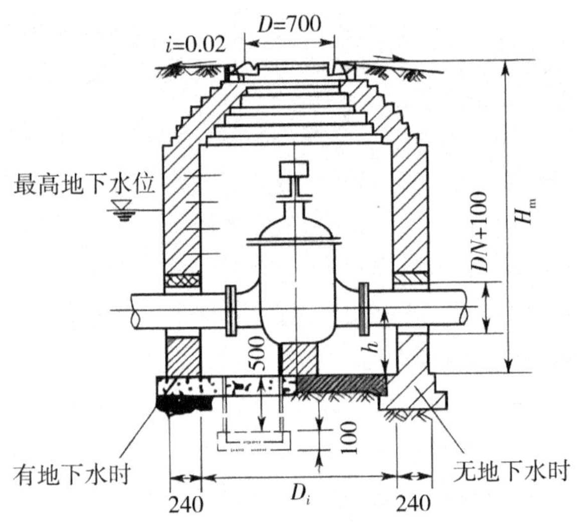

图 12.11 阀门井

12.3.2　排气阀及排气阀井

排气阀安装在管线的隆起部分，应设置能自动进气和排气的排气阀，平时用来排除从水中释出的气体，以免空气积存管中减小管道过水断面积，增加管道的水流阻力；并在管道需要检修、放空时进入空气，保持排水顺畅；同时，在产生水锤时可使空气自动进入，避免产生负压。如图 12.12(a) 所示，排气阀内有浮球，当水管内不积存气体时，浮球上浮封住排气口。随着气量的增加，阀内水位下降，浮球随之落下，气体就经排气口排出。排气阀适用于工作压力小于1.0 MPa的管道。单口排气阀用在直径小于 400 mm 的水管上，排气阀直径为 16 ～ 25 mm。双口排气阀直径为 50 ～ 200 mm，装在大于或等于 400 mm 的水管上，排气阀口径与管线直径之比一般采用 1：（8 ～ 12）。

排气阀应垂直安装，如图 12.12(b) 所示。地下管线的排气阀应做排气阀井，以便维修，在有可能冰冻的地方应有适当的保温措施。

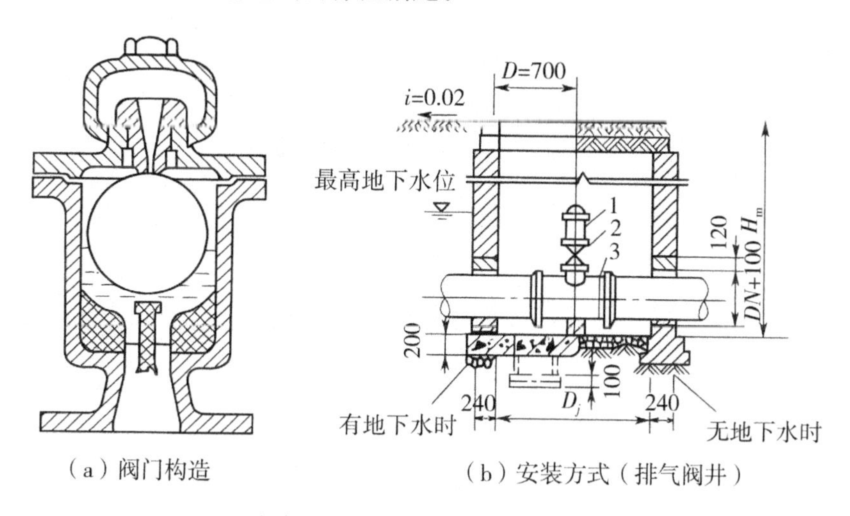

（a）阀门构造　　（b）安装方式（排气阀井）

1—排气阀；2—阀门；3—排气丁字管。

图 12.12　排气阀

12.3.3　泄水阀、泄水管及排水井

在管线低处和两阀门之间的低处，应安装泄水阀，用来在检修时放空管内存水或平时用来排除管内的沉淀物。泄水阀和泄水管的直径由所需放空时间决定。由管线放出的水可直接排入水体或沟管，或排入排水井内，再用水泵排除，如图 12.13 所示。

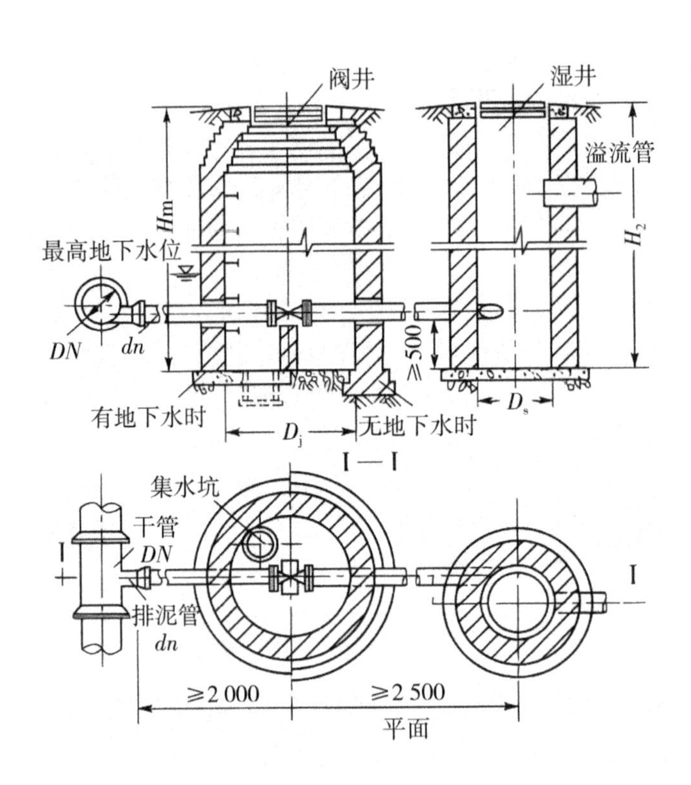

图 12.13　泄水阀及排水井

12.3.4　消火栓

消火栓是发生火警时的取水龙头，分地上式和地下式两种。

地上式消火栓装于地面上，如图 12.14 所示，目标明显，易于寻找，但较易损坏，一般适用于气温较高的地区。地下式消火栓如图 12.15 所示，适用于气温较低的地区，装于地下消火栓井内。日本均采用地下式消火栓，每一个地下式消火栓井旁边都立有高达 3.0 m 的、书有“消火栓”字样的红色标志牌，既解决了地上式消火栓容易被损坏的问题，又便于火警时寻找消火栓位置（图 12.16）。

消火栓与配水管的连接有直通及旁通两种。前者直接从分配管的顶部接出，后者是从分配管接出支管，再和消火栓接通。支管上设阀门，以便检修。

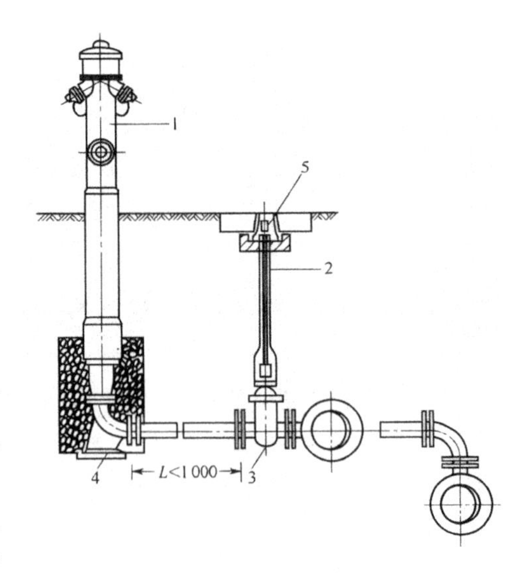

1—SS100 地上式消火栓；2—阀杆；3—阀门；4—弯头支座；5—阀门套筒。

图 12.14　地上式消火栓

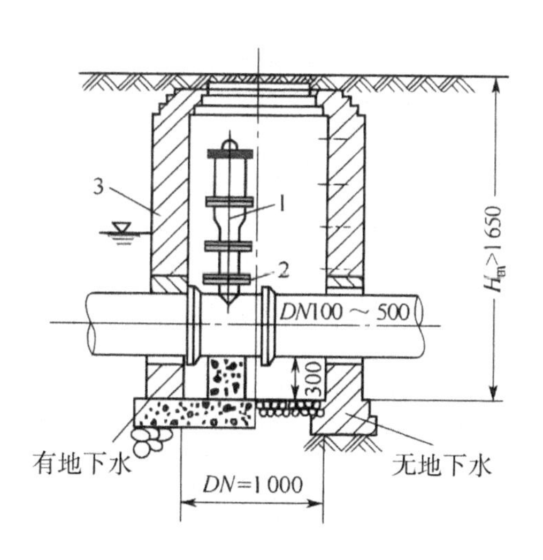

1—SX100 消火栓；2—消火栓三通；3—阀门井。

图 12.15　地下式消火栓

图 12.16　日本消火栓位置标示

12.3.5　排水管道的接口

排水管道的不透水性和耐久性，在很大程度上取决于敷设管道时接口的质量，管道接口应具有足够的强度、不透水、能抵抗污水或地下水的浸蚀并有一定的弹性。根据接口的弹性，一般分为柔性、刚性和半柔半刚性。

柔性接口允许管道纵向轴线交错 3 ～ 5 mm 或交错一个较小的角度，而不致引起渗漏。常用的柔性接口有沥青卷材及橡皮圈接口。沥青卷材接口用在无地下水，地基软硬不一，沿管道轴向沉陷不均匀的无压管道上。橡胶圈接口使用范围更加广泛，特别是在地震区，对管道抗震有显著作用。柔性接口施工复杂，造价较高，在地震区采用有它独特的优越性。

刚性接口不允许管道有轴向的交错，但比柔性接口施工简单、造价较低，因此采用较广泛。常用的刚性接口有水泥砂浆抹带接口、钢丝网水泥砂浆抹带接口。刚性接口抗震性能差，用在地基比较良好，有带形基础的无压管道上。

半柔半刚性接口介于上述两种接口形式之间。使用条件与柔性接口类似。常用的是预制套环石棉水泥接口。

下面介绍几种常用的接口方法。

1. **水泥砂浆抹带接口**

水泥砂浆抹带接口如图 12.17 所示。在管子接口处用 1 ：（2.5 ～ 3）水泥砂浆抹成半椭圆形或其他形状的砂浆带，带宽 120 ～ 150 mm。这属于刚性接口，一般适用于地基土质较好的雨水管道，或用于地下水位以上的污水支线上。企口管、平口管、承插管均可采用此种接口。

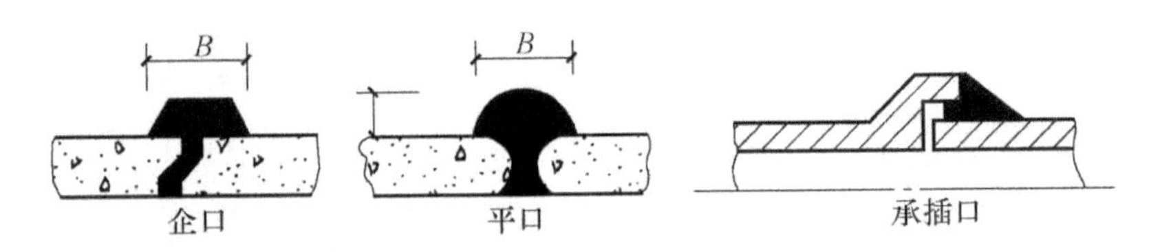

图 12.17　水泥砂浆抹带接口

2. 钢丝网水泥砂浆抹带接口

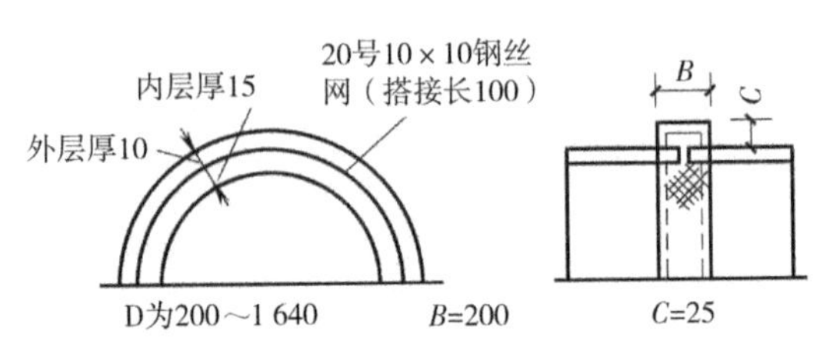

图 12.18　钢丝网水泥砂浆抹带接口

钢丝网水泥砂浆抹带接口如图12.18所示，属于刚性接口。将抹带范围的管外壁凿毛，抹一层1：2.5水泥砂浆，厚15 mm，中间采用20号10×10钢丝网一层，两端插入基础混凝土中，上面再抹一层砂浆，厚10 mm。适用于地基土质较好的具有带形基础的雨水、污水管道上。

3. 石棉沥青卷材接口

石棉沥青卷材接口如图12.19所示，属于柔性接口。石棉沥青卷材为工厂加工，沥青玛蹄脂的质量配比为沥青：石棉：细砂 =7.5：1：1.5。先将接口处管壁刷净烤干，涂上冷底子油一层，再刷3 mm厚的沥青玛蹄脂，再包上石棉沥青卷材，再涂3 mm厚的沥青玛蹄脂，这叫作“三层做法”。若再加卷材和沥青玛蹄脂各一层，便叫作“五层做法”，一般适用于地基沿管道轴向沉陷不均匀地区。

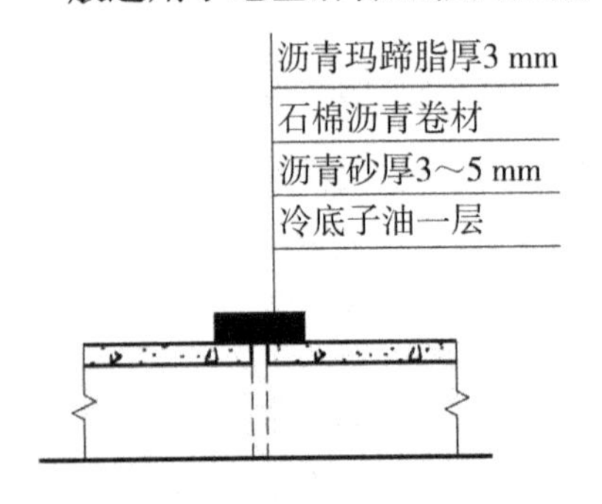

图 12.19　石棉沥青卷材接口

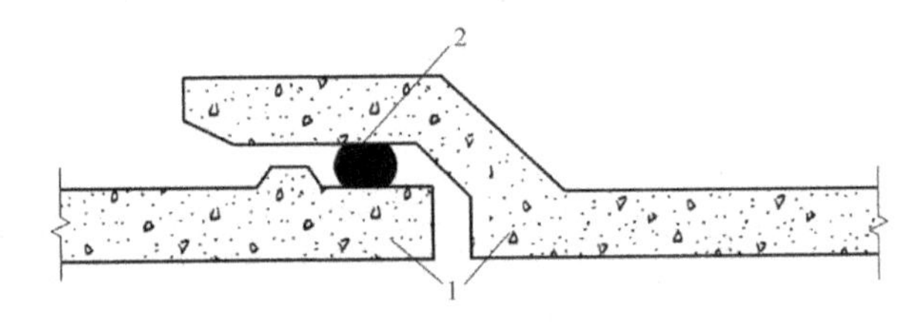

图 12.20　橡胶圈接口

4. 橡胶圈接口

橡胶圈接口如图12.20所示，属柔性接口。此类接口结构简单，施工方便，适用于施工地段土质较差，地基硬度不均匀，或地震地区。

5. 预制套环石棉水泥（或沥青砂）接口

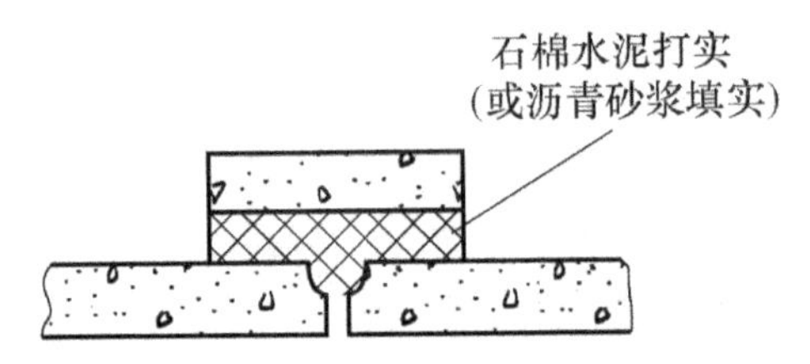

图 12.21　预制套环石棉水泥接口

预制套环石棉水泥（或沥青砂）接口如图12.21所示，属于半刚半柔接口。石棉水泥的质量比为水：石棉：水泥 =1：3：7（沥青砂配比为沥青：石棉：砂 =1：0.67：0.67）。适用于地基不均匀地段，或地基经过处理后管道可能产生不均匀沉陷且位于地下水位以下，内压低于10 m

的管道上。

6. **顶管施工常用的接口形式**

（1）混凝土（或铸铁）内套环石棉水泥接口，如图 12.22 所示。一般只用于污水管道。

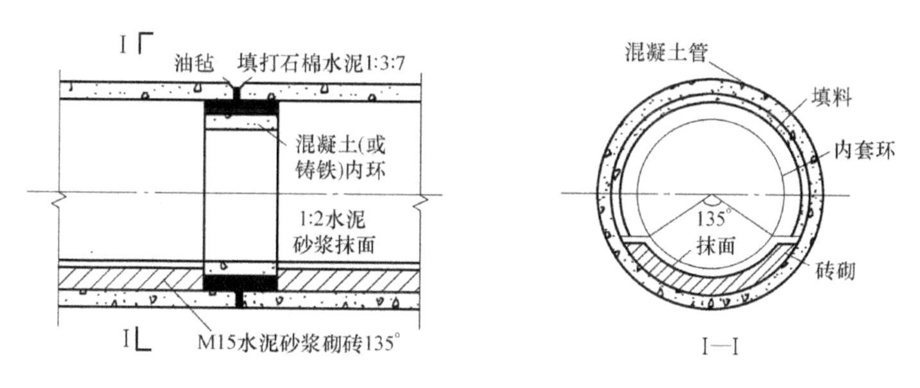

图 12.22　混凝土（或铸铁）内套环石棉水泥接口

（2）沥青油毡、石棉水泥接口，如图 12.23 所示。麻辫（或塑料圈）石棉水泥接口，如图 12.24 所示。一般只用于雨水管道。

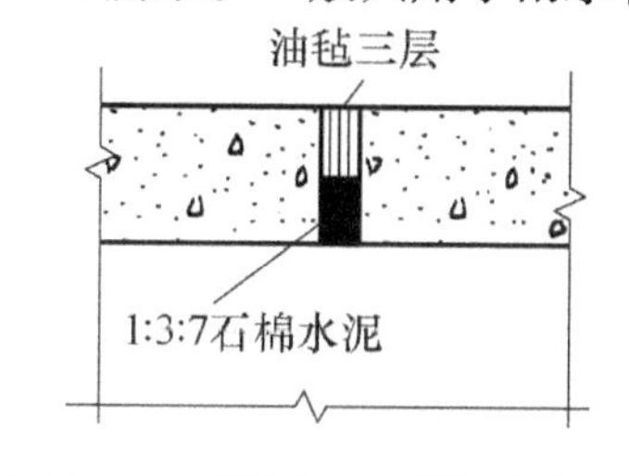

图 12.23　沥青油毡、石棉水泥接口

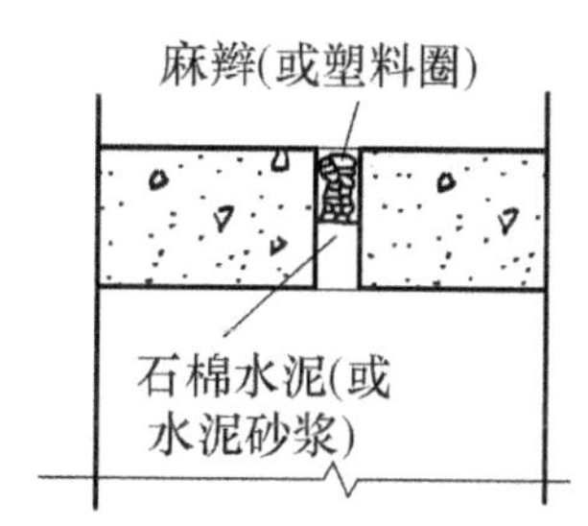

图 12.24　麻辫（或塑料圈）

采用铸铁管的排水管道，接口做法与给水管道相同。常用的有承插式铸铁管油麻石棉水泥接口，如图 12.25 所示。

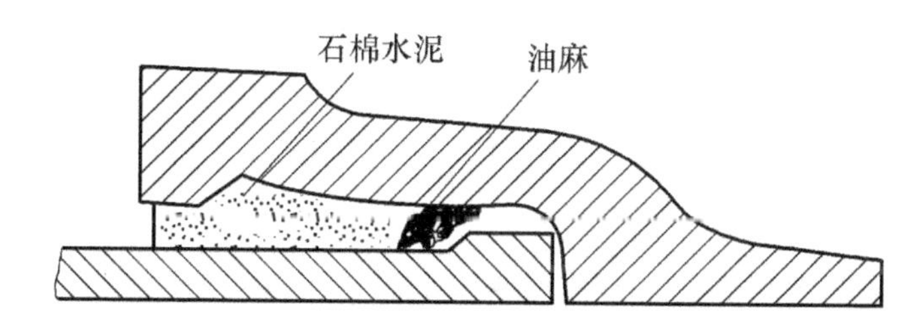

图 12.25　承插式铸铁管油麻石棉水泥接口

除上述常用的管道接口外，在化工、石油、冶金等工业的酸性废水管道上，需要采用耐酸的接口材料。目前有些单位研制了防腐蚀接口材料——环氧树脂浸石棉绳，使用效果良好。也有单位使用玻璃布和煤焦油、高分子材料配制的柔性接口材料等。这些接口材料尚未广泛采用。国外目前主要采用承插口加橡皮圈及高分子材料的柔性接口。

12.3.6 排水管道的基础

排水管道的基础一般由地基、基础和管座组成，如图12.26所示。地基是指沟槽底的土壤部分。它承受管子和基础的重量、管内水重、管上土压力和地面上的荷载。基础是指管子与地基间经人工处理过的或专门建造的设施，其作用是将管道较为集中的荷载均匀分布，以减少对地基单位面积的压力，或由于土的特殊性质的需要，为使管道安全稳定的运行而采取的一种技术措施，如原土夯实、混凝土基础等；管座是管子下侧与基础之间的部分，设置管座的目的在于使管子与基础连成一个整体，以减少对地基的压力和对管子的反力。管座包角的中心角越大，基础所受的单位面积的压力和地基对管子作用的单位面积的反力越小。

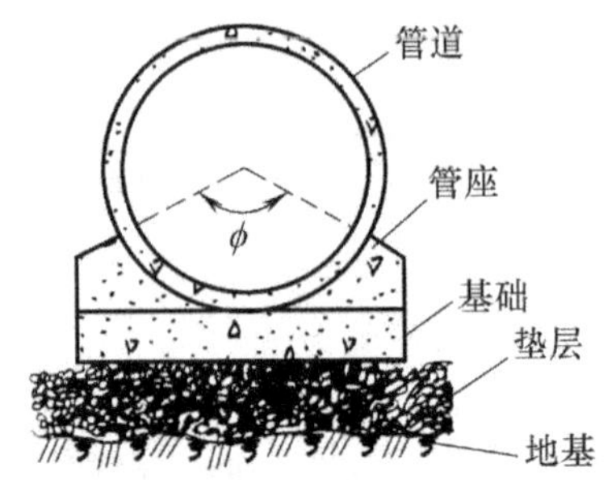

图12.26 管道基础断面

为保证排水管道系统能安全正常运行，除管道工艺本身设计施工应正确外，管道的地基与基础要有足够的承受荷载的能力和可靠的稳定性，否则排水管道可能产生不均匀沉陷，造成管道错口、断裂、渗漏等现象，导致对附近地下水的污染，甚至影响附近建筑物的基础。一般应根据管道本身情况及其外部荷载的情况、覆土的厚度、土壤的性质合理地选择管道基础。

目前常用的管道基础有3种。

1. **砂土基础**

砂土基础包括弧形素土基础及砂垫层基础，如图12.27所示。

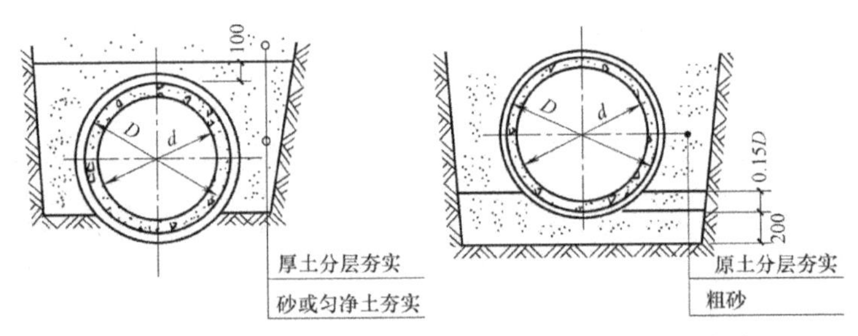

（a）弧形素土基础　　（b）砂垫层基础

图12.27 砂土基础

弧形素土基础是在原土上挖一弧形管槽（通常采用90°弧形），管子落在弧形管槽里。这种基础适用于无地下水、原土能挖成弧形的干燥土壤，管道直径小于600 mm的混凝土管，钢筋混凝土管、陶土管，管顶覆土厚度在0.7～2.0 m之间的街坊污水管道，不在车行道下的次要管道及临时性管道。

砂垫层基础是在挖好的弧形管槽上，用带棱角的粗砂填10～15 cm厚的砂垫层，这种基础适用于无地下水，岩石或多石土壤，管道直径小于600 mm的混凝土管、钢筋混凝土管及陶土管，管顶覆土厚度0.7～2 m的排水管道。

2. 混凝土枕基

混凝土枕基是只在管道接口处才设置的管道局部基础，如图 12. 28 所示。通常在管道接口下用 C8 混凝土做成枕状垫块。此种基础适用于干燥土壤中的雨水管道及不太重要的污水支管。常与素土基础或砂垫层基础同时使用。

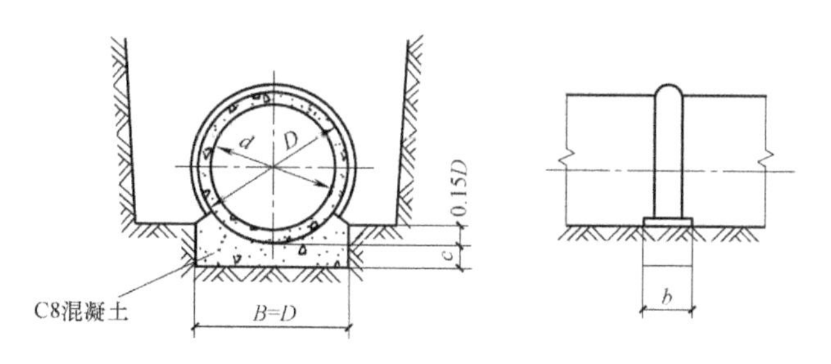

图 12. 28　混凝土枕基

3. 混凝土带形基础

混凝土带形基础是沿管道全长铺设的基础。按管座的形式不同可分为 90°、135°、180°三种管座基础，如图 12. 29 所示。这种基础适用于各种潮湿土壤，以及地基软硬不均匀的排水管道，管径为 200 ～ 2 000 mm，无地下水时在槽底老土上直接浇混凝土基础。有地下水时常在槽底铺 10 ～ 15 cm 厚的卵石或碎石垫层，然后才在上面浇混凝土基础，一般采用强度等级为 C8 的混凝土。管顶覆土厚度为 0. 7 ～ 2. 5 m 时采用 90°管座基础，管顶覆土厚度为 2. 6 ～ 4 m 时用 135°管座基础，管顶覆土厚度为 4. 1 ～ 6 m 时采用 180°管座基础。在地震区，土质特别松软，不均匀沉陷严重地段，最好采用钢筋混凝土带形基础。对地基松软或不均匀沉降地段，为增强管道强度，保证使用效果，北京、天津等地的施工经验是对管道基础或地基采取加固措施，接口采用柔性接口。

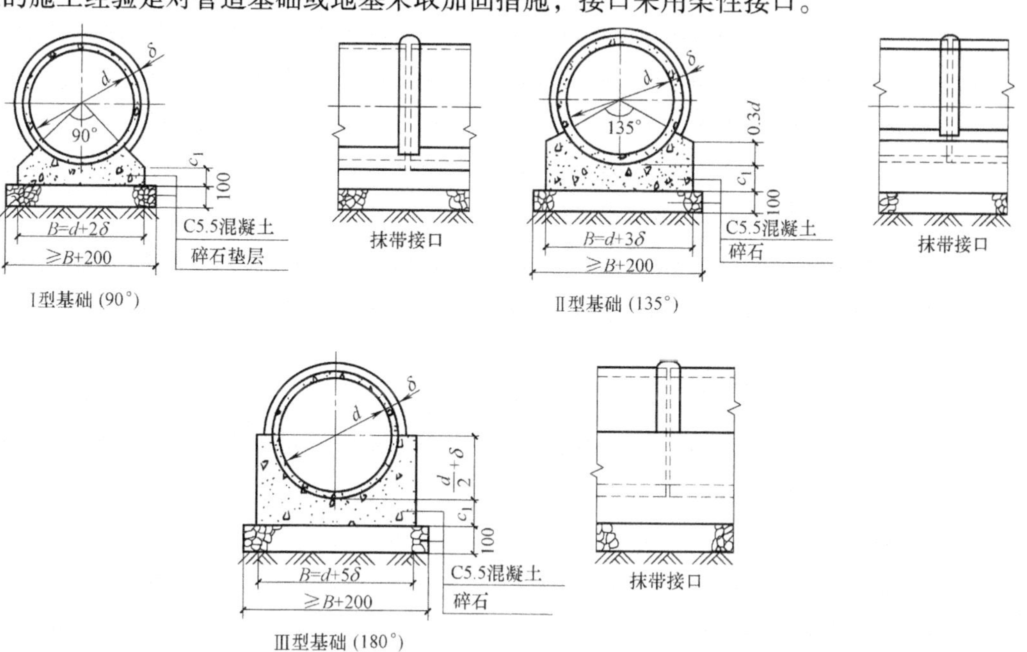

图 12. 29　混凝土带形基础

12.4 给水管网附属构筑物

12.4.1 水量调节设施

由于给水系统的取水构筑物和水厂水处理构筑物是按最高日平均时供水量加上水厂自用水量设计的，而配水设施则需要满足供水区的逐时用水量的变化，因此需要设置水量调节设施。

水量调节设施的设置方式对配水管网的造价及运行电费均有较大的影响，常见水量调节设施有水厂内的清水池、水塔、高位水池和调节（水池）泵站。

12.4.2 清水池

给水工程中，常用钢筋混凝土水池、预应力钢筋混凝土水池和砖石水池等，其中以钢筋混凝土水池使用最广。一般做成圆形或矩形，当有效容积小于2 500 m^3时，采用圆形较经济（图12.30），而当有效容积大于等于2 500 m^3时，采用矩形较经济。

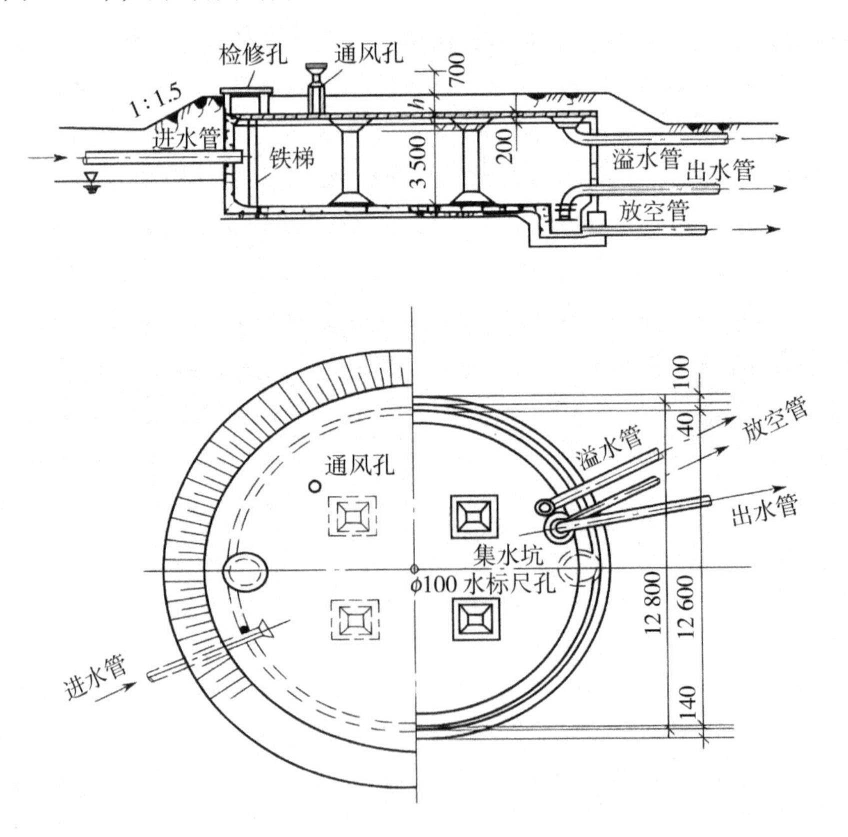

图12.30 圆形钢筋混凝土水池

水池应单独设置进水管和出水管，安装位置应结合导流墙的布置，保证池内水流的流通，避免死水区。进水管管径设计时，设计流速一般取 0.5 ～ 1.0 m/s（小管径取低值，大管径取高值）。出水管设计流速宜与进水管流速相同，但因设计流量不同，一般出水管管径大于进水管管径。此外应有溢水管，管径和进水管相同，管端有喇叭口，管上不设阀门。水池的排水管接到集水坑内，管径一般按 2 h 内将池水放空计算，也有清水池不设专用排水管，临时架设潜水泵抽排。容积在 1 000 m^3以上的水池，至少应设 2 个检修孔。为使池内自然通风，应设若干通风孔，高出水池覆土面 0.7 m 以上。池顶覆土的作用为保温和抗浮，厚度一般在 0.5 ～ 1.0 m 之间。为便于观测池内水位，可装置浮标水位尺或水位传示仪。

预应力钢筋混凝土水池也可做成圆形或矩形，它的水密性高，对于大型水池，较钢筋混凝土水池节约造价。

装配式钢筋混凝土水池近年来也有采用。水池的柱、梁、板等构件事先预制，各构件拼装完毕后，外面再加钢箍，并加张力，接缝处喷涂砂浆防渗漏。砖石水池具有节约木材、钢筋、水泥，能就地取材，施工简便等特点，但这种水池的抗拉、抗渗、抗冻性能差，因此在湿陷性的黄土地区、地下水过高地区或严寒地区不宜采用。

在同时储存消防用水的水池，为了避免平时取用消防用水，可采取如图 12.31 所示的各种措施。

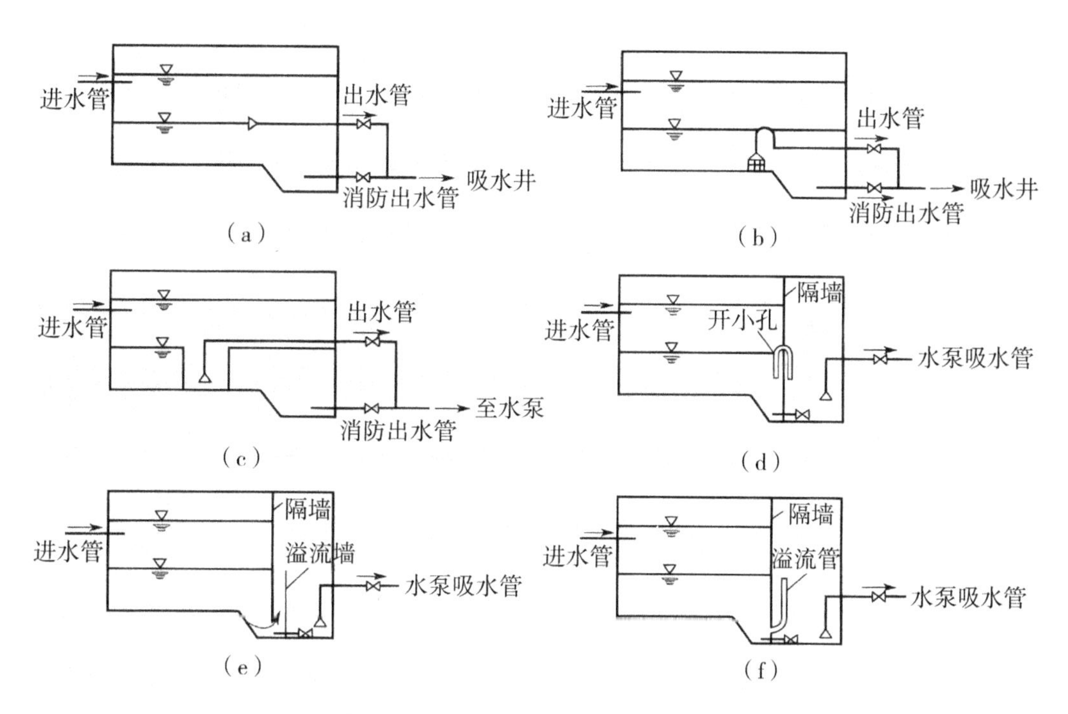

图 12.31　防止取用消防储水的措施

12.4.3　水塔及高位水池

水塔和高位水池一般设置在水厂外，用来调节管网的流量。高地水池建于城市高地，其作用和水塔相同，既调节流量，又可保证所需的水压。当城市或工业区靠山或有高地时，可根据地形建造高地水池。如果城市地势平坦，可建水塔。在城市的大型居住区、中小城镇和工矿企业为了保证水压而建水塔。

多数水塔采用钢筋混凝土或砖石等建造，但以钢筋混凝土水塔或砖支座的钢筋混凝土水柜用得较多。钢筋混凝土水塔的构造如图 12.32 所示，主要由水柜（或水箱）、塔体、管道及基础组成。进水管、出水管可以合用，也可以分别设置。进水管应设在水柜中心并伸到水柜的高水位附近；出水管可靠近柜底，以保证水柜内的水流循环。为防止水柜溢水和将柜内存水放空，需要设置溢水管和排水管，管径可和进水管、出水管相同。溢水管上不应设阀门。排水管从水柜底接出，管上设阀门，并接到溢水管上。和水柜连接的水管上应安装伸缩接头，以适应温度变化或水塔下沉时产生的微小位移。为观察水柜内的水位变化，应设浮标水位尺或电传水位计。水塔顶应有避雷设施。

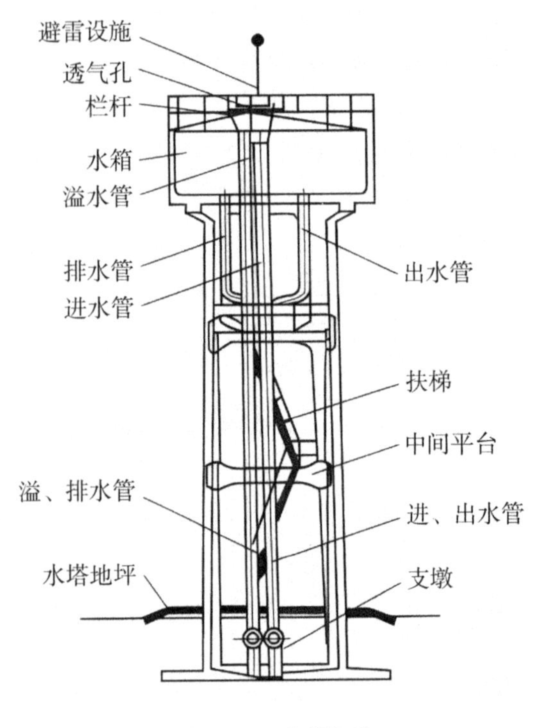

图 12.32　水塔构造

图 12.33　倒锥式水塔

在寒冷有冰冻的地区，为防止水柜中的水冻结和水柜壁被冻坏，应在水柜外壁做保温防冻层。

水柜主要是贮存水量，它的容积包括调节容量和消防贮量，以往通常做成圆筒形，其有效水深和直径比例一般为 0.5 ～ 1.0，为了改善水柜受力条件，现在水柜多采用倒锥式（图 12.33）、球形等形式。

塔体用以支撑水柜，常用钢筋混凝土、砖石或钢材建造。近年来也采用装配式和预应力钢筋混凝土水塔。装配式水塔可以节约模板用量。

水塔基础可采用单独基础、条形基础和整体基础。

我国已编有容量为 50 ～ 300 m^3、高度为 15 ～ 35 m 水塔的国家标准图。

12.4.4　调节（水池）泵站

调节（水池）泵站主要由调节水池和加压泵房组成。

对于大中城市的配水管网，为了降低水厂出厂压力，一般在管网的适当位置设置调节（水池）泵站，兼起调节水量和增加水压的作用。另外，调节（水池）泵站还设置在管网中供水压力相差较大的地区和管网末端的延伸地区。

由于进入水池前管内水流具有一定压力，为了节约电能，一般应尽可能减少水池埋深和加高池深。

12.5　排水管网附件（排水工程）

12.5.1　雨水口、连接暗井、溢流井

雨水口是在雨水管渠或合流管渠上收集雨水的构筑物。街道路面上的雨水经雨水口通过连接管流入排水管渠。

雨水口的设置位置，应能保证迅速有效地收集地面雨水。一般应在交叉路口、路侧边沟的一定距离处以及没有道路边石的低洼地方设置，以防止雨水漫过道路或造成道路及低洼地区积水而妨碍交通。雨水口的形式和数量，通常应按汇水面积所产生的径流量和雨水口的泄水能力确定。一般一个平箅雨水口可排泄 15 ～ 20 L/s 的地面径流量。在路侧边沟上及路边低洼地点，雨水口的设置间距还要考虑道路的纵坡和路边石的高度。道路上雨水口的间距一般为 25 ～ 50 m（视汇水面积大小而定），在低洼和易积水的地段，应根据需要适当增加雨水口的数量。

雨水口的构造包括进水箅、井筒和连接管，如图 12.34 所示。

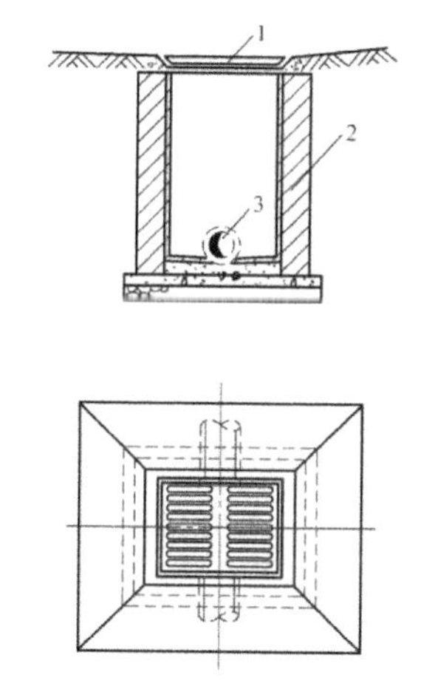

1—进水箅；2—井筒；3—连接管。

图 12.34　平箅雨水口

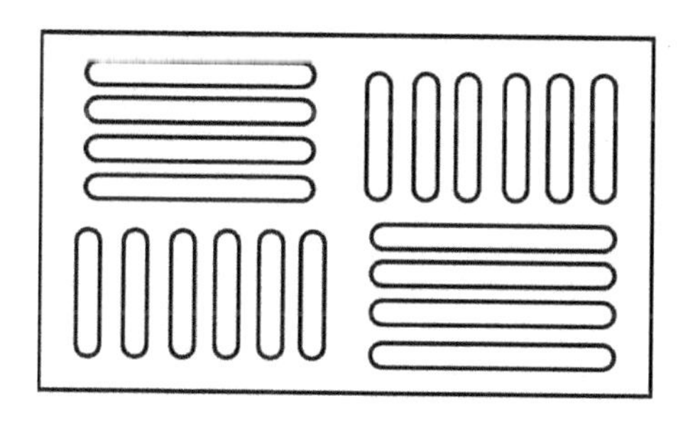

图 12.35　箅条交错排列的进水箅

雨水口的进水箅可用铸铁或钢筋混凝土、石料制成。采用钢筋混凝土或石料进水箅可节约钢材，但其进水能力远不如铸铁进水箅，有些城市为加强钢筋混凝土或石料进水箅的进水能力，把雨水口处的边沟沟底下降数厘米，但给交通造成不便，甚至可能引起交通事故。进水箅条的方向与进水能力也有很大关系，箅条与水流方向平行比垂直的进水效果好，因此有些地方将进水箅设计成纵横交错的形式（图 12. 35），以便排泄路面上从不同方向流来的雨水。雨水口按进水箅在街道上的设置位置可分为：①边沟雨水口，进水箅稍低于边沟底水平放置（图 12. 34）；②边石雨水口，进水箅嵌入边石垂直放置；③联合式雨水口，在边沟底和边石侧而都安放进水箅，如图 12. 36 所示。为提高雨水口的进水能力，目前我国许多城市已采用双箅联合式或三箅联合式雨水口，由于扩大了进水箅的进水面积，进水效果良好。

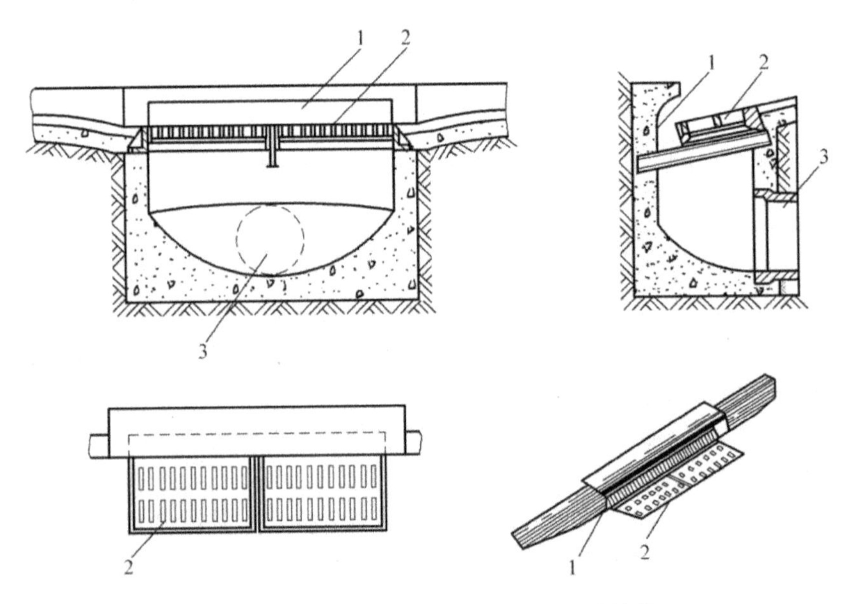

1—边石进水箅；2—边沟进水箅；3—连接管。

图 12. 36　双箅联合式雨水口

雨水口的井筒可用砖砌或用钢筋混凝土预制，也可采用预制的混凝土管。雨水口的深度一般不宜大于 1 m，在有冻胀影响的地区，可根据经验适当加大。雨水口的底部可根据需要做成有沉泥井（也称为截留井）或无沉泥井的形式。有沉泥井的雨水口如图 12. 37 所示，它可截留雨水所夹带的砂砾，免使它们进入管道造成淤塞。但是沉泥井往往积水，孳生蚊蝇，散发臭气，影响环境卫生，因此需要经常清除，这增加了养护工作量。通常仅在路面较差、地面上积秽很多的街道或菜市场等地方，才考虑设置有沉淀井的雨水口。

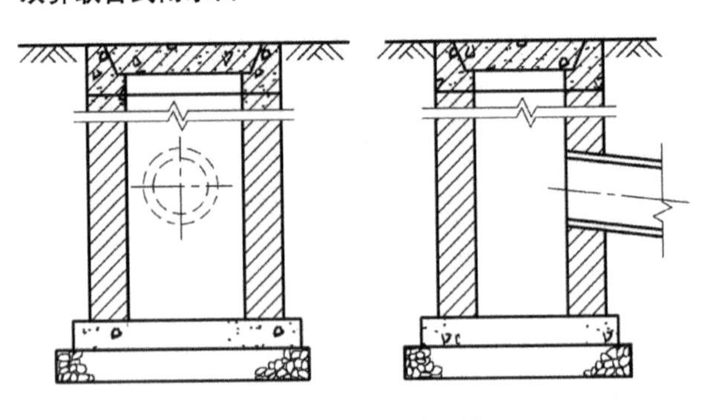

图 12. 37　有沉泥井的雨水口

雨水口以连接管与街道排水管渠的检查井相连。当排水管直径大于 800 mm 时，也可在连接管与排水管连接处不另设检查井，而设连接暗井，如图 12.38 所示。连接管的最小管径为 200 mm，坡度一般为 0.01，长度不宜超过 25 m，接在同一连接管上的雨水口一般不宜超过 3 个。

在截流式合流制管渠系统中，通常在合流管渠与截流干管的交汇处设置溢流井。

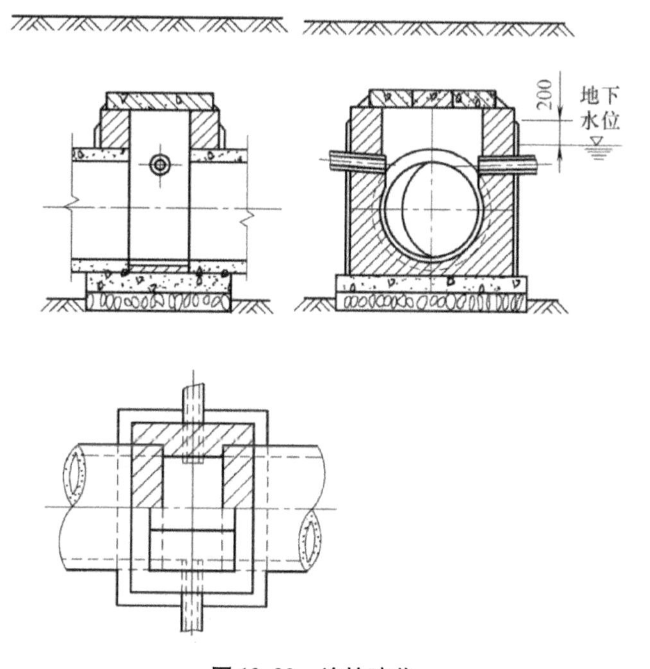

图 12.38　连接暗井

12.5.2　检查井、跌水井、水封井、换气井

为便于对管渠系统做定期检查和清通，必须设置检查井。当检查井内衔接的上下游管渠的管底标高跌落差大于 1 m 时，为消减水流速度，防止冲刷，在检查井内应有消能措施，这种检查井称为跌水井。当检查井内具有水封设施，以便隔绝易爆、易燃气体进入排水管渠，使排水管渠在进入可能遇火的场地时不致引起爆炸或火灾，这样的检查井称为水封井。后两种检查井属于特殊形式的检查井，或称为特种检查井。

1. 检查井

检查井通常设在管渠交汇、转弯、管渠尺寸或坡度改变、跌水等处以及相隔一定距离的直线管渠段上。检查井在直线管渠段上的最大间距，一般可参考表 12.4。

表 12.4　检查井的最大间距

管径或暗渠净高（mm）	最大间距（m）	
	污水管道	雨水（合流）管道
200 ～ 400	30	40
500 ～ 700	50	60

续上表

管径或暗渠净高（mm）	最大间距（m）	
	污水管道	雨水（合流）管道
800 ～ 1 000	70	80
1100 ～ 1 500	90	100
1 500 ～ 2 000	100	120
>2 000	可适当增大	

检查井一般采用圆形，由井底（包括基础）、井身和井盖（包括盖底）组成，如图 12. 39 所示。

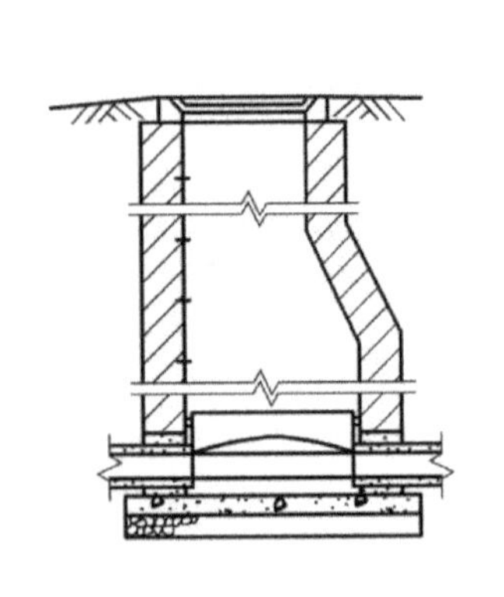

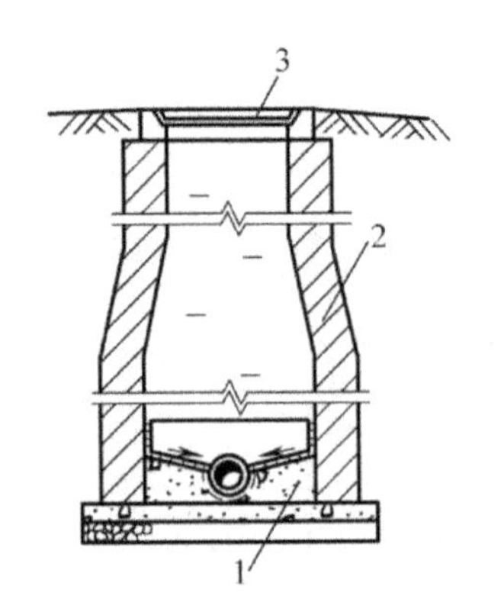

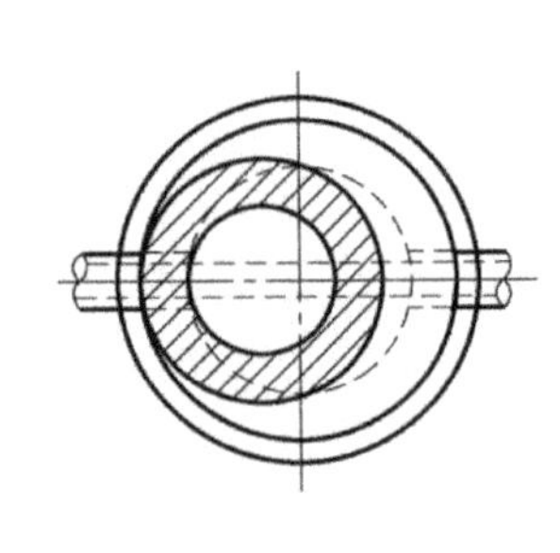

1—井底；2—井身；3—井盖。

图 12. 39　检查井

检查井井底材料一般采用低标号混凝土，基础采用碎石、卵石、碎砖夯实或低标号混凝土。为使水流流过检查井时阻力较小，井底宜设半圆形或弧形流槽。流槽直壁向上伸展。污水管道的检查井流槽顶与上下游管道的管顶相平，或与 0. 85 倍大管管径处相平，雨水管渠和合流管渠的检查井流槽顶可与 0. 5 倍大管管径处相平。流槽两侧至检查井壁间的底板（称为沟肩）应有一定宽度，一般应不小于 20 cm，以便养护人员下井时立足，并应有 0. 02 ～ 0. 05 的坡度坡向流槽，以防检查井积水时淤泥沉积。在管渠转弯或几条管渠交汇处，为使水流通顺，流槽中心线的弯曲半径应按转角大小和管径大小确定，但不得小于大管的管径。检查井底各种流槽的平面形式如图 12. 40 所示。某些城市的管渠养护经验说明，每隔一定距离（200 m 左右），检查井井底做成落底 0. 5 ～ 1. 0 m 的沉泥槽，对管渠的清淤是有利的。

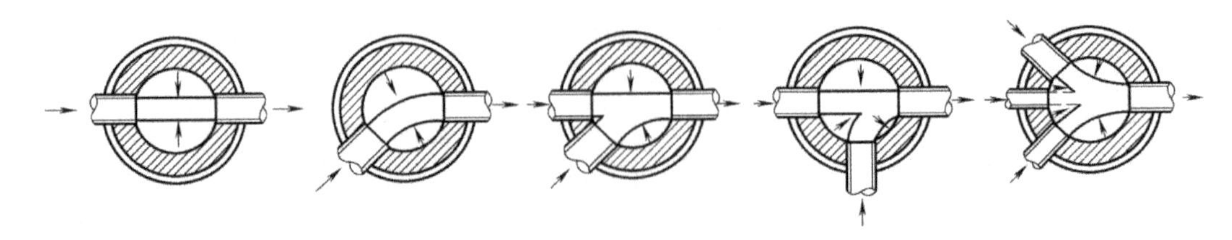

图 12. 40　检查井底流槽的形式

检查井井身的材料可采用砖、石、混凝土或钢筋混凝土。国外多采用钢筋混凝土预制，近年来，美国已开始采用聚合物混凝土预制检查井；我国目前则多采用砖砌，以水泥砂浆抹面。井身的平面形状般为圆形，但在大直径管道的连接处或交汇处，可做成方形、矩形或其他各种不同的形状，图 12.41 为大管道上改向的扇形检查井平面图。

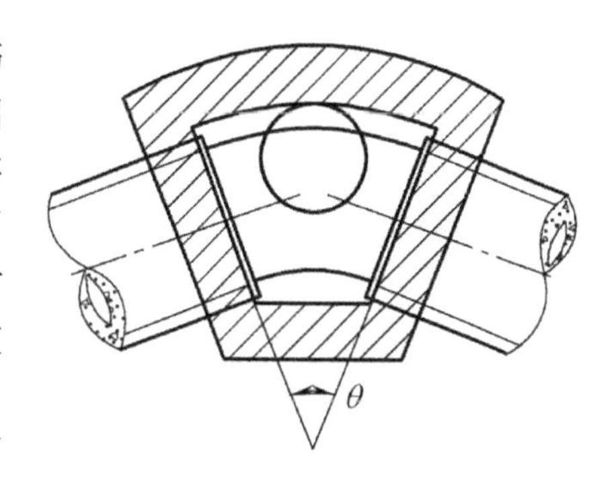

图 12.41　扇形检查井

井身的构造与是否需要工人下井有密切关系。不需要下人的浅井，构造很简单，一般为直壁圆筒形；需要下人的井在构造上可分为工作室、渐缩部和井筒。工作室是养护人员养护时下井进行临时操作的地方，不应过分挟小，其直径不能小于 1 m，其高度在埋深许可时一般采用 1.8 m。为降低检查井造价，缩小井盖尺寸，井筒直径一般比工作室小，但为了工人检修出入安全与方便，其直径不应小于0.7 m。井筒与工作室之间可采用锥形渐缩部连接，渐缩部高度一般为 0.6 ～ 0.8 m，也可以在工作室顶偏向出水管渠一边加钢筋混凝土盖板梁，井筒则砌筑在盖板梁上。为便于上下，井身在偏向进水管渠的一边应保持一壁直立。

检查井井盖可采用铸铁或钢筋混凝土材料，在车行道上一般采用铸铁。为防止雨水流入，盖顶略高出地面。盖座采用铸铁、钢筋馄凝土或混凝土材料制作。图 12.42 为轻型铸铁井盖及盖座，图 12.43 为轻型钢筋混凝土井盖及盖座。

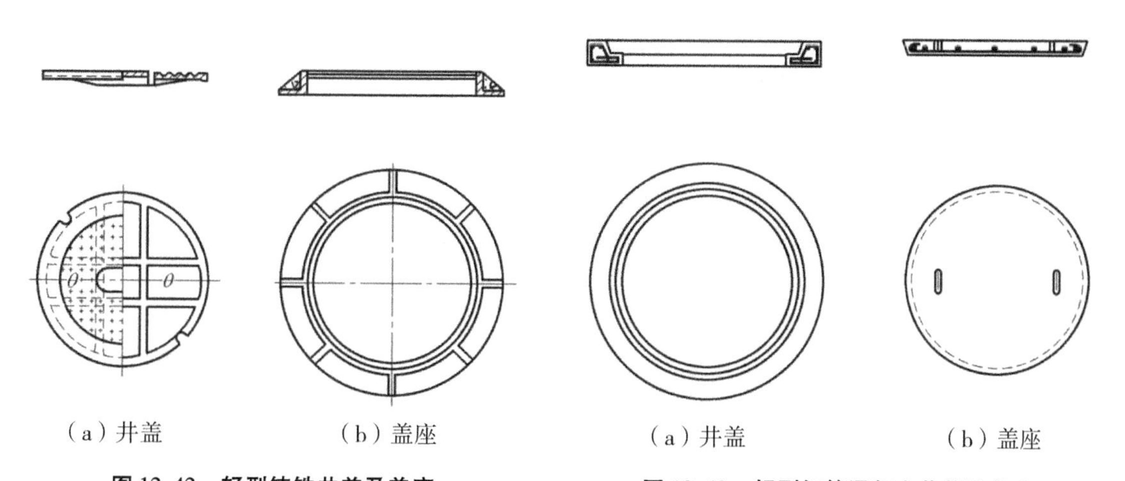

（a）井盖　　（b）盖座

图 12.42　轻型铸铁井盖及盖座

（a）井盖　　（b）盖座

图 12.43　轻型钢筋混凝土井盖及盖座

2. 跌水井

跌水井是设有消能设施的检查井。目前常用的跌水井有两种型式：竖管式（或矩形竖槽式）和溢流堰式。前者适用于直径等于或小于 400 mm 的管道，后者适用于 400 mm 以上的管道。当上下游管底标高落差小于 1 m 时，一般只将检查井底部做成斜坡，不采取专门的跌水措施。

竖管式跌水井的构造如图 12.44 所示。这种跌水井一般不做水力计算。当管径不大于 200 mm时，一次落差不宜超过 6 m。当管径为 300 ～ 400 mm 时，一次落差不宜超过 4 m。

溢流堰式跌水井如图 12.45 所示。它的主要尺寸（包括井长、跌水水头高度）及跌水方式等均应通过水力计算求得。这种跌水井也可用阶梯形跌水方式代替。

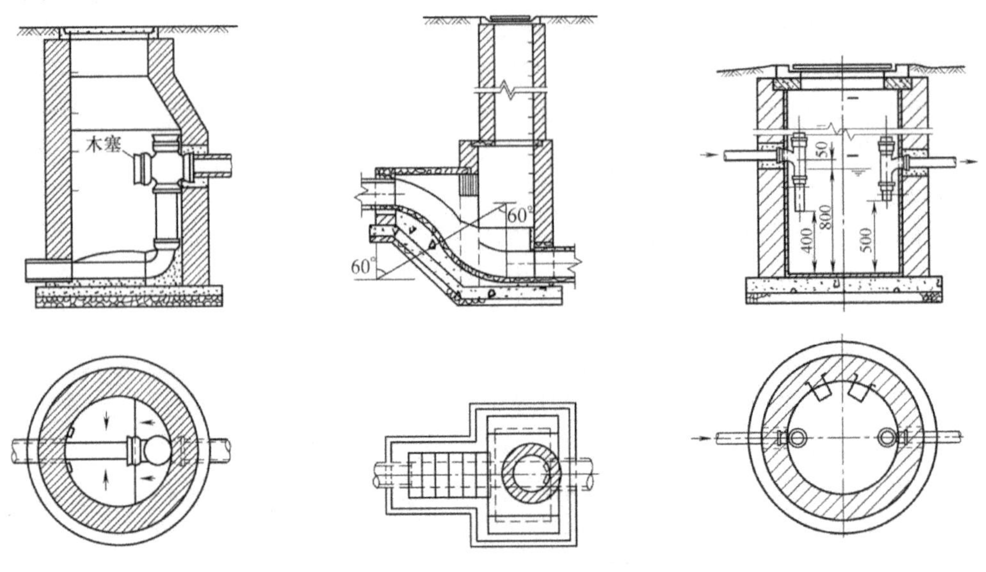

图 12.44　竖管式跌水井　　**图 12.45　溢流堰式跌水井**　　**图 12.46　水封井**

3. 水封井

当生产污水能产生引起爆炸或火灾的气体时，其废水管道系统中必须设水封井。水封井的位置应设在产生上述废水的生产装置、贮罐区、原料贮运场地、成品仓库、容器洗涤车间等的废水排出口处及适当距离的干管上。水封井不宜设在车行道和行人众多的地段，并应适当远离产生明火的场地。水封深度一般采用 0.25 m。井上宜设通风管，井底宜设沉泥槽。水封井的构造如图 12.46 所示。

4. 换气井

污水中的有机物常在管渠中沉积而厌气发酵，发酵分解产生的甲烷、硫化氢等气体，如与一定体积的空气混合，在点火条件下将产生爆炸，甚至引起火灾。为防止此类偶然事故发生，同时也为保证在检修排水管渠时工作人员能较安全地进行操作，有时在街道排水管的检查井上设置通风管，使此类有害气体在住宅竖管的抽风作用下随同空气沿庭院管道、出户管及竖管排入大气中。这种设有通风管的检查井称为换气井。图 12.47 显示了换气井的形式之一。

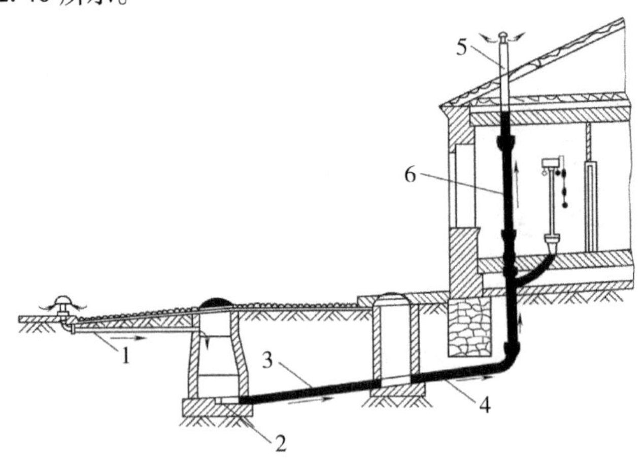

1—通风管；2—街道排水管；3—庭院管；4—出户管；5—透气管；6—竖管。

图 12.47　换气井

12.5.3 倒虹管

排水管渠遇到河流、山涧、洼地或地下构筑物等障碍物时，不能按原有的坡度埋设，而是按下凹的折线方式从障碍物下通过，这种管道称为倒虹管。倒虹管由进水井、下行管、平行管、上行管和出水井等组成，如图12.48所示。

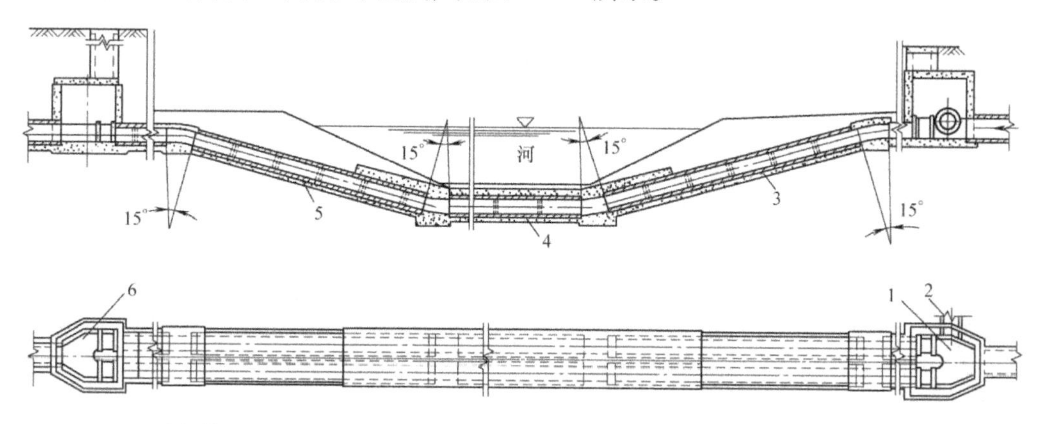

1—进水井；2—事故排出口；3—下行管；4—平行管；5—上行管；6—出水井。

图12.48 倒虹管

确定倒虹管的路线时，应尽可能与障碍物正交通过，以缩短倒虹管的长度，并应选择在河床和河岸较稳定、不易被水冲刷的地段及埋深较小的部位敷设。

穿过河道的倒虹管管顶与河床的垂直距离一般不小于0.5 m，其工作管线一般不少于2条。当排水量不大，不能达到设计流量时，其中一条可作为备用。当倒虹管穿过旱沟、小河和谷地时，也可单线敷设。通过构筑物的倒虹管，应符合与该构筑物相交的有关规定。

由于倒虹管的清通比一般管道困难得多，因此必须采取各种措施来防止倒虹管内污泥的淤积。在设计时，可采取以下措施：

（1）提高倒虹管内的流速，一般采用1.2～1.5 m/s，在条件困难时可适当降低，但不宜小于0.9 m/s，且不得小于上游管渠中的流速。当管内流速达不到0.9 m/s时，应加定期冲洗措施，冲洗流速不得小于1.2 m/s。

（2）最小管径采用200 mm。

（3）在进水井中设置可利用河水冲洗的设施。

（4）在进水井或靠近进水井的上游管渠的检查井中，在取得当地卫生主管部门同意的条件下，设置事故排出口。当需要检修倒虹管时，可以让上游污水通过事故排出口直接泄入河道。

（5）在上游管渠靠近进水井的检查井底部做沉泥槽。

（6）倒虹管的上下行管与水平线夹角应不大于30°。

（7）为了调节流量和便于检修，在进水井中应设置闸门或闸槽，有时也用溢流堰来代替。进水井、出水井应设置井口和井盖。

（8）在虹吸管内设置防沉装置。例如，德国汉堡等市试验了一种新式的所谓空气垫虹吸管，它是在虹吸管中借助于一个体积可以变化的空气垫，使之在流量小的条件下达到必要的流速，以避免在虹吸管中产生沉淀。

污水在倒虹管内的流动依靠上下游管道中的水面高差（进水井、出水井的水面位差）H，该高差用以克服污水通过倒虹管时的阻力损失。倒虹管内的阻力损失值可按下式计算：

$$H_1 = iL + \sum \zeta \frac{v^2}{2g} \tag{12.1}$$

式中：i——倒虹管每米长度的阻力损失；

L——倒虹管的总长度（m）；

ζ——局部阻力系数（包括进口、出口、转弯处）；

v——倒虹管内污水流速（m/s）；

g——重力加速度（m/s^2）。

进口、出口及转弯的局部阻力损失值应分项进行计算。初步估算时，一般可按沿程阻力损失值的5%～10%考虑，当倒虹管长度大于60 m时，采用5%；等于或小于60 m时，采用10%。

计算倒虹管时，必须计算倒虹管的管径和全部阻力损失值，要求进水井和出水井间的水位高差 H 只稍大于全部阻力损失值 H_1，其差值一般可考虑采用0.05～0.10 m。

当采用倒虹管跨过大河（如长江）时，进水井水位与平行管高差很大，可能达50 m以上，此时应特别注意下行管的消能与上行管的防淤设计，必要时应进行水力学模型试验，以便确定设计参数和应采取的措施。

【例】已知最大流量为340 L/s，最小流量为120 L/s，倒虹管长为60 m，共4只15°弯头，倒虹管上游管流速1.0 m/s，下游管流速1.24 m/s。求倒虹管管径和倒虹管的全部水头损失。

【解】考虑采用两条管径相同而平行敷设的倒虹管线，每条倒虹管的最大流量为340/2 L/s = 170 L/s，查水力计算表得倒虹管管径 D = 400 mm。水力坡度 i = 0.006 5。流速 v = 1.37 m/s，此流速大于允许的最小流速0.9 m/s，也大于上游沟管流速1.0 m/s。在最小流量120 L/s时，只用一条倒虹管工作，此时查表得流速为1.0 m/s，大于0.9 m/s。

倒虹管沿程水力损失值为：

$$iL = 0.0065 \times 60 \text{ m} = 0.39 \text{ m}$$

倒虹管全部水力损失值为：

$$H_1 = 1.10 \times 0.39 \text{ m} = 0.429 \text{ m}$$

倒虹管进水井、出水井的水位高差为：

$$H = H_1 + 0.10 = (0.429 + 0.10) \text{ m} = 0.529 \text{ m}$$

12.5.4 冲洗井、防潮门

1. 冲洗井

当污水管内的流速不能保证自清时，为防止淤塞，可设置冲洗井。冲洗井有两种做法，即人工冲洗和自动冲洗。自动冲洗井一般采用虹吸式，其构造复杂，造价很高，目前已很少采用；人工冲洗井的构造比较简单，是一个具有一定容积的普通检查井。冲洗井出流管道上设有闸门，井内设有溢流管以防止井中水深过大。冲洗水可利用上游来的污水或自来水。用自来水时，供水管的出口必须高于溢流管管顶，以免污染自来水。

冲洗井一般适用于小于 400 mm 管径的较小管道上，冲洗管道的长度一般为 250 m 左右。

2. **防潮门**

临海城市的排水管渠往往受潮汐的影响，为防止涨潮时海水倒灌，在排水管渠出水口上游的适当位置上应设置装有防潮门（或平板闸门）的检查井，如图 12.49 所示。临河城市的排水管渠，为防止高水位时河水倒灌，有时也采用防潮门。

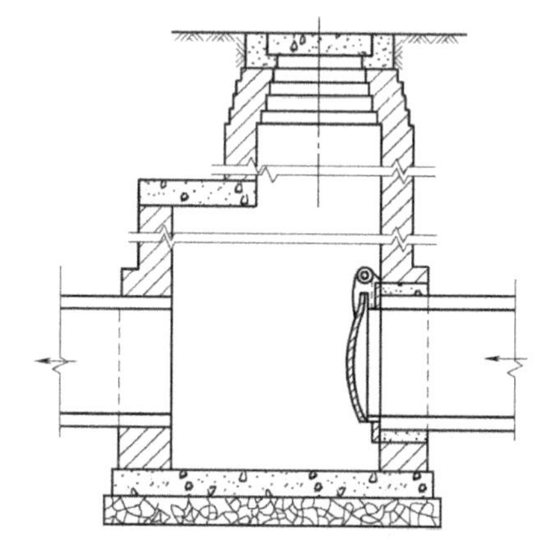

图 12.49　装有防潮门的检查井

防潮门一般用铁制，其座子口部略带倾斜，倾斜度一般为 1∶（10 ～ 20）。当排水管渠中无水时，防潮门靠自重密闭。当上游排水管渠来水时，水流顶开防潮门排入水体。涨潮时，防潮门靠下游潮水压力密闭，使潮水不会倒灌入排水管渠。

设置了防潮门的检查井井口应高出最高潮水位或最高河水位，或者井口用螺栓和盖板密封，以免海水或河水从井口倒灌至市区。为使防潮门工作可靠有效，必须加强维护管理，经常清除防潮门座口上的杂物。

12.5.5　出水口

排水管渠排入水体的出水口的位置和形式，应根据污水水质、下游用水情况、水体的水位变化幅度、水流方向、波浪情况、地形变迁和主导风向等因素确定。出水口与水体岸边连接处应采取防冲、加固等措施，一般用浆砌块石做护墙和铺底。在受冻胀影响的地区，出水口应考虑用耐冻胀材料砌筑，其基础必须设置在冰冻线以下。

为使污水与水体水混合较好，排水管渠出水口一般采用淹没式，其位置除考虑上述因素外，还应取得当地卫生主管部门的同意。若需要污水与水体水充分混合，则出水口可长距离伸入水体，分散出口，此时应设置标志，并取得航运管理部门的同意。雨水管渠出水口可以采用非淹没式，其底标高最好在水体最高水位以上，一般在常水位以上，以免水体水倒灌。当出口标高比水体水面高出太多时，应考虑设置单级或多级跌水。

图 12.50、图 12.51、图 12.52 和图 12.53 分别显示了淹没式出水口、江心分散式出水口、一字式出水口和八字式出水口。

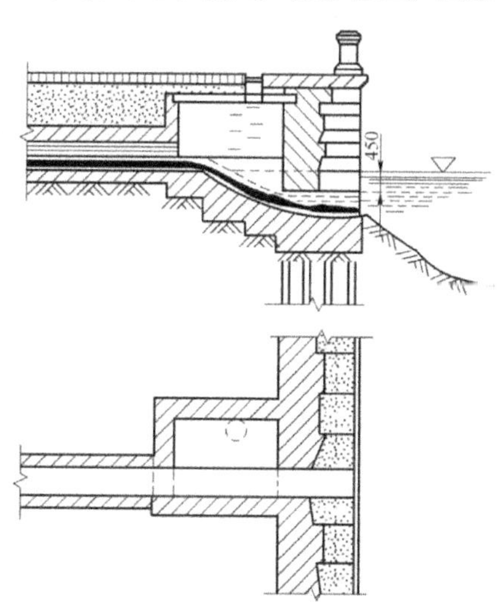

图 12.50　淹没式出水门

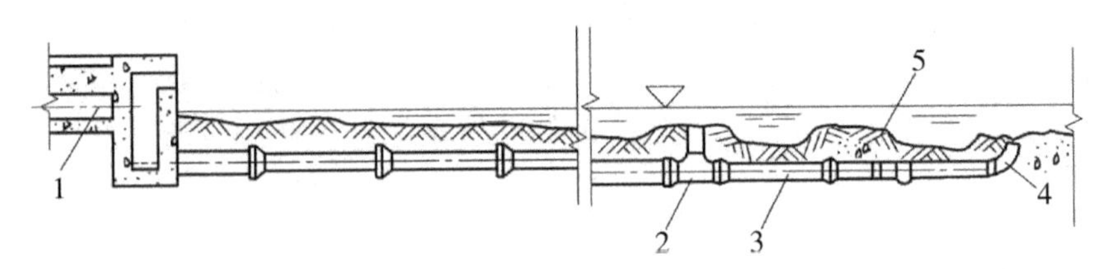

1—进水管渠；2—“T”形管；3—渐缩管；4—弯头；5—石堆。

图 12.51　江心分散式出水门

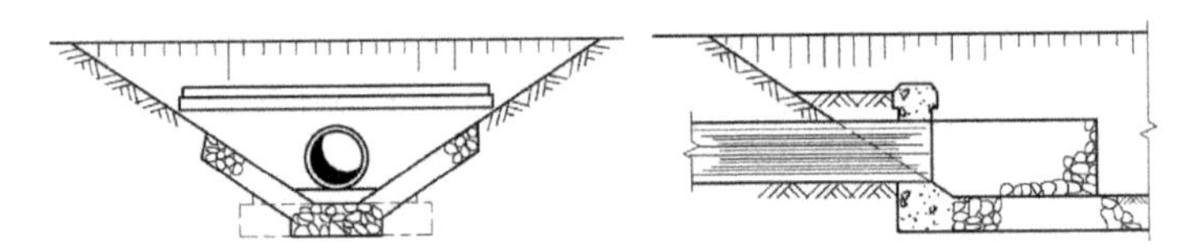

图 12.52　一字式出水门

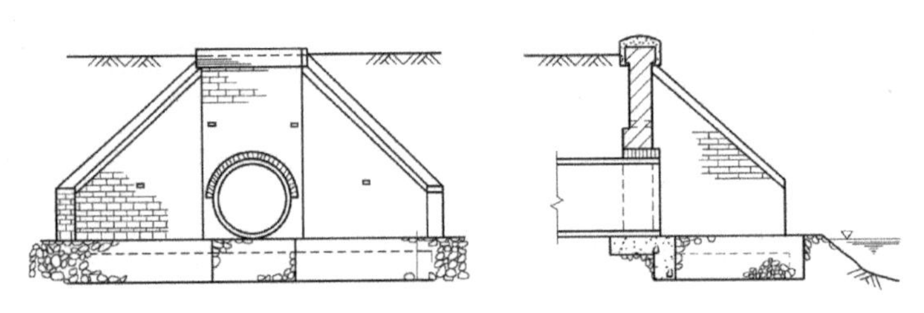

图 12.53　八字式出水门

应当说明，对于污水排海的出水口，必须根据实际情况进行研究，以满足污水排海的特定要求。图 12.54 系某市污水排海出水口示意图。

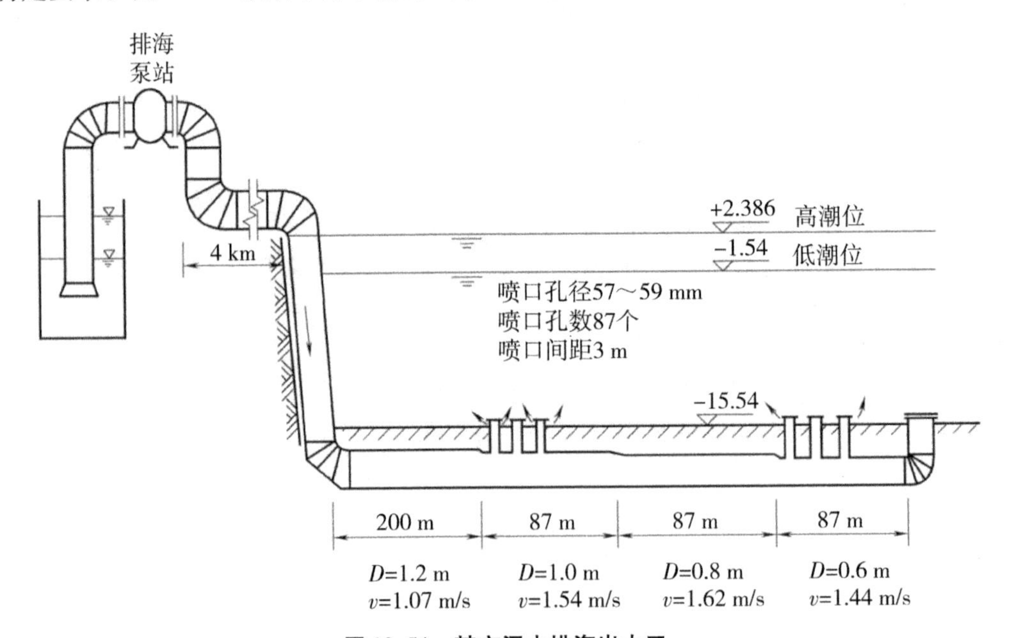

图 12.54　某市污水排海出水口

第 13 章　管网施工及维护

13.1　管道的施工概述

给水管网施工包括施工准备、工程施工与竣工验收三个阶段。施工准备阶段包括工程正式开工前召开设计单位、施工单位参加的技术交底会，现场勘察和编制施工组织设计；工程施工主要为管道施工、阀门井砌筑和管道附件安装，管道施工取决于许多控制因素，包括管材、槽深、地形、土质及操作条件；工程完工后要进行竣工验收。下面主要介绍管道施工的要点。

13.1.1　管道运输

交付管材到施工现场是施工程序的一部分。运输期间的管道包装，堆垛和绑扎，安装过程中的卸车和搬运，都是很重要的。管材可用火车、船舶、卡车装运，大多数管材用平板卡车或拖车直接运送到现场。管材拉运前必须制定行车路线，管材装车高度需满足运输净空要求，避免碰触低矮桥梁和公路上方电缆、电线等。运输拖车与驾驶室之间要有止推挡板，立柱必须齐全牢固。装车时管材下应安装厚胶皮或软垫，以保护防腐层和防止管材滑动和窜管。管材装车后，底部管材两侧必须放置枕木、木楔、沙袋等固定，防止在运输过程中滚动，发生危险；应采用柔韧的绳索捆绑，捆绑绳与管材接触处应加橡胶板或其他软材料衬垫，或用尼龙带、绳捆扎，防止破坏管材防腐层。

当在较大管径的管道内部嵌套较小管径的管道时，在嵌套的管道之间应填充防护材料以防损坏。荷载应备置足够的支撑木垫分担，使大的集中荷载不致加在单个支撑点上。在移送管材至沟槽时，应尽可能减少附加操作，以防止管材损坏。

13.1.2　沟槽施工

沟槽施工包括管道施工定线、施工降排水、沟槽开挖和支护，以及沟槽回填。

13.1.2.1 管道施工定线

在沟槽施工前，施工方应根据设计图纸，在施工现场定出埋管沟槽位置，同时设置高程参考桩。施工定线按照主干管线、干管线、支管线、接户管线顺序进行。

开槽敷设管道的沿线需布设临时水准点，且每200 m不宜少于1个；临时水准点和管道轴线控制桩的设置应便于观察，且必须牢固不易被扰动，并应采取保护措施；临时水准点、管道轴线控制桩、高程桩必须经过复核方可使用，且应经常校核；与拟建工程相衔接的已建管道和构筑物等的平面位置和高程，开工前必须校核。

13.1.2.2 施工降排水

地下水严重妨碍沟槽开挖、管道敷设和回填。在施工全过程中，要保证地下水位在基坑（槽）范围内不高于基坑（槽）底面以下0.5 m，以提供一个稳定的槽底，并预防板桩后面冲刷。在可能的情况下，沟槽降水应一直维持到管道安装到规定的基床及回填到至少高于地下水位的高度。

对于流量较小的地下水，沟槽可以超挖，并按坡度回填碎石或砾石，以便于排水和集中排水。若排除大量的地下水，则需要采用明沟排水或井点排水系统。明沟排水是将流入基坑或沟槽中的地下水经明沟汇集到排水井中，然后用水泵抽走；排水井宜布置在沟槽范围以外，其间距不宜小于150 m。井点排水则是在基坑或沟槽周围埋入一组连续的多孔管，打入含水层，连接到总管及水泵。

为了避免破坏沟槽底部、沟墙、基础或其他填埋区，应始终重视控制来自地面的排水或者析出的地下水流。有时，为了提高输送水流的能力，可以用级配良好的材料围填在多孔的排水暗沟周围。排水材料的级配，应尽量减少细骨料从周围材料中流失，在管道安装好以后，回填全部沟槽，防止干扰管道和填埋土壤。

13.1.2.3 沟槽开挖及支护

在开槽施工中，管道基槽底部的宽度应取决于打夯装置所需的有效操作空间，在沟槽的侧旁要提供合理的侧向支撑空间，不管开挖的深度如何，沟槽在管顶以上必须保持的槽宽，必须要能满足夯实管道区域的垫层及回填土的最窄可行宽度。管道与槽帮之间的距离，必须宽于用管区的打夯设备。一般管道沟槽底部的开挖宽度可按下式计算：

$$B = D_1 + 2(b_1 + b_2 + b_3) \tag{13.1}$$

式中：B——管道沟槽底部的开挖宽度（mm）；

D_1——管外径（mm）；

b_1——管道一侧的工作面宽度（mm），可参考表13.1；

b_2——有支撑要求时，管道一侧的支撑厚度，可取150～200 mm；

b_3——现场浇筑混凝土或钢筋混凝土管渠一侧模板的厚度（mm）。

表 13.1　管道一侧的工作面宽度

管道外径 D_1 (mm)	管道一侧的工作面宽度 b_1（mm）			管道外径 D_1 (mm)	管道一侧的工作面宽度 b_1（mm）		
	混凝土类管道		金属类管道 化学建材管道		混凝土类管道		金属类管道 化学建材管道
	刚性接口	柔性接口			刚性接口	柔性接口	
$D_1 \leqslant 500$	400	300	300	$1\,000 < D_1 \leqslant 1\,500$	600	500	500
$500 < D_1 \leqslant 1\,000$	500	400	400	$1\,500 < D_2 \leqslant 3\,000$	800 ～ 1 000	600	700

沟槽的开挖应确保沟底土层不被扰动，当无地下水时，通常挖至设计标高以上 5 ～ 10 cm 停挖，当遇到地下水时，可挖至设计标高以上 10 ～ 15 cm，待到下管之前平整沟底。当遇到坚硬的岩石或沟底有大颗粒石块等开槽需要爆破作业时，因槽底含有可能损害管道的锋利岩石，应将其开挖至沟底设计标高以下 0.2 m，再用粗砂或软土夯实至沟底设计标高。当人工开挖沟槽的槽深超过 3 m 时，应分层开挖，每层深度不超过 2 m。当采用机械开挖沟槽时，为保证不破坏基底土的结构，应在基底标高以上预留一层用人工清理，使用拉铲、正铲或反铲施工时，应保留 20 ～ 30 cm 厚土层不挖，待下一工序开始前挖除。

沟槽的底部应采取足够措施保持坡度。在把槽底铺到符合坡线的材料中，应移出其中全部石头及硬块。垫层的材料应坚实，稳定，且沿管长均匀一致。垫层由人工在沟槽内平整，使之符合坡线。

在沟槽内安装管道及配件时，管内底应按所需标高、坡度及定线进行。在管道垫层中设的承口坑应不大于所需尺寸，以保证管道的均匀支承。用垫层中的材料填满承口下面的所有空隙。在特殊情况下，管道按曲线敷设时，应在设计的许可范围之内，保持节点折角（轴相连接）或管道弯曲半径。

在沟槽深度较大且土质较差或地下水位较高的无黏性土壤中开槽施工时，为防止沟槽壁坍塌，一般需设置支撑，以保证施工的安全，减少挖方量和施工占地面积。沟槽支撑形式一般有撑板支撑和钢板桩支撑。施工期间，应经常检查支撑，尤其是雨季和春季解冻时期，发现支撑构件有弯曲、松动、移位或劈裂等现象时，应及时处理，拆换受损部件，加设支撑。拆除支撑前，应对沟槽两侧的建（构）筑物和槽壁进行安全检查，制定拆除支撑的作业要求和安全措施；支撑的拆除应与回填土的填筑高度配合进行，且在拆除后及时回填。

13.1.2.4　沟槽回填

管道施工完毕并验收合格后，应及时进行沟槽回填，以保证管道的正常安装位置。压力管道在水压试验前，除接口处以外，管道两侧及管顶以上回填高度不应小于 50 cm，试压合格后，应及时回填沟槽其余部分。无压管道在闭水或闭气试验合格后应及时回填。

沟槽回填前应先检查管道有无损伤及变形，有损伤的管道应修复或更换；将沟槽内砖、石、木块等杂物清除干净；保持降排水系统正常运行，不能带水回填回填土。回填时需采取防止管道发生位移和损伤的措施。回填土通常采用沟槽原土。槽底至管顶以上 50 cm 范围内，不得含有机物、冻土，以及大于 5 cm 的砖、石头等硬块；管道防腐绝缘层周围应采用细粒土回填。管道两侧及管顶以上 50 cm 范围内的回填材料，应在沟槽两侧对称运入槽内，不能直接回填在管道上，其他部位应均匀运入槽内。采用分层回填，每层回填土的虚铺厚度应根据所采用的压实机具选取。回填压实应逐层进行，不得损伤管道。化学建材管道或管径大于 900 mm 的钢管、球墨铸铁管等柔性管道，回填时应在管中设置竖向支撑，控制管道的竖向变形。

13. 1. 3　管道施工

13. 1. 3. 1　埋设深度

各种材料的给水管多数埋在道路下。管道的埋设深度可以用两种方法表示：①管道外壁顶部到地面的距离，称为覆土厚度；②管道内壁底部到地面的距离，称为埋深。具体如图13. 1所示。

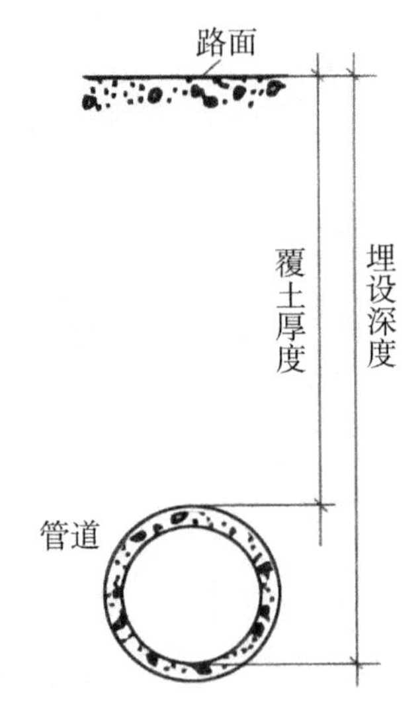

图 13. 1　管道埋设示意

非冰冻地区管道的覆土厚度，主要由外部荷载、管材性能、抗浮要求、管道交叉情况及土壤地基等因素决定，给水管道的最小覆土厚度人行道下不小于 0. 6 m；车行道下不小于 0. 7 m，覆土必须夯实以免受到动荷载的作用而影响其强度；冰冻地区管道的埋深除取决于上述因素外，还需考虑土壤的冰冻深度，管道的埋设深度一般应在冰冻线以下。

13. 1. 3. 2　管道基础

管底应有适当的基础，管道基础的作用是防止管底只支在几个点上，甚至整个管段下沉，这些情况都会引起管道破裂。根据原状土情况，常用的基础有三种，即天然基础、砂基础和混凝土基础，如图 13. 2 所示。当土壤耐压力较高和地下水位较低时，可不做基础处理，管道可直接埋在管沟中未扰动的天然地基上；在岩石或半岩石地基处，管道下方应铺设砂垫层，其厚度应符合表 13. 2 要求；在土壤松软的地基处，应采用强度不小于 C8 的混凝土基础。当遇到特别松软的土壤或流沙，或通过沼泽地带，承载能力达不到设计要求时，根据一些地区的经验，可采用各种桩基础。

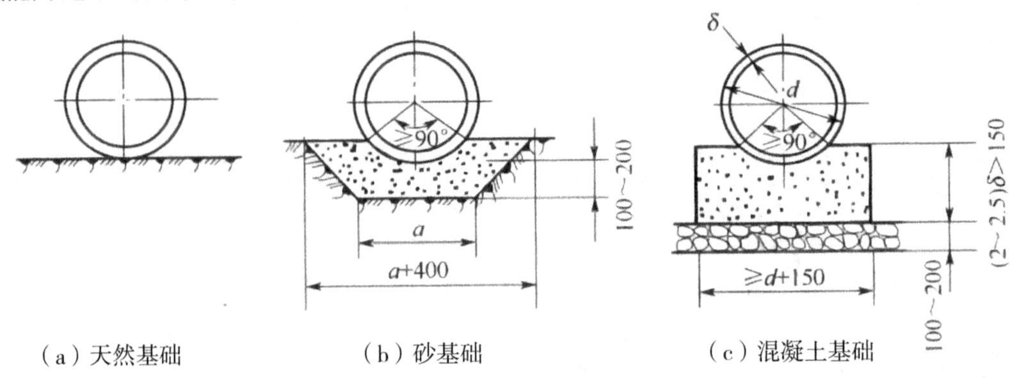

图 13. 2　管道基础

表 13.2　砂垫层厚度

管道外径（mm）	砂垫层厚度（mm）	
	柔性管道	柔性接口的刚性管道
$D \leqslant 500$	≥100	150 ～ 200
$500 < D \leqslant 1\ 000$	≥150	
$D > 1\ 000$	≥200	

在粉砂、细砂地层中或天然淤泥层土壤中埋管，且地下水位又高时，应在埋管时排水，降低地下水位或选择地下水位低的季节施工，以防止流砂，影响施工质量。这时，管道基础土壤应该加固，可采用换土法，即挖掉淤泥层，填入砂砾石、砂或干土夯实；或填块石法，即施工时一面挖土，一面抛入块石到发生流砂的土层中，厚度为 0.3 ～ 0.6 m，块石间的缝隙较大，可填入砂砾，或在流砂层上铺草包和竹席，上面放块石加固，再做混凝土基础。

13.1.3.3　管道支墩

承插式接口的给水管线，在弯头、三通及管端盖板等处，均能产生向外的推力，当推力较大时，会引起承插接头松动甚至脱节，造成漏水，因此必须设置支墩以保持管道输水安全。但当管径小于 400 mm 或管道转弯角度小于 5°，且试验压力不超过 980 kPa时，因接头本身足以承受外推力，可不设支墩。

在管道水平转弯处设侧面支墩（图 13.3），在垂直向下转弯处设垂直向下弯管支墩（图 13.4），在垂直向上转弯处用拉筋将弯管和支墩连成一个整体（图 13.5）。

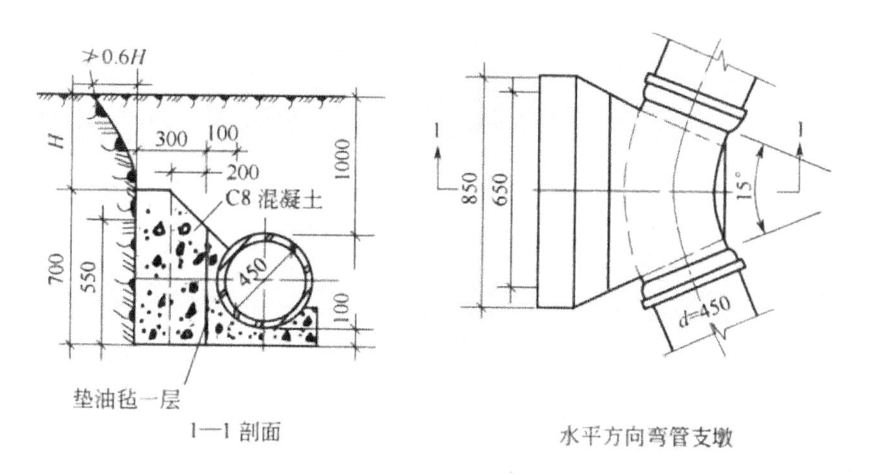

图 13.3　水平方向弯管支墩

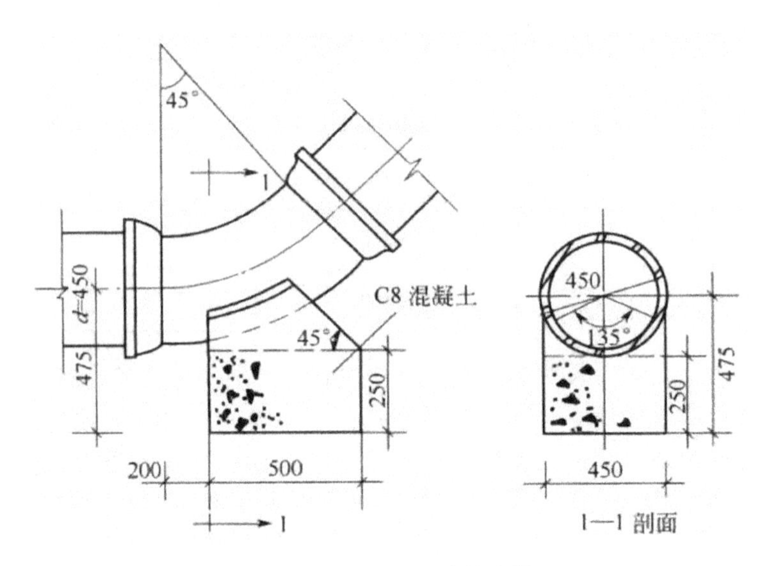

图 13.4 垂直向下弯管支墩

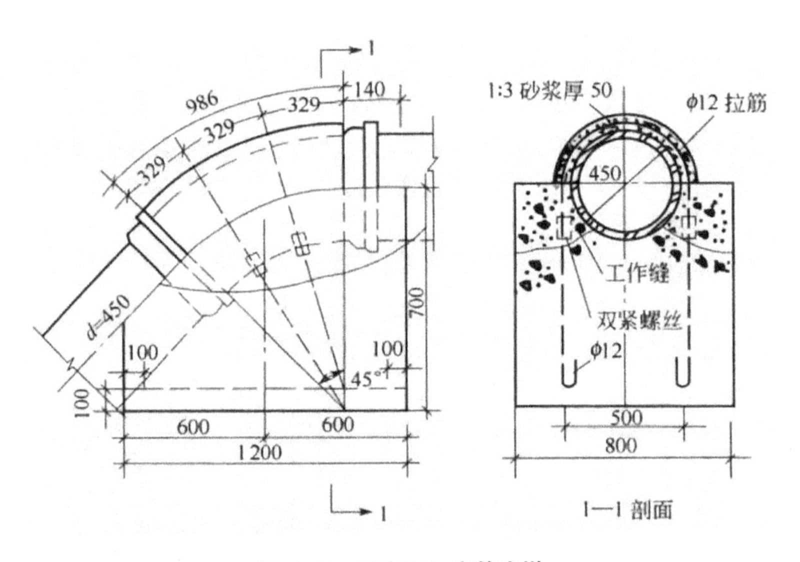

图 13.5 垂直向上弯管支墩

13.1.3.4 排管与下管

1. 排管

在将管道下入沟槽之前，应先在沟槽上将管道排列成行，称为排管或摆管。在排管前，应按设计将三通、阀门等先行定位，并逐个确定接口工作坑的位置。沟边排管时，需考虑不能堵塞交通、不影响沟槽安全、施工方便等因素。

对承插式接口的管道，一般情况下宜使承口迎着水流方向排列，这样可以减小水流对接口填料的冲刷，避免接口漏水；在斜坡地区，以承口朝上坡为宜。但在实际工程中，考虑到施工的方便，在局部地段，有时亦可采用承口背着水流方向排列。

承插式接口的管道排管组合，直线上应满足环向间隙与对口间隙要求。一般情况下，可采用 90°弯头、45°弯头、22. 5°弯头、11. 25°弯头进行管道平面转弯，若弯曲角度小于 11°，则可采用管道自弯作业，但是要满足允许的转角和间距要求。当遇到地形起伏变化较大，新旧管道接通或翻越其他地下设施等情况时，可采用管道反弯借高找正作业。

2. **下管**

开槽下管应以施工安全，操作方便，经济合理为原则，考虑管径、管长、沟深等条件选定下管方法。下管作业要特别注意安全问题，应有专人指挥，认真检查下管用的绳、钩、杠、铁环桩等工具是否牢靠。在混凝土基础上下管时，混凝土强度必须达到设计强度的 50% 才可下管。

下管方法有人工下管和吊车下管两种下管形式。人工下管法包括压绳下管法、后蹬施力下管法和木架下管法。采用吊车下管时，作业班班长应与司机一起踏勘现场，根据沟深、土质等确定吊车距沟边的距离、管材堆放位置等。吊车往返线路应事先予以平整、清除障碍。一般情况下多采用汽车吊下管，土质松软地段宜采用履带吊下管。吊车不能在架空输电线路下作业，在架空输电线一侧作业时，起重臂、钢绳和管子与线路的垂直及水平安全距离应符合施工规范要求。

13. 1. 3. 5　管道接口

1. **铸铁管接口**

（1）承插式刚性接口。承插式铸铁管刚性接口（图 13. 6）常用填料有麻 - 石棉水泥、石棉绳 - 石棉水泥、麻 - 膨胀水泥砂浆、麻 - 铅等。

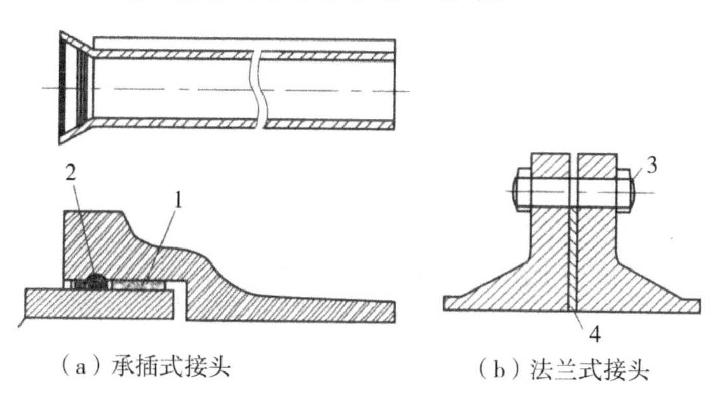

1—麻丝；2—膨胀性填料等；3—螺栓；4—垫片。

图 13. 6　铸铁管接头形式

A. 麻及其填塞。麻是一种被广泛采用的挡水材料，以麻辫形状塞进承口与插口间环向间隙。麻辫的直径约为缝隙宽的 1. 5 倍，其长度较管口周长长 10 ～ 15 cm，作为搭接长度，用錾子填打紧密。

石棉绳作为麻的代用材料，具有良好的水密性与耐高温性。但是，对于长期和石棉接触而造成的水质污染尚待进一步研究。

B. 石棉水泥接口。石棉水泥是纤维加强水泥，有较高抗压强度，石棉纤维对水泥颗粒有很强的吸附能力，水泥中掺入石棉纤维可提高接口材料的抗拉强度。水泥在硬化过程中收缩，石棉纤维可阻止其收缩，提高接口材料与管壁的黏着力和接口的水密性。打口时，应将填料分层填打，每层实厚不大于 25 mm，接口完毕之后，应立即在接口处浇水养护，养护时间为24～48 h。

石棉水泥接口的抗压强度甚高，接口材料成本较低，材料来源广泛。但其承受弯曲应力或冲击应力性能很差，并且存在接口劳动强度大及养护时间较长的缺点。

C. 膨胀水泥砂浆接口。膨胀水泥在水化过程中体积膨胀，增加其与管壁的黏着力，提高了水密性，而且产生封密性微气泡，提高接口抗渗性能。

膨胀水泥由作为强度组分的硅酸盐水泥和作为膨胀剂的矾土水泥及二水石膏组成。用作接口的膨胀水泥水化膨胀率不宜超过150%，接口填料的线膨胀系数控制在1%～2%，以免胀裂管口。

接口操作时，不需要打口，可将拌制的膨胀水泥砂浆分层填塞，用錾子将各层捣实，最外一层找平，比承口边缘凹进1～2 mm。膨胀水泥水化过程中硫酸铝钙的结晶需要大量的水，因此，其接口应采用湿养护，养护时间为12～24 h。

D. 铅接口。铅接口具有较好的抗震、抗弯性能，接口的地震破坏率远较石棉水泥接口低。铅接口操作完毕便可立即通水。由于铅具有柔性，接口渗漏可不必剔口，仅需锤铅堵漏。因此，尽管铅的成本高，毒性大，一般情况下不作为管道接口填料，但是在管道过河、穿越铁路、地基不均匀沉陷等特殊地段，以及新旧管道连接、开三通等抢修工程时，仍采用铅接口。

铅的纯度应在90%以上。铅经加热熔化后灌入接口内，其熔化温度在320 K左右，当熔铅呈紫红色时，即为灌铅适宜温度。灌铅的管口必须干燥，雨天时禁止灌铅，否则易引起溅铅或爆炸。灌铅前应在管口安设石棉绳，绳与管壁间的接触处敷泥堵严，并留出灌铅口。

每个铅接口应一次浇完，灌铅凝固后，先用铅钻切去铅口的飞刺，再用薄口钻子贴紧管身，沿插口管壁敲打一遍，一钻压半钻，而后逐渐改用较厚口钻子重复上法各打一遍至打实为止，最后用厚口钻子找平。

E. 橡胶圈及其填塞。麻易腐烂和填打油麻劳动强度大，可采用橡胶圈代替油麻。橡胶圈富弹性，且具有足够的水密性，因此，当接口产生一定量相对轴向位移和角位移时也不致渗水。

橡胶圈外观应粗细均匀，椭圆度在允许范围内，质地柔软，无气泡，无裂缝，无重皮，接头平整牢固，橡胶圈内环径一般为插口外径的0.86～0.87倍，橡胶圈的压缩率以35%～40%为宜。橡胶圈接口外层的填料一般为石棉水泥或膨胀水泥砂浆。

（2）承插式柔性接口。上述几种承插式刚性接口，抗应变能力差，受外力作用容易产生填料碎裂与管内水外渗等事故，尤其在软弱地基地带和强震区，接口破碎率高。为此，可采用柔性接口。

A. 楔形橡胶圈接口。如图13.7所示，承口内壁为斜形槽，插口端部加工成坡形，安装时于承口斜槽内嵌入起密封作用的楔形橡胶圈，由于斜形槽的限制作用，橡胶圈在管内水压的作用下与管壁压紧，具有自密性，使接口对于承插口的椭圆度、尺寸公差、插口轴向相对位移及角位移具有一定的适应性。

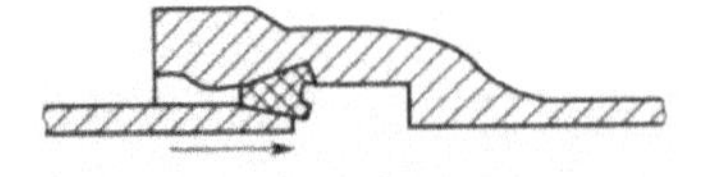

（a）起始状态　　（b）插入后状态

图13.7　承插口楔形橡胶圈接口

工程实践表明，此种接口抗震性能良好，并且可以提高施工速度，减轻劳动强度。

B. 其他形式橡胶圈接口。为了改进施工工艺，铸铁管可采用螺栓压盖形、中缺形、角唇形和圆形橡胶圈接口，如图 13.8 所示。

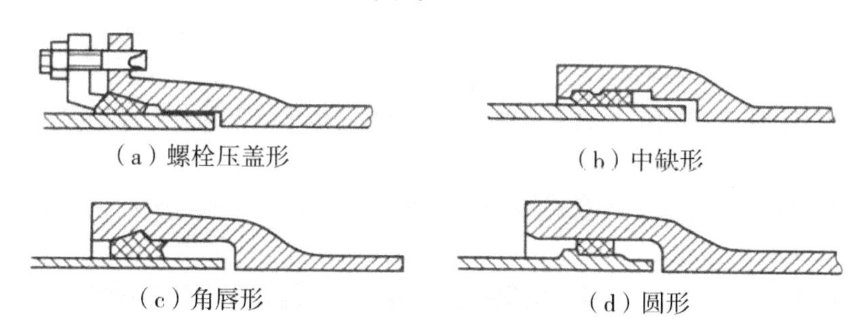

图 13.8　其他橡胶圈接口形式

比较图 13.8 中的四种胶圈接口，可以看出，螺栓压盖形的主要优点是抗震性能良好，安装与拆修方便，缺点是配件较多，造价较高；中缺形是插入式接口，接口仅需一个胶圈，操作简单，但承口制作尺寸要求较高；角唇形的承口可以固定安装胶圈，但胶圈耗胶量较大，造价较高；圆形则具有耗胶量小，造价较低的优点，但其仅适用于离心铸铁管。

2. **钢筋混凝土压力管接口**

认真反复地进行钢筋混凝土管外观检查是管道敷设前应把住的质量大关，否则会产生渗漏等问题。例如，西安地区浐河预应力输水管道施工时，由于没有进行外观检查，而是管道随到随安，造成管道渗漏严重。

钢筋混凝土压力管的接口形式多采用承插式橡胶圈接口，其胶圈断面多为圆形，能承受 1 MPa 的内压力及一定量的沉陷、错口和弯折；抗震性能良好；胶圈埋置地下耐老化性能好，使用期可长达数十年。

承插式钢筋混凝土压力管靠挤压在环向间隙内的橡胶圈来密封，为了使胶圈能均匀而紧密地达到工作位置，必须具有产生推力或拉力的安装工具，如撬杠顶力法、拉链顶力法与千斤顶顶入法等，均系在工程实践中摸索出来的施工方法。

3. **钢管接口**

钢管主要采用焊接口，还有法兰接口及各种柔性接口。焊接口通常采用气焊、手工电弧焊和自动电弧焊、接触焊等方法。

手工电弧焊依据电焊条与管道间的相对位置分为平焊、立焊、横焊与仰焊等（图 13.9），焊缝分别称为平焊缝、立焊缝、横焊缝及仰焊缝。平焊易于施焊，焊接质量易得到保证，焊管时应尽量采用平焊。

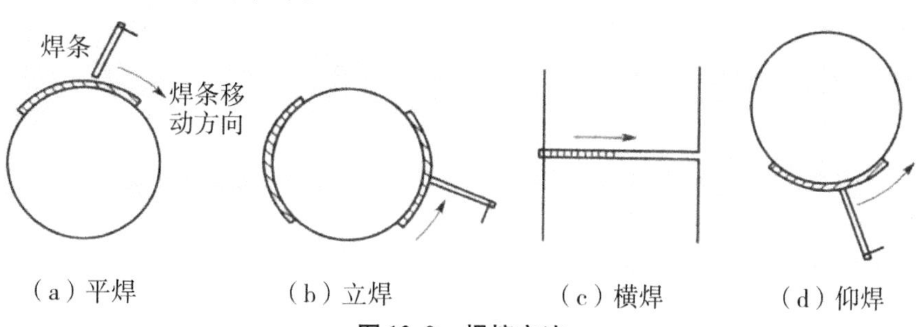

图 13.9　焊接方法

因为槽内操作困难，钢管一般在地面上焊成一长段后下到沟槽内。

焊接完毕后进行的焊缝质量检查包括外观检查和内部检查。对焊缝内部缺陷通常可采用煤油检查方法进行检查：在焊缝一侧（一般为外侧）涂刷大白浆，在焊缝另一侧涂煤油。经过一定时间后，若在白面上渗出煤油斑点，表明焊缝质量有缺陷。

对于壁厚小于4 mm的临时性给水管道，以及在某些场合因条件限制而不能采用电焊作业的场合，可采用气焊接口，也可用气焊焊接较大壁厚的钢管接口。

气焊是借助氧气和气体燃料的混合燃烧形成的火焰熔化焊条来进行焊接的。一般采用乙炔气和氧气混合燃烧产生的高温火焰来熔接金属。

4. 塑料管接口

塑料管道接口在无水情况下可用胶粘剂粘接，承插式管可用橡胶圈柔性接口，也可用法兰连接、丝扣连接、焊接、热熔压紧及钢管插入搭接。塑料管在运输和堆放过程中，应防止剧烈碰撞和阳光暴晒，以防止变形和加速老化。

应该注意的是，各种材料的管道在出厂前和埋设后在部分回填土条件下，都要进行管道的试压，以进行管道的强度校核和渗水量控制。

13.1.4 管道质量检查与验收

13.1.4.1 给水管道试压

管道试压是管道施工质量检查的重要措施，其目的是衡量施工质量，检查接口质量，暴露管材及管件的强度、缺陷、砂眼、裂纹等，以达到设计质量要求，符合验收条例。

进行管道试压，应先做好水源引接及排水疏导路线的设计，根据设计要求确定试验压力值及试验方法。当管道工作压力大于或等于0.1 MPa时，应按压力管道的规定，进行强度及严密性水压试验。

埋设在地下的管道必须在管道基础检查合格，回填土厚度不小于50 cm后进行水压试验；架空、明装及安装在地沟的管道，应在外观检查合格后进行水压试验。

管道应分段进行水压试验，每个试验管段的长度不宜大于1 km，非金属管道应短些，试验管段的两端均应以管堵封堵，并加支撑撑牢，以免接头脱开发生意外。

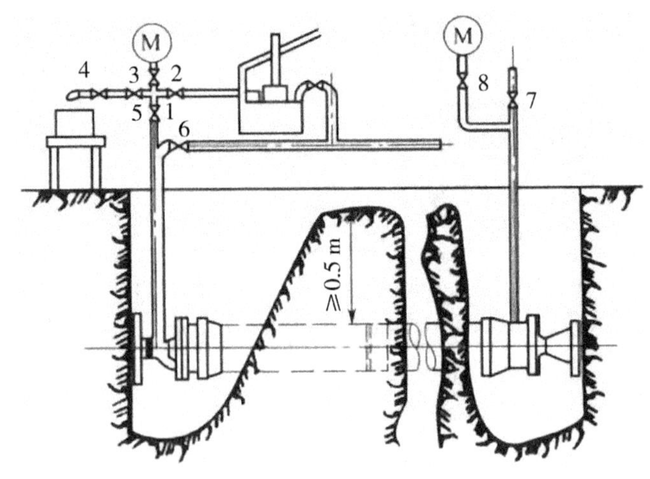

图13.10 水压试验装置

水压试验装置如图13.10所示。管道在测压前，打开6号、7号阀，关闭5号阀，然后向试验段充水，同时排除管内空气。管内充水浸泡时间满足表13.3规定后，即可进行强度试验。

表13.3 压力管道水压试验

管材种类	工作压力 p（MPa）	试验压力（MPa）	试压前管道浸泡时间（h）	允许压力降（MPa）
钢管	p	$p+0.5$，且不小于0.9	≥24（有水泥砂浆衬里）	0
球墨铸铁管	$p \leqslant 0.5$	$2p$	≥24（有水泥砂浆衬里）	0.03
	$p>0.5$	$p+0.5$		
预（白）应力混凝土管	$p \leqslant 0.6$	$1.5p$	≥48（管道内径≤100 mm）	
预应力钢筋混凝土管	$p>0.6$	$p+0.3$		
现浇钢筋混凝土管渠	$p \geqslant 0.1$	$1.5p$	≥72（管道内程>1 000 mm）	
化学建材管	$p \geqslant 0.1$	$1.5p$，且不小于0.8	≥24	0.02

从自来水管向试验管道通水时，开放6号、7号阀门，关闭5号阀门；用水泵加压时，开放1号、2号、5号、8号阀门，关闭4号、6号、7号阀门；不用量水槽测渗水量时，开放2号、5号、8号阀门，关闭1号、4号、6号、7号阀门；用量水槽测渗水量时，开放2号、4号、5号、8号阀门，关闭1号、6号、7号阀门；用水泵调整3号调节阀时，开放1号、2号、4号阀门，关闭5号阀门；埋设在地下的管道在进行水压试验时，按规范规定（打开1号、2号、5号、8号阀，关闭4号、6号、7号阀）用试压泵将试验管段升压到试验压力（表13.3），稳定15 min后，压力下降不超过表13.3规定；将试验压力将至工作压力并保持恒压30 min，检查管道、附件和接口，若未发现上述部件破坏和发生严重渗漏现象，则认为水压试验合格，即可进一步进行渗水量试验－严密性试验。

严密性试验方法通常采用注水法试验，仍然以图13.10为例。测定试验管段长度，然后用试压泵将水压升至试验压力，关闭试压泵的1号阀，开始计时，每当压力下降，及时向管道内补水，但最大压降不得大于0.03 MPa，保持管道试验压力恒定，恒压延续时间不得小于2 h，并记录恒压延续时间，以及计量恒压时间内补入试验管段内水量。试验管段的渗水量可按下式计算：

$$q=\frac{V}{TL}\times 1\ 000 \tag{13.2}$$

式中：q——试验管道渗水量［L/(min·km)］；

V——补入试验管段内水量（L）；

T——恒压延续时间（min）；

L——试验管段长度（m）。

若试验过程中管道未发生破坏，且渗水量不超过规范规定数值，则认为试验合格。

当管道工作压力小于0.1 MPa时，除设计另有规定外，应按无压力管道规定，进行强度及严密性试验。

13.1.4.2 管道安装允许偏差与检验方法

管道安装的允许偏差和检验方法见表13.4。

表 13.4　管道安装的允许偏差与检验方法

检查项目			允许偏差（mm）	检验方法
水平轴线		无压管道 压力管道	15 30	经纬仪测量或挂中线用钢尺量测
管底高程	$D \leqslant 1\ 000$ mm	无压管道 压力管道	±10 ±30	水准仪测量
	$D > 1\ 000$ mm	无压管道 压力管道	±15 ±30	

当管道沿曲线安装时，接口的允许转角见表 13.5。

表 13.5　沿曲线安装接口的允许转角

管材种类	管径 D（mm）	允许转角（°）
球墨铸铁管	75 ～ 600 700 ～ 800 ≥900	3 2 1
预应力混凝土管	500 ～ 700 800 ～ 1 400 1 600 ～ 3 00	1.5 1.0 0.5
自应力混凝土管	500 ～ 800	1.5
预应力钢筒混凝土管	600 ～ 1 000 1 200 ～ 2 000 2 200 ～ 4 000	1.5 1.0 0.5
玻璃钢管	400 ～ 500 $500 < D \leqslant 1\ 000$ $1\ 000 < D \leqslant 1\ 800$ $D > 1\ 800$	1.5（承插式接口），3.0（套筒式接口） 1.5（承插式接口），3.0（套筒式接口） 1.0 0.5

13.1.4.3　管道冲洗与消毒

给水管道水压试验后，竣工验收前应利用城市管网中的自来水或清洁水源水进行冲洗消毒。

（1）管道冲洗。验收前，应冲洗管内的污泥、脏水及杂物，冲洗时一般避开用水高峰，一般在夜间作业，以流速大于 1.0 m/s 的冲洗水连续冲洗，直至出水口处水样浊度小于3 NTU为止。若排除口设于管道中间，应自两端冲洗。

（2）管道消毒。管道去污冲洗后，将管道放空，注入有效氯离子含量不低于 20 mg/L 的清洁水浸泡 24 h，然后将管内含氯水放掉，再用清洁水进行冲洗，水流速度可稍低些，直至水质管理部门取样化验合格为止。

13.1.4.4　工程验收

给水管道工程施工应经过竣工验收合格后方可投入使用。

竣工验收时，应提供竣工图及设计变更文件，主要材料和制品的合格证或试验记录，管道的位置及高程的测量记录，混凝土、砂浆、防腐、防水及焊接检验记录，管道的水压试验记录，中间验收记录及有关资料，回填土压实度的检验记录，工程质量检验评定记录，工程质量事故处理记录，给水管道的冲洗及消毒记录等资料。另外，应对竣工验收资料进行核实，进行必要的复验和外观检查。应对管道的位置及高程、管道及附属构筑物的断面尺寸、给水管道配件安装的位置和数量、给水管道的冲洗及消毒、外观等项目作出鉴定，并填写竣工验收鉴定书。

给水管道工程竣工验收后，建设单位应将有关设计、施工及验收的文件和技术资料列卷归档。

13.2　管网监测与检漏

13.2.1　给水管网水质监测（管网工程）

自来水出厂后由供水管网输送至用户。在自来水的长距离连续输送过程中，存在诸多因素会导致水受到二次污染，如管材质量问题、给水管道的锈蚀结垢、管道的检漏修复、中途提升泵站的影响等。

进行管网水质监测，可及时分析水质变化的有关因素，并将结果反馈给自来水公司，指导和改进制水过程，及时制订管网污染的防护方案；并可通过长期的水质监测，积累监测数据，为建立符合实际的管网水质模型提供资料，优化管网布置及管网的运行管理。

根据《城市供水水质标准》（CJ/T 206—2005）规定，管网水质监测项目包括浑浊度、色度、臭和味、余氯、细菌总数、总大肠菌群、COD_{Mn}（管网末梢点）。在这 7 项指标中，浑浊度和余氯量的变化可以直接反应供水水质的变化。通常浑浊度的变化必然伴随污染物进入水中，以及微生物、细菌、病原菌的滋生；管网中的余氯可防止输水过程中微生物、细菌的再生长，因此，管网中游离余氯量的变化也是指示水质污染的一项重要指标。为此，在日常管网水质监测中，浑浊度及余氯是两个非常重要的监控指标。

水质监测点的布置影响分析整个管网水质状况的真实性，因此水质监测点的布置需具有代表性。水质监测点的布置需考虑的因素较多，它是一个多目标问题。目前，对于常规污染管网水质监测点的设置主要是基于 1991 年 Lee. B. H 等人提出的覆盖水量法；对于防范突发污染事件监测点的布置方案主要是根据 1998 年 Avner Kessler 等人提出的“q 体积服务水平”的概念，即在监测到污染物质之前管网对外供出的总水量的最大体积。该方法的布置目的是当管网中任一节点突发污染事故时，在监测到污染物质之前管网对外供出的水量不超过“q 体积服务水平”。1999 年，Arun Kumar 等人又提出用“t 小时服务水平”来代替“q 体积服务水平”。该方法的布置目的是当管网中任一节点突发污染事故时，至少有一个监测站点在 t 小时内发出警报。但是，这些方法在数学求解上都较为复杂，在实际工程中应用困难，还待进一步讨论和解决。

13.2.2 给水管网水压与流量的测定（管网工程）

测定管网的水压，应在有代表性的测压点进行。测压点的选定既要能真实反映水压情况，又要均匀合理布局，使每一测压点能代表附近地区的水压情况。测压点以设在大中口径的干管线上为主，不宜设在进户支管上或有大量用水的用户附近。测压时可将压力表安装在消火栓或给水龙头上，定时记录水压（一般一季度一次，用水高峰可加密监测频度），能有自动记录压力仪则更好，可以得出 24 h 的水压变化曲线。

测定水压有助于了解管网的工作情况和薄弱环节。根据测定的水压资料，按 0.5 ～ 1.0 m 的水压差，在管网平面图上绘出等水压线，由此反映各条管线的负荷。整个管网的水压线最好均匀分布，如某一地区的水压线过密，表示该处管网的负荷过大，提示所用的管径偏小。因此，水压线的密集程度可作为今后放大管径或增敷管线的依据。另外，由等水压线标高减去地面标高，得出各点的自由水压，即可绘出等自由水压线图，据此可了解管网内是否存在低水压区。

给水管网中的流量测定是现代化供水管网管理的重要手段，普遍采用电磁流量计或超声波流量计，安装使用方便，不增加管道中的水头损失，容易实现数据的计算机自动采集和数据库管理。

1. **电磁流量计**

电磁流量计由变送器和转换器两部分组成，变送器被安装在被测介质的管道中，将被测介质的流量变换成瞬时的电信号，而转换器将瞬时电信号转换成 0 ～ 10 mA 或 420 mA的统一标准直流信号，作为仪表指示、记录、传送或调节的基础信息数据。

电磁流量计有如下主要特点：电磁流量变送器的测量管道内无运动部件，因此使用可靠，维护方便、寿命长，而且压力损失很小，也没有测量滞后现象，可以用它来测量脉冲流量；在测量管道内有防腐蚀衬里，故可测量各种腐蚀性介质的流量；测量范围大，满刻度量程连续可调，输出的直流毫安信号可与电动单元组合仪表或工业控制机联用等。

2. **超声波流量计**

超声波流量计的测量原理主要是流速不同会使声波的传播速度发生变化（图 13－11），将流体流动时与静止时声波在流体中传播的情形进行比较。若静止流体中的声速为 c，流体流动的速度为 v，当声波的传播方向与流体流动方向一致（顺流方向）时，其传播速度为 $c+v$，而声波传播方向与流体流动方向相反（逆流方向）时，其传播速度为 $c-v$。在距离为 L 的两点上放两组超声波发生器与接收器，可以通过测量声波传播时间差求得流速 v。从原理上看，测量的是超声波传播途径上的平均流速，因此，它和一般的面平均（真平均流速）不同，其差异取决于流速的分布。用超声波传播速度差测量的流速 v 与真正的平均流速之比称为流量修正系数，其值用关于雷诺数 Re 的函数表示，其中一个简单公式为：

$$k = 1.119 - 0.111 gRe \tag{13.3}$$

式中：k——流量修正系数；

Re——雷诺数。

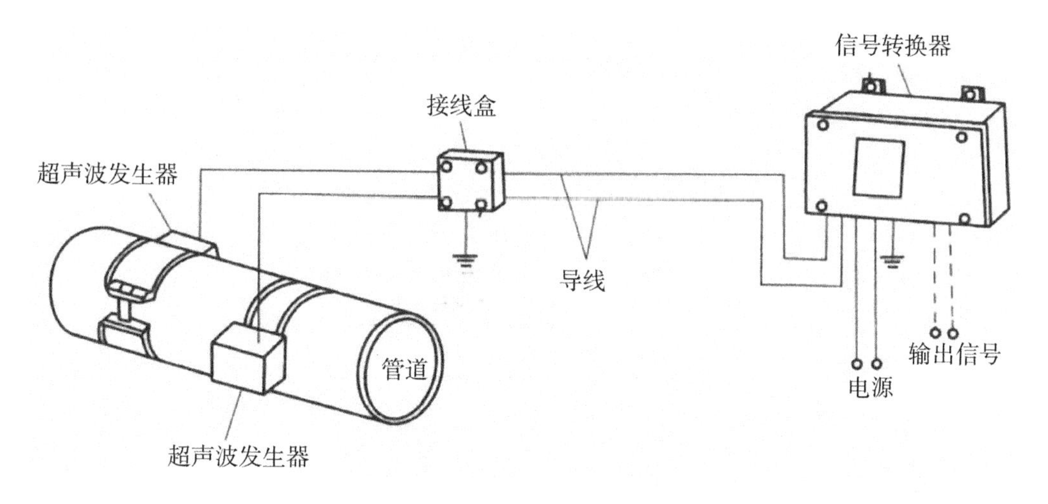

图 13.11　超声波流量仪原理

瞬时流量可用下式表示：

$$Q = \frac{\pi D^2}{4k} v \tag{13.4}$$

超声波流量计的主要优点是在管道外测流量，实现无妨碍测量，只要能传播超声波的流体皆可用此法来测量流量，也可以对高黏度液体、非导电性液体或者气体进行测量。

13.2.3　给水管道检漏（管网工程）

给水系统的漏损会造成供水量的减少，水资源、能源和药物的浪费，同时危及公共建筑和道路交通等。因此，检漏工作非常重要。水管损坏引起漏水的原因很多，例如，因管道质量差或使用期长而破损，因管线接头不密实或基础不平整而损坏，因使用不当（如阀门关闭过快产生水锤）而致破坏管线，因阀门锈蚀、阀门磨损或污物堵住而无法关紧，等等。

检漏方法中应用较广且费用较省的有直接观察和听漏法，个别城市采用分区装表和分区检漏，可根据具体条件选用先进且适用的检漏方法。

（1）实地观察法。从地面上观察漏水迹象，如排水窨井中有清水流出，局部路面发现下沉，路面积雪局部融化，晴天出现湿润的路面，等等。本法简单易行，但较粗略。

（2）听漏法。听漏法使用最久，听漏工作一般在深夜进行，以免受到车辆行驶和其他杂声的干扰。所用工具为一根听漏棒，使用时棒一端放在水表、阀门或消火栓上，即可从棒的另一端听到漏水声。这一方法的听漏效果凭各人经验而定。检漏仪是比较好的检漏工具，所用仪器有电子放大仪和相关检漏仪等。前者是一个简单的高频放大器，利用晶体探头将地下涌水的低频振动转化为电信号，放大后即可在耳机中听到涌水声，也可从输出电表的指针摆动看出漏水情况。相关检漏仪是由漏水声音传播速度，即漏水声传到两个拾音头的时间先后，通过计算机算出漏水地点，该类仪器价格昂贵，使用时需较多人力，对操作人员的技术要求高，国内正在推广使用。管材、接口形式、水压、土壤性质等都会影响检漏效果。其优点是适用于寻找疑难漏水点，如穿越建筑物和水下管道的漏水。

（3）分区检漏。用水表测出漏水地点和漏水量，一般只在允许短期停水的小范围内进行。方法是把整个给水管网分成小区，凡是和其他地区相通的阀门全部关闭，小区内暂停用水，然后开启装有水表的一条进水管上的阀门，使小区进水。如小区内的管网漏水，水表指针将会转动，由此可读出涌水量。水表装在直径为 10 ～ 20 mm 的旁通管上，如图 13.12 所示。查明小区内管网漏水后，可按需要再分成更小的区，用同样方法测定漏水量。这样逐步缩小范围，最后还需结合听漏法找出漏水的地点。

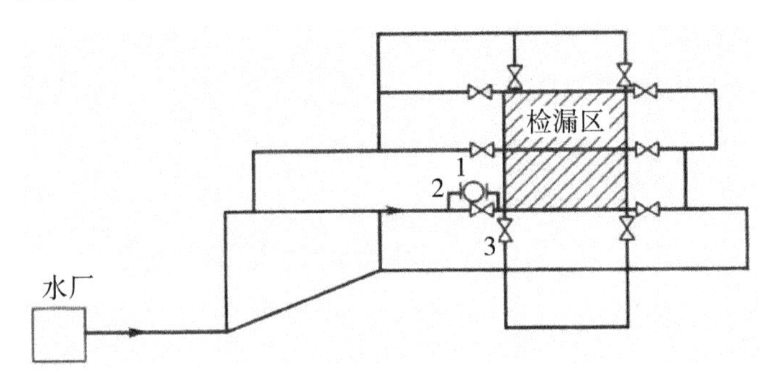

1—水表；2—旁通管；3—阀门。

图 13.12　分区检漏法

（4）区域装表法。将供水区划分为若干小区，根据经验，每个小区内以 2 000 ～ 5 000 户最为适宜。在进入小区的总管上安装总水表，若总管经该区后还需供下游的小区用水，则在流入其他小区的水管上再装水表，抄表员在固定日期抄录该区域内的用户水表，加抄少量检漏专用的总水表后，即能计算出该区域是否有大的漏水。此法可减小听漏法的范围。但投资较大，水表故障或估表会影响漏水的判断，最终确定漏点还需用听漏法。

（5）地表雷达测漏法（雷达探测仪测漏法）。地表雷达法主要是利用无线电波对地下管线进行测定，可以精确地绘制出现有路面下管线的横断面图，它亦可根据水管周围的图像判断是否有漏水的情况。它的缺点是一次搜索的范围极小。目前我国使用还很少。

（6）浮球测漏法。浮球测漏法是针对塑料管的测漏技术，由英国 Bristol 电子公司开发。检漏仪为一个便携式信号定位器和一个简易的信号发生器。测试时，先关闭测漏管段上下游阀门，在上游消火栓或阀门处将已封入信号发生器的泡沫塑料浮球塞入管道内，调节上下游阀门，使浮球在水压作用下以一定的速度向下游移动，便携式信号定位器随时监测信号发生器所在位置。若有漏水点，当浮球移动至漏水点时，由于水压的减小，浮球将停止不前或移动速度减缓，该点即为涌水点。这一方法的检漏准确性较高。

13.2.4　排水管网监测与检漏（排水工程、系统工程）

排水管道的渗漏检测是一项重要的日常管理工作，但常常受到忽视。如果管道渗漏严重，将不能发挥应有的排水能力。为了保证新管道的施工质量和运行管道的完好状态，应进行新建管道的防渗漏检测和运行管道的日常检测。图 13.13 显示了一种低压空气检测方法。将低压空气通入一段管道，记录管道中空气压力降低的速率，以此检测管道的渗漏情况。若空气压力下降速率超过规定的标准，则表示管道施工质量不合格，或者需要进行修复。

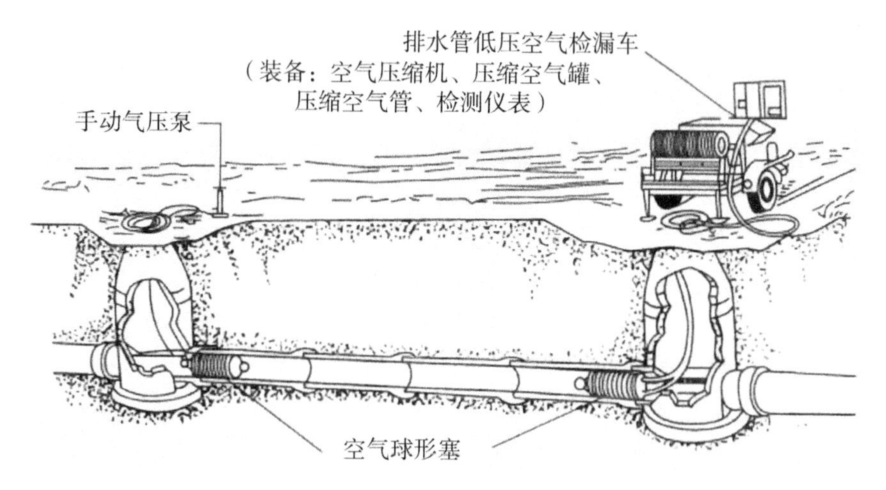

图 13－13　排水管道渗漏的低压空气检测示意

13.3　管道养护和修复

管道的维护是保证管网正常运行的一项重要工作，主要包括管道的防腐及管道的漏水修复。

13.3.1　给水管道养护（管网工程）

13.3.1.1　管道腐蚀及外壁防腐蚀

腐蚀是金属管道的变质现象，其表现方式有生锈、坑蚀、结瘤、开裂或脆化等。金属管道防腐蚀处理非常重要，它将直接影响输配水的水质卫生安全，以及管道使用寿命和运行可靠。金属管道与水或潮湿土壤接触后，因化学作用或电化学作用产生的腐蚀而遭到损坏。按照腐蚀过程的机理，可分为没有电流产生的化学腐蚀，以及形成原电池而产生电流的电化学腐蚀（氧化还原反应）。给水管网在水中和土壤中的腐蚀及杂散电流引起的腐蚀都是电化学腐蚀。影响电化学腐蚀的因素很多，例如，当钢管和铸铁管氧化时，管壁表面可生成氧化膜，腐蚀速度因氧化膜的作用而越来越慢，有时甚至可保护金属不再进一步腐蚀，但是氧化膜必须完全覆盖管壁，并且在附着牢固、没有透水微孔的条件下才能起保护作用。水中溶解氧可引起金属腐蚀，一般情况下，水中含氧越多，腐蚀越严重，但对钢管来说，此时在内壁产生保护膜的可能性越大，因而可减轻腐蚀。水的 pH

明显影响金属管的腐蚀速度，pH 越低腐蚀越快，中等 pH 时不影响腐蚀速度，pH 高时因金属管表面形成保护膜，腐蚀速度减慢。水的含盐量对腐蚀的影响是，含盐量越高，腐蚀越快。

防止给水管道外壁腐蚀的方法有以下三种：

（1）采用非金属管材，如预应力或自应力钢筋混凝土管、玻璃钢管、塑料管等。

（2）在金属管表面上涂油漆、水泥砂浆、沥青等，以防止金属和水相接触而产生腐蚀。例如，可将明设钢管表面打磨干净后，先刷 1 ～ 2 遍红丹漆，干后再刷 2 遍热沥青或防锈漆；埋地钢管可根据周围土壤的腐蚀性，分别选用各种厚度的正常、加强和特强防腐层。

（3）阴极保护。采用管壁涂保护层的方法并不能做到非常完美。这就需要进一步寻求防止管道腐蚀的措施。阴极保护是保护管道的外壁免受土壤侵蚀的方法。根据腐蚀电池的原理，两个电极中只有阳极金属发生腐蚀，所以阴极保护的原理就是使金属管成为阴极，以防止腐蚀。阴极保护有两种方法。一种是使用消耗性的阳极材料，如铝、镁等，隔一定距离用导线连接到管线（阴极）上，在土壤中形成电路，结果是阳极腐蚀，管线得到保护，如图 13.14(a) 所示。这种方法常在缺少电源、土壤电阻率低和水管保护涂层良好的情况下使用。另一种是通入直流电的阴极保护法，如图 13.14(b) 所示，埋在管线附近的废铁和直流电源的阳极连接，电源的阴极接到管线上，可防止腐蚀，在土壤电阻率高（约2 500 Ω · cm）或金属管外露时使用较宜。但是，有了阴极保护措施仍须同时重视管壁保护涂层的作用，因为阴极保护也不是完全可靠的。

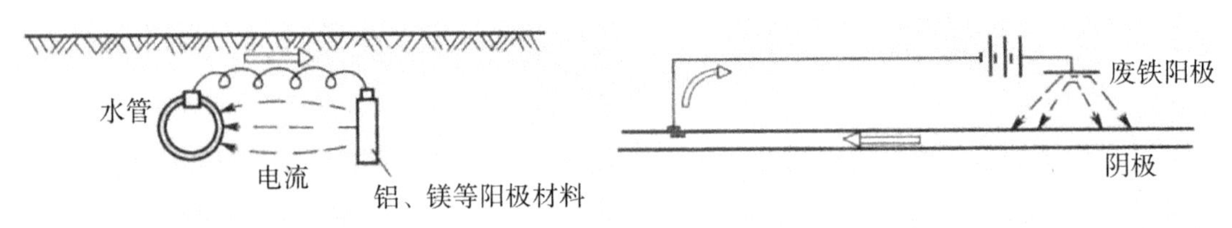

（a）不用外加电流阴极保护法　　（b）应用外加电流阴极保护法

图 13.14　金属管道阴极保护

13.3.1.2　管道内壁的清垢涂衬

由于输水水质、管道材料、流速等因素，金属管内壁产生腐蚀，水中的碳酸钙、悬浮物沉淀，水中的铁、氯化物和硫酸盐的含量过高，以及铁细菌、藻类等微生物的滋长繁殖等，管道内壁会逐渐结垢而增加水流阻力，使水头损失逐渐增大，输水能力下降。根据某些地方的经验，内壁未涂水泥砂浆的铸铁管，使用 1 ～ 2 年后粗糙系数 n 值即达到 0.025，而涂水泥砂浆的铸铁管，虽经长期使用，粗糙系数基本上可不变。为了防止金属管道内壁腐蚀或积垢后降低管线的输水能力，除了新敷管线内壁事先采用水泥砂浆涂衬，应对已埋的管线有计划地进行刮管涂衬，即清除管内壁积垢并加涂保护层，以恢复输水能力，节省输水能量费用和改善管网水质，这也是管理工作中的重要措施。

1. 管道内壁清垢

金属管线清垢的方法很多，应根据积垢的性质来选择。

（1）管线水力清垢。

A. 高压射流清管法。对松软的积垢，可提高流速进行冲洗。冲洗时流速比平时流速提高 3 ～ 5 倍，但压力不应高于允许值。每次冲洗的管线长度为 100 ～ 200 m。冲洗工作应经常进行，以免积垢变硬后难以用水冲去。

B. 加气冲洗法。用压缩空气和水同时冲洗效果更好，具有清洗简便，管道内中无须放入特殊的工具；操作费用比刮管法、化学酸洗法低；工作进度较其他方法迅速；不会破坏水管内壁的水泥砂浆涂层。

C. 气压脉冲法冲洗管道。冲洗过程如图 13. 15 所示，贮气罐中的高压空气通过脉冲装置、橡胶管、喷嘴送入需清洗的管道中，冲洗下来的锈垢由排水管排出。该法的设备简单，操作方便，成本不高，效果好。进气和排水装置可安装在检查井中，因而无须断管或开挖路面。管垢随水流排出。起初排出的水浑浊度较高，以后逐渐下降，冲洗工作直到出水完全澄清时为止。用这种方法清垢所需的时间不长，管内的绝缘层不会破损，因此也可作为新敷设管线的清洗方法。

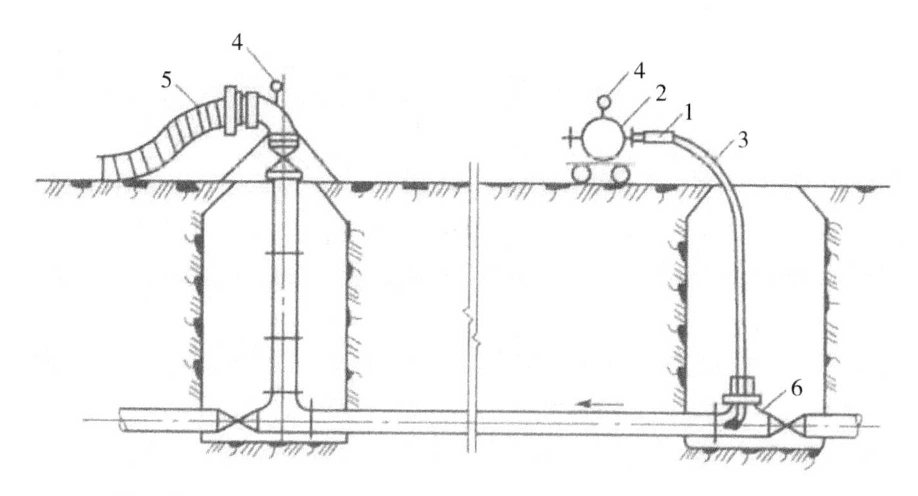

1—脉冲装置；2—贮气罐；3—橡胶管；4—压力表；5—排水管；6—喷嘴。

图 13. 15　气压脉冲法冲洗管道

（2）机械刮管清垢。坚硬的积垢须用刮管法清除。刮管法所用刮管器有多种形式，都是用钢绳绞车等工具使其在积垢的水管内来回拖动。如图 13. 16 所示的一种刮管器是用钢丝绳连接到绞车，适用于刮除小口径水管内的积垢。它由切削环、刮管环和钢丝刷组成。使用时，先由切削环在水管内壁积垢上刻划深痕，然后刮管环把管垢刮下，最后用钢丝刷刷净。

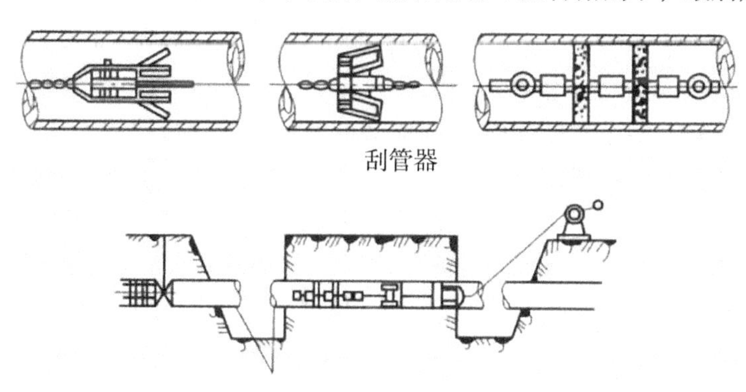

图 13. 16　刮管器安装

大口径管道刮管时，可用旋转法刮管器（图 13.17），情况和刮管器相类似，但钢丝绳拖动的是装有旋转刀具的封闭电动机。刀具可用与螺旋桨相似的刀片，也可用装在旋转盘上的链锤，刮垢效果较好。

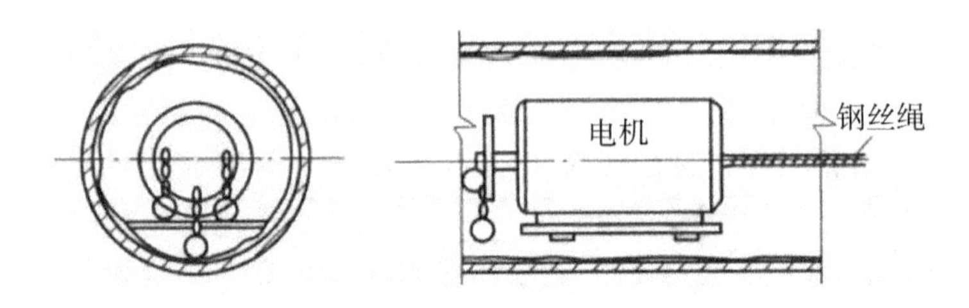

图 13.17　旋转法刮管器

刮管法的优点是工作条件较好，刮管速度快；缺点是刮管器和管壁的摩擦力很大，往返拖动相当费力，并且管线不易刮净。

也可采用软质材料制成的清管器清通管道。清管器用聚氨酯泡沫制成，其外表面有高强度材料的螺纹，外径比管道直径稍大。清管操作由水力驱动，大小管径均可适用。其优点是成本低，清管效果好，施工方便，且可延缓结垢期限，清管后如不衬涂也能保持管壁表面的良好状态。它可清除管内沉积物和泥沙，以及附着在管壁上的铁细菌、铁锈氧化物等，对管壁的硬垢（如钙垢、二氧化硅垢等）也能清除。清管时，通过消火栓或切断的管线，将清管器塞入水管内，利用水压力以 2 ～ 3 km/h 的速度在管内移动。约有 10% 的水从清管器和管壁之间的缝隙流出，将管垢和管内沉淀物冲走。冲洗水的压力随管径增大而减小。软质清管器可任意通过弯管和阀门。这种方法具有成本低、效果好、操作简便等优点。

（3）酸洗法清垢。将一定浓度的盐酸或硫酸溶液放进水管内，浸泡 14 ～ 18 h 以去除碳酸盐和铁锈等积垢，再用清水冲洗干净，直到出水不含溶解的沉淀物和酸为止。因为酸溶液除能溶解积垢外，也会侵蚀管壁，所以加酸时应同时加入缓蚀剂，以保护管壁少受酸的侵蚀。这种方法的缺点是酸洗后，水管内壁变得光洁，如水质有侵蚀性，以后锈蚀速度可能更快。

2. 管道内壁的涂衬

（1）水泥砂浆涂衬。管壁积垢清除以后，应在管内衬涂保护涂料，以保持输水能力和延长水管寿命。一般是在水管内壁涂水泥砂浆或聚合物改性水泥砂浆，涂层厚度随着管径的不同而不同（表 13.6），相同管材和管径的情况下，前者的涂层大于后者。水泥砂浆用 M50 硅酸盐水泥或矿渣水泥和石英砂，按水泥：砂：水 =1：1：(0.37 ～ 0.4) 的比例拌和而成。聚合物改性水泥砂浆由 M50 硅酸盐水泥、聚醋酸乙烯乳剂、水溶性有机硅、石英砂等按一定比例配合而成。

衬涂砂浆的方法有多种。在埋管前预先衬涂，可用离心法，即用特制的离心装置将涂料均匀地涂在水管内壁上。对已埋管线衬涂时，也有用压缩空气的衬涂设备，利用压缩空气推动胶皮涂管器，借助胶皮的柔顺性，可将涂料均匀抹到管壁上。涂管时，压缩空气的压力为 29.4 ～ 49.0 kPa。涂管器在管道内的移动速度为 1 ～ 12 m/s；不同方向反复涂 2 次。

表 13.6　IS04179 对水泥涂层厚度的要求

公称直径 *DN*（mm）	内衬厚度（mm）		
	公称厚度	最小平均厚度	某一点最小厚度
≤300	3.0	2.5	1.5
350 ～ 600	5.0	4.5	2.5
700 ～ 1 200	6.0	5.5	3.0
1 400 ～ 2 000	9.0	8.0	4.0
≥2 200	12.0	10.0	5.0

在直径 500 mm 以上的管道中，可用特制的喷浆机喷涂水管内壁。根据喷浆机的大小，一次喷浆距离为 20 ～ 50 m。图 13.18 显示了喷浆机的工作情况。

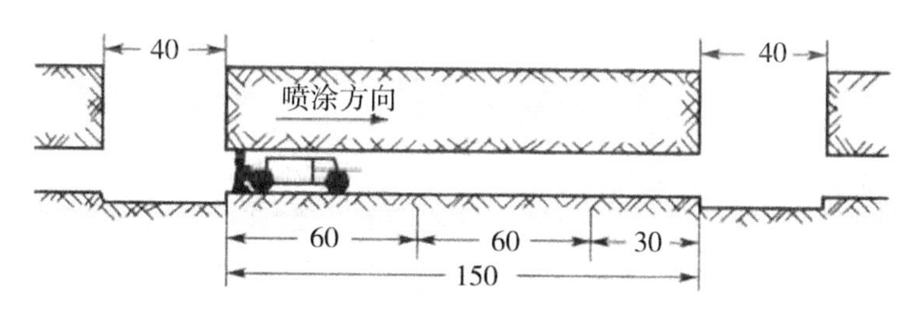

图 13.18　喷浆机工作情况（单位：m）

清除水管内积垢和加衬涂料的方法，对恢复输水能力的效果很明显，所需费用仅为新埋管线的 1/12 ～ 1/10，亦有利于保证管网的水质。但对地下管线清垢和涂料时，所需停水时间较长，影响供水，使用上受到一定限制。

（2）环氧树脂涂衬。环氧树脂具有耐磨性、柔软性、紧密性，使用环氧树脂和硬化剂混合的反应型树脂，可以形成快速、强度高、耐久的涂膜。环氧树脂涂衬方法利用高速离心喷射原理，喷涂厚度为 0.5 ～ 1.0 mm。环氧树脂涂衬不影响水质，施工期短，当天即可恢复通水，但是该法设备复杂，操作技术要求高。

（3）内衬软管。内衬软管即在旧管内衬套管，有滑衬法、反转衬里法、“袜法”及用弹性清管器拖带聚氨酯薄膜等方法。该法形成“管中有管”的防腐结构，防腐效果好，但造价高。

13.3.1.3　管网漏水的修复

1. 水泥压力管的修理

水泥压力管因裂缝而漏水，可采用环氧砂浆进行修补（图 13.19）。修补时，先将裂口凿成宽 15 ～ 25 mm，深 10 ～ 15 mm，长 50 ～ 100 mm 的矩形浅槽，刷净后，用环氧底胶和环氧砂浆填充。较大的裂缝，还可用包贴玻璃纤维布和贴钢板的方法堵漏（图 13.19、图 13.20）。玻璃纤维布的大小与层数应视裂缝大小而定，一般为 4 ～ 6 层。严重损坏的管段，可在损坏部位管外焊制一钢套管，内填油麻及石棉水泥。

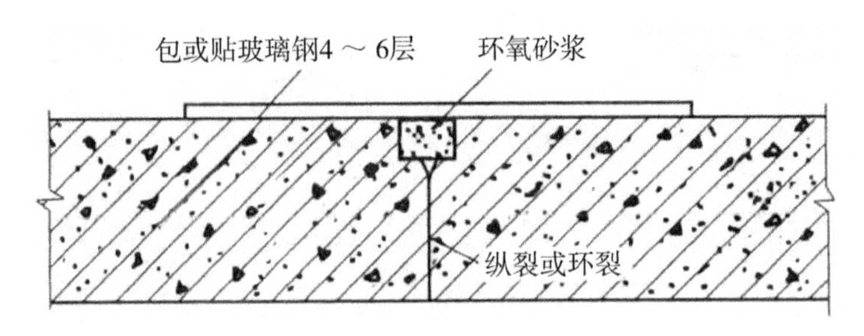

图 13.19 修理管身裂缝

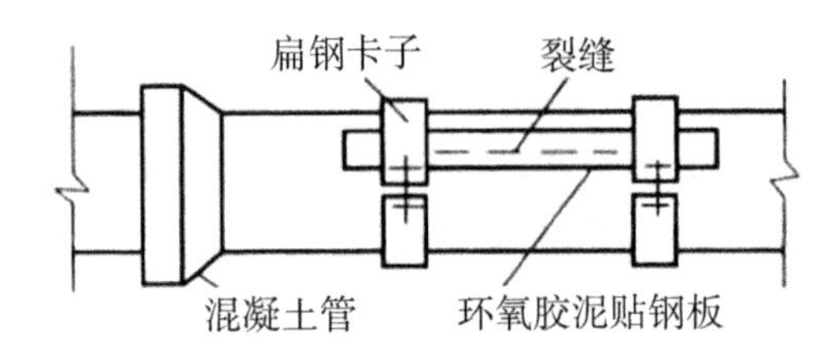

图 13.20 管身外贴钢板修补

管段砂眼漏水处理方法与裂缝相同。

如果管道接口漏水，多采用填充封堵的方法。在一般情况下需停水操作。

由于胶圈密封不严产生的漏水，可将柔性接口改为刚性接口，重新用石棉水泥打口封堵（图 13.21）；若接口缝隙太小，可采用充填环氧砂浆，然后贴玻璃钢进行封堵（图 13.22）；若接口漏水严重，不易修补，可用钢套管将整个接口包住，然后在腔内填自应力水泥砂浆封堵（图 13.23）。如果接口漏水的修复是带水操作，一般采用柔性材料封堵的方法（图 13.24）。操作时，先将特制的卡具固定在管身上，然后将柔性填料置于接口处，最后上紧卡具，使填料恰好堵死接口。

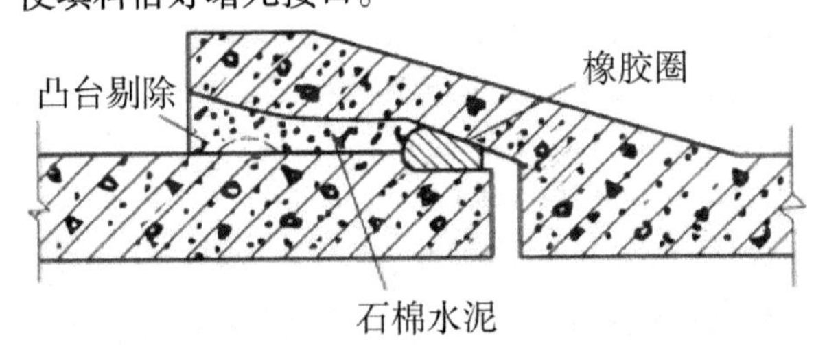

图 13.21 柔性接口改刚性接口

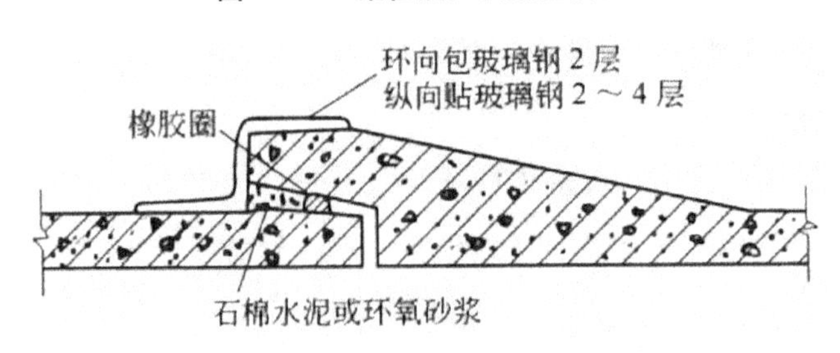

图 13.22 接口用包玻璃钢修理

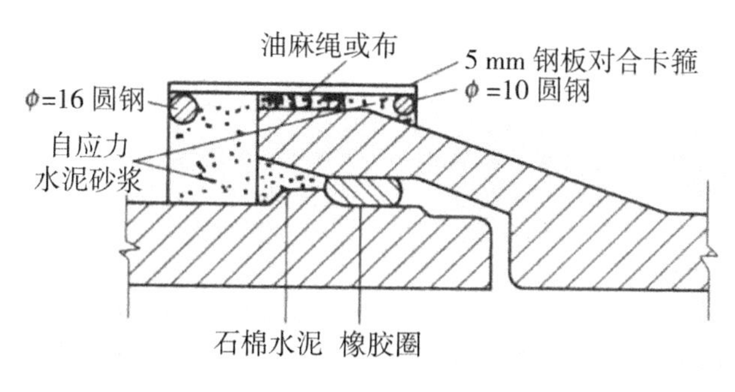

图 13.23　接口管钢管的修理

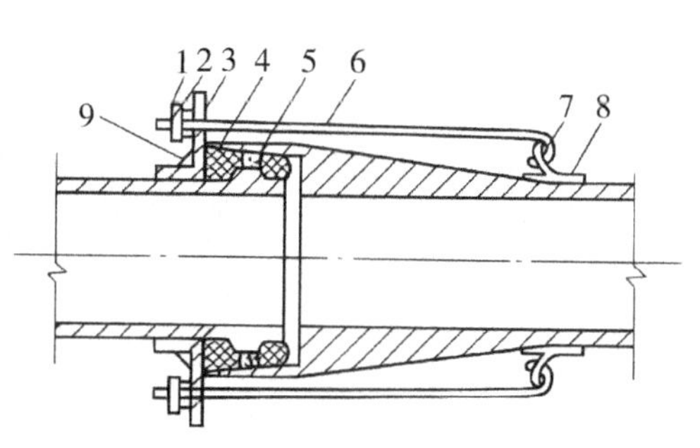

1—螺母；2—套管；3—胶圈挡板；4—胶圈；5—油麻；6—拉钩螺栓；7—固定拉钩；8—固定卡箍；9—胶圈挡肋。

图 13.24　接口带水外加柔口的修理

2. 铸铁管件的修理

铸铁管件本身具有一定的抗压强度，裂缝的修复可采用管卡进行（图 13.25）。管卡做成比管径略大的半圆管段，彼此用螺栓紧固。发现裂缝，可在裂缝处贴上 3 mm 的橡胶板，然后压上管卡上紧至不漏水即可。

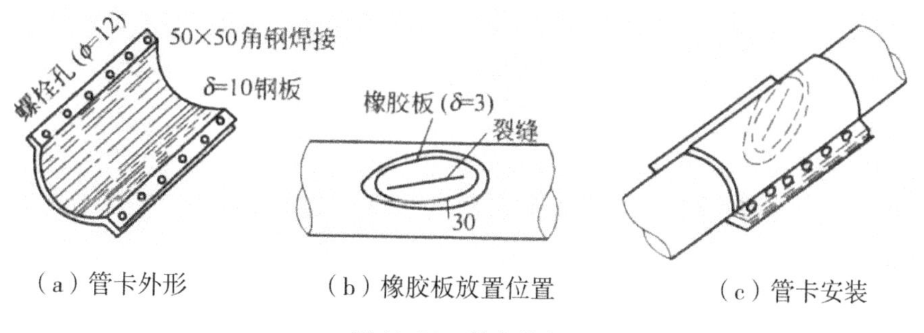

（a）管卡外形　（b）橡胶板放置位置　（c）管卡安装

图 13.25　管卡修复

砂眼的修补可采用钻孔，攻丝，用塞头堵孔的方法进行修补（图 13.26）。接口漏水，一般可将填料剔除，重新打口即可。

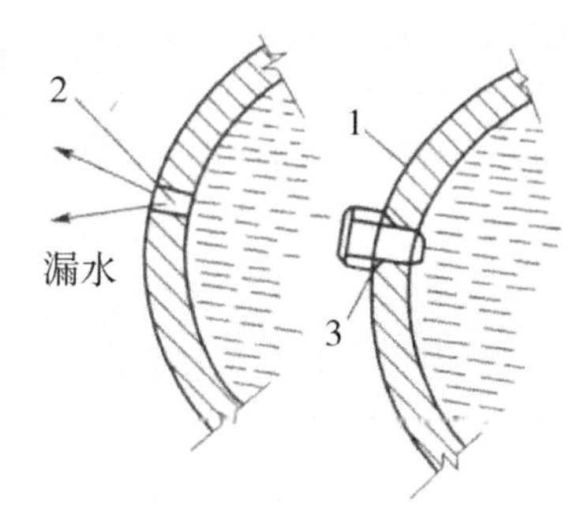

1—铸铁管；2—砂眼穿孔；3—带丝塞头。

图 13.26　铸铁管塞头堵孔

3. 用塑料管进行非开挖技术修复管道

聚乙烯管道特别适用于非开挖工程，它质量小，可以进行一体化的管道连接，其熔接连接接口的抗拉能力高于管材本身，另外具有很好的挠性和良好的抵抗刮痕能力。

（1）爆管或胀管法。爆管或胀管法更新管道（图 13.27）采用膨胀头（静态的或动态的，动态的如气动锤、液压胀管器）将旧管破碎，并用扩张器将旧管的碎片压入周围的土层，同时将新管拉入，完成管线的更换。新管的直径可与旧管道相同或更大。施工前，先在旧管内穿一根钢丝绳，并由缆车向气动锤或液压胀管器提供恒定的张力，以保证施工时方向的稳定性。该法适用管径范围为 50 ～ 600 mm，长度一般为 100 m，适用于由脆性材料制成的管（陶土管、混凝土管、铸铁管、

PVC 管）的更换，旧钢管的更换需要特殊的切割刀片。

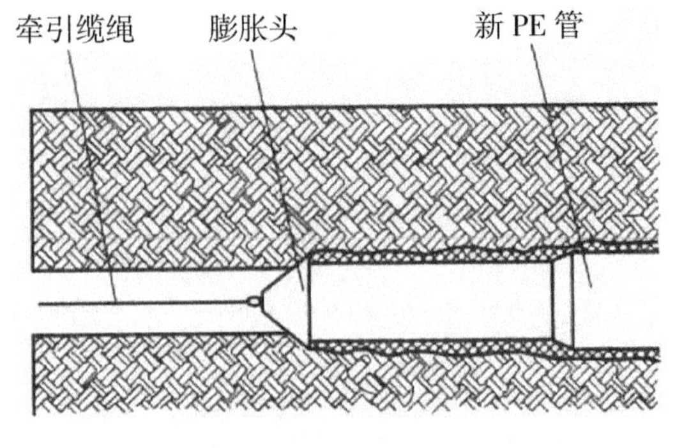

图 13.27　爆管法更新

爆管技术的商业名称为 PIM，最早在 1980 年由英国煤气公司用于更新铸铁煤气管，现已广泛用于更换自来水、污水和其他工业管线。新管可以是连续的长管，也可以是带机械接头的短管。但最常用的是热熔对接起来的聚乙烯管，短管可采用 PP 管、UPVC管和陶土管等。更换金属管道时，往往要求有一套管以保护新管不受损坏。

（2）传统内衬法。传统内衬法是使用最早的一种非开挖管道修复方法。施工时将一直径较小的新管插入或拉入旧管内。通常，自来水管道和污水管道要求向环形间隙灌浆固结，而燃气管道则不需要灌浆。这种方法的优点是施工简单，施工成本相对较低。然而，因为直径减小，所以流量的损失较大。但对直径较大的管道来说，这种影响较小。该种方法适用于旧管内无障碍、形状完好，没有过度损坏的管道。传统内衬法可分为连续管法和短管法两类。

A. 连续管法。将 HDPE 管热熔对接成一连续管，通过钢绳由绞车整体地拉入旧管内。安装可在插入工作坑或人井（修复污水管时）内进行。该方法已广泛用于自来水管、重力排污管和燃气管等。

使用 HDPE 管进行穿插更新，应首先检查旧管线中是否存在严重变形和障碍。其次，旧管线应是清洁的。可采用将一小段 PE 管拉过旧管的方法，判断旧管内是否清洁，是否需要清管。

HDPE 管传统内衬穿插管径的确定需综合考虑下述因素：①穿插过程中塑料管会遭到擦伤是确定塑料管口径上限的主要因素。金属管道内壁的毛刺、焊瘤及管道弯曲都会对塑料管表面造成损伤。塑料管口径越大，穿插越困难，表面擦伤也越大。据国外实践经验及资料介绍，HDPE 管的最大截面可占钢管直径的 85%，对于混凝土管道可以适当放大。②在确定塑料管径下限的时候，主要考虑冰冻影响。地下水会通过腐蚀孔洞、钢管切割端进入塑料管与旧管道的环形空间，水结冰后的膨胀系数为 10%，可能会将塑料管挤扁。从理论上计算，塑料管截面不小于旧管截面的 40%，即可以有效地避免冰冻的影响。对于埋设在冰冻线以下的管道，可以不受此下限的限制。因此可以得出结论，HDPE 管在进行管道穿插时占据的空间应为原管截面的 40% ～ 85%。③具体管径应根据流量要求确定。适用的聚乙烯管材可小到 25.4 mm，大则受到 HDPE 管材制造能力的限制，通常为 1 000 mm 以下。

B. 短管法。这种方法使用的是带接头的短管。在工作坑（或人井）连接后逐节由顶进装置顶入旧管内。现已开发出多种用于污水管修复的塑料短管，包括 PVC 管、PP 管、PE 管和玻璃纤维增强聚乙烯管。环形空间一般应灌浆。

（3）改进内衬法。这种管道修复技术是在施工之前，新的衬管首先减小尺寸（在安装现场或加工厂），随后插入旧管，最后使用热力、压力或自然的方法恢复原来的大小和尺寸，以保证与旧管形成紧密结合。与使新管断面减少的方法不同，这种方法可分为缩径法（拉拔法、冷轧法）和变形法。采用改进内衬法的主要优点是新旧管之间无环形间隙，管道流过断面的损失很小；可在开挖的工作坑内或人井内施工，可长距离修复。主要缺点是施工时可能会引起结构性的破坏。

这种方法形成的内衬既可以作为结构性的内衬（相当于敷设一条新管道），也可以作为非结构性的内衬或薄内衬（主要用于修复出现少量裂缝但结构完整的管道）。

A. 缩径法。该方法是使内衬 PE 管的直径临时性缩小，然后送入旧管中。有热拔法和冷轧法两种缩径方式。

a. 热拔法。该方法起源于英国煤气公司，施工时，中高密度聚乙烯管在加热后通过一个加热的模具进行拉拔，使塑料管的管径减小。对于 100 mm 管，管径约减小 20%；对于 610 mm 管，管径约减小 7%。管子插入管道就位后，依靠高分子的记忆功能，使其直径逐渐自然恢复。可向其内部施加压力以加速恢复过程。恢复形状之后的管，通常能与旧管形成紧密结合。直径在 76 ～ 610 mm 的管均可用该法施工。

热拔法如图 13.28 所示，设备由加热器、模具、液压推动机、锥形拖头和绞车组成。外径减少的聚乙烯管，借助于液压推动机及绞车的动力，拉过旧管，到达接收井，释放拉力，聚乙烯管冷却复原并紧贴旧管内壁。

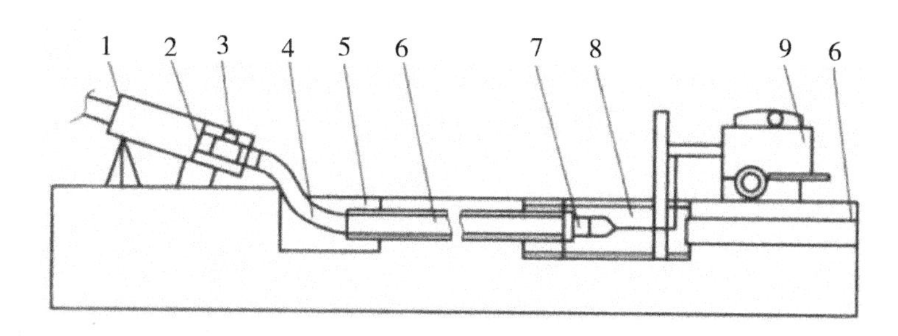

1—加热器；2—模具；3—液压推动机；4—聚乙烯管；5—发射井；6—旧管；7—锥形拖头；8—接收井撑柱；9—绞车。

图 13.28　热拔法

b. 冷轧法。施工时，将标准的中高密度聚乙烯管对焊成适当的长度后，在现场利用一台液压顶推装置向一组滚轧机推送塑料管，进行冷轧，以减少管的直径。插入旧管内就位后，对其施加压力，以恢复原有的尺寸，与旧管形成紧密的结合。

B. 变形法。该方法是由法国研发的，又称为“U”形内衬法（图 13.29）。利用机械将加热的连续的聚乙烯管变成“U”形状态，然后将其插入旧管内，最后使用热气和液压使其恢复成圆形。更换之后可用遥控的切削器在不需要开挖的条件下进行水管的连接。这种方法的优点是“U”形管可在工厂预制，盘起来运输到工地施工，施工速度快。

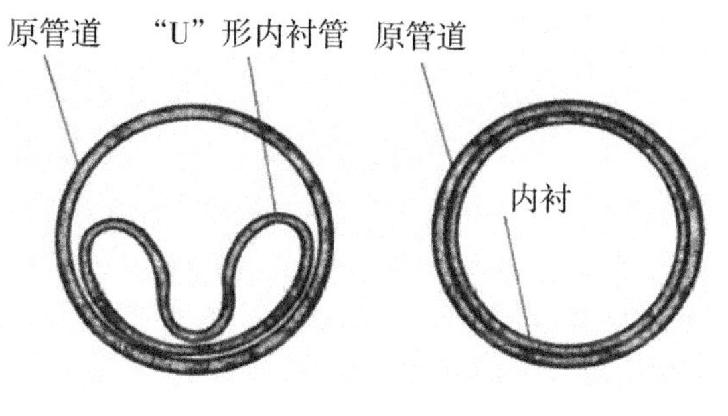

图 13.29　“U”形内衬法

13.3.2 排水管渠养护（排水工程）

13.3.2.1 排水管渠养护的任务

排水管渠在建成通水后，为保证其正常工作，必须经常进行养护和管理。排水管渠内常见的故障有：污物淤塞管道；过重的外荷载、地基不均匀沉陷或污水的侵蚀作用，使管渠损坏、裂缝或腐蚀等。管理养护的任务是：①验收排水管渠；②监督排水管渠使用规则的执行；③经常检查、冲洗或清通排水管渠，以维持其通水能力；④修理管渠及其构筑物，并处理意外事故等。

排水管渠系统的管理养护工作，一般由城市建设机关专设部门（如养护工程管理处）领导，按行政区划设养护管理所，下设若干养护工程队（班），分片负责。整个城市排水系统的管理养护组织一般叫分为管渠系统、排水泵站和污水厂。工厂内的排水系统，一般由工厂自行负责管理和养护。在实际工作中，管渠系统的管理养护应实行岗位责任制，分片包干，以充分发挥养护人员的社会主义积极性。同时，可根据管渠中沉积污物可能性的大小，划分成若干养护等级，以便对其中水力条件较差，排入管渠的脏物较多，易于淤塞的管渠段，给予重点养护。实践证明，这样可大大提高养护工作的效率，是保证排水管渠系统全线正常运行的行之有效的办法。

13.3.2.2 排水管渠的清通

管渠系统管理养护经常性的和大量的工作是清通排水管渠。在排水管渠中，往往由于水量不足，坡度较小，污水中污物较多或施工质量不良等，发生沉淀、淤积，淤积过多将影响管渠的通水能力，甚至使管渠堵塞。因此，必须定期清通。清通的方法主要有水力方法和机械方法两种。

1. 水力清通

水力清通方法是用水对管道进行冲洗。可以利用管道内污水自冲，也可利用自来水或河水。用管道内污水自冲时，管道本身必须具有一定的流量，同时管内淤泥不宜过多(20%左右)。用自来水冲洗时，通常从消防龙头或街道集中给水栓取水，或用水车将水送到冲洗现场，街坊内的污水支管每次冲洗一般需水 2 000 ～ 3 000 kg。

图 13.30 为水力清通方法操作示意图。首先用一个一端由钢丝绳系在绞车上的橡皮气塞或木桶橡皮刷堵住检查井下游管段的进口，使检查井上游管段充水。待上游管中充满并在检查井中水位抬高至 1 m 左右以后，突然放走气塞中部分空气，使气塞缩小，气塞便在水流的推动下往下游浮动而刮走污泥，同时水流在上游较大水压作用下，以较大的流速从气塞底部冲向下游管段。这样，沉积在管底的淤泥便在气塞和水流的冲刷作用下排向下游检查井，管道本身则得到清洗。

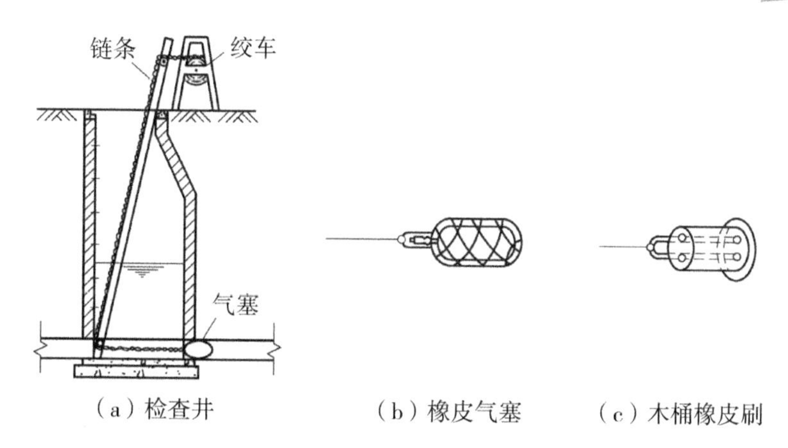

（a）检查井　（b）橡皮气塞　（c）木桶橡皮刷

图 13.30　水力清通操作示意

污泥排入下游检查井后，可用吸泥车抽汲运走。吸泥车包括装有隔膜泵的罱泥车、装有真空泵的真空吸泥车和装有射流泵的射流泵式吸泥车。图 13.31 和图 13.32 分别为罱泥车和真空吸泥车的外形照片。因为污泥含水率非常高，它实际上是一种含泥水，为了回收其中的水用于下游管段的清通，同时减少污泥的运输量，我国一些城市已采用泥水分离吸泥车，如图 13.33 所示。采用泥水分离吸泥车时，污泥被安装在卡车上的真空泵从检查井吸上来后，以切线方向旋流进入储泥罐，储泥罐内装有由旁置筛板和工业滤布组成的脱水装置，污泥在这里连续真空吸滤脱水。脱水后的污泥储存在罐内，而吸滤出的水则经车上的储水箱排至下游检查井内，以备下游管段的清通之用。目前，生产中使用的泥水分离吸泥车的储泥罐容量为 1.8 m^3，过滤面积为 0.4 m^2，整个操作过程均由液压控制系统自动控制。

图 13.31　罱泥车

图 13.32　真空吸泥车

图 13.33　泥水分离吸泥车及其液压自控系统

近年来，有些城市采用水力冲洗车（图 13.34）进行管道的清通。这种冲洗车由半拖挂式的大型水罐、机动卷管器、清防水泵、高压胶管、射水喷头和冲洗工具箱等部分组成。它的操作过程系由汽车引擎供给动力，驱动消防泵，将从水罐抽出的水加压到11 ～ 12 kg/cm^2（日本加压到50 ～ 80 kg/cm^2）；高压水沿高压胶管流到放置在待清通管道管口的流线形喷头（图 13.35），喷头尾部设有 2 ～ 6 个射水喷嘴（有些喷头头部开有一小喷射孔，以备冲洗堵塞严重的管道时使用），水流从喷嘴强力喷出，推动喷嘴向反方向运动，同时带动胶管在排水管道内前进；强力喷出的水柱也冲动管道内的沉积物，使之成为泥浆并随水流流至下游检查井。当喷头到达下游检查井时，减小水的喷射压力，由卷管器自动将胶管抽回，抽回胶管时仍继续从喷嘴喷射出低压水，以便将残留在管内的污物全部冲刷到下游检查井，然后由吸泥车吸出。对于表面锈蚀严重的金属排水管道，可采用在喷射高压水中加入硅砂的喷枪冲洗，枪口与被冲物的有效距离为 0.3 ～ 0.5 m，据日本的经验，这样洗净效果更佳。

图 13.34　水力冲洗车

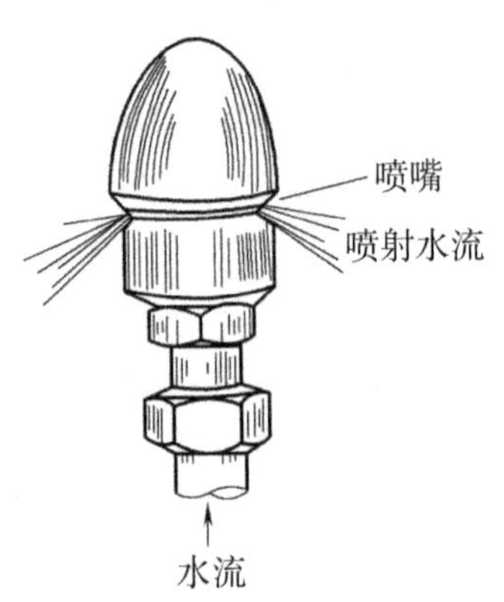

图 13.35　喷头外形

目前，生产中使用的水力冲洗车的水罐容量为 1.2 ～ 8.0 m^3，高压胶管直径为 25 ～ 32 mm；喷头喷嘴有 1.5 ～ 8.0 mm 等多种规格，射水方向与喷头前进方向相反，喷射角为 15°、30°或 35°，消耗的喷射水量为 200 ～ 500 L/min。

水力清通方法操作简便，工效较高，工作人员操作条件较好，目前已得到广泛采用，根据我国一些城市的经验，水力清通不仅能清除下游管道 250 m 以内的淤泥，而且在 150 m左右上游管道中的淤泥也能得到相当程度的刷清。当检查井的水位升高到 1.2 m 时，突然松塞放水，不仅可清除污泥，而且可冲刷出沉在管道中的碎砖石。但在管渠系统脉脉相通的地方，一处用上了气塞后，虽然此处的管渠被堵塞了，由于上游的污水可以流向别的管段，无法在该管渠中积存，气塞也就无法向下游移动，此时只能采用水力冲洗车或从别的地方运水来冲洗，消耗的水量较大。

2. 机械清通

当管渠淤塞严重，淤泥已黏结密实，水力清通的效果不好时，需要采用机械清通方法。机械清通的操作情况如图 13.36 所示。它首先用竹片穿过需要清通的管渠段，竹片一端系上钢丝绳，绳上系住清通工具的一端。在清通管渠段两端检查井上各设一架绞车，竹片穿过管渠段后将钢丝绳系在一架绞车上，清通工具的另一端通过钢丝绳系在另一架绞车上。利用绞车往复绞动钢丝绳，带动清通工具将淤泥刮至下游检查井内，使管渠得以清通。绞车的动力可以是手动，也可以是机动，如以汽车引擎为动力。

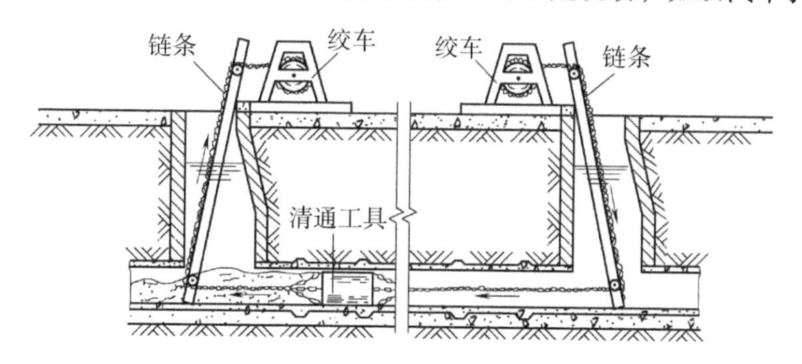

图 13.36　机械清通操作示意

机械清通工具的种类繁多，按其作用分有耙松淤泥的骨骼形松土器（图 13.37）；有清除树根及破布等沉淀物的弹簧刀和锚式清通工具（图 13.38）；有用于刮泥的清通工具，如胶皮刷、铁畚箕（图 13.39）、钢丝刷、铁牛（图 13.40）等。清通工具的大小应与管道管径相适应，当淤泥数量较多时，可先用小号清通工具，待淤泥清除到一定程度后再用与管径相适应的清通工具。清通大管道时，由于检查井井口尺寸的限制，清通工具被拆分成数块，在检查井内拼合后再使用。

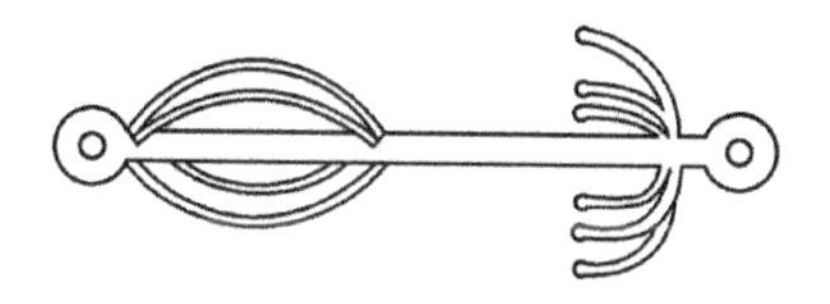

图 13.37　骨骼形松土器

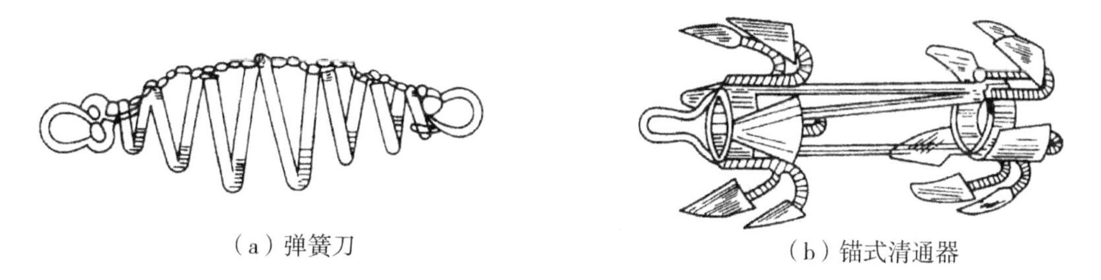

（a）弹簧刀　（b）锚式清通器

图 13.38　弹簧刀及锚式清通器

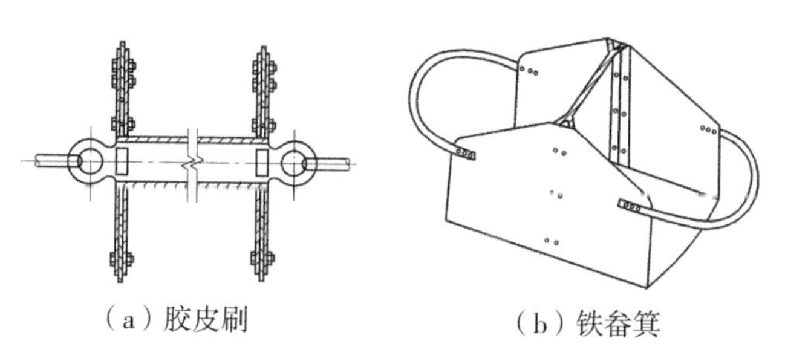

（a）胶皮刷　（b）铁畚箕

图 13.39　胶皮刷及铁畚箕

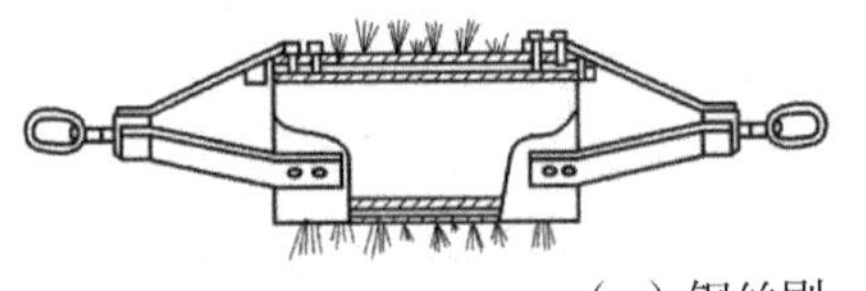

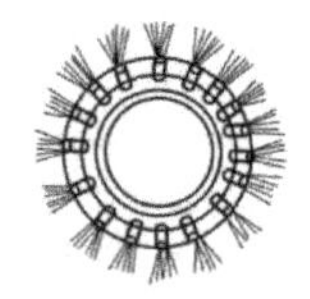

（a）钢丝刷

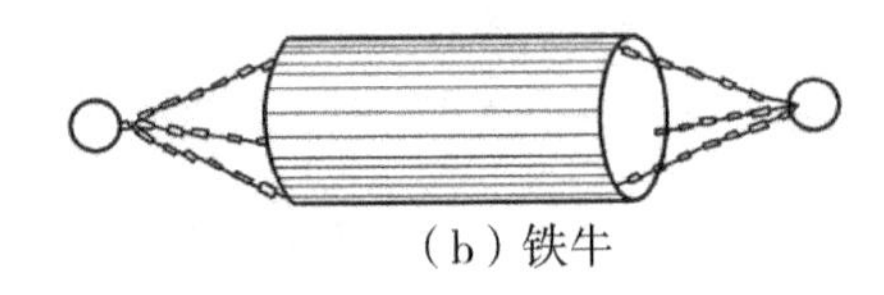

（b）铁牛

图 13.40 钢丝刷及铁牛

近年来，国外开始采用气动式通沟机与钻杆通沟机清通管渠。气动式通沟机借压缩空气把清泥器从一个检查井送到另一个检查井，然后用绞车通过该机尾部的钢丝绳向后拉，清泥器的翼片即行张开，把管内淤泥刮到检查井底部。钻杆通沟机是通过汽油机或汽车引擎带动一机头旋转，把带有钻头的钻杆通过机头中心由检查井通入管道内，机头带动钻杆转动，使钻头向前钻进，同时将管内的淤积物清扫到另一个检查井中。

图 13.41 抓泥车（照片）

淤泥被刮到下游检查井后，通常也采用吸泥车吸出。如果淤泥含水率低，可采用如图 13.41 所示的抓泥车挖出，然后由汽车运走。

排水管渠的养护工作必须注意安全。管渠中的污水通常能析出硫化氢、甲烷等气体，某些生产污水能析出石油、汽油或苯等，这些物质与空气混合能形成爆炸性气体。煤气管道失修、渗漏也能导致煤气逸入管渠中造成危险。如果养护人员要下井，除应有必要的劳保用具外，下井前必须先将安全灯放入井内，如有有害气体，由于缺氧，灯将熄灭；如有爆炸性气体，灯在熄灭前会发出闪光。在发现管渠中存在有害气体时，必须采取有效措施排除，例如，将相邻两检查井的井盖打开一段时间，或者用抽风机吸出气体。排气后要进行复查。即使确认有害气体已被排除，养护人员下井时仍应有适当的预防措施，例如，在井内不得携带有明火的灯，不得点火或抽烟，必要时可戴上附有气袋的防毒面具，穿上系有绳子的防护腰带，井上留人，以备随时给予井下人员必要的援助。

13.3.2.3 排水管渠的修理

系统地检查管渠的淤塞及损坏情况，有计划地安排管渠的修理，是养护工作的重要内容之一。当发现管渠系统有损坏时，应及时修理，以防损坏处扩大而造成事故。管渠的修理有大修与小修之分，应根据各地的经济条件来划分。修理内容包括检查井、雨水口顶盖等的修理与更换；检查井内踏步的更换，砖块脱落后的修理；局部管渠段损坏后的修补；由于出户管的增加需要添建的检查井及管渠；或由于管渠本身损坏严重、淤塞严重，无法清通时所需的整段开挖翻修。

当进行检查井的改建、添建或整段管渠翻修时，常常需要断绝污水的流通，应采取措施，例如，安装临时水泵将污水从上游检查井抽送到下游检查井，或者临时将污水引入雨水管渠中。修理项目应尽可能在短时间内完成，如能在夜间进行更好。当需时较长时，应与有关交通部门取得联系，设置路障，夜间应挂红灯。

第 14 章　给水排水管网信息化管理

14.1　管网技术档案管理（系统工程）

技术管理部门应有给水管网平面图，图上标明管线、泵站、阀门、消火栓、窨井等的位置和尺寸。大中城市的给水排水管网可按每条街道为区域单位列卷归档，作为信息数据查询的索引目录。

管网技术资料主要有：

（1）管线图，表明管线的直径、位置、埋深及阀门、消火栓等的布置，用户接管的直径和位置等。它是管网养护检修的基本资料。

（2）管线过河、过铁路和公路的构造详图。

（3）各种管网附件及附属设施的记录数据和图文资料，包括安装年月、地点、口径、型号、检修记录等。

（4）管网设计文件和施工图文件、竣工记录和竣工图。

（5）管网运行、改建及维护记录数据和文档资料。

管线埋在地下，施工完毕覆土后难以看到，因此应及时绘制竣工图，将施工中的修改部分随时在设计图纸中订正。竣工图应在管沟回填土以前绘制，图中标明给水管线位置、管径、埋管深度、承插口方向、配件形式和尺寸、阀门形式和位置、其他有关管线（如排水管线）的直径和埋深等。竣工图上的管线和配件位置可用搭角线表示，注明管线上某一点或某一配件到某一目标的距离，便于及时进行养护检修。节点详图不必按比例绘制，但管线方向和相对位置须与管网总图一致，图的大小根据节点构造的复杂程度而定。

图 14.1 为给水管网中的节点详图示例，图上标明消火栓位置，各节点详图上标明所需的阀门和配件，管线旁注明的第一个数字是管线长度（m），第二个数字是管径（mm）。

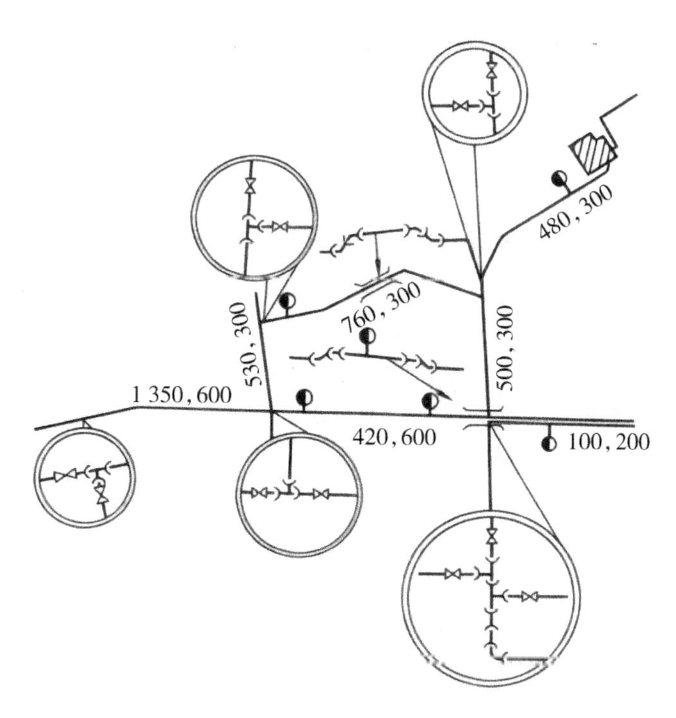

图 14.1　给水管网节点详图

14.2　给水管网信息化管理及水质控制（运行调度系统）

14.2.1　给水管网的运行调度任务

大城市的给水管网往往随着城市的发展、用水量的不断增长而逐步形成多水源的给水系统，管网中还有泵站及调节构筑物，需要设立调度管理部门，采用集中调度的措施，协调各方面的工作，保障有效的供水。

给水管网运行调度的任务是安全可靠地将水量、水压、水质符合要求的水送往用户，保证给水系统的运行安全可靠，并最大限度地降低生产成本，取得较好的社会效益和经济效益。

调度管理部门应及时了解整个给水系统的生产情况，熟悉各水厂和泵站中的设备，依靠有效的技术措施，通过管网的集中调度，按照各管网控制点的水压确定各水厂和泵站运行水泵的台数，这样，既能保证管网所需的水压，又可避免因管网水压过高而浪费能量，通过调度管理，可以改善管网运转效率，降低供水的耗电量和生产运行成本。

调度管理部门是整个管网也是整个给水系统的管理中心，不仅要负责日常的运行管理，还要在管网发生事故时，立即按照应急方案，把事故的影响降至最低程度。

目前，国内许多城市给水管网仍采用传统的人工经验调度的方式，主要依据区域水压分布，利用增加或减少水泵开启的台数，使管网中各区域供水的压力能保持在设定的服务压力范围之内。随着现代科技的迅猛发展，人工经验调度模式已不能适应现代管理的要求。先进的调度管理应充分利用计算机信息技术、通信技术和自动控制技术，对整个给水管网的主要参数、管网信息、设备运行状况进行动态监测，实时调度和自动化控制，实现自动化信息管理。

给水管网运行调度的首要目标是在保证管网中各区域供水压力满足用户要求的条件下，尽量节省输水的能量消耗。在区域供水系统中，还要考虑水资源和制水成本的节省。将每1 000 m^3的水提升1 m扬程的理论有效耗电量是2.73 kW · h，一般城市从水源到用户的供水总提升高度为70 ～ 80 m，按照水泵平均工作效率85%计算，耗电量约为每供水1 000 m^3需250 kW · h的电能。我国统计数据表明，在供水区域内的地形标高相差不悬殊的城镇中包括制水工艺和生产管理的用电量在内，每向用户输送1 000 m^3水的平均电能为300 kW · h左右，供水部门根据压力控制点的压力变化，调整水泵运行状态，将取得明显的节电效果。

现代给水管网调度系统主要基于四项基础技术，即计算机技术（computer）、通信技术（communication）、控制技术（control）和传感技术（sensor），简称“3C + S”技术，也统称为信息与控制技术，而建立在这些基础技术之上的应用技术包括管网模拟、动态仿真、优化调度、实时控制和智能决策等，正在逐步得到应用。

14.2.2　给水管网调度系统组成

管网调度系统可由数据采集与通信网络系统、数据库系统、调度决策系统和调度执行系统组成，如图14.2所示。

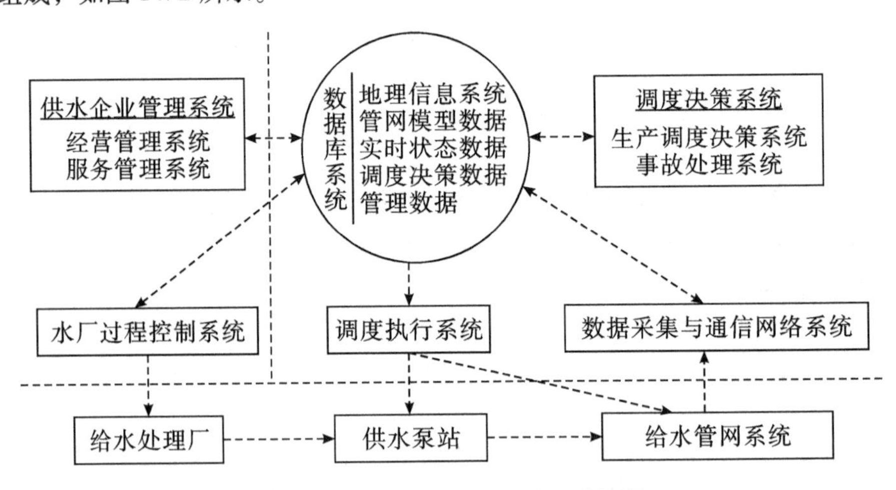

图14.2　给水管网调度系统组成框图

数据采集与通信网络系统包括检测水压、流量、水质等参数的传感器、变送器，信号隔离、转换、现场显示、防雷、抗干扰等设备，数据传输（有线或无线）设备与通信网络，数据处理、集中显示、记录、打印等软硬件设备。通信网络应与水厂过程控制系统、供水企业生产调度中心等联通，并建立统一的接口标准与通信协议。

数据库系统是调度系统的数据中心，与其他三部分具有紧密的数据联系，具有规范的数据格式（数据格式不统一时要配置接口软件或硬件）和完善的数据管理功能。一般包括：地理信息系统（geography information system，GIS），存放和处理管网系统所在地区的地形、建筑、地下管线等的图形数据；管网模型数据，存放处理管网图及其构造和水力属性数据；实时状态数据，如各检测点的压力、流量、水质等数据，包括从水厂过程控制系统获得的水厂运行动态数据；调度决策数据，包括决策标准数据（如控制压力、水质等）、决策依据数据、计算中间数据（如用水量预测数据）、决策指令数据等；管理数据，即通过与供水企业管理系统接口获得的用水抄表、收费、管网维护、故障处理、生产核算成本等数据。

调度决策系统是系统的指挥中心，又分为生产调度决策系统和事故处理系统。生产调度决策系统具有系统仿真、状态预测、优化等功能；事故处理系统则具有事件预警、侦测、报警、损失预估及最小化、状态恢复等功能，通常包括爆管事故处理和火灾事故处理两个基本模块。

调度执行系统由各种执行设备或智能控制设备组成，可以分为开关执行系统和调节执行系统。开关执行系统控制设备的开关、启停等，如控制阀门的开闭、水泵机组的启停、消毒设备的运停等；调节执行系统控制阀门的开度、电机转速、消毒剂投量等。调度执行系统的核心是供水泵站控制系统，多数情况下，它也是水厂过程控制系统的组成部分。

以上系统既有硬件，又有软件，各地情况不同，可以强化或简化某些部分。

14.2.3 给水管网调度系统结构

给水管网运行调度系统分三个发展阶段，分别为人工经验调度、计算机辅助优化调度、全自动优化调度与控制。实行调度与控制的优化、自动化和智能化，实现管网调度与水厂过程控制系统、供水企业管理系统的一体化是管网调度系统的发展方向。

集成化的数据采集与监控（supervisory control and data acquisition，SCADA）系统能够收集现场数据并通过有线或无线通信传输给控制中心，控制中心根据事先设定的程序控制远程的设备。

GIS集计算机科学、地理学、测绘遥控学、环境科学、城市科学、空间科学和管理科学及相关科学等于一体，按新的方式组织和使用地理信息，以便更有效地分析和生产新的地理信息。

从20世纪80年代开始，SCADA系统在我国供水行业得到广泛的应用。基于SCADA系统和GIS集成的给水管网调度系统是一个现代化的供水管网调度管理系统平台，SCADA系统和GIS数据的处理在一个统一的平台上完成，系统同时支持空间和实时数据的处理。集成供水调度系统如图14.3所示。

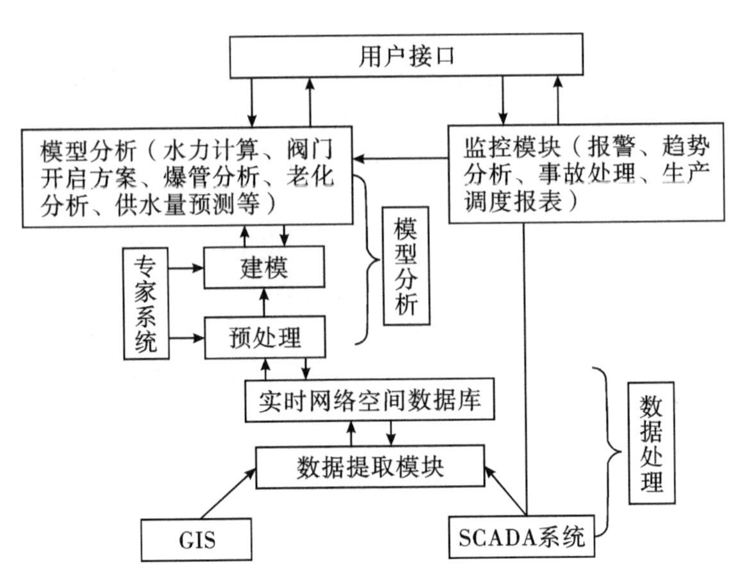

图 14.3　集成供水调度系统

SCADA 系统由远程终端、一级或数级控制站点、相应通信设备及外部设备所组成。

最底层的是数据处理模块。该模块完成与 GIS 和 SCADA 系统的接口转换工作。系统使用通用接口从外界获取所需要的数据，采用了新的数据抽取和校验技术，在数据提取子模块中的数据甄别和校验等功能可以大大提高数据提取速度和正确性，并维护数据集成。从外部传入的 GIS 空间数据和 SCADA 系统实时数据通过数据提取模块处理后被规则化，以系统内部格式保存在实时网络数据库中。实时网络数据库保存了供水管网的静态网络数据，也存储了 SCADA 系统的实时数据，实时网络空间数据库管理模块将是整个系统分析模块的数据基础。

系统中层是模型分析模块。它接受用户提出的分析要求，寻找适当的分析模型，在找到适当的分析模型后，调用建模模块从实时网络数据库中提取数据，完成分析并给出分析结论，分析结果以多种形式返回给用户。对于报警、事故等需要操作人员立刻干预的情况，系统中的监控模块直接接受来自 SCADA 系统的数据。在需要进行趋势分析时，也调用系统的模型分析模块完成辅助决策功能。

系统最上层是与用户交互的接口模块。系统提供各种标准的界面便于用户完成供水管网调度的任务。

14.2.4　实时网络数据库

系统的实时网络数据库中的管网空间静态网络数据与来自 SCADA 系统的实时数据在物理上是分开存放的，但在它们之间建立特殊的索引，通过索引可以很快地在静态的管网空间数据中找到对应的实时数据列表，反之亦然。数据提取模块可以从各种 GIS 读取空间数据库中的数据，然后转换成系统专有的格式供整个系统使用。SCADA 系统传过来的数据首先保存在数据库中，然后根据实时数据中的实体 ID 与管网静态数据中的对应的实体建立双向索引关系，便于系统对两种数据互查。经过上述处理，实时网络数据库克服

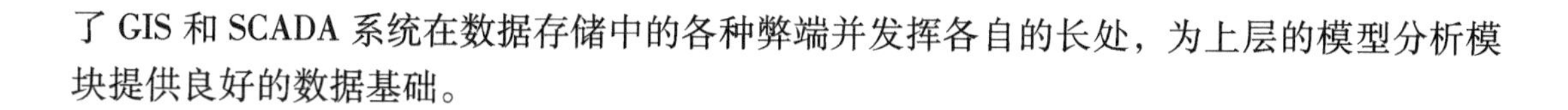

了 GIS 和 SCADA 系统在数据存储中的各种弊端并发挥各自的长处，为上层的模型分析模块提供良好的数据基础。

14. 2. 5　模型分析

一个分析工具模型会经常根据关键性评估指标把复杂系统简化，使人们很好地理解系统，以及检查系统在不同的参数下运行的效果。专业建模模块和数据处理模块使模型建立时间大大减少，给模型分析留足充分的时间，提高了模型分析能力和实用性。必须要保证模型数据的正确性和经过检验才能确保模型的模拟效果。

系统中分析模型可以通过模拟泵站动态的操作、阀门的开启度来预测在供水网络中各种不同的水流和压力条件。计算机模拟供水系统能提供有效的设计新系统的方式，以及调查和优化已经存在的系统而不需要扰乱生产系统的运行。基于实时网络数据库分析模型，加快建立模型的速度和减少模型数据输入的工作量，满足了供水调度的迫切管理需求。供水管网优化调度的重要环节就是建立调度模型，用以确定优化运行的决策变量值。其目的就是在满足系统约束的前提下，使运行费用最小。各类优化调度模型的正确是建立供水管网调度系统的关键，是实现系统优化调度工程的基础。

14. 2. 6　供水管网调度系统特色

基于 GIS 与 SCADA 系统的供水管网调度系统有以下优点：

（1）统一的数据管理。将各种图形数据（矢量、栅格）和非图形数据（图片、文档、多媒体）集中统一地存放在关系数据库中。地物图形资料仅是系统中一种背景辅助资料，没有地物图形资料时，在系统图形资料的支持下，系统应用功能仍能照常运行，通常地物图形不经常变动。

（2）查询统计。提供多种手段对图形、属性数据进行交互查询，同时能对所选元素的某个字段按用户指定的统计分类数与分类段的范围，统计图元总数、最大、最小、平均值等，并可用直方图、饼图、折线图等多种形式显示。

（3）管网编辑。系统提供完备的编辑工具，用户可以按自己的要求对管网空间和属性数据进行添加、修改、删除等操作。在编辑时有完备的设备关系规则库系统，确保编辑好的数据正确、完备。

（4）实时反映管网的运行状态。根据从 SCADA 系统中导入的数据，在每一条供水管网线路上显示实时水压、水流、水质信息。

（5）方案模拟。可在供水方案实施确定前，在系统上进行模拟操作，系统从 SCADA 系统读入的运行参数进行水流模拟分配，并根据管径大小规格对水流进行校核，发现水压超过管材承压允许的范围时，便会报警，避免管道爆管。

（6）故障定位。当用水用户出现停水时，只要报出用户名，就可在系统中查出该用户的供水信息，以及阀门在地图上的位置，为快速找到故障点、及时隔离故障创造条件。

（7）发布停水信息。在关闭阀门时，用户接口模块的地图上由该阀门控制的线路的颜色由红色转为黑色，并列出所有停水的用户。调度员可据此由电视台、传呼台发送停水范围和用户名称。

（8）管网可靠性统计管理。在系统中，每台泵站、阀门、线路与用户均有明确的连接关系，因此，系统可以根据运行方式中停泵、阀门启闭来确定线路的停水范围，自动统计并列出所有特殊用户的清单，同时，根据状态的改变时间，确定该范围的停水时间，确定停水户数。

（9）老化计算。以管线的材料、埋设环境、年限、维修次数等条件为参数，通过分析模型得出需要维修的管线的紧迫级别，并计算相应工时。

（10）设备设施管理。管理管网在运行过程中的设备维修、管网改扩建、设备运行等业务，主要包括巡道管理、听漏管理、报修管理、维修派工、停水关闸管理等，还有管网设备质量评估（为改扩建管网提供决策依据）和维修员工考核等。

14.3 智慧给水管网建设与应用（含给水管网水质安全和控制）

随着水资源的日益短缺和水环境污染的存在，传统的给水处理工艺不能适应水质的变化，城镇供水水质安全正受到严重的威胁。同时，人们对管网水质提出了更高的要求。水质安全受到广泛的注意。

1. 城镇供水管网水质安全面临的主要问题

（1）水源受到有机物污染。微污染饮用水源中的主要污染物为有机物，这些有机物若不能在加氯消毒前被有效地去除，将导致有害的消毒副产物的产生，并促使配水管网中微生物的滋生，影响饮用水的安全性和生物稳定性。需要强化原有的水处理工艺或探索新的水处理工艺。

（2）给水管道出现锈蚀结垢。我国现有给水管网的管材一般采用钢管、铸铁管，随着运行年限的延长，管道出现锈蚀现象。锈蚀受水中含氧量、pH、硬度等影响。当水中含盐量高时，铁细菌繁殖释放出的氢氧化铁产生大量沉淀，从而使管道出现结垢。藻类等微生物繁殖也会导致管道内壁结垢。

（3）给水管网水龄过长。水在管网中的停留时间是指从水源节点到各节点的流经时间，称为节点水龄，停留时间的长短反映各节点上水的新鲜程度。

（4）二次供水影响水质。地下水池和屋顶水箱是常见储水设施，即使自来水经过严格的净化处理及消毒，在管网输送和水池（箱）蓄水过程中，由于外界污染物的进入和内部微生物的大量繁殖与滋生等，依然会造成二次污染。

2. 加强城镇给水管网水质安全性的技术措施

（1）加强水污染控制。加强水污染控制、保护水源是城镇供水水质安全保障的基本对策和根本措施。

（2）采用先进合理的水处理技术。采用先进适用的给水处理新理论、新工艺、新材料和新设备，替代传统工艺和技术，对现有给水处理工艺和设备进行更新改造，深化适应处理微污染水源水的工艺能力，提高处理水质，是城镇供水水质控制的有效对

策和措施。

（3）强化输送、蓄水过程中的二次污染控制。防止二次污染的主要措施有采用防污染的输配水管材，如塑料给水管；采用防止污染的二次供水设施，改进水池（箱）的结构，保证水的流动性，二次加压采用无负压供水系统结合变频调速装置，省去高位水池（箱），减少污染的机会；采用紫外线二次消毒措施；必要时在用水点采用二次净水措施。

（4）建立城镇供水水质安全检测体系并提高水质检测水平。

附　　录

• 附录 1　《污水排入城市下水道水质标准》（GB/T 31962—2015）

附表 1.1　《污水排入城市下水道水质标准》（GB/T 31962—2015）

序号	控制项目名称	单位	A 级	B 级	C 帆
1	水温	℃	40	40	40
2	色度	倍	64	64	64
3	易沉固体	mL/（L · 15 min）	10	10	10
4	越浮物	mg/L	400	400	250
5	溶解性总固体	mg/L	1 500	2 000	2 000
6	动植物油	mg/L	100	100	100
7	石油类	mg/L	15	15	10
8	pH	—	6. 5 ～ 9. 5	6. 5 ～ 9. 5	6. 5 ～ 9. 5
9	五日生化需氧量（BOD_5）	mg/L	350	350	150
10	化学需氧量（COD）	mg/L	500	500	300
11	氨氮（以氮计）	mg/L	45	45	25
12	总氨（以氮计）	mg/L	70	70	45
13	总磷（以磷计）	mg/L	8	8	5
14	阴离子表面活性剂（LAS）	mg/L	20	20	10
15	总氰化物	mg/L	0. 5	0. 5	0. 5
16	总余氧（以氯气计）	mg/L	8	8	8
17	硫化物	mg/L	1	1	1

续上表

序号	控制项目名称	单位	A级	B级	C帆
18	氟化物	mg/L	20	20	20
19	氯化物.	mg/L	500	800	800
20	硫酸盐	mg/L	400	600	600
21	总汞	mg/L	0.005	0.005	0.005
22	总镉	mg/L	0.05	0.05	0.05
23	总铬	mg/L	1.5	1.5	1.5
24	六价铬	mg/L	0.5	0.5	0.5
25	总砷	mg/L	0.3	0.3	0.3
26	总铅	mg/L	0.5	0.5	0.5
27	总镍	mg/L	1	1	1
28	总铍	mg/L	0.005	0.005	0.005
29	总银	mg/L	0.5	0.5	0.5
30	总硒	mg/L	0.5	0.5	0.5
31	总铜	mg/L	2	2	2
32	总锌	mg/L	5	5	5
33	总锰	mg/L	2	5	5
34	总铁	mg/L	5	10	10
35	挥发酚	mg/L	1	1	0.5
35	苯系物	mg/L	2.5	2.5	1
37	苯胺类	mg/L	5	5	2
38	硝基苯类	mg/L	5	5	3
39	甲醛	mg/L	5	5	2
40	三氯甲烷	mg/L	1	1	0.6
41	四氯化碳	mg/L	0.5	0.5	0.06
42	三氯乙烯	mg/L	1	1	0.5
43	四氯乙烯	mg/L	0.5	0.5	0.2
44	可吸附有机卤化物（AOX，以氯计）	mg/L	8	8	5
45	有机磷农药（以磷计）	mg/L	0.5	0.5	0.5
46	五氯酚	mg/L	5	5	5

• 附录 2 用水量计算数据

按《室外给水设计规范》（GB50013—2018）的规定：

附表 2.1 最高日居民生活用水定额

单位：升/(人·天)

城市类型	超大城市	特大城市	Ⅰ型大城市	Ⅱ型大城市	中等城市	Ⅰ型小城市	Ⅱ型小城市
一区	180 ～ 320	160 ～ 300	140 ～ 280	130 ～ 260	120 ～ 240	110 ～ 220	100 ～ 200
二区	110 ～ 190	100 ～ 180	90 ～ 170	80 ～ 160	70 ～ 150	60 ～ 110	50 ～ 130
三区		—		80 ～ 150	70 ～ 140	60 ～ 130	50 ～ 120

注：1. 超大城市指城区常住人口 1 000 万及以上的城市，特大城市指城区常住人口 500 万以上 1 000 万以下的城市，Ⅰ型大城市指城区常住人口 300 万以上 500 万以下的城市，Ⅱ型大城市指城区常住人口 100 万以上 300 万以下的城市，中等城市指城区常住人口 50 万以上 100 万以下的城市，Ⅰ型小城市指城区常住人口 20 万以上 50 万以下的城市，Ⅱ型小城市指城区常住人口 20 万以下的城市（以上包括本数，以下不包括本数）。

2. 一区包括湖北、湖南、江西、浙江、福建、广东、广西、海南、上海、江苏、安徽；二区包括重庆、四川、贵州、云南、黑龙江、吉林、辽宁、北京、天津、河北、山西、河南、山东、宁夏、陕西、内蒙古河套以东和甘肃黄河以东的地区；三区包括新疆、青海、西藏、内蒙古河套以西和甘肃黄河以西的地区。

3. 经济开发区和特区城市，根据用水实际情况，用水定额可酌情增加。

4. 当采用海水或污水再生水等作为冲厕用水时，用水定额相应减少（附表 2.2 至附表 2.4 的表注同本表，后文不再赘述）。

附表 2.2 平均日居民生活用水定额

单位：升/(人·天)

城市类型	超大城市	特大城市	Ⅰ型大城市	Ⅱ型大城市	中等城市	Ⅰ型小城市	Ⅱ型小城市
一区	140 ～ 280	130 ～ 250	120 ～ 220	110 ～ 200	100 ～ 180	90 ～ 170	80 ～ 160
二区	100 ～ 150	90 ～ 140	80 ～ 130	70 ～ 120	60 ～ 110	50 ～ 100	40 ～ 90
三区		—		70 ～ 110	60 ～ 100	50 ～ 90	40 ～ 80

附表 2.3 最高日综合生活用水定额

单位：升/(人·天)

城市类型	超大城市	特大城市	Ⅰ型大城市	Ⅱ型大城市	中等城市	Ⅰ型小城市	Ⅱ型小城市
一区	250 ～ 480	240 ～ 450	230 ～ 420	220 ～ 400	200 ～ 380	190 ～ 350	180 ～ 320
二区	200 ～ 300	170 ～ 280	160 ～ 270	150 ～ 260	130 ～ 240	120 ～ 230	110 ～ 220
三区		—	—	150 ～ 250	130 ～ 230	120 ～ 220	110 ～ 210

附表 2.4 平均日综合生活用水定额

单位：升/(人·天)

城市类型	超大城市	特大城市	Ⅰ型大城市	Ⅱ型大城市	中等城市	Ⅰ型小城市	Ⅱ型小城市
一区	210 ～ 400	180 ～ 360	150 ～ 330	140 ～ 300	130 ～ 280	120 ～ 260	110 ～ 240
二区	150 ～ 230	130 ～ 210	110 ～ 190	90 ～ 170	80 ～ 160	70 ～ 150	60 ～ 140
三区	—		—	90 ～ 160	80 ～ 150	70 ～ 140	60 ～ 130

附表 2.5 车间卫生特征分级

分级	车间卫生特征		
	有毒物质	粉尘	其他
1 级	易经皮肤吸收引起中毒的剧毒物质（如有机磷、三硝基甲苯、四乙基铅等）		处理传染性材料、动物原料（如皮毛等）
2 级	易经皮肤吸收或有恶臭的物质或高毒物质（如丙烯腈、吡啶、苯酚等）	严重污染全身或对皮肤有刺激的粉尘（如炭黑、玻璃棉等）	高温作业、井下作业
3 级	其他毒物	一般粉尘（棉尘）	体力劳动强度Ⅲ级或Ⅳ级
4 级	不接触有毒物质及粉尘，不污染或轻度污染身体（如仪表、机械加工、金属冷加工等）		

注：1. 虽易经皮肤吸收，但易挥发的有毒物质（如苯等）可按 3 级确定。

2. 工业企业建筑淋浴最高日用水定额，应根据现行国家标准《工业企业设计卫生标准》（GBZ 1—2010）中的车间卫生特征分级确定，可采用 40 ～ 60 升/（人·次），延续供水时间宜取 1 h。

附表 2.6 城镇同一时间内火灾起数和一起火灾灭火设计流量

人数 N（万人）	同一时间内的火灾起数（起）	一起火灾灭火设计流量（L/s）
N≤1.0	1	15
1.0 < N≤2.5	1	20
2.5 < N≤5.0	2	30
5.0 < N≤10.0	2	35
10.0 < N≤20.0	2	45
20.0 < N≤30.0	2	60
30.0 < N≤40.0	2	75
40.0 < N≤50.0	3	75
50.0 < N≤70.0	3	90
N > 70.0	3	100

注：城镇市政消防给水设计流量，应按同一时间内的火灾起数和一起火灾灭火设计流量经计算确定。同一时间内的火灾起数和一起火灾灭火设计流量不应小于附表 2.6 的规定。

附表 2.7　工厂、仓库和民用建筑同时发生火灾次数

名称	基地面积（hm^2）	附有居住区人数（万人）	同时发生的火灾次数	备注
工厂	≤100	≤1.5	1	按需水量最大的一座 建筑物（或堆场）计算
工厂	≤100	>1.5	2	工厂 、居住区各考虑一次
工厂	>100	不限	2	按需水量最大的两座建筑物（或堆场）计算
仓库、民用建筑	不限	不限	1	按需水量最大的一座建筑物（或堆场）计算

附表 2.8　建筑物的室外消火栓用水量

耐火等级	建筑物名称和火灾危险性		建筑物体积（m^3）					
			≤1 500	1 501 ～ 3 000	3 001 ～ 5 000	5 001 ～ 20 000	20 001 ～ 50 000	>5 000
			一次灭火用水量（L/s）					
一、二级	厂房	甲	10	15	20	25	30	35
		乙、丙	10	15	20	25	30	40
		丁、戊	10	10	10	15	15	20
	库房	甲	15	15	25	25	—	—
		乙、丙	15	15	25	25	35	45
		丁、戊	10	10	10	15	15	20
	民用建筑		10	15	15	20	25	30
三级	厂房或库房	乙、丙	15	20	30	40	45	—
		丁、戊	10	15	20	25	35	
	民用建筑		10	15	20	25	30	
四级	丁、戊类厂房或库房		10	15	20	25	—	—
	民用建筑		10	15	20	25	—	—

注：1. 室外消火栓用水量应按消防需水量最大的一座建筑物或一个防水分区计算。
2. 耐火等级和生产厂房的火灾危险性，详见《建筑设计防火规范》（GB 50016—2014）。

• 附录 3 水力计算图

1. 钢筋混凝土圆管（计算图，不满流 $n=0.014$）

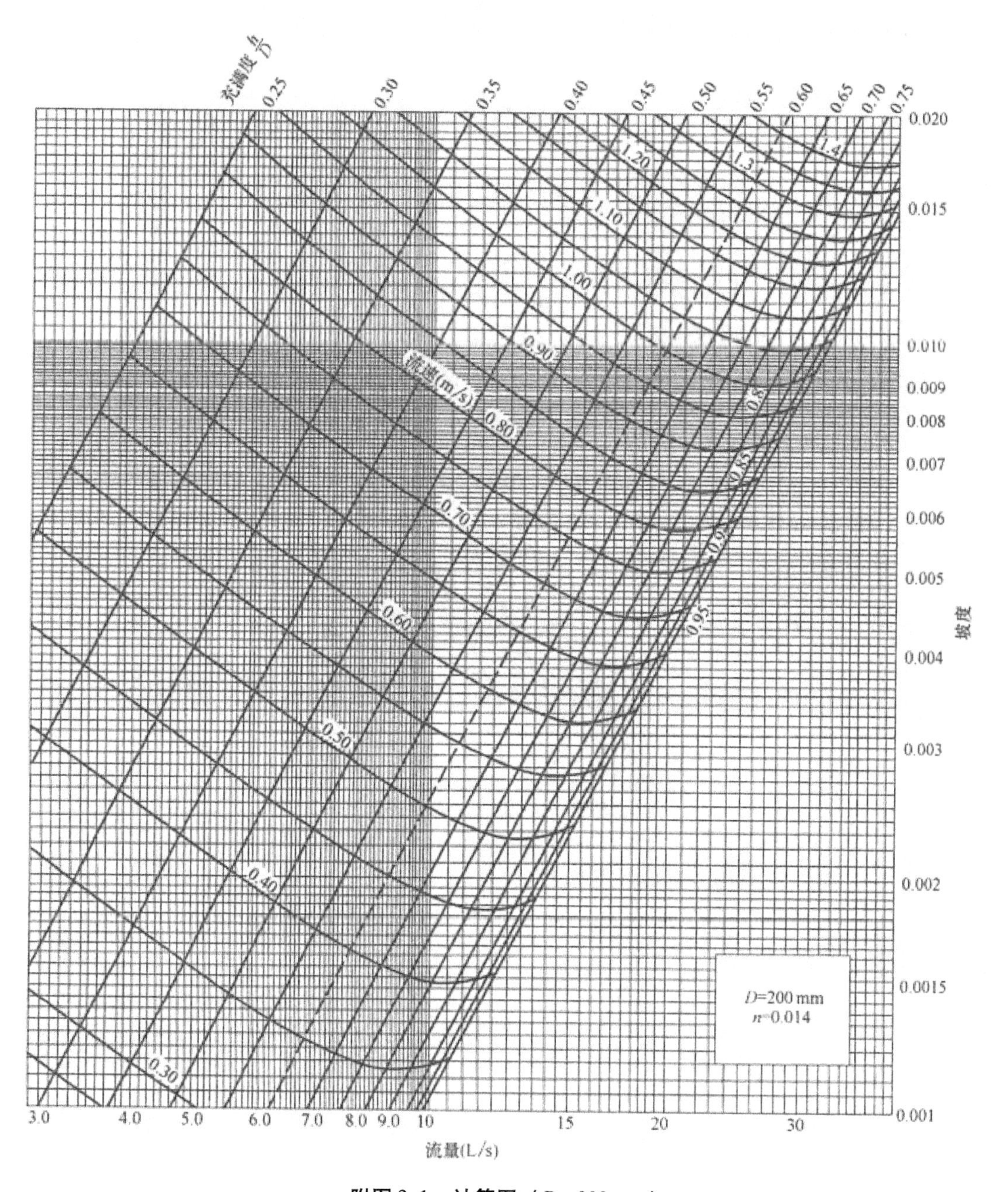

附图 3.1 计算图（$D=200$ mm）

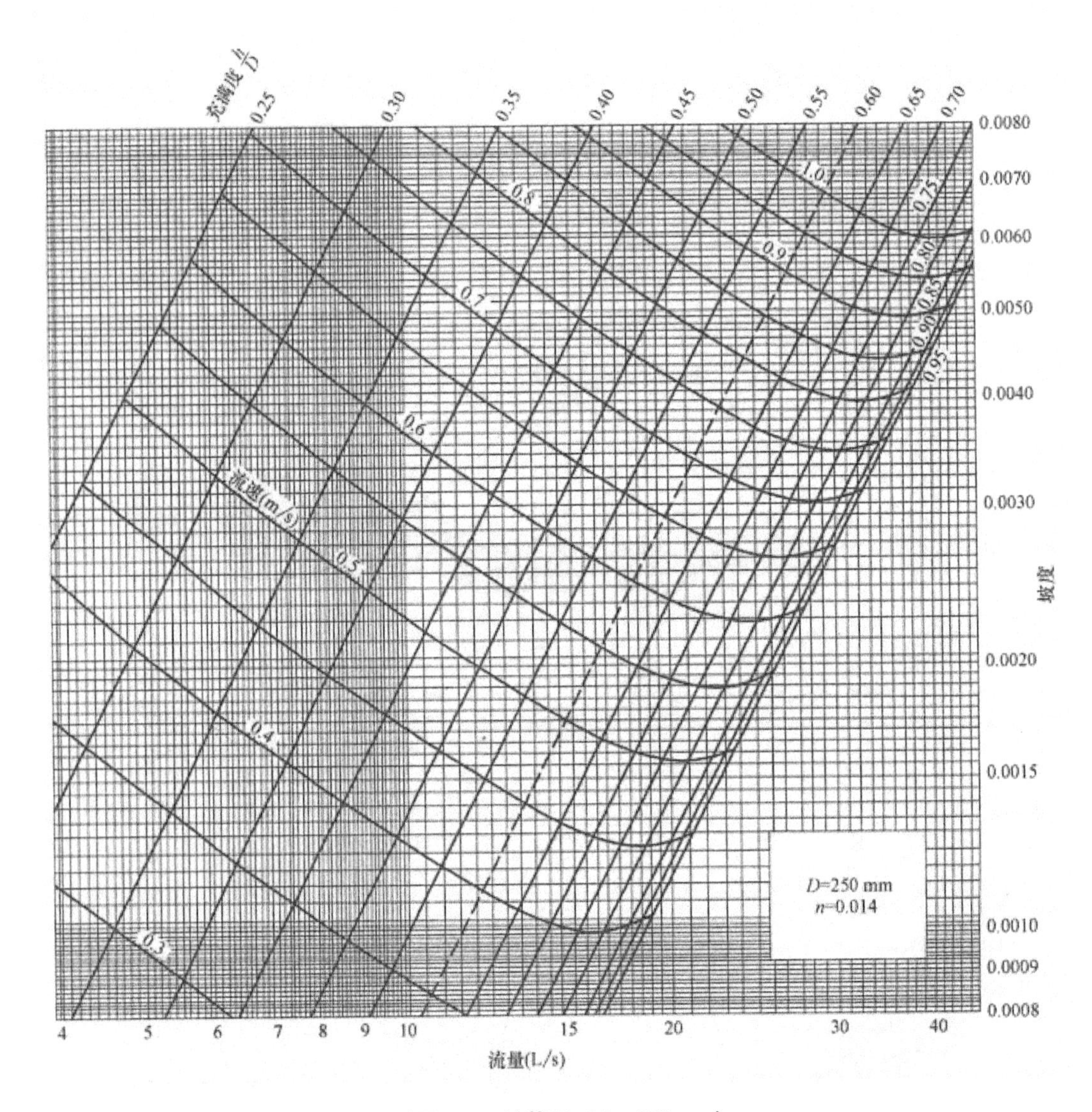

附图 3.2　计算图（D = 250 mm）

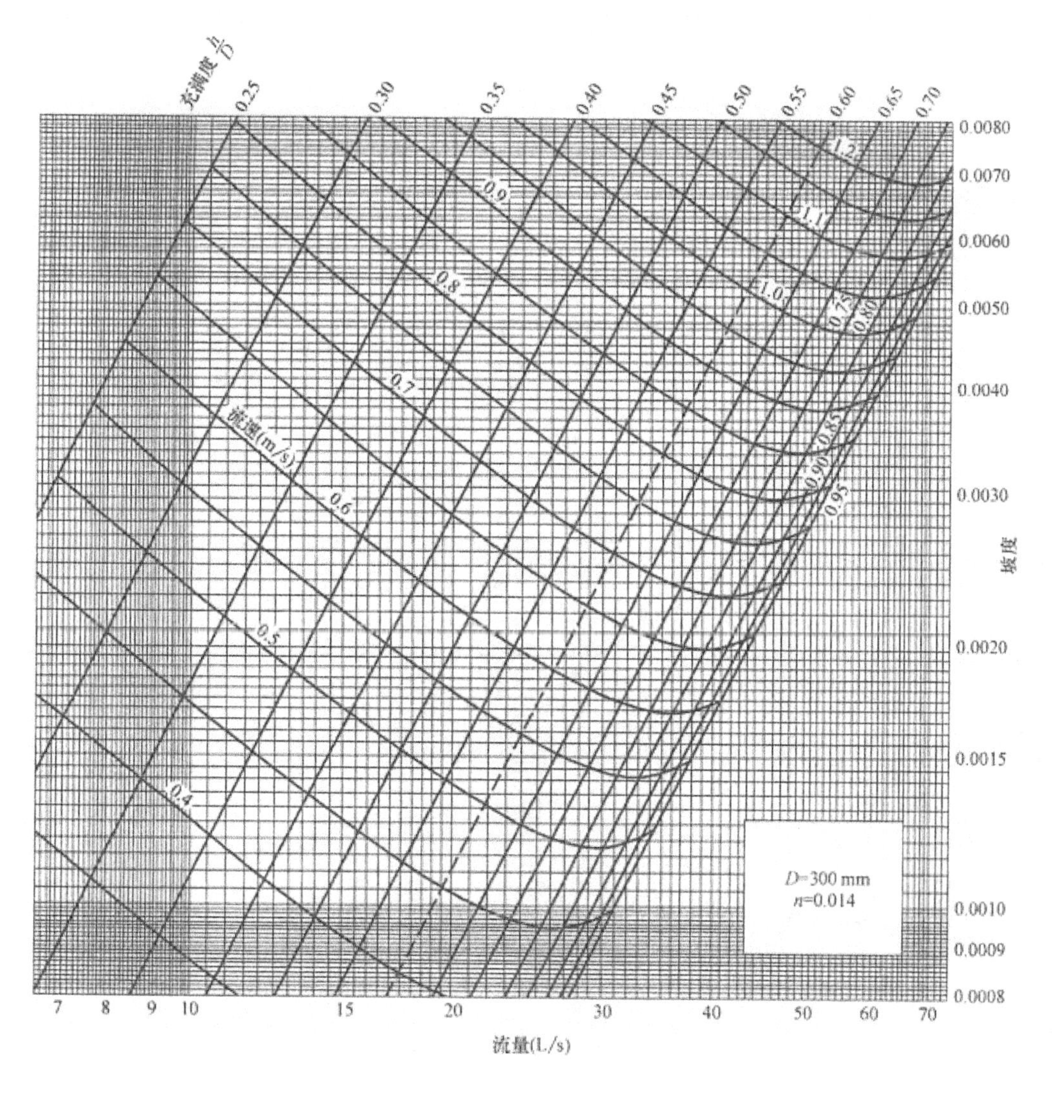

附图 3.3　计算图（$D=300$ mm）

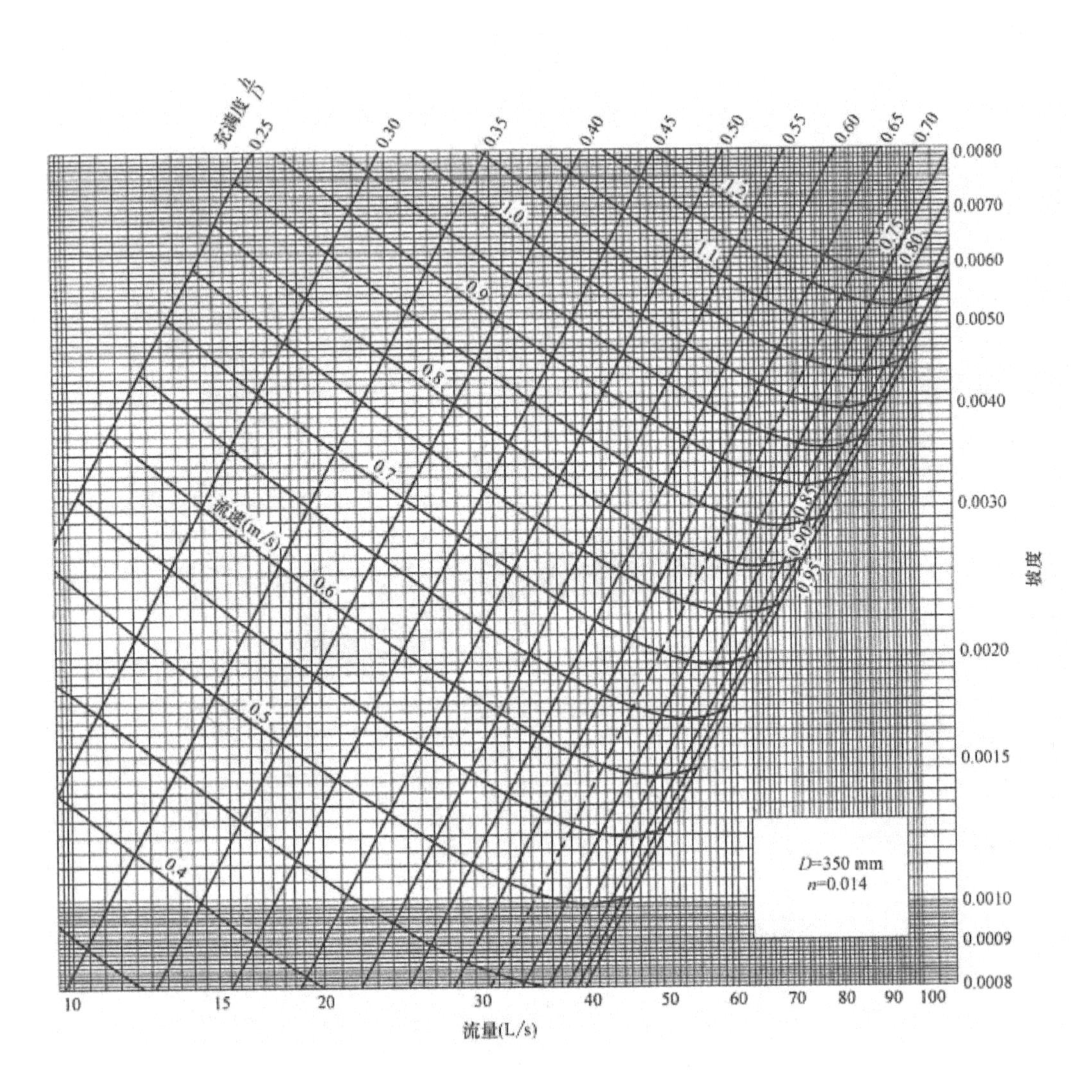

附图 3.4　计算图（$D=350$ mm）

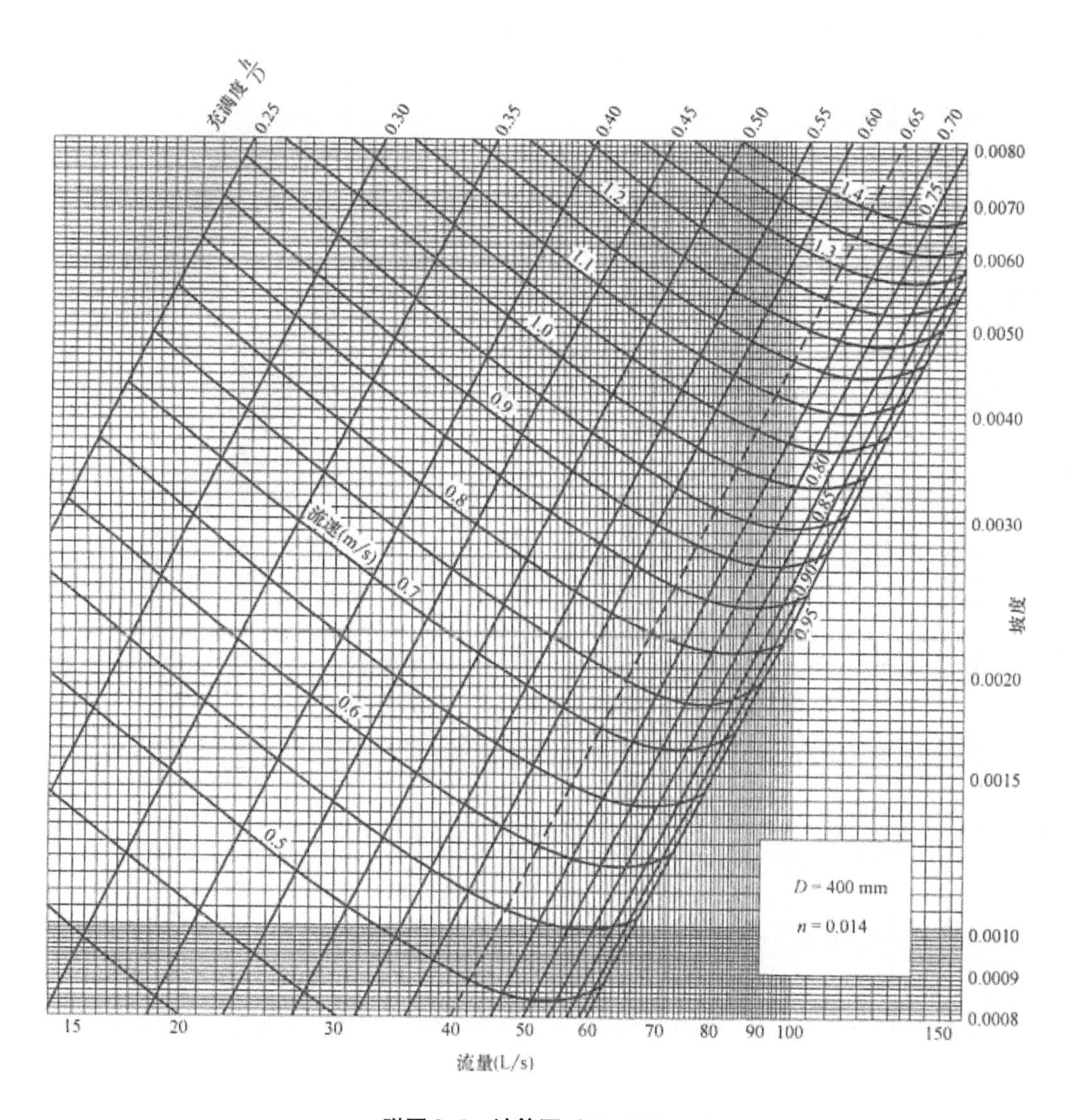

附图 3.5 计算图（D = 400 mm）

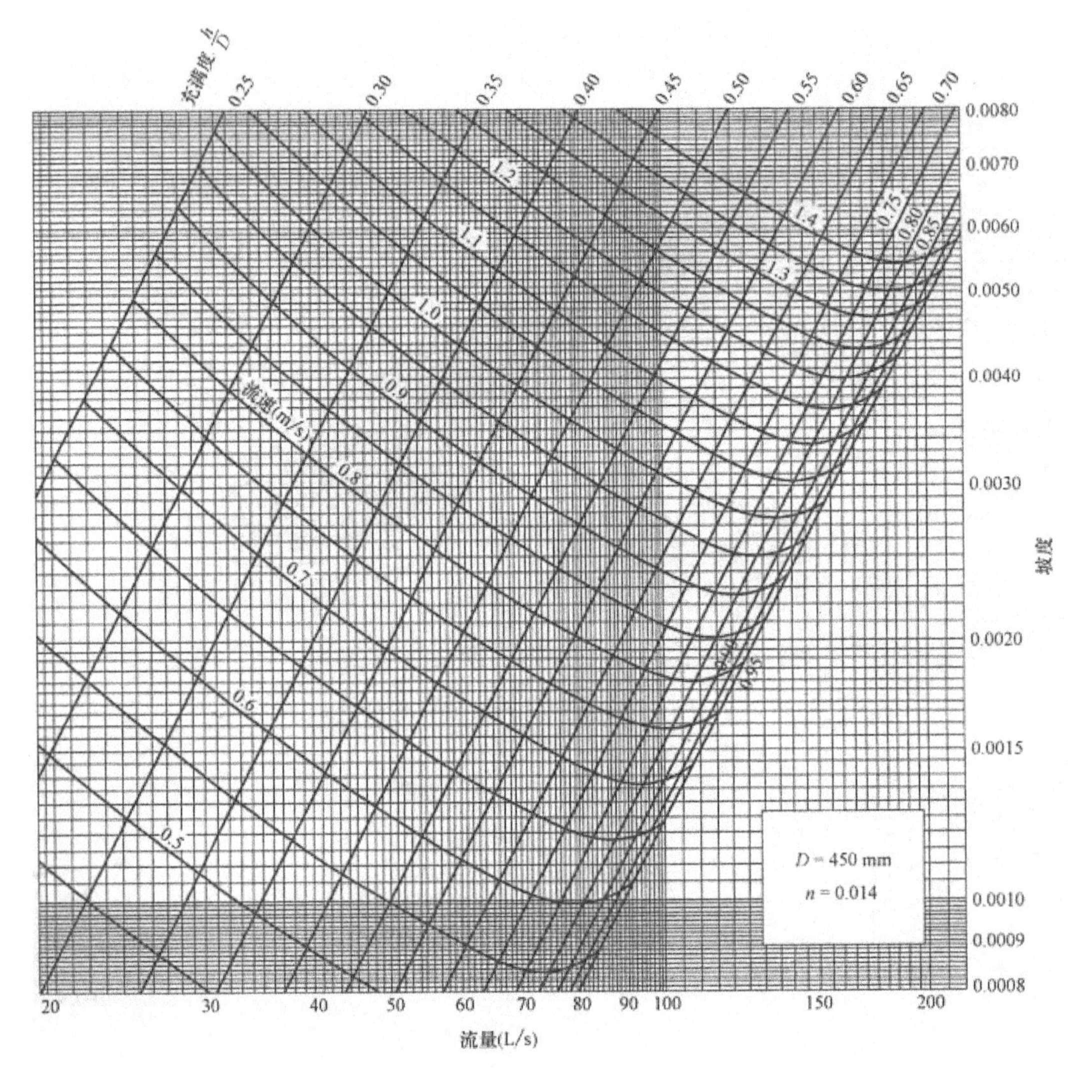

附图 3.6　计算图（D = 450 mm）

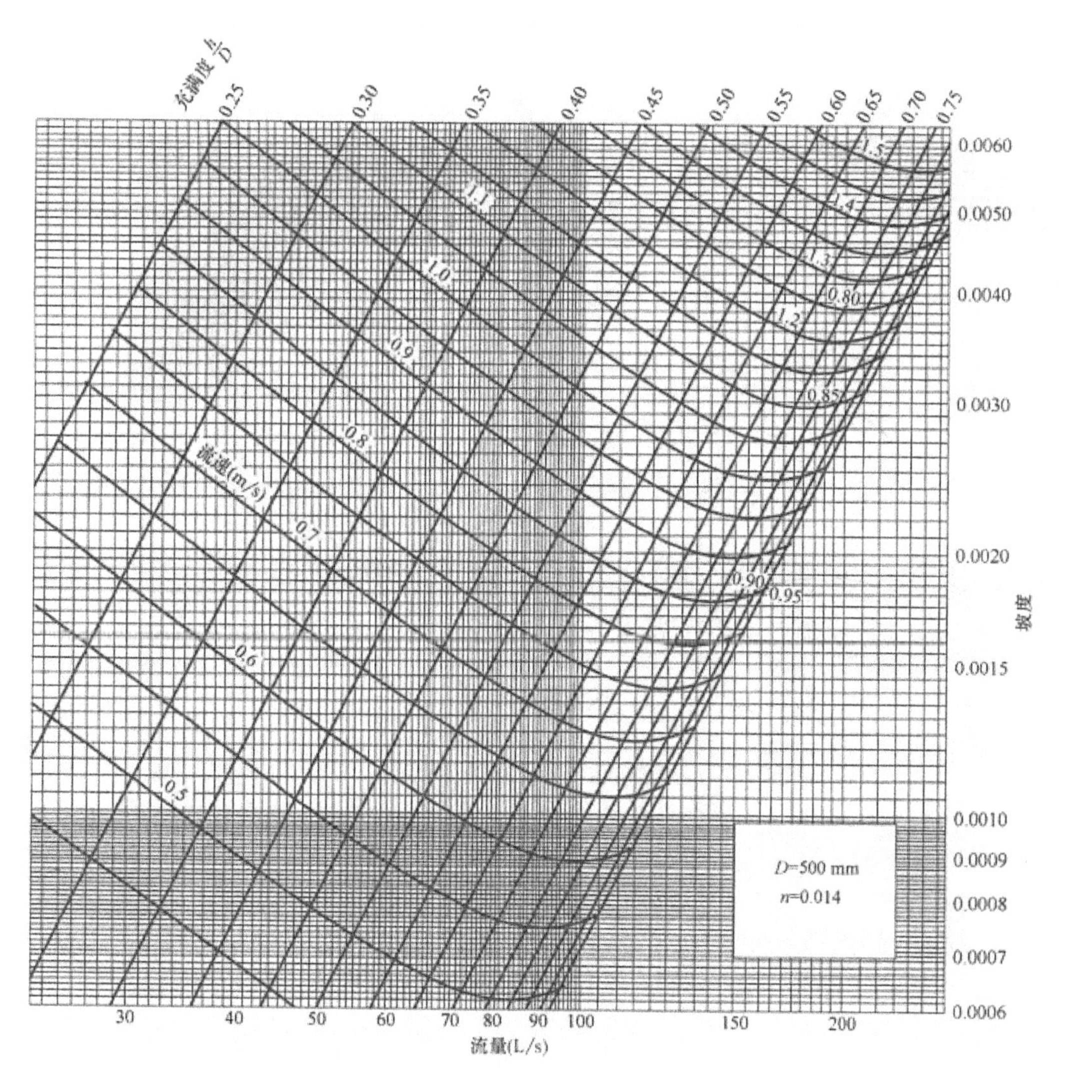

附图 3.7 计算图（$D=500$ mm）

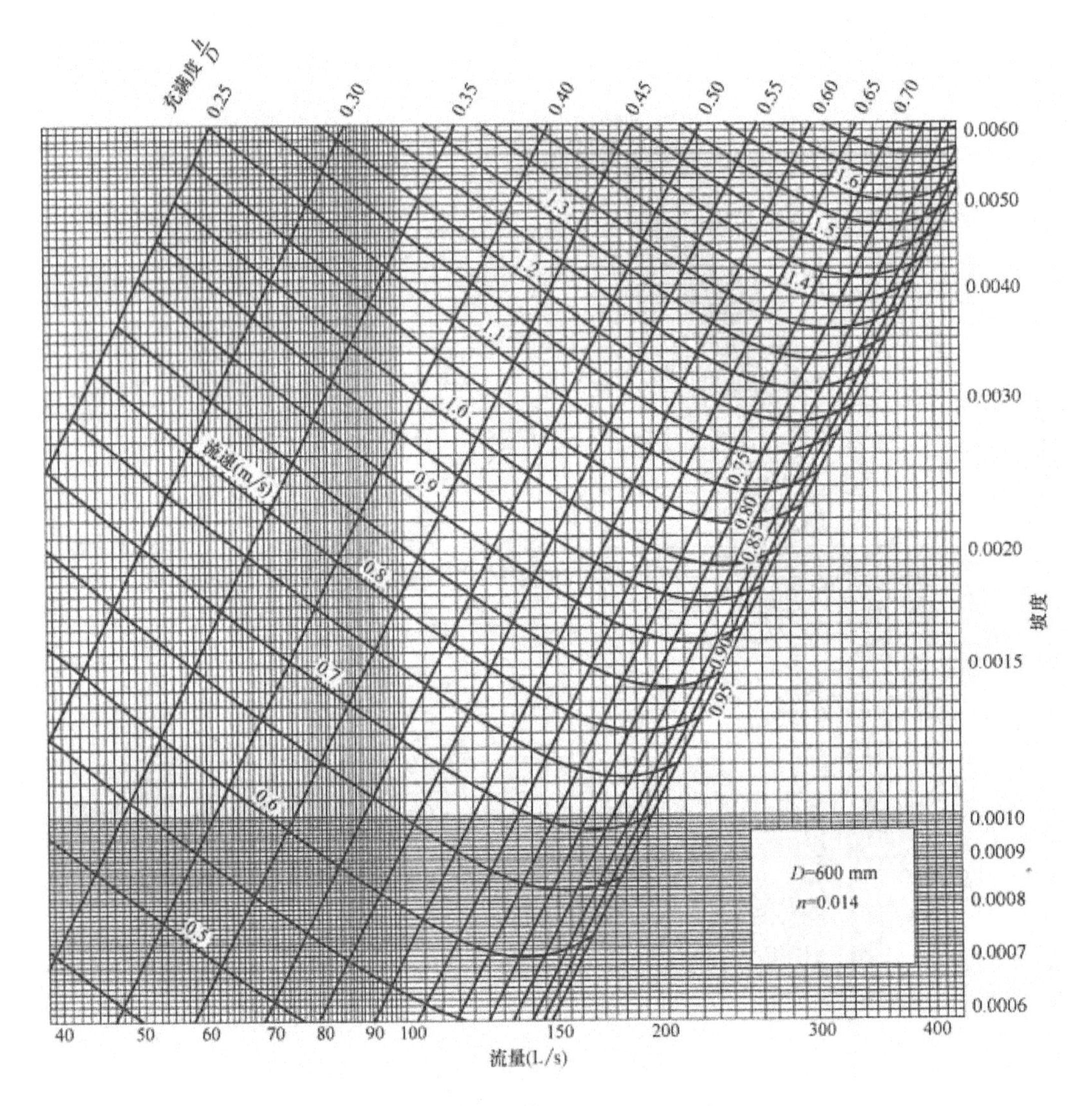

附图 3.8　计算图（$D=600$ mm）

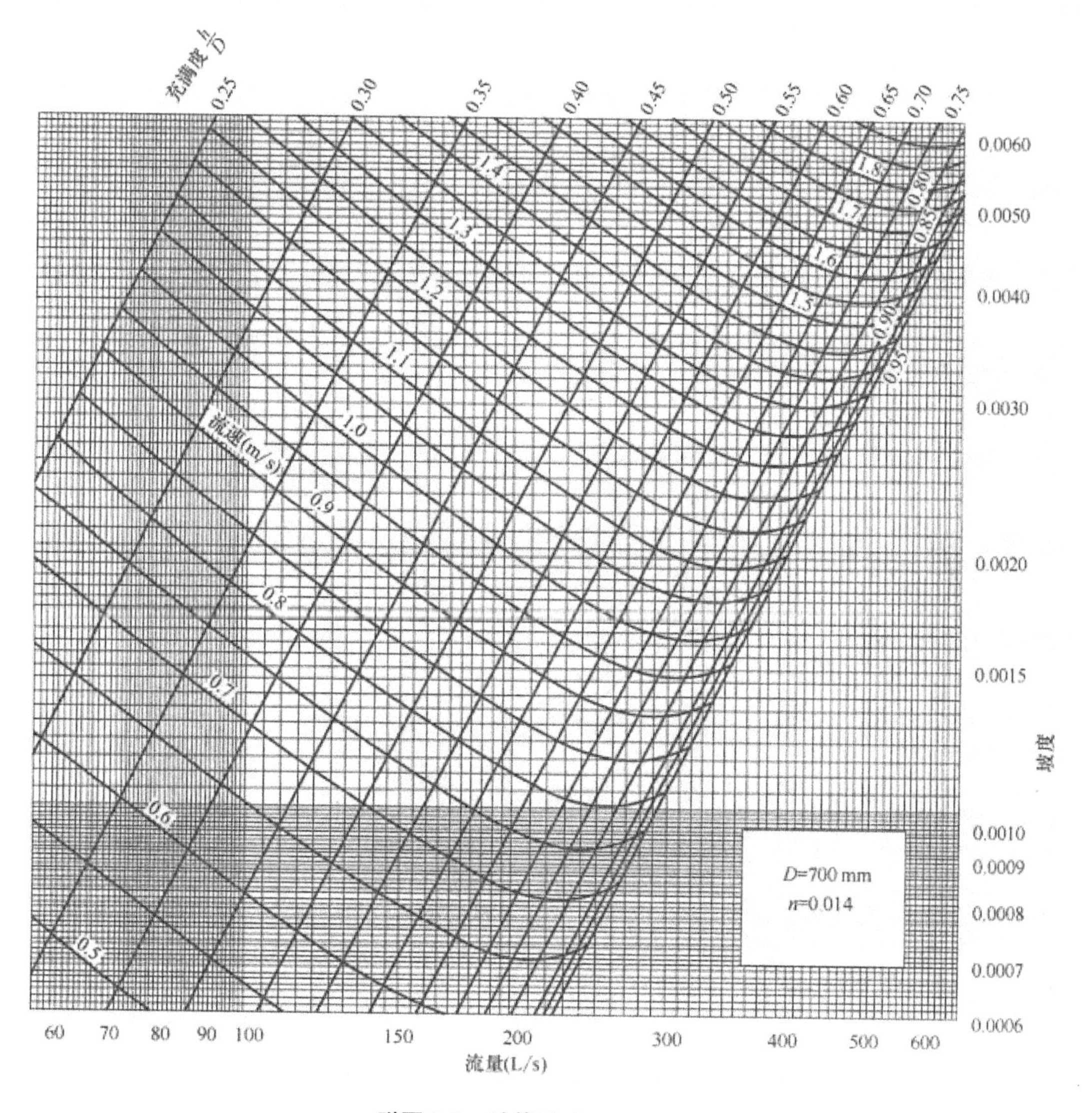

附图 3.9 计算图（$D=700$ mm）

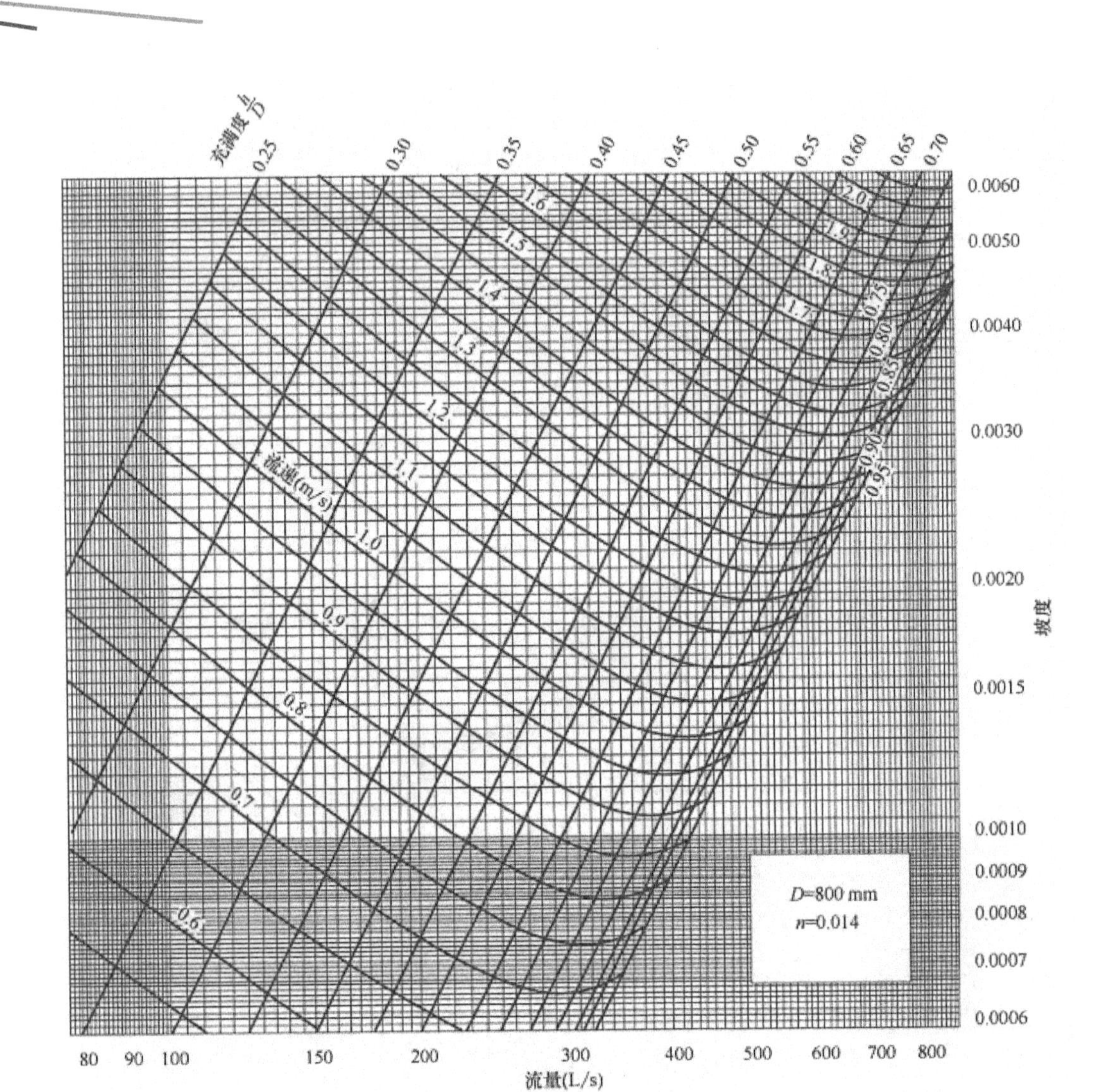

附图 3.10　计算图（$D=800$ mm）

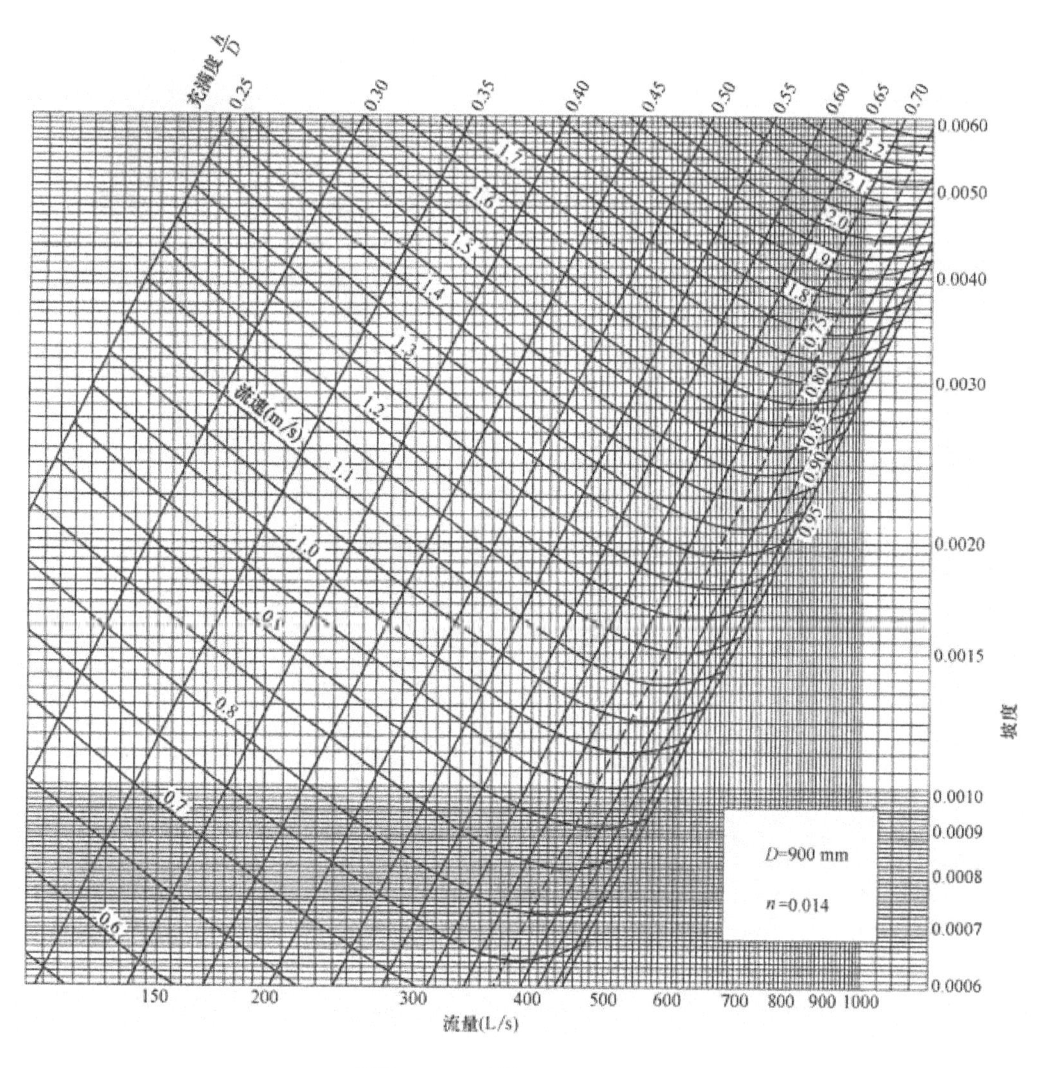

附图 3.11 计算图（$D=900$ mm）

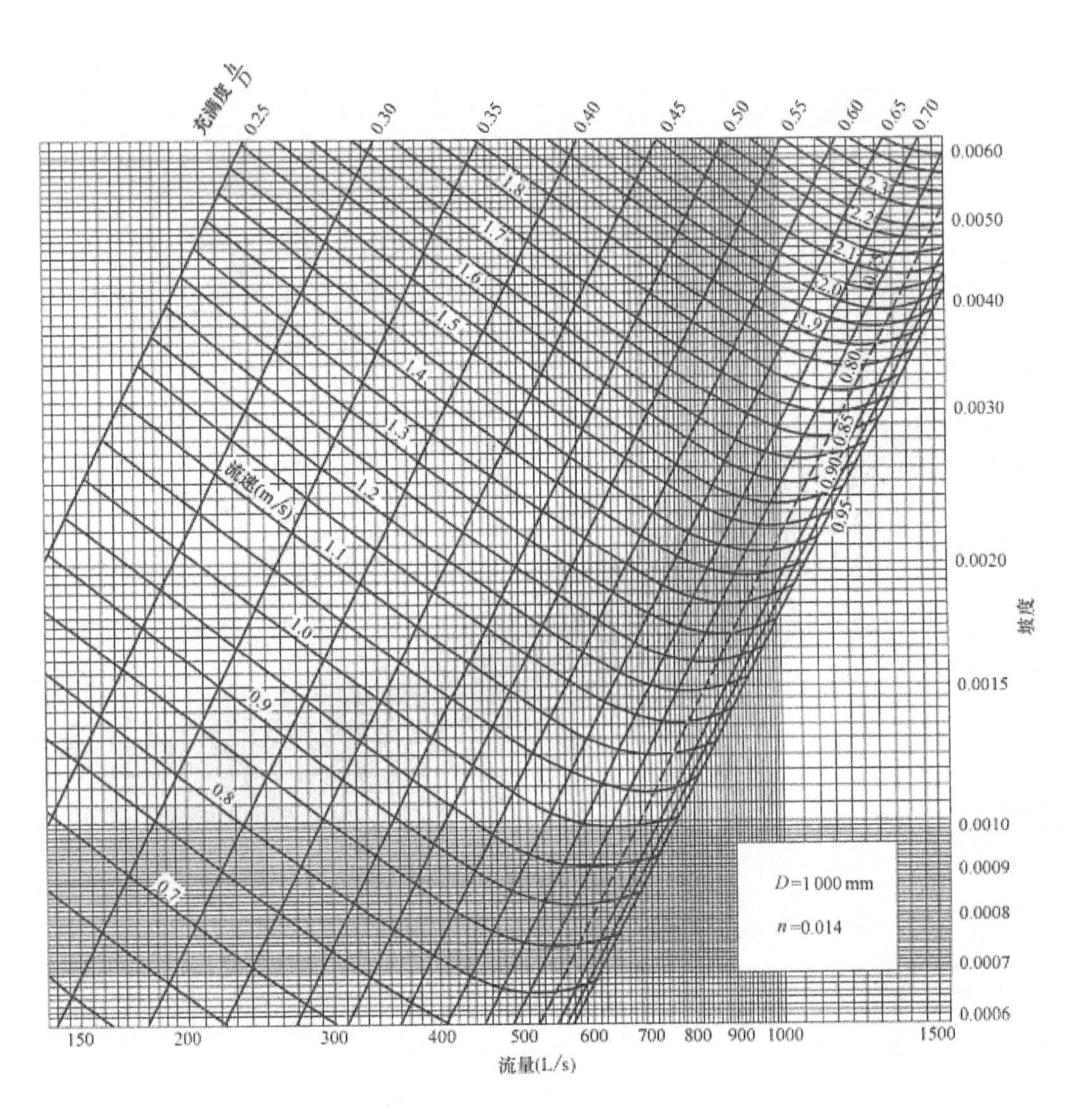

附图 3. 12　计算图（$D = 1\ 000$ mm）

2. 钢筋混凝土圆管

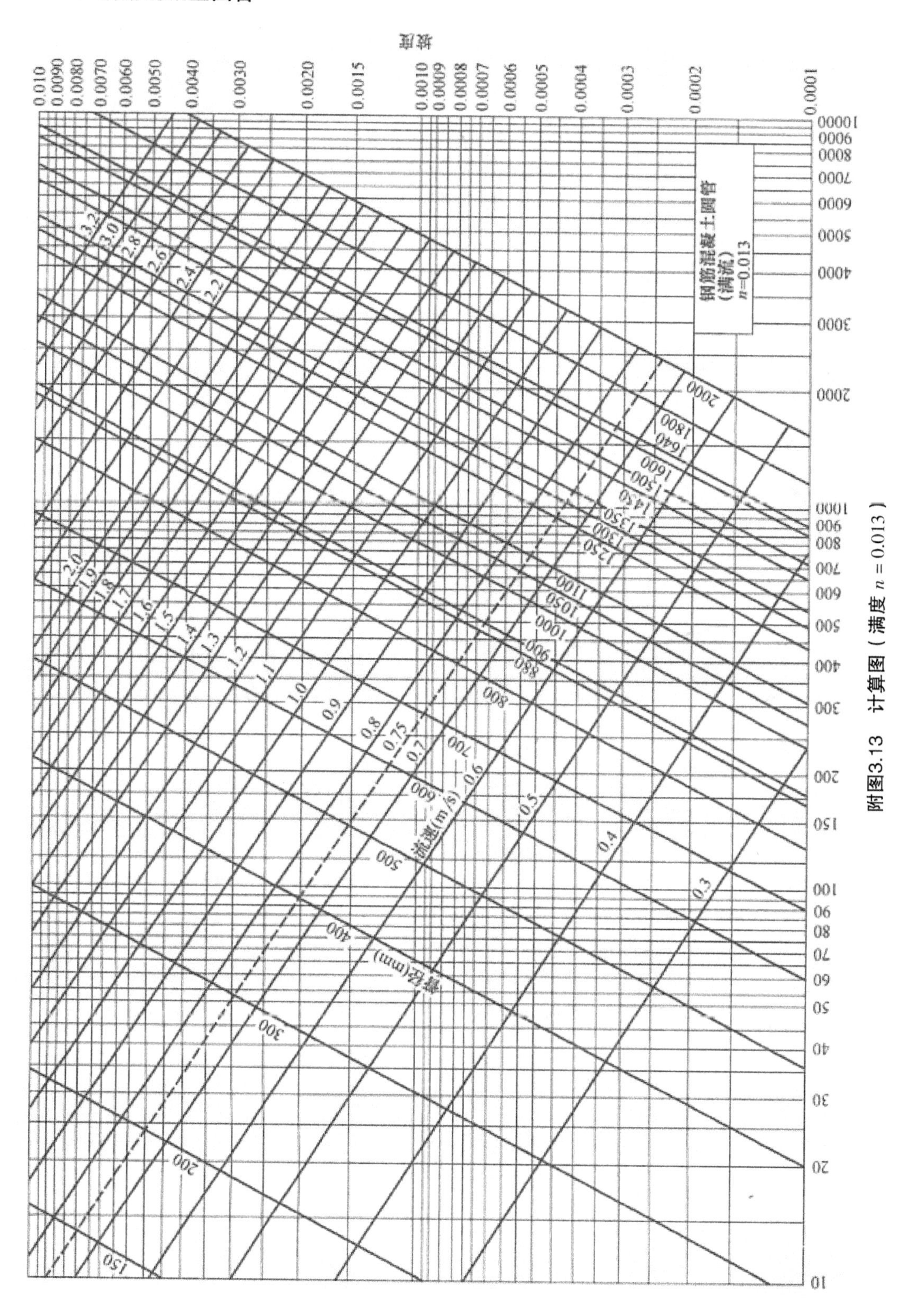

附图3.13　计算图（满度 $n = 0.013$）

附录4　排水管道和其他地下管线（构筑物）的最小净距

附表4.1　排水管道和其他地下管线（构筑物）的最小净距

名称			水平净距（m）	垂直净距（m）
建筑物			见注3	—
给水管		$d \leq 200$ mm	1.0	0.4
		$d < 200$ mm	1.5	
排水管			—	0.15
再生水管			0.5	0.4
燃气管	低压	$P \leq 0.05$ MPa	1.0	0.15
	中压	0.05 MPa $< P <$ 0.4 MPa	1.2	0.15
	高压	0.4 MPa $< P \leq$ 0.8 MPa	1.5	0.15
		0.8 MPa $< P \leq$ 1.6 MPa	2.0	0.15
热力管线			1.5	0.15
电力管线			0.5	0.5
电信管线			1.0	直埋0.5
				管块0.15
乔木			1.5	—
地上柱杆		通信照明及低于10 kV	0.5	—
		高压铁塔基础边	1.5	
道路侧石边缘			1.5	—
铁路钢轨（或坡脚）			5.0	轨底1.2
电车（轨底）			2.0	1.0
架空管架基础			2.0	—
油管			1.5	0.25
压缩空气管			1.5	0.15
氧气管			1.5	0.25
乙炔管			1.5	0.25
电车电缆			—	0.5

续上表

名称	水平净距（m）	垂直净距（m）
明渠渠底	—	0.5
涵洞基础底	—	0.15

注：1. 表中所列数字除注明者外，水平净距均指外壁净距，垂直净距系指下面管道的外顶与上面管进基础底间净距。

2. 采取充分措施（如结构措施）后，表中所列数字可以减小。

3. 与建筑物水平净距，管道埋深浅于建筑物基础时，一般不小于 2.5 m（压力管不小于 5.0 m）；管道埋深深于建筑物基础时，按计算确定，但不小于 3.0 m。

4. 与给水管水平净距，给水管管径小于或等于 200 mm 时，不小于 1.5 m，给水管管径大于 200 mm 时，不小于 3.0 m。与生活给水管道交叉时，污水管道、合流管道在生活给水管道下面的垂直净距不应小于 0.4 m。当不能避免在生活给水管道上面穿越时，必须予以加固。加固长度不应小于生活给水管道的外径加 4 m。

5. 与乔木中心距离不小于 1.5 m，若遇高大乔木，则不小于 2.0 m。

6. 穿越铁路时应尽量垂直通过，沿单行铁路敷设时应距路堤坡脚或路堑坡顶不小于 5 m。

附录 5　暴雨强度公式的编制方法

（1）本方法适用于具有 10 年以上自动雨量记录的地区。

（2）计算降雨历时采用 5 min、10 min、15 min、20 min、30 min、45 min、60 min、90 min、120 min 共 9 个历时。计算降雨重现期一般按 0.25 年、0.33 年、0.5 年、1 年、2 年、3 年、5 年、10 年统计。当有需要或资料条件较好时（资料年数不小于 20，子样点的排列比较规律），也可统计高于 10 年的重现期。

（3）取样方法宜采用年多个样法，每年每个历时选择 6 ～ 8 个最大值，然后不论年次，将每个历时子样按大小次序排列，再从中选择资料年数的 3 ～ 4 倍的最大值，作为统计的基础资料。

（4）选取的各历时降雨资料，一般应用频率曲线加以调整。当精度要求不太高时，可采用经验频率曲线；当精度要求较高时，可采用皮尔逊Ⅲ型分布曲线或指数分布曲线等理论频率曲线。根据确定的频率曲线，得出重现期、降雨强度和降雨历时三者的关系。即 $P-i-t$ 关系值。

（5）根据 $P-i-t$ 关系值求解 b，n，A_1，C 各个参数，可用解析法、图解与计算结合法或图解法等方法进行。将求得的各参数代入 $q=\dfrac{167A_1\ (1+C\lg P)}{(t+b)^n}$，即得当地的暴雨强度公式。

（6）计算抽样误差和暴雨公式均方差，一般按绝对均方差计算，也可辅以相对均方差计算。当计算重现期为 0.25 ～ 10 年时，在一般强度的地方，平均绝对均方差不宜大于 0.05 mm/min。在较大强度的地方，平均相对均方差不宜大于 5%。

附录6　我国若干地区暴雨强度公式

附表6.1　我国若干地区暴雨强度公式

省、自治区、直辖市	地区	暴雨强度公式	资料记录年数（a）
北京	—	$q=\frac{2\,001(1+0.811\lg P)}{(t+8)^{0.711}}$	40
上海	—	$i=\frac{9.45+6.793\,2\lg T_E}{(t+5.54)^{0.651\,4}}$	55
天津	—	$q=\frac{3\,833.34(1+0.85\lg P)}{(t+17)^{0.85}}$	50
河北	石家庄	$q=\frac{1\,689(1+0.898\lg P)}{(t+7)^{0.729}}$	20
	保定	$i=\frac{14.973+10.266\lg T_E}{(t+13.877)^{0.776}}$	23
山西	太原	$q=\frac{1\,446.22(1+0.867\lg T)}{(t+5)^{0.796}}$	28
	大同	$q=\frac{2\,684(1+0.85\lg T)}{(t+13)^{0.947}}$	27
	长治	$q=\frac{3\,340(1+1.43\lg T)}{(t+15.8)^{0.93}}$	27
内蒙古	包头	$q=\frac{9.96(1+0.985\lg P)}{(t+5.40)^{0.85}}$	25
	海拉尔	$q=\frac{2\,630(1+1.05\lg P)}{(t+10)^{0.99}}$	25
黑龙江	哈尔滨	$q=\frac{2\,989.3(1+0.95\lg P)}{(t+11.77)^{0.88}}$	34
	齐齐哈尔	$q=\frac{1\,920(1+0.89\lg P)}{(t+6.4)^{0.86}}$	33
	大庆	$q=\frac{1\,820(1+0.91\lg P)}{(t+8.3)^{0.77}}$	18
	黑河	$q=\frac{2\,806(1+0.83\lg P)}{(t+8.5)^{0.93}}$	22

续上表

省、自治区、直辖市	地区	暴雨强度公式	资料记录年数（a）
吉林	长春	$q=\frac{896(1+0.68\lg P)}{t^{0.6}}$	58
	吉林	$q=\frac{2\,166(1+0.680\lg P)}{(t+7)^{0.831}}$	26
	海龙	$i=\frac{16.4(1+0.899\lg P)}{(t+10)^{0.867}}$	30
辽宁	沈阳	$q=\frac{11.522+9.348\lg P_E}{(t+8.196)^{0.738}}$	26
	丹东	$q=\frac{1\,221(1+0.668\lg P)}{(t+7)^{0.605}}$	31
	大连	$q=\frac{1\,900(1+0.66\lg P)}{(t+8)^{0.8}}$	10
	锦州	$q=\frac{2\,322(1+0.875\lg P)}{(t+10)^{0.79}}$	28
山东	济南	$q=\frac{1\,869.916(1+0.757\,3\lg P)}{(t+11.091\,1)^{0.664\,5}}$	31
	烟台	$i=\frac{6.912+7.373\lg T_E}{(t+9.018)^{0.609}}$	23
	潍坊	$q=\frac{4\,091.17(1+0.824\lg P)}{(t+16.7)^{0.87}}$	20
	枣庄	$i=\frac{65.512+52.455\lg T_E}{(t+22.378)^{1.069}}$	15
江苏	南京	$q=\frac{2\,989.3(1+0.671\lg P)}{(t+13.3)^{0.8}}$	40
	徐州	$q=\frac{1\,510.7(1+0.514\lg P)}{(t+9)^{0.64}}$	23
	扬州	$q=\frac{8\,248.13(1+0.641\lg P)}{(t+40.3)^{0.95}}$	20
	南通	$q=\frac{2\,007.34(1+0.752\lg P)}{(t+17.9)^{0.71}}$	31
安徽	合肥	$q=\frac{3\,600(1+0.76\lg P)}{(t+14)^{0.84}}$	25
	蚌埠	$q=\frac{2\,550(1+0.77\lg P)}{(t+12)^{0.774}}$	24
	安庆	$q=\frac{1\,986.8(1+0.777\lg P)}{(t+8.404)^{0.689}}$	25
	淮南	$i=\frac{12.18(1+0.71\lg P)}{(t+6.29)^{0.71}}$	26

续上表

省、自治区、直辖市	地区	暴雨强度公式	资料记录年数（a）
浙江	杭州	$i=\frac{20.120+0.639\lg P}{(t+11.945)^{0.825}}$	37
	宁波	$i=\frac{154.467+109.494\lg T_E}{(t+34.516)^{1.177}}$	36
江西	南昌	$q=\frac{1\,386(1+0.69\lg P)}{(t+1.4)^{0.64}}$	7
	赣州	$q=\frac{3\,173(1+0.56\lg P)}{(t+10)^{0.79}}$	8
福建	福州	$q=\frac{2\,041.102(1+0.700\lg T_E)}{(t+8.008)^{0.691}}$	20
	厦门	$q=\frac{1\,085.020(1+0.581\lg T_E)}{(t+2.954)^{0.559}}$	37
河南	安阳	$q=\frac{3\,680P^{0.4}}{(t+16.7)^{0.858}}$	25
	开封	$q=\frac{4\,801(1+0.74\lg P)}{(t+17.4)^{0.913}}$	18
	新乡	$q=\frac{1\,102(1+0.623\lg P)}{(t+3.20)^{0.60}}$	21
	南阳	$i=\frac{3.591+3.970\lg T_M}{(t+3.434)^{0.416}}$	28
	郑州	$q=\frac{3\,073(1+0.892\lg P)}{(t+15.1)^{0.824}}$	26
	洛阳	$q=\frac{3\,336(1+0.827\lg P)}{(t+14.8)^{0.884}}$	26
湖北	汉口	$q=\frac{983(1+0.65\lg P)}{(t+4)^{0.56}}$	—
	老河口	$q=\frac{6\,400(1+0.059\lg P)}{t+23.36}$	25
	黄石	$q=\frac{2\,417(1+0.79\lg P)}{(t+7)^{0.765\,5}}$	28
	荆州（沙市区）	$q=\frac{648.7(1+0.854\lg P)}{t^{0.526}}$	20
湖南	长沙	$q=\frac{3\,920\ 1+0.68\lg P}{(t+17)^{0.86}}$	20
	常德	$i=\frac{6.890+6.251\lg T_E}{(t+4.367)^{0.602}}$	20
	益阳	$q=\frac{914(1+0.882\lg P)}{t^{0.584}}$	11

续上表

省、自治区、直辖市	地区	暴雨强度公式	资料记录年数（a）
广东	广州	$q=\frac{2\ 424.17(1+0.533\lg T)}{(t+11.0)^{0.668}}$	31
	佛山	$q=\frac{1\ 930(1+0.58\lg P)}{(t+9)^{0.66}}$	16
海南	海口	$q=\frac{2\ 338(1+0.4\lg P)}{(t+9)^{0.65}}$	20
广西	南宁	$i=\frac{32.287+18.194\lg T_E}{(t+18.880)^{0.851}}$	21
	桂林	$q=\frac{4\ 230(1+0.402\lg P)}{(t+13.5)^{0.841}}$	19
	北海	$q=\frac{1\ 625(1+0.437\lg P)}{(t+4)^{0.57}}$	18
	梧州	$q=\frac{2\ 070(1+0.466\lg P)}{(t+7)^{0.72}}$	15
陕西	西安	$i=\frac{6.041(1+1.475\lg P)}{(t+14.72)^{0.704}}$	22
	延安	$i=\frac{5.582(1+1.292\lg P)}{(t+8.22)^{0.7}}$	22
	宝鸡	$q=\frac{11.01(1+0.94\lg P)}{(t+12)^{0.932}}$	20
	汉中	$q=\frac{2.6(1+1.04\lg P)}{(t+4)^{0.518}}$	19
宁夏	银川	$q=\frac{242(1+0.83\lg P)}{t^{0.477}}$	6
甘肃	兰州	$i=\frac{1\ 140(1+0.96\lg P)}{(t+8)^{0.8}}$	27
	平凉	$i=\frac{4.452+4.841\lg T_E}{(t+2.570)^{0.668}}$	22
青海	西宁	$q=\frac{308(1+1.39\lg P)}{t^{0.58}}$	26
新疆	乌鲁木齐	$q=\frac{195(1+0.82\lg P)}{(t+7.8)^{0.63}}$	17
重庆	—	$q=\frac{2\ 822(1+0.775\lg P)}{(t+12.8P^{0.076})^{0.77}}$	8

续上表

省、自治区、直辖市	地区	暴雨强度公式	资料记录年数（a）
四川	成都	$q=\dfrac{2\ 806(1+0.803\lg P)}{(t+12.8P^{0.231})^{0.768}}$	17
	渡口	$q=\dfrac{2\ 495(1+0.49\lg P)}{(t+10)^{0.84}}$	14
	雅安	$i=\dfrac{7.622(1+0.63\lg P)}{(t+6.64)^{0.56}}$	30
贵州	贵阳	$q=\dfrac{1\ 887(1+0.707\lg P)}{(t+9.35P^{0.031})^{0.495}}$	17
	水城	$i=\dfrac{42.25+62.60\lg P}{t+35}$	19
云南	昆明	$i=\dfrac{8.918+6.183\lg T_E}{(t+10.247)^{0.649}}$	16
	下关	$q=\dfrac{1\ 534(1+1.035\lg P)}{(t+9.86)^{0.762}}$	18

注：1. 表中 P 、T 代表设计降雨的重现期；T_E 代表非年最大值法选样的重现期；T_M 代表年最大值法选样的重现期。

2. i 的单位是 mm/min，q 的单位是 L/(s · hs)。

3. 此附录改自《给水排水设计手册》（第二版）第 5 分册中的表 1－38 和表 1－39。

• 附录 7　中华人民共和国法定计量单位的单位名称和单位符号对照（限本书出现的）

附表 7.1　中华人民共和国法定计量单位的单位名称和单位符号对照（限本书出现的）

计量单位名称	计量单位符号	计量单位名称	计量单位符号
年	a	克	g
天	d	毫克	mg
时	h	立方米	m^3
分	min	升	L
秒	s	平方千米	km^2
千米	km	米每秒	m/s
米	m	立方米每天	m^3/d
厘米	cm	立方米每时	m^3/h
毫米	mm	立方米每秒	m^3/s
吨	t	毫米每分	m^3/min

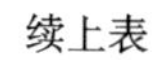
续上表

计量单位名称	计量单位符号	计量单位名称	计量单位符号
千克	kg	升每秒	L/s
克每立方米	g/m^3	千克每立方米	kg/m^3
毫克每升	mg/L	升每秒公顷	$L/(s \cdot hm^2)$